U0353847

国家出版基金项目

NATIONAL PUBLICATION FOUNDATION

矿井地质手册

地球物理卷

王怀洪　主编

煤炭工业出版社

·北　京·

内 容 提 要

本卷共六部分。开篇为矿井地球物理勘探总论,对当前主要矿井地球物理勘探方法及其发展应用加以概述,并简要介绍了综合物探方法的搭配原则和技术要求。第一篇煤田高分辨地震勘探,简述地面地震勘探方法及主要概念,按照数据采集、资料处理及解释分阶段进行叙述,并简要介绍与常规地震勘探相关的折射波法、微动监测、VSP、多波及多分量勘探等方法。第二篇矿井地震勘探,介绍井下普遍采用的槽波、瑞利波、矿井 CT、超前探,以及从地面延伸到井下的地震方法等。第三篇电法勘探,介绍地面直流电法、矿井直流电法、大地电磁测深法、可控源音频大地电磁测深法、瞬变电磁法、工作面无线电波透视、矿井地质雷达等勘探方法。第四篇重力、磁法、放射性勘探及遥感地质,介绍重力勘探、磁法勘探、放射性勘探、遥感地质等方法。第五篇地球物理测井,从地球物理测井概述、数据的采集、资料的处理解释与应用,以及测井质量控制等方面介绍了煤矿地球物理测井方法。

本卷可作为煤矿地质与物探生产技术、管理人员、科技工作者的指导书和参考书,也可作为煤炭及相关院校地质、物探专业学习参考书。

《矿井地质手册》编审委员会

主　　　任　赵苏启

常务副主任　李白英

副　主　任　李增学　魏久传　王怀洪　曾　勇　武　强
　　　　　　孙升林

委　　　员　（按姓氏笔画为序）

　　　　　　于师建　马国东　王　佟　王秀东　尹尚先
　　　　　　吕大炜　刘海燕　刘鸿福　汤振清　孙四清
　　　　　　李子林　李竞生　杨子荣　余继峰　张子戌
　　　　　　岳建华　周明磊　胡宝林　洪益清　桂和荣
　　　　　　高宗军　郭建斌　韩德品　程久龙　程建远
　　　　　　傅耀军

主　　　编　李白英

副　主　编　李增学　魏久传　王怀洪

编　　　写　（按姓氏笔画为序）

　　　　　　于师建　王　敏　王平丽　王东东　王秀东
　　　　　　王宝贵　尹会永　邓清海　冯建国　曲国娜
　　　　　　吕大炜　任加国　刘同彬　刘海燕　刘盛东

刘鸿福　　汤友谊　　汤振清　　李子林　　杨子荣

杨锋杰　　余继峰　　宋晓夏　　张　威　　张子戌

陈　桥　　范绍明　　岳建华　　房庆华　　赵金贵

胡绍祥　　桂和荣　　高宗军　　郭建斌　　程久龙

审　　稿（按姓氏笔画为序）

马国东　　王　佟　　尹尚先　　孙升林　　孙四清

李小明　　李子林　　李竞生　　张　威　　张心彬

周明磊　　单　丽　　胡宝林　　洪益清　　董书宁

韩德品　　程建远　　傅耀军　　曾　勇

《矿井地质手册》地球物理卷编审组

主　　编　　王怀洪

副 主 编　　王秀东　　于师建　　汤振清　　程久龙

编　　写　　张　　威　　岳建华　　刘盛东　　杨锋杰　　王宝贵

审　　稿　　孙升林　　张　　威　　韩德品　　马国东　　周明磊
　　　　　　程建远　　张心彬

前　　言

　　矿井地质工作是煤矿生产与管理的重要技术基础工作。它运用矿井地质科学理论和各种技术方法、手段对煤层及其相关地质体进行调查研究，经济有效地探明煤炭资源、摸清地质情况、处理地质问题，是安全、合理、绿色开采煤炭资源不可或缺的前提和重要保障。

　　现代科学技术的进步，地学知识的不断更新，地球物理勘探技术的应用与发展，使得矿井地质工作正以比过去更大更快的步伐在深度和广度两方面向前迈进。水文地质、工程地质、环境地质、灾害地质等，均成为矿井地质工作的重要方面；随着高产高效现代化煤矿综合机械化开采技术的发展，煤矿需要建立针对高产高效矿井机械化、集中化等特点，以地质量化预测为先导，以物探、钻探等综合技术为手段，依托先进的计算机技术实现地质工作动态管理的地质保障系统，矿井地质对煤炭开采工作的指导和保障作用更加凸显。

　　为了向矿井地质人员提供矿井地质工作的最新理论、方法、技术手段，以及最新的研究成果和经验，引导矿井地质工作者正确有效开展地质调查研究工作，提升研究质量和水平，煤炭工业出版社组织数十位来自煤矿现场、高等院校、科研单位等矿井地质领域的著名专家、学者，历时多年，在对近年来矿井地质领域的研究成果与技术经验进行全面、系统的总结和梳理的基础上，编写了这部《矿井地质手册》。

　　《矿井地质手册》共三卷，分别是地质·安全·资源卷、水文·工程·环境卷、地球物理卷。

　　《矿井地质手册》地球物理卷（以下简称"本卷"），共六部分，从矿井地球物理勘探总论出发，按照煤田高分辨地震勘探、矿井地震勘探、矿井电法勘探、地球物理测井、重磁勘探、遥感等方法划分篇章，涉及各方法的术语定义、基本原理、工作方法、处理解释及报告编制等矿井地球物理工作的各个方面，形成了本卷的整体框架体系。本卷对矿井地球物理方法的发展、主要采用仪器的参数，各勘查阶段的规范要求、工作方法及其地质效果进行了叙述。同时对近几年逐渐成熟应用的地球物理新方法进行了介绍，引用了大量的工程实例，全面详细地介绍了与矿井地质相关的各项地球物理勘探内容。在编写过程中，本卷参考了1986年版《矿井地质工作手册》中对煤矿地球物理工作有指导意义的部分内容，融入吸收了经过实践检验的成熟地球物理科研成果，及时跟踪国家及行业主管部门对煤矿生产管理的步伐，研究了国家（行业）最新的政策、法规和规范、规定，本卷历经多次论证、修改，吸收和采纳了审稿专家的意见和建议，力求使本卷涵盖技术发展应用，贴近生产实践，通俗易懂、方便实用。

本卷的开篇为矿井地球物理勘探总论，简述了当前主要的矿井地球物理勘探方法及其发展和应用，介绍了综合物探方法的搭配原则和技术要求，便于从宏观上了解和应用地球物理方法。第一篇煤田高分辨地震勘探共5章，简述了地面地震勘探方法及主要概念，按照数据采集、资料处理及解释分阶段进行了叙述，并简要介绍了与常规地震勘探相关的折射波法、微动监测、VSP、多波及多分量勘探等一些方法。第二篇矿井地震勘探共4章，包括井下普遍采用的槽波、瑞利波、矿井CT和超前探，以及从地面延伸到井下的地震方法等。第三篇矿井电法勘探共7章，分别介绍了地面直流电法勘探、矿井直流电法勘探、大地电磁测深法勘探、可控源音频大地电磁测深勘探、瞬变电磁法勘探、工作面无线电波透视、矿井地质雷达等方法。第四篇重力、磁法、放射性勘探及遥感地质共4章，介绍了重力勘探、磁法勘探、放射性勘探、遥感地质等方法。第五篇地球物理测井共3章，从地球物理测井概述、测井数据的采集、测井质量控制和测井资料解释与应用等方面介绍了煤矿地球物理测井。

本卷编写主要体现了以下特点：一是力求搭建系统的综合物探知识架构。编写过程中，编审组开展了广泛的调研和深入的讨论，收集了大量的研究成果与勘探报告等第一手资料，查阅了矿井地球物理相关的若干文献资料，研究了政策法规演变和最新技术进展，图、文、表相结合系统详实地展示了矿井地球物理的丰富内容。二是探索构建了矿井地球物理新型立体探测体系。本卷注重传统地球物理技术与新成果的结合，吸收了近年来地球物理领域的新理论、新方法和新技术，从地面、地下、孔中、井下、空中全方位构建立体探测技术体系，反映了矿井地球物理最新技术的研究成果，以探测效果为导向，方法选择与地球物理条件相适应，探索破解多解性的制约。三是注重强化系列工程实践项目示范。本卷从基本概念、理论、方法技术的有效组合等对相关矿井地球物理技术进行了阐述。同时优选了工程案例进行剖析，从条件论证、设计编制到方法选择等方面全要素分析应用，注重实际项目示范，突出解决实际问题的效果。

本卷由王怀洪研究员担任主编，王秀东、于师建、汤振清、程久龙担任副主编。初稿编写由山东省煤田地质局、山东省煤田地质规划勘察研究院、山东科技大学、中国矿业大学、安徽理工大学、中煤科工集团西安研究院等单位人员完成。具体分工如下：本卷的总论部分由张威教授级高工执笔；地震勘探部分由王秀东研究员主持，他还编写完成煤田高分辨地震勘探篇，刘盛东教授参与编写了井下地震部分；电法部分由于师建教授主持，并且他还编写了直流电法勘探部分；程久龙教授参与编写了重、磁、电磁、放射性勘探等部分，岳建华教授、韩德品研究员等参与了矿井水文物探的编写，杨锋杰教授编写了遥感地质部分；汤振清研究员编写了地球物理测井部分。2014年7月，国家煤矿安全监察局、国家安全生产监督管理总局信息研究院煤炭工业出版社在南昌组织召开《矿井地质手册》终审会，编审组吸收了专家提出的意见和建议，最终稿修订由王怀洪、王秀东、于师建等统稿。

本卷由孙升林研究员主审，绪论和矿井物探部分由程建远研究员审阅，地震勘探部分由马国东研究员审阅，重磁、电法、放射性部分由韩德品研究员审阅，地球物理测井部分由周明磊研究员审阅，遥感地质部分由张心彬研究员审阅。

本卷在编写过程中得到了中国矿业大学、山东科技大学、中煤科工集团西安研究院、山东能源集团等单位领导和同行的大力支持与帮助，煤炭工业出版社多次组织会议，对本卷内容进行修改与提升，在此表示衷心感谢！本卷在编写过程中，还得到中国煤炭地质总局以及山东、安徽、河南、陕西、山西、内蒙古等有关煤矿生产企业和勘查单位的大力支持，并提供了大量的实际生产资料和数据。在编写过程中，山东省煤田地质局的巩固、田思清、陈清静、钟声、张兆民、朱伟，中国矿业大学的孙文洁，山东大学的王瑞睿等，以及山东科技大学等单位的若干研究生协助进行了大量的资料收集、整理工作，付出了艰辛的劳动，在此一并表示感谢！

本卷首次独立成卷，方法手段和新增内容较多，涉及专业相当广泛，限于编者水平，疏漏和错误之处在所难免，敬请广大读者批评指正。

本卷编审组

2016 年 12 月

目 录

第二篇　矿井地震勘探

第三篇 电 法 勘 探

第四篇　重力、磁法、放射性勘探及遥感地质

第五篇 地球物理测井

0 矿井地球物理勘探总论

0.1 术语定义

地球物理勘探 geophysical prospecting 利用地球物理的理论和方法，根据各种岩石之间的密度、磁性、电性、弹性、放射性等物理性质的差异，选用不同的物理方法和物探仪器，进行区域地质调查、金属与非金属矿产和油气资源勘查、水文地质与工程地质调查等方面工作。

矿井地球物理勘探 mine geophysical prospecting 在矿井设计、开采过程中，为探查矿井地质构造、煤层赋存条件、水文地质条件、工程地质条件等开展的地球物理勘探工作。

综合地球物理勘探 integrated geophysical prospecting 简称综合物探。是针对特定的勘探对象和勘探任务，为达到最佳勘探效果，采用多种地球物理方法组合开展的地球物理勘探工作。它可以有效地降低单一地球物理勘探方法在解释方面存在的多解性问题，提高地球物理勘探解释的可靠性。

0.2 矿井地球物理勘探概述

0.2.1 矿井物探

1. 矿井物探概念

地球物理勘探是地球物理的一个分支，又称应用地球物理或勘查地球物理，简称物探。它是用物理的原理研究地壳浅层的物理性质及地质构造，从而寻找与勘查有用矿床及解决其他地质问题的科学分支。物探方法的物理基础是地壳中存在许多物理性质不同的地质体或分界面，它们在空间产生了天然物理场，如重力场、地磁场、地热场及放射性场等，或者人工物理场，如人工电场、电磁场，人工地震波时间场，弹性位移场的局部变化的异常场等。物探工作者在空中、地面、钻井中或矿井内用各种仪器自动采集观测这些物理场的变化数据，通过计算机分析研究所采集的物探资料，推断解释地质构造和矿产分布情况。

物探方法按所利用物理场的不同分为重力、磁法、电法、地震、地热及放射性6种勘探方法。也可按观测对象或工作空间的不同进行分类（图0-1）。

煤田地球物理勘探的观测对象包括煤田地质勘探及矿井地质的大部分内容，其分类如图0-2所示。

矿井地球物理勘探，简称矿井物探，是用于矿井地质勘查的各种地球物理勘查方法的总称。

它可以在地面或矿井中进行，地面物探主要任务：一是在新建矿井中，为采区规划设计和先期采区设计提供详细的地质依据；二是在生产矿井中为工作面、井巷工程合理布置和

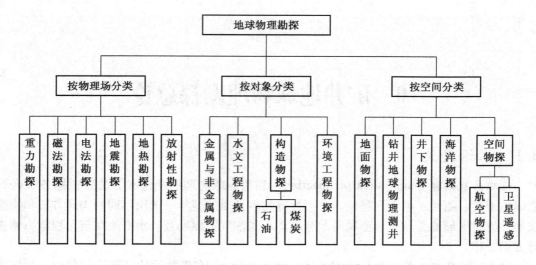

图 0-1　地球物理勘探按物理场、观测对象或工作空间的不同分类

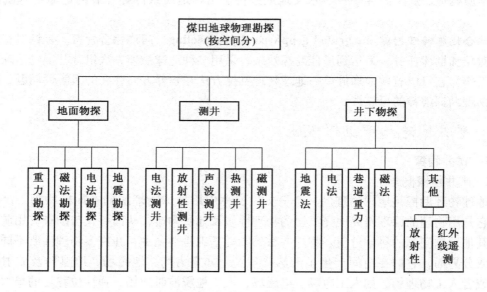

图 0-2　煤田地球物理勘探按空间分类

采煤工艺的选择提供详细地质资料。地面物探施工简单，探测效率高，设备对环境的要求低，由于装备和物探技术的进步，在地形条件复杂的矿区，如：丘陵、山区、沙漠、湖泊水域等也取得了良好地质效果。井下物探主要任务是在采煤设备安装或开采前，查明或控制工作面内的地质异常。一般在巷道内以煤层为主要探测对象，与地面物探相比，它具有探测目标近，物探异常明显而突出，分辨率高，方法多样，运用灵活，探测范围大等优点，但在多数情况下，从数据采集、处理和解释各环节必须考虑全空间问题。

2. 矿井物探发展概况

地球物理勘探产生于 20 世纪 20 年代初，法国 Corad 和 Marcei Schlumberger 首创电法勘探技术，地震勘探方法最早的是折射波法（1919—1921 年），20 世纪 30 年代美国地球物理工作者第一次用地震反射资料绘制出得克萨斯 Ltberty 地区盐丘图。随后 10 年，重力、磁法、电磁波法、测井以及海洋物探也得到了发展。为适应第二次世界大战的紧急需要，众多物探方法用于探查矿产、潜水艇和火力阵地。其后物探基础理论、电子学、计算机和信息处理等学科飞速发展，给物探技术发展提供了强有力的技术支持。我国物探技术是从 1902 年开始的，当时物探老前辈翁文波先生从英国伦敦大学获得哲学博士学位回国后，在原中央大学物理系开设地球物理课程，培养物探人才。1940 年用自制的双磁针不稳定式磁力仪在玉门油矿和四川石油沟气矿进行了重力试验。新中国成立后，1951 年石油部门成立我国第一个地震队。煤炭部门于 1954 年 8 月组建煤炭系统第一个电法队（地面电法队）开始煤田测井，随后，1955 年在河北唐山开滦煤矿建立第一个地震队。50 多年来，全国地震队伍已发展到几十个，特别是 20 世纪 80 年代以来，由于数字地震仪的引进，道数不断扩展，多次覆盖、高分辨率地震和三维地震勘探的普及，资料处理和人机联作解释系统的发展，使物探技术在煤田勘探和煤矿生产中发挥着越来越重要的作用。矿井物探研究和应用始于 20 世纪 60 年代，40 年来，各产煤国家根据自身地质特点发展了不同的物探方法。我国矿井物探起步较晚，近 20 年来，矿井物探得到迅速发展，取得了显著的地质效果，但总体来看，我国矿井物探技术尤其是物探设备方面与世界先进水平还有一定差距。

矿井物探方法很多，较为有效和常用的方法主要为无线电透视法、高分辨二维和三维地震勘探、槽波地震勘探、矿井直流电法、地质雷达和声波探测等方法。

1975 年，唐山煤矿与重庆煤研所合作进行煤矿井下地震勘探，使用瑞典 6 道轻便地震仪，用锤击震源在井下进行了折射波法试验，在厚度为 1.47 ~ 8 m 的煤层中，测出的煤厚绝对误差平均为 0.25 m，但探测深度很小，试验的初步成功对各煤矿都有一定的意义。随后由折射波法试验发展为槽波法试验和应用。1955 年，F.F. 埃维逊在新西兰煤矿一个煤层中首先激发与接收到煤层波（槽波），并预言可用于煤矿；1963 年，Th. 克雷及其合作者的研究奠定了槽波地震勘探的理论基础。20 世纪 70 年代末，提取与利用槽波埃里震相之后，槽波勘探技术取得了突破性进展。1980 年前后，以法国、英国为首，澳、匈、捷、苏联、美等国都先后发展起来。1977 年，我国重庆煤科分院、焦作矿业学院、渭南煤矿专用设备仪器厂与徐州、焦作等矿务局合作，首先在井下开展试验，并于 1980 年前后研制成功 TYKD - 1 型非防爆的 9 道模拟磁带矿井地震仪和防爆的 TEKC - 9 型模拟磁带矿井地震仪，这些工作为后来的研究打下了基础。法国 WBK 公司于 1980 年推出了 SEAMEX - 80 型遥测式防爆数字地震仪，该仪器只生产了一套，德国物探工作者用该仪器进行了槽波技术研究工作和实际槽波探测工作，随后该公司于 1985 年又推出改进型 SEAMEX - 85 型多道遥测防爆数字地震仪及专用软件 ISS，将槽波地震勘探向实用化推进了一大步。之后，我国煤炭科学研究总院西安分院引进了 SEAMEX - 85 型仪器及软件系统 ISS，接着澳大利亚 BHP 公司和煤科总院西安分院也相继研制了类似的遥测防爆数字地震仪。从此，国内开始了系统生产性试验。由于微型计算机及其系统在综合性能上日新月异，国内外不断推出槽波地震勘探微机数据处理，匈牙利国家物探研究所推出了 SSS - 1 型集中式信号增强型防爆地震仪的微机槽波资料处理系统。在国内，1983 年，中国矿业大学开展槽波在煤层中传播规律的模拟研究，成功地研制出 MISS 型槽波地震勘探数据处理微机程序系统。煤科总院西安分院也为 MD - 902 型防爆双道数字地震仪开发出 ISS - 902 型槽波的地震数据处理微机软件系统。该系统体积小、重量轻、功耗小、成本低，可设置在矿业集团或矿内，系统简单，可独立运行，能及时处理井下槽波采集数据，解释出探测地质成果，也可以将各矿微机数据处理实现通信和联网，使其资源共享。

1988—1989 年，西安煤科分院从日本 VIC 株式会社引进瑞利波探测技术及 GR – 810 专用仪器。在 1991 年将该法应用于煤矿井下煤层残厚及独头超前探测，同时研制出瑞利波瞬态激震法的设备 MRD – Ⅰ、Ⅱ型仪器，在许多煤矿探测煤厚、小构造、薄煤带等方面取得良好效果。

20 世纪 90 年代至今，在中国煤田地质总局和国家开发银行组织和领导下，全国重点煤矿大面积开展了地面高分辨数字二维和三维地震勘探工作。据统计，自 1991—1997 年 6 年多来，有 68 处新建矿井和 183 处生产矿井完成了采区地震勘探。国家开发银行和中国煤田地质总局，通过跟踪调查后认为，在地震地质条件较好地区，运用高分辨二维地震勘探能较可靠地查明落差不小于 10 m 的断层和波幅为 10 m 的褶曲，三维地震勘探能较可靠地查明落差不小于 5 m 的断层，幅度不小于 5 m 的褶曲，地震解释结果与矿井实际开拓吻合度达 80%，在地震地质条件一般或较差的地区，吻合率也达 70% 左右。解释煤层厚度变化趋势，配合电法预测煤层顶底板水文地质条件，查明规模较大的陷落柱、采空区及其他地质异常，为众多矿井采区设计、采场调整和采面布置提供了详细地质资料。在已完成的 68 处新建矿井及准备井采地震勘探项目中，初步测算直接经济效益达 50 多亿元，间接社会效益超百亿元，减少煤矿因地质情况不清诱发的各种问题所带来的损失更是无法估量。它对新建矿井提高经济效益，降低成本，实现安全高效，减少贷款风险起了极大的作用。

高分辨地震探测技术也可应用于井下，国外在 20 世纪 50 年代就开展了该项技术研究，联邦德国用该技术沿巷道探测隔水层厚度；90 年代，法国、加拿大等国在黄铜矿、钾盐矿井中获得了很高分辨率的地震剖面。1995 年，煤科总院西安分院在我国龙口煤业集团北皂矿和淮南新集煤电公司八里塘矿首次使用 DYSD – Ⅱ型多道遥测防爆地震仪，开展了煤矿井下高分辨地震研究工作，由于不受上覆松散低速层影响，地震波主频显著提高，提高了分辨率，对于小断层、煤层厚度、下组煤隔水层厚度及可能的导水断层探测十分有利。

声波探测主要应用于工程地质及矿山工程中，根据声源不同可分为主动探测和被动探测两种方法，主动探测其声波为人工激发，而被动探测中，声源是岩体遭受自然界或煤层采动等其他力作用时，在变形或破裂过程中，由岩体自身发射。20 世纪 60 年代末期，美国、日本、联邦德国与瑞典等国将声波探测技术应用于岩体探测，以研究岩石力学性质、岩体裂隙、顶板稳定性及围岩强度分类，70 年代以来，我国铁路、建筑、水电、交通和煤炭等部门的勘测设计和施工中都广泛应用声波探测。

声波探测主要解决的工程地质问题有：岩体的工程地质分类；确定围岩松弛带的范围，为合理设计锚杆长度、喷浆或衬砌厚度提供依据；测定岩体物理力学参数；预裂爆破与注浆效果的检测；混凝土探伤及强度检测；冻结法凿井的冻结厚度的检测；断层、裂隙及溶洞等地质异常探测；地应力测试；矿井冒顶、瓦斯与水突出，煤矿开采过程出现的垮落带、断裂带（简称"两带"）检测及地震灾害预报等。

采煤过程中会产生垮落带和断裂带，在保证煤矿安全生产的同时，又要最大限度地增加煤炭可采储量，需要根据采矿时形成的实际"两带"高度留设防水或防砂煤柱，用常规方法，如据经验公式或用地面高分辨率地震、钻探及测井技术，确定"两带"范围具有一定的局限性。由于大多数为点控制，时间上只为某一时刻的瞬时值，不是动态的，且在不同地质条件下，煤矿"两带"发育情况差异很大，仅据个别矿井获得的观测结果，难以推广到其他矿井。山东煤田地质局与澳大利亚联邦工业科学组织探矿采矿部（CSIRO）于 1996 年开始对微地震技术进行研究，并将其应用于煤矿"两带"监测中。

地质雷达（矿山雷达）是基于电磁波反射原理探测地质构造，地下水体，煤层厚度，煤层冲刷、剥蚀以及采空区垮落带等地质异常。从 1937 年 4 月 29 日美国公布第一项专利起，50 年代美国率先进行了地质雷达可行性方案研究，70 年代美国地球物理勘探公司（GSSI）推出 SIR 系列商品化地质雷达系统。随后，日本、加拿大等国在 SIR 技术基础上，开展了地质雷达探测技术研究。1983 年，日本研究了地质雷达在地基中的实用性后，将 SIR 产品改型为 OAO 系列产品。70 年代末，加拿大 A – Cube 公司，针对 SIR 系统的局限性对系统结构和探测方式做了重大改进，采用微机控制、数字信号处理及光缆传输高新技术，推出了 EKKO GPR 系列产品。80 年代瑞典地质公司也推出了 RAMAC 系列的数字式钻孔雷达系统。我国煤科总院重庆分院从 70 年代开始矿井地质雷达探测方法及仪器的研究，他们针对我国煤矿井下的环境条件，于 1987 年研制出防爆型 KDL 系列产品，其探测距离可达 30 ~ 40 m。该产品不仅用于煤矿井下，而且在隧道、市政建设等方面也得到推广使用，取得良好的效果。

国外从 20 世纪 20 年代开始电磁波法研究，首先在磁化矿床上进行试验。我国在 60 年代开始探索在矿井下应用无线电波透视技术，原地矿部物探所研制成功 DK 型透视仪，并用其寻找金属盲矿体的探测试验。70 年代末，煤科总院重庆分院研制成功 WKT – 1（不防爆）、WKT – 2 型（防爆）坑透仪，并于 80 年代末推出 WKT – F$_3$ 型轻便防爆坑透仪。90 年代，该所研制出 WKT – D 型大距离智能坑透仪及资料处理的 CT 成套技术。在 80 年代，河北省煤研所也完成了 WKT 型仪器的防爆改造工作。WKT – D 型坑透仪由微机控制，测量数据自动数字显示 \ 记录和内存储，有专门的数据处理软件、CT 成像处理软件及 CAD 自动成图，对井下导体采取综合抗干扰措施。由于该仪器设备先进，操作简单，工作效率高，探测效果好，因此，在国内众多局矿得到广泛应用，取得了显著的经济和社会效益。

瞬变电磁法（Transient Electromagnetic Methods）或称时间域电磁法（Time Domain Electromagnetic Methods）简称 TEM 或 TDEM。国外 TEM 法理论研究主要在地面和钻孔中进行，苏联 20 世纪 50 年代建立了 TEM 解释理论和野外施工的方法技术，60 年代，苏联 30 多个 TEM 队在全国各盆地进行普查，并成功地发现了奥伦堡地轴上的大油田。苏联的 TEM 法理论研究一直处于世界前列，50—60 年代由 Л. Л. ВаНbяН，А. А. КУфМаНН 等人完成了 TEM 法的一维正、反演。70—80 年代，苏联物探工作者又在二维、三维正演方面做了大量工作。80 年代初，ЖдаНОВ 提出电磁波拟地震波的偏移方法，他用"偏移成像"的广义概念，在电磁法中确定了正则偏移和解析延拓偏移两种方法。80 年代末，КаМеНесКий 又从激发激化现象理论出发，研究了 TEM 法激电效应特征及影响，成功地解释了 TEM 法晚期电磁响应的变号现象。欧美各国从 20 世纪 50 年代就提出了该方法，也做了一些试验，但大规模发展始于 70 年代，J. R. wait，G. V. keller，A. A. Kaufmann 等人对该方法的一维正、反演进行了大量研究。80 年代以来，欧美各国对 TEM 法二、三维正演模拟技术方法的研究日臻完善。而 TEM 法解释中对深转换理论和应用研究一直走在前列，并提出了许多算法。

国内 TEM 法研究始于 20 世纪 80 年代，由长春地质学院（现吉林大学）、原地矿部物化探研究所、中南工业大学和中国地质大学等单位分别在理论、方法、仪器和野外试验方面做了大量工作，建立了一维正、反演及方法技术理论，研制出 TEM 仪器，而大功率和多功能瞬变电磁仪器主要依赖进口。国内学者在 TEM 法数据处理和解释中也做了大量工作，提出了 TEM 波场转换和拟地震波处理方法。中国矿业大学于景邨教授建立了 TEM 法时间—深度换算数学模型，采用多匝数小回线组合装置探测巷道不同位置的含水构造，取得明显的地质效果。

苏联及匈牙利在矿井直流电法理论和方法等方面开展了广泛研究，并处于领先地位。20 世纪 80 年代，我国煤科总院唐山分院、河北煤研所、煤科总院西安分院等单位开始将直流电法应用到井下，主要探测工作面顶、底板内的含水及导水构造。自 1990 年开始，中国矿业大学与淮北矿业集团合作开展了多种矿井直流电法探测有效性的研究工作，并与矿井高分辨率地震勘探相结合，探测下组煤隔水层厚度。

渭南煤矿专用设备厂在 20 世纪 80 年代研制出模拟磁带煤厚测量仪，在矿井下使用。随后，淮南工学院与长沙旭华无线电厂合作开发了 KDY－1 型数字煤厚测量仪，在一些矿区得到应用。另外，高精度重力测量、红外测温法及氡气测量也在一些煤矿井下应用，用以解决井下小构造、岩溶陷落柱及含水预测等问题。

地球物理测井（测井）起源于法国，1927 年 9 月，法国人斯仑贝谢兄弟发明了电测井，开始在欧洲用于勘查煤和油气，两年后传到美国和苏联。1939 年，我国进行了第一次试验工作。煤田测井始于 1954 年 4 月 22 日，50 年来，经过几代人的努力，我国煤田测井仪器设备不断更新换代，从 50 年代的半自动测井仪、手动绞车，60 年代的半自动照相测井仪，70 年代的车装静电显影测井仪到 80 年代电子计算机控制的数字测井仪，测井仪器已全面应用计算机数字采集、传输和资料的自动处理。其应用领域迅速扩大，资料解释水平和地质成果不断提高。煤田测井已从简单的定性、定深、定厚，向全面定量解释发展。目前，可提供煤层层位、煤岩层产状、煤岩层力学性质（强度指数、杨氏模量、泊松比、稳定性等）、断层参数（性质、断距、破碎带等）、煤层煤质参数（炭灰水含量、元素含量、挥发分、发热量等）、岩层孔隙率、岩性砂泥水含量、含水层参数（涌水量、补给关系、水位）等多种地质成果，其中大部分已应用于地质报告中。煤田测井解决地质问题的能力、薄层分层解释水平均处于世界先进水平。煤田测井在煤矿地质勘探中已成为不可缺少的勘探手段，它可以减少钻井取心工程量，提高勘探速度，降低勘探成本，已经得到广大地质工作者的认可。随着科学技术的发展和应用领域的进一步延伸，煤田测井将发挥更大的作用。

0.2.2 矿井物探主要类型及应用

1. 矿井物探分类

按照本手册对矿井物探工作范围的界定，按物理场分类见表 0－1。

2. 各种物探手段的适用条件和适宜解决的问题

各类物探手段所反映的物理特征决定了它的适用条件和范围。如：地震手段测量的参数为折射、反射、透射地震波的旅行时，动力学参数等，表现的物理特征是地下岩石密度和弹性模量，它们决定地震波的传播速度；电法测量地下岩石电阻、电压、电位等参数，表征的物理场是电导率等。因此，应用物探方法时，要深入研究勘查对象的物性条件，对

表 0-1 矿井物探按物理场分类

类 别			方 法
地震类			地面高分辨二维和三维地震勘探
			横波及多波多分量地震勘探
			井下高分辨地震勘探
			槽波地震勘探
			面波（瑞利波）地震勘探
			岩体声波探测、微地震探测
电法类	直流电法		电测深法：地面电测深、顶底板电测深法
			电剖面法
			高密度电阻率法
			偶极法
	电磁法		频率测深法
			无线电透视法
			矿山雷达
			天然变电场法
			瞬变电磁法
测井类	电测井	自然电场法	自然电位法
			电极电位法
		直流电场法	视电阻率法
			电流法
			侧向测井
			微电极系测井
			激发极化法
		交流电场法	感应测井
	放射性测井		自然伽马法
			人工伽马法
			中子法
	其他测井法		声波测井：声波速度法、声波幅度法
			岩层产状测井
			地温测井
			磁测井
			重力测井
	井内技术测井法		井斜、井径、井液电阻率及超声成像测井等
其他			高精度重力勘探，高精度磁法勘探
			矿井微重力测量
			红外遥感技术
			放射性勘探（氡气测量）

症下药，分析是否满足适用条件，选用适合的方法，注意用多种有效的物探手段综合解释，才能有针对性地解决矿井地质中的问题，取得预期的地质效果。

各类物探手段利用参数、适用条件和解决的地质任务见表 0-2。

表 0-2　各类物探手段利用参数、适用条件和解决的地质任务

方法		物性参数	适用条件	解决的地质任务
地震类	反射波法（折射波法、高分辨二维、三维地震）	岩石纵波、横波、转换波等特征，动力学等特征，如速度、振幅、频率和相位等	折射法应 $V_2 > V_1$；反射法应满足地分界面有明显的波阻抗差；煤层厚度大于 1 m，煤层间距大于 10 m，地层倾角小于 15°时最有利	探测适合成矿条件的地质构造、盖层厚度。广泛应用于普、详、勘探各阶段。三维地震解决煤矿采区内小构造，配合电法对水文地质条件进行评价
	瑞利波法	根据瑞利波各谐波沿垂直自由表面方向衰减不同，测量已频散的瑞利波各分量的传播速度	适用于探测几十米以内地质体的几何形态	岩土分层、断层、洞穴等地质构造或异常
	声波探测	由声源激发的声波和超声波在岩体中传播的速度、振幅、频率、相位等	适用于工程地质及矿山工程小范围探测	研究岩体的物理力学性质、构造特征及应力状态等
	槽波地震勘探	利用在井下煤层中激发和传播的导波（煤层波）	煤层上下界面的速度差异	探测煤层不连续性
	微地震探测	记录和分析具有统计性质的频度、振幅和能率及频率分布等量。利用 P 波、S 波的走时和射线方向定位（微震）	岩体受力变形和破坏时自己发射出的声波和微震	矿山安全动态监测，自然地质灾害预测，建筑工程防震与抗震测试
电法类	激发激化法	极化率、衰减时	探测对象与围岩有明显的电性差异	探测含水地层
	矿井直流电法　自然电位法	自然电位差	浅层地下水流速足够大、有一定矿化度	在岩溶、滑坡覆盖盖层下地下水沿断裂带活动的情况
	顶、底板电测深	井下深度方向电性变化规律	探测地质体与围岩有明显的电性差异	井下水文地质条件，确定煤层厚度
	层测深法	煤层方向视电阻率或视电阻率其变化	煤层顶底板与煤层有明显的电性差异	追踪断层在煤层中延深情况，探测煤层中隐伏断层及其他构造
	电剖面法			预测断层构造扰动，预测掘进头前方地质构造
	单极偶极法	巷道方向某一深度岩石视电性变化，主要测量量参数为电阻率		探测构造扰动，预测掘进头前方地质构造
	高密度电阻率法			预测工作面采前水文地质条件
	直流透视法		将 AB 和 MN 电极分别设置在回采面相邻巷道中，研究巷道间工作面内范围内电场分布规律及变化特点	追踪断层延伸方向，探测隐伏断层和水文地质条件，裂隙发育和含水程度

表0-2（续）

	方　法	物　性　参　数	适　用　条　件	解　决　的　地　质　任　务
矿井电磁法 电法类	矿山地质雷达法	介电常数	井下掘进前方超前探测；井巷探测。适合干气煤、肥煤、焦煤、瘦煤。褐煤及无烟煤层效果不好	顶、底板及回采工作面前方小断层、老窑、空巷、岩溶分布、煤厚、充水小构造、底板隔水层厚度及陷落柱
	无线电波透视法（坑透法）	电阻率介电常数和磁导率	尽量避开井下人为干扰	各种地质体和小构造，如断层、煤厚变化、无充水小构造、陷落柱及底板富水体及岩浆岩侵入等
	大地电磁测深及剖面	电阻率	接地条件困难，存在高阻屏蔽层地区或地段，可做有源、无源电磁测深，瞬变电磁法探测，交流激发激化法等	查找岩溶、断层、裂隙及岩层分界面，探测充水构造
	人工源电磁频率测深法			探测导电、导磁体，寻找充水构造，判别地下岩石富水性
地面重磁类	重力勘探	重力加速度和重力场变化	探测地质体与围岩有明显密度差异	区域性煤田普查，探部大断层。高精度重力仪进行局部构造普查，探测较大溶洞
	磁法勘探	磁场强度、磁化强度	探测的地质体与围岩有明显的磁性差异	探测岩浆岩范围，断层构造带，地下管线探找煤阶段圈定煤系范围及煤田火烧地。探测煤田火烧区及老窑采空区
地球物理测井	电测井	电阻率	在钻井中有泥浆无套管	探测煤层层位、定深，煤层煤质参数，岩层孔隙率，含水层参数、断裂带、岩溶位置、岩溶预测等
	放射性测井	放射性强度		探测煤层产状，煤岩层学性质，煤层厚度、定厚，岩性砂泥水含量，监测地下水污染，核处理场地选址等
	其他测井	井深、井径、井斜、岩石波速、导电率等		
其他	矿井微重力	重力加速度及重力场变化	不同地层有明显密度差	沿巷道或不同水平多巷道，不同深度上测量，划分地层界限，寻找小断层，探测岩溶水；巷道突水点和地下水分布情况
	红外遥感	岩石辐射温度	探测地质体与围岩有明显的温度差异	含水构造预测等
	氢气测量	d粒子数量、强度及异常	将d卡片埋置在煤巷及岩巷壁测量	构造断裂带、跨落带等涌水通道

0.3　综合物探

不可能期望一种直接有效的物探方法完全解决煤矿建设和采掘中所有的地质问题。因此，必须从现有的物探方法出发，有的放矢地研究各煤矿的实际情况，针对其地质条件、地球物理特点，大力倡导针对实际地质问题采用适宜的物探方法，综合运用各种有效的物探手段，提高解决矿井地质问题的能力、精度及勘查效果。

综合物探绝不是将几种物探方法简单的组合，而是一种技术上的创新。它强调综合的目的性和必要性，运用多种物探方法合理配合，取长补短，相互补充，互相印证，甚至更需要与地质、钻探、测井等手段密切配合，综合分析所有资料，做出客观的地质结论，以指导矿井建设和生产。

0.3.1　综合物探

矿井综合物探的实施可贯穿于煤矿建设和生产各个阶段，它不仅配合其他勘探手段为煤矿安全、高效生产提供可靠的地质保障，还可以为煤矿环境保护、生态建设和科学发展提供地质资料。

在矿井建设阶段，主要在勘探（精查）后确定的井筒、首采区（面）位置上，进一步查明小构造和影响矿井建设、投产的关键地层的含水性、导水构造等水文地质特征，为降低矿井建设风险、保证安全提供详细的地质资料，该阶段主要采用地面高分辨率二维和三维地震勘探和电法手段。也有针对特殊地质任务采用高精度磁法和电法来完成，如我国新疆一些矿区探测煤矿火烧区边界。由于煤层顶、底板上覆岩层中一般含有大量的菱铁矿及黄铁矿结核或薄膜，煤层在自然发火时，其顶、底板岩石受到高温烘烤，其岩石中铁质成分发生物理化学变化，形成磁性物质，产生强烈的磁性，且烘烤后的煤层顶、底板岩石磁性随温度升高而增强。据电阻率测井资料，未充水烧变岩比正常岩石的视电阻率要高1倍左右，烧变岩层裂隙发育，尤其是熔融烧变岩，岩石破碎，很易充水。在含水层段，烧变岩的视电阻率与正常岩石相比，均低1倍左右。我国西北地区利用磁法配合电法勘探煤田火烧区，取得了满意效果。

在生产矿井可选用适宜的物探方法在井下实施，以解决水文地质问题。《矿井防治水规程》规定，对怀疑有可能充水地段必须先行钻探，采取"有疑必探"。由于钻探成本高，速度慢，不仅影响探测速度，还可能在钻探过程中引发地下水突出。因此，最科学的方法是采用物探方法探测，然后对物探解释的异常点进行验证，在矿井下利用采区或工作面进行细微构造的超前探测，它可利用上下两条巷道探测煤层及其顶底板，解释是否存在含水岩层和查明含水性或可能导水的构造。因为，地下水渗透矿井大部分是由于采掘工程接近或者揭露了含水岩层、含水或导水构造，或采掘活动改变了岩体自然状态，在矿压和水压作用下使自然形成的隔水层遭到破坏，轻者增大排水量，重者会淹没工作面或整个矿井。目前井下较为有效的物探方法很多，如：槽波地震勘探、层析成像探测技术，它可以在巷－巷、孔－孔探测陷落柱，含水、导水构造。井下直流电法透视对低电阻含水体反映明显，它可探测工作面内的煤层，也可以探测煤层顶、底板中的富水段。坑道无线电波透视法，用大透距抗干扰仪器配合层析成像技术实施巷－巷透视，也可孔－孔透视，可探测出煤层中大于煤层厚度尺度落差的小断层和直径大于30 m的陷落柱。瑞利波探测，该方法探测掘进头前方、巷道两帮和顶底板30 m内的断层、陷落柱、岩溶洞、采空区或老窑等含水、导水构造以及隔水层厚度。矿井地质雷达对巷道两帮、较宽敞的掘进头和煤层底板断层、陷落柱、老窑等含水体进行探测，一般探测距离为 60 m。直流电法探测可以探测巷道顶、底板的隔水层厚度，含水层富水段，可能含水、导水构造，底板下含水层的水位导高。瞬变电磁法探测，在井下巷道中采用多匝数、小回线装置测量，点距一般为10 ~ 20 m，体积效应较小，分辨率、信噪比高，且有效信号延时较长（30 ms 以上），对识别异常信息有利，可针对探测不同位置的地质体来布置回线装置，效果好。对于长度有限的巷道和掘进头小空间范围，其他井下物探方法无法探测的巷道进行有效的探测。

适用于矿井下的物探方法很多，而我国矿井地质条件及地球物理特征差异很大，即便同一矿井下岩层物性也是千变万化的，根据特定矿井的地球物理特征和所要解决的地质问题，选择合适的探测方法。如探测含水（富水）或导水构造与围岩密度差异较大，则主要采用槽波、瑞利波等弹性波方法；若电性差异大，可主要采用直流电法、坑透、雷达、瞬变电磁等方法。但是，弹性、密度、电性是互相关联的，有的低密度岩层也可为低电阻，这就必须采用综合物探技术来解决一个或多个地质问题。

0.3.2 综合物探的搭配原则

物探方法的选择与搭配视探测的地质任务、矿井地质条件、地球物理特征以及矿井的人文环境而定。

根据矿井物探要完成的地质任务，选择合适的物探手段。

（1）在地面以三维地震勘探为主，查明采区小构造。

采用三维地震勘探对矿井建设和生产的作用是：为新建矿井优化矿井初步设计、合理布置采区提供可靠的地质保障。可减少无效巷道，降低矿井万吨掘进率，增加采煤工作面走向长度，提高采煤效率，降低煤炭生产成本。查明小构造（小断层、陷落柱），为矿井采煤工作面布置提供可靠依据。由于避开断层采煤，采煤效率可提高 50%。三维地震勘探严密控制了煤层露头的准确位置、第四系底板深度，划分了第四系含、隔水层，提高了矿井煤层开采上限，增加了资源回收率。

（2）采区三维地震勘探配合电法勘探为矿井防治水提供依据，探明主要煤层顶、底板岩性情况及其富水性。查明奥陶系灰岩顶界面深度及岩溶发育情况，探测含水、导水构造，含水层厚度，采空区赋水状况。查明矿井水文地质条件，解放受水威胁的煤炭资源储量。

（3）其他物探方法，利用高密度电法和高分辨电阻率法探测小煤窑采空区范围；采用高分辨电阻率法和高精度磁法探测煤矿火烧区范围等。

（4）井下工作面探测可在综采设备安装或开采前，以地面采区物探资料为先导，查明并控制工作面内的地质异常体，为工作面安全高效开采提供地质保障。

它可以完成以下地质任务：查明小断层产状及延展、尖灭位置；煤层厚度探测；煤层底板岩性和厚度变化；煤层冲刷（剥蚀）带、无煤区、陷落柱等地质异常体的探测；有突水倾向工作面底板隔水层的构造破坏程度及开采动态监测。

主要采用的井下物探手段有：槽波地震勘探，查明工作面内落差大于 1/2 煤厚断层；无线电波坑道透视法，圈定工作内地质异常体；井下直流电透视法，探测工作面巷道和顶底板内导水、含水构造，富水带及其他地质异常范围；瑞利波探测，近距离探测工作面及下伏煤层赋存情况、剩余煤层厚度，小构造、破坏带等；瞬变电磁法探测岩溶、裂隙、含水构造及富水性；随钻测井技术，配合钻探沿煤层定向钻进（150～300 m）探测工作面内构造及煤厚变化情况。在实际应用时，应针对矿井要解决的地质任务、物探应用条件及矿井人文环境，因地制宜，合理选择物探方法。为减少单一物探方法造成的多解，甚至误判，要用几种有效的物探手段，进行综合解释，更好地完成矿井提出的地质任务和提高资料解释的准确性。

（5）矿井综合物探所取得的资料，主要是岩石物性参数，如：密度、磁性、电性及速度等，结合岩石标本物性测定、地球物理测井等资料分析研究，在统计分析的基础上掌握物性变化规律，为地质地球物理模型的建立、正反演计算提供资料。通过对多种物探资料的综合分析，发现问题和矛盾，有目的、有步骤地进行资料处理和正反演计算，建立接近实际的地质体模型，提高解决矿井地质问题的能力和精度。

0.3.3 综合物探的设计和技术要求

综合物探设计和技术要求视地质任务要求，对选取的各种物探手段进行设计，主要有高分辨二维、采区三维地震勘探和电法等设计。

高分辨二维地震勘探野外采集方法的设计，根据地质任务、干扰波与有效波特点、地表施工条件及地震地质条件而定，通常在勘查区内布设多条测线，在地面条件允许的情况下，测线尽可能布设为直线，一般情况下布设成网状，主测线垂直构造走向布设，联络测线与主测线正交。按照《煤炭煤层气地震勘探规范》要求，采区二维地震勘探测网密度要比精查（勘探）测网密度要密。

激发点与接收排列的相对空间位置关系称为观测系统，为查明地质体的构造形态，必须连续追踪各主要界面或目的层的反射波，并避免发生有效波彼此干涉等现象。按照激发点和接收点相对位置的关系，可把测线分为纵测线和非纵测线两种，目前使用最多的是纵测线，观测系统采用多次叠加，它分为单边激发和双边激发两种。

多次覆盖观测系统的设计，要根据勘查区实际情况，主要煤层埋藏深度、煤系地层倾角、构造发育规律和仪器装备情况，选择合适的观测形式。还要深入调查区内干扰波特点，尤其是多次波，尽可能使多次波等干扰波落入特性曲线的压制带，使煤层反射波进入通放带。二维地震勘探道距一般选择 10 m，在煤层埋藏很浅的情况下道距应更小。

三维地震勘探观测系统，可分为线性三维观测系统和面积三维观测系统。目前采区地震勘探，主要采用面积三维观测系统，这种观测系统有多种形式，使用最多的是"宽"束状观测系统，由于它具有均匀的方位角、均匀的检波距和覆盖次数，时间和空间采样密度大，可以在各种复杂地表条件下（山地、丘陵、戈壁滩、大片城镇、河、湖、养殖场等）进行观测，获得地下各主要煤层的面积资料，解决复杂的地质问题。

1995 年 2 月 13 日，国家开发银行批转的原煤炭石油信贷局《关于基本建设矿井达产采区补做高分辨地震勘探工作情况的报告》（1995）014 号文明确指出："今后，凡需要贷款建设的新矿井，有条件进行采区地震勘探工作的，必须安排采区地震勘探，提高对小构造的控制程度，有条件的矿井均要进行三维地震勘探，否则不予评审"。现在很多煤矿都积极开展采区三维地震勘探，为矿井建设和生产提供了详细的地质资料，取得了良好的效果。

电法和电磁法勘探设计的测网，应尽量与地震测线（束线）重合，以便多种物探成果的综合解释。煤矿电法勘探常用电阻率法和瞬变电磁法配合地震勘探主要解决水文地质问题。野外测网选择和测点布设原则是：煤矿综合物探的区域，一般已知资料（钻孔、地震勘探成果等）较多，电法测线应尽量与已知点连接，测线尽可能垂直探测对象的走向，勘探网度要视地质任务、勘探的详细程度而定，在解决某些地质异常，如岩溶、陷落柱的探测，线距要根据探测对象的大小和埋藏深度确定，确保在平面图上清楚地反映出探测对象的准确位置。要使工作比例尺、测网密度及工作装置的尺度（瞬变电磁法的回线边长）三者相互适应，测点距应能良好反映探测目的层（物）。按照《煤炭电法勘探规范》要求，测点及测线按自西向东、自南向北的顺序编排。

电法勘探施工前要按《煤炭电法勘探规范》编写设计，与其他物探方法一样，包括文字说明、设计附图，设计由编制单位初审后，项目来源单位批准后才能实施。

0.3.4 资料的综合分析

物探资料的综合解释，是利用各种真实可靠的物探资料进行的某些判断。由于物探方法研究对象不是直接的，获得的物探属性都是地下地质现象的间接反映，加之地质体本身的复杂性，地表条件和地球物理特征的多变性，以及各种物探方法本身的分辨率限制，解释人员从物探资料中所得到的结论只是一种相对合理的推断。解释结果的可靠与否，首先决定解释人员对各种物探观测方法中提取的物探属性，如弹性波波速、旅行时、振幅、相位、频率、电阻率、密度、磁性等与地质体之间对应关系的认识和理解，也取决于解释人员掌握的煤田、井田（矿井）先验知识是否全面而准确，还与解释人员的空间想象力、分析方法、软件和解释人员的经验有关。

物探资料的综合解释在方法技术上，主要采用多手段和多学科综合分析和定量正演模拟。

综合解释的必要性：首先表现在克服多解性，由于矿井地质现象的复杂性，不同矿井地质条件的特殊性和多变性，所以物探求解都是不确定的，即不是唯一的解。用物探资料推断解释矿井地质问题，都需要较多的矿井地质先验知识，或者已知的初始条件，而综合解释就是克服多解性的有效方法。再者，还能克服局限性。每种物探方法都有它的局限性，高分辨率二维和三维地震勘探，其垂直分辨率和水平分辨率都有极限，且受各种地质构造影响，如具有一定曲率的向斜、大倾角（大于20°）、地质体速度的空间变化，使波场特征变得极其复杂。电法、电磁法勘探都有"体积效应"，解释的精度很难提高。因此充分利用各种矿井物探方法的自身特点和优势，从众多的物探属性中找出反映特定地质现象最敏感的属性，作为解释的主要依据，从而克服单一物探方法的局限性。最后，可以克服观测误差和各种干扰带来的假象。矿井物探的各种资料都是由相应观测仪器在地面或井下逐点测量，再经计算机或相应的软件处理、加工后获得的，每种方法只能反映探测的地质体某个侧面。例如：地震勘探法反映地下岩石的弹性等物性，重、磁、电勘探法分别反映地质体的密度、磁法、电性等。这些属性都包含着测量误差和干扰因素，用于地质解释的数据不是地质体属性的唯一反映，是有效信息和干扰数据互相叠加的复合数据，而解决这一问题的方法就是各种物探数据综合研究和统计处理，并设法加以消除，提高资料的保真度。

当不同物探解释成果发生矛盾时，应利用正演模拟方法研究特定地质体的地球物理响应，找出问题所在：是资料采集问题，还是资料处理和解释问题。反复迭代，加以改进，得出不能与各种物探成果相互矛盾的符合地质实际的结论。

　　综合解释的方法要遵循从已知到未知，从点到面，从简单到复杂，从局部到全面的步骤进行，在已知点上对物探资料进行标定，即利用钻孔、测井资料所揭示的地质意义，如：用煤层埋深、岩性、厚度（包括上覆岩层的厚度、岩性），与物探地球物理响应（地震旅行时、波形、振幅频率、相位、层速度、电法的电阻率等）之间关系来判断物探资料（如地震剖面中的反射同向轴、电法电阻率、地层剖面等）在已知点的地质含义，为预测远离钻孔或缺少钻孔区域提供依据。这种分析方法的关键在于通过大量的统计分析，建立钻孔位置的先验信息和孔旁物探信息之间的对应关系或判别模式。如用合成地震记录进行地震层位标定，利用振幅（或其他地震属性）信息研究主要煤层厚度及横向变化趋势，模式识别检测小断层等。

　　矿井综合物探解释还应注意以下几点：

　　（1）深入掌握以往煤田（矿区）井田（矿井）及采区的所有地质和物探资料，总结分析出矿井的地质规律和特点，指导和验证综合物探的解释。

　　（2）以岩石物性为基础，掌握矿井物性变化规律，为地质地球物理模型建立及正反演计算提供可靠资料。在此基础上，对矿井物探资料进行分析研究，发现问题要有针对性地进行资料处理和正反演模拟，提高综合物探解决地质问题的有效性。

　　各种物探资料的平面与剖面综合解释，以线带面，使物探资料真实反映矿井地质构造及岩性问题。

煤田高分辨地震勘探

1　地震勘探概述

1.1　术语定义

地震勘探 seismic prospecting　利用仪器检测、记录人工激发地震的反射波、折射波的传播时间、振幅、波形等，从而分析判断地层界面、岩土性质、地质构造的一种地球物理勘探方法。

二维地震勘探 2D seismic prospecting　是沿测线方向进行激发和接收的地震勘探方法。

三维地震勘探 3D seismic prospecting　是一种面积接收技术，它通过地面接收点与炮点的关系，使地下反射点形成一定面积分布、网格密度和覆盖次数的地震勘探方法。

反射波法 reflection survey　利用地震反射波进行地质勘探的方法。通常在激发点附近，即深层折射波的盲区以内接收反射波。在巨厚沉积岩分布的地区，一般在几公里的深度范围内能有几个到几十个反射界面，故能详细研究浅、中、深层地质构造。根据反射波的资料，可求地震波在覆盖层的传播速度和大段地层的层速度，进而能准确地求得界面的埋藏深度并进行大段的地层对比。

折射波法 refraction survey　是利用地震折射波进行地质勘探的方法。由于折射波首先到达地面，所以容易观测和识别，但必须在盲区以外接收它。通过折射波法可以求得界面速度，从而了解折射界面的岩石成分，进行地层对比等。

地震转换波 seismic converted wave　在纵波倾斜地入射到界面时的反射和透射过程中同时产生横波，这种横波称为 PS 转换波。横波倾斜地入射到界面时存在位移向量的法线分量，那么也会从下行横波中形成纵波 SP。

多波地震勘探 multiwave seismic exploration　多波地震勘探是采用三分量检波器采集地震波场，研究地下地层的响应，分析及反演储层岩性及含油气性的一种新地震勘探方法。多波勘探方法是当今世界正在兴起的，具有广阔前景的勘探技术。

频谱分析 spectral analysis　利用傅里叶变换的方法对地震信号进行分解，并按频率顺序展开，使其成为频率的函数，进而在频率域中对信号进行研究和处理的一种过程，称为频谱分析。

滤波 filtering　从一个信号中去除某些频率分量的处理。

虚反射 ghost reflection　是多次反射中的一种。指由爆炸点向上传播，遇到低速带底面或地面后，又向下反射传播，最后又从下面的反射界面再反射至地面的现象。

侧反射 lateral reflection　从测线两侧的障碍物反射或绕射回来的地震波。

交混回响 reverberation　地震波在水层中多次反射造成的一种干扰，在地震记录上以不同振幅多次出现。

鸣震 ringing　地震波在浅水地区水层内短程多次反射互相叠加形成的一种干扰，在地震记录上表现为延续较长的正弦振动形态。

视速度 apparent velocity 沿测线方向观测到的传播速度称为视速度。物理含义是把用真速度沿射线传播的反射波看作是用视速度沿地面测线传播的波动。

时距曲线 hodograph 地震波到达各检波点的时间同检波点到爆炸点的距离之间的关系曲线，曲线上各段的斜率就是各地震波视速度的倒数。

1.2　地震勘探简介

1.2.1　地震勘探方法

地震勘探是用人工激发地震波，通过接收到的地震波来研究地震波在地层中传播的情况，以查明地下的地质构造和物性特征，为寻找煤炭、油气田或其他勘探目的服务的一种物理方法。

地震勘探与其他物探方法相比，具有精度高的优点。其他物探方法都不可能像地震方法那样详细而较为准确地了解地下由浅到深一整套地层的构造特点。地震勘探与钻探相比，又有成本低以及可以了解大面积的地下地质构造情况的特点。地震勘探已成为煤炭、石油勘探中一种最有效的勘探方法。

用地震勘探查明地下地质构造，具体困难是很多的。在沙漠或黄土覆盖的地区，用人工方法产生较强的地震波很不容易；地震波激发和传播过程中，除了产生来自地层界面的反射波外，还会产生各种各样的波，它们会干扰目的层反射波的接收，造成假象；要根据反射波的传播时间来了解地下地层分界面的埋藏深度，必须知道地震波在地层中传播的速度，但要精确地测出地震波的速度也是很困难的。

为了克服这些具体困难，就必须有指导地震勘探生产实践的完善理论和专门的仪器设备，以及一套生产施工的组织和方法。

1.2.2　地震勘探中的主要矛盾

运用地震勘探的基本原理来实现查明地下地质构造的目的，会遇到很多具体的困难，要解决很多矛盾。

（1）在激发地震波后，地面就因地震波的传播而振动起来，地震勘探就是要研究地面振动所传达的关于地下地质构造特点的信息。要在地面发生振动的短暂的时间内即时进行研究是不可能的，必须把地面振动的情况用适当的方法记录下来，以便于在室内处理。

（2）由于传播路程长短的不同，地层界面物理性质的差异等，来自地下许多地层界面的各个反射波的强弱相差悬殊。人工激发的地震波所引起的地面振动是微弱的，要把浅层的强反射和深层的弱反射同时记录下来，不仅要求能对微弱的信号进行放大，还要求这种放大作用可以随着各个界面的反射波本身的强弱而改变。

（3）能用来解决某些地质问题的人工激发的地震波称为有效波。但激发之后，在地面实际接收的振动中必然会夹杂着各式各样的干扰波，为了查明地下地质构造，在野外记录和室内处理过程中，突出有效波，压制干扰波就是一个十分重要的问题。

（4）地震波的传播特点与地下地质构造之间是密切联系的，这是应用地震勘探方法来研究地下地质构造的依据。但是最后在地震剖面上反映出来的各种地震波有些可能反映地下地质构造特点的假象。透过地震剖面上错综复杂的现象，揭示地下地质构造的实质，是地震资料处理和解释中要解决的一个大问题。

1.2.3　地震勘探的发展

地震勘探就是围绕着解决上述一系列矛盾,在地震波的基本理论、仪器设备、野外工作方法、处理技术、解释方法等各个方面,不断改进,不断发展的。这个发展过程大致可以分为3个阶段。

第一阶段是用光点记录,其系统精度低,动态范围小,通常只有20 dB。这样得到的原始资料质量差,资料全部由人工整理,效率低,精度也不高。

第二阶段是用模拟磁带记录,其系统精度仍低,动态范围也只有30 dB,在室内可以用模拟磁带基地回放仪,改变仪器因素反复处理。资料整理工作实现了部分自动化,资料质量也有了较大的提高,并可直接得到形象地反映地下地质构造形态的地震时间剖面。

第三阶段是用数字磁带记录,其有效动态范围达100 dB以上,且采样率高,从而大大地提高了原始资料的质量。此外,使用数字电子计算机后,资料处理方法更加完善、灵活、精确,资料整理的自动化程度和工作效率都获得大大提高,成果资料也更加丰富。

在地震勘探的野外工作方法方面,也有过两次重要的改革。地震勘探的初期,是每道用一个检波器接收,在20世纪50年代利用了检波器组合技术,即在一个接收点上用几个检波器,按一定的方式排列,把它们接收到的振动叠加起来,作为在该点接收到的地震信号。这种方法能有效地压制面波和微震之类的干扰。

随着模拟磁带技术的应用,在20世纪60年代中期,人们又提出了多次覆盖和共深度点叠加技术。以往的地震工作对地下反射界面只进行一次观测,而多次覆盖方法是适当地布置激发点和接收点,使得几次激发和接收都能得到来自地下同一点的反射。在室内处理阶段,再按一定的方式把几次分别得到的来自同一反射点的信号叠加起来,这种方法能大大提高地震资料的质量,压制多次波效果尤其显著。此外,多次覆盖方法获得的原始资料还可以用来较准确地计算地震波的传播速度。多次覆盖方法是地震勘探又一次巨大进步,它与数字地震技术是现代地震勘探已发展到一个新水平的两个主要标志。

1.2.4　国内地震勘探概况

新中国成立初期到50年代中期,我国从无到有,开展了地震勘探工作。

从50年代后期起,研究人员在工作方法上采取了如高灵敏度、高分辨率、低干扰背景、低振幅,即所谓"两高两低"等一些措施,获得了面貌清晰、层次清楚的地震记录。在大庆油田的勘探开发中,地震勘探取得了很大的成功,从此确定了地震勘探在各种物探方法中的优先地位。

1965年,我国依靠自己的力量试制成功第一台模拟磁带地震仪,到70年代初实现了模拟磁带化。这期间多次覆盖技术也得到推广,资料采集、资料处理、解释方法等方面都有较大进步。

1972年试制出第一台数字地震仪,1973年我国自行设计制造的第一台100万次数字电子计算机及地震专用外围设备正式用于处理地震资料。

现在全国的地震资料已全部采用数字处理,野外地震仪全部实现了数字化,数字地震仪在20世纪90年代后由集中式的模拟传输逐渐过渡为分离式数字传输,仪器向轻便化、智能化发展,多道接收、高采样率、大动态范围、高存储密度和速度已成为我国地震勘探的主流。数字处理技术也由叠加、偏移向叠前偏移、目标处理以及正、反演技术发展,超大型计算机、工作站广泛应用,PC机群正在推广。随着处理技术的发展、工作站的广泛应用，地震资料也逐步实现了交互解释，解释的目标也由初期的构造解释逐渐过渡为构造和岩性解释并举。

1.2.5 地震勘探的前提及相关的波

地震勘探是地球物理勘探的一种方法。每一种物探方法都是以研究岩石的某一种物性为基础的，地震勘探所依据的是岩石的弹性。地震勘探采用人工的办法，用炸药或其他震源激发弹性波，沿测线的不同位置用地震勘探仪器检测大地的振动，通常把数据以数字形式存储于磁带、磁盘等介质上，并以易于进行地质解释的形式显示其结果。由于地震波在介质中传播时，随所通过介质的力学性质及几何形态的不同而变化，如果掌握了这些变化规律，根据接收到的波的运行时间和速度资料，可推断波的传播路径和介质的结构，而根据波的振幅、频率及速度等参数，则有可能推断岩石的性质，从而达到勘探的目的。

在地震勘探中激发会产生各种各样的地震波。按波在传播过程中质点振动的方向来区分，可以分为纵波和横波。激发造成岩石的膨胀和压缩，使质点振动的方向与波传播的方向一致，即主要产生纵波。由于实际的爆炸作用不具有球形对称性以及实际的地层不是均匀介质，因此也会产生使质点沿着与波传播方向相垂直的方向振动，即形成横坡。纵波比横波强得多，目前在地震勘探中主要利用纵波。

地震波又可分为体波和面波。在无限均匀介质中只产生纵波和横波。纵波和横波可以在介质的整个立体空间中传播，称为体波。

除了纵波与横波外，还会产生一些与自由表面或岩层分界面有关的特殊的波。这种类型的波只在自由表面或不同弹性的介质分界面附近观测到，其强度随离开界面的距离加大而迅速衰减，称为面波。

按照波在传播过程中的传播路径的特点，又可以把地震波分为直达波、反射波、透射波、折射波等（图1-1）。

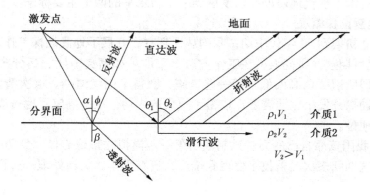

图1-1 与地震勘探有关的各种波

一般来说，当一个纵波入射到反射界面时，既产生反射纵波和反射横波，也产生透射纵波和透射横波。与入射波类型相同的反射波或透射波称为同类波，改变了类型的反射波或透射波称为转换波。入射角不大时，转换波的强度很小，垂直入射时，不产生转换波。

1.2.6 地震勘探的工作阶段

地震勘探基本上可分为3个阶段：

第一阶段是野外工作或称资料采集。这个阶段的任务是在地质工作和其他物探工作初步确定的有希望的靶区布置测线，人工激发地震波，并用野外地震仪把地震波记录下来。这一阶段的成果是记录了地面振动情况的磁带、光盘、硬盘等介质，另外还有监视记录、仪器班报等。

第二阶段是室内资料处理。这个阶段的任务是根据地震波的传播理论，利用计算机，对野外获得的原始资料进行各种去粗取精、去伪存真的加工处理工作，在这个过程中，从不同方位得到的地下地质体的地震响应并成像，它直接或间接地反映了地质体的形态。这一阶段得出的成果是地震时间剖面或地震数据体和地震波速度资料。

第三阶段是地震资料的解释。经过计算机处理得到的地震剖面，虽然已能反映地下地质构造的一些特点，但地下的情况是很复杂的，地震剖面上的许多现象，既可能反映地下的真实情况，也可能有某些假象。在二维地震剖面上只能看出地层沿剖面方向的起伏形态，而没有一个完整的立体的概念。地震资料的解释就是运用地震波传播的原理，综合地质、钻井和其他物探资料，对地震剖面进行深入的分析研究，对各反射波对应的地质层位做出正确的判断，对地下地质构造的特点做出说明，并绘制反映某些主要层位完整的起伏形态的图件——构造图。

1.3 地震勘探方法分类

地震波的传播路径所遵循的规律与几何光学极其相似。波在传播过程中，遇到弹性分界面时，将产生反射和折射，接收其中不同的波，就构成不同的地震勘探方法。

1.3.1 按激发、接收方式分类

1. 二维地震勘探

二维地震勘探是沿测线方向进行激发和接收的地震勘探方法。得到的基本资料为水平叠加剖面，单道资料为共中心点下的法向时间—振幅序列，特殊波不能有效收敛、归位，不能直观反映测线下的地质形态。虽然激发和接收沿测线方向，检波器组合仍可采用面积组合、纵向线性组合、横向线性组合等形式。

2. 三维地震勘探

三维地震勘探是一种面积接收技术，它通过地面接收点与炮点的关系，使地下反射点形成一定面积分布、网格密度和覆盖次数。它的特点是不受直线限制，可灵活布置测线，从不同方位取得反射资料，较二维地震容易得到高覆盖次数；利于发挥多道仪器的优势，用有限资金获得更多的地震数据，投入产出比高；资料全面，有利于后续处理手段的发挥，特别是对资料进行真三维偏移归位，提高解释精度。基于以上优点，三维地震技术发展迅速，理论更完善，应用效果好，成为煤矿安全高效开采的首选物探手段。

还有一些观测方法介于上述两者之间，也有的称为三维观测系统。实际上它只具备了部分的三维采集和处理特征，但其结果仍具有浓厚的二维特征。如宽线、弯线、非纵观测技术等。

3. 其他

特殊情况下也有采用单点激发接收的勘探方法，既可单次覆盖，也可多次重叠。如地震测井和巷道中的超前探测以及工程中的测桩等。

1.3.2 按波的类型分类

按波的类型分，地震勘探有反射波法、折射波法、透射波法、多分量地震勘探、面波勘探等。

1. 反射波法

人工地震波向地下传播到不同介质的波阻抗（即岩石密度与波速的乘积）分界面（称反射面）上，所产生的反射波通过地面检波器和地震仪接收记录下来，用来解决地质问题，这种物探方法称反射波地震勘探。反射波法是煤田地震勘探的主要手段，也是本部分的重点。

当地层倾角不大时，零偏移距反射波的全部路径几乎是垂直地面的，在测线的不同位置法线反射时间的变化就反映了地层的构造形态。反射波法主要用来查明褶曲、断层及角度不整合等地质构造。

反射波法的使用条件：反射界面上、下岩层的波阻抗有明显的差异，差异越大，反射强度越大。

2. 折射波法

人工地震波向地下传播到两个波速不同且下伏岩层波速大于上覆各岩层波速的岩层分界面，当入射角大于临界角时，它所产生的折射波通过地面检波器和地震仪接收记录，用来解决地质问题，这种物探方法称折射波地震勘探。

折射波法主要用于在隐伏煤田填绘基岩地质图，划分具有明显波速差异的岩层，圈定含煤边界，确定较大断层位置及研究浅部的地质构造等。

3. 透射波法

透射波法是研究穿透不同弹性分界面的地震波，这种波与光学中的折射波相同。它要求激发点和接收点分别位于弹性分界面或地质体的两侧，大多在坑道或钻井中应用，根据透射波的传播时间，可以测定钻井或坑道附近地质体的形态及波在介质中传播的速度。地震测井及微地震测井就是采用透射波法。

以上3种方法中，反射波法应用最广，折射波法次之，透射波法只作为辅助手段，但因各具特色，在解决实际地质问题时要具体选择不同方法或相互配合。

4. 多分量地震勘探

横波具有较纵波速度小的特点，有利于在时间域显示地质异常。利用接收横波震源激发横波进行勘探的方法称为横波勘探。但横波勘探方法震源能量弱、信噪比低，在煤田地震勘探中实例较少，更多的是应用于浅层工程勘探等。通过接收转换波进行勘探也是一种方法，但在对转换波的处理上存在技术上的瓶颈，目前一般效果不如纵波方法。

目前多分量勘探方法正处于研究阶段，它是通过接收纵波分量和转换波分量进行勘探的方法，它同样有二维和三维两种方法，正在研究阶段的三维三分量同样遇到了资料处理的难题，而且当前的处理局限于单分量单独处理、解释，与理想中的三维三分量方法尚有较大差距。

5. 面波勘探

在有介质分界面存在的情况下，除了像反射波和透射波这样的体波外，还存在一类沿分界面传播，且只在界面附近的两层中才有适当强度的面波。

面波与折射波颇为相似，但却有着本质的不同。折射波是一种蜕化的体波，它的速度由介质的参数和入射波的方向决定，而面波是波动方程的一种形式的解，它的速度完全由介质的参数决定。

在弹性介质的自由表面上，可形成一种类似水波的面波，称为瑞利（Rayleigh）波。瑞利波中包含 P 波和 SV 波两种成分，但不包含 SH 波成分。如果在介质表面上有一低速的弹性覆盖层，会在覆盖层与下部介质之间的分界面上出现一种 SH 波，称为拉夫（Love）波，另外，在任意两种介质的分界面上也可以形成一种瑞利型面波，这种波称为斯通利（Stoneley）波。

如果介质表面并非完全"自由"的，它上面还存在一非弹性的覆盖层，例如地面上的表土层等，那么当考虑到此覆盖层的质量时，瑞利波的性质会有所变化。

有非弹性覆盖层存在情况下的瑞利波方程式，即式（1-1）揭示了介质表面上的疏松介质对瑞利波的影响。

$$\left[\rho v_S^2 (2 - v_P^2/v_S^2) - \gamma v_R \omega (1 - v_R^2/v_P^2)\right](2 - v_R^2/v_S^2) =$$
$$2(1 - v_R^2/v_P^2)\left[2\rho v_S^2 (1 - v_P^2/v_S^2) - \gamma v_R \omega)\right] \tag{1-1}$$

由这一方程同样可解出瑞利波的速度 v_R。v_R 不仅与介质的参数（ρ、v_P、v_S）有关，还与圆频率 ω 有关，不同频率的瑞利波的传播速度是不同的。各简谐波有不同的传播速度，在经过一定的时间后，波的延续长度比开始有所增大，这种现象就是波的频散现象。

面波勘探就是利用了上述原理，通过接收浅层的面波计算松散层的波速。这种方法主要应用于工程勘察中，在煤田地震勘探中，面波一般是作为"干扰"出现的。

1.4 几何地震学与波动地震学

1.4.1 地震波的运动学与几何地震学

地震波的运动学是研究地震波前的空间位置与其传播时间的关系，即利用几何方法研究地震波的传播物理过程的学科，与几何光学相似，也称几何地震学。

1. 惠更斯 – 菲涅尔原理

波是振动在介质中的传播，是通过介质中的相互作用来进行的。波到达较早的部分对较晚的部分起着信号源的作用，波源产生的子波以所在点波速传播、叠加形成一系列波前。

2. 绕射积分理论——克希霍夫公式

惠更斯 – 菲涅尔原理描述了波的传播，但不能具体计算某一观测点的波场问题。作为惠更斯 – 菲涅尔原理的解析叙述，克希霍夫公式［式（1-2）］利用闭合面 Q 上已知前一时刻 t_1 的位移位 $\varphi(x, y, z, t_1)$ 及其导数，计算 Q 面外任一点 $M(x_1, y_1, z_1)$ 上 t 时刻的位移位 $\varphi(x_1, y_1, z_1, t)$。

$$\varphi(x_1, y_1, z_1, t) = -\frac{1}{4\pi}\iint_Q \left\{ [\varphi]\frac{\partial}{\partial n}\left(\frac{1}{r}\right) - \frac{1}{r}\left[\frac{\partial\varphi}{\partial n}\right] - \frac{1}{vr}\frac{\partial r}{\partial n}\left[\frac{\partial\varphi}{\partial t}\right] \right\} \mathrm{d}Q \tag{1-2}$$

3. 费马原理

波在各种介质中的传播路线，满足所用时间为最短的条件。这个路径就是射线，它垂直于运动的波前面。

4. 斯奈尔定律

波（纵波和横波）在层状介质中传播遇到波阻抗分界面时将产生反射和透射，其入射角的正弦与出射角的正弦之比等于两介质的波速比，这就是斯奈尔定律。

$$\frac{\sin\alpha_P}{v_{P_1}} = \frac{\sin\beta_P}{v_{P_2}} = \frac{\sin\beta_S}{v_{S_2}} = \frac{\sin\gamma_P}{v_{P_1}} = \frac{\sin\gamma_S}{v_{S_1}} = \frac{\sin\alpha_S}{v_{S_1}} \tag{1-3}$$

式中　　v_P、v_S——纵波和横波速度，m/s；

　　　　1、2——分界面上、下介质；

　　　　P——纵波；

　　　　S——横波；

　　　　α——入射角；

　　　　β——折射角；

　　　　γ——反射角。

波阻抗分界面上反射与折射波的形成及相互关系如图 1-2 所示。介质速度 $v_2 > v_1$ 时，入射角增大到一定程度（临界角 i_0），透射波沿两介质间的界面滑行出现全反射，称为折射波。

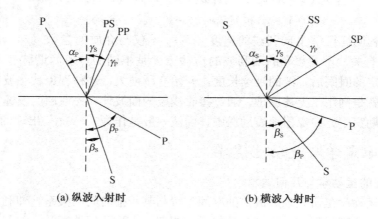

(a) 纵波入射时　　　　　　　　(b) 横波入射时

图 1-2　分界面上反射波、折射波的形成及相互关系

当 $\beta = 90°$ 时，分界面上产生首波，这时

$$\sin\alpha = \sin i_0 = \frac{v_1}{v_2} \tag{1-4}$$

5. 时距曲线

地震勘探也可用单道接收，通过调整炮点、检波点的次序与位置可以达到与多道接收类似的效果。采用自激自收方法是最简单的地震勘探方法，可在测桩、矿井超前探中应用。用单道方法进行资源勘探具有成本高、效率低、剩余静校正效果差的特点，考虑到技术经济的合理性，实际工作中多采用多道接收的方法。

（1）共炮点道集（单炮记录）的时距曲线。波从震源出发沿测线多道接收，传播到测线上各观测点的传播时间 t 与观测点相对于激发点（取作坐标原点）的距离 x 之间的关系。

一般情况下，地下任意界面反射波时距曲线可由图 1-3 和式（1-5）表示。应注意 x 的方向性。

$$t = (x^2 + 4h^2 + 4xh\sin\varphi)^{1/2}/v \tag{1-5}$$

式中　　　　t——接收时间；

x——炮点到检波点的距离；

h——激发点下的界面法向深度；

φ——地层的倾角；

v——反射波速。

当 x 为 0 时，$t = 2h/v$，称为自激自收时间。

当 $\varphi = 0$ 时，$t = (x^2 + 4h^2)^{1/2}/v$，称为水平界面、均匀覆盖介质的反射波时距曲线方程。

式（1-5）可变换为

$$t^2/a^2 - (x - x_m)^2/b^2 = 1 \qquad (1-6)$$

$$a = [(4h^2 - 4h^2\sin^2\varphi)/v^2]^{1/2}$$

$$b = (4h^2 - 4h^2\sin^2\varphi)^{1/2} \qquad x_m = -2h\sin\varphi$$

这表明均匀覆盖介质下的水平界面反射波的时距曲线为双曲线。在 x_m 处（虚震源的正上方）反射波返回地面的时间最短，$t_m = 2h\cos\varphi/v$。

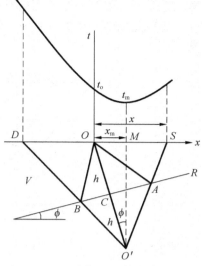

图 1-3　任意界面反射波时距曲线

如果在一点激发，同时在一个面上（例如地面）的许多点进行接收，就可以记录下波到达观测面上各点的时间。在直角坐标系中此面上每一点的位置可用它的坐标（x，y）表示，波的到达时间 t 就是观测点坐标（x，y）的二元函数，称为时距曲面方程。这是进行三维地震勘探的基础。

（2）共反射点道集的时距曲线。采用多次覆盖工作方法时，在界面水平的情况下，经过抽道集可得到一系列炮点、检波点关于反射点对称的共反射点道集，将检波点与接收点互换，可得到完整的共反射点道集的时距曲线。

$$t = \frac{1}{v}\sqrt{x^2 + 4h_0^2} \qquad (1-7)$$

式中　t——接收时间；

x——炮点到检波点的距离；

h_0——反射点的垂向法向深度。

（3）共中心点道集的时距曲线。在界面倾斜的情况下，炮点、检波点关于共中心点 M 对称的反射点位于共中心点在界面法向投影点的上方（图 1-4），按水平叠加原理抽取的道集称为共中心点道集，时距曲线方程可表示为

$$t = \frac{1}{v}\sqrt{x^2\cos 2\alpha + 4h_0^2} \qquad (1-8)$$

式中　t——接收时间；

h_0——中心点下的界面法向深度；

α——倾角。

此式与共炮点道集（单炮记录）的时距曲线方程具有相同的原始形式，但含义有本质的区别，它表示对应共中心点的一系列炮点、检波点，反映的是界面上一个点的情况，而后者表示一个激发点和对应的一个反射段上的一系列点，反映的是界面上一系列点的情况。

（4）多次波时距曲线。波在两种介质分界面上产生反射的根本原因是界面两边的密

度和波速不同。经某一个界面反射一次后，便返回地面被接收到的波叫一次反射波，或一次波，也就是所要利用的有效波。经界面多次反射后被观测到的波叫作多次反射波，简称多次波。

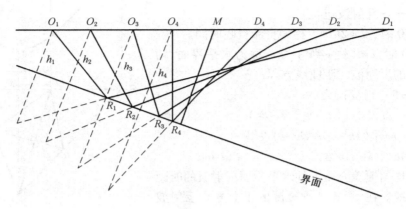

图1-4 倾斜界面共中心点道集

多次反射波根据传播路径特点分为全程多次波、部分多次波和虚反射。

与正常一次反射波比较，多次反射波的特殊性在于它在传播路径上经多次反射，故有与一次波不同的特点；但它们又都是反射波，所以具有许多相似之处。

反射界面 I 如图1-5所示，二次全程多次波可以看成假想界面 II 上的普通一次反射波，波速为 v。

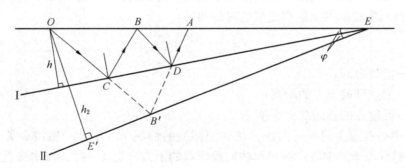

图1-5 二次全程多次波示意图

因此二次反射波的时距曲线方程为

$$t = \frac{1}{v}\sqrt{x^2 - 4h_2 x \sin 2\varphi + 4h_2^2} \tag{1-9}$$

对 n 次全程多次波，可写成一般形式

$$t = \frac{1}{v}\sqrt{x^2 \pm \frac{4hx\sin^2 n\varphi}{\sin\varphi} + \frac{4h^2\sin^2 n\varphi}{\sin^2\varphi}} \tag{1-10}$$

对应的假想界面的法向深度为

$$h_n = \frac{\sin n\varphi}{\sin\varphi}h \tag{1-11}$$

产生全程多次反射的最多次数决定于 $n\varphi < 90°$。当界面视倾角 $\varphi = 0$ 时，式（1 - 10）变为全程多次反射波的时距曲线，为双曲线。

随着反射次数增多，时距曲线极小点向界面上升一侧偏移，当反射界面为水平时，n 次全程多次波的 t_0 值为一次波的 n 倍。在倾角很小时，也近似符合这一规律。工作中常用该方法判定多次波。

无论是水平界面还是倾斜界面，全程多次波时距曲线与具有相同极小点的一次波时距曲线相比，具有较低的视速度，曲率较大，处在一次波时距曲线之上。多次波的这个特点十分重要，它是目前用多次覆盖法压制多次波的理论依据。

6. 速度

地震波在地层中的传播速度是一个十分重要但又很难准确测定的参数。

地震波在地层中的传播速度与岩石弹性常数有关，与岩性有关。纵波与横波速度之比取决于泊松比。大多数情况下，泊松比为 0.25 左右，所以纵波与横波的速度比值 v_P/v_S 一般为 1.73。

地震波在地层中的传播速度与岩层的密度及岩石的年代、埋藏深度有关，通常密度大的、年代久的、埋藏深的岩层对应的速度越大。而孔隙率越大、含水性越高的地层则对应的速度越小，这是进行油气和煤田勘探赋水性解释的基础。

在实际生产工作中，不可能确定速度与空间的这种函数关系，而只能根据工作的需要和地震勘探方法对极其复杂的实际情况作种种简化，建立各种简化介质模型，并引进各种速度概念。

（1）平均速度 V_{av}。层状介质中某一界面以上介质的平均速度就是地震波垂直穿过该界面以上各层的总厚度与总传播时间之比。

（2）均方根速度 V_R。为了利用双曲线公式计算动校正量，把覆盖层不均匀的水平界面反射波时距曲线简化为双曲线时引入的速度。均方根速度在数值上是把各层的速度值的平方按时间取其加权平均值再开方

$$V_R = \left(\sum_i^n t_i V_I^2 \bigg/ \sum_i^n t_i \right)^{1/2} \tag{1 - 12}$$

（3）等效速度 V_φ。当 $V_\varphi = V/\cos\varphi$ 时，均匀覆盖介质下倾斜界面反射波共中心时距曲线可表示为均匀介质情况下的形式，V_φ 称为等效速度。

（4）叠加速度 V_α。一般情况下的共中心点反射波时距曲线可以写成双曲线形式，这时的速度称为叠加速度。对于倾斜界面，V_α 就是 V_φ；对于水平层状介质，V_α 就是 V_R。在资料处理时把共反射点道集同相轴校成水平，即得到最佳叠加效果时的速度即为叠加速度，可由速度谱求取。

1.4.2 物理地震学与波动地震学

1. 物理地震学

物理地震学认为地震波是一个波动，不能简单地把它看成沿射线传播。基本观点就是认为绕射是最基本的，反射波是反射界面上所有小面积元产生的绕射波的总合，几何的点或线是不能产生绕射波的，实际上能被记录到的具有一定能量的绕射波是由具有一定面积的界面产生的。这种绕射又称为广义绕射。

一段界面上的反射波可以看成由界面上许多面元产生的绕射波叠加的结果。地下的一

绕射点 D 在地面许多点观测所得点绕射时距曲面如图 1－6 所示。

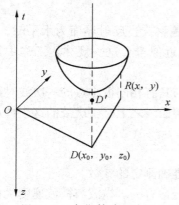

图 1－6　点绕射时距曲面

设绕射点 D 的坐标是 (x_0, y_0, z_0)；D 点以上的速度为 v，且介质均匀，激发点坐标为 O，接收点 R 在地面上的坐标是 (x, y)。则由 O 经绕射点 D 到接收点 R 的旅行时 t 为

$$t = \frac{1}{v}\left(\sqrt{x_0^2 + y_0^2 + z_0^2} + \sqrt{(x - x_0)^2 + (y - y_0)^2 + z_0^2}\right)$$

(1－13)

图中的时距曲面是旋转双曲面，D 点在地面的投影为 D'。对于二维地震来讲，时距方程为双曲线。

物理地震学的概念与几何地震学的概念两者并不是矛盾的。物理地震学和几何地震学的适用范围主要取决于所勘探的断块大小与地震波波长大小的关系。如果断块的大小比地震波波长大得多，几何地震学是行之有效的。如果断块很小，小到与地震波波长相当，就应当用物理地震学的概念来解释小断块构造的各种地震波特点。它们的差别还在于：几何地震学只研究运动学问题，它不能保留波的动力学特点，对复杂地质构造产生的复杂的波场就不能做出正确的解释，而物理地震学处理地震波的波场时，既考虑了波的传播时间，又考虑波的强度，同时研究运动学和动力学问题。

短反射段（反射段长度 $2a$，地震波波长 λ，埋藏深度 H 三者之间满足 $1/10 < a^2/\lambda H < 1/2$ 的反射段称为短反射段）的反射波相当于点绕射。它的时距曲线和几何点绕射几乎一样，但与几何点绕射还是有本质的区别，它是相距较近的两个断点形成的，在时间剖面上见到有极小点的对称双支绕射，是短反射段的反映，它不代表断棱点（图 1－7）。

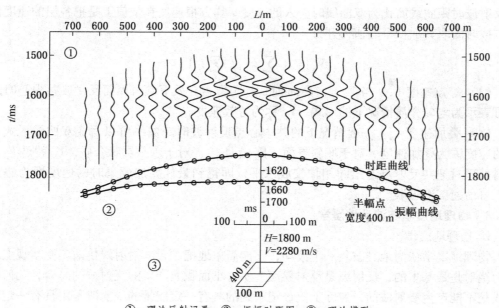

①—理论反射记录；②—振幅时距图；③—理论模型

图 1－7　小断块模型的理论反射记录及其振幅、时距曲线

半无限大界面断棱的绕射波在棱的上方振幅为反射波的一半，从棱的两侧分别趋向于棱时，绕射波振幅逐渐增大，反射波振幅逐渐减小，至棱的上方两者相等。

关于绕射和分辨率问题，物理地震学都做出了正确的解释，这正是它与几何地震学的差别。

2. 波动地震学

地震波的动力学是区别于它的运动学来说的。运动学是研究波的传播规律，波的动力学则主要从能量的角度来研究波的特征，例如波的能量、振幅、波形、吸收等。

长期以来，地震勘探主要通过研究地震波的运动学特点来推断地下的构造形态，这使地震勘探具有很大的局限性。地震波实质上是在地下岩层中传播的弹性波，传播的基本规律是由弹性波的波动方程来反映的。因而讨论地震波的动力学问题就是波动方程的建立和它的解。

物理地震学从波的绕射叠加观点出发，也考虑到地震波的波动特性，来讨论地震波能量变化。它的计算比解波动方程简单，结果也比几何地震学有其独到之处——有能量概念，是讨论某些地震波动力学问题比较简便易行的办法。

1.4.3 几何地震学与波动地震学的关系

地震波动力学是从介质运动的基本方程——波动方程出发来研究地震波的传播特点的。这种研究地震波的方法及内容也称为波动地震学。与之相对应，地震波运动学是通过波前、射线等几何图形来研究地震波的传播规律的，因而称为几何地震学。波动地震学是关于地震波传播的最基本的和最精确的理论，而几何地震学只能是它的一种近似。

几何地震学中时间场的微分方程式的标量形式

$$\left(\frac{\partial t}{\partial x}\right)^2 + \left(\frac{\partial t}{\partial y}\right)^2 + \left(\frac{\partial t}{\partial z}\right)^2 = \frac{1}{v^2(x, y, z)} \qquad (1-14)$$

称为时间特征方程，它是几何地震学的基本方程。在一定的边界条件和初始条件下，就可以求相应的时间场函数 $v(x, y, z)$，从而也就知道了地震波的全部运动学特点。

和几何地震学中的时间特征方程相对应，波动地震学的基本方程为波动方程。三维标量波动方程的形式为

$$\nabla^2 f = \frac{1}{v^2(x, y, z)} \frac{\partial^2 f}{\partial t^2} \qquad (1-15)$$

当地震波的波长很小，且振幅 A 满足 $\nabla^2 A$ 为有限值时，波动方程可以过渡到时间特征方程。也就是说，波动地震学可以过渡到几何地震学。这两个过渡条件也就是几何地震学的应用条件。

波长很小是相对于地层剖面中的不均匀体的尺寸而言的。而像界面聚焦点这样一类特殊点的波场情况也必须用波动地震学来说明，因为在这些点上，地震波的振幅变得非常强，几何地震学已不再适用。

1.5 地震波的频谱

1.5.1 频谱分析

每一个简谐信号都具有振幅、频率和相位 3 个参数，只要简谐分量足够多而它们的参数又选得合适，就几乎能够合成任意所需的振动。

简谐振动产生的波也称为正弦波，其频率 f、波长 λ、周期 T、波速 V 之间具有以下关系

$$V = \lambda f = \lambda / T \qquad (1-16)$$

非简谐振动不能简单地讨论其周期与频率，只能研究其视周期与视频率。

一个复杂的振动信号，可以看成是由许多简谐分量叠加而成，这些简谐分量及其各自的振幅、频率和初相就叫振动的频谱。所谓频谱分析，也就是利用傅里叶方法来对振动信号进行分解进而对它进行研究和处理的过程。计算信号 $f(t)$ 频谱的傅里叶变换公式为

$$F(\omega) = \int_{-\infty}^{\infty} f(t) e^{-j\omega t} dt \qquad (1-17)$$

1.5.2　地震波的频谱特征

与地震勘探有关的一些波，总的来说具有图 1-8 所示的频谱特点。面波的频率较低，为 10～30 Hz，反射波的主频一般为 20～80 Hz，风吹草动等微震的频谱比较宽，声波的频谱在 100 Hz 以上的比较高频的范围，工业交流电干扰主频是 50 Hz，并有一个很窄的频带。

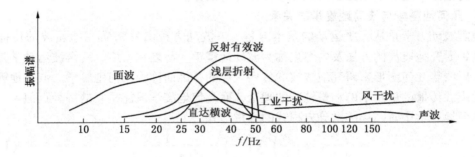

图 1-8　与地震勘探有关的一些波的频谱

在不同地区、同一地区的不同地层、采用不同仪器及工作方法等，记录下来的地震波的频谱都会有所不同。

激发条件对地震波也有一定的影响。在用炸药激发，药量增大时，地震波的频谱移向低频；在弹性较大的硬介质中激发时，地震波具有较高的频谱。因此在高分辨率地震勘探中，常采用小药量、多井组合激发方式，选择合适的激发岩性，可以使激发出的地震波的频谱更合乎要求。

不同类型的地震波的频谱也有差别。同一界面的反射纵波比反射横波具有较高频的频谱。

同一类型的地震波（例如反射纵波），随着传播距离的增加，频率较低，由浅到深各界面的反射波的主频一般来说也是逐渐降低的。

1.5.3　采样定理

野外地震仪记录频率范围应包括地震有效波的整个频率范围。在光点记录阶段，因为不能在室内重复处理，在野外记录时就采用频率滤波措施，不可避免地损失了有效波的高频和低频成分，降低了地震勘探的分辨能力；模拟磁带记录阶段，把地震频率范围扩展到15～210 Hz 左右；在采用数字技术后，处理水平也大大提高，已把记录频率范围扩展到

3~250 Hz，甚至更宽。

单一频率的连续信号，在离散取样时，由于取样频率小于信号频率的两倍，即每一个周期内取样不足两个，取样后变成另一种频率的新信号，这就是频率域的假频。此外地震波的波剖面也有假频问题，即与接收点的疏密有关的空间假频。

若信号满足当频率大于某一固定的频率 f_c 时，信号的频谱为 0，则只需按 $\Delta t < 1/2f_c$ 这样的采样间隔进行取样，所得序列能够包含信号的全部信息。这就是采样定理。

1.5.4　数字滤波

频率滤波在数学上就是对被滤波信号的频谱的某种改造，可以用电子线路，也可以用数学运算，前者称为模拟滤波，后者就是目前数字处理中广泛采用的数字滤波。

线性滤波方程可以在频率域或在时间域表示，数字滤波也可以根据这两种关系分别在频率域或时间域实现。应用线性滤波方程讨论地震勘探问题主要有 3 种情况：

（1）已知输入 $f(t)$ 和系统特性 $h(t)$，求输出。这是滤波问题或合成地震记录问题。对滤波问题，$f(t)$ 是被滤波记录，$h(t)$ 是滤波器的时间特性。对合成地震记录问题，$f(t)$ 是被滤波记录，$h(t)$ 是地层反射函数，输出是合成地震记录。

（2）已知输入 $f(t)$ 和输出，求系统特性 $h(t)$。在地震勘探中，若 $h(t)$ 代表地震子波，输出是地震子波通过地层后得到的实际地震记录，采用反褶积技术即可求出地层结构的特性。

（3）已知输出和系统特性 $h(t)$，求输入 $f(t)$。在地震勘探中就是子波提取问题。

频率滤波参数选择的基本原则：

（1）有效波的频谱与干扰波的频谱不重叠时，滤波器主频应与有效波的主频相同。滤波器的通频带应与有效波的频谱宽度一致，当有效波与干扰波的频谱发生重叠时，滤波器的主频应与有效波频谱同干扰波频谱之比值最大处的频率相同。

（2）当干扰波不太严重，主要是研究薄层时，可以较多地考虑分辨能力；当干扰波较强，主要研究厚层时，应主要考虑信噪比。

（3）由浅至深应采用时变滤波，滤波器的主频随时间增大而降低。

针对薄层应选用主频较高、通频带较宽的滤波特性；对结晶基底以及古潜山风化面，可采用中心频率较低的滤波特性；在断裂发育地区，为了勘探小断层，应采用比较宽的通频带以提高分辨能力。

对原始地震记录进行频谱分析，了解干扰波和有效波的频谱特点和有效波频谱从浅到深的变化规律，作为设计滤波特性的依据。

1.6　分辨率与信噪比

1.6.1　地震波的分辨率

1. 分辨率的定义

地震波的分辨率是指根据地震波可区分相邻两个界面或参数变化的能力。它有两个方面的含义：垂向上分辨薄层（或界面）的最小厚度（或间距），水平方向上分辨的地质体大小。

对薄层顶底板界面（图 1-9）、小断层的上下盘等的区分能力，为"纵向分辨率"（或垂向分辨率）；对陷落柱、古河道、老窑采空区的两侧边界等的区分能力，为"横向分辨率"。

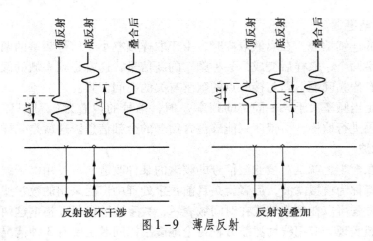

图 1-9 薄层反射

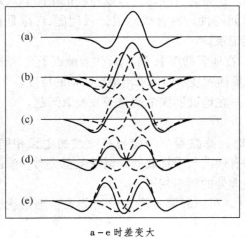

a-e 时差变大

图 1-10 薄层分辨能力

2. 垂向分辨率

垂向分辨率主要有瑞利(Rayleigh)标准(图 1-10e)、雷克(Ricker)标准(图1-10d)、维代斯(Widess)标准(图 1-10c)等准则。

实际工作中,在无相干噪声的情况下,取视波长的 1/4 为可分辨的最小地层厚度;而在有相干噪声的情况下可分辨的最小地层厚度为视波长的 1/2。

分辨薄层和断层虽同属垂向分辨率的范畴,但两者的意义及能力是有差别的。分辨薄层受反射波主频影响较大,主频越高地震子波的延续度越小,波速越低上下界面的双程时间(追赶时间)越大,分辨能力越强;而断层分辨检测的是两盘的时差(图 1-11),不存在上下反射波的垂直叠加问题,理论上时差与频率没有直接关系,只与速度与距离有关,从这个意义来讲,断层分辨能力依赖于波速与信噪比。

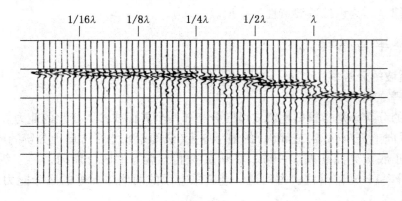

图 1-11 不同垂直落差的断层的理论地震记录

实际上，频率的高低影响第一菲涅尔带（R_1）的大小（图 1 - 12），使断层两侧相邻道叠加资料互相影响，在绕射波不能全部归位的情况下，将模糊小断层或减小断层的时差。

$$R_1 \approx (\lambda h/2)^{1/2} \qquad (1-18)$$

目的层越深，垂向分辨能力越低；分辨断层的能力（约 3 m）远高于薄层（约 10 m）；利用检测时差解释的小断层落差偏小。

需要说明的是，在实际工作中把 1 m 左右的薄层（如煤层）产生的反射波能从时间剖面上"分辨"出来，与上面所

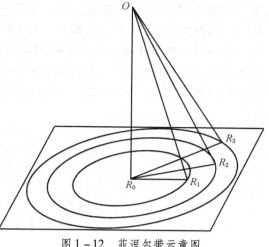

图 1 - 12　菲涅尔带示意图

说的薄层分辨能力是有差别的，确切地说应把薄层反射波从背景中检测出来，顶底界面的反射并没有被分辨出。

3. 横向分辨率

用第一菲涅尔带（R_1）衡量分辨率仅限于未偏移剖面，而不适用于偏移剖面。偏移处理经波场下延拓，把震源与接收点延拓到各反射界面上，理论上可达到很高的分辨率，实际上受空间采样率、偏移孔径、速度精度、信噪比等多种因素制约，实际分辨率要小于理论横向分辨率。

在未偏移的剖面上，一般认为地震的横向分辨率是第一菲涅尔带的大小，当地质体宽度小于第一菲涅尔带的直径，则其地震响应像一个绕射点。图 1 - 13 是深度 1500 m 的小反射面的地震响应，优势波长 30 m，第一菲涅尔带为 150 m。

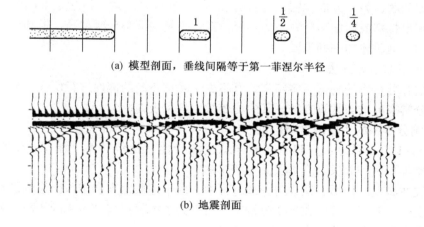

(a) 模型剖面，垂线间隔等于第一菲涅尔半径

(b) 地震剖面

图 1 - 13　不同宽度地质体的反射波

当偏移很完善时，可使第一菲涅尔带减小到 $\lambda/4$。由于速度、偏移参数、算法、噪声

以及空间采样率等原因，偏移后的第一菲涅尔带接近 $\lambda/2$，煤田地震勘探的视波长大约为 1 m，能分辨的地质体尺寸约为 20 m。因而不能靠无限加密采样点来提高分辨率，在勘探较小的陷落柱等地质体时，需要加密空间采样间隔至 5 m 左右。

即使在理想的情况下，二维地震资料偏移后仅在剖面方向菲涅尔带被压缩，而垂直方向没变化（图 1 – 14），因而采用三维地震能真正提高分辨率。

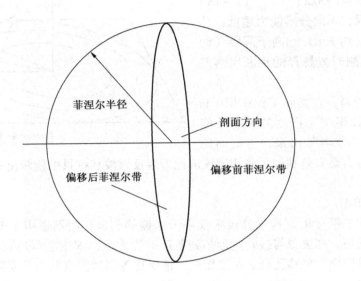

图 1 – 14　二维偏移前后菲涅尔带的变化示意图

另外，在谢桥三维地震勘探中，检测到了 3 m × 3 m 的巷道绕射，相当于断棱绕射，归位后可归于一线，但此时解释难度就大了。这一方面说明物理地震学解决了几何地震学无法解释的问题，另一方面说明，"检测到"与"分辨出"两个概念是不同的。不能因叠加资料检测出特殊波而偏移资料不能解释，就认为叠加资料分辨率高，但却可以作为检测不能分辨的小地质体的一种手段。

4. 分辨率的估算方法

为了估算分辨率的高低，多年来曾有不少学者从不同的侧面进行研究，从而形成了各种各样的分辨率标准与估算方法，其中比较常用的见表 1 – 1。

5. 影响分辨率的主要因素与对策

从表 1 – 1 可以看出：分辨率高低同地震波特性（优势频率、相位、带宽、频谱形状、信噪比等）密切相关，具体关系见表 1 – 2。

地震波在激发、传播、接收与处理过程中，由于地质因素和工作因素的影响，其特性在不断地变化，实际上等于在改变分辨率。所以为了找到提高分辨率的措施，就必须从分析这些影响因素入手，此即表 1 – 3 所列内容。

另外采用低波速的勘探手段如横波勘探有利于提高垂向分辨率；对叠加剖面进行偏移归位能提高横向分辨率。由于二维地震资料偏移的片面性，因而较三维资料具有较低的横向分辨率。

表1-1　分辨率的估算方法

分辨率的表达方式		估算标准	公式	说明
垂向分辨率	时间分辨率	Rayleigh 标准 $\Delta t \geqslant \dfrac{b}{2}$	Richer 子波：$\dfrac{b}{2} = \dfrac{1}{2f\overline{p}} = \dfrac{1}{2.6fp}$ Sinc 子波：$\dfrac{b}{2} = \dfrac{1}{1.4f\overline{u}} = \dfrac{1}{2.24fm}$	Δt 为可分辨时差，Δh 为可分辨层厚；b、$f\overline{p}$、fp、fu、fm 分别为子波的视周期、视频率、谱的峰值频率（即优势频率）、上限频率和中心频率。T_R 为子波主极值两侧拐点的间距；V 为薄层速度
		Richer 标准 $\Delta t \geqslant TR$	Richer 子波：$T_R = \dfrac{1}{2.31f\overline{p}} = \dfrac{1}{3.0fp}$ Sinc 子波：$T_R = \dfrac{1}{1.51f\overline{u}} = \dfrac{1}{2.42fm}$	
		Widess 标准 $\Delta t \geqslant \dfrac{b}{4}$	两个极性相反的零相位子波，当到达时差 $\Delta t \geqslant \dfrac{b}{4}$ 时，其合成波形非常接近于子波的时间系数，各时差始终等于 $\dfrac{b}{2}$，故确定两波可分开的条件为 $\Delta t \geqslant \dfrac{b}{4}$	
	厚度分辨率	$\Delta h \geqslant \dfrac{v}{2}\left(\dfrac{b}{2}\right.$ 或 T_R 或 $\left.\dfrac{b}{4}\right)$ 分别与3个标准相应	b 与 T_R 的计算公式同上	
	分辨能力 P_a 和 P_n	分辨能力越大表示分辨率越高	1）p_a 为无噪声时的分辨能力： $p_a = \dfrac{b^2 m}{E} = \dfrac{b^2 m}{\int_{-\infty}^{\infty} b^2(t)\,\mathrm{d}t}$　（时域） $p_a = \dfrac{[\int_{-\infty}^{\infty} B(f)\cos\theta(f)\,\mathrm{d}f]}{\int_{-\infty}^{\infty} B^2(f)\,\mathrm{d}f}$　（频域） Riche 子波：$p_a = \dfrac{4\sqrt{2\pi}}{3}fp$ Sinc 子波：$p_a = 2\Delta f$ 2）p_n 为有噪声时的分辨能力： $p_n = \dfrac{[\int_{-\infty}^{\infty} B(f)\cos\theta(f)\,\mathrm{d}f]^2}{\int_{-\infty}^{\infty}[B^2(f)+N^2(f)]\,\mathrm{d}f}$ 对于零相位子波： $p_n = p_a \dfrac{1}{1+\dfrac{1}{r^2(f)}} = p_a \cdot q$ $r^2(f) = \dfrac{\int_{-\infty}^{\infty} B^2(f)\,\mathrm{d}f}{\int_{-\infty}^{\infty} N^2(f)\,\mathrm{d}f}$ $q = \dfrac{1}{1+\dfrac{1}{r^2(f)}}$ Richer 子波：$p_n = \dfrac{4\sqrt{2\pi}}{3}fp \cdot q$ Sinc 子波：$p_n = 2\Delta f \cdot q$	b_M 为子波主极值振幅，E 为子波总能量（它是主极值能量，旁瓣能量与尾振能量之和），$B(f)$ 和 $\theta(f)$ 为子波 $b(t)$ 的振幅谱和相位谱，q 为信号纯洁度，$\Delta f = f_u - f_L$ 为子波绝对带宽，f_L 为下限频率 以分辨能力表示分辨率不仅考虑了子波的主瓣宽度而且考虑了子波波形及信噪比，所以它比以 Δt 或 Δh 表示的分辨率更合理些

表 1-1（续）

分辨率的表达方式		估算标准	公　式	说　明
横向分辨率	叠加剖面的横向分辨率	$\Delta R \geqslant R$	$R = \sqrt{\dfrac{V_2 \overline{V} t_0}{4 f \overline{p}} + \dfrac{V_2^{\,2}}{16 f^{\,2} \overline{p}^{\,2}}} \approx \sqrt{\dfrac{V_2 \overline{V} t_0}{4 f \overline{p}}} = \sqrt{\dfrac{\lambda \overline{p} Z}{2}}$	R 是第一菲涅尔带半径，V_2 和 $\overline{V}$ 是深度 Z 处的层速度和平均速度，t_0 是双程回声时间；$\lambda \overline{p}$ 为子波视波长
	偏移剖面的横向分辨率	$\Delta R \geqslant \dfrac{x_M}{2}$	$\dfrac{x_M}{2} = \dfrac{V}{4 f \overline{p} \sin\theta m} = \dfrac{\lambda \overline{p}}{4 \sin\theta m}$	x_m 是偏移剖面横向分辨率特性函数 $W_o(x)$ 的主瓣宽度；θ_m 是由偏移孔径限定的最大出射角

表 1-2　分辨率与地震波特性的关系

地震波特性	对　分　辨　率　的　影　响
优势频率 fp	在一定频带宽度下，fp 越高，分辨率越高
相位 $\theta(f)$	零相位子波分辨率最高
频带宽度 Δf，K	设 Δf 表示绝对频宽，$\Delta f = fu - fl$（单位 Hz） K 表示相对频宽，$K = \dfrac{1}{\lg 2}\lg\left(\dfrac{fu}{fl}\right) \approx 3.32 \lg\left(\dfrac{fu}{fl}\right)$（单位 oct，即倍频程） 则对于零相位子波有如下规律： （1）Δf 决定子波的包络宽度，K 决定包络内的相位数。Δf 越大，包络宽度越小，K 越大，包络内的相位数越少，这种情况下分辨率越高 （2）当 K 不变时，子波形状不变，Δf 越大，子波包络越窄，分辨率越高 （3）当 Δf 不变时，子波包络不变，K 越大，包络内相位数越少，K 越小，包络相位数越多，子波的分辨能力不变
频谱形状	频带宽度相同的子波，频谱形状不同对分辨率也有较大影响 （1）高频占优势的子波比低频占优势的子波主瓣宽度小，故分辨率较高 （2）低频占优势的子波比高频占优势的子波旁瓣较小，故清晰度较高 （3）频谱曲线陡度越小分辨率越低，清晰度越高；反之陡度越大，分辨率越高，清晰度越低 可见，在有限带宽条件下，欲使地震子波形状同时满足分辨率和清晰度的要求是不可能的。只能针对具体地质任务要求适当地调整频谱形状，或求此失彼，或选取一种折中方案
信噪比 $r^2(f)$	信噪比越高，分辨率越高。无噪声时，分辨能力达到极限：$P_n = P_a$

表1-3　影响分辨率的主要因素和对策

影响因素		影　响　结　果	对　　策
地质因素	地层吸收	由于低频吸收慢、高频吸收快，随波传播距离的加大，不但地震波振幅减小，而且频率变低，延续度加大，起跳延迟。振幅衰减可用下式计算：$$\frac{A}{A_0} = e^{-\pi Q^{-1}S/\lambda} = e^{-\pi Q^{-1}f \cdot t}$$ 式中：A_0 是原始振幅，A 是衰减后的振幅，S 是传播距离，λ 是波长，f 是频率，t 是传播时间，Q 是地层的品质因数，Q^{-1} 称为耗损因数。Q 越小（或 Q^{-1} 越大）衰减越厉害。有些地区浅层有巨厚的低速层，其 Q 值比深层小 $10 \sim 100$ 倍，会引起高频的剧烈衰减	做反 Q 滤波处理
	层间多次反射，界面透过损失	类似于一种低通滤波作用	做传输补偿处理
	地表不均匀	造成不同道上地震波、振幅强弱不等、波形各异，胖瘦不匀	做地表一致性补偿
	地下不均匀	形成各种次生干扰，使地震记录的信噪比降低	做消噪处理
工作因素	激发方式	不同的震源，其带宽、重复性、抗干扰能力各有不同，产生的震源子波分辨率各异	选择利于激发宽频的震源
	激发能量	激发能量过强，将产生大的岩石破坏，使震源子波频率明显变低；激发能量太弱，则信噪比降低，尤其高频率的信噪比下降更严重	在不破坏或少破坏激发介质的前提下，适当加大激发能量，或采用垂直叠加方式
	激发介质	在疏松、干燥的介质中激发，震源子波的频率低，能量弱，干扰强	选择最佳激发层位
	激发深度	激发深度太浅，面波将加重，深到一定程度，虚反射影响可能加大	选择最佳激发深度
	激发噪声	降低记录信噪比，使有效波的最佳接收窗口变小	尽量在井中激发；选好接收偏移距
	接收系统动态	动态范围小，会使高频微弱信号记录不下来	提高前放低截频率；采用高频检波器；采用 24 位 A/D 转换器
	接收系统特性	仪器的等效入口噪声和谐波畸变加大会减小仪器的记录动态范围	采用低噪声，小畸变的接收仪器
	时空采样率	采样不足将产生假频，降低分辨率	加密时空采样率
	观测系统参数	例如炮检距越大，动校拉伸畸变越严重，使剖面分辨率下降，但炮检距太小又对压制多次波、提高求速度的精度不利；覆盖次数不足，则对多次波和随机干扰的压制能力下降，也使分辨率降低；组合基距越大，高频损失越多	正确选择最大炮检距，适当加大覆盖次数，减小组合基距

表 1-3（续）

影响因素		影　响　结　果	对　　策
工作因素	环境噪声	检波器附近的高频噪声会使仪器接收高频的瞬时动态范围大大减小	采用小基距面积组合压制高频噪声
	处理	处理方法和参数选择不当会使有效波通带变窄，噪声压不住，分辨率下降，假象横生。例如：动静校正不准会使叠加结果的分辨率严重下降。据经验，由校正误差引起的高截止频率可用下式表示：$$f_{h_c} = \frac{186}{\sigma} \quad （静校）$$ $$f_{h_c} = \frac{0.6}{\Delta t_{max}} \quad （动校）$$ 式中　　σ—静校误差均方根值；　　Δt_{max}—最大炮检距上的动校剩余总误差。速度不准会加大动静校正的误差。使用单道反褶积会把有效波的相位搞乱。压噪用的道数太多会降低横向分辨率	做好地表一致性补偿；做好静校正；采用剩余静校正与速度分析多次迭代；选好叠加速度；采用多道统计反褶积；做好各处理参数步骤的参数试验；充分使用测区内的测井资料，对地震数据进行标定

1.6.2　高分辨率地震勘探的特点与现状

　　高分辨率地震勘探是地震勘探方法不断向高分辨率发展过程中逐渐形成的一门新技术。

　　随着浅层工程地震勘探的进一步发展，煤田地震勘探步入煤矿采区以及石油地震勘探成为圈定储层边界和进行储层描述的重要工具的出现，都要求地震勘探具有更高的分辨率和精度，这就是形成高分辨率地震勘探学科的客观原因。

　　高分辨率地震勘探有以下基本特点：

　　（1）成果的分辨率和清晰度均比常规地震勘探高，因而能查明细小的构造现象和岩性变化。

　　（2）野外数据采集要求震源的激发频带要宽，接收仪器的动态范围要大，接收环境的噪声要小，以获得宽频带、低噪声、高保真度的原始地震记录。

　　（3）数据处理要求在保护高频成分、拓宽有效通带、消除噪声与振幅保真等方面下更大的功夫，以确保处理结果有更高的分辨率和精度。

　　（4）资料解释工作需做得非常精细，不仅要做好构造解释，而且要做好地层解释。充分使用已有的地质、地震、测井以及岩石物性测定等资料的综合地质解释方法在高分辨率地震解释中变得更为重要。

　　早期的高分辨率地震勘探主要是用在工程地质及浅海地质的调查方面。因为对浅层反射来说，大地吸收不严重，所以容易取得成功。但对煤田（一般埋深在 0 ~ 1000 m）和石油（埋深在 2000 ~ 5000 m）勘探来说，由于高频信息损失严重，提高分辨率就变得相当困难了。在这个领域，真正取得明显效果是在 20 世纪 80 年代以后，这时无论在采集的技术装备、处理的计算机能力以及软件方面均取得了飞速进步，从而促进了高分辨率研究的进展。根据已发表的资料可将陆上高分辨率研究的现状归纳如下（表 1-4）：

表 1-4　陆上高分辨率地震的研究现状

勘探领域	勘探深度/m	成果剖面主频/Hz	垂向分辨率/m
浅层工程	<200	120~300	1~3
煤　田	200~1000	80~120	5~10
石　油	2000~5000	60~80	10~15

1.6.3　高分辨率地震勘探能解决的矿井地质问题

根据最近 10 年来煤矿采区高分辨率地震勘探的应用实例, 将二维地震勘探在不同条件下能够解决的矿井地质问题归结如下:

(1) 查明新生界覆盖层厚度, 定量解释误差小于 2%~3%。

(2) 查明落差大于或等于 5~10 m 的断层, 查找落差小于 5~10 m 的断点, 平面摆动误差小于 30~50 m。

(3) 控制波幅大于 5~10 m 的褶曲。

(4) 查明主要可采煤层的起伏形态, 定量解释煤层底板深度的误差小于 1.5%~3%。

(5) 控制主要可采煤层的地下隐伏露头位置, 平面位置误差小于 30~50 m。

(6) 解释主要可采煤层的冲刷带、宏观结构及厚度变化趋势。

(7) 解释新生界底部隔水层厚度变化及 "天窗" 位置。

(8) 划分天然焦及岩浆侵入煤层的吞蚀带。

(9) 圈定老窑采空区及较大陷落柱位置。

(10) 探测奥灰顶界面位置及岩溶发育程度。

几点说明:

以上数据的统计参照了多年来的探采对比结果及《煤炭煤层气地震勘探规范》(MT/T 898—2000) (以下简称《规范》), 并对二维及三维地震勘探情况进行了归纳。一般情况一个区的三维精度指标要高于二维地震勘探。

以上是煤矿采区高分辨率地震勘探解决的矿井地质问题, 其他各勘探阶段沿二维地震测线方向也遵循了高分辨的原则, 其解决问题的能力在《规范》中分阶段地进行了说明。

地震勘探的效果除主观因素外, 还受客观因素的严重制约,《规范》虽对勘探区的条件进行了划分, 但没法针对每一种情况制定相应的目标, 这就需要在实际工作中根据客观情况确定切实可行的高分辨目标。

高分辨是有条件的, 不是按高分辨方法施工了就能达到高分辨的效果。难以获得有效波资料、信噪比太低的极端情况是存在的, 但这些均不能否认地震勘探高分辨的效果。

新生界底界面是一个剥蚀界面, 受风化程度的影响, 形成高品质连续反射波的条件并不完全具备, 其解释有时依赖于上下地层的角度不整合关系。覆盖层厚度较小时, 达到上述指标需克服一系列困难。

露头位置的控制精度受煤层产状的影响较大, 近水平时的煤层露头位置确定难度较大。同样煤层冲刷边界的确定也受煤层冲刷类型的影响, 对于急剧冲刷变薄的煤层露头控制精度较高, 而对于平面上分布较广、变化较小煤层冲刷, 其边界的解释难度较大。

1.6.4　干扰波及其对勘探效果的影响

1. 干扰波

　　根据干扰波的出现规律，可以分为规则干扰和不规则干扰（随机干扰）两大类（图 1 – 15）。

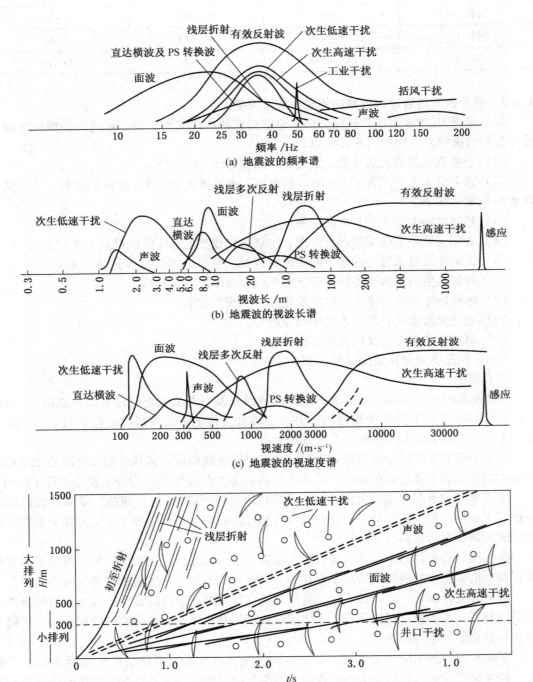

(a) 地震波的频率谱

(b) 地震波的视波长谱

(c) 地震波的视速度谱

(d) 地震记录上的干扰波示意图

图 1 – 15　干扰波特点

不规则干扰波主要指没有一定概率，也没有一定传播方向的波，在记录上形成杂乱无章的干扰背景。

规则干扰波是指有一定的主频和一定视速度的干扰波。例如面波、声波、浅层折射波、侧面波、多次波等。

（1）面波。地震勘探中遇到的面波（图1-16），它的特点是频率低，一般低于30 Hz，速度小，一般为100～1000 m/s，以200～500 m/s最为常见，时距曲线是直线，因此在小排列（100～150 m）的波形记录上，面波同相轴是直的。随着传播距离的增大，面波振动延续时间也越长，形成"扫帚状"，即发生频散。

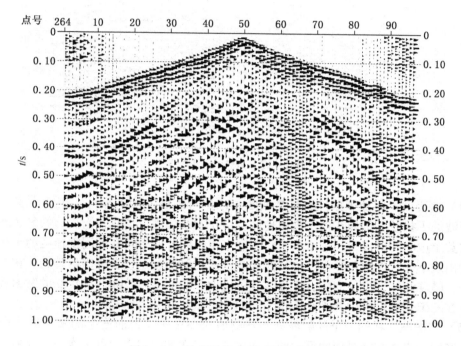

图1-16 地震记录上的面波及其频散

面波能量的强弱与激发岩性、激发深度以及表层地震地质条件有关。在淤泥、厚黄土及沙漠地区，由于对有效波的能量强烈吸收，有效波能量减弱，面波能量相对增强；在疏松的低速岩层中激发或所用炸药量过大造成激发频率降低，使面波能量相对加强；井较浅时面波增强。妥善选择激发条件和组合是克服面波的主要办法。

（2）声波。声波是空气中传播的弹性波，速度（$v = 340$ m/s）稳定，频率较高，延续时间长，呈窄带出现（图1-17）。

在坑中、浅水池中、河中和干井中爆炸，都会出现强烈的声波，在山区工作时，有时还会碰到多次声波的干扰。为了避免声波干扰，应尽量不在浅水及浅井中放炮，而是采用井中爆炸，并用埋井的办法以增强有效波的下传能量和防止声波干扰。

（3）浅层折射波。当表层存在高速层，或第四系下面的老地层埋藏浅，可能观测到同相轴为直线的浅层折射波。

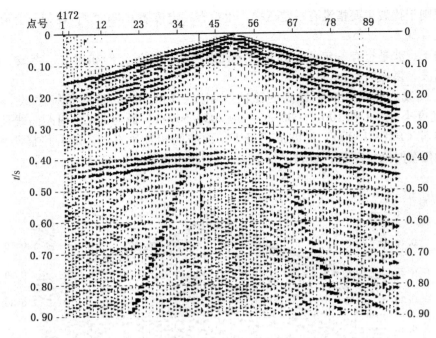

图 1-17 单炮记录上的声波

（4）侧面波。在地表条件比较复杂的地区进行地震勘探工作时，还会出现一种被称为侧面波的干扰波。例如在黄土高原地区，由于水系切割，形成谷沟交错的复杂地形，地震波被黄土边沿反射回来，记录上可能出现来自不同方向的具有不同视速度的干扰波。还有一种由地下一些大倾角界面产生的侧面波，这类侧面波是包含有用信息的，在二维地震勘探中，随着测线方位的变化，侧面波有可能由干扰变为有效波，如正交的断面波、回转波等；在三维地震勘探中并不是干扰波，而是完整波场的一部分。

（5）多次波。在同一个反射界面和观测面间经多次反射而产生的多次波叫全程多次波。只在同一界面和观测面间反射两次而生成的多次波叫二次全程多次波；反射三次的叫三次全程多次波，等等。

凡经过地下两个或两个以上界面反射的多次波叫部分多次波。作多次反射的这部分路径常称为补充路径。微曲多次波是部分多次波中的一个特例，补充路径发生在薄层内。

当震源在地面下、低速带下或潜水面以下时，会产生虚反射，即第一次反射发生在地表或低速带底面或潜水面下面的多次反射波，它跟随在一次波之后，又称"鬼波"。当震源距离第一次反射的界面较远时，虚反射与一次波明显分开，易于识别；当震源紧靠第一次反射界面时，虚反射与一次波叠加成复波，难以识别。虚反射会降低一次波分辨率。

海洋地震勘探中的混响、鸣震等属于多次反射波的类型。

（6）次生干扰。次生干扰是由反射波、面波或各种折射波所激发的低速干扰和次生的高速干扰。是由于地表附近各种地物障碍物（沟、坝、公路、树木、电杆、房屋建筑物及小山包等）以及地表岩性不均一所造成的（因此叫作"次生"干扰）。次生干扰形成原理的初步分析：波到达地面后，使地面产生振动，地面上任何不均匀性的地物障碍就受激发，构成不均匀的"震源"，对地面做不均匀的"敲击"，在近处就产生次生的直达波和面波，在远处产生次生的折射波。这些波的种类、个数、方向具有极大的复杂性，煤田地震勘探实践中有时称这种莫名来源的波为"鬼波"。

次生干扰与有效波间的一个主要差异是干扰波的最大真速度和有效波的视速度范围不同。干扰波是沿地表附近传播的，有效波是从地下垂直来到地面的，这是它们的区别。

2. 影响

地震资料的信噪比是地震勘探每一个环节都要着重强调的，原始资料的信噪比影响处理、解释的效果，有的地区因资料信噪比低甚至难以得到可以利用的处理成果；有的资料因干扰难以消除而造成假象，影响解释的效果。

在众多的干扰波中，不规则干扰波可通过多次叠加等方法得到压制，在不规则干扰严重的测区，应适当增加激发的能量，突出目的层有效波。有些地区即使没有明显的规则干扰，原始资料也面目全非，这主要是激发的有效波效果差，使不规则干扰波占了主导地位。

利用面波的低频特性，可在处理中进一步压制面波。但在施工中如措施不当，采集的面波过于强，处理时即使滤去了面波，有效波的信息也非常弱，因而关键还在于采集质量。

声波能量强、频带宽，处理中消除难度大，只能采用内切编辑等方法，对原始资料的改造较大。野外采集中必须尽最大可能避免声波干扰。

有些地区上覆地层的多次波也是煤田地震勘探的严重干扰波，虽然通过多次叠加、预测反褶积等方法可得到部分压制，但多次波的剩余能量可能干涉目的层有效波，影响小断层的正确解释。

侧面波由于可能来自非地下半空间，成像、归位难度大，特别是二维地震勘探，多数情况造成解释的多解性。

次生干扰和随机干扰不同，与规则干扰相比又显得更复杂。这类干扰在频率域中与有效波是不能分离的，在视速度和视波长域中又和反射有效波部分重合（图 1 – 15），可能出现在记录的任意一个角落。

不同地区多次波发育程度不同，对地震勘探来讲，它是一种严重的干扰波。很容易引起错误的地质解释，常因一次波被多次波掩盖致使明显的地质构造被模糊，或造成沉积加厚的假象，或使断层被隐蔽，甚至巨大的区域断层也能被多次波掩盖起来。

2　煤田高分辨地震勘探的数据采集

2.1　术语定义

观测系统 layout　地震勘探的观测系统是指地震波的激发点与接收点的相互位置关系。

多次覆盖 multiple coverage　采用一定的观测系统获得对地下每个反射点多次重复观测的采集地震波信号的方法。

偏移距 offset　是指激发点到最近的检波器组中心的距离，常常分解为两个分量：垂直偏移距，即以直角到排列线的距离；纵偏移距，从激发点在排列线的投影到第一个检波器组中心的距离。

震源弹 source bomb　依据聚能原理采用高效能炸药制成的有一定形状外壳的炸药包。

电火花震源 sparker source　由高压电极放电效应产生火花在水中产生震波的装置。

可控震源 vibroseis　利用气体等驱动介质中的钢板，使其振动而产生一种频率可控制的波列，成为地震震源。

空气枪 air gun　是利用压缩空气迅速释放作为动力的一种非炸药震源。

采样间隔 sampling interval　相邻两次采样间的时间间隔（Δt）或空间间隔（Δx）。

三分量检波器 three component geophone　每个检波器内装有 3 个互相垂直的传感器，以记录质点振动速度向量的 3 个分量，是多波勘探时使用的特种检波器。

压电检波器 piezoelectric detector　利用压电元件所产生的电压与所受压力成正比的原理来接收地震波的检波器。压电检波器常放在水下 1/4 地震波波长处，这一深度由共振造成的能量最大。

2.2　试验工作

试验工作的目的在于通过实践了解在工区使用地震勘探方法解决所提出问题的可行性，并确定最适宜的野外工作方法。

试验工作的内容取决于地震地质条件，它包括选择最佳激发、接收条件以及合适的观测系统，进行野外速度资料的测定，对低速带的变化、干扰波的特点进行研究，以便综合地进行各种因素的选择。

2.2.1　试验工作的基本原则

（1）试验前要了解前人工作的资料及经验，在此基础上拟定试验方案，准备各项资料，以利于分析对比。

（2）在某些有代表性的典型地段做重点试验，取得一定经验后向全区推广。

（3）试验工作必须从简单到复杂，保持单一因素变化。当取得各种单一因素的资料之后，再综合选择各种最佳因素，逐步进行更复杂的试验。尽可能选用较简单的因素解决所提出的地质任务。

2.2.2 干扰波调查

在新勘测区，试验工作首先要进行波场调查，以确定有效波和干扰的特性，进而采取措施压制干扰。干扰波调查一般用多道单个检波器接收，道距 5～10 m，排列可用 L 形，以便调查侧向干扰，不使用滤波器。每激发一次，排列沿测线移动，直到最大炮检距达到普通反射地震勘探所用的最大炮检距为止。

对所得的地震记录进行分析，识别出有效波和各种干扰，然后计算其视速度、视频率、视波长、振幅及与最弱的有效波的振幅比等特性。对于随机干扰还需计算它们的相关半径。

2.2.3 激发方式试验

使用炸药震源时，激发条件包括炸药包周围的介质性质（深度不同介质性质可能不同）、炸药量及炸药包的分布形式（组合）。在能够钻炮井的地区，首先应进行激发深度的试验，详细记录不同深度的岩性，对比不同深度和不同岩性激发时所得的记录。进行井深试验需估算测区可能的最佳药量，以便采用单一药量进行不同激发井深的试验。

选择药量的原则应保证最大勘探深度的反射波振幅比背景噪声大几倍，在此基础上尽量用小炸药量。当必须采用大药量时（特别是激发条件不好的地区），可用组合爆炸。根据选择的最佳井深，采用不同的药量，选择激发接收最好的激发药量。

在只能进行坑中激发的地区，经验表明，每个坑允许的最大药量 Q 与坑深度 H 的关系是 $Q^{1/2} \leqslant H$，其中 H 以米为单位，Q 以千克为单位。

使用撞击震源和气动震源的，则要试验每个位置的激发次数。对于使用可控震源的，则包括每个位置扫描的次数、扫描的频率范围、扫描的长度等。此外，所有的非炸药震源也需要组合，即同时采用多台震源进行激发。

2.2.4 接收方式试验

根据干扰波调查的资料，首先可设计组合检波，目的是在突出有效波的前提下最大可能地压制干扰。但在许多情况下只能采用折中办法，在不压制有效信号的条件下允许一部分干扰存在。如果需要组合激发，应该与组合检波同时设计和试验。

组合参数确定后，进行道距、偏移距和覆盖次数等参数的选择。首先根据主要目的层的深度确定排列长度，在考虑仪器道数及避免空间假频的前提下选择接收的道距。

偏移距的选择应考虑避开干扰和允许的最大炮检距，当然在仪器道数允许的情况下采用零偏移距、大炮检距、中间发炮观测系统试验效果更佳，且精度更高，能达到一炮多用的目的，如可同时试验偏移距、最大炮检距、最佳观测范围等。当前的数字地震仪均能满足此项要求。

覆盖次数的选择可根据单炮记录的信噪比采用较高覆盖次数激发接收，然后根据需要在处理时逐步降低覆盖次数，使叠加资料的信噪比能满足地质任务的要求。

2.2.5 仪器因素

数字地震仪在录制时有采样率、前置放大器固定增益和滤波截频的选择。回放时主要包括增益和滤波的选择。

1. 采样间隔的选择

采样间隔应根据勘探深度和地质任务对分辨能力的要求确定，满足采样定理的要求。

2. 固定增益的选择

固定增益的作用主要是把弱信号放大到采样所允许的最低电平，此外是为了防止信号过强引起畸变。因此，固定增益的选择与外界噪声背景有密切关系，一般情况下环境噪声不大时，可选择27挡固定增益。当外界干扰较强，例如在居民点附近工作，或工业干扰较强，或风力五级以上时，以选择25挡为宜。

3. 滤波低截频的选择

为真实地记录从浅到深的各层有效波，要尽量采用宽频带接收。但当干扰波频率低且能量较强时，宜采用提高低截频和陡度的办法保护有效波较弱的高频成分。

4. 回放因素的选择

回放因素主要包括起始增益、自动增益和滤波。选择的依据就是使监视记录有效波层次清楚、能量适中，在干扰较弱时尽量采用纯波回放，而干扰较强时应适当采用滤波回放，以达到有效监控的目的。

2.3　测线布置

2.3.1　测线布置的原则

1. 一般应为直线

当二维测线为直线时，其垂直切面为一平面，反映的构造形态比较真实。但当测线为折线时，一方面降低叠加效果，另一方面所得剖面为一立体栅状图形，将增加解释的复杂性。所以一般要求测线应尽量为直线。

2. 一般应垂直构造走向

为了更好地反映构造形态，为绘制构造图提供方便，地震主测线应尽量垂直于主要构造走向，并在垂直主测线方向布置联络测线。测线长度应能控制勘探区边界和边缘构造。

当地下地质构造比较复杂时，如果二维测线不垂直构造的走向，则会使地下复杂的地质构造所产生的地震波更加复杂化，出现各种异常波，对解释是不利的。而测线垂直于主要构造走向，就可以减少这种复杂性，使反射有效波的波场特征明显，有利于解释。

当地层走向与断层走向一致时，垂直构造走向的效果是显而易见的。但当两者不一致时，应考虑勘探阶段的具体要求，分清主次。一般在地震勘探的初期应垂直地层走向，使得到的较稀测网的单线剖面尽可能直观反映构造形态；在勘探的后期，测线方向应以垂直断层构造为主，特别是在地层倾角较大地区的较高勘探阶段，为了得到高分辨的地震资料，应使地震测线沿地层走向，以最大限度地减少离散距。

在较高的勘探阶段，二维地震 t_0 图反映的时间域的构造形态已比较真实。由于测线沿地层走向时采用传统的画弧法作地质剖面已不可行，因而可采用从 t_0 平面图作模拟三维归位的方法制作构造图。

3. 与地质勘探线重合

综合勘探时，地震主测线应尽可能与地质勘探线重合，地震主测线距原则上应为本阶段地质勘探线距的1/2。

4. 三维测线布置

三维地震的优点在于可以进行真三维偏移，在最终得到的三维数据体上根据各种需切出各种不同方向的垂直剖面，因而三维地震测线的布置应着重考虑高分辨的效果。由于三维一般采用束状观测系统，在纵、横向的覆盖次数、炮检距分量相当的理想情况下，三维地震测线方向只是考虑施工方便而已，与构造无关。但多数情况下三维地震测线的纵向炮检距与非纵向炮检距不同，因而为了减小离散距，应使分量最小的方向垂直于地层走向。

特殊观测系统的测线布置应考虑正常束线的测线布置，同时兼顾到地形及所需补足资料的范围。

2.3.2 勘探阶段与测网

测网密度依据地质任务要求而定。不同勘探阶段的基本测网密度见表2-1。

概查一般在勘探程度低、未做过地震工作的煤田预测与区域地质调查或在重力、磁法、电法工作的基础上进行。其主要任务是寻找煤炭资源，并对工作地区有无进一步工作价值做出评价。

表2-1 勘探阶段与测网   m

勘 探 阶 段	主测线线距	联络测线线距
概 查	≥2000	≥4000
普 查	1000～2000	2000～4000
详 查	250～1000	500～2000
精 查	125～500	250～1000
采区勘探	125～250	125～500
	三维地震勘探的 CDP 网格为 $(5\sim10)\,m\times(10\sim20)\,m$	

备注：构造复杂地区及采区勘探宜采用三维地震勘探

布置测线的依据是从地质测量或其他物探（重力、磁法、电法勘探）资料中了解工区大地构造的最初步资料，如构造线的方向、构造单元的预计范围等。布置测线是在垂直工区的区域地质构造走向的原则下，尽可能穿过较多的构造单元。测线应尽量为直线，有些地区，由于地表条件的限制，测线也可沿道路、河流、沟谷敷设成折线或弯曲的形状。线距的大小可以根据工区内的区域地质构造的发育程度而定。

普查应在概查的基础上或在已知有勘探价值的地区进行。

详查应在普查的基础上，按照煤炭工业布局规划的需要，选择资源条件较好、开发较有利的地区进行。

精查一般以井田为单位进行。精查工作的主要地段是矿井的第一水平（或先期开采地段）和初期采区。

采区地震勘探的任务是为矿井设计、生产矿井预备采区设计提供地质资料，其地质构造成果应能满足井筒、水平运输巷、总通风巷及采区和工作面划分的需要。勘探范围由矿井建设单位和生产单位确定。

在构造较复杂以及对地质条件要求高的高产高效矿井，其采区地震勘探应首选三维地震勘探。

各勘探阶段的测网密度应充分考虑测区的构造复杂程度，一般构造简单的应采用本勘探阶段较稀的测网，反之则需采用较密的测网。

2.4 观测系统

2.4.1 观测系统分类

观测系统按接收和激发的相对关系可分为二维观测系统、三维观测系统、宽线观测系统、非纵观测系统、弯线观测系统等几种。

1. 二维观测系统

二维观测系统是沿一个方向（测线）布置炮点、检波点的方法。在水平地层的假设下，波经过的路径在测线下方的剖面内（图2-1）。

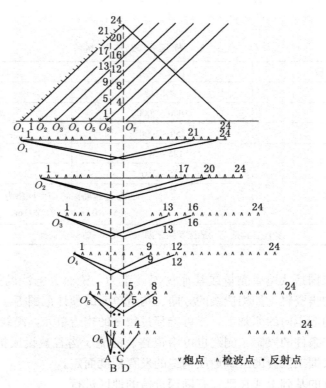

图2-1 小号激发、6次覆盖观测系统

2. 三维观测系统

三维观测系统是面积接收的地震观测方法，即对应同一激发炮点，检波器位于一个特定的平面内接收，反射资料垂向投影的范围正好为接收范围的一半（面积为1/4）。不同炮点的接收道可能位于同一位置，相邻的观测系统可能重复部分检波点或者炮点，以形成平面上均匀的覆盖。

按观测系统的外观及接收方式可分为束状、片状、宽十字观测系统、特殊观测系统等。

束状观测系统是常用的观测系统，理想的情况下，纵横向的炮检距是相当的，但多数情况下，纵向稍长，横向较窄。

片状观测系统是一种方块状观测系统，施工时成片滚动，其叠加特性呈环状分布，效果较束状观测系统逊色，是仪器接收道数少的产物，同时施工效率较低，目前很少用。

宽十字观测系统是一种夸张的束状观测系统，检波线数较少，但并非限于一条，与炮排呈十字分布，同一排炮点较多，同样是受仪器道数或施工方法限制的产物，目前在陆地施工中较少采用，但在水上特别是海上拖缆应用较多。它与束状观测系统没有严格的界限。

共中心点道集内的炮点与检波点连线较均匀地分布在接收平面内，是理想的观测系统。

3. 宽线观测系统

宽线观测系统之所以称为三维观测系统，就是因为在平面上激发、接收，但并不追求横向上的一致效果，在纵向上又与二维相近。它能得到地层的倾角信息，并能实现超级叠加以提高资料的信噪比。虽然采用三维处理方法，但解释方法又与二维相类似。在横向连续施工的情况下，可得到与三维地震类似的资料。

4. 非纵观测系统

在炮线与检波线平行的情况下，可以得到两者中位线位置的反射资料，叠加资料与二维剖面类似。它可用于取全村庄等块状障碍物下的连续地震资料，但对浅层资料的采集不利。

5. 弯线观测系统

弯线观测系统是适应地形而采取的沿沟谷等折线布置炮点与检波点的观测系统。其覆盖次数较难控制，可人工检验，但最好用计算机模拟设计。有专门的处理方法，类似三维，但得到的资料仍为二维剖面。

2.4.2　观测系统选择步骤

（1）全面了解地质任务要求与测区地形及表层地震地质条件。

（2）收集测区已有地质、物探资料，确定最浅和最深目的层的深度、倾角、双程回声时间，平均速度与层速度、优势频率与带宽、信噪比；勘探目标的纵横向大小以及近地表层的平均速度等参数。

（3）选择观测系统，确保有效波处于通放带，干扰波落入压制带。

（4）通过野外试验最后定案。

2.4.3　观测系统参数的选择

目前在高分辨率采集中最常用的观测系统仍然是多次覆盖系统，其设计步骤及原则与常规采集基本相同，只在具体参数选择上要求更有利于提高分辨率而已，故本节仅对设计中的主要问题做一综合叙述。

观测系统主要参数选择方法见表2-2。

1. 炮检距

最大炮检距的选择首先应保证主要目的层反射波不被初至波和折射波干涉，其次应考虑动校拉伸畸变的影响，临界点炮检距理论上能达到，但煤田地震勘探生产中很少遇到。

表2-2　观测系统主要参数选择方法

参数	选 择 的 一 般 原 则 与 方 法
最大炮检距 X_{max}	$X_{max} < X_{DIR}$，X_{REF}，X_{CRO}，X_{K} $X_{max} > X_{DEEP}$，X_{NMO}，X_{MU}，X_{AVO} X_{DIR} 和 X_{REF} 是直达波、折射波与目标反射波相交处的炮检距；X_{CRO} 是目标反射达到临界点的炮检距；X_{K} 是允许的最大动校正拉伸畸变对应的炮检距；$X_{K} = \dfrac{t_0 V}{K}\sqrt{1-K^2}$，$K = f_{NMO}/f$（$f$ 和 f_{NMO} 是动校正前后的反射波频率）；X_{DEEP} 是最深低速层底面反射达到临界点的炮检距；$X_{NMO} \approx V\sqrt{\dfrac{2t_0^2 D_t}{2t_0 K - D_t}}$，$K = \dfrac{\Delta V}{V}$（$D_t$ 是速度谱对动校正量的鉴别精度，一般取 $\dfrac{b}{4}$），X_{MU} 是使多次波叠加参量落入叠加特性曲线压制带的炮检距；X_{AVO} 是能反映出 AVO 效应的炮检距。 一般经验：取 $X_{max} \approx$ 目标层深度
最小炮检距 X_{min}	综合考虑能测到浅层折射波和反射波又能避开震源干扰（地滚波、声波…）等因素，通过试验确定
道距 ΔX	为避免空间假频，根据空间采样定理有： $\Delta X \leqslant \dfrac{1}{2}\lambda^* S_{min}$　（无相干噪声）　或　$\dfrac{1}{4}\lambda^* S_{min}$　（有低速相干噪声） 式中，$\lambda^* S_{min}$ 是信号的最小空间视波长，在野外原始记录上：$\lambda^* S_{min} = \dfrac{V\ (X_{max}^2 + t_0^2 v^2 \pm 2t_0 v X_{max}\sin\phi)^{\frac{1}{2}}}{fu\ (X_{max} \pm t_0 V\sin\phi)}$ （ϕ 是地层倾角，±：上倾放炮取 +，下倾放炮取 −）；在叠加剖面上：$\lambda^* S_{min} = \dfrac{V}{fu\sin\phi}$，在偏移剖面上， $\lambda^* S_{min} = \dfrac{V}{fu\tan\phi}$（注意：在叠加与偏移剖面上，道距应为 CDP 间距）。 为保证横向分辨率，应选择：$\Delta X \leqslant \Delta R$
道数 N	$N = \dfrac{X_{max} - X_{min}}{\Delta X} + 1$
炮点距 ΔX	$\Delta S = V\Delta X$，$V = \dfrac{NS}{2n}$

另外为了提高叠加速度的检测精度和对多次波很好地压制以及避开炮井干扰，还应适当加大炮检距。

加大炮检距的一个直接的结果就是增加接收道数，有利于提高覆盖次数或减少施工炮数。

2. 道距

道距 ΔX 是指正常埋置在排列上的相邻两道检波器之间的距离。道距选择的原则之一是在地震记录上能可靠地辨认同一有效波的相同相位，即相邻两道的波至时间小于其视周期的一半，这主要是为了在监视记录上可靠地对比有效波同相轴。最大道间距可由有效波视速度 V_a、视周期 T^* 限定为

$$\Delta X = V_a T^*/2 \tag{2-1}$$

与时间域的假频一样，考虑到空间假频，空间采样间隔也必须小于视波长的一半，即在一个波长内采样个数不能少于两个。

空间采样间隔是道间距 ΔX，在单位距离内有 $1/\Delta X$ 个子样。

空间采样时，引入 Nyguist 波数 K_n 和 Nyquist 波长 λ_n 的概念

$$K_n = \frac{1}{\lambda_n} = \frac{1}{2\Delta X} \tag{2-2}$$

式（2-2）给出不产生空间假频的地震波最大波数或最小波长。当 $K > K_n$ 或 $\lambda < \lambda_n$，假频现象是不可避免的。

按照采样定理，对于最小波长的地震波，如果每个周期有 2 个以上的采样点，便可以避免空间假频的产生。

在水平叠加中，地下界面上采样间隔 ΔS 为地表测线上采样间隔 ΔX 的一半，所以地震波的最小波长恰好等于道间距

$$\Delta S = \lambda_m = \frac{V}{f_h \sin\varphi} \tag{2-3}$$

式中　λ_m——地震波的最小波长，m；

　　　V——平均速度，m/s；

　　　f_h——地震信号的高截频，Hz；

　　　φ——界面倾角。

另一方面道距的选择应满足分辨率的要求，即在较小的可分辨的地质体上得到更多的可检测的反射资料。在不可分辨的地质体上增加反射资料密度只增加异常的可检测性，并不能提高分辨率。

道距的选择还应从压制多次波考虑。从道距对叠加特性曲线的影响考虑，随着道距的加大，有利于压制与一次波速度相近的规则干扰，包括多次波，但道距过大，有效波同样也受到压制。加大道距需保证道数、覆盖次数不变，才能达到压制效果，但这样会加大最大炮检距，也有可能不利于有效波的接收。

由于道距过小使相邻道过于相似，而且也会降低施工效率，因而道距的选择应在上述几个方面中合理选择。

需要说明的是，煤田高分辨地震勘探常用的二维方法道距为 10 m，三维方法道距为 20 m，不但能满足分辨率的要求，一般也不会出现空间假频。

用单道检波器理论上也可进行地震勘探，但没有道距的概念。在多次叠加的前提下，监视记录的作用已远远小于早期单次剖面的勘探阶段，因此局部的空道虽使监视记录上的同相轴不连续，但不影响其同相叠加。由于炮点、检波点互换后得到的反射资料效果相同，因而采用大道距、小炮距，所得叠加资料既可不产生空间假频，也可以做到高分辨。以上分析说明，道距的选择从理论上不是绝对的，但具有实际意义。

3. 覆盖次数

覆盖次数选择的依据就是通过叠加提高资料的信噪比，可靠地对比有效波同相轴，满足构造和岩性勘探的需要。覆盖次数越多，对于干扰波的压制越好，对于岩性勘探而言，这种平均效应能有效消除地表不一致性造成的影响，使得到的资料空间上的连续性更接近于实际情况。但高覆盖次数常造成资料连续性过高，从而降低了小构造异常的可检测性。

观测系统的覆盖次数 n 可由以下公式计算

$$n = NS/2m \tag{2-4}$$

式中　N——接收道数；

S——激发方式，选 2 时为两端发炮，其余为 1；

m——每炮移动的道数。

三维地震勘探的覆盖次数为纵、横向覆盖次数的乘积。

4. 接收道数

接收道数受最大炮检距、道距和仪器因素的限制，为了减少炮数应尽可能选择较多的接收道数。

5. 炮点距

炮点距为相邻炮点的距离。对二维地震观测系统而言，炮点距是沿测线方向的距离，正常情况下是均匀的，而三维地震勘探不但具有纵向的炮点距，还具有横向的炮点距，而且同一束线内横向炮点距可能不均匀，但一般对称分布，束状三维地震测线的炮点在平面上也有可能不均匀，这一点在施工中应引起注意。

炮点距的大小使反射点道集的叠加特性周期性地变化，影响叠加效果，当采用较大的炮检距时，时间剖面同相轴的振幅、频率、信噪比一致性降低，影响资料的高分辨解释。初期的煤田三维地震勘探有的横向炮点距较大、覆盖次数较低，造成沿 CROSS（横向）方向一致性变差，造成所谓的"搓板"现象。因而炮点距的选择除应满足覆盖次数的要求外，还应考虑炮检距对叠加效果的影响，选择合理的炮点距。

2.4.4 三维束状观测系统的演变

1. 炮、检互换

一般束状三维地震观测系统都具有炮点和检波点的互换特性，即把炮点和检波点互换后，可得到相同的覆盖，同时相邻束的重复检波线也变为重复炮线。这种观测系统的互换特性在成孔较难且可重复使用炮孔的地区，可以节省成孔工程量，而不会造成入射波与出射波的互逆。另外成孔困难的地区还可以选择少炮点多道数的观测系统。

2. 炮、检加密（抽稀）

常用束状三维观测系统存在着密切的内在联系，这种内在联系促成了不同观测系统的演变。20 世纪 80 年代初就已广泛使用的 4 线 6 炮制观测系统可以演变为 4 线 3 炮制观测系统，其覆盖次数不变只是减少一半的覆盖点数或范围。这种演变可适应目的层埋藏深度的变化，在较浅的区域可采用较小非纵距的观测系统，反之可采用较大非纵距的观测系统，以增大炮检距以及使炮、检分布满足高分辨的要求。

4 线 3 炮制观测系统在加密一倍测线后可演变为 8 线 3 炮制观测系统，其结果是增加了一倍反射点或反射点密度。8 线 3 炮观测系统再增加 2 条炮线后可演变为 8 线 5 炮制观测系统，这种演变的结果是增加了一倍的横向覆盖次数。8 线 5 炮制观测系统再去掉两侧的检波线后可变化为 6 线 5 炮制观测系统，其结果是覆盖次数由横向 4 次变为 3 次。

3. 同步放大（缩小）

束状观测系统还可以成倍缩小及放大，缩小的目的是增加反射点密度，但却缩小了覆盖范围；放大的作用是降低反射点密度，但却增大了覆盖范围。

4. 成组加密

除了以上演变形式外，三维束状观测系统还可成组加倍，这种加倍同样适应于炮线或检波线，其结果是在保持原反射点及其覆盖次数的情况下，增加一倍的接收范围或反射点数目，这与简单的放大是有区别的。通过这种加密，可有效地提高施工效率，加大炮检距及炮检分布范围。8线5炮观测系统演变为8线10炮观测系统即是一种典型的应用。

在深部探测中这种演变是非常具有实用价值的。

在近期的勘探中，除采用8线5炮、8线10炮观测系统外，还采用了8线8炮、8线6炮等观测系统，使炮检距的大小满足压制干扰和提高分辨率的要求，同时使炮检距分布趋于均匀，提高了叠加效果。

图2-2展示了部分观测系统的演变关系。

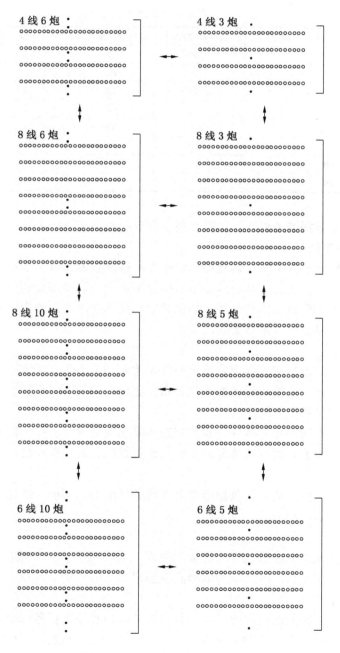

图2-2　观测系统的演变示意图

表2-3反映了图2-2所示观测系统中，为取得横向10 m CDP网格的反射资料，地面等效采样点距离为20 m时的观测系统参数及其与施工效率的关系。纵向覆盖次数与炮点距可参照二维地震根据情况变化。

其中：线距为相邻检波线的距离；重复线数为相邻束施工重复的检波线；反射面宽度为单束测线横向反射宽度；横向推进步长为每施工一束测线横向移动的距离。

表2-3 部分观测系统参数统计表

观测系统类型	线距/m	重复线数	反射面宽度/m	横向推进步长/m	横向覆盖次数	最大非纵距/m
4线6炮	40	1	150	120	2	150
4线3炮	20	1	70	60	2	70
8线6炮	40	2	310	21	2	310
8线3炮	20	2	150	120	2	150
8线10炮	40	3	310	200	4	310
8线5炮	20	3	150	100	4	150
6线10炮	40	1	270	200	3	270
6线5炮	20	1	130	100	3	130

在不同目的层埋深等条件下，选择合理、高效的观测系统，表2-3可供参考。

2.4.5 特殊观测系统

由于复杂的地表条件影响正常观测系统炮点和检波点的布设，采用正常观测系统即使通过普通的变观手段，如改变非纵距和纵向炮检距也难以取得理想的效果，立足于已有的地表条件，充分发挥多道仪器的优势，运用共中心面元叠加的原理设计和施工特殊的观测系统，在经济和技术上是非常必要的。

1. 设计的原则

特殊观测系统的设计同正常观测系统一样也遵循以下原则：比较均匀的检波点网格；比较均匀的炮点网格；比较均匀的炮检距分布；比较均匀的覆盖次数，且特殊观测系统的覆盖次数要大于正常观测系统。

以上原则对于不同的地形条件，其期望值也是相应变化的，往往同时满足4种条件的难度是较大的，这就要根据实际情况，选择效果更好的方案以取得较好的效果，同时有效地利用工程量。

对于地形影响范围较大，受仪器道数等客观条件限制，不能一次完成控制的地区，可采用多块特殊观测系统的方法。

2. 面元的选取

共中心叠加面元的大小直接影响叠加的效果。面元过小，一种情况是覆盖次数较低，影响叠加道的信噪比，另一种情况为取得高覆盖次数，需增加工程量。而面元过大则直接影响资料的分辨率。

基于以上分析，面元的选取应考虑到目的层的倾角和地质任务的要求，以及反射波的主频等因素。对于一个应用多种观测系统的区域，首先还应选择与正常观测系统一致的CDP网格，以取得连续的三维数据体。

3. 覆盖次数的确定

覆盖次数的选择应为正常观测系统的 1.5 倍以上，因为特观资料的信噪比一般较正常施工的资料低，且共中心道集的炮检距类型不均匀，需要用提高覆盖数的方法做到信噪比较高的数据体。

4. 炮点、检波点的布设

炮点和检波点的布设，可以采用随机的方法，也可采用在正常炮点检波点上布设的方法。但后者有效位置受到较大限制，难以取得较高的覆盖次数。

同一地形，炮点与检波点的布设也有多解性，针对不同的地形条件应采用相应的布置方法，设计的本身就是要选择效果更好而易于实现的方案。

2.5　地震波的接收

2.5.1　接收设备

1. 对接收设备的要求

为了记录到高品质的地震信号，接收设备应具备以下条件：

（1）足够大的记录动态范围，能适应地震信号高低频能量的悬殊分布，不失真地将其全部记录下来。

（2）小的入口等效噪声，小的谐波畸变和可变的前效增益。

（3）良好的高频响应特性，对能量微弱的高频成分具有一定补偿作用。

（4）足够小的时间采集间隔，防止丢失高频成分，不产生假频干扰。

（5）足够多的道数，可满足提高空间采样率（缩小道距）、增加覆盖次数、开展三维与多分量勘探、提高工效、降低成本的需要。

（6）性能稳定，操作方便，有比较完备的自身诊断、排列测试与管理、原始记录质量监控等功能。

2. 仪器特性

几种常用的数字地震仪器的性能指标见表 2 – 4。

表 2 – 4　常用的数字地震仪的性能指标

仪器型号	IMAGE	SN408UL	DAS – 1	SN388	SUMMIT
生产厂家	美国 I/O	法国 SERCEL 公司	美国 OYO GEOSPACE 公司	法国 SERCEL 公司	德国 DMT 矿产、测量和应用地球物理研究所
仪器类型	遥测型	遥测型	轻便、集中型	遥测型	遥测型
A/D	24 bit	24 bit	24 bit	24 bit	24 bit
动态范围/dB	120	132	132	132	132
最大输入信号	1.048 V	1.6 V（0 dB）	0.35 V RMS（24 dB）	差模 0.1 V RMS（24 dB）共模 5 V P – P	2 V RMS
等效入口噪声	1.048 μV（12 dB）	620 nV（12 dB）	0.7 μV（24 dB）	0.2 μV（24 dB）	0.5 μV

表2-4（续）

仪器型号	IMAGE	SN408UL	DAS-1	SN388	SUMMIT
总谐波畸变/%	0.0005	0.0003	0.005	0.0003	0.01
通频带	7~750	0~161			
低截滤波（记录时）	3~90	无	3~255 Hz（每级改变1 Hz）6、12 dB/oct	无	无
去假频滤波	$0.8f_N$ 750 Hz（0.5 ms）	$0.8f_N$ 800 Hz（0.5 ms）	$0.5f_N$ 96 dB/oct	$0.5f_N$、$0.8f_N$ 可选在f_N处 衰减120 dB	$0.9f_N$ 120 dB/oct
前放增益/dB	12，24，36，48	0，12	24，48	0，12，24	
输入阻抗	20 kΩ	20 kΩ（μF）	差模20 kΩ/0.005 μF 共模5 kΩ/0.02 μF	差模20 kΩ/77 nF 共模5 kΩ/44 nF	4.7 kΩ
采样间隔/ms	0.5，1，2，4	1/4，1/2，1，2，4	0.0315，0.0625，0.125，0.25 μs；0.5，1，2，4	0.5，1，2，3，4	0.25，0.5，1，2，4，8
记录长度	1~99 s	99 s（4 ms） 64 s（2 ms） 32 s（1 ms） 16 s（0.5 ms） 16 s（0.25 ms）	80 k个样点（48道）1 k个样点（96道）27 k个样点（144道）	64 s（2 ms） 32 s（1 ms） 16 s（0.5 ms）	1~16 k个样点
道　数	252道/线，0.5 ms 最大10000道	无限	基本24，48道可扩展到144道	基本600道（1ms）最大9600道（1ms）	基本480道最大5760道
记录格式	SEG-D	SEG-D	SEG-1，SEG-2，SEG-D	SEG-D	SEG-2
测试功能	有	有	有	有	有
叠加功能	有	有	有	有	有
电源	12~24 V	12 V	12 V外接电池	15~50 V电池，集中供电	12 V电池，单元内供电
功耗	48 W（48道）		96 W（48道）	每道21 mW	每道10 mW
环境温度/℃	-1~+70	-1~+70	0~+50	-1~+70	-20~+70
质量/kg	6.8（6道）	0.415 kg/（单元）	25（48道）	每个6道单元3.85	每个1道单元3

3. 检波器特性

几种常用的检波器的性能指标见表2-5。

表2-5　检波器的性能指标

检波器型号	TZBS-1	TZBS-60	TZBS-100	WY-GJ-410	CBY
生产厂家	渭南煤矿专用设备厂	渭南煤矿专用设备厂	渭南煤矿专用设备厂	石油物探局地球物理仪器公司	石油物探局地球物理仪器公司
类型	速度型	速度型	速度型	涡流	加速度型
自然频率/Hz	1±5%	60±5%	100±7%	17±5%	25
灵敏度	(0.28±5%)V/cm/s	(0.33±5%)V/cm/s	(0.1±10%)V/cm/s	0.0025V/cm/s^2	(0.06±0.003)V/cm/s^2
阻尼系数	0.60±15%	0.42±15%	0.58±15%	0.6~0.7	3~5
谐波失真/%	≤0.2	≤0.2	≤0.2		<0.15
线圈电阻	820Ω±10%	810Ω±10%	800Ω±10%	305Ω±5%	880Ω±5%
假频/Hz	>10	>10	>800		>350

2.5.2　接收参数的选择

1. 时间采样间隔

为保证有效信号的高频成分不会在采样过程中丢失，根据采样定理，时间采样间隔必须满足

$$\Delta t \leqslant \frac{1}{2f_n} \qquad (2-5)$$

f_n 是 Nyquist 频率。但为了防止出现假频，一般仪器都把去假频滤波器的高截频率 f_h 定在 f_n 上。这时若仍按式（2-5）确定时间采样间隔，则有效信号的高频成分将受到削弱，因此在高分辨地震采集中，往往按下式选取 Δt：

$$\Delta t \leqslant \frac{1}{4f_n} \qquad (2-6)$$

例如要保证500 Hz内的频率成分不丢失、不削弱，则应选取 $\Delta t = 0.5$ ms。

如果高频干扰不太严重，也可考虑将 f_h 设高些，同时把高截陡度加大，以减轻去假频滤波器对高频成分的削弱作用。

2. 低截频滤波

为了在极强的低频背景下记录非常弱的高频信号，通常从两个方面入手：一是选用A/D转换精度高（例如24位）的接收仪器；二是在前置放大器中加低截频滤波或频谱整形滤波，同时采用灵敏度随频率增加而升高的高频检波器接收。这样可使地震信号在进入A/D转换器之前其低频成分受到一定的压制（注意：不是压死），高频得到保护，相对缩小了信号的动态范围，增加了高频的可记录性。一般取低截频率80~150 Hz，陡度12~18 dB/dct。

3. 前放增益

增大前放增益可以降低仪器的等效入口噪声，对接收高频微弱信号是有利的，但增大前放增益却使仪器允许的最大输入信号减小，因而降低了仪器的动态范围，对不失真地记录大信号不利。所以应通过仔细的试验对比来选择合适的前放增益，而不是千篇一律地使用大增益或小增益。

2.5.3　组合

组合法是利用干扰波与有效波在传播方向上的差别而提出的压制干扰的方法。它是在一点激发、多道接收、每道一个检波器这一最基本的地震野外工作方法的基础上，在 20 世纪 50 年代出现并发展起来的一种压制干扰的有效措施，很快就成为最重要的野外方法技术，目前仍是野外工作的一种最基本的技术。

组合的形式又可分为：①检波器组合，即把安置在测线上一定距离的几个检波器所接收到的振动叠加起来作为一道地震信号；②震源组合，即在相隔一定距离的几个炮点上同时激发，所产生的能量的总效应作为一炮激发；③室内的混波，即把若干个地震道信号按比例相加，作为一道新的地震信号。近年随着地震仪器的发展，兴起了一种多道、单检波器接收，室内进行再处理的组合方法，其接收道数呈单检波点组合个数的倍数增加。

检波器组合除可以压制规则干扰波外还可以压制随机干扰。

1. 有效波和干扰波的差别

有效波和干扰波的差别主要表现在几个方面：①传播方向上可能不同，实质上就是视速度的差别；②频谱上有差别；③经过动校正后的剩余时差可能有差别；④出现的规律上可能有差别。

2. 组合的方向特性

组合可以看成一个线性系统，组合后的信号就相当于单个信号通过这个系统被加以改造了。简谐波经过多个检波器组合后的总输出也是同一频率的简谐波，其相位与组合的中心处的检波器接收到的振动的相位相同。

组合利用方向特性对传播方向与有效波有明显差别的规则干扰波进行压制。在最有利条件下，组合的方向性效应与组内检波器数相等，检波器个数越多，信噪比的改善越大。

3. 组合的统计效应

组合对随机干扰也有较好的压制作用，这种压制作用主要是利用组合的统计特性。

随机干扰的来源大致可分为 3 类：第一类是地面的微震；第二类是仪器在接收时或处理过程中的噪声；第三类是激发所产生的不规则干扰。

这些随机干扰在记录上表现为杂乱无章的振动。它的频谱很宽，无一定的视速度，因而不能利用随机干扰同有效波之间在频谱上的差异或传播方向上的差异（即视速度上的差异）来压制。

当组内各检波器之间的距离大于该地区的随机干扰的相关半径时，用 n 个检波器组合后，垂直入射地面的有效波振幅增强 n 倍；对随机干扰其振幅只增加 $n^{1/2}$ 倍，因而有效波相对地增强了 $n^{1/2}$ 倍。

4. 组合的频率特性

组合是为了利用地震波在传播方向的差异来压制干扰波，加强有效波，但组合本身也具有一定的频率选择作用。

组合后信号的频谱与组合前单个检波器的信号的频谱是不同的，相当于一个低通滤波器，起着使有效波波形畸变的不良作用。有效波的视速度沿射线发生变化时，其 Δt 值随炮检距增大而加大，而组合的频率特性的通频带随 Δt 增大而变窄，就会使组合后的波形延续时间加长，相位数增多，引起有效波动力学特点的变化。

5. 组合参数的确定

组合参数的确定要同时兼顾压制干扰波和突出有效波两方面。

通过干扰波调查，获得干扰波的视速度、主周期、道间时差（与视速度有关）、随机干扰的相关半径等有关资料，以及有几组干扰波，它们出现的地段、特点、强度变化特点与激发条件的关系等，作为设计组合参数的依据。

计算组合的方向特性，选择能使有效波落在通放带，规则干扰波落在压制带的方案。同时计算组合的统计效应，考虑组内距大于随机干扰的相关半径。

2.5.4 检波器的埋置

检波器埋置得不好，即使激发条件好，道间距定得合适，也难以得到好的记录。检波器埋置的岩性及地点很重要，在大树下，接近树根，或在草根较多的地方，得到的记录微震背景就大；若把检波器埋在淤泥中，得到的地震波其低频成分便大大增加；若一个排列跨过几种岩性，则记录上呈现出来的各道波形将随岩性不同而变化。因此在埋置检波器的地方，应去掉杂草，且最好挖坑。岩石出露的地方，最好垫上潮湿的土，并把检波器用土埋实。在水中或水田、沼泽地，为避免漏电则应把检波器封闭好，直插水底，穿过淤泥触到硬土。尽量使同一组或同一排列检波器埋置条件一致，以免组合后，同相轴产生畸变。表层条件（特别是岩性）变化剧烈时，应把检波器埋置在相对单一的地方。

2.6 地震波的激发

2.6.1 震源类型

1. 对震源的要求

①激发能量大；②激发频谱宽，高频成分丰富；③激发干扰小；④性能稳定，成本低，使用方便。

2. 几种常见震源

几种常见的震源及其特性见表 2 - 6。

2.6.2 井深、药量

激发井深、药量对地震勘探效果是至关重要的。

表2-6 常见震源及其特性

震源种类	特 点	主 要 参 数 选 择	发展前景
炸药震源	1. 激发频谱宽，能量强，高频成分丰富 2. 多用井中激发，激发效果受井深与介质性质制约，激发频谱不易控制	1. 最佳药量：首先通过试验得出药量与振幅及子波主频率的关系曲线，选取稍低于振幅饱和点及主频下降点处的药量为最佳药量 2. 最佳井深：取决于最佳激发层位及潜水面的深度及虚反射滤波特性。一般在潜水面下 3~5 m 处的含水黏土层中激发最佳 3. 药包形状：以柱状成型炸药，雷管放在药柱顶部激发为佳。在钻孔困难区，使用底部带聚能穴的成型炸药（聚能弹）在浅孔或浅坑中激发效果比一般成型炸药好 4. 垂直叠加：为了提高信噪比，有时采用垂直叠加的激发方式。叠加次数由试验确定	延时柱炸药：当爆速与激发介质速度相等时，它能使爆炸波阵面前缘同步加强，从而激发出频带宽、方向性强的地震波，是一种比较理想的炸药震源。不过由于爆速难以控制，目前还处在研究阶段

表 2-6（续）

震源种类	特 点	主 要 参 数 选 择	发展前景
电火花震源	1. 激发频谱宽，高频成分丰富 2. 重复性好，能量可调 3. 安全可靠，对附近建筑物和工程设施无破坏作用，不污染环境 4. 震源设备较笨重	陆地电火花震源多采用井中激发方式，其主要参数的选择原则与炸药震源相同	目前已研制成功电容器可下井的轻便电火花震源，将会扩大其应用范围
地震枪震源	1. 激发频谱宽，高频成分丰富 2. 噪声小（一般小于 100 dB） 3. 轻便、安全，操作简便，损坏农田小 4. 单枪能量较小，往往需要垂直叠加或多枪组合	激发效果受地表条件影响较大，一般在均匀密实的表土上激发较好。垂直叠加或多枪组合参数应通过试验确定	目前国内已生产出 23 mm 口径的地震枪和与其配用的地震弹，枪口能量可达 23 kJ，适于煤田勘探
可控震源	1. 激发频率与振幅可控 2. 抗干扰能力强 3. 高效、安全、成本较低 4. 由于是在地表激发，其激发效果受地表与浅层条件制约	1. 扫描信号类型：选取非线性扫描，可使高频成分增加，理想情况下，应使扫描曲线刚好与地层衰减效应相匹配，但过多的高频附加力会降低剖面信噪比，不能选得过多，一般取 3～6 dB/oct 2. 激发信号频宽及最高、最低扫描频率：应使最高与最低扫描频率之比超过 2.5 个倍频程，且中心频率对应的半周期满足分辨最小层厚的要求。不要无限增加频宽，要在保证相关背景噪声较小，大地非线性效应影响较小的情况下，选出最好的频宽 3. 扫描长度与扫描次数：二者增加皆可增强激发能量，提高信噪比，但以多增加扫描长度，少增加扫描次数的方案为佳，一般取扫描长度 8～20 s，扫描次数 4～16 次 4. 驱动幅度：应以增大驱动幅度而不增加谐波畸变为准进行选择 5. 扫描信号斜坡：采用线性扫描时，一般使用 0.5 s 斜坡；非线线扫描时，要使用更短的斜坡（不让斜坡长度对低频数的影响超过 6 Hz） 6. 震源台数：一般 3～5 台，选取尽量小的组合基距 综合上述各因素对信噪比的影响可归结为如下公式： S/N 改进（dB）$= 20\lg$ [震源台数×驱动幅度×（扫描长度×扫描次数×扫描频度）]	新发展起来的变频扫描、变相位扫描和伪随机码扫描技术，为可控震源的进一步扩大应用展现了美好前景。尤其是伪随机码激发技术，它采用振幅和频率呈随机分布的激发信号，因而具有两个重要特性： 1. 不会产生大的共振，激发时不会破坏建筑物 2. 这种信号的相关子波边叶很小（理论上无边叶），具有相当高的分辨率，是高分辨地震采集的理想激发方式

由于普通震源激发时能量呈放射状扩散，对纵波勘探影响较大的是下行波和先上行遇到界面后下行的波，得到的记录是两类波的总合。对于在黏土中激发主频 55 Hz 地震信号，潜水位为 2 m 时，其最佳井深为 7 ~ 9 m；当激发介质为基岩，表土层为 1 m 时，激发主频 55 Hz 地震信号，其最佳井深为 10 ~ 14 m。

井深的选择更多地会考虑激发层位。一般情况下，选择在潜水位下 3 ~ 5 m 的黏土、砂质黏土层中激发，尽量避免在沙层激发。在浅层地层结构复杂时，还应注意选择的激发深度要尽量减少面波，一般的做法是加大井深。在没有潜水的地区，应注意声波，除加大井深外，还要掩埋炮井，减少激发能量上传。

水中激发时，激发深度还应考虑鸣振、回响的影响。

一般情况下激发能量与药量成正比。在药量达到一定程度时，接收到的目的层反射波没有本质的变化，即达到饱和，而随着药量的进一步加大，激发噪声也随之加大，且有效波主频降低。小药量激发的子波主频高，在保证资料信噪比的情况下，宜采用较小的药量。

2.6.3 激发方向

对应于测线方向，激发方向有大号激发和小号激发。而与勘探效果密切相关的是与地质体产状相关的上倾和下倾激发。同一点激发，上、下倾排列接收得到的记录面貌有差别，视速度不同，由此造成同相轴连续性不好。多年来受常规单次剖面（单炮记录）解释思维的束缚，认为上倾激发对勘探效果是有害的，其主要依据是视速度不同使单炮记录同相轴发散。

实际上这是一种忽视水平叠加的误解。煤田地震勘探炮距、道距基本在一个数量级，甚至基本相当，在两者相同的情况下采用中间发炮，上、下倾接收，按共中心点抽道集，得到的上倾资料与下倾资料完全对应，从波的运动学上没有任何差别。在地表均一的情况下，由于波程相同，根据互换原理，动力学特征也相同。因而用下倾激发资料叠加的效果等同于上倾激发，只是炮检互换时要注意镶边的影响。

就勘探效果而言，煤田地震勘探目的层埋藏深度一般小于 1000 m，为了充分发挥地震仪的多道优势，提高工作效率和覆盖次数，降低成本，宜采用中间放炮观测系统；另外，在目的层倾角较大时，应大大减小炮检距，以最大可能地降低反射点离散及倾角时差，提高同相叠加的效果。作为一种特殊情况，在地层倾角较大、走向变化较小，倾向激发叠加效果差时，可考虑反传统的做法，采用走向激发或非纵观测，以获得较高质量的走向二维剖面，在三维地震勘探时尤应如此。

2.7　地震波速度的测定

地震勘探的数据处理和解释中的一个关键参数就是地震波速度。无论是动校正、静校正，还是把时间剖面转换为深度剖面以及进行偏移处理，都离不开速度参数，另外，速度还与岩石成分、孔隙率、地层压力等岩石的重要物理地质参数有密切关系。

可以有两种途径获得岩石地震速度的资料：①在井中、坑道中、露头上、标本上直接测量；②根据在地面观测所记录的波的时距曲线计算间接确定。在岩石自然埋藏条件下的介质内部测量时，可获得最精确的结果，但这种观测的数量极其有限，大量测定由反射波观测资料来实现。

在岩石自然埋藏条件下，测量地震波速度一般使用直达波波前到达时间和它的路径长度计算平均速度。观测的范围越小，求得的速度越反映介质的性质。但是观测范围减小则会增大测量传播时间的相对误差从而增大了确定速度的误差。

2.7.1　地震测井（积分测井或声测井）

地震测井就是在井口附近激发，而把专用测井检波器放在井中不同深度（Z）进行接收的方法。这样得到的透过波时距曲线称为垂直时距曲线，当震源位于被测井口附近时，得到纵的垂直时距曲线，而震源离井较远时，得到非纵的垂直时距曲线。

利用纵垂直时距曲线可确定平均速度和层速度，欲利用非纵垂直时距曲线时应换算为纵垂直时距曲线。

有效波（初至的透过波）在记录上的主要标志是波至的方向不变，随炮检距的增大，振幅和频率平缓地降低，波的传播时间随深度增大而增大。当震源离井较近时，地震测井记录接收到的初至干扰波如电缆波和套管波，常会被误认为透过波。当震源远离深井时，首波会成为初至干扰。

根据所测得的直达波的纵垂直时距曲线，可把剖面划分为许多相对均匀的层。它的每一段有不变的层速度，可用式（2-7）计算。把多层作为一层计算时，得到的速度为该段的平均速度。

$$V_i = \Delta Z_i / \Delta t_i \tag{2-7}$$

2.7.2　微分地层测井（连续速度测井或声测井）

一般地震测井所用的测点距和激发信号的波长都比较大，可划分的地震层厚度以几十米和几百米来测量，更详细的速度信息要用微分地震测井获得。

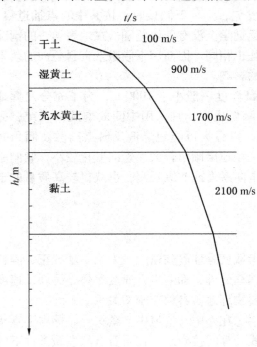

图 2-3　微测井曲线

微分地震测井把震源和接收器都放入井中，震源发射的脉冲经过泥浆传到井壁，入射角等于临界角时在井壁产生滑行波，有一部分能量以临界角折射到两个接收器尺上，利用其传播时间和距离可计算小段地层的层速度。

2.7.3　微地震测井

为了掌握低速层速度和厚度的变化规律，采用对穿透低速带的浅井作微地震测井。它是较常用的低速带调查方法。

与地震测井的方法相近，只是钻井的深度较小，而且是在井中爆炸（点距1 m左右），在地面接收，这种方式也称为鱼雷测井。观测的结果绘成垂直时距曲线，时距曲线的斜率指示速度，而斜率变化的第一个折点则标志着低速层的底界深度，有时还会出现多于一个的低速层。低速层的底界深度也是反射法勘探时炮井的最小深度（图2-3）。

2.7.4　折射波法（小折射）

低速带的厚度一般不大，难以用反射波探测，通常使用初至折射波法观测低速带底界与基岩顶面的折射波和低速层中传播的直达波，以测定低速带中的波速和低速带底界面的深度。

为提高观测直达波的精度，在靠近爆炸点时一般采用道距小的较密集不等距检波点布置。

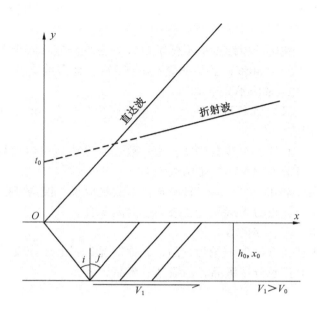

图 2-4　折射波与直达波

利用图 2-4 可以：①从直达波时距曲线可求出第一层（低速带）的速度 V_0；②利用折射波时距曲线斜率可求得低速带下的高速层速度 V_1；③延长折射波的时距曲线与 y 轴相交，得交叉时 t_0，利用公式计算低速带厚度 h_0。

如果还有降速层，则时距曲线上的折线段增多，用相同的方法可求得它们的速度和深度。

常规的低速带调查是用小折射和微测井相结合的方法，解释时只利用波的初至而不考虑波的动力学特征变化，所以其成果精度不是很高。

当采用多道仪器、小点距和中间放炮观测系统进行反射波法工作时，可以直接利用初至波，而不必进行专门的低速带测定工作。目前采用初至波折射静校正处理方法，多数可以略去低速带调查的环节。

2.8　野外资料的验收

2.8.1　资料整理

按《煤炭、煤层气地震勘探规范》要求，需要整理的野外原始资料包括仪器班报，观测系统图，测量班报，爆炸班报，钻机班报，监视记录，原始数据盘或带等。

2.8.2　资料验收

煤田地震勘探实施三级质量验收制度。

仪器周、日检及当日施工的原始资料由操作员自检，施工员（或现场解释员）初评后，送解释组登记复评。质量管理部门定期对施工质量进行抽查，抽查量不低于30%。

仪器月检、检波器一致性检查、各种试验资料和同一测区采用两台以上仪器工作时的仪器对比资料由项目负责人审查验收。

仪器年检、检波器测试、爆炸及井口信号对比资料由主管工程师组织审查验收。

2.8.3 原始质量要求

地震地质条件一般地区，甲级率应不低于60%，丢炮率应不高于5%；地震地质条件复杂地区，甲级率应不低于50%，丢炮率应不高于7%；地震地质条件特别复杂地区，甲级率应不低于20%，丢炮率应不高于10%。

物理点合格率：全区合格率不低于98%，单条测线合格率不低于95%。

2.8.4 原始资料的评价

仪器年、月、周、日检，检波器测试，道一致性，爆炸与井口信号对比，各种班报、图表按制作、填写质量分合格、不合格两级。

生产记录必须在仪器年、月、周、日检合格，测量成果、仪器班报、观测系统正确的基础上进行评价。生产记录分甲级品、乙级品、废品3级。

试验记录分合格、不合格两级。

多波地震勘探未获得S波的记录为废品，其他情况参照上述分级。

折射波记录、VSP记录分甲级品、乙级品、废品3级。

3　煤田高分辨地震勘探数据处理

3.1　术语定义

　　真振幅恢复 true amplitude recovery　是消除与反射系数无关的、影响地震反射波振幅的因素的措施。真振幅恢复包括两个步骤：第一是增益恢复；第二是补偿因衰减而耗损的振幅值。

　　静校正 static correction　为改善地震剖面的质量，要进行地形起伏，低、降速带厚度及速度变化等表层因素的校正，即静校正。

　　剩余静校正 residual statics　在 CMP 道集上进行动校正和高程静校正之后与标准双曲线之间存在的差值，该校正就是剩余静校正。

　　白噪 white noise　所谓白噪是指一段频率分量的功率在整个范围内都是均匀的。

　　水平叠加 horizontal stacking　水平叠加是将不同接收点收到的来自地下水平层状介质同一反射点的不同激发点的信号，经动校正后叠加起来，是共中心点叠加。

　　共中心叠加 common midpoint stack　在不同激发点、不同接收点的记录中选取具有公共炮检中点的道，经动、静校正后把对应的各道叠加在一起。是利用校正后剩余时差的差异压制多次反射的有力措施。

　　倾角时差校正 dip－moveout correction　针对倾斜反射层的情况下共中心点道集的各道不包含在一个共反射点而进行校正的一种地震处理方法。

　　层速度 interval velocity　在层状地层中地震波传播的速度。

3.2　基本要求与主要措施

　　地震资料的数据处理就是对原始资料经过分析，采用滤波、反褶积、动校叠加、偏移等手段，突出有效波，提高信噪比，并使反射波场得到成像，对于三维资料还包含成像的准确归位或归位成像，从而得到与地质体相对应的、尽可能直接反映地质体形态的数据资料。

　　高分辨率处理的基本要求就是在采集数据原始有效频带的基础上进一步扩展优势信噪比频带，保护和扶植信号的高频成分。

　　实现这一要求的主要措施可归结为下述 10 个方面：

　　（1）照顾高频。在整个处理过程中要努力保护高频成分，分频处理是照顾高频的好办法。

　　（2）统一波形。纠正激发与接收引起的子波不一致（例如做地表一致性反褶积），使子波波形统一，只有这样才能真正实现对齐同相轴时间，进行消噪处理。

　　（3）对齐时间。即做好动、静校正，尽可能上下一个样点都不错，这样才能在叠加中不损失高频成分。

（4）抬信压噪。在不损害信号（尤其是高频信号）的基础上，尽量使用各种去噪手段，来提高各频段中的信噪比。

（5）展宽频带。要用分频扫描来调查各频段在各处理阶段的信噪比情况，将信噪比大于1（能看到同相轴影子）的频带，通过反褶积、谱白化、反Q等手段尽量拉平抬升起来。

（6）零相位化。做好子波剩余相位校正，使子波变成零相位。

（7）做好偏移。正确选择偏移速度，做好偏移，以提高横向分辨率。

（8）从井出发。通过钻孔及测井资料对反射系数有色成分做补偿纠正、检查极性、试求子波，正确确定低频分量，做好波阻抗标定工作等。

（9）零炮检距。水平叠加剖面由于动校正拉伸使分辨率降低，并且水平叠加剖面不等于零炮检距剖面，因此，在高分辨率地震资料处理中，可以考虑不作水平叠加，而是采用多项式拟合、剔除拟合法、RADON变换、AVO求P波剖面等办法，直接求得高分辨率零炮检距剖面。

（10）波阻抗反演。由于高分辨率的时间剖面反映的是反射系数序列的响应，对于解释薄互层来说非常不直观，而波阻抗或积分地震道剖面则比较好解释，所以高分辨处理最终交到解释人员手里的应当是波阻抗反演剖面或积分地震道剖面。

3.3 关键模块

处理模块是处理流程中的最小组成单位，是实现某一独立处理方法的一个程序。目前在一个比较完备的地震数据处理系统中，差不多都有 300 个以上的处理模块。表 3-1 简单介绍了一些对提高分辨率起关键作用的模块。

表3-1 高分辨处理关键性模块简表

模块类型	简 要 说 明
地表一致性均衡	功能：均衡因地表条件变化造成地震波振幅、相位及波形的不一致性。 方法：振幅均衡，设地震记录由平均地震子波与炮点、检波点、地层响应、偏移距四项滤波因子的褶积组成，通过 Guass-Seidel 迭代算法求解出各炮点、检波点的振幅补偿因子，用于各道校正；相位均衡，采用叠加能量最大准则在共炮点集与检波点集上迭代求解
反Q滤波	功能：补偿因地层吸收作用造成的高频强烈衰减，提高分辨率。 方法：设计一种与Q滤波特性相反的滤波器，将其用于各道地震记录。 反Q滤波的关键是求准大地品质因素Q，通常采用Q扫描法和频谱比法。近年推出的串联反Q新方法可用于Q值随深度变化的情况，并可对振幅和相位进行补偿，使效果明显改善。如能将小波变换方法引入反Q处理，则效果会更好
子波反褶积	功能：压缩地震子波，进行相位校正与整形处理。 方法：根据估计的子波设计子波算子，用于各道地震记录。目前估计子波的方法主要有：求根法、双逆变换法、希尔伯特变换法、同态法、松弛迭代法、相位分裂法、统计平均法、最大似然估算法、模式识别估计法等。图 3-1 所列是一种常用的子波反褶积流程图（它要求输入子波是最小相位）。这种反褶积可以只在炮集上做（称为单通），也可以先在炮集上做，再在检波点集上做（称为双通），这样可消除炮点和检波点各自对子波特性的影响，效果比单通更好

表 3 – 1（续）

模块类型	简　要　说　明
频率加强滤波	功能：在提高分辨率的同时也提高信噪比。 方法：设计一个频率加强滤波器 $H_f(f)$ 用于各道记录。 $$H_f(f) = H_r(f)H_c(f) = \frac{1}{\sqrt{P_s(f)}} \cdot \frac{P_s(f)}{P_s(f) + P_N(f)}$$ 式中，$H_r(f)$ 是分辨率滤波器，$H_c(f)$ 是信噪比相干滤波器，$P_s(f)$ 和 $P_N(f)$ 是信号和噪声的功率谱
谱白化	功能：把信号的振幅谱在有效带宽内拉到同一水平，以提高分辨率。 方法：一般在时域进行。先确定一系列窄带滤波器，再将其因子输入记录褶积，对各频带的滤波输出做振幅均衡，然后求和即得谱白化结果。该方法可以采取时变方式
相位校正	功能：对子波进行相位校正，使其变为零相位。 方法：常用的方法是常相位校正。在有井情况下，以声波测井合成记录为依据，对井旁地震道进行常相位校正扫描，选出合适的校正相位角；在无井情况下，则以常相位扫描输出数据方差模最大为选择校正相位角的判据。这是一种近似的处理方法。为改善相位校正效果，尚待进一步研究新方法
$f-x$ 域预测去噪	功能：压制随机噪声，提高信噪比。 方法：根据有效信号可以在频率—空间域预测而随机干扰不能预测的道理，将记录由 $t-x$ 域转换到 $f-x$ 域，进行线性预测滤波，再转回到 $t-x$ 域，即可压制随机噪声，使有效信号增强。在 $f-x$ 域进行预测滤波的同时加进倾角滤波，则压噪效果更好
多项式拟合去噪	功能：压制随机噪声，提高信噪比 方法：主要是利用反射信号的横向相干性。在一时空窗内用多道相关来确定时间多项式，它决定了反射信号的空间形态，再用最小二乘法确定此窗内的振幅多项式，同时确定信号波形并合成信号剖面。该方法可适应时间和振幅较复杂的变化，压噪能力强，不衰减高频并能保持原始各道的相对振幅
Radon 变换去噪	功能：压制随机噪声和规则干扰，提高信噪比。 方法：先用 Walsh 变换将动校后的道集记录变到序率—空间域，再用 Radon 变换压制噪声，然后用逆 Walsh 变换返回时空域。在序率—空间域重排后进行 Radon 变换，以使信号与干扰的形状清楚可分，因而压噪效果好 该方法不仅能压噪，而且可较好地保存信号波形特征，克服动校拉伸影响，是一种比较好的去噪方法
折射静校正	功能：利用原始反射记录初至区的折射波求取静校正量。 方法：折射静校正有许多种方法，如延迟时法、广义互换法、层析法等，这里介绍一种不需拾取初至的折射波相对静校正方法，其步骤是：线性动校正—相关交折射波时差—层位校正—剩余速度校正—求中值时差—求相对时差，以此控制点为基础求出基准面静校正量。对炮集和检波点集分别执行上述步骤，即可求得检波点和炮点的静校正量。 该方法无须求出真正的初至时间，可适用于可控震源记录，不限定追踪同一折射层；不要求知道上覆低降速层速度和厚度，且计算精度较高，是解决复杂地表静校正问题的良好方法
剩余静校正	功能：估算剩余静校正量，使 CMP 道集更好地实现同相叠加。 方法：常用的有模型迭代法和二阶差分最大叠加能量法。前者将野外静校和动校后的地震道剩余时差表示为炮点静校、检波点静校、构造时差、剩余动校时差和横向偏移时差 5 个分量，根据误差平方最小准则建立一些方程组，然后用 Gauss – Seidel 迭代算法求解出每个炮点和检波点的剩余静校量。后者在分析 A、B、C、D 4 个道的时差关系（图 3 – 2）基础上得出：AC 时差与 BD 时差的差刚好等于 1、2、3 号炮点静校量的二阶差分，若有 N 炮，则可剔出 $(N-2)$ 个这样的二阶差分时差方程，补充一些假设条件后，即可通过这些方程解出各炮点静校正值，同理也可建立检波点二阶差分时差方程，从而解出各检波点静校正值。为减小误差，增加抗噪能力，将二阶差分法与最大叠加能量法联用会取得更好的效果

表 3-1（续）

模块类型	简 要 说 明
高分辨率速度分析	功能：提高速度分析的精度。 方法：先将共中心点道集经过一些整理后，重新组成一种单频复数道道集，再通过道间复数互相关组成协方差矩阵，求其特征值和特征矢量，然后用特征值和特征矢量计算速度谱。 该种速度谱不仅分辨率高，而且抗干扰能力力强
高精度动校正	功能：用内插求值的办法代替常规的舍入取舍办法确定动校正量，以提高动校精度。 方法：先用 Hilbent 变换由地震道求得振幅包络道和瞬时相位道，对其做动校正，动校时间由相邻样点线性内插确定，再由振幅包络和瞬时相位恢复出动校正后的记录道。由于振幅包络和瞬时相位的变化都具有低频性质，因此内插误差很小
自适应倾斜面元叠加（ADA）	功能：在叠加中利用相邻点信息增加叠加次数，提高信噪比 方法：在指定的面元内，应用自适应方法进行各道的静校正和动校正误差补偿，使反射相位严格对齐，从而提高叠加结果的分辨率和信噪比
DMO 叠加	功能：解决 CMP 叠加中存在的共反射点分散和速度多值问题，实现真正的共反射点叠加。 方法：实现 DMO 有多种方法，如 F-K 法、对数法、有限差分法、积分法等，其做法与偏移类似，其区别只是其算子的作用要使共中心点转成共反射点（故有人将 DMO 叠加称为部分偏移）。近年来又研究出解决振幅、相位畸变，假频，变速等问题的 DMO 方法，已使 DMO 成为高分辨处理的必备手段
拟合 t_0 道	功能：避免叠加方法存在的动校拉伸，不能反映反射系数随入射角的变化，速度各向异性使同相轴偏离双曲线形状等问题，求得真正的 t_0 剖面。 方法：有多项式拟合法 Radon 变换提取法、AVO 拟合 P 波剖面法等。既能压制多次波和随机噪声，又能保留 AVO 信息，且对动校正速度误差不敏感的拟合 t_0 道方法，称为"剔除拟合法"。其做法是：先对 CMP 道集做动校正，再用 $A = P + QX^2$ 曲线对各道振幅进行拟合，求各振幅值偏离抛物线的误差 e_x，剔除大的 e_x，余下再做拟合，再计算 e_x，再剔除，如此反复拟合—剔除—拟合—剔除，直至剔除道数占 CMP 道集中总道数的 15% ~20% 为止。最后拟合出的 P 值就是该 t_0 道振幅值。沿 t_0 轴逐点移动，直到关心的时窗（或整个剖面）做完为止。 通过该项处理取得的零炮检距纵波正入射剖面，有可能取代水平叠加剖面用于波阻抗反演

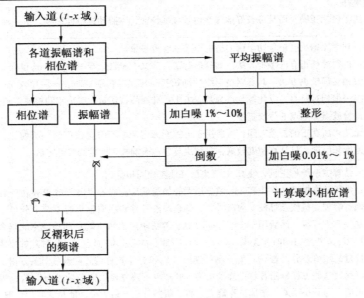

图 3-1 子波反褶积流程图

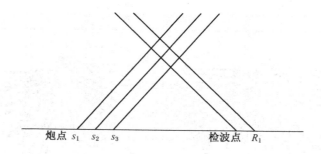

炮点 s_1 s_2 s_3 检波点 R_1

图 3-2 二阶差分静校正原理图

3.3.1 空间属性

空间属性是炮点、检波点之间有次序的平面几何关系，它是资料处理的基础，处理过程中很多模块与空间属性有关，如面元规划、抽道集、叠加、某些反褶积、静校正等。考虑地表高程的情况下是空间的几何关系，但高程用来做静校正。

在一个炮点激发后，该炮次及其位置与所接收的道及其位置之间就形成了关联，同一位置可对应不同的次序，形成不同的关联关系，这种关系在野外采集时通过仪器班报记录下来，作为资料处理解释的基础。

1. 空间属性的建立

野外数据采集后，记录到存储介质上的单炮资料需要按仪器班报记录的关系进行处理，这就要按约定格式建立资料处理所需的空间属性。它有两种方式，一种是在野外采集过程中直接赋予炮和接收道几何属性，形成数据文件；另一种是在室内根据仪器班报整理。

不同的处理系统的空间属性格式也不相同。相同的是都有炮文件号、位置，对应的接收道位置。二维地震资料空间属性中的位置用桩号表示，是一维的；三维地震资料空间属性中的位置用坐标表示，是二维的，一般采用相对坐标，也可采用实际坐标，但非常烦琐。

2. 空间属性的检查

建立地震资料的空间属性后需要进行检查。检查有多种方法，但最直观有效的是采用线性动校方法。线性动校的基础是认为相邻道局部地表是连续的，具有线性的初至时间变化。基于这个前提，单炮记录的初至波经过用地表速度做动校正，在空间属性与地表速度准确的情况下，可被校成水平的（图 3-3a），反之则不能校平（图 3-3b），中点发炮的炮点两侧的时间不对称。

3.3.2 静校正

几何地震学的理论都是以地面为水平面、地下介质均匀为假设前提的。在地形起伏不平，低速带、降速带厚度及速度变化剧烈等情况下，会严重影响地震剖面的质量，特别是在丘陵、山区更为突出。

由于野外测得的数据不一定准确，速度的选择也有精度限制，人工静校正不能够把表层因素的影响完全消除，还可能存有剩余静校正量，需要进行剩余静校正处理。

1. 基准面的选择

一般情况下在地表起伏较小时，静校正的基准面选择水平面；而地表起伏较大时，可选

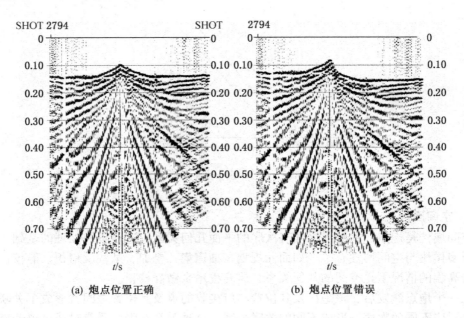

(a) 炮点位置正确　　　　　　　　(b) 炮点位置错误

图 3-3 空间属性检查

择近地表浮动基准面，选择的基本要求是叠加道集内的高程时差满足同相叠加的要求。同一地面点在参与叠加的不同道集中的校正量可能不一样，非水平基准面情况下甚至正负不一，因此高程时差校正后造成的这种剩余时差是不能用剩余静校正消除的，这是叠加后降低分辨率的原因之一。

2. 人工静校正

做好静校正工作必须取得全区真实丰富的炮点和检波点的高程及做好区内低速带的速度和厚度的调查工作。由这些资料建立表层地质模型，利用每个炮点、接收点的高程、低速带厚度、速度参数、井口时间等计算出相应校正量，将观测点、炮点同时校正到选定的基准面上，用以消除表层地形起伏和结构变化所造成的时差，称为人工静校正，也称一次静校正，其校正量有正负之分。

3. 初至折射静校正

在较为复杂的地形、地表条件下，用于野外一次静校正所需的参数难以获取或准确程度不够的情况下，地形校正并不能完全消除表层因素的影响。为完善野外一次静校正，目前大多采用初至折射静校正方法，它能解决低速带多变而引起的静校正问题，特别是短波长静校正问题。其原理是通过折射波初至来确定近地表层的厚度和速度，进而计算出静校正量。实践证明，折射静校正是一种较为有效的方法。但此法的应用应满足以下条件：较大的排列长度，记录中足够多的地震道上有初至折射波及折射界面相对平缓，速度变化不大等。

4. 剩余静校正

经过野外一次静校正的地震记录仍存在着剩余时差，同时由于动校正速度的不精确也会产生道间时差。剩余静校正的应用就是为了消除这些时差，以保证反射波同相叠加，提高叠加效果。

自动剩余静校正均采用循环迭代的处理方法，循环 2 ~ 3 次，同时结合速度分析，一方面使叠加速度更趋于准确，另一方面使剩余静校正值得到优化。实践证明，循环迭代是提高低信噪比地震资料成像质量的有效手段之一。

剩余静校正可分为短波长分量和长波长分量两类。一般是两种剩余静校正量叠加在一起的情况。其中短波长静态异常是局部范围内低速层变化引起的，长波长静态异常是区域性的低频异常，是指相当于一个排列以上范围的低速层变化影响，一般它对同一个共深度点道集中各道的反射旅行时的影响不很明显，对叠加效果影响不大，但影响时深转换。

3.3.3　滤波

1. 频率滤波

频率滤波可以是带通、带阻、高通、低通。应设计通带为梯形的滤波器以防止吉伯斯现象。

频率滤波与垂直分辨率密切相关。它不仅滤除某些频率的噪声，还能改变不同频率成分的能量分配，在有足够高的信噪比的前提下，达到提高分辨率的目的。

在进行滤波处理时，应考虑地震资料的传播特点，使用时变滤波。

2. $f-k$ 倾角滤波

在 $(t-x)$ 平面倾斜的同相轴在 $(f-k)$ 平面可以分离。导波在共炮点及共中心点道集上都明显地表现为线性相干噪声，但可被叠加大大削弱。侧反射波在共炮点是线性相干噪声，在共中心点道集上则不明显，在叠加剖面上，线性相干噪声表现为以任意一次波的高速叠加的散射波。

叠前 $f-k$ 滤波有利于改进速度分析，但有一部分相干噪声会遗留在资料中。在共炮点道集上没有进行 $f-k$ 倾角滤波，相干线性噪声在时间剖面上可以得到压制。对共炮点道集及共接收点道集都做 $f-k$ 倾角滤波，叠加效果会更好。但由于两步 $f-k$ 倾角滤波，资料模糊性增强从而降低了反射层的确定性。

3.3.4　反褶积

反褶积早期的许多理论工作是由麻省理工学院地球物理分析组来完成的。

相邻岩石层之间的波阻抗差形成反射后，由沿地表的测线所记录，可表示为地层脉冲响应与地震子波的褶积。这个子波有许多成分，包括震源信号、记录滤波器、地表反射和检波器响应等。地层脉冲响应是当子波为一个尖脉冲时所记录的，包括反射（反射系数序列）和所有可能的多次波。

反褶积是通过压缩地震记录中的基本地震子波，压制交混回响和短周期多次波，从而提高时间分辨率，再现地下地层的反射系数。反褶积有时比仅仅压缩子波做得更多，它能从剖面上消除大部分的多次波能量。反褶积通常应用于叠前资料，也可广泛用于叠后资料。

理想的反褶积应该压缩子波并消除多次波，在地震道内只留下地层反射系数。子波压缩可以通过将反滤波器作为反褶积算子，与地震子波做褶积，将地震子波转变成尖脉冲。当应用于地震合成记录时，反滤波输出应为地层脉冲响应。

反褶积处理（通常震源子波未知）的基本假设是震源子波为最小相位。精确的反滤波器设计可用最小平方模型来实现。

维纳最佳滤波是指它的实际输出与期望输出之间的最小平方误差最小，当期望输出是零延迟尖脉冲时，维纳滤波与最小平方滤波相同。期望输出为零延迟尖脉冲的处理称为尖脉冲反褶积。

由于反褶积试图提高缺损的频率，因而对滤波后的子波做脉冲反褶积，在零点前后输出伴有高频的尖脉冲。在地震记录中常常有噪声，在时间域和频率域都是相加的，在处理过程中产生的噪声在频率域也会加上。为了保证稳定性，在反褶积前引入一个人为的白噪水平，称为白噪。

子波处理最普遍的意义是估计地震记录的基本子波，设计一个整形滤波器将这个估计子波转换为期望输出，通常为宽带零相位子波，然后用这个滤波器对地震记录做整形处理。另一类子波处理的期望输出为与输入子波频谱相同的零相位子波，只校正输入子波的相位，而不做谱展平。

短算子长度产生小振幅尖脉冲并有相对高频的尾巴，增加算子长度会改进输出结果。更长的算子使谱进一步白化，靠近尖脉冲的响应谱。

在预测步长为1个采样点时，预测反褶积就是尖脉冲反褶积。单位预测步长意味着最高的分辨率，而较大的步长意味着较小的分辨率。如果高频成分大部分是噪声而不是信号，分辨率反而降低。

只有垂直入射和零偏移距记录才会保持多次波的周期性。因此，目的在于压制多次波的预测反褶积对非零偏移距资料，如共炮点或共中心点资料不一定完全有效。倾斜叠加可以保持多次波的周期性和振幅，对倾斜叠加资料应用预测反褶积以压制多次波。

图3-4显示了各种反褶积滤波器间的关系。

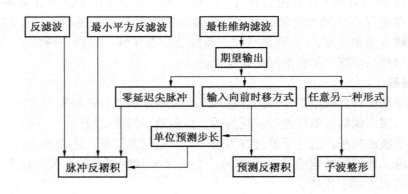

图3-4 反褶积滤波器间的关系

能记录到震源子波的可用确定性子波反褶积处理，其结果依赖于记录子波的精度。

常用的减少不稳定性的方法是反褶积前对波前扩散和频率衰减的吸收进行补偿处理。

图3-5、图3-6显示了反褶积前后的单炮记录、叠加剖面及频谱分析。没有反褶积的叠加剖面在很大程度上限制了分辨率，反褶积得到具有更高时间分辨率的剖面。

3.3.5 叠加

水平叠加能提高信噪比，改善地震记录质量，压制规则干扰波-多次波效果好，多次叠加在压制随机干扰方面比组合效果更好。

压制规则干扰波-多次波所利用的不是频率滤波的频谱差异，也不是组合的方向性差

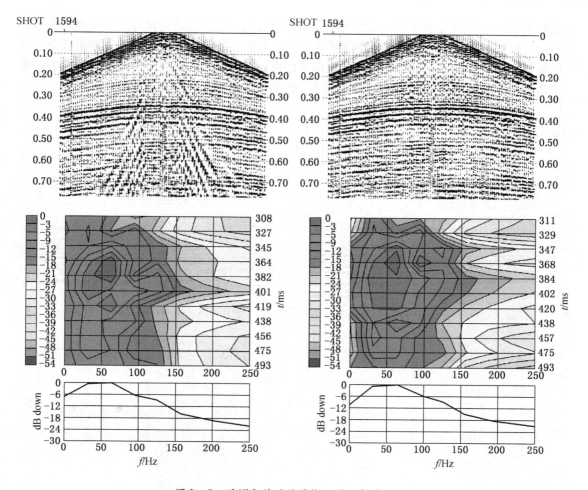

图 3-5 反褶积前后的单炮记录及频谱分析

异，而是利用动校正后有效波与干扰波之间剩余时差的差异。压制随机干扰是利用了其在时空域的不相关性。

实际工作中，倾斜地层的反射波也是采用水平叠加的模块处理的，这就造成了速度分析的不连续性以及因反射点离散造成的降低分辨率的模糊效应。

速度分析的不连续性表现在时空域同一个点的反射波可能来自空间上不连续的地质体，由于地质体倾角不同，其产生的反射波同相轴对应不同的叠加速度，在速度分析时往往难以兼顾，如回转波等。

另外由于倾角的存在，使在水平叠加假设下的多次叠加实质上为共中心点叠加，共反射点叠加是水平层状介质反射波共中心点叠加的一个特例。

1. 共反射点叠加

在理想的地下界面水平的情况下，采用多次叠加观测系统能收到的来自地下同一反射点的不同激发点、接收点的信号，这时按水平叠加抽道集公式抽取的道集叠加即为共反射点叠加。

2. 共中心点叠加

在地下界面倾斜的情况下（图1-4），共中心点不是共反射点。采用多次叠加观测系统收到共中心点道集内各道为来自地下一个反射段的不同反射点的信号，激发点、接收点不同，反射点位置也不同，随着炮检距增大，反射点位置向上倾方向移动，即沿着反射面向深度较浅的方向移动，大炮检距的反射点深度比小炮检距的反射点深度小。这时按抽道集公式抽取的道集叠加即为共中心点叠加。叠加的效果受反射点离散程度的影响。

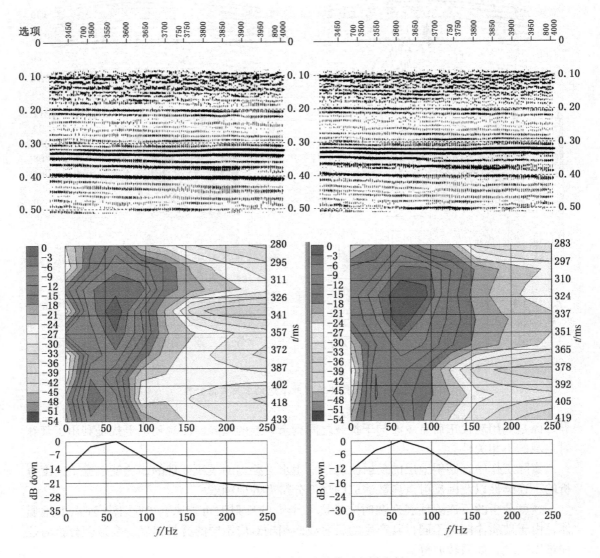

图 3 - 6　反褶积前后的效果及频谱分析

若用 $t_{oM} = \dfrac{2h_0}{v}$（h_0 是共中心点 M 处界面的法线深度）代表共中心点 M 处的 t_0 时间，则倾斜界面共中心点反射波时距曲线方程可写成

$$t^2 = t_{oM}^2 + \frac{x^2}{\left(\dfrac{v}{\cos\varphi}\right)^2} \tag{3-1}$$

式（3-1）表明：用 $V_\alpha = V/\cos\varphi$ 对倾斜界面共中心点道集按水平界面公式作动校正，仍可以取得好的叠加效果，但是并没有实现真正共反射点叠加。此时的叠加速度高于水平界面情况，多种倾角的同相轴交叉时，速度分析难以兼顾，对叠加及后续的偏移均有影响。

3. 共反射面元叠加

二维的情况下，共中心道集反映的是以近似直线的反射段的资料。在三维地震勘探的情况下，由于采用面积接收，采集的资料来自共中心点在地下界面法向投影点上倾方向的一个区域，这时按抽道集公式抽取的道集叠加即为共中心面元叠加。广义地说，由于三维设计的灵活性，来自按一定网格设计的区域的反射资料叠加就是共中心面元叠加。后者在大小上为反射点最大离散距离与面元大小之和，基于这种认识，地面上的相邻道可能对应同一个反射面元。

4. 垂直叠加

上述叠加方法是在不同激发点、不同接收点接收来自相同反射点的反射波，抽道集后进行水平叠加。另外，为了提高信噪比，在同一个点或同一炮点不同深度进行激发、同一排列接收，然后叠加。可控震源普遍采用同一炮点多次激发，称为频率扫描和振动次数，既提高了能量又展宽了频带；不同深度激发可以压制虚反射，但实际采用较少。

5. 动校正

界面水平时，非零炮检距与零炮检距接收的界面反射波的时间差称为正常时差。展开后略去高次项，可近似简写为

$$\Delta t_n \approx \frac{x^2}{2V^2 t_0} \tag{3-2}$$

动校正（正常时差校正）可以对两种形式的地震记录作处理。

对共炮点道集而言，动校正处理是把平界面段反射的双曲线型时距曲线转换为直线型一次覆盖的时间剖面，它可直观地反映地震反射界面的特点。

对共深度点道集而言，动校正处理是把来自界面的同一个点的各道的反射波到达时间校正为共中心点处的回声时间，以保证各道的反射波同相叠加，从而压制干扰、提高信噪比，更好地在干扰背景上识别一次反射波。这是最常用的动校正处理。

沿测线对地震资料进行动校正处理的实质就是将炮检距为 x 的观测点处的反射波旅行时间 t，校正到 $x/2$ 处的同一界面的反射回声时间 t_0。

倾斜界面的动校时差可采用下式计算

$$
\begin{aligned}
\Delta t &= t - t_0 \\
&= \frac{1}{v}\sqrt{4h^2 + x^2\cos^2\varphi} - t_0 \\
&= \sqrt{t_0^2 + \left(\frac{\frac{x}{v}}{\cos\varphi}\right)^2} - t_0
\end{aligned} \tag{3-3}
$$

作为特例，地层水平时地层倾角 φ 为 0，上式变为水平界面的动校时差。

采用等效速度进行动校，可把不同反射点的共中心点道集的资料同相叠加，但没有解决反射点离散问题。

6. 影响水平叠加效果的因素

当地层倾斜时，对水平叠加效果的影响可归结为两个方面，即反射点分散和把倾斜界面当作水平界面计算动校正量造成的校正不准确。

在地层倾角为 φ 时，反射波时距曲线方程为

$$t = \frac{1}{V}\sqrt{x^2 + 4h^2 \pm 4hx\sin\varphi x} \tag{3-4}$$

时距曲线的极小点时间

$$t_m = \frac{2h\cos\varphi x}{V} \tag{3-5}$$

（1）反射点离散。当反射界面倾斜时，各叠加道的反射信号并非来自同一反射点，随着炮检距 x 增大，反射点要向界面上倾方向偏移 r。这时共地面中心点的接收道集反映的不再是一个公共反射点，而是一个反射段，水平叠加实际上是共中心点叠加，而不是共反射点叠加。

$$r = x^2\sin^2\varphi / 8h_0 \tag{3-6}$$

式中　x——炮检距；

　　　φ——地层倾角；

　　　h_0——是界面在共中心点 M 处的约法线深度。

倾角越大，反射点离散距越大；界面埋藏深度越深，反射点离散距越小。不同位置的反射点叠加在一起使横向分辨率降低。

（2）倾角时差。由激发点两侧对称位置 x 处观测到的来自同一倾斜界面的反射波的时差（Δt_d）。

$$\Delta t_d = t_1 - t_2 = t_0\left(\frac{x\sin\varphi}{h}\right) = \frac{2x\sin\varphi}{V} \tag{3-7}$$

反之，可用倾角时差计算地层的倾角。

如果同一时刻有两个不同倾角的反射波，由于动校正只能有一个速度，就不可能使两个反射波都得到完全的校正，至少有一个反射波叠加不好，轻则损失高频成分降低分辨率，重则根本不能成像。

7. DMO 叠加

当界面倾斜时，叠后偏移做法存在的问题：①不是真正共反射点叠加，降低了分辨能力；②也不能提供真正的共反射点道集作为原始资料，供研究振幅随炮检距变化等问题使用；③共中心点叠加有倾角滤波作用。虽然可以用等效速度代替速度 v，使共中心点道集的某个同相轴取得较好的叠加效果，但当道集内存在两条倾角不同的同相轴，而它们的 t_0 又很接近时，则只能选取一个 $V(t_0)$ 进行动校正。这样只能突出一条同相轴，而必然压制了另一条同相轴。叠加后再偏移时，被压制的同相轴也无法恢复了，降低了分辨能力。这也是某些特殊波不能得到收敛归位的原因。

偏移叠加工作量太大，约为叠加偏移的覆盖次数倍，并且不能提供共反射点道集等可用于提取各种有关反射波参数的中间结果，而叠加偏移又降低了精度。

为了解决叠后偏移存在的问题，特别是要能实现真正共反射点叠加和使叠加速度与界面倾角无关，对应于叠前全偏移又提出了叠前部分偏移。

目前使用较多的叠前部分偏移方法是先进行倾角时差校正（DMO），再作共中心点叠加，最后作叠后偏移。

倾斜界面共中心点 M（图 3 – 7a）反射波时距曲线方程可写成三部分之和

$$t^2 = t_{OM}^2 + \frac{x^2}{v^2} - \frac{x^2 \sin^2\varphi}{v^2} \tag{3-8}$$

从式（3 – 8）中可以看出，反射波旅行时由三部分组成：①共中心点处的自激自收时间 t_{OM}；②只与炮检距 x 有关的部分，也即与正常时差有关；③与界面倾角 φ 有关的部分，与倾角时差有关。进一步把式（3 – 8）写成下式

$$t^2 = t_n^2 - \frac{x^2 \sin^2\varphi}{v^2} \tag{3-9}$$

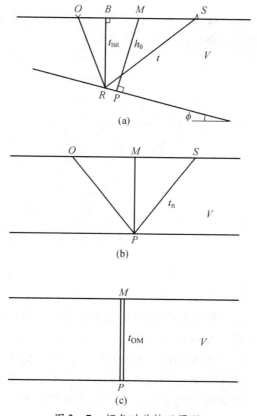

倾角时差校正的思路就是首先按式（3 – 9）把 t 校正成为 t_n，也就是说把 t 中与倾角有关的时差校正掉，从图 3 – 7a、图 3 – 7b 可以看出，这样做得到的 t_n 相当于一个深度为 MP 的水平界面，当炮检距仍为 OS 时的反射波旅行时。然后，按对 t_n 进行正常时差校正，这时已相当于水平界面情况，动校正速度就取 V，已经与倾角无关了。校正后 t_n 就变成为 t_{OM} 了。

每道都经过这样处理再进行叠加，就比没有预先进行倾角时差校正叠加效果更好。不同倾角的同相轴都可能得到加强。如果使反射波信息在 $(x - t_0)$ 平面上作适当的变换，还可以得到真正的共反射点道集，实现真正的共反射点叠加。

传统的 NMO 校正仅仅包含了时移量，DMO 校正既包含了时间域的映射，也包含空间域的映射。严格地讲，DMO 校正不是传统意义上的时差校正，而是对共偏移距数据叠加前部分偏移处理。因此，DMO 算子及其单位脉冲响应本身也是偏移处理，用这种部分

图 3 – 7　倾角时差校正原理

偏移将非零偏移距数据映射到零偏移距平面后，每个共偏移距剖面就能用零偏移距偏移算子进行完全偏移。

3.3.6　偏移

在水平叠加时间剖面上显示出来的反射点位置偏离反射点真实位置的现象称为偏移。偏移归位进行"反偏移"，使地层的真实位置形态得到恢复，常常把这一工作也称为"偏移"。

1. 时间域偏移与深度域偏移

时间域偏移与深度域偏移均可输出垂直时间剖面和深度剖面，两者的本质区别不是输

出的形式，而在于速度函数的定义方式，如果速度是用复杂的深度剖面表示就是深度偏移，否则为时间偏移。

2. 叠前偏移与叠后偏移

目前多利用水平叠加资料作为原始资料进行各种偏移处理，统称叠加偏移或叠后偏移。另一类则是从最原始的野外资料开始，进行真正的偏移叠加，它可能解决倾斜界面带来的问题，实现了真正的反射点叠加，同时也完成了偏移，这种做法称为偏移叠加，也就是所谓叠前偏移。

3. 二维与三维偏移

二维偏移：假设界面上覆介质是均匀的，射线平面既垂直于地面又垂直于地下界面（图3-8a），只利用一条测线上得到的资料进行偏移时，叫二维偏移。

一般情况下，上述假设难以满足偏移要求（图3-8b），二维剖面上的绕射、回转等难以全面归位，易造成多解性。

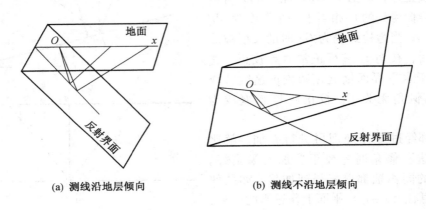

(a) 测线沿地层倾向   (b) 测线不沿地层倾向

图3-8 测线方向与地层倾角

三维偏移是把三维观测得到的地震资料，通过三维空间的偏移获得地质体的形态。加密的二维资料由于失去了一个分量的信息，即使进行三维偏移也难以达到理想的效果。

三维偏移在发展过程中，出现了两步法偏移、三维一步法偏移。两步法偏移的基础工作同于一步法，在实施偏移时，先按一个方向偏移，然后再进行垂直方向的偏移。该方法由于速度场与一次偏移后的地震资料改变了对应关系而产生偏移噪声。目前多采用直接在三维空间进行一步法偏移。

4. 偏移的方法及应用

最早采用的人工画剖面使反射同相轴实现偏移的做法，首先要进行波的对比和识别，而不是利用记录下来的全部原始信息进行偏移，存在很多主观因素，且完全不能反映反射波的动力学特征。

偏移叠加方法虽然能把在地面记录到的反射波或绕射波都归位到真正的反射界面或绕射点上去，能较真实地反映地质构造形态，但没有考虑波动的动力学特点，特别是能量和其他波形特征的变化。因此只适用于构造形态的解释，而不适用于较细的地层岩性解释。

波动方程是描述波动传播的全部特征（包括时间和能量）的精确的数学工具。20世纪 70 年代初期由美国斯坦福大学克利尔波特（Claerbout）首先提出的真正直接用波动方程来解地震勘探反问题的方法，开始了把波动方程直接用于地震资料处理的新阶段，使地震勘探方法技术取得了重大突破。

通过把观测面一次次向地下靠近地质体，可以得到不同深度上地质体的真实形态，这是实现波动方程偏移方法的基本原理。上述原理在物理上是不可实现的，可以利用数学上的方法——波动方程，把波场从一个高度换算到另一个高度——波场延拓。当把资料向下延拓到不同的地下反射界面时，地震剖面就转换成对应的深度模型，反映出反射界面的真实形态。

单程（深度的）标量波动方程是常规偏移算法的基础，但这些算法不能区分多次波、转换波、面波或干扰，进行偏移的输入数据中的任何地震能量都看作是反射波。

偏移算法通常归为以下 3 类：基于标量波动方程的积分解的算法（克希霍夫求和法）；基于标量波动方程的有限差分解的算法（时间—空间域有限差分法偏移）；基于 $f-k$ 变换来实现偏移的算法（频率—波数域偏移）。

克希霍夫求和法基本上与绕射叠加技术相同，不同的是在叠加前要对地震波振幅和相位进行校正。这些校正使得求和值与波动方程一致，在此过程中，考虑了球面扩散、倾角因子（振幅受角度影响）和惠更斯二次震源的固有相移。

另一种偏移技术（Claerbout 和 Doherty，1972）则是基于叠加剖面可以用爆炸反射界面所得到的零偏移距波场来模拟的原理。偏移原则上可以看作是波场外推（以向下连续延拓的形式）来成像。由于 $t=0$ 时刻没有花费时间，也就是波还没有扩散，此时的波前面形状必然跟得到波前面的反射界面形状一致，所以波前面形状对应于反射界面的形状。为了要从地面记录到的波场来确定反射界面的几何形态，只需将波场依次用深度外推回去，计算 $t=0$ 时刻的能量，任何 $t=0$ 时刻的波前面形态就是该外推深度处的反射界面形态。

传统上可以用标量波动方程的有限差分解来实现向下延拓波场，称为有限差分法偏移。有许多不同的差分算法应用在时间—空间域和频率—空间域的微分算子。Claerbout（1985）为有限差分法偏移提供了完整的理论基础和实现方式。

继克希霍夫求和法和有限差分法偏移之后，Stolt（1978）提出用傅里叶变换实现偏移，这个方法涉及坐标变换。保持水平波数一定，频率轴（结合输入时间轴的转换变量）变换为垂直波数轴（结合输出深度轴的转换变量）。改进了的 Stolt 方法也可以在一些速度有变化的地区进行时间偏移。

另外一种 $f-k$ 偏移方法是相移法（Gazdag，1978），基本思想是在 $f-k$ 域中用相移量来计算向下的延拓，它的成像原理是在每个深度步长需要对外推波场的所有频率分量求和，在 $t=0$ 时刻获得图像。

决定了偏移方法和适当的算法后，就需要选择偏移参数。

偏移孔径宽度在克希霍夫偏移中是关键的参数，小孔径导致陡倾角地层的移动，这将得到虚假的水平层和在道与道之间得到不相关的随机噪声。

向下延拓的深度步长在有限差分法中是关键的参数，合适的深度步长是带有最小相位误差的最大深度步长，它依赖时间和空间采样、倾角、速度和频率，也依赖用在偏移法中的差分算法类型。

拉伸因子是 Stolt 偏移法的关键参数，常速介质意味着拉伸因子是 1，一般来说，垂直速度梯度越大，拉伸因子就越小。

有限差分法、克希霍夫求和法和频率—波数域偏移法 3 种方法各有优缺点。克希霍夫求和法可以处理 90° 以内的各种倾角，但对速度横向变化有限制；基于标量波动方程的有限差分法只能可靠地处理到 35° 倾角，然而这些方法不受速度横向变化限制；频率—波数域方法虽然不受倾角限制，但受到速度横向变化的严格限制。

还有另一种有限差分法在频率空间 (ω, x) 混合域中实现，称为 $\omega - x$ 或 $f - x$ 法。$\omega - x$ 偏移可分别处理各种频率，便于实现某些精确的功能，节省计算机资源。

偏移还应注意空间假频和剖面长度。空间假频可在设计施工阶段予以考虑，也可以通过叠后插值予以克服。短测线不适于偏移，因为可能造成归位空间不足和受到边界效应的严重影响。除了要有一定的测线长度外，还要注意偏移镶边，即在边界处补充零振幅道。

图 3-9 所示为深度模型及其对应的零炮检距剖面和用共中心道集叠加出的剖面。可以看出，由于存在强烈的速度变化，某些共中心道集中的一些发射可能不满足正常的双曲线规律，传统的叠加剖面就不是零炮检距剖面；而满足该规律的可得到与零炮检距剖面相似的叠加剖面。一方面说明经过近似处理，共中心点叠加剖面已部分失真，常规叠后偏移难以像对零炮检距剖面偏移一样得到模型剖面，需要进行叠前偏移才能得到理想的效果。

表 3-2 中列举了各种偏移方法及其适用条件。

表3-2　偏移方法与适用条件

类 型	论 述
叠加-法向 射线深度转换	解释人员经常所需的剖面。严格适用于没有构造、倾角地层和速度只随深度变化的情况
时间偏移	适用于叠加剖面上有绕射波或构造有倾角，能用于速度有垂向变化的情况；速度的横向变化不大时也能用
深度偏移	叠加剖面上有构造倾角，速度横向变化剧烈时适用
叠前部分偏移（PSPM）	叠后偏移适用于叠加剖面跟零炮检距剖面相等的情况，但不适合叠加速度不同的相冲地层倾角或者是横向速度梯度很大的地区，叠前部分偏移［倾斜时差（DMO）］通过叠后的偏移得到更好的叠加。叠前部分偏移只解决具有不同叠加速度的相冲倾角地层问题
叠前全 时间偏移	输出偏移剖面，不产生未经偏移的中间叠加剖面，所以不太受欢迎。因为解释人员普遍喜欢既有叠加剖面又有偏移剖面。但无论如何这是解决相冲地层倾角问题最严密的方法。叠前部分偏移是这种处理方法的一种简化
叠前深度 偏移	用于存在严重横向速度不均匀情况，这时已无法作合适的叠加处理
三维叠后 时间偏移	叠加剖面出现来自射线平面以外的倾斜同相轴（即垂直测线方向），这是叠后最常用的一种三维偏移形式
三维叠后 深度偏移	用来解决复杂构造面和强烈横向速度变化问题
三维叠前 时间偏移	在叠前部分偏移不能解决问题时以及在叠加剖面中包含旁侧倾斜地层反射时
三维叠前 深度偏移	只要计算机机时允许，并且又能精确知道三维速度模型，这是人人乐于接受的处理方法

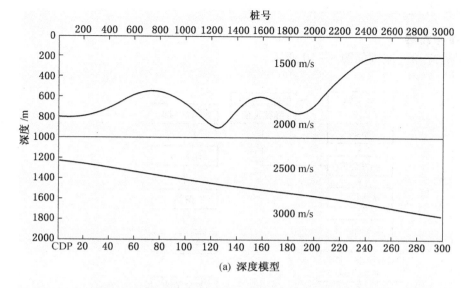

(a) 深度模型

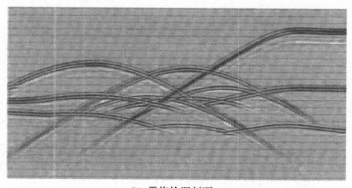

(b) 零炮检距剖面

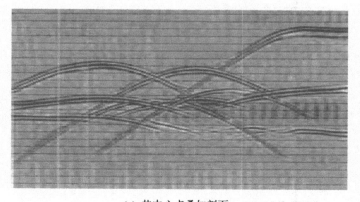

(c) 共中心点叠加剖面

图3-9　深度模型及其相应剖面

3.4　基础处理参考流程

3.4.1　参考流程

基础处理参考流程如图 3 – 10 所示。

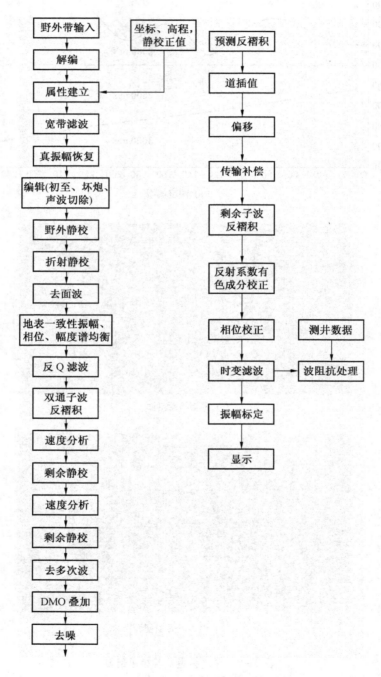

图 3 – 10　基础处理参考流程图

3.4.2 几点说明

（1）搞好叠前处理。只有在叠加前使地震波的波形一致、相位对齐、吸收补偿、频带加宽、干扰受到一定的压制才能提高叠加效果，保护高频成分不受损失。

（2）正确搭配模块。模块在流程中的先后次序必须能充分体现前者为后者铺路，后者补前者不足，这样的流程是最有效的。如去噪之前先做地表一致性均衡，把子波振幅、相位和波形尽量调到一致，则对提高去噪效果有利；在子波反褶积之前，先用去噪和反 Q 手段将子波有效频带拓宽，对反褶积效果有利；剩余静校正之前，努力做好高程静校和折射静校，使剩余静校量尽量变小，则有利于搞好剩余静校，不产生周波跳跃。

（3）充分使用分频手段。由于不同频率成分对动、静校正的精度要求不同，不同频率成分有不同的信噪比和不同的相位特性，因而采用分频的办法把动、静校正、消噪、相位校正等放到不同的频段去做，然后再将各频段处理结果加权求和（等于频谱整形），会取得更好的处理效果。在地震地质条件好的测区，也可不做 A 至 B 点的系列分频处理，而只在偏移后做谱白化或频谱整形处理，同样能收到好的效果。

为了搞好分频静校正，最好按以下步骤进行：第一步，搞好野外静校正和折射静校正；第二步，用记录的低频部分估算相对静校正量，并进行校正；第三步，用记录的高频部分估算剩余静校正量，这样可以避免出现周波跳跃现象，提高静校正精度。

（4）对于互为依托、互相影响的两种处理方法，例如剩余静校和速度分析，可采用迭代手段来提高处理精度。

（5）两个数据流的思路。上述的迭代方法对信噪比高的资料会越做越好，但对信噪比低的也可能越做越坏。所以提出了两个数据流的思路：在原始信噪比较低的情况下，把资料分成两个数据流，第一个数据流不追求分辨率，也不追求保真度，只要求有一个起码的信噪比——即记录上可以看到有效波同相轴的影子。用这个数据流确定动、静校正参数，从而指导第二条数据流，去进一步争取较好的分辨率。

在分频处理中，高频波段的信噪比可能很差，用中频波段的静校正值去加工高频波段的数据，用中频波段的预测因子去指导高频波段的压噪，其实也是两条数据流的思路。

3.4.3 处理成果的评价

时间剖面评级可浅、中、深层反射波综合考虑，也可分层评级，评级结果按实际长度统计。三维数据体地质效果评价采用抽检垂直时间剖面的方式进行。

时间剖面的质量评价分为 Ⅰ、Ⅱ、Ⅲ类。

Ⅰ类剖面：目的层齐全，同相轴连续性好，信噪比高，压制多次波效果明显，构造现象清楚，真实地反映了测线上的地质情况。

Ⅱ类剖面：凡达不到Ⅰ类，又不是Ⅲ类剖面者。

Ⅲ类剖面：剖面信噪比低，主要目的层未显示出来，构造现象不清楚。

测区Ⅰ+Ⅱ类剖面应达到 80% 以上。地震攻关或试验的地区，不进行剖面质量评价。

三维地震资料也可参照其他行业标准，采用块段法，按时间剖面的评级标准抽样统计三维数据体的三级品质块段。这样综合了垂直切片、水平切片，更能体现三维的特色，也能把与断层控制级别的评价联系起来。

4 煤田高分辨地震勘探资料解释

4.1 术语定义

地震剖面 seismic section；seismic profile 沿一条侧线记录的地震资料，由该测线的全部地震记录构成。垂直比例尺通常是到达时间，但有时是深度，数据也有可能是偏移过的。

水平切片 horizontal section；time – slice 对应于某一到达时间（或偏移数据的某一深度）的一系列数据点网格的地震成果的显示。

层位切片图 horizon – slice map 也称顺层切片图。一种显示三维地震数据体中同一反射界面的数据层切片图。

反射系数 reflection coefficient 反射波振幅与入射波振幅的比值。

正演问题 forw ard problem 根据地质体的形状、产状和物性数据，通过理论计算、模拟计算或模型实验等方法得到地球物理响应。

反演 inversion 根据地质体的地球物理响应特征反推形成该响应的地质体状况的技术。

叠加偏移剖面 stack migration section 在水平叠加的基础上，实现反射层的空间自动归位，用这种方法处理得到的地震剖面，就是叠加偏移剖面。

4.2 地震剖面的对比解释

4.2.1 地震反射波与地层

在表层激发的地震波向地下传播过程中，球面扩散和吸收衰减一直伴随着它，距离激发点越远，波的能量越小，相应的信噪比越低。因而要保证足够的勘探深度，需要有足够的激发能量。

不同年代、岩性、深度的地层具有的速度、密度也不同，也就是存在波阻抗差。地震波在传播过程中，遇到两侧波阻抗不同的岩层，会产生一系列的变化，包括波的透射、反射，还可能发生折射，或波的转换，产生转换横波，在反射波勘探中转换波同样是干扰波。基于这些原因，要避免目的层反射波落于盲区或被折射多次波干涉，增加解释的多解性。

地震反射波在上行过程中还会受到相邻下覆地层反射波的追赶，当两者时差也就是通常说的追赶时间小于其周期时两者产生复合，而且这两个层位可能是同等重要的目的层，如煤层，因此这两者都是作为有效波处理的，上覆层位由于有先到的优势，在没有其他相干噪声的情况下，一般表现出有较高的信噪比。研究这些复合的波就需要有足够高的分辨率。

当追赶时间大于其周期时，两界面对应相互独立的反射波，其时差与界面间的地层厚度相对应。由于波阻抗大小不一，造成反射系数有正负之分，影响了对应反射波的相位，这在解释过程中是值得注意的。

上行的反射波会受到上覆地层层间多次的干扰，还会受到炮点激发时产生的面波、声波以及直达波的干扰，这些波的能量非常强，需采取措施才能保证得到高信噪比的剖面。

一次反射波一般总是按穿过层的先后顺序反射回地面，可能发生复合。多次波以及侧面反射、面波、声波以及地面上的干扰都有可能干涉有效波，并被接收到。当连续界面的波被同一地面点多次接收到，是反射界面弯曲或上覆地层速度剧变所致。同一反射波不连续，有时产状也不一致，则可能存在断层。

由于地层倾角可造成反射点离散，同时把具有不同速度的反射波用同一速度叠加，都会降低水平叠加地震资料的分辨率。

反射波对应的是界面两侧的岩层信息，地质层位与同相轴间不全是一一对应。

4.2.2　地震资料与地质体

地震资料在时间—空间域反映地质体的形态。根据地震勘探手段的差别，分为二维地震资料和三维地震资料，主要有二维叠加剖面、二维偏移剖面和三维垂直切片以及水平切片。

1. 叠加时间剖面

二维地震资料解释中使用最多的仍然是水平叠加时间剖面。

经过水平叠加后得到的时间剖面，在地层倾角小、构造简单的情况下，已相当于在地面各点自激自收的剖面，能较直观地反映地下地质构造特征，同时保留了各种地震波的特点。但时间剖面并不是沿测线铅垂向下的地质剖面，它们之间有许多重要的差别，只是在一定近似条件下形成的地质体的虚像。

叠加时间剖面反映的是偏离反射点位置的时间域的地质体，在界面倾斜情况下，按共中心点抽道集、动校正、水平叠加，不是真正的共反射点叠加，这会降低横向分辨能力。同时，水平叠加剖面上也存在绕射波没有收敛、干涉带没有分解、回转波没有归位等问题。

三维叠加数据体上切出的时间切片也存在上述问题，但整个三维数据体能得到较全面的地下地质体的反射波场，而二维剖面一般得到的都是片面的。这些特点在后续处理中反映突出，直接影响解释的方法、成果的精度。

2. 偏移时间剖面

由于剖面方向不一定沿地层的倾向，二维地震资料不能进行完全的偏移归位，而且侧面的绕射、回转、断面波等根本不能偏移归位，得到的偏移剖面包含有假象，这一点在解释中必须引起重视。

三维地震勘探得到的叠加数据体并不是零偏移距的，经过三维偏移的三维数据体，反射点得到归位，反映了时间域的地质体形态，是解释的主要资料，但仍没解决倾斜叠加的问题。这使得叠后偏移的数据体仍存在问题，在与地震勘探基本假设差别较大的情况下，这些问题会表现得比较突出。

为了解决上述问题，逐渐采用了叠前部分偏移、叠前偏移，在构造复杂、速度变化大的地区，甚至采用叠前深度偏移。叠前深度偏移的计算工作量是巨大的，是叠后偏移的覆盖次数倍，但取得的结果能正确反映地质体的形态，是地震勘探技术发展的趋势。

理想的三维偏移数据体与地质体、三维时间剖面与地质剖面间是一一对应的关系，这种关系就是速度场函数。通常在工作中选用主要的目的层进行解释，就转变为层与层的对应关系。

3. 水平切片

通常所说的水平切片是三维偏移数据体某时刻的切片，反映的是地质体各地层在特定时间的形态，层位的同相轴形态与其等时性形态一致，连续的水平切片反映褶曲和断层的形态，但断层线反映的是不同层位断点的组合，与构造图是不同的。

水平切片与层位的夹角（φ）一般较小，在纵横比例 1 ms 对应 1 m 时，反映的同相轴在空间上延续较宽，为垂直切片的 $\cot(\varphi)$ 倍，是特定条件下的放大，与垂直切片的放大一样，并未提高分辨率。

实际工作中应注意层拉平切片和顺层切片的区别。层拉平切片用拉平某同相轴的剖面反映与同相轴相对应的地层沉积前后的地质形态，是地震地层学研究的有力工具。顺层切片则是某一层位的属性的平面投影，这些属性可以是振幅、相位、频率、相关系数等。

4.2.3 地震波的对比原则及方法

波的对比主要依据波的同相性、突出度、波形特征、时差。

地质体的连续性，对应着界面反射波的同相性；强相位是地震解释的标志，地震勘探就是利用波阻抗差异形成的地震波追踪地质体，反过来利用波的变异解释地质体岩性及空间上的不连续性。正常时差和倾角时差以外的时差与地质体的突变相关。

波的对比采用以强相位对比为主，结合波组、波系对比的方法。在测线交点上，采用整道波形对比。解释的主体不同，如三维数据体或二维剖面，叠加或偏移还是叠前偏移，对比的方法也有所差异。

用合成地震记录标定层位是常规解释中惯用的方法，但这种方法存在下述问题：

（1）声波测井常常没有浅层数据，因此不能提供准确的旅行时间。

（2）声波测井用的频率很高，比反射地震法使用的频率高几百倍到几千倍。不同频率的速度有差别，必须进行校正，校正不准就会带来误差。

（3）声波测井测的是井筒附近很小范围内的速度，而地震波的波长很长，它走行的速度代表大范围内地层的速度，因此声波测井的旅行时差与地震波的旅行时差是不同的。

（4）由于声波速度不能代表地震波速度，由声波测井求出的反射系数也是不准的。

因此，合成记录与井旁地震记录不能对应得很好，往往要做时间移动，且只能对上某些相位。

为了保证层位标定的准确性，在高分辨率资料解释中，最好用零井源距 VSP 资料直接确定地质层位。其做法：①根据重排后的初至直达波计算平均速度和层速度；②分离上行波场，经静校正将反射同相轴拉平；③形成走廊叠加剖面；④利用前面求得的速度将井旁叠加剖面的双程时间转为深度；⑤将上行波剖面、走廊叠加剖面、井旁叠加剖面、合成记录与测井曲线对准深度坐标摆在一起，组成一对比图，称为"桥式对比图"，利用这张图很容易找到反射同相轴所对应的地质层位。

使用 VSP 资料准确标定层位，还应注意下述问题：①如果地层不水平，应使用偏移剖面；②VSP 与地面记录的极性要一致（例如地面记录的初至波向下跳，则 VSP 记录的初至波一定要向上跳才是极性一致）；③基准面要一致；④相位校正一致；⑤频带范围、信噪比也应尽量一致。

对于二维地震资料，还不应忘了剖面的闭合，这有两个含义：一是剖面闭合有利于追踪断层的同一盘资料；二是即使没有断层，剖面闭合也是得到目的层起伏形态所必需的。

造成剖面闭合差的原因有以下几个方面：地表高程或低速带在两个方向变化趋势不一致；两剖面基准面误差；施工或处理造成波形差异；地层倾角影响。

剖面闭合应考虑选择：地表高差变化小的，或叠加效果好的，或剖面同相轴倾角小的测线，作为闭合的基准剖面。在有钻孔的情况下，还应反算孔旁的法线速度，符合区内速度变化规律的，反映了构造起伏形态，应为基准剖面。交点闭合后，还应在全区循环闭合。

过去工作中常选用主测线为基准，这不一定恰当。首先按测线布置原则，主测线沿倾向的叠加效果差，主测线的地表、低速带有可能较复杂，主测线的激发、接收效果不一定最好，这些因素导致它不一定反映地质体的形态。

在西部的煤田勘探中，二维地震应用广泛，地表较复杂，闭合差问题尤其突出，需要认真对待。

4.2.4 叠加剖面上特殊波的标志

1. 绕射波

地震波在传播过程中，如果遇到一些地层岩性的突变点（如断层的断棱、地层尖灭点，不整合面的突起点等），这些突变点就会成为新震源，再次发出球面波，向四周传播。这种波动在地震勘探中称为绕射波，最常见的是断棱绕射和不整合面突起点绕射。

在图 4-1 上，测线 Ox 垂直断棱 R。在原点 O 激发的地震波入射到绕射点 R，然后以 R 点为新点源产生绕射波。

绕射波的传播时间是

$$t_R = t_1 + t_2 = \frac{1}{V}\left[\sqrt{L^2 + h^2} + \sqrt{(x - L)^2 + h^2}\right] \qquad (4-1)$$

式中　L——绕射点 R 到 O 点的水平距离；

　　　h——绕射点深度；

　　　x——O 点到接收点 M 的距离。

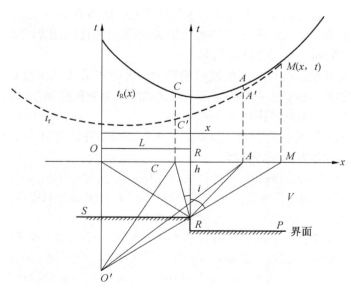

图 4-1　绕射波和反射波时距曲线示意图

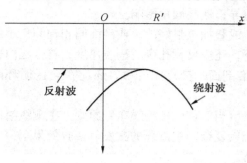

图4-2 一次覆盖时间剖面上的
绕射波与反射波示意图

可看出绕射波时距曲线为双曲线，极小点位于绕射点上方，随着位置移动时距曲线沿绕射点垂直方向移动，最低点在激发点位于绕射点上方即 $x = L$ 处。O 点激发的反射波时距曲线在 M 点与绕射波曲线相切，这也是该界面反射波的终止点，绕射波时距曲线曲率较大，总是晚于反射波出现。这是单炮记录上识别绕射的重要特征。

物理地震学认为反射是无数绕射叠加而成，连续界面绕射叠加形成连续的波前，到界面的终止点方能看到因界面不连续而形成的绕射波图（图4-2）。

在进行动校叠加时，绕射波时距曲线不能按反射波动校量校平，存在剩余时差，只有在绕射点上方叠加效果同于反射波，在绕射点近处叠加加强，可见到叠加时间剖面上的绕射波，而远处即使单炮记录上存在，也有可能因叠加效果而无法看到。这也是绕射经偏移处理无法完全收敛的原因。

2. 弯曲界面的反射波

当凹界面曲率较大，埋藏较深时，会产生回转波。相同曲率的凹界面，埋藏越深，回转波的范围越大（图4-3）。

（1）聚焦型反射波。当界面的曲率半径正好等于界面埋藏深度，并且激发点位于界面圆弧的圆心时，这个界面就称为聚焦型界面。几何地震学观点认为，这时从激发点发出的地震波射线，每一条都是垂直入射到圆弧界面，又都反射回圆心汇聚于激发点。即反射波时距曲线退化为一个点，只有在激发点才能接收到反射波。但物理地震学的计算结果却表明在一个相当宽的范围内可以收到这个波。这是因为地震波是一个波动，不能简单地把它看成沿射线传播。

聚焦型界面是向斜褶曲的一个特例，也是产生回转的临界曲率。

（2）平缓向斜型反射波。平缓向斜型反射波时距曲线比同深度的水平反射段反射波到达时间更早些，同相轴也是平缓向斜形态。

（3）凸界面反射波。凸界面反射波同相轴的弯曲程度介于同深度的水平界面反射曲线和点绕射曲线之间。相同曲率的凸界面，埋藏越深，弯曲程度越接近相应深度的绕射波曲线，凸界面反射波占据的范围越大（图4-4）。

（4）时间剖面上回转波的特点。凸界面与水平界面相连，可以看作凹界面的一部分，形成的反射波可作为单翼的回转分析。

多次叠加后的回转波是加强的，时间剖面上回转波更清楚。回转波只在水平叠加剖面上或共炮点记录上可见，偏移处理后，回转波得到归位，时间剖面上只能看到曲界面的图像。

曲界面曲率越大，深度越深，反射波范围越大。

当界面由回转型变为凸界面，即从回转型—聚焦型—平缓型—水平界面到凸界面时，能量由分散（回转型）、集中（聚焦）、再分散（平缓型、水平界面、凸界面），时距曲线由超绕射（回转、聚焦）变至过反射（平缓型），或变到反射散射之间（凸界面）（图4-5）。

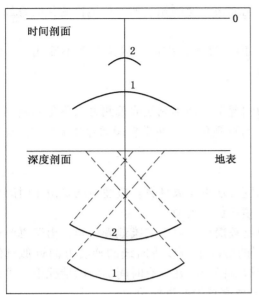

图4-3 不同深度凹界面及其反射波示意图

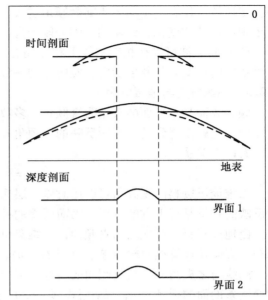

图4-4 不同深度凸界面及其反射波示意图

正确认识弯曲界面的反射波对地震解释意义重大。二维地震资料褶曲与断层都有可能出现同相轴交叉，绕射波也可能导致混淆，特殊波互相干涉，易造成断层解释的多解性。即使叠后偏移资料，由于水平叠加的局限性以及信噪比的原因，可能不完全收敛、归位，解释时需要排除多解性。

3. 断面波

当断层落差较大，断层两侧不同岩性的地层直接接触时，断层两侧成为一个明显的波阻抗界面，可产生断面反射波。要能够接收到断面反射波，要求断面倾角不能太大，还要有足够的排列长度。

断面波的特点：

（1）断面波往往是大倾角反射波，它的倾角比一般反射波大得多，所以它的同相轴常与一般地层反射波交叉，产生干涉。随着测线与断层走向的夹角变化，断面波在时间剖面上的角度也随之变化，当测线与断层定向正交时，断面波倾角最陡，即为断层面的真倾角。

（2）断层反射波能量强弱变化大，常断续出现。这是由于断层两侧岩性等变化，反射系数

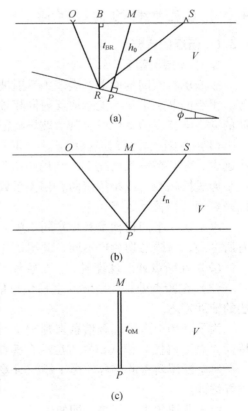

图4-5 弯曲界面及其反射波
时距曲线、时间剖面对比

不稳定所致，还有一个原因是断面倾角过大，断面波不能同相叠加，按炮检变化的叠加特性出现周期性的变化，致使同相轴分段光滑。

（3）断面波可以在相交测线上相互闭合。但二维偏移剖面一般情况下不能闭合，除非测线方向正交且与断层走向、倾向分别一致。

4.2.5　测线方向与地层倾角

倾斜界面与水平面的夹角为真倾角，多数情况下，地震测线或观测方向不是倾斜界面的倾向，这就使得到的资料所反映的视倾角 α 与真倾角 φ 所在垂直面间存在夹角 β，且三者具有以下关系

$$\sin\alpha = \sin\varphi\cos\beta \tag{4-2}$$

二维地震资料的视倾角可以用时差、层速度与水平距离计算。应注意的是由于时间剖面反映的并不是正下方的资料，因而所得的视倾角仍为近似。

由地震资料计算地层的真倾角，三维资料比较简单，对于二维地震资料，由于真倾向未知，真倾角计算相对较复杂。在具有等时图的情况下可以等时线的梯度方向近似真倾向，测线与之夹角就是与真倾向的夹角，可求得真倾角。在只有时间剖面的情况下，可以相交两条剖面的视倾角 α_1、α_2 用式（4-3）合成交点处的真倾角 φ。

$$\sin^2\alpha_1 + \sin^2\alpha_2 = \sin^2\varphi \tag{4-3}$$

4.3　地震资料的构造解释

4.3.1　断层的解释

1. 小断层的解释

小断层在时间剖面上常表现为反射波同相轴的扭曲、频率和振幅的变化、强相位转换等。很小的断层常常不能造成反射同相轴的明显错断，因而对小断层的解释主要依靠地震波的动力学特点的变化以及其他波场特征。小断层存在的重要标志是：

（1）在断点处反射波振幅减小，断层落差越大，振幅减小越多，落差越小，振幅减小越少，尤其在三维情况下，利用顺层切片（图4-6）和水平切片（图4-7）显示时，更易通过振幅减弱或相位扭曲、相关系数异常等条带识别小断层。顺层切片拾取的参数可以是振幅、相关系数等。

水平切片上同相轴及其异常同步放大，能提高视觉分辨能力，但与地震资料的分辨率有所区别，与顺层切片也不同。顺层切片反映的异常大小与小断层落差无直接关系。

（2）在断点处出现绕射波，尽管能量较弱，但仍能用肉眼识别出来。

（3）在断点处，反射波的主相位可能变化很微弱，但旁瓣变化较明显，是识别小断层的辅助标志。

为了利用更多的地震信息来判别小断层，1994年中国矿业大学推出了一种基于地震特征参数（属性）模式识别方法综合解释小断层的技术，收到较好的地质效果。

对小断层落差的解释，由于错断时差很难读准，所以也要根据反射波动力学特性变化进行估计。

由于菲涅尔带的影响，即使进行了偏移，断层两盘也会互相影响，使得断层造成的时差减小。经过采掘资料的验证，无论采用何种方式估算，解释结果较揭露的落差普遍小，5~10 m 断层的落差一般 2 m 左右。

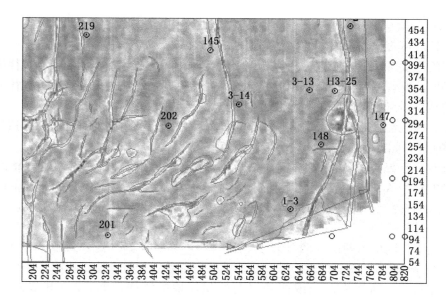

图 4-6　小断层的顺层振幅切片显示

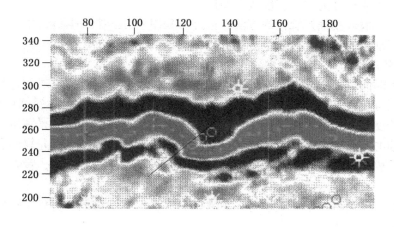

图 4-7　小断层的水平切片显示

另外一种情况，由于分辨率的影响，过于密的 CDP 间距有可能因偏移无法达到理想化而近似于数学插值，像多次叠加一样模糊小断层，造成地层产状的局部变化的假象。

由于上下地层的逆掩，逆断层的解释精度一般要低于同等落差的正断层。

2. 大断层的解释

大断层表现为反射波同相轴的明显错断，水平切片上同相轴水平错开。另外同相轴数目的突然增加或减少、波组间距变化等也是识别断层的重要标志。落差适中的断层由于两盘地震剖面特征相近、同相轴错开较大，容易解释其落差和性质。落差较大的断层，由于两盘地层差别大，可能造成两盘对应的反射波波形特征、同相轴突变，或产状发生较大变化，给识别带来困难。需要进行波组、波系的对比，才能统一层位对应的同相轴，正确解释断层的落差。

3. 断层的组合

断层性质可根据断层错断的多个同相轴的断点确定。

断层组合要考虑下述原则：相邻断点断层性质相同、产状基本相同或有规律变化；断开层位相同或有规律变化；断距相近或有规律变化；同一断块内地层产状有规律变化；不能组合的孤立断点尽可能断距小、数量少。

另外，区域性大断裂一般与区域构造走向一致；断层的组合要符合区域构造规律。

4. 断层控制的评价

按《规范》断点分 A、B、C 三级。反射波对比可靠，断点清晰，能可靠确定断层上、下盘的定为 A 级断点。两盘反射波连续性差，有断点显示，但标志不够清晰，能基本确定断层的一盘或升降关系的定为 C 级断点。达不到 A 级又不是 C 级的定为 B 级断点。

断层分可靠断层、较可靠断层、控制程度较差断层三级。

可靠断层：断层由两条或两条以上的相邻地震测线控制，且 A 级断点不低于 50%，A + B 级断点不低于 75%；断面产状、性质明确，落差变化符合地质规律。

较可靠断层：断层由两条或两条以上的相邻地震测线控制，A + B 级断点不低于 60%；断面产状、性质明确。

达不到上述要求者为控制程度较差断层。

对于三维一般采用抽样统计的方法，另外可采用划分三维数据体品质块段的方法，其标准同于时间剖面的评价，按 3 个等级对其中的断层进行评价。

4.3.2　褶曲的解释

二维地震时间剖面反映的褶曲形态类似于用透镜观察的物像，反映的背斜跨度大于实际地质体，顶点反映是真实的，这样就横向放大了背斜的形态；对向斜则可能产生回转，使同相轴的长度大于反射界面，但未经归位的叠加剖面反映的向斜两翼倾角变小，轴部并不位于同相轴的交叉点，而是位于回转波的向上弯曲部分的最高点，向斜形态变小。

偏移归位要考虑这些因素，否则向斜部位易解释范围偏浅、偏小，背斜部位易解释范围偏大。

由于走向与倾向不一定一致，可能存在侧面波，二维偏移地震资料反映的褶曲形态可能是假象，要慎重使用。

三维地震资料经过三维偏移归位，其时间剖面的同相轴反映了地层的时间域起伏形态，深度偏移资料则可直接反映地质体的形态。

4.3.3　陷落柱的解释

1. 陷落柱的地质特征

煤矿陷落柱是指煤层下伏石灰岩中岩溶发育，在重力作用下，上覆岩层（包括煤系地层）向下塌陷所形成的锥状或柱状堆积物，陷落柱的赋、导水性也因地而异。

按照几何形态，陷落柱分为平面形态、剖面形态、中心轴形态，是反映陷落柱几何形态的基本要素。在平面上多表现为椭圆形、圆形，少量呈不规则形态；在剖面上呈上小下大的圆锥状、圆筒状、斜塔状、不规则形状（图 4-8），其直径大小从几十米至数百米不等，陷落柱从灰岩顶面到柱体顶端的高度一般一百米到数百米，最大可达 500 ~ 600 m，陷落柱下部一般插入灰岩内数十米左右，陷落柱内的堆积物往往是逐次陷落形成，其下部堆积物与原生岩层相比的陷落深度较大，而往上则陷落深度较小。陷落柱内岩块排列紊乱，菱角明显，胶结程度不一。塌陷堆积物密度差异变化较大，比围岩密度低，孔隙率较好，陷落柱的周边与围岩的联结也较脆弱，其外侧的岩层通常裂隙也较发育。

长期以来，陷落柱一直严重威胁一些煤矿的高产高效安全生产及综合机械化采煤机组的正常运行。

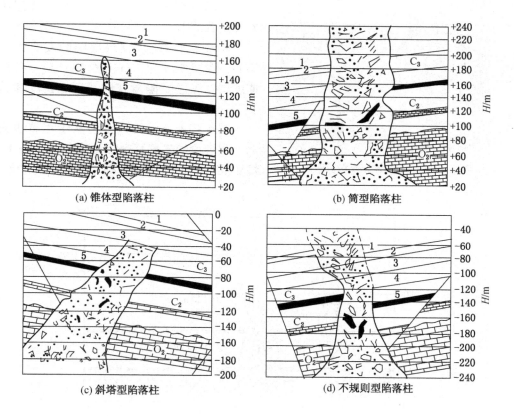

(图中1、2、3、4、5为煤层编号，C为石炭系，O为奥陶系)

图4-8　几种典型的煤矿陷落柱示意图

2. 陷落柱地震响应特征

各围岩速度层、煤层及陷落柱的速度、密度参数见表4-1。

图4-9所示为模型1基于克希霍夫波动方程理论的未偏移叠加地震剖面，地震子波主频为75 Hz，各围岩、煤层反射波及陷落柱与围岩接触边界绕射波的发育特征明显，煤层反射波呈现一双相位反射特性。

表4-1　模 型 参 数

速度界面	一速度层	二速度层	三速度层	煤层	五速度层	陷落柱	灰岩
速度/(m·s⁻¹)	1800	2300	2500	2100	2700	1800	4500
密度/(g·cm⁻³)	1.6	2.1	2.5	1.45	2.9	1.6	3.0
厚度/m	100	100	100	4	97		100

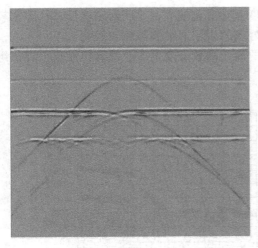

图 4-9 未偏移叠加地震剖面

模型 1：陷落柱在煤层中的发育大小为 80 m，煤层厚度为 3 m（图 4-10）。

图 4-11 所示为经过 F—K 偏移后的地震时间剖面，绕射波得到收敛，煤层反射波在陷落柱的发育部位缺失，陷落柱在煤层中的发育位置清晰。

模型 2：陷落柱在煤层中的发育大小为 20 m，煤层厚度为 4 m（图 4-12）。各围岩速度层、煤层及陷落柱的速度、密度参数不变。

图 4-13 所示为该模型基于克希霍夫波动方程理论的未偏移叠加地震剖面，各围岩、煤层反射波及陷落柱与围岩接触边界绕射波

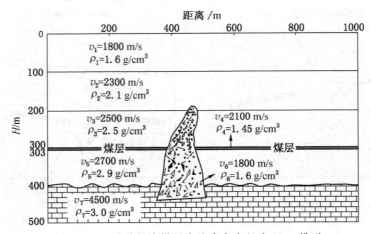

图 4-10 陷落柱在煤层中的发育直径为 80 m 模型

的发育特征明显，煤层反射波呈现双相位反射特性。

图 4-14 所示为经过 F—K 偏移后的地震时间剖面，绕射波得到收敛，但煤层反射波在陷落柱的发育部位的反射特征表现为弱振幅特征。

煤矿采区三维地震勘探其 CDP 网格一般为 10 m × 10 m，受采集因素的限制，大小为 20 m 的煤层中陷落柱部位所接收到的 CDP 一般只有 2~3 道，受处理过程中诸多因素的影响，界面绕射三维空间偏移也难以完全收敛，即使加密空间采样间隔，也只能增加叠加剖面上绕射的道数，不能得到如模型 1 反射波缺失的偏移剖面。

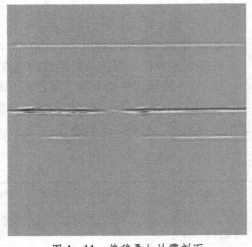

图 4-11 偏移叠加地震剖面

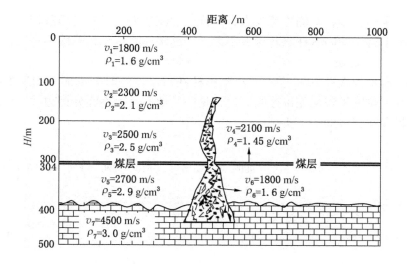

图 4 – 12　陷落柱在煤层中的发育直径为 20 m 模型

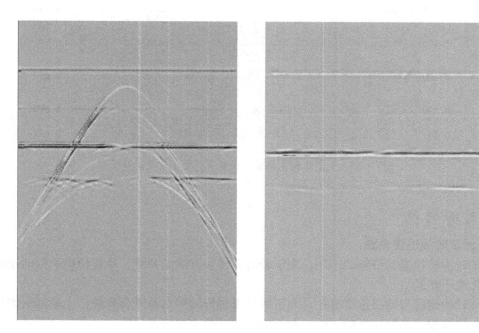

图 4 – 13　未偏移叠加地震剖面　　　　　图 4 – 14　偏移叠加地震剖面

　　从陷落柱的模型模拟地震响应特征可分析，较大的陷落柱如模型 1，得到的偏移剖面反射波有缺失或错断，但剩余的绕射能量仍然存在，陷落柱的边界位于能量变化段的中间部位；而较小的陷落柱在时间剖面上表现为在陷落柱发育的部位仍然有绕射波残余的存在，但比正常标准反射能量弱。

　　上述陷落柱的地震、地质特征，为进行煤矿陷落柱的分析、识别提供了理论基础。

　　3. 陷落柱解释实例

　　图 4 – 15 所示为直径 110 m 的大陷落柱在地震偏移时间剖面上的反映特征，可看出陷

落部位仍有水平同相轴，左侧陷落较大，部分反射波缺失，而右侧陷落较小，反射波能量弱但相位连续。这说明陷落柱陷落深度不大，局部整体陷落，且陷落不平衡，左侧大右侧小。

图4-16所示为直径20 m左右的小陷落柱在地震偏移时间剖面上的反映特征，可看出陷落部位反射波能量弱但相位连续。这也是一个地震资料不能分辨边界，但能检测到叠加和偏移资料存在异常的一个实例。

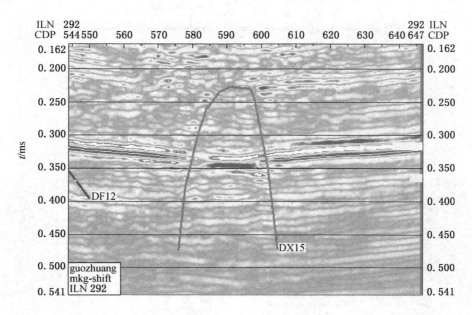

图4-15　大陷落柱在地震偏移时间剖面上的反映特征

4.4　时深转换

4.4.1　时深转换速度参数

由于时深转换基础资料的不同，决定着时深转换方法的差异，从而使得采用的速度数值和含义均不相同。

时深转换速度与地层速度有关，与资料处理选择的相对基准面有关。上覆地层的速度较低时，落差较大的断层可能对断层两侧的时深转换速度构成影响。

1. 层速度

由于岩性和埋藏深度不同，不同的地层具有不同的层速度，这决定了地震波的速度差异。在层厚度、速度变化较大地区，需要进行分层的速度分析，以便进行准确的空间归位。

2. 法线速度

在简单模型的情况下，二维地震资料可以看作地面激发，经法线入射、反射回到地面的自激自收。基于这样的情况，进行空间归位需要计算孔旁的法线速度。多层介质的情况较复杂，上覆地层并不是法线入射，需要进行射线追踪才能准确归位，一般情况简化为单

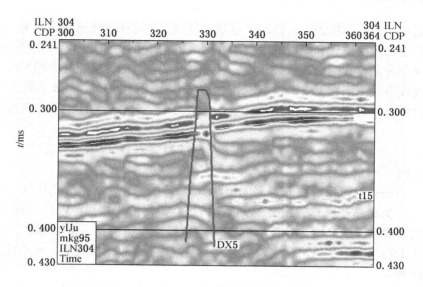

图 4-16 小陷落柱在地震偏移时间剖面上的反映特征

层模型。

3. 垂向速度

进行三维偏移归位后的地震资料，反射时间对应的是接收点正下方的层位的往返时间，不是实际的反射时间，其对应的时深转换速度为垂向速度。

4.4.2 速度分析

1. 二维速度分析

在煤矿采区勘探中，对层位深度及断层平面摆动误差的要求很高，如果速度参数选取不准是很难达到要求的。一般单纯根据速度谱确定速度参数的做法已不能满足这一要求。所以近 10 年来，经过煤田物探工作者的实践摸索，逐步形成了一套行之有效的求时深转换速度的方法——钻孔标定法。它的基本做法是：①根据叠加剖面解释，确定速度分层模型，并绘制各反射面的 t_0 等值线图；②在已知钻孔处，根据 t_0 等值线图和钻孔数据定出各界面 t_0 值、t_0 最大梯度方向和 t_0 最大梯度值及界面深度；③采用射线追踪和逐层递推方法求出各层层速度；④对测区内每个已知钻孔都做同样的计算，从而确定出各钻孔处的各层层速度值；⑤以钻孔为结点，用全区 DMO 速度分析换算出的层速度进行拟合，求得全区各点层速度；⑥绘制各层层速度等值图，平滑和去掉异常点，即得到最终用于时深转换（含空间校正）的层速度数据。

钻孔标定法求取速度参数的精度直接与测区内钻孔密度和分布状况有关，钻孔越密，分布越均匀，求得速度的精度就越高。

2. 三维速度分析

由于时空域三维偏移数据体已与空间域的地质体建立了一一对应的关系，这种对应关系即是三维时深转换速度—垂向速度。虽然称之为速度，其本身却与波的传播无关。

三维时深转换速度直接以钻孔资料与孔旁时间得出孔旁速度，以钻孔为结点，用全区 DMO 速度分析换算出的层速度进行拟合，内插得到速度平面，求得全区各点层速度。

3. 多元速度分析

在经过初至折射静校正后，消除了近地表低速带对时深转换速度的影响，其影响因素表现为横向上的地层变化和煤层的埋藏深度两个方面。速度可分为水平分量和垂向分量，对应于这两个分量存在两个权系数，决定着两个分量在时深转换速度中所起的作用。

水平速度分量由函数 $V(x, y)$ 表示，垂直分量由函数 $V(t)$ 表示，对应于这两个分量的速度因数分别为 $F_1(x, y)$、$F_2(x, y)$。这样 (x, y, t) 点的时深转换速度则可表示为

$$V(x, y, t) = V(x, y) \times F_1(x, y) + V(t) \times F_2(x, y) \qquad (4-4)$$

式中　(x, y)——点坐标；

　　　　t——层位反射波的 t_0 时间值。

$V(x, y)$ 为由钻孔反算的速度在平面上内插获得网格化数据，$V(t)$ 由钻孔反算的速度拟合速度曲线获得。这两个速度在以往工作中经常单独使用，前者强调速度的横向变化，在钻孔不均匀或不是单调变化时易造成失误；后者注重垂向变化，却不能适应地层或岩性的横向变化。

确定了两速度分量的权系数，并保证钻孔处的速度始终唯一，可得到既考虑了水平方向变化，又兼顾了埋藏深度影响，可以根据工区条件控制的离散化时深转化速度。

4.4.3　时深转换

1. 二维地震资料的时深转换

划弧法：二维地震勘探的早期多采用此种方法，它的前提就是法线反射的自激自收时间。以激发点为圆心、反射波路程为半径的一系列圆弧的切线就构成反射界面。该方法应用的条件就是测线沿真倾向，实际上是很难做到的，这造成交线闭合的巨大工作量，因而当今很少采用。但这种认识一直影响二维地震勘探，甚至三维地震勘探，以至于实际工作中忽视地层倾角大小与断裂构造方向，而过分追求测线沿地层倾向布置。

模拟三维偏移归位：在等时图上，由相邻倾角时差 Δt 和层速度 v 计算地层真倾角 φ，并以式（4-5）进行偏移归位与时深转换。

$$\begin{cases} \varphi = \arctan(\Delta t V/2) \\ h = tv\cos\varphi/2 \\ m = tv\sin\varphi/2 \end{cases} \qquad (4-5)$$

式中　m——反射点向共中心点上倾方向偏移的距离；

　　　　h——反射点垂向深度。

2. 三维地震资料的时深转换

三维地震勘探最完善的地方是三维偏移，也给后续时深转换工作带来了便利，直接用时间与速度体即可得到空间域的地质构造，叠前深度偏移甚至可直接把这项工作完成。

4.5　薄层反射与煤层解释

4.5.1　薄层反射模型

厚度 $h \ll \lambda/2$ 的煤层可视为薄层，当 $h \ll \lambda/4$ 时可视为超薄层。当煤层反射波主频为50 Hz，速度为2200 m/s 时，波长为44 m，因而 $h \ll \lambda/4 = 11$ m 的煤层可视为超薄层。

　　薄层反射是薄层内多种反射叠加的结果。图 4 - 17 所示为一个薄层反射的模型，它的上下界面为 R_1、R_2，即煤层顶底板，薄层的厚度是 h；这三种介质的波阻抗分别是 Z_1、Z_2、Z_3，速度分别是 V_1、V_2、V_3。

　　顾尔维奇在 50 年代早期就进行了薄层反射特点的研究工作，设计了如图 4 - 18 所示的楔形地层模型，计算出这个模型的中间放炮的共炮点记录。从楔形地层的人工合成反射地震记录可以看出几个显著的特点：

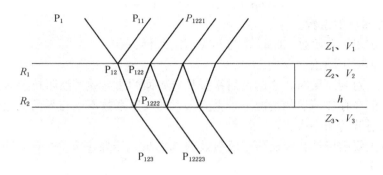

图 4 - 17　薄层反射模型

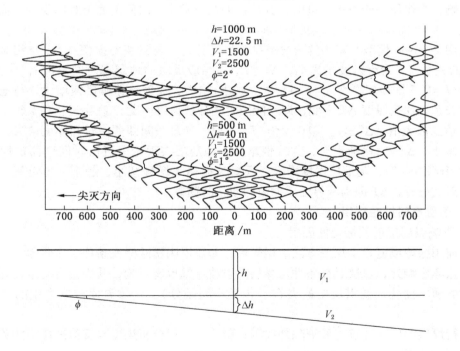

图 4 - 18　薄层反射模型及理论地震记录

（1）薄层上下界面的反射波的叠加会造成同相轴的分叉合并。

（2）在炮点两边接收，观测到不对称的反射波形。

（3）叠加波形的振幅和频率都沿测线随着薄层厚度发生变化。

4.5.2　单一煤层的反射

当只考虑单一煤层的反射时，在 I 介质中接收到的反射波 P'_{11} 是所有这些多次反射波的叠加，薄层反射叠加的效果是对低频及高频的成分有压制作用，反射波的中频成分得到相对加强。

当薄煤层上下围岩为同种介质时，根据弹性波理论，薄煤层反射的振幅响应为

$$R = (4\pi h/\lambda)/(1 - r^2)\, r = (2\omega h/V_2)/(1 - r^2)\, r \qquad (4-6)$$
$$r = (\rho_2 V_2 - \rho_1 V_1)/(\rho_2 V_2 + \rho_1 V_1)$$

式中　r——界面反射系数。

当介质一定时 r 为常数，此时 R 与 h/λ 有近线性关系。

由此可得到以下结论：

在波垂直入射到厚层时，它的反射系数只与界面两边介质的波阻抗差有关，而与入射波频率无关。但在存在薄层的情况下，垂直入射的反射系数不仅与界面两边介质的波阻抗有关，还与入射波的频率有关。

煤层反射主要由极性相反的两个反射波叠加而成，当厚度 $h \ll \lambda/4$ 时，反射波振幅和 d/λ 呈线性关系。

当厚度趋于 0 时，R 也趋于 0。实际上，由于受激发频率、接收因素以及仪器动态范围的影响，当煤厚小于可采厚度时，其反射振幅非常小，时间剖面上难以识别，而产生透射现象。

运用 Peterson 模型及零相位子波经过分析计算，可得到相对振幅 A/A_m 与相对追赶时间 τ/T 的关系（T 为反射波主周期，ΔT 为地震响应反映的地层视时间厚度）。①当 $\tau/T < 0.5$（$\tau/T = 0.5$ 即地层厚度 $h = \lambda/4$）时，随着 τ 增大，反射波振幅迅速增大，与地层厚度呈线性关系，而视厚度 ΔT 不变，即不能用时间分辨薄层厚度。②当 $\tau/T = 0.5$ 时，反射波振幅 A 达到最大值，$\Delta T \cong \tau$。③ $0.5 < \tau/T < 1$ 时，追赶时间即薄层时间厚度增大，反射波振幅 A 减小，ΔT 与 τ 逐渐重合，并线性增大，即薄层在理论上可由时间剖面定性分辨厚度。④当 $\tau/T > 1$ 时，随地层厚度增大，反射波振幅 A 缓慢减小，趋于一个定值，即上下界面反射波分开，ΔT 即为两界面反射波的双程时间差。

4.5.3　薄层反射振幅利用

1. 影响煤层反射波振幅的因素

目前用振幅或能量求煤厚方法应用较广，非煤厚因素除激发条件、接收因素、处理参数等对振幅影响外，煤层赋存条件对煤层反射波振幅也有影响，其中主要有：①煤层顶底板岩性的横向变化；②煤层中的夹石（包括小间距分叉）；③界面弯曲产生的聚焦与发散。

进行煤层厚度解释首先要消除外在因素影响，然后分析煤厚与反射波振幅的关系。

2. 估算薄层厚度

当层厚相当于一个波长或更大时，层内双程时间相当于 $2T$（等于子波的延续时间），这时煤层顶底反射仍可以分开，但反相，可以单独得到每个界面的信息。

层厚进一步减小，两个反射波开始重叠，形成一个复合波。每个反射独立的信息越来越小，两个反射结合起来的信息越来越多。当层厚为 $\lambda/4$，即双程时差为 $T/2$，合成振幅最大。

厚度小于 $\lambda/8$ 时，只存在两个反射结合在一起的信息，所以一般把 $\lambda/8$ 定义为垂向分辨能力的理论极限。

在对两层反射振幅特点研究的基础上，奈德尔等人（1975）提出了"调谐厚度"的概念。当层厚小于 $\lambda/4$ 时，复合振动的形状没有变化，但振幅随厚度变化而不断变化，当厚度等于 $\lambda/4$ 时，振幅为极大。这时厚度信息包含在振幅而不是在波形中，所以称出现合成振幅最大对应的厚度为调谐厚度。

煤层的厚度小于 $\lambda/4$ 时，可利用煤层反射波振幅估算煤厚。当煤层厚度大于 $\lambda/2$ 上下反射波完全分开，可用追赶时间估算煤厚。当煤厚大于 $\lambda/4$ 而小于 $\lambda/2$ 时，上述两种方法就失去作用，反射波振幅由最大逐渐过渡到稳定值，煤层厚度由 $\lambda/4$ 往 $\lambda/2$ 过渡。

3. 预测顶底板岩性变化

首先初步解释得到的实际地震剖面及其他资料，设计出一个地质模型（包括层的数目，每层的厚度、速度、密度等）。然后按此模型计算出相应的地震剖面及其他资料。再把计算结果与实际观测所得地震剖面比较，按一定的方法求出两者的差异，根据这种差异修改模型的参数，直到用模型计算出的地震剖面与实际观测所得的地震剖面在一定误差范围内基本相符为止。最后的模型就是对实际时间剖面的解释结果。

4.5.4　煤层解释

1. 煤层宏观结构解释

煤层的分叉、合并、尖灭、缺失以及厚度变化统称为煤层的宏观结构变化。对煤层宏观结构的解释主要利用目标煤层反射波的波组动力学特征，标准波形量板对比法的具体步骤是：①以不同宏观结构类型的煤层反射波组特征（波峰数目、波峰能量、视频率、两波峰间的时差）及"变异"的波组特征为基础，通过人工合成记录对井旁时间剖面进行类型划分（要求不同类型波组特征的块段内至少有一个钻孔）建立一套类似于量板的标准波形图；②用这套标准波形图按波形相似性对比原始波形沿测线进行闭合追踪；③利用特征点（视分叉点、反射相位消失点……等）划分不同宏观结构类型的分界线；④按地震解释的不同宏观结构类型块段及特征点的可靠程度划分等级，对可靠、较可靠块段，适量打孔验证，对可靠程度差的块段要加密钻孔控制，同时探明各块段的控制程度。

1）煤层剥蚀

煤系地层与上覆地层的反射波同相轴成一定夹角，上覆地层底界的反射波实际上就是两套地层反射波同相轴的分界，以煤层为主形成的波在露头附近能量变弱直至消失，消失点即解释为煤层的露头，露头点外则解释为煤层剥蚀（图 4-19）。

2）煤层变焦

一般情况下，煤层变焦区明显表现为反射波能量变弱和信噪比变低，波形特征也有变化，相应的反射波同相轴不圆滑（这与岩浆岩侵入煤层后造成的不均质有关）。单纯冲刷区的煤层反射波同相轴虽能量较弱，但仍具有较高的信噪比，相应的反射波同相轴比较圆滑，这是与煤层变焦现象相区分的重要特征。

3）分叉合并

根据两层煤层反射的模型分析，合并区的 T_3 波为以一个正相位为主的复合反射波。而分叉区由于受夹石的影响，T_3波由复合到完全分为两个独立的反射波（图4-20）。

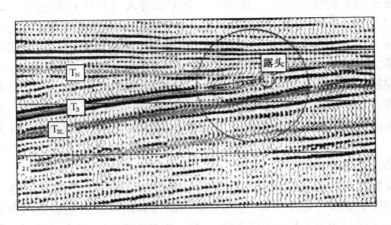

图4-19 煤层露头在时间剖面上的反映

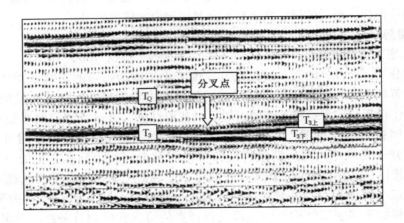

图4-20 3煤层分叉合并

当追赶时间大于$3_上$反射波的延续时间时，分叉的间距可以用时间间距计算夹石厚度；煤层视分叉点须以煤层分叉模型为依据，根据两反射波复合的特征结合钻探资料予以确认。从分叉点至追赶时间正好为$3_上$反射波的延续时间，这两点之间的夹石厚度须根据波形特征和钻探资料做出解释，不能直接用时间差进行计算。

4）煤层冲刷

煤层冲刷解释可参考煤厚解释的方法，在3煤层冲刷变薄区内，以16煤层为主形成的T_{10}反射波能量变强。而T_3波弱至不能连续追踪时，3煤层已冲刷至不可采，称为视可采边界（实践证明，一般为0.7 m左右）（图4-21）。$3_上$、$3_下$煤层的解释方法与3煤层的解释基本相同（图4-22）。

5）复煤层的夹石解释

对于陆相沉积的巨厚复煤层，解释其中的夹层如同在大套的地层中解释煤层的道理是一样的。不同的是波阻抗大小正好相反，顶底界反射系数与煤层颠倒。图 4-23 反映了夹层在煤层中上下位置的变化，由小号接近顶部到大号靠近底部反映了煤层沉积过程的不稳定。弄清了煤层中夹层的分布就能解释煤层的结构，其结果符合陆相沉积的特征。在只有钻探资料的情况下，是难以做出正确解释的。

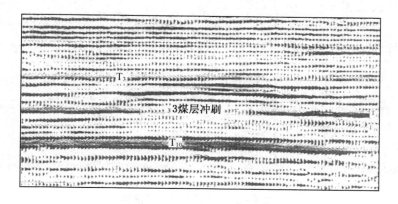

图 4-21　3 煤层冲刷

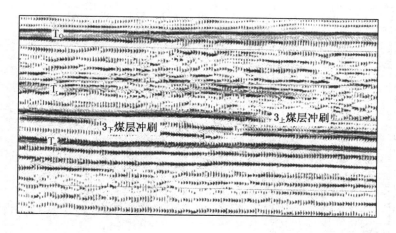

图 4-22　$3_上$、$3_下$ 煤层冲刷

夹层的厚度同样可以利用煤层的解释方法获得。夹层反射波能量较强说明顶底反射波复合，且处于相干加强的情况，其能量强于单一界面的反射波。

另外煤层的宏观结构解释可借助于反演物性参数剖面。以测井数据得到合成地震记录，以测井数据约束地震数据进行波阻抗反演，反演的波阻抗具有了钻孔资料的高分辨特性，较具有波形时间延续度的时间剖面分辨能力更强（图 4-24）。

2. 煤厚解释的方法

当煤层厚度小于子波 1/4 波长时，相位时间组成的视时间厚度不能反映煤层厚度，不能根据时差来估算层厚，必须引用薄层反射波的动力学特征。采用的估算方法有以下几种：

（1）调谐曲线法。薄层厚度变化时的视时间厚度和相对振幅变化曲线习惯上称为"调谐曲线"（图4-25）。

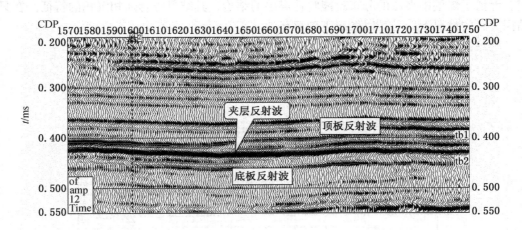

图4-23 复煤层及夹层解释

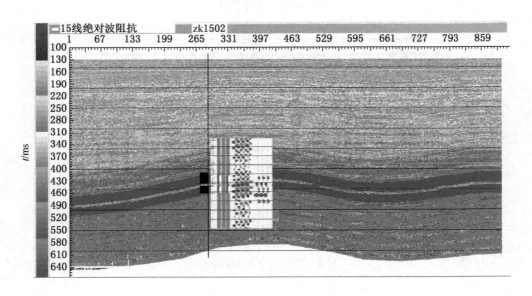

图4-24 波阻抗反演剖面及合成记录

由调谐曲线可知：比调谐厚度小的煤层由其厚度变化引起的反射振幅变化基本上呈线性关系。通过已知钻孔资料确定出煤厚与振幅的比例系数，即可根据煤层反射波各道的振幅值确定出对应位置上的煤层厚度。具体步骤如下：①取得经子波处理和偏移的煤层反射数据；②读取目标煤层反射波各道的峰谷振幅与峰谷时差，绘制振幅曲线 $A(X)$ 与时差曲线 $\Delta t(X)$；③整理振幅曲线 $A(X)$（平滑和上覆层校正等）；④用处理资料提取的零相位子波制作调谐曲线量板；⑤根据已知钻孔的煤层厚度确定时间厚度从零到调谐厚度之间的厚度——振幅比例系数；⑥用此比例系数与整理过的振幅曲线 $A(X)$ 相乘，即得到煤层厚度曲线 $d(x)$。

如果不用煤层反射的振幅，而用其能量，通过与上述相仿的步骤，亦可求得 $d(x)$。

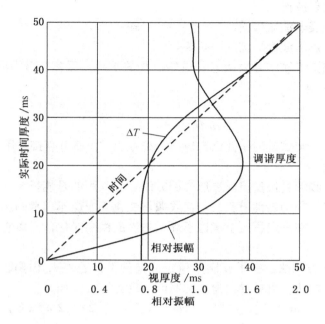

（Ricker 子波，薄层顶、底界面反射系数大小相等，符号相反）

图 4 – 25　调谐曲线

对于复煤层，在煤层与夹矸互层点厚度不大于 1/4 波长的条件下，用该法估计的是净煤点厚度。

由于影响地震波振幅与能量的因素较多（例如地表条件变化，上覆层不均匀，资料处理的保真度差等），在时间剖面上的煤层反射波的振幅和能量变化往往不能准确地反映层厚变化，所以调谐曲线法的推广应用受到了限制。

（2）谱矩法。当满足如下条件时：

$$\frac{d}{\lambda} \leqslant \frac{1 - r^2}{\pi(1 + r^2)} \tag{4-7}$$

煤厚与反射波振幅谱的积分及地震子波振幅谱的一阶矩有如下关系

$$d = \frac{A}{CD} \tag{4-8}$$

$$A = \int s(f)\,\mathrm{d}f \tag{4-9}$$

$$D = \int f B(f)\,\mathrm{d}f \tag{4-10}$$

$$C = \frac{4\pi r}{(1 - r^2)V_2} \tag{4-11}$$

式中　　d——煤层厚度；

　　　　A——主波长；

　　　　V_2——煤层速度；

r——煤层顶底板反射系数绝对值（设顶底板反射系数绝对值相等）；

$s(f)$——反射波振幅谱；

$B(f)$——地震子波振幅谱；

D——地震子波振幅谱的一阶矩。

地震子波振幅谱 $B(f)$ 可以从地震道的自相关求得，系数 C 可用孔旁地震道的数据 $(d_i，A_i，D_i)$ 来标定

$$C_i = \frac{A_i}{d_i D_i} \quad (i = 1，2，\cdots) \tag{4-12}$$

这样，只要有一定数量的钻孔已知煤厚，标定出 C，便可直接利用煤层反射波数据逐道估算出煤层厚度。

谱矩法是一种频域直接反演煤层厚度的方法。它利用的是能量与一阶矩的比值，在一定程度上削弱了盖层非均匀性、激发与接收条件变化等非煤厚因素的影响；钻孔标定的比例系数做平面平滑又在一定程度上考虑了煤层物性的横向变化，所以它比调谐曲线法效果要好。

（3）振幅谱平方比法。在子波横向稳定的条件下，通过未知厚度与已知厚度的薄层反射波振幅谱平方之比，可推导出薄层的时间厚度计算公式如下：

$$\tau = \text{arecos}\{[c(f)(1 + P\cos2\pi\tau_0 f) - 1]/p\}/(2\pi f \pm k/f) \tag{4-13}$$

$$P = 2r_1 r_2/(r_1^2 + r_2^2) \tag{4-14}$$

$$C(f) = [A(f)]^2/[A_0(f)]^2 \tag{4-15}$$

式中　$A(f)$——薄层反射波振幅谱；

$A_0(f)$——已知点的薄层反射波振幅谱；

r_1、r_2——薄层顶、底板的反射系数；

k——待定自然数，由余弦函数的周期确定。

根据钻孔数据计算出反射系数参量 P 和参考时间厚度 τ_0，并根据井旁地震道计算出 $A_0(f)$，于是未知点处的时间厚度 τ 即可用上述公式算出，进而由 τ 求得煤层厚度

$$d = \frac{V_2 \tau}{2} \tag{4-16}$$

反射系数参量 P 也可用两个已知点处的参考时间厚度 τ_1 和 τ_2 及其振幅谱平方比函数 $c(f)$ 进行标定

$$P = \sum_{f=f_1}^{f_2} \{[1 - c(f)]/[c(f)\cos2\pi\tau_1 f - \cos2\pi\tau_2 f]\}/(f_2 - f_1) \tag{4-17}$$

振幅谱平方比法反演煤厚的步骤如图 4-26 所示。

该方法的特点是：①适应于不同反射系数条件下（如薄层顶底板反射系数不等）的薄层厚度定量解释，而不必精确地求取子波；②不仅适应于薄层的厚度定量解释，而且不受调谐厚度的制约，克服了相对振幅法在 $\lambda/4$ 内进行厚度定量解释的局限；③具有较高的计算精度，该方法也可以用于反射系数的计算或标定；④能在一定程度上减小或消除地震资料处理过程中所产生的系统偏差，在厚度计算过程中，可进行厚度的定性分析与判断，以检验计算结果的可靠性。

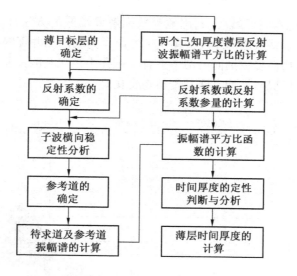

图 4 – 26 振幅谱平方比法计算流程图

（4）时差法。当煤层厚度较大，如西部侏罗系沉积的巨厚煤层（图 4 – 27），顶、底板反射波时差（追赶时间）大于其视周期时，可根据煤层顶、底板反射波时差解释煤层厚度。利用煤层顶、底板反射波时差与钻孔揭露煤层厚度制作时差—厚度曲线，对顶、底板反射波时差做时—厚转换即可得到煤层的厚度。

由于煤层的顶、底板反射波相位相反，在计算速度和进行转换时应同时考虑相位影响。忽略其影响时，煤层的层速度可能与实际有差别，但计算的煤厚与此关系较小。

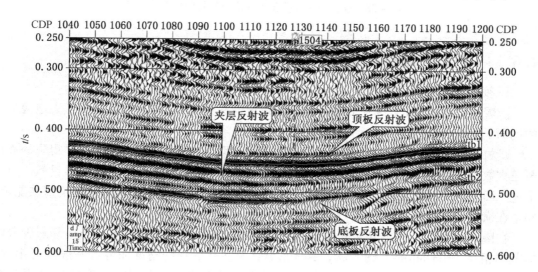

图 4 – 27 厚煤层的顶、底板反射波

煤层速度的误差主要由于复煤层夹层的含量、煤质等变化造成，追赶时间的误差主要由于反射波频率变化及顶、底板附近薄互层的影响，反褶积处理造成系统误差。

（5）反演物性参数法。除以上利用地震数据解释煤厚的方法外，还可以利用反演剖面的物性突变包络线解释煤层的厚度。图 4-28 所示为利用测井资料约束反演的煤层由一次分叉到多次分叉的物性参数剖面。图中叠合了钻孔小柱状及测井曲线，可以看出反演的煤层厚度、分叉合并情况与钻探及测井资料吻合良好。

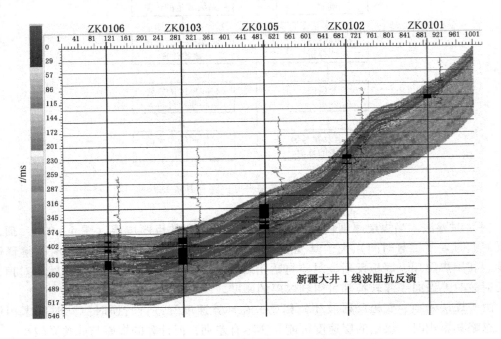

图 4-28 煤层由一次分叉到多次分叉的物性参数剖面

4.6 地震资料解释的误区

1. 变观造成断层假象

随着炮检距的增大，单炮记录上地震反射波的振幅减小、频率降低，而且大炮检距时的规则干扰也明显提高，因而信噪比降低。

受村庄等障碍物影响，不得已采用变观措施以取得连续的地震资料，这样得到的资料覆盖次数难以控制，叠加道的炮检距类型偏向大炮检距，对叠加速度反应非常灵敏。由于上述原因，即使在处理时采用了振幅补偿、子波整形处理，得到的地震资料反射波能量、频率在横向上也可能连续性差，很容易造成小断层异常的假象。

在障碍物下方，该类异常随着剖面上时间的加大，横向范围变大，与浅部缺少资料的范围相反，呈倒扣的"碗"状，具体形状因缺少炮、道的情况而异。一般成对出现，在一侧连续性较好时，也单边出现，且容易产生类似逆断层的异常。在资料处理时改变叠加速度，可能影响异常的大小、时差的正负。异常两侧同相轴频率、振幅有明显差别。

上述特征有利于正确区分断层异常与变观异常。

2. 速度剧变造成断层假象

速度的横向突然变化容易造成断层的假象。

在遇到速度的横向突然变化时，穿过高速层的地震波路径变短，单次覆盖时其异常与断层时差无异，容易解释为高速区为断层的上盘。由于叠加道集内的炮检距由小到大变化，相邻道差别较小且有规律。在覆盖次数增加或炮检距加大时，速度异常影响的范围加大，产生由低速区反射波同相轴慢慢过渡到高速区的现象，局部形成扭曲，易造成挠曲或断层的错误解释。

产生速度突变的因素较多，如岩浆岩侵入的厚度变化，表层低速带的突变，高（低）速层由于剥蚀等原因造成的缺失，大断层造成的两盘地层差异等。

济宁某区侏罗世侵入 100 m 左右的岩浆岩，与围岩速度相差 2000 m/s，由于大断层的影响致使上升盘岩浆岩全部剥蚀，而下降盘全部保留。在资料处理时遇到叠加道动校后不同相的现象，最终的叠加资料在大断层的上升盘形成一同相轴的挠曲，由于是二维资料，挠曲被解释为断点绕射，该部位组合为一伴随大断层的次生断层。除走向恰好与大断层一致外，基本符合区域地质规律。

但实践证明该断层根本不存在。经过对地质模型的正演分析，该断层是大断层上盘的巨厚岩浆岩影响了上升盘的地震波路径造成的，挠曲是因为影响程度由小到大的变化引起的，而非断点绕射。

此例中，断层走向的巧合，反射波同相轴挠曲的产生而不是错断，叠加时的不同相，岩浆岩的侵入及大断层的存在均可作为排除多解性的依据。

需要说明的是，岩浆岩与主要目的层的相对位置决定了异常的位置，上升盘岩浆岩剥蚀程度决定了异常的垂向大小，观测系统影响了横向异常范围的大小。

3. 速度横向变化引起褶曲假象

速度的横向变化主要有：表层低速层的剧烈变化，第四系地层中沙体的存在，古地形不平造成的后期充填沉积，岩层中裂隙带的发育，岩浆岩的侵入等。这些因素以浅层影响最大，一方面浅层速度低（小于 1000 m/s，甚至为 300 m/s），时间异常程度大；另一方面受观测系统的影响，横向影响范围广，远大于异常地质体的范围。

某区上覆地层厚度变化小，煤系地层产状缓，通常情况下时深转换误差小于 10 m。但局部块段深度误差近 20 m，致使施工的部分巷道失去了设计的意义。经综合分析，第四系地层中古河道巨厚的流沙是主要原因，由于速度较低，影响反射时间较大，每 1 m 厚沙体大约增加近 1 m 的深度误差。

还有一个例子，某区局部地层回转波完整，成像归位较好，致使解释成方圆 500 m、中心部位幅度 120 m（时间差 80 ms）的向斜形态，后经过中心部位钻探验证，与周围 250 m 远的钻孔煤层深度仅差 10 m，根本不存在解释的向斜。钻探资料表明，中心部位钻孔钻进中漏水严重，说明存在裂隙，速度非常小，后又进行电法勘探，证明该部位低电阻率异常。低速体的存在是造成回转波的主要因素，因而造成错误解释。

4. 回转波造成向斜部位的断层的多解性

回转波主要是向斜地层弯曲到一定程度造成的。向斜轴部地层相对较平，两翼较陡，这样造成叠加速度的横向变化，倾斜部分具有较高的叠加速度，按水平位置进行 NMO 速度分析时，易使倾斜部位得不到同相叠加。由于倾斜部位的反射点离散以及能量扩散，致使回转两翼成像效果不理想。这样的叠加资料经过偏移，所得向斜资料核部信噪比低，甚至波场不全，容易造成地堑或环形断层的解释。

多个工区在向斜部位出现断层解释，但由于以上原因控制程度普遍偏低，实际揭露的资料证明这些断层大都不存在。由于向斜部位有时伴随着断层，在排除多解性时往往难以决断，因而最根本的解决办法是从采集与处理着手，使反射波成像准确，消除多解性。

进行三维采集时选用尽可能大的非纵距，以获得全的波场；二维采集时地震测线尽量垂直褶曲地层走向。在资料处理时，采用 DMO 处理使不同倾角的地层得到较好的叠加，同时适当进行去噪处理，在此基础上进行偏移。

5. 多次波与侧面波

多次波是由于上覆地层间的多次反射造成的，可能干涉下伏地层反射波。而侧面波是由于侧面地层的反射造成的，也可能对下方地层反射波形成干涉。这两种规则干扰波在处理过程中均可能成像，造成多解性。两者有一个共同的特点，都是从其他部位挪移而来，多次波的源来自上方地层，侧面波的源来自侧上方地层。

目前受目的层深度影响，煤田采用的观测系统对多次波压制效果多不太理想，而侧面波本身就不是压制的对象，甚至在三维地震勘探时可能还是要努力得到的目标，这就决定了消除两者影响的方法不同。多次波尽量采用野外观测系统压制，在处理时采用压制多次的处理方法；对于侧面波可通过三维偏移最大程度成像归位，但有些情况下侧面波不可能成像，更谈不上归位，二维情况下多数不能归位。这就需要在解释时凭经验进行甄别，排除其中的多解性。

6. 逆断层引起的正断层假象

在存在逆断层的情况下，由于上覆煤层的强反射，致使下伏地层反射波能量弱，在断层较小的情况下，上下盘反射波还可能产生干涉，容易造成正断层的错觉。

某区煤层约 5 m 厚，地震解释了一条落差 11 m 的正断层。后经钻探验证该断层为逆断层。产生错误解释的原因有以下几个方面：首先，有下伏煤层反射波弱的原因，其次，两盘地层产状一致，下降盘反射波正好与近 2 m 的下组煤反射波重合，另外，在处理时对于速度的变化、能量的变化没有引起足够重视，在解释时对于辅助弱反射层次的认识不够深刻，致使产生较大的失误。

4.7 图件制作

4.7.1 t_0 图件的制作

1. 二维地震资料 t_0 图的制作

t_0 等时线平面图是编制等高线平面图的过渡图件，应选择主要目的层（如煤层）以水平叠加时间剖面为基础，采用闭合差处理和层位标定的统一相位，按一定间隔取值，进行时间内插，且测线交点、构造特征点、断点两侧也要取值。

按测线把断层上、下盘的断点投影到平面图上。根据时间剖面反映的构造特征，先组合落差大、延伸长的主断层，然后组合较小断层，并研究断层组合的合理性。

2. 三维地震资料 t_0 图的制作

三维地震资料在工作站上解释，层位和构造解释后，利用工作站直接生成 t_0 图。相对二维方法要完善和方便。

4.7.2 构造图件的制作

1. 二维地震资料构造图的制作

二维 t_0 图制作后，等高线或等深线平面图绘制可采用"直接空校法"，也可采用" t_0 梯度法"。速度横向变化大的地区，应进行变速空间校正。

概查或普查阶段，也可以先绘制深度剖面，然后再编制等高线平面图。但在地层倾角较大的地区，地震界面必须进行空间位置校正。

等值线距应根据测区的地层倾角的陡缓及勘探程度而定，普查一般不大于 100 m，详查一般不大于 50 m，精查一般不大于 25 m，采区勘探一般不大于 20 m。

2. 三维地震资料构造图的制作

利用测区速度资料，依据 t_0 等时线平面图直接进行时深转换，编制等高线平面图。采用叠前深度偏移的测区，可直接编制等高线平面图。

4.7.3 地震地质剖面的制作

普遍采用直接在等高线图上沿地震测线或给定位置切剖面。

在先编制深度剖面，再编制等高线图时，应进行射线偏移校正，可采用"直接空校法"，也可采用" t_0 梯度法"绘制剖面。

地质任务要求解释主要目的层的厚度变化趋势时，剖面上应体现其研究成果。

4.8 目标处理技术

这里的目标处理与处理过程中的针对性处理是有区别的。之所以称为处理是因为有类似的表现形式，但又与常规处理有别，多数文献都放在解释部分中描述，就是因为两者密不可分。

4.8.1 相干/方差体技术

相干体技术是近几年发展起来的一项地震资料解释的新技术，它利用相邻道地震信号之间的相似性来描述地层、岩性等的横向非均匀性，特别是在识别断层以及了解与储集层特征密切相关的砂体展布等方面非常有效。利用相干算法对三维地震数据体进行相干处理后就可得到对应的三维相干数据体。应用三维相干数据体时间切片进行构造解释和岩性解释，可以帮助解释人员迅速认识整个工区断层等构造及岩性的整体空间展布特征，从而达到加快解释速度及提高解释精度、缩短勘探周期的目的。

与三维地震数据体解释相比，三维相干数据体解释有下列优势：

①在详细拾取解释层位之前，甚至在初叠数据体上，通过对构造和地层的分析，可以加快解释进度。

②可仔细分析构造和地层特征，包括感兴趣的主要地层的浅部、深部或邻近地层。

③识别和解释那些通过拾取波峰、波谷或零点都不可能得到的细微特征。

④生成与层序和地层反射边界有关的河流和扇体的古环境图。

⑤分析可拾取地层的内部或平行于地层顶底板的反射特征。

利用三维相干数据体进行构造、岩性解释，主要是针对我国目前煤矿生产中遇到的煤系地层中的断层以及部分煤田岩溶陷落柱也比较发育等实际问题。另外，这项技术也能够提高煤田地震资料的解释水平和速度。

三维地震资料提供了诸如断层及某些地层变化等丰富的地震地质信息。三维方差体技术能够对三维地震地质信息自动拾取，特别是识别断层及地层不连续变化，准确解释含煤地层中落差更小的断层（5 m 左右），更好地满足矿井建设的要求。甚至能够更加准确地给出断裂带的产状及延展方向，直至探明更小的地质异常体。

1. 相干数据体的 3 种算法

相干数据体技术很早就在二维地震勘探中被提出来了，但其应用于三维地震解释中则是从 Bahorich 和 Farmer（1995）提出的基于互相关的相干性 C_1 算法开始的。

基于顺层数据，根据资料的信噪比、算法的稳定性，利用特征值分析方法进行相干分析和处理，发展了 C_1、C_2、C_3 3 种算法。

C_1 相干算法计算每道的横测线和相邻纵测线的互相关，综合两个结果并用能量进行标准化，其实质是两道相关算法的扩展。

设两个地震道 $x(n)$ 和 $y(n)$，k 为时窗长度，p 为地震道 $y(n)$ 相对地震道 $x(n)$ 在纵测线方向上的时间延迟，其大小与地层倾角有关。两个地震道的互相关函数为 $C_{12}(p)$，自相关函数分别为 $C_{11}(p)$、$C_{22}(p)$。

在地震数据体中选取相邻两个地震道，逐点求取它们 C_1 相干值

$$C_1(p) = \frac{C_{12}}{(C_{11}C_{22})^{1/2}} \tag{4-18}$$

计算得到的最大 C_1 值作为该点的相干值

$$\hat{C}_1 = \max_p C_1(p) \tag{4-19}$$

3 个地震道的 C_1 相干计算公式为

$$C_1(p, q) = \left[\frac{C_{12}}{(C_{11} \cdot C_{22})^{1/2}} \cdot \frac{C_{13}}{(C_{11} \cdot C_{33})^{1/2}} \right]^{1/2} \tag{4-20}$$

这里 p 值的大小与地层倾角有关，q 值的大小与地层方位角有关。

计算所得到的最大值作为该点的 C_1 相干值

$$\hat{C}_1 = \max_{p,q} C_1(p, q) \tag{4-21}$$

如果有 J 个地震道，C_1 相干算法的计算公式为

$$C_1(p, q) = \left[\prod_{j=2}^{J} \frac{C_{1j}}{\sqrt{C_{11} \cdot C_{jj}}} \right]^{1/J-1} \tag{4-22}$$

$$\hat{C}_1 = \max_{p,q} C_1(p, q) \tag{4-23}$$

第二代相干算法 C_2 是用基于相似的相干算法对任意多道地震数据进行相干计算。这种算法的垂直分析时窗可以限制到几个采样点大小，不但能够精确地计算有噪声数据的相干性、倾角和方位角，而且能够更精确地计算细微的薄地层特征。

首先定义一个椭圆形或矩形窗口，在窗口中以分析点为中心，有 J 道地震数据（图 4 - 29）。如果分析点坐标为 (x, y)，其他 J 道坐标为 $(x_j, y_j)(j = 1, 2, \cdots, J)$，就可以定义相似性

$$\rho(\tau, p, q) = \frac{\left[\sum\limits_{j=1}^{J} u(\tau - px_j - qy_j, x_j, y_j) \right]^2 + \left[\sum\limits_{j=1}^{J} u^H(\tau - px_j - qy_j, x_j, y_j) \right]^2}{J \sum\limits_{j=1}^{J} \left\{ \left[u(\tau - px_j - qy_j, x_j, y_j) \right]^2 + \left[u^H(\tau - px_j - qy_j, x_j, y_j) \right]^2 \right\}} \tag{4-24}$$

这里坐标 (τ, p, q) 定义了一个 τ 时刻的平面波分布，p 和 q 分别是 x 和 y 方向的视倾角，以 ms/m 为单位进行计算，上标 H 表示 Hilbert 变换或实际地震道 u 的正交分量，通过计算地震道的相似性，可以得到地震反射同相轴的相干性。

设半时窗长度 $K = \dfrac{w}{\Delta \tau}$，在时窗内计算平均相似性

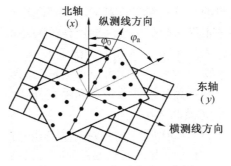

图 4 - 29　C_2 相干算法示意图

$$c(\tau, p, q) = \dfrac{\sum\limits_{k=-K}^{K} \Big\{ \Big[\sum\limits_{j=1}^{J} u(\tau + k\Delta t - px_j - qy_j, x_j, y_j) \Big]^2 + \Big[\sum\limits_{j=1}^{J} u^H(\tau + k\Delta t - px_j - qy_j, x_j, y_j) \Big]^2 \Big\}}{J \sum\limits_{k=-K}^{K} \sum\limits_{j=1}^{J} \Big\{ \big[u(\tau + k\Delta t - px_j - qy_j, x_j, y_j) \big]^2 + \big[u^H(\tau + k\Delta t - px_j - qy_j, x_j, y_j) \big]^2 \Big\}} \qquad (4-25)$$

式中　Δt——采样率。

为了简单起见，可以让分析窗口总是中间窗口，即 $x = 0$，$y = 0$，截距时间 τ 可以替换成 t。

假设以 $t = n\Delta t$ 为中心的一对视倾角 (p, q) 的 $2M + 1$ 个采样点，这 $2M + 1$ 个采样点对应着一个 $J \times J$ 的协方差矩阵 C：

$$C(p, q) = \sum_{m=n-M}^{n+M} \begin{pmatrix} \overline{u}_{1m}\overline{u}_{1m} & \overline{u}_{1m}\overline{u}_{2m} & \cdots & \overline{u}_{1m}\overline{u}_{Jm} \\ \overline{u}_{2m}\overline{u}_{1m} & \overline{u}_{2m}\overline{u}_{2m} & \cdots & \overline{u}_{2m}\overline{u}_{Jm} \\ \vdots & \vdots & & \vdots \\ \overline{u}_{Jm}\overline{u}_{1m} & \overline{u}_{Jm}\overline{u}_{2m} & & \overline{u}_{Jm}\overline{u}_{Jm} \end{pmatrix} \qquad (4-26)$$

C 是进行 C_3 相干计算中所要用到的协方差矩阵。式中 $\overline{u}_{jm} = \overline{u}_j(m\Delta t - px_j - qy_j)$ 表示地震道沿着视倾角在 $t = m\Delta t - px_j - qy_j$ 处的内插值。

设 $\lambda_j (j = 1, 2, \cdots, J)$ 是协方差矩阵 C 的第 j 个特征值，其中 λ_1 是其最大的特征值。那么定义 C_3 相干算法公式描述如下：

$$C_3(p, q) = \dfrac{\lambda_1}{\sum\limits_{j=1}^{J} \lambda_j} \qquad (4-27)$$

令视倾角 p 和方位角 q 均为零，便可得到该算法的相干值：

$$\hat{C}_3 = C_3(p = 0, q = 0) \qquad (4-28)$$

2. 3 种算法的优缺点分析

C_1 相干算法的最大优点是可以分别沿 inline、crossline 线方向计算互相关系数，而后进行合成，因此计算量小、易于实现；而其最大的缺陷是对于有相干噪声或信噪比较低的资料，可能误差较大，其次三点互相关算法的限制条件是假设地震道是零平均信号。

C_2 相干算法由于采用了多道处理的方法，所以算法具有稳健性、适应于信噪比较低

的资料的优点；但是计算成本也伴随着窗口内计算道数的增加呈线性递增。其主要的不足是基于水平切片上一定时窗内计算的相似性，因此对于地层存在倾角的情况不太适用。

C_3 相干算法从理论上讲优于 C_1 相干算法和 C_2 相干算法，这是因为该算法在有效信号大于噪声的平均值时可以极大地压制噪声，因此比起其他两种算法在断层识别和边缘检测上具有更高的水平分辨率和垂直分辨率。该算法不太适应于陡倾角地层的计算。

3. 方差体算法

如图 4 - 30 所示，在选择目标区对一个时间样点或深度样点求取方差值。从左侧"平面示意图"看，求取方差值时在当前点周围 8 个方向取点进行方差计算；从右侧"剖面图"中可以看到，纵向取点是以当前样点为中心上下各取半个时窗长度个样点来计算方差值。计算时窗上下两端取 0 值，当前点处取值为 1，中间各点权值由线性内插求得，以此作为整个时窗的权重函数值。

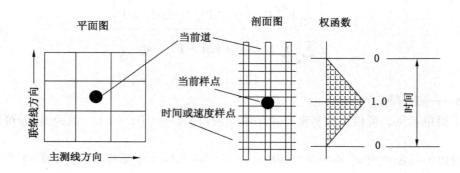

图 4 - 30　方差值计算数据点选取范围示意图

图 4 - 30 表明求取某点方差值 σ_t^2 时使用到哪些具体地震数据道和数据样点。确定了方差计算取样范围后，任意一点方差值为

$$\sigma_t^2 = \frac{\displaystyle\sum_{j=t-L/2}^{t+L/2} w_{j-t} \sum_{i=1}^{I} (x_{ij} - \overline{x}_j)^2}{\displaystyle\sum_{j=t-L/2}^{t+L/2} w_{ij} \sum_{i=1}^{I} (x_{ij})^2} \qquad (4-29)$$

式中　w_{j-t}——三角形权重因子函数；

t——时间；

x_{ij}——第 i 道第 j 个样点的地震数据振幅值；

$\overline{x}_j$——所有 i 道数据在 j 时刻的平均振幅值；

L——方差计算时间窗口的长度；

I——计算方差时选用的数据道数。

4. 应用实例

图 4 - 31 所示为某采区 $3_下$ 煤层的顺层相干/方差切片，与构造示意图相比，顺层相干/方差切片能够较客观、清晰地反映出断层的平面分布。它所能检测断层时差仅为 2 ～ 3 ms，即落差为 3 ～ 5 m，灵敏度相当高。

但是，本方法是依赖原始资料信噪比的一种数学算法，低信噪比造成的非构造、岩性异常一样可被检测出，因而需要人机联作予以甄别。它对原始资料的分辨率要求较低，提高了其异常的可检测性，没有从本质上提高资料的分辨率。本方法主要针对检测小断层，对于落差较大的断层，能检测出异常，并不能正确认识两盘反射波的一致性，需要人工解释。

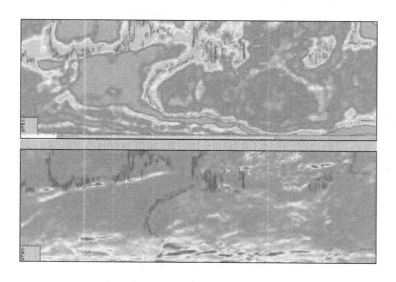

图 4 – 31　顺层相干/方差切片

4.8.2　正演

1. 人工合成地震记录

在地震记录上看到的波形是地震子波从地下许多反射界面发生反射时形成的许多振幅有大有小（决定于反射界面反射系数的绝对值）、极性有正有负（决定于反射系数的正负）、到达时间有先有后（决定于反射界面的深度、覆盖层的波速）的地震反射子波叠加的结果。

人工合成地震记录应用广泛，是最简单的一维模型计算，也是进行更复杂的二维、三维模型计算的基础。如果地震子波的波形用 $S(t)$ 表示，地震剖面的反射系数也表示成双程垂直反射旅行时 t 的函数，用 $R(t)$ 表示，那么上述地震记录 $f(t)$ 形成的物理过程在数学上就可以用 $R(t)$ 与 $S(t)$ 的褶积来表示

$$f(t) = S(t) \times R(t) = \int_0^T S(\tau) R(t - \tau) \mathrm{d}\tau \qquad (4 – 30)$$

从原理上说，只要知道了地震子波波形与反射系数随深度（或 Z_0 时间）的变化规律就可以计算合成地震记录（图 4 – 32）。

但是要指出，第一，地震子波与反射系数资料并不是容易取得的，第二，这样的计算已包含了一些简化：①地层在横向上是均匀的，纵向（深度）上是由大量具有不同弹性特点的薄层构成；②地震子波以平面波的形式垂直向下入射到界面，所有各层的反射子波都与地震子波形状相同，只是振幅及极性不同；③所有波的转换（如纵横波之间的转换）以及吸收、衰减等能量的损失均不考虑。

为了制作合成记录，首先需要知道剖面的反射系数曲线，就要有各薄层的速度与密度资料，以便得出波阻抗曲线，最后计算出反射系数曲线。

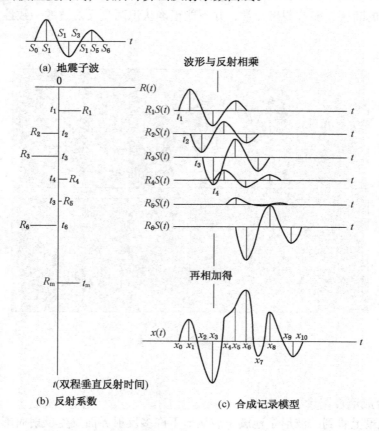

图 4-32　合成地震记录的物理模型示意图

速度资料可以通过连续速度测井获得，密度资料可以从密度测井获得。得不到密度资料时，考虑到密度的变化远远小于地层速度的变化，可以近似地假定密度不变，即以速度曲线代替波阻抗曲线来计算反射系数。所产生的误差一般情况下可以忽略，有时却又不能忽略。

加德纳曾根据大量实际资料得出了一个由速度推算密度的经验公式：

$$\rho = 0.31 V^{0.25} \tag{4-31}$$

在已知速度的情况下，利用上式近似求得密度（g/cm^3）。

有些地区没有连续速度测井资料时，可以把电测井曲线近似地变换成速度曲线，进而得出波阻抗曲线与反射系数曲线。因为岩层速度与岩层电阻率都随岩层孔隙率增加而变小，二者之间的关系可用法斯特公式表示

$$V = KH^{1/6} R^{1/6} \tag{4-32}$$

式中　V——速度；

H——深度；

K——电阻率；

R——与岩石性质有关的常数。

　　子波的选取是人工合成记录制作中的又一重要问题。人工合成记录制作的目的是辅助识别地震时间剖面上的有效波，子波选取不当，即使合成记录制作正确，也可能失去对比价值。选取子波的方法主要有试验法，即通过反复试验选取；另一种是在非炸药震源或进行 VSP 测井时记录地震子波；还有一种是通过已有资料计算地震子波。

　　人工合成地震记录的制作根据近似程度不同分为：不考虑多次波及透过系数、不考虑多次波但考虑透过系数、既考虑多次波又考虑透过系数 3 种情况，相应的计算依次更复杂、更真实。

　　2. 模型正演

　　理论地震记录的计算在地震勘探解释工作中起着越来越重要的作用。特别是在构造复杂地区，由于波动方程从本质上描述了波的传播，通过对波动方程求数值解，可以制作人工理论合成的地震记录。主要的波动方程模型法有：积分法、有限差分法、傅里叶变换法和有限元法。下面是利用 ProMax 地震资料处理系统中的有限差分模块对小断层进行正演模拟的理论地震记录研究（表 4-2、表 4-3）。

表 4-2　模型 1 的地质参数

参　　数	厚度/m	速度/$(m \cdot s^{-1})$	倾角/(°)
围岩	50～100	2700	11.5
炭质泥岩	5	2300	11.5
围岩	12	2800	11.5
炭质泥岩	11	2300	11.5
围岩	6	2800	11.5
煤$_1$	1	1800	11.5
围岩	15	2700	11.5
煤$_2$	4	1800	11.5
围岩	46～96	2800	11.5

表 4-3　模型与对应的地震记录

模　　型	地震记录	落　　差	方　　向
1a	1b		
2a	2b	3	同倾向
3a	3b	5	同倾向
4a	4b	3	反倾向
5a	5b	5	反倾向
6a	10b	5	相对

　　图 4-33 中 1b 是模型 1a 的理论地震记录（依此类推），可以看出对应 4 个标准层位的反射波，由于煤$_1$较薄，其对应的反射波 T_1 能量较弱。

　　图 4-33 中的模型 2a 与模型 3a 是仅考虑煤$_2$中与地层倾向相同断层的情况，落差分别为 3 m 和 5 m，断层倾角为 45°，断面上牵引长度为 30 m。2b 对应煤$_2$的反射波 T_2 连续性较好，无法辨认出断点位置。在断点附近，当反射波同相轴发生扭曲或微小错动时，人工解释很难分辨。而图 4-33 中 3b 的理论地震记录，T_2 波同相轴发生错断，下盘断点处伴有绕射波。

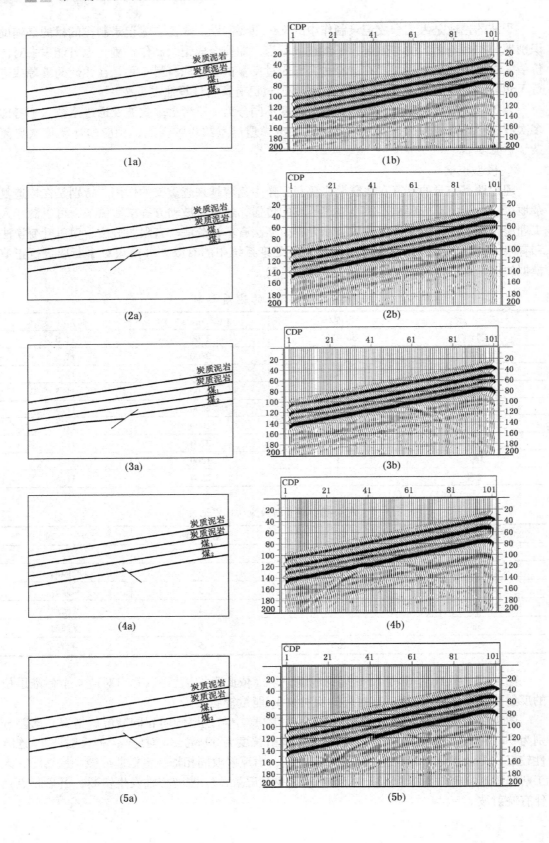

炭质泥岩
炭质泥岩
煤₁
煤₂

(1a)　　　(1b)
(2a)　　　(2b)
(3a)　　　(3b)
(4a)　　　(4b)
(5a)　　　(5b)

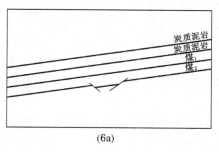

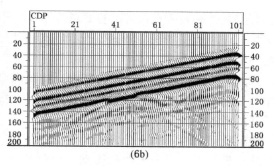

图 4-33 小断层模型及其理论记录

模型 4a 与模型 5a 是仅考虑煤$_2$中与地层倾向相反断层的情况，落差分别为 3 m 和 5 m，断层倾角为 45°，断面上牵引长度为 30 m。可以发现 4b 在下盘断点处 T$_2$ 波的能量变弱。5b 反射波 T$_2$ 的波形特征同模型 3，同时在断层上盘的牵引点处伴有绕射波。

模型 6a 是考虑同时具有与地层倾向相同和倾向相反断层的情况，落差均为 5 m，断层倾角为 45°，两个断层间距 1 m。6b 是模型 6a 的理论地震记录，T$_2$ 波在两个断点处均有明显反映，并伴有绕射波。

对上述典型断层模型进行数学模拟，并对理论地震记录进行了定性与定量分析，可以得到以下结论：

（1）由于断层的上、下两盘不是整体错动，而是在断点处，上盘产生牵引现象。煤层反射波的运动学特征有其特殊性，仅在断点处同相轴发生扭曲或错断，而断层上、下两盘几乎没有时差。

（2）断层落差及空间位置的准确与否与多个因素有关，包括断层倾向与地层倾向之间的关系、断面的牵引长度、多个层位断层之间的相互影响等。断层倾向与地层倾向相同（南倾断层）时，断点反映明显，解释的断层落差偏大；断层倾向与地层倾向相反（北倾断层）时，断点反映模糊，解释的断层落差偏小。断面的牵引长度变长时，断点的反映变得清晰。当断层穿过多个层位时，薄层（煤$_1$）受上、下层位的影响，能量明显变弱，断点反映十分模糊。

（3）相邻 30 m 左右的多个断层在剖面上很难分辨，容易被解释成一个断层。

（4）利用常规解释方法，可以识别煤$_2$中落差 5 m 的断点，煤$_1$中落差大于 5 m 的断点。

4.8.3 约束反演

在地球物理勘探进入数字化阶段后，由于其方法自身的迅速发展及电子计算机技术的突飞猛进，它解决问题的能力和范围发生了巨大的变化，已经从构造勘探向岩性勘探的方向发展。

构造地震勘探主要利用地震波的运动学特征，即利用地震波的旅行时和波速，计算出地层分界面上各点的埋藏深度，从而确定出地层的构造形态。岩性地震勘探除了利用地震波的运动学特征外，还利用地震波的动力学特征，即利用地震波的振幅、波形、频谱、吸收、衰减等特征来研究地层的岩性，而地震反演技术是岩性地震勘探的重要手段之一。

就目前的技术水平而言，由有效频宽（即信噪比大于 1 的频带宽度）所决定的地震资料分辨率尚不能完全满足煤矿采区勘探的要求，因而人们总希望突破有效频宽这个界限，力图取得有效频宽以外的更高的分辨率。于是研究了许多相应的方法，例如：最大熵反褶积、最小熵反褶积、频谱外推、广义线性反演等，但这些方法都有一个共同的弱点，就是多解性。

测井资料有真实的纵向高分辨率，如果以测井资料作地震反演的约束，在不断迭代过程中，让结果尽量向测井数据靠拢，可以得到接近正确的解。正是基于这样一种思想，出现了井约束的反演方法。

地震反演方法基本上分成两大类，一类是建立在较精确的波动理论基础上，即波动方程反演。另一类是以地震褶积模型（时间序列理论）为基础的反演方法，目前流行的都属于这一类。具体地说，它又分成两类：一类是由反射系数推得的直接反演法，如虚测井、道积分等；另一类是以正演模型（褶积模型）为基础的间接（迭代）反演法，如无井资料的广义线性反演和有井资料的宽带约束反演、基于模型的地震反演等。

目前，比较盛行的反演软件主要有 STRATA、JASON、ISIS、PARM 等，这些软件各有特色。使用最多的反演软件是 STRATA，它使用起来相当方便。JASON 反演软件的技术含量很高，对使用人员的技术要求也高。

下面介绍生产中比较常用的 3 种约束反演方法。

1. 宽带约束反演（BCI）

图 4 – 34 所示为宽带约束反演的流程框图。它是用井中测得的波阻抗作为约束条件，用模型正演结果与实际地震剖面进行比较，求误差，再用一种线性规划的随机反演理论由误差值求得一组模型参数修改量，再重复正演、比较、求误差、修改模型，如此反复计算，直到剩余偏差小到预先给定的范围为止，这时的模型参数就是反演结果。

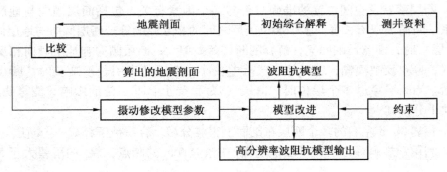

图 4 – 34 地震宽带约束反演的流程框图

随机反演所用的公式如下

$$M = M_0 + [G^T \cdot G + G_n \cdot C_m^{-1}]^{-1} \cdot C^T \cdot (S - D) \qquad (4-33)$$

式中　　M——更新的模型；

　　　　M_0——初始模型；

　　　　G——灵敏度矩阵，或称雅可比算子，它是一系列偏导数组成的矩阵；

　　　　C_n——噪声协方差矩阵；

　　　　C_m——模型协方差矩阵；

　　　　S——地震观测数据；

　　　　D——估计的地震数据；

$S - D$——剩余偏差或残差。

在 BCI 方法中，采用指数规律的噪声模型，可以抑制强噪声的影响，不让它们过多地参与反演；在计算过程中，用一种延迟脉冲模型来反演地震波的整个波形，即用稀疏的反射系数与子波褶积，再加上噪声项，形成反褶积模型，因此反演结果能提供宽带输出。

2. 稳健速度反演（ROVIM）

它的输入数据是经过精细处理的偏移地震剖面、地震子波及一个初始的波阻抗模型。在构建初始模型时，首先定义几个大层（Hn、In），Hn 为时间分界面，In 为 In − 1 和 Hn 之间的波阻抗值，这两个参数在横向上可以变化，并通过上下限或者先验值进行约束；然后在主要界面之间内插小层，根据实际地层对比知识，内插时可选用底超、整合、削蚀 3 种方法中的一种，从而得到一个初始的微观波阻抗模型，用于波阻抗值迭代反演。

反演的步骤是：先根据模型参数 M 制作一维的无多次波的合成记录，再将合成记录和实际记录数据 D 进行比较，使它们之间的目标距离函数 $C(M)$ 最小。采用的方法是松弛迭代法，直接得到一个最优解。目标距离函数 $C(M)$ 定义如下

$$C(M) = \|D - F\|^1 + W_I \cdot \|M_I - M_I^{\mathrm{pri}}\|^1 + W_C \cdot \|\mathrm{grad}L(M_I) - \mathrm{grad}L(M_I^{\mathrm{pri}})\|^1 \quad (4-34)$$

其中，双竖线上角标 1 表示采用 L_1 模，即误差的绝对值之和作为判断标准，M_I 是波阻抗模型矩阵，M_I^{pri} 是先验的波阻抗模型，一般取井中波阻抗数据，用它进行约束，W_I 和 W_C 是两个权系数，用它来控制约束条件的作用强度，$\mathrm{grad}L$ 表示横向变化率，两个横向变化率相减的 L_1 模误差最小的意思是要使最终模型的横向变化率与井间数据的变化率尽可能地保持一致。这一做法能够增强高频信息横向内插的合理连续性，同时也可以避免高频随机干扰参与反演。

在迭代过程中，始终可以获得正演地震剖面，如果用最终迭代后的正演地震剖面与实际地震剖面（输入剖面）相减，它们的差值可以用来检查波阻抗反演的可信度，这个剖面称为残差剖面，理想条件下，残差剖面上保存随机噪声。

3. 井数据约束的波阻抗反演（PARM）

上述两种基于模型的波阻抗反演方法其初始模型至少是二维的，整个迭代处理也至少在一条剖面的整个时窗剖面段上运行，因此它们均要求使用大内存、速度快的计算机。而 PARM 程序与之不同，它是用井的波阻抗数据作为井旁地震道反演的初始模型，这个模型是一维的，所以不需要太大的内存。井旁地震道反演的结果，作为它相邻地震道反演的初始模型，并对这一道进行迭代反演，反演的结果又作为下一道的初始模型，如此一道一道地进行下去，当遇到第二口井时应用第二口井的波阻抗数据进行检验，并修改参数，再反推到第一口井处。这样一来一去，反复修改，直到满意为止。显然，这种方法最大的特点是与井的吻合程度好，同时也可以得到较高的纵向分辨率。

具体求解时，首先用井的反射系数和井旁地震道、迭代求解地震子波的 4 个参数，子波表达式为

$$W(t) = AC - \tau(t - \beta)^2 \sin(2\pi ft) \quad (4-35)$$

这 4 个参数是：子波的振幅系数 A、子波的能量衰减速率 τ、子波能量的延展时间 β，以及子波的视频率 f。当这 4 个参数确定以后，就固定子波来修改波阻抗模型，也就是用迭代法使反射系数更精确。固定模型修改子波与固定子波修改模型这两个步骤可反复进行，最后输出井旁道的波阻抗反演曲线，即精化模型。在优化子波参数或者是优化波阻抗

模型参数时，均使用最小二乘法，使误差最小。

4. 应用实例

利用某测区内的 26 个钻孔对三维地震资料进行反演，获得波阻抗反演数据体，图 4-35 是从该数据体中切出的连井波阻抗反演剖面。从该剖面可以看出，它既有较高的垂向分辨率，又有较好的横向连续性。

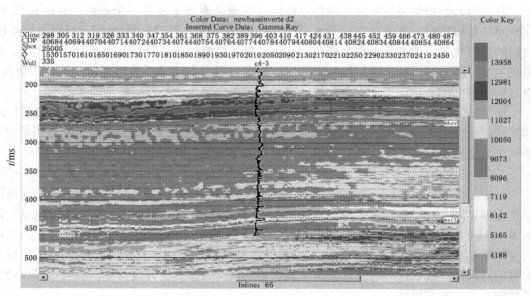

图 4-35　line65(c4-3) 波阻抗反演剖面

图 4-36 是 $3_下$ 煤层顶板波阻抗分布图，它反映了 $3_下$ 煤层顶板砂岩的裂隙发育和富水情况。中间部位的高波阻抗与裂隙发育差及低赋水性是相对应的。

4.8.4　零炮检距剖面多项式拟合

水平叠加剖面与零炮检距剖面有着本质的区别。

在倾斜界面情况下，大炮检距的反射时间比水平界面要小，动校正量也小些。速度分析表明，倾斜界面的速度比水平界面的速度大些，与动校正的要求相适应，可以保证共中心点内各道同相叠加，但仍然存在动校速度误差与反射点离散两个问题。

以上问题可以通过倾角时差校正（DMO）加以改进，但即使做了 DMO 之后得到共反射点叠加剖面，也还有一些问题不能解决。

一是动校正使非零炮检距道子波拉伸，导致叠加结果比零炮检距道有更多的低频成分，高频成分相对减少，降低了分辨率。

二是反射系数与入射角有关，因而不同炮检距反射振幅不同，叠加结果是它们的平均振幅，而不是零炮检距振幅，影响了解释的可靠性。

同一时刻样点振幅与炮检距的关系是平滑的曲线，曲线的截距就是该时刻零炮检距道的样点振幅值。因此，根据每个时刻共深度点内各道的振幅值，用最小二乘法拟合曲线的截距就可得到零炮检距剖面。多项式拟合就是用一个只包含偶次项的多项式来表示影响反射波振幅的各种因素，从而可以在经过基本正确的速度动校后的共深度点上，用多项式拟合记录的振幅，得到近似的零炮检距剖面。由于零炮检距没有叠加的倾角选择作用，所以某种意义上起了 DMO 作用。

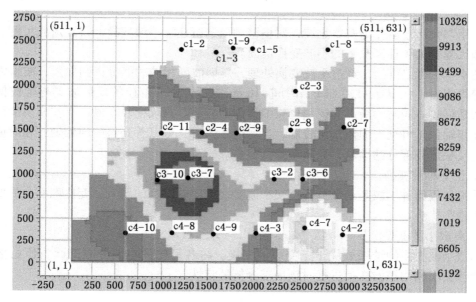

图 4-36 $3_\text{下}$ 煤层顶板波阻抗分布图

对于随机噪声，拟合方法的衰减能力比叠加差。对低频成分来说，叠加结果的信噪比高于拟合结果，但对于高频成分来说，拟合结果的信噪比高于叠加结果，其原因是拟合保持了信号的高频成分，而叠加则使信号的高频成分受到很大损失。

设一个共中心道集某个时刻各道样点的振幅为：A_1，A_2，A_3，A_4，$\cdots$，A_N，对应的炮检距为：x_1，x_2，x_3，x_4，$\cdots$，x_N，此处 N 为覆盖次数。

样点数据值与炮检距的关系可以用多项式（以二次为例）：

$$A_k = a_0 + a_2 x_k^2 \tag{4-36}$$

来拟合，式中 a_0、a_2 为待定常数，$k = 1$，2，3，4，$\cdots$，N。

利用最小二乘法，可以求出拟合多项式的系数 $a_i(i = 0，1，2，3\cdots)$，零炮检距拟合就是确定每一采样时刻的 a_0 值。

多项式拟合方法主要有简单拟合法、剔除拟合法、剔除替代拟合法。

为了使剔除拟合的效果最好，应合理掌握剔除拟合的百分比。剔除百分比太小，无异于简单拟合；太大，拟合的 P 值和 Q 值不准。根据多次波的强弱，一般以 15% ~25% 为宜。剔除拟合法能够克服多次波并且保留 AVO 现象，可以获得拟合零炮检距剖面和 AVO 参数。

剔除替代拟合法是将剔除拟合法中要剔除的误差较大的点用拟合后的数值代替，然后再进行拟合。存在的缺点是强多次波位于小炮检距处，拟合曲线的头部受多次波影响大。

煤田地震资料叠加次数低，采用剔除拟合会使原本有限的叠加次数更低，不利于突出有效波。

4.8.5 小波变换

在保持振幅剖面上，振幅、波形及相位的变化都蕴含着丰富的信息，揭示这些变化对地震资料的解释是很有意义的。受显示手段和人的分辨能力的限制，从地震剖面上直接识别这些变化是比较困难的。Fourier 分析不能得到地震信号时间域的局部信息，而小波变换的时—频局部化分析,正是解决这类问题的有力工具。

1. 连续小波变换

选用 Morlet 小波作为基本小波,对偏移剖面进行连续小波变换,得到最佳尺度、尺度变小和尺度变大 3 种情况下的小波变换剖面。

图 4 -37 可以看出,经过小波变换处理,反射波同相轴的能量得到加强,波组之间的关系变得清晰。在 100 ~ 120 CDP,时间 410 ms 附近,小波剖面的反射波同相轴较偏移剖面要清楚许多。同时,断点的识别也较偏移剖面容易。当尺度较小时,小波变换剖面上反射波同相轴依然可见,但能量比较弱。当尺度较大时,可以看到粗的同相轴,相对偏移剖面只是反映低频部分的信息,分辨率降低很多。

2. 正交小波变换

无论选用何种小波基函数进行正交小波变换,随着尺度的增大,变换剖面上的低频成分越来越占优势。

3. 离散小波变换

离散小波变换的结果要优于正交小波变换。将各尺度的小波分频剖面与原始剖面比较,能够突出利用小波变换进行时频局部分析的特性。

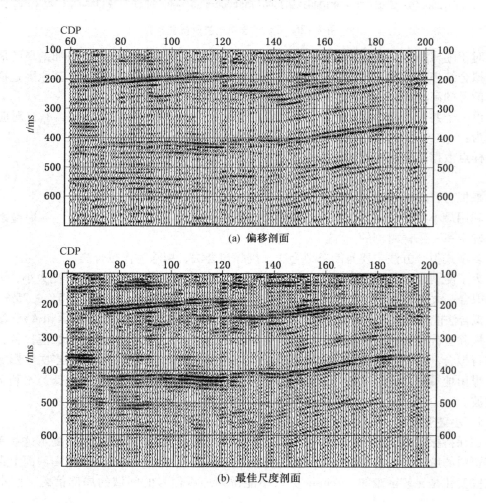

(a) 偏移剖面

(b) 最佳尺度剖面

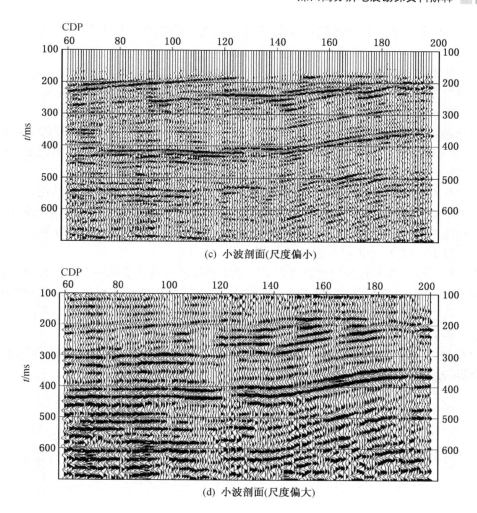

(c) 小波剖面(尺度偏小)

(d) 小波剖面(尺度偏大)

图 4-37 偏移剖面及连续小波变换结果

从小波变换剖面和偏移剖面或拟合剖面的比较可知，随着尺度增大，反射波频率降低，突出的是低频地震信号。煤田地震资料处理中，煤层反射波的主频大都在 50～70 Hz 之间，高尺度分频剖面更能够突出煤层反射波。因此，可以根据地质任务和解释目标，选择合适的小波分频尺度剖面。分析小构造（特别是小断层）应该选择高尺度分频剖面，突出煤层反射波中的高频分量；而解释目标是煤层厚度反演，则应该选择低尺度分频剖面，希望突出的是煤层反射波中的低频分量。

针对不同的地震数据和地质任务，应当选择不同的小波基函数。根据实际地震资料的处理效果，适用于地震数据处理的小波基函数为：

（1）Gauss 指数型小波，包括 Morlet 小波、模拟地震子波、雷克子波等。该类小波主要用连续小波变换实现。

（2）由 B 样条构造的小波，包括两种形式。一种是紧支集样条小波（非正交），多用于边沿检测，它是以牺牲小波函数的正交性来换取紧支集的，用离散小波变换实现。另一种是正交的样条小波，这种小波的支集不是有限的，用正交小波变换（Mallat 算法）实现。

4.8.6　AVO

AVO 技术是利用 CDP 道集资料分析反射波振幅随炮检距（也即入射角）的变化规律，估算界面的弹性参数泊松比，进一步推断地层的岩性和含油气情况。

AVO 技术直接利用 CDP 道集资料进行分析，充分利用了多次覆盖得到的丰富的原始信息。而各种利用叠后资料进行解析的方法都忽视和丢掉了包含在原始道集记录里的很有价值的信息。

亮点技术的理论基础是平面波垂直入射情况下得出的有关反射系数的结论，仅用反射系数的大小符号来推断界面的特性（波阻抗）。而 AVO 技术是利用了振幅随炮检距（入射角）变化的特点，一般来说，AVO 技术对岩性的解释要比亮点技术更可靠。亮点剖面中的一些假象有可能利用 AVO 技术进行识别。

波动方程偏移技术是利用波动方程进行地震剖面的成像方面的一个重大成果。也可看作是用波动方程进行地下构造形态的"反演"。而直接利用波动方程进行地层弹性参数的反演（也可看作是岩性反演）的工作，虽然近几年已开始大量研究，但离真正用于生产还有较大距离。

AVO 技术是一种研究岩性的比较细致的方法，需要有地质、测井和钻井资料的配合，是在地质构造形态已比较清楚的基础上，进一步研究地层的含油气情况等。

5 其 他 方 法

5.1 术语定义

垂直地震剖面 vertical seismic profiles 震源在地面激发，将检波器放置于井中，测量井中不同深度的检波器响应的地震调查方法。

5.2 折射波法

根据地震波的传播规律，地震波由低速介质传播至高速介质时，入射角达到临界角时会产生全反射，即波沿高速界面滑行并产生反射，而透射波消失。临界角以内的透射窗口是反射波法地震勘探需要的，临界角以外的是折射波法必需的。

折射波法地震勘探观测系统有相遇时距曲线观测系统（图 5-1）、非纵测线和扇形观测系统。非纵测线与反射波法类似，激发点和接收点排列沿两条平行线分布。扇形排列是非纵测线的特例，检波器布置在以激发点为圆心的圆弧形测线上。

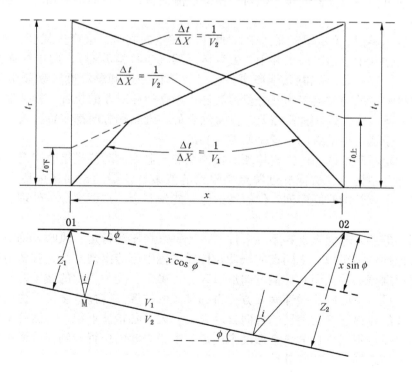

图 5-1 折射波相遇时距曲线

首波到达不同观测点的时间包含着速度界面的深度和速度的信息，虽然它得不到像反射波法那样多的资料和那样高精度的构造图，但它的界面速度数据却比反射波法容易给出岩性解释。折射界面的所有参数可通过相遇时距曲线求得，单支时距曲线可能存在多解性。目前常用的观测系统为相遇时距曲线观测系统，在同一个排列的两个端点分别激发即可得到排列下方一段高速地层的折射波时距曲线，选择适当的间隔观测即可得到目的层界面的参数。

折射波法勘探除可测定表层的低速带厚度、速度 V_0 外，还可用于在初期勘探阶段测定覆盖层厚度 h_1、h_2、基底的深度等，有了上述数据即可确定煤系地层赋存的靶区。

$$V_0 = \Delta X / \Delta t_1 \qquad V_1 = \Delta X / \Delta t_2 \qquad\qquad (5-1)$$
$$h_1 = V_0 t_1 \qquad h_2 = V_0 t_2 \qquad\qquad (5-2)$$

折射波法地震勘探适宜研究较浅的地层，要求折射界面的下部岩层的波速显著大于上覆所有岩层的波速。折射波法地震勘探与前面介绍的用于采集速度资料的小折射法是一样的，它是利用上下地层较大的速度差异来追踪基底地层的顶界面和上覆地层的速度、厚度，完成区域地质调查的目的。受勘探效果影响，折射波法一般不用于较高的勘探阶段，而在勘探后期只作为速度调查的手段。

5.3　微动监测

微动监测是一种被动的地震监测方法。它检测的不是人工产生的震源，而是煤炭开采、冒落、塌陷、山体滑坡等产生的振动。普通地震方法的震源是已知的，强度可以控制，发震时间可控制与仪器同步，但对于微动监测而言，这些都是未知的，另外采用的装置也有区别。

微地震技术类似天然地震，在采矿"两带"发生的同时，会产生强度较弱的地震波，在一定深度的钻井中、地表或矿井中，安置传感器（也称检波器），用电缆连接到地面微地震监测仪上，连续动态观测微地震事件，经计算机处理和解释确定断裂带和垮落带高度。微动监测采用的检波器多为三分量检波器，根据检测对象的位置，检波器一般放至井中、地表或井下，往往这 3 种都需要。在振动点的三维对称方向都安置检波器和采用富余的检波器，对于测定振动点的位置是非常有利的。

由于振动是不确定的，这需要检测的仪器在需要监测的时段是接收状态，一旦有激发的信号则立即开始记录，这样从近源点接收到的波激发仪器到振动结束传到最远的检波器，形成了一个完整的时间序列，但振动的源可能是多个，这就增加了处理、解释的多解性。

接收到的振动并非完全是有用的事件，可能是来自车马行走、风吹草动等，因而在预处理时需要把这些编辑掉。不同点的振动在传播过程中可能出现交叉，被各道检波器记录下来，需要根据振动的强弱和传播方向加以区分。确定了同一振动的波至时间后，可以利用波的传播路径、速度解非线性病态方程得到震源的位置。传播速度可以由已知的振动计算出，由于波的传播速度与地层的各向异性有关，因而各检波点记录的波的平均速度是不一样的，需要通过不同方位的多个振动来确定。由于震源的位置未知，因而在求解过程中需修正速度模型来提高解的收敛性。

5.4　VSP 地震观测

垂直地震剖面（Vertical Seismic Profiles）简称 VSP，是地震勘探的一项新技术，它具有高分辨率、高信噪比的优势及独特的解释方法。

VSP 技术把检波器置于钻孔中，以记录地表激发的地震信号，它克服了近地表低速带对地震波的吸收衰减影响，避开了地面随机干扰，从而大大提高了地震波的频率及信噪比；VSP 将记录时间、记录波形、岩性信息三者有机地结合在一起，从而克服了地面地震剖面的地质解释对地震波速度参数的依赖性，使解释更加可靠，在煤田开展 VSP 研究工作具有重要意义。

VSP 资料处理可分为 3 步：

第一步是预处理，包括解编、相关、编辑、增益恢复等；第二步是常规处理，包括零偏移距 VSP 资料处理的同深度叠加、初至拾取、静态时移和排齐、震源子波整形、带通滤波、振幅处理、上行波和下行波的分离、反褶积、垂直叠加等；第三步是其他处理，包括偏移距 VSP 资料处理、斜井 VSP、移动震源 VSP、三分量 VSP 资料处理。

偏移距 VSP 资料处理需要进行 VSP – CDP 叠加，也就是双程水平叠加。为了将每一样值校正到与反射点对应的位置，需要将每个深度道每个记录时间的样值从深度 – 时间即 (z, t) 空间变换到反射点偏移距 – 反射点深度（或双程垂直时间）的空间，即 (x, y) 或 (x, T) 空间。其中从 t 到 T 相当于地面地震的正常时差校正。

VSP 是对常规地震测井的变革和发展，随着 VSP 资料解释理论的发展，VSP 远远超出地震测井的范畴，是一种完整、独立、新颖的勘探方法。

VSP 有助于识别地震时间剖面上的多次波，可以可靠地识别地震层位，提高解释的精度。VSP 检波器放在钻孔中任意地层附近，可直接记录任意点的上、下行地震子波。利用分离后的上、下行波场分别提取上、下行地震子波。以此进行反褶积，可提高包括地面地震资料的分辨率。

利用 VSP 资料解释井旁地震剖面，VSP – LOG 与人工合成地震记录相比有更好的地质效果，VSP 技术为研究地层的吸收衰减规律创造了条件。

地震测井是地震勘探方法在井中的延伸，是获取地层速度的直观方法。它采用固定的激发点（O），震源与地震勘探一致，检波器在探头（S）中沿井壁由下往上移动接收，每激发一次对应一个接收深度。煤田地震测井多采用零井源距方法，即图 5 – 2 中 $d = 0$，资料整理与解释相对简单，接收点至地面的平均速度 $V = H/T$。

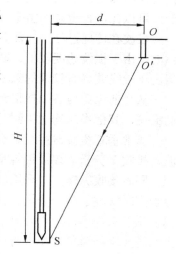

图 5 – 2　地震测井示意图

地震测井是一种简化的 VSP，接收的初至波为下行透射波，是主要研究对象。与声波测井的激发和接收方式不同。

5.5　多波及多分量地震勘探

弹性纵波和横波是弹性波的两种基本形式。纵波入射到反射界面时，既产生反射纵波和反射横波，也产生透射纵波和透射横波。与入射波类型相同的反射波或透射波称为同类波，改变了类型的反射波或透射波称为转换波。

在纵波情况下，质点的振动方向和波的传播方向一致，经过的介质只发生胀缩；在横波情况下，质点的振动方向和波的传播方向垂直，经过的介质只发生剪切和旋转。

由于横波质点的振动可以分解为两个相互垂直方向，所以有两种横波，即垂直面内极化的 SV 波和水平面内极化的 SH 波，并分别对应着两种不同的勘探方法。

与 SH 波不同，SV 波在界面上不产生波形的转换。

当纵波入射时，可产生转换横波，即 P – SV 波，其到达地面的接收方向与 SV 一样。P – SV 波入射、反射路径不对称，速度与纯横波也不同，在处理和识别时有难度。这是制约目前多分量勘探发展的一个重要技术原因。但它具有容易激发的特点，不像横波勘探需要特殊的激发装置。

当上层介质横波速度小于下层时可产生 SH 型面波——勒夫波。通常它是其他勘探方法的一种干扰，但也可用它的波散特点进行横波静校正等。

纵波速度
$$V_p = \left[(\lambda + 2\mu)/\rho \right]^{1/2}$$

横波速度
$$V_s = (\mu/\rho)^{1/2}$$

$$V_s/V_p = \left[\mu/(1 + 2\mu) \right]^{1/2} = \left[(1 - \sigma)/(2 - 2\sigma) \right]^{1/2} \tag{5-3}$$

式中　λ、μ——拉梅系数；

　　　σ——泊松比（0~0.5）。

由此可知，V_s/V_p 在 0~1/1.414 之间，在常见的岩石中，V_s/V_p 约为 1/1.732。可以据波速的测定来推断介质的性质和状态。赋水岩体横波速度变化不大，而纵波速度明显降低，可以此进行地层的富水性探测。

横波在传播过程中，能量衰减强于纵波，因而得到的横波资料信噪比一般低于相应的纵波。由于横波速度较低，断层产生的时差大于纵波，从这个意义上其分辨率高于纵波，但由于较纵波具有较低的频率，因而薄层分辨能力降低了。

从目前煤田地震勘探得到的资料，无论是激发横波、转换横波还是多分量接收分离出的横波，其信噪比均达不到与纵波用同一标准研究分辨率的程度。

通常垂直检波器接收 Z 分量，沿测线布置的检波器接收 X 分量，垂直测线布置的检波器接收 Y 分量。多波勘探应全部接受这 3 个分量。转换波勘探中往往采用联合观测系统，同时接收纵横波，采用的相互垂直的等效接收的检波器。这样同一点上的 3 道检波器分别同时接收了多个分量，在资料处理时需要进行波场分离，由于转换横波射线路径不对称，反射点并不位于中心点下方，而是随深度变化，偏离中心点，地层越浅偏移距离也越大，需要重抽道集才能进行反射点叠加，在地层参数未知的情况下，处理难度较大。

横波勘探处理方法与纵波勘探相类似，但需改变处理参数。

矿井地震勘探

6　槽　波　勘　探

6.1　术语定义

相速度 phase velocity　波的等相面的传播速度，也称"法向速度"。
群速度 group velocity　波列作为整体的传播速度。
槽波地震法 channel wave seismic method；in－seam seismic method　利用槽波的反射或透射规律探测断层，了解煤层厚度变化的矿井物探方法。

6.2　槽波勘探的基本概念

6.2.1　基本原理

1. 槽波的形成及其基本类型
1）槽波的形成（图 6－1）

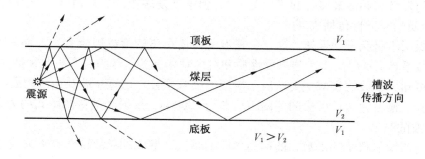

图 6－1　槽波形成示意图

一般情况下，煤的密度和波在其中的传播速度常常比围岩小（表 6－1），煤层与围岩相比，是一种低速层状介质，因此可将煤层视为一种波导。在煤层中激发的地震波，当波射线以大于临界角的方向入射到煤层顶、底板界面时，就会全反射。因顶、底板界面多是平行的，这种全反射过程会在煤层顶、底界面间多次反复地进行，从而形成沿煤层传播的特殊波，这就是槽波。

表 6－1　煤和岩石密度与地震波传播速度

岩 石 类 型	密度/$(g \cdot cm^{-3})$	纵波速度/$(km \cdot s^{-1})$	横波速度 V_s/$(km \cdot s^{-1})$
泥岩、砂岩等	2.6~2.8	3.4~4.8	1.7~2.8
煤层	1.3	1.8~2.4	0.9~1.4

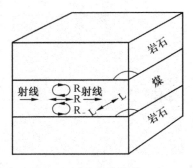

图6-2 瑞利型槽波 R 和
洛夫型槽波 L 的质点运动

2）槽波的类型（图6-2）

（1）洛夫型槽波。煤层中质点运动方向平行于煤层，垂直于射线方向时的槽波，称为洛夫型槽波。当煤层中的横波速度小于围岩中横波速度时，就可以形成这种波。由于其形成条件比较普遍，在实际探测中常用它。

（2）瑞利型槽波。煤层中质点运动方向垂直于煤层，平行于传播方向的平面内的槽波称为瑞利型槽波。只有当围岩的横波速度大于煤层的纵波速度时，才能形成不逸出的瑞利型槽波。这种条件并不经常具备，瑞利型槽波主要用于物理模型的形成。

2. 波的衰减因素

1）波前的几何扩散

槽波是以高约为煤层厚度的圆柱面状波前在煤层中向前传播的，很显然，造成的振幅衰减应为 $r^{-1/2}$（r 为传播距离）。

2）频散引起的衰减

由于频散作用，槽波波列随距离的增大而逐渐拉长，造成的振幅衰减大致也是 $r^{-1/2}$。因此，几何发散和频散衰减加起来应为 r^{-1}，但槽波爱瑞相位衰减稍慢，约为 $r^{-6/5}$。

3）介质的非弹性传播损耗

因为煤层不是完全弹性体，通常，槽波随传播距离按指数规律衰减，即 $e^{-\alpha r}$，其中 α 为煤的吸收系数。α 值的大小与煤层性质和波的频率有关，频率越高吸收系数越大。

由上可知，槽波的衰减主要取决于煤层的吸收系数。这直接涉及槽波地震法的探测距离。据经验，槽波地震透射法的探测距离约为 1000 m，反射法的探测距离约为 200 m。

3. 槽波的频散

槽波的速度是频率的函数，此称为槽波的频散。槽波的频散特性对于槽波地震勘探非常重要。

1）频散曲线与爱瑞相位

图6-3 所示为对称洛夫型槽波的频散曲线。由图可见，槽波的相速度 C（指槽波第一个起始信号的传播速度）和群速度 U（指槽波能量主要部分的传播速度）都随频率变化。在群速度曲线上有一极 α 值区称为爱瑞相位，它一般出现在波列末端，振幅大，频率高，能量强，速度恒定。槽波地震法正是利用槽波爱瑞相位进行勘探的。

2）槽波振幅与频率的关系

图6-4 所示为不同频率（f）时槽波的振幅分布。低频时有一定的槽波泄漏到围岩中，随频率增高，槽波能量逐渐完全集中在煤层中，且煤层中心最大。因此煤层中心是接收槽波的最佳位置。

3）频散作用与槽波波列特征

槽波呈现一种变频的长波波列，槽波接收点与激发点之间距离越大，槽波波列越长。槽波波列开始时是长波，结束时是短波，爱瑞相位出现在波列末端，且振幅大，易于辨认。

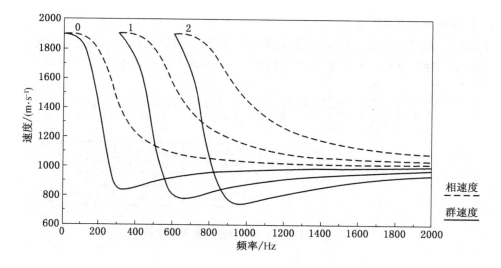

图 6-3 对称洛夫型槽波的频散曲线

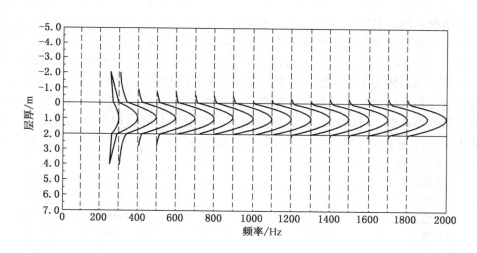

图 6-4 不同频率时槽波振幅的分布

4. 影响槽波传播的主要因素

煤层厚度对槽波传播特性有决定性的影响。爱瑞相位的频率明显随煤层厚度增大而降低，槽波地震勘探只适宜于中厚煤层和薄煤层。

煤层的横波速度对槽波传播特性有很大的影响。煤层的横波速度越高，爱瑞相位的频率和速度也越高。另外，煤层横波速度越低时，频散越明显。

煤层顶底板横波速度越高时，频散越明显，爱瑞相位频率越低，速度也越低。

此外，煤层中夹石对槽波传播特性也有一定的影响。

6.2.2 槽波地震勘探仪器

由于槽波地震法在煤矿生产中显示的特殊潜在的能力，槽波地震勘探仪器获得迅速的发展。下面主要介绍煤科总院西安分院研制生产的 DYSD-1 数字槽波地震仪。

1. 仪器组成及各部分功能

DYSD－1 数字槽波地震仪由二分量槽波检波器、遥控单元、中央控制单元、中央控制单元电源、触发单元、发爆器、两芯传输电缆以及电源充电机组成（图6－5）。

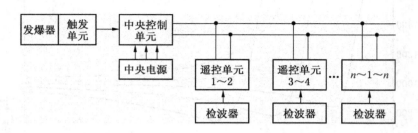

图6－5　DYSD－1 数字槽波地震仪组成框图

二分量检波器是一种机电转换器，有垂直和水平两个分量，它将收到的机械振动变成电信号，送入地震仪的遥控单元。遥控单元完成地震信号的采集，每个遥控单元有两个地震道，每道收到的地震信号经前置放大提高信噪比，再经高低通滤波器滤除各种干扰波，突出有效波，中央控制单元是整个系统的控制中心，它包括中央处理机（CPU）、只读存储器（ROM）、随机存储器（RAM）和接口电路等。中央控制单元电源为中央控制单元提供 3 组电源。两芯传输电缆连接在中央控制单元和各遥控单元之间，通过它实现中央控制单元对各遥控单元的控制，以及顺序传输各遥控单元内的地震信息。发爆器产生 300 V 高压供给雷管起爆炸药，同时脉冲送入触发单元。在爆炸瞬间由触发单元提供一个阶跃脉冲，送入中央控制单元作为开始记录时间的起点。

2. 仪器主要技术指标

地震道数	24，可扩展至96
采样率	0.25、0.5 ms（0.125 ms 选件）
记录长度	2048 或 196 个采样点
起始增益	0~42 dB，每挡 6 dB
滤波	10、60、120 Hz
去假频滤波	500、1000 Hz
瞬时浮点放大器	增益 0~96 dB，每挡 6 dB，黏度 0.1%
模数转制器	位数：12，线性度：满度为 ±0.0290
道一致性	增益变化为 ±1%
串音	同单元道间优于 80 dB，单元间无串音
最大输入信号	±4.8 V
输入噪声电平	≤1 μV（有效值）
数据传输率	100 kbit/s（串行）
数据传输距离	1000 m
监视器	9 英寸绿色高分辨率，具有 512×512 传输像素的输出系统
磁盘系统(MP－F52W－00D)	容量为 1 兆字节/片，磁盘传输率为 500 kbit/s
防爆方式	安全火花型

6.2.3　槽波地震勘探方法分类

槽波地震勘探方法有槽波透射法、槽波反射法和槽波 CT 法。从槽波地震射线传播路径所用有效波和数据采集技术看，CT 法与透射法相似。但两者在数据处理和分析方法上有本质的不同。透射法和反射法的探测原理、探测目标、应用条件及优缺点见表6－2。

表6－2　槽波地震法种类

种类	原　　理	图　　示	探测项目及效果	应用条件	优缺点
透射法	在同一煤层两条巷道中，分别激发和接收槽波。根据槽波的有无、强弱、速度的变化确定两巷道间有无构造异常存在。如图1所示，在巷道A点激发，B段接收，第1、2、3道接收到正常槽波，第4、5、6道未接收到槽波，说明第4道以前煤层正常，以后煤层不连续，可能有断距大于煤层厚度的断层存在	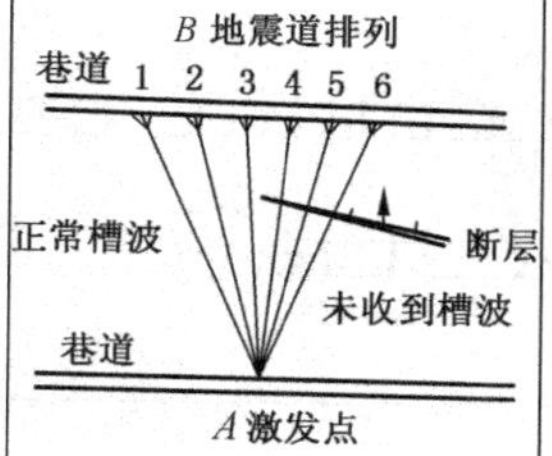 *B* 地震道排列 巷道 1 2 3 4 5 6 正常槽波 断层 未收到槽波 巷道 *A* 激发点 图1	1. 探测工作面前方地质构造异常带分布范围、大小 2. 追踪工作面内小断层尖灭点 3. 探测准确率83% 4. 透视距离为煤厚的1000倍	1. 煤厚>0.6 m 2. 夹矸厚≤煤厚的30% 3. 断距小于煤厚 4. 断层走向长度在探测区内	1. 易于提高槽波的信噪比 2. 由于井下巷道具体条件的限制，观测系统的布置有时不能满足交会法的需要
反射法	在同一工作面或巷道中布置激发点和接收点，槽波沿煤层传播时，遇到工作面前方断层，由于密度和速度发生变化，波从断层面上反射回来，根据已测得的槽波速度及反射波的反射时间，用作图法可确定构造反射面的位置。图2表示槽波反射法	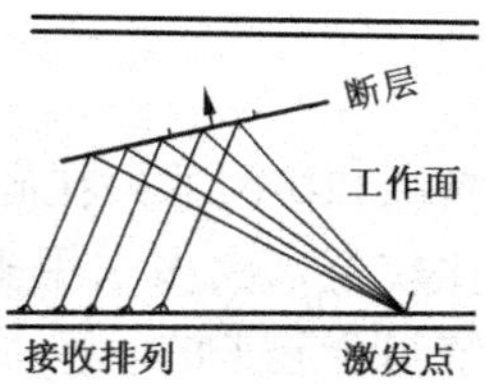 断层 工作面 接收排列 激发点 图2	1. 确定反射面在工作面中的位置及走向 2. 探测准确率63% 3. 探测距离为煤厚的200倍	1. 煤厚>0.6 m 2. 夹矸厚≤煤厚的30% 3. 断距等于或大于煤厚 4. 煤层面与断层面的交角大于30°	1. 只需要一个工作面或一条巷道就可确定前方的反射面位置及走向 2. 与透射法比较，反射波能量较弱，地震记录仪噪声比较低，方法难度较大

6.3　槽波地震勘探工作方法

6.3.1　巷道中槽波地震法观测系统

槽波地震法观测系统是指槽波激发点与接收点的相对位置关系。合理地设计观测系统对探测效果有很大的影响。观测系统的设计应根据勘探任务、巷道和顶底板条件、风流瓦斯量和仪器设备特点而定。条件适宜时，应尽可能多地增加覆盖区域和炮点密度，采用多次叠加方式以提高信噪比。但在能完成探测的前提下，应尽可能采用大道距、大排列的观测系统，以便节省工作量，减少勘探费用。巷道中槽波地震观测系统的基本类型见表6－3。

1. 巷道中槽波地震透射法观测系统

透射法观测系统属非纵观测系统，即炮点与接收点不在一条直线上，而在不同的两条巷道中。

表6-3 巷道中槽波地震观测系统的基本类型

工作方法	观测系统	图 示
透射法	非纵向测线系统	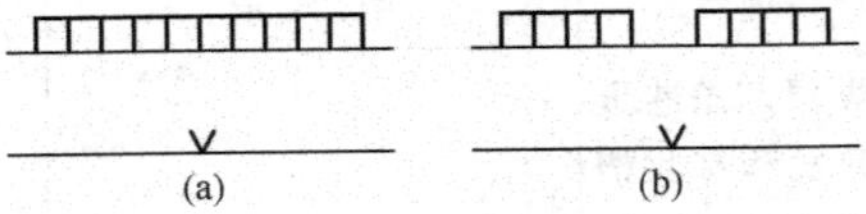 (a) (b)
反射法	纵向测线系统	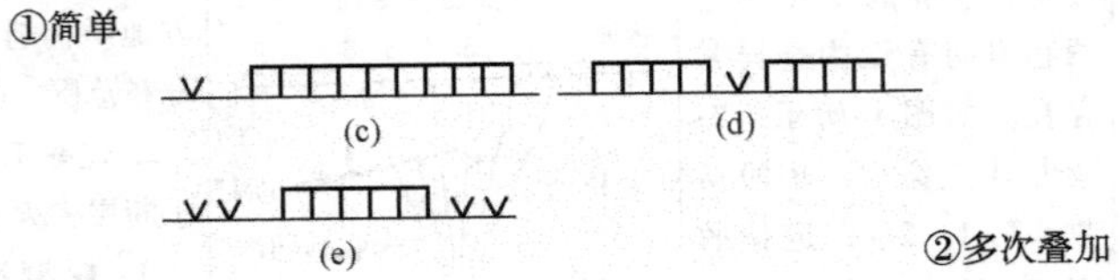 ①简单 (c) (d) (e) ②多次叠加
综合探测法	非纵向加纵向	

注：▢▢▢▢ 示排列； ——∨ 示炮点。

观测系统设计时所需选择的参数有道间距、炮检距和施工方向。槽波特征明显，构造简单时，尽量用大道距（一般为10 m）大排列观测系统。构造复杂，槽波不明显时，应选用小道距（一般为3 m）观测系统，炮检距的范围一般为1～1000 m。施工方向根据巷道条件和仪器特点而定。

2. 巷道中槽波反射法观测系统

槽波反射法是在一条煤巷内进行的，即震源和接收器处在同一条线上。观测系统可分为简单和多次叠加两种。由于反射槽波信噪比较低，大多采用多次覆盖的重复观测系统，它是由简单连续观测系统与间隔连续观测系统组合起来的。

6.3.2 施工方法

1. 施工设计

收集测区地质与构造资料，了解井下机电、运输、瓦斯、通风、巷道支护及环境噪声等情况。根据测区地质和井巷情况，确定探测任务，选择观测系统，在测区平面图上布置激发点与接收点的位置，统计炮眼与检波器孔的数目与长度，计算出钻孔施工工程量。

2. 现场准备性工作

（1）按设计图要求，将检波器孔和震源孔醒目地标在井下巷道壁上。

（2）按布点位置接电和打钻，钻孔打在煤层中心，垂直于煤壁、平行于煤层，孔深约2 m，孔内煤粉要排除干净。

（3）测量孔位坐标，并绘制坐标表，将孔位投影到平面图上，供数据处理和资料解释时使用。

3. 槽波探测的实施

（1）仪器中心站的安置：将中央控制单元及附属设备安放在中心站。仪器安好后进行通电，检查仪器是否正常，然后进行仪器日检，包括遥控单元一致性的检验。

（2）检波器排列的铺设：要使之与煤壁很好地耦合。每个检波器孔放置一台遥控单元，将遥控单元与检波器大线分别连接好，然后将大线与中央控制单元接通。

4. 激发

应当用安全炸药即硝酸炸药或水胶炸药，药量为 150～300 g。雷管为瞬发雷管。炸药放在孔底，用炮泥填实。放炮前要通知各点注意警戒，仪器操作员应调好仪器有关参数，包括采样间隔、高通滤波器截频、前放增益方式等。只有接到仪器操作员的放炮命令，放炮员方可拉炮。放炮后，操作员检查荧光屏上监视记录波形，如正常则可结束这一炮的测量。在探测工作中，还需做好班报表的填写工作，格式见表 6-4。

表 6-4　槽波地震探测班报表

槽 波 地 震 探 测 班 报 表							
矿名： 测线：	地区：		领导： 操作员：		参加人员： 日期：		
测量号	采样率				遥控单元个数		
排列	记录长度				道数		
检波器型号	触发延迟				—	道数	
分量	预触发				滚动		
检波器间距	起始增益				—	道数	站数
检波器深度	高通滤波器				固定		
记录号	第一个检波器		最后一个检波器		震源		磁盘号
	道号	站号	道号	站号	道号	站号	时间

6.4　槽波地震勘探资料的数据处理与解释

6.4.1　数据处理

井下采集的数据要用计算机进行处理，处理过程包括信息输入、信息处理和处理结果的显示。

1. 预处理

（1）数据格式变换。将现场记录的槽波数据转为标准的计算机用的格式磁带。

（2）编制"SPIP"文件。将井下槽波地震施工参数如检波点、炮点位置、坐标等，以及工作面矿体几何参数编制成计算机可识别的文件。

（3）道数据编辑。其功能是去掉无价值的坏记录，对感兴趣的数据道进行反极性处理。

2. 槽波反射资料的数据处理

槽波反射资料的数据处理流程如图 6-6 所示，主要处理方法有：

（1）频率滤波 FILT。

（2）分类处理 SORT，常用 5 种分类方法：

①CSP 记录，即"共爆炸点"记录；

②CCP 记录，即"共分量"记录；

③CDP 记录，即"共中心点"记录；

④COP 记录，即"共偏移距"记录；

⑤CGP 记录，即"共检点"记录。

（3）包络计算 ENNE。

（4）包络叠加。

3. 槽波透射资料的数据处理

透射波测量既可判断煤层不连续构造如断层、冲刷、火成岩体的有无，为反射波提供有关参数，又是研究槽波特性，确定应用槽波地震探测前景的重要手段。因此透射资料的处理非常重要。槽波透射资料的典型处理流程如图 6-7 所示。为了提高信噪比，更精确地确定各项参数，往往需要更复杂的处理，如极化分析和极化滤波等。主要处理方法有：①两分量记录的归位旋转 ROTA；②极化分析 POLA；③绘制槽波相对透射系数图 RTM。

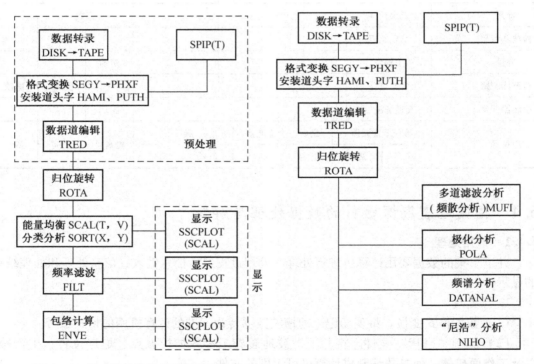

图 6-6 槽波反射资料的数据处理流程   图 6-7 槽波透射资料的典型处理流程

4. 槽波透射数据的分析性处理

为了了解煤层是否适于进行槽波地震勘探，需要用透射波测量识别槽波波动特征，为此要对槽波地震数据进行分析性处理，处理流程如图 6-8 所示。处理方法主要有以下 4 种。

（1）频散分析 MUFI。通过频散分析，弄清被测煤层中槽波有无频散，有无爱瑞相位，是否适合于槽波地震探测。

（2）极化分析。通过极化分析可判断线性极化波、椭圆极化波、纵波、横波、复合波等。

（3）频谱分析 DATANAL。利用这个软件可对数据进行相关分析、振幅谱分析、功率谱分析、卷积相位谱分析和非卷积相位谱分析。

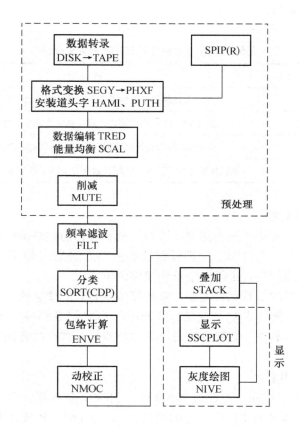

图 6-8　槽波数据分析性处理的典型流程

（4）"尼浩"分析 NIHO。"尼浩"分析实质是频散分析和极化分析相结合的一种综合分析。

6.4.2　资料解释

1. 透射法资料的解释

槽波地震透射法主要用于探测煤层中的断层、陷落柱、火成岩体、冲刷带以及煤层厚度变化或尖灭区等，并为反射法探测提供有关参数。

透射法资料解释的重点是识别槽波爱瑞相波组特征。资料解释的要点是：

（1）在槽波原始记录上以及经滤波、包络处理记录上识别槽波爱瑞相（高频同相轴）。

（2）在频散、极化分析、尼浩曲线图上，识别槽波的存在及其特征。在频散曲线上辨认爱瑞相位（速度极小值）的存在；在极化分析和尼浩曲线上辨认爱瑞相位的存在（槽波爱瑞相位具有高频、高线性极化度）。在此基础上确定槽波爱瑞相频率及其群速度。

根据槽波透射数据爱瑞相组（高频、长波列）的有无，便可发现路径上有无不连续体如断层、陷落柱等。

在槽波赋存较好的煤层中，槽波透射射线较密时，可计算槽波的相对透射系数值，绘制"槽波相对系数图 RTM"，在此图上可直接圈定构造发育带。煤层对槽波的相对透射系数可分为四级（表6-5）。

表6-5 煤层对槽波的相对透射系数分析

分 级	相对透射系数/%	特 性
低阻区	75~100	该区煤层连续性基本上未被破坏，通常对应无断层区
半低阻区	50~75	该区煤层连续性稍被破坏，通常对应落差小于煤层厚度的小断层区
半高阻区	25~50	该区煤层连续性破坏较严重，通常对应较大落差断层区
高阻区	<25	该区煤层连续性完全被破坏，通常对应落差等于或大于煤层厚度的断层区

2. 槽波反向资料的解释

槽波地震反射波主要用于超前探测。反射法资料解释的主要图件是水平叠加时间剖面或水平叠加深度剖面图。在此图上识别反射波的主要方法是"相位对比法"或称同相轴法。同相轴的峰值连线位置就是煤层中不连续体的位置。

槽波地震反射资料的解释比较复杂，首先要确认有效的槽波反射同相轴，去除假反射同相轴，为此，常用共爆炸点 CSP 记录、共偏移距 COP 记录和共反射点 CDP 记录综合解释。为了提高解释的可靠性，要充分考虑已有地质资料及构造线方向并结合透射资料进行综合解释。

3. 槽波地震法应用实例

牛马司煤矿 2323 工作面总面积约 30000 m^2，开采 2 号煤层，含一层夹矸，平均煤厚 1.9 m，埋深 283 m，煤种为主焦煤，煤的密度为 1.3 g/cm^3，P 波速度为 1131 m/s。顶板为砂质泥岩，密度为 2.64 g/cm^3，P 波速度为 1974 m/s。底板为中粒砂岩，密度为 2.6 g/cm^3，P 波速度为 2257 m/s。

探测任务有二：一是实测 2 号煤层槽波赋存状况，评价槽波地震波的应用前景；二是验证区内已有的一条断层，探测区内其他断层。

采用槽波地震透射法大道距观测系统，共施工 31 炮。采用 X、Y 两分量 58 个地震道，道间距为 8、1、15 m，检波器孔深 2.5 m。采样间隔为 0.25 ms，记录长度为 1 s，高通滤波截频为 60 Hz，炸药量为 150 g。

图 6-9 所示为两分量归位旋转后的共检点透射记录。由图中可明显看出 3 组地震波，第一、第二波组分别为直达纵波与横波，第三个高频长波列为槽波。在图 6-10 上可看到群速度极小值区（槽波爱瑞相位），平均速度为 800 m/s，由此可知，2 号煤层适于槽波地震探测。

从图 6-9 还可看到，并不是所有地震记录道上均出现槽波，在未出现槽波的震源检波器之间的路径上存在着断层。

图 6-11 所示为 2323 工作面槽波相对透射系数图。在 1、10、57、61 四点组成的梯形面积内，为槽波透射低阻区，没有落差大于煤厚的走向断层。在 10、11、18、41、57 等点组成的面积内为高阻区，这是由于 $F_{II}E_{117}$、$F_{II}E_{141}$、$F_{II}E_{112}$、断层的存在（图 6-12）所造成。

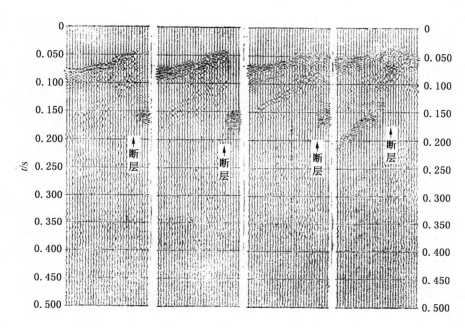

图 6-9　2323 工作面两分量归位旋转后的共检点透射记录

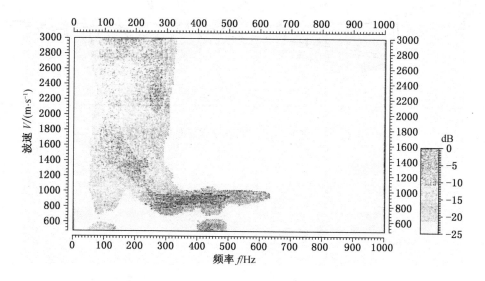

图 6-10　2323 工作面实测频散曲线

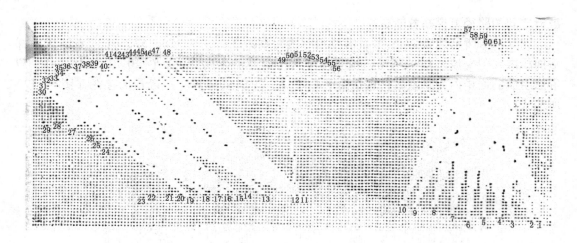

图 6-11   2323 工作面槽波相对透射系数

图 6-12   2323 工作面槽波地震探测综合平面图

7 瑞利波探测

7.1 术语定义

瑞利波 rayleigh wave 一种常见的界面弹性波，是沿半无限弹性介质自由表面传播的偏振波。

7.2 瑞利波探查的基本概念

瑞利波（简称 R 波）各谐波分量在自由表面方向上的衰减是不同的，瑞利波地震勘探法就是通过测量各谐波分量的传播速度，探测自由表面附近不同岩层及其中断层、洞穴等地质异常。

瑞利波地震勘探技术最早由日本 VIC 公司于 1981 年开发成功，并研制出 GR－810 型瑞利波勘探仪，用于地基、坝址、滑坡、洞穴等浅层工程地质探测及考古调查。煤科总院西安分院于 1988 年引进 GR－810 仪器，在地面和煤矿井下进行了大量探测试验，并研制成 MRD－Ⅱ型防爆瑞利波勘探仪，为工作面前方超前探测提供了一种有力工具。

瑞利波地震勘探有如下优点：①施工面积小，移动方便，适用于煤矿井下条件；②抗干扰能力强，不受井下各种交流电的干扰；③既可进行垂直方向的探测，也可进行水平方向的探测；④探测精度较高，探测深度误差一般在 5% 以内。

瑞利波地震勘探的理论基础尚不完全清楚，资料解释也相当复杂，尚需进一步研究。

7.2.1 基本原理

在均匀各向同性半无限弹性介质中，它沿自由表面在一定深度内传播。随离开自由表面距离的增大，振幅按指数的规律衰减。

在半无限理想弹性介质表面上置一圆形衬垫，在垫上垂直上下激振，将同时产生 P 波、S 波和 R 波。其激发的能量中，R 波占 67%，S 波占 26%，P 波仅占 7%。所有波的能量将随距离 r 的增大而不断衰减。P 波和 S 波由于球面波前扩散，按 r^{-1} 规律衰减，而 R 波由于圆柱波前扩散，按 $r^{-1/2}$ 规律衰减，比 P 波和 S 波慢得多。因此，若在震源附近观测，接收到的振动将主要是 R 波，瑞利波地震勘探正是利用它的能量大衰减慢的特点。

瑞利波地震随深度衰减的关系如图 7－1 所示。由图可知，瑞利波振幅随深度不是均匀分布的，而是呈指数衰减，其主要能量集中在约一个波长的深度范围。

瑞利波的相速度与波长和频率有如下关系

$$V_{\mathrm{R}} = \frac{\lambda}{T} = \lambda f \tag{7-1}$$

式中　λ——波长，m；

　　　f——频率，Hz。

由上式可知，在 V_{R} 一定的情况下，频率与波长成反比。高频反映地表附近岩土层性质，而较低的频率则反映较深岩层的地质性质。

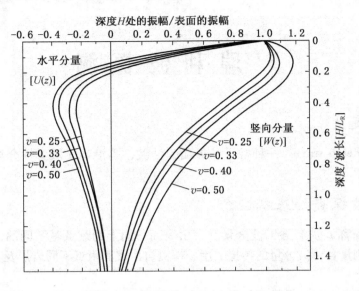

图 7-1 R 波振幅随深度的分布

瑞利波地震勘探基本原理如图 7-2a 所示。振源 E 产生不同频率的振动。其中包括沿岩石与空气界面传播的瑞利波。检波器 A、B（A、B 间距为 r）用以接收瑞利波，并将其转变为电信号。实测两道之间的时差 Δt，即可算出瑞利波平均速度 V_R（$V_R = r/\Delta t$），并由下式计算出相应的勘探深度 H：

$$H = \frac{1}{2} \frac{V_R}{f} \tag{7-2}$$

式中 V_R——瑞利波平均速度，m/s；

Δt——两道之间的时差，s；

r——两检波器间距，m；

H——瑞利波勘探深度，m；

f——瑞利波的频率，Hz。

最后，打印记录仪将结果打印成 H-V_R 曲线（图 7-2b）。

7.2.2 仪器设备

1. 稳态激励与瞬态激励

按震源划分，瑞利波地震勘探方法有稳态激励和瞬态激励两种。GR-810 仪器采用稳态激励，而 MRD-Ⅱ型仪器采用瞬态激励法。

1）稳态激励法

稳态激励波的仪器如 GR-810，设有专门激振器，每次向地下激发单频率的稳态正弦波，靠手动改变频率，逐次测试。

当稳态振源为正弦波时，地面质点也产生正弦振动。设地面某点（比如在检波器 A 位置）垂直变形随时间 t 变化的正弦信号为

$$Z(t) = A_1 \sin\omega t \tag{7-3}$$

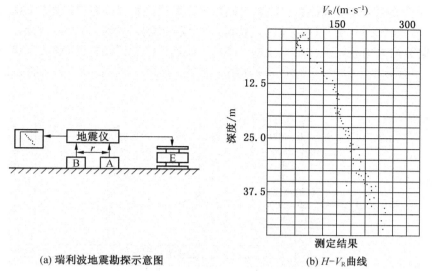

(a) 瑞利波地震勘探示意图   (b) H–V_R 曲线

E—振源；A、B—检波器；r—A、B 间距

图 7-2　瑞利波地震勘探原理示意图

在距该点 r 处（比如在检波器 B 的位置）质点变形随时间变化的关系则为

$$Z(t) = A_2\sin(\omega t - \psi) \tag{7-4}$$

式中　ψ——后者对于前者的相位差。

考虑到距离 r，瑞利波传播速度 V_R 和传播时间 t 之间的关系，式（7-4）改写为

$$Z(t) = A_2\sin\left(\omega t - 2\prod f\frac{r}{V_R}\right) \tag{7-5}$$

括号中第二项为两处振动的相位差

$$\psi = 2\prod f\frac{r}{V_R} \tag{7-6}$$

由此可知，已知激发频率 f 和距离 r 时，只测出两接收点信号的相位差 ψ，就可计算出瑞利波传播速度 V_R。算出 V_R 后，即可算出波长 λ，从而确定勘探深度 H。

GR-810 仪器就是用求相关函数最大值的方法计算相应差，进而做出 H-V_R 曲线的。这种方法简便直观，但需进行逐个频率操作和计算，施工效率低，且需大功率电源和较重的激振器，不利于防爆和井下工作。

2）瞬态激励法

由于井下仪器要求轻便防爆，并考虑到井下大多为未风化的煤岩层，激发条件优于地面，故 MRD-Ⅱ型仪器采用瞬态激励法。

用锤击或小药量爆炸激发频谱很宽的瑞利波脉冲，利用在工作场所布置的两个检波器接收瑞利波信号，然后再做频谱分析，计算不同频率成分的传播速度和波长，从而确定地质体的埋深和产状。

2. MRD-Ⅱ型瑞利波勘探仪的组成及工作原理

目前国内煤矿瑞利波地震勘探中使用的是煤科院西安分院研制生产的 MRD-Ⅱ型防爆轻便瑞利波勘探仪，它可在煤矿井下进行各种超前勘探，也可在地面进行各种工程地质勘探及考古调查。

MRD – Ⅱ型瑞利波勘探仪为本质安全防爆，由数据采集系统和防爆电源两个箱体组成，可分开背负下井，工作时由电缆连接起来。仪器组成框图如图 7 – 3 所示。

可根据数据采集系统箱体屏幕上每一菜单的提示设置仪器的工作参数和状态，每次测试后立即显示两路信号的波形，可根据情况决定是否改变仪器参数，是否将该次数据输入存储器中。

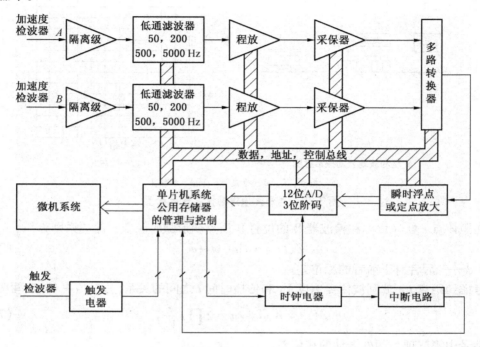

图 7 – 3　MRD – Ⅱ型瑞利波勘探仪原理框图

数据采集系统主要由模拟电路与逻辑电路两部分组成。由检波器送来的两路地震信号经隔离级、低通滤波、程控放大、采样保持、多路转换、瞬时浮点放大和模数转换，将信号放大并转变为数字信号存贮。单片机、微机对整个采集系统起管理与控制作用。

MRD – Ⅱ型仪器采用瞬时浮点增益放大器，可根据每个信号子样的大小选择适当的增益，以保证大信号不致饱和失真，小信号可得到充分放大，使模数转换器对大小信号的转换能占有相当的位数，因而大大增加了仪器的信号动态范围，提高了信号数据处理的精度。

仪器由可充镉镍电池供电，采取了过压、过流、欠压和短路保护措施，保证仪器安全可靠地用于煤矿井下。

井下采集的数据存贮在仪器的内存中，上井后通过通信口输入微机进行分析和处理，最后绘制成供解释的 $H - V_R$ 曲线和地质分层曲线。

3. 仪器主要技术指标

道数	两路信号道，一路辅助道
低通滤波器（Hz）	截频 50、200、500、5000 四挡可选，陡度 – 54 dB/oct
固定增益	2^0、2^2、2^4、2^6 四挡
瞬时浮点放大器	增益 $2^0 \sim 2^7$，每台阶 6 dB
记录长度	1024 个采样点/每道

扫描频率（kHz）　　　　　　　　　　　　　　　　　　最高 20

显示器　　　　　　　　　　　　　　　　256 × 128 点阵液晶显示屏

内存　　　　　　　　　　　　　　　　　RON 32 kB　 RAM 256 kB

电源　　　　　本质安全型 GNY1.2 型 1.2A·h 镉镍电池 14 节两组，GNY4 型

　　　　　　　　　　　　　　　　　　4 A·h 镉镍电池 8 节一组

电源控制板输出　　　+5 V 额定电流 450 mA，过流保护值不大于 600 mA，±12 额定输出

　　　　　　　　　　　　　　　电流 150 mA，过流保护值不大于 300 mA

所有镉镍电池和电源控制板均用硅胶灌封。

7.3　工作方法

这里主要介绍 MRD – Ⅱ型仪器进行瑞利波勘探的工作方法。

7.3.1　现场数据采集

在测试现场用两个加速度检波器接收瑞利波，第三个检波器用作触发指示，以启动微机控制的采集系统工作。

在煤矿井下勘探时，用快干水泥、瓷片、双面胶带等将检波器固定在巷道的顶、底或侧壁上，使之很好地耦合。接收地震波用的两个加速度检波器 A、B 对称地布置在探测目的物的两边，检波器 A 距震源 0.5 ~ 2.0 m，A、B 两检波器间距 Δx 为 1.0 ~ 2.0 m。此安装距离直接用于瑞利波传播速度的计算，一定要精确测量。震源和触发信号的检波器应布置在加速度检波器的一侧并排列在一条直线上。

7.3.2　数据处理

1. 瞬态信号分析

土层、岩层或煤层在受冲击后变形小时，可看作线性系统，从两个接收检波器同时收到的记录信号（记录 1 和记录 2）就可用频谱分析的方法进行比较，而时间域的信号在频率域是以信号的线性谱 $S_x(f)$ 的积，即

$$G_{xy}(f) = S_y^*(f) \cdot S_x(f) \tag{7-7}$$

互功率谱的宽度表征两个记录共同的频率范围。互功率谱的相位信息可以用来确定两个记录信号各频率分量的相位差。根据两信号的相位差，就可求得瑞利波的传播时间和传播速度。

在瑞利波地震勘探中，还需使用的一个重要参数是相干函数 $\gamma^2(f)$，它相当于信噪比，其定义为

$$\gamma^2(f) = \frac{G_{xy}(f) \cdot G_{xy}^*(f)}{G_{xx}(f) \cdot G_{yy}^*(f)} \tag{7-8}$$

式中　$G_{xy}^*(f)$——互相关功率谱的共轭复数；

　　　$G_{xx}(f)$——1 道相关功率谱；

　　　$G_{yy}^*(f)$——2 道相关功率谱。

根据相干函数计算信噪比的公式量

$$S/N = \gamma^2(f) / [1 - \gamma^2(f)] \tag{7-9}$$

如果系统是理想的，则对应所有频率的相干函数为 1。相干函数在某步段上越接近于 1，表示输入信号越具有良好的相关性，但由于噪声干扰的存在和系统的非线性等因素，

将降低相干函数值。可根据实际情况确定一个系数,当相干函数大于这个系数时,即认为这个频率成分有效。

2. 数据处理

处理内容包括对数据进行数字信号分析、频谱计算,波速与深度关系曲线和分层曲线的绘制,以及测线剖面图的绘制等。

在数据处理与解释过程中最关心的是接收到的原始波形,它们的频率范围、相干函数和互相关功率谱的相位信息。

图7-4所示为瑞利波地震勘探所得两张原始记录曲线及其振幅谱。图7-5所示为由图7-4所示两道记录和另外两次在同一点激发所获记录在频率域内3次叠加之后获得的振幅谱、相干函数和相位差曲线。

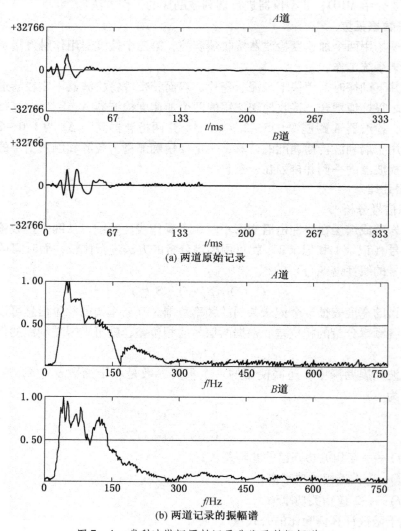

(a) 两道原始记录

(b) 两道记录的振幅谱

图7-4　瑞利波勘探原始记录曲线及其振幅谱

在处理过程中,应从频谱和相干函数曲线中选择该记录可以考虑的频率范围,一般相干函数在50% ~99%之间选择。不同频率瑞利波的传播时间可由下式确定

$$t = T\frac{\varphi}{360} \qquad\qquad (7-10)$$

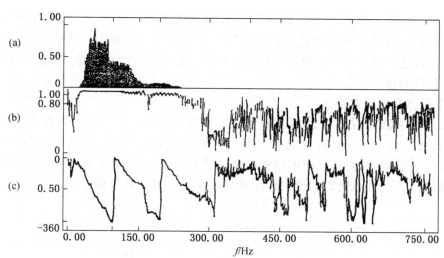

（a）—振幅谱；（b）—相干函数曲线；（c）—相位差曲线

图 7-5　3 次叠加之后的振幅谱、相干函数和相位差曲线

式中　t——对应于 $f = 1/T$ 频率的瑞利波旅行时间；

　　　φ——对应该频率时计算的相位移。

已知两检波器之间的距离为 r 时，对某一频率 f 的相速度 C 可按下式计算

$$C = \frac{r}{t} \qquad\qquad (7-11)$$

已知速度和频率，则波长 λ 应等于

$$\lambda = \frac{C}{f} \qquad\qquad (7-12)$$

在从相干函数曲线中选择出来的频率范围内，对每个频率分量重复上述计算，就可得到所欲求的平均波速与深度关系曲线 $H - V_R$（图 7-6）。通过数据处理还可得到按速度分层的速度与深度关系的分层曲线。

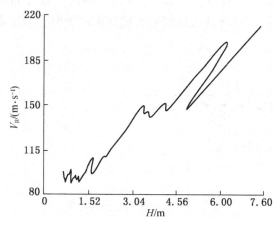

图 7-6　经数据处理后的波速与深度关系曲线 $H - V_R$

7.4　资料解释及应用

在瑞利波地震勘探中，最终的实测记录是瑞利波平均速度 V_R 随深度 H 变化曲线（$H - V_R$ 曲线）。地下各种地质现象诸如地层界面、洞穴、岩浆岩、断层等各种地质体的反映均集中在这一曲线的变化中。资料解释的任务在于分析这些曲线，确定各个地层界面与各种地质体的存在。

7.4.1　地层界面的异常特征

地层界面反映在 $H - V_R$ 曲线上主要有 3 种类型："之"字型、拐点和间断型，如图 7 – 7 所示。图中 3 条曲线分别表示不同地区的剖面。"之"字型曲线特征明显；拐点型曲线在小于 20 m 的浅剖面中经常出现，虽不及"之"字型曲线明显，但不易与其他异常混淆；间断型曲线常出现在较深部界面附近，呈间断反映。

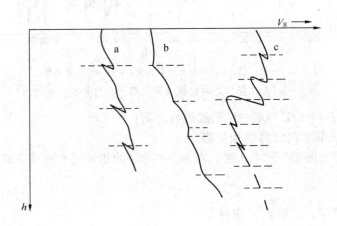

图 7 – 7　岩土分层界面上典型的 $H - V_R$ 曲线

7.4.2　洞穴界面的异常特征

1. 曲线的中断和错断

当洞穴规模大，震源 E、接收检波器 A、B 均在洞穴上方（如进行水中探测，洞穴位于 E、A、B 正前方），波动很难从边缘绕射传播到洞穴下时，将出现曲线的中断（图 7 – 8）。

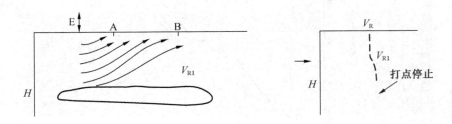

图 7 – 8　洞穴反映曲线（中断）

　　在震源 E 的下方（井下水平探测时 E 的正前方）存在洞穴时，往往会出现曲线的错断（图 7-9），有时两条曲线之间有很少的点连接。

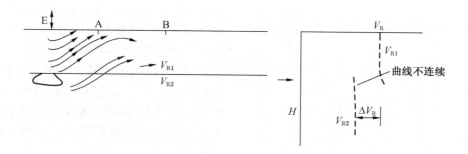

图 7-9　洞穴反映曲线（错断）

2. 曲线的扭曲和密集型扭曲

　　在远道检波器 B 的下方（井下水平探测时在 B 的正前方）存在洞穴时，曲线往往出现扭曲（图 7-10）。

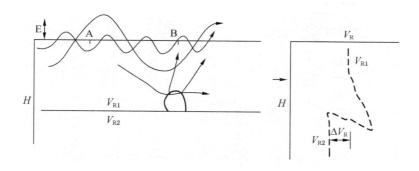

图 7-10　洞穴反映曲线（扭曲）

　　两道检波器 A、B 之间存在洞穴时，在洞穴对应深度的位置，曲线呈密集型扭曲（图 7-11）。这是洞穴最典型的反映。

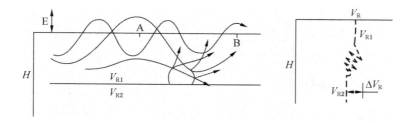

图 7-11　洞穴反映曲线（密集型扭曲）

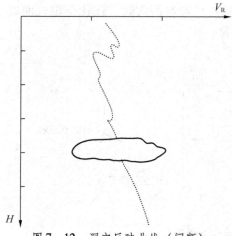

图 7 – 12 洞穴反映曲线（间断）

3. 曲线间断

许多洞穴在 $H - V_R$ 曲线上常常以一定间隔的间断显示其存在，如图 7 – 12 所示。间隔的大小与洞体高度和范围有关。间断的上断点往往反映洞顶位置。

7.4.3 断层界面的异常特征

图 7 – 13 所示为某矿工作面水平超前探测断层时的 $H - V_R$ 曲线。断层倾角 68°，落差 25 m，上下盘岩性为煤层与灰岩。在水平方向探测这样的断层时，相当于探测地层界面，故 $H - V_R$ 曲线呈"之"字型和间断型（深部）。

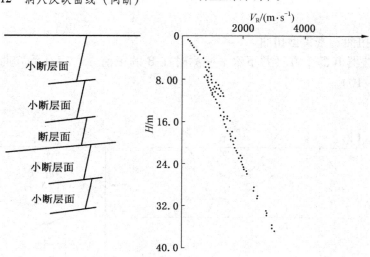

图 7 – 13 断层界面在 $H - V_R$ 曲线上的反映（"之"字型与间断型）

当断层附近出现一定厚度的破碎带时，在 $H - V_R$ 曲线上，会出现类似疏松层的特征反映（图 7 – 14）。

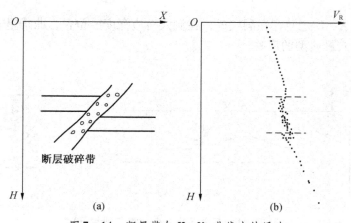

图 7 – 14 断层带在 $H - V_R$ 曲线上的反映

8　井下地震勘探

8.1　术语定义

井下地震勘探 underground seismic survey　是指在煤矿（山）井巷或工作面内进行的浅层地震勘探。

8.2　概述

井下地震勘探所利用的地震波种类包括体波、面波和槽波，这里主要讲以体波为主的折射波和反射波勘探。自 20 世纪 70 年代开始，浅层高分辨地震勘探技术被逐渐应用到煤矿井下，为我国矿山安全生产及日常地质管理工作提供了重要的勘探技术手段，并解决了大量的影响矿井安全生产的地质问题。由于井下探测条件的特殊性，井下浅层地震勘探的精度和分辨能力还需要进一步提高，以满足煤矿高产高效生产发展的要求。

8.2.1　方法原理

井下浅层折射波和反射波勘探的方法原理与地面地震勘探类似。对于井下特殊的探测条件而言，折射波法勘探主要应用单边折射波法和相遇折射波法，反射波勘探主要应用反射共偏移法，其中包括零或极小偏移距探测（地面称为陆地声呐法）和最佳偏移距法（地面称为地震映像法）等。由于矿井中反射共偏移法的应用范围广，现做简单介绍。

矿井反射共偏移技术是依据反射波勘探原理，在单次排列实验分析基础上选定最佳偏移距，采用多次覆盖观测系统进行数据采集。探测时，首先针对测试区域地震地质条件进行现场波组特征及噪声调查，对排列记录（类似地面的单炮记录）分析对比，确定最佳共偏移接收窗口以及窗口内的检波器间距，并按一定的步距同步前移完成探测任务。通常在矿井实际工作中，常用密集型单道共偏移数据解决实际问题，能满足现场的需要。它在对地质体连续追踪与调查中发挥着重要的作用。

现场探测时是在最佳窗口内选择一个公共偏移距，采用单道小步长，保持炮点和接收点距离不变，同步移动震源和接收传感器。每激发一次接收一道波形，最后得到一张多道记录，各道具有相同的偏移距。图 8 - 1 所示为共偏移距记录野外施工示意图。利用这种共偏移地震剖面，可正确识别反射波同相轴，由于偏移距相同，数据处理时不需作正常时差校正。工程中常用来对反射波同相轴位置及特征进行了解，由于这种方法施工较为简单，特别适用于矿井煤岩巷道或工作面构造及异常地质体的调查工作。

根据反射波勘探原理，以水平反射界面为例，则单道共偏移观测系统有相应波路图（图 8 - 2），且它的时距曲线方程为

$$t = \frac{OA + AS}{v} = \frac{2\sqrt{h^2 + \left(\dfrac{x}{2}\right)^2}}{v} = \frac{\sqrt{4h^2 + x^2}}{v} \qquad (8-1)$$

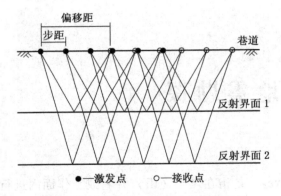

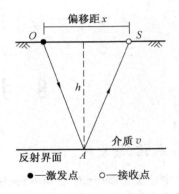

图 8-1   共偏移距记录野外施工示意图

图 8-2   单道共偏移观测系统波路

其中 x 即为偏移距，v 为探测介质的地震波波速，t 为地震波旅行时间，而 h 是目标体的界面深度，是需要求解的。因此根据测试所获得的地震波记录，进行反射波相位追踪，确定各个界面的反射波组并求取反射相位时间，即可求解探测目标体的深度，并进行地质解释。对于倾斜界面则根据反射波组特征进行相应的深度校正，获得该界面的实际深度位置。

由于矿井巷道的限制，一般都采用 1 至 6 道的便携式地震仪进行实际探测，为了克服单道共偏移的覆盖不足的缺陷，可采用 2 至 6 道同时接收，采用小道间距（道间距 1~2 m），利用叠前偏移技术进行时深转换，得到的地震剖面效果会更好。

8.2.2   应用条件及特点

井下地震勘探主要解决的是煤与岩层的分界面问题，煤层作为一种特殊的介质体，与其顶底板之间存在明显的差异。通常来说，煤层在煤系地层中，属一个低速、低密度的软弱夹层。按照波阻抗理论，一般对于煤层及其顶板的岩样测定密度参数分别为：ρ_1 平均 1.3 g/cm³，ρ_2 平均 2.5 g/cm³。煤层及岩层平均波速分别为：$v_1 = 2000$ m/s；$v_2 = 4000$ m/s，则反射系数为 0.6。这表明，煤岩界面是一个强反射界面，同时 $v_2 > v_1$ 易于产生折射波，这些都有利于进行与煤层及构造有关的地震波探测工作。

与此同时，同一岩层中出现异常体，则存在波阻抗差异，会产生反射回波，其反射能量受界面特性控制，这些是进行矿井地质构造及其异常高分辨地震勘探的前提条件。

与其他井下物探方法相比，井下浅层地震勘探的主要特点是：

（1）不受井下各种电磁干扰的影响。

（2）高分辨浅层地震具有一定的穿透深度，又具有较高的分辨能力。

（3）井下浅层地震勘探方法的不足主要是巷道围岩松动的影响，激发接收的条件比地面复杂。

（4）浅层反射波作为续至波，在波形记录上不容易识别，对地质解释产生一定的影响。

8.2.3   探测内容

影响煤矿安全生产的地质因素较多，主要有煤层厚度及其变化、顶底板岩层组合特征及发育特点、断层褶曲等构造的特征及分布规律、矿井水文地质条件、瓦斯地质及煤体结构特征等。在各种地质因素中，断层构造因素是最主要的，所以探明断层构造规律是解决煤层开采地质条件的基础。井下浅层地震勘探重点是围绕矿井巷道开掘及工作面生产过程中所遇到的各种地质问题进行探测，其不同方法具有各自的探测优势，探测过程中必须有针对性地选取相应的探测方法。

表 8-1 列举了折射波和反射波法可能解决的地质问题。

表 8-1 井下浅层地震勘探方法及所解决的地质问题

探测范围	探测方法	可以解决的地质问题	方法特点
工作面采煤巷道	折射波 直达波	1. 剩余煤层厚度及其起伏形态 2. 底板灰岩界面深度 3. 煤、岩层动弹性模量检测	测线相对较长，受折射波盲区影响
	反射波	1. 巷道揭露地质构造在工作面内延展情况 2. 工作面内隐伏构造及其变化特征 3. 顶、底板剩余煤层厚度及其变化 4. 底板岩层界面判定及水文地质条件评测	针对要解决的地质问题有两帮及底板探测
巷道掘进	零偏移距单点反射	顶、底板煤层厚度、迎头超前探测	方便、快捷、距离有限
	反射波	迎头超前探测，包括断层构造、采空区、陷落柱等异常	主要在迎头断面上布测

8.3 井下地震数据采集系统

8.3.1 地震仪器设备

煤矿井下是一种特殊工作环境，要求地震仪器必须防爆和具有煤矿安全标志认证。同时测试过程中测点移动工作量较大，要求仪器必须轻便，智能化程度高。目前国内进行井下浅层地震勘探的仪器设备较少，中国矿业大学开发了 MMS-1 矿井多波地震仪及 ITSG-1 型三分量速度检波器，用以探测井下煤体结构构造；安徽理工大学在 20 世纪 80 年代研制的 MH-1 型、KDY-1 型 6 通道地震仪获得 1992 年国家科技进步二等奖，并在全国矿井中开展了探测应用。在其基础上，中煤科工集团西安研究院、安徽惠州地质安全研究院股份有限公司等推出了 YWZ11 网络地震仪（图 8-3）。该系统的主要特点如下：分布式采集基站扩展数量、空间分布灵活多变；多分量数据采集，实现多波地震勘探；采集基站内置大容量存储，支持巡检查看数据；软件功能完备，配置兼具数据采集与处理的专业系统软件，可实现数据的采集、显示、管理、对比、处理成像及判别分析；操作简便，智能化 Android 系统平台、高清彩色触摸屏及机械辅助按键、系统软件人性化设计，确保人机交互更加便捷、仪器操作简单易学。

该系统可应用于矿井工作面体波、槽波勘探等，可探测煤层的不连续性，如煤层厚度变化、矸石层分布、大小断层、陷落柱、剥蚀带、古河床冲刷带、岩墙及老窑等；评估煤层地压的相对高带以及可能的瓦斯富集区，保证工作面的安全开采。

8.3.2 井下震源

井下激振震源对地震勘探数据采集至关重要，对不同的地质问题和干扰条件，采用不

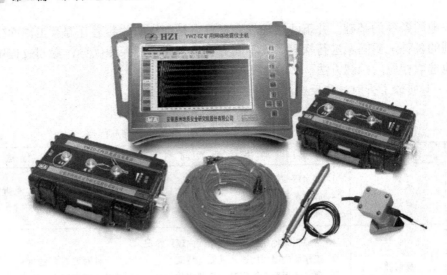

图 8 - 3　YWZ11 网络地震仪

同的震源，如炸药震源和锤击震源等，通常探测 60 m 范围内可采用锤击震源，大于 80 m 采用炸药震源。炸药震源药量控制以不破坏巷帮支护为原则，要求全孔炮泥充填。雷管也是一种比较方便的震源，一般电雷管有时会产生 1～20 ms 的延迟，这时需设置爆炸点检波器记录起爆信号。为保证记录的一致性，一个探测区域最好使用同一型号同一批次的电雷管，可避免带来的信号误差。

　　井下探测目标体距离较近时，锤击震源是一种最为简便、成本低廉而广泛使用的激发方式，主要由大锤、金属垫板、锤击开关和连接电缆组成。激发信号由锤击开关经电缆输入记录系统。这种激发方式，测区煤岩层性质对锤击震源的激发效果影响较大，如在松散的煤体上锤击效果差，而在潮湿牢固、坚硬的岩层上锤击效果较好，获得的信号频率高。其最大的缺点是产生严重的水平方向的干扰噪声，如面波和声波的干扰较严重。为改善锤击震源的激发效果，常在锤击点放置金属板，但锤击金属板常伴有较强的声波干扰，若锤击化学板（如聚氨酯塑料）可减弱声波。当煤岩体松软时，可用长约 50 cm，截面积约 10 cm 见方的木桩代替金属垫板。各种常用震源的特点及探测距离见表 8 - 2。

表 8 - 2　井下浅层地震勘探震源的使用特点

震源类型	震　源　特　点	探测距离/ m	使用炸药量/ g	铜锤重量/ 磅	备　　注
炸药震源	激发的地震波具有良好的脉冲特性，频带宽、能量强、高频成分丰富	<150	30～70	—	高分辨率地震勘探广泛使用的震源
		150～200	80～150	—	
雷管	比较方便，但能量有限	<120	—	—	使用一段瞬发同批次雷管
锤击震源	简便、成本低廉，但面波、声波干扰大	<60	—	12～18	井下常用震源

　　对于不同的测试目的也可以根据现场的条件，自行设计加工适宜的震源，比如矿井井壁混凝土强度测试中可采用不同样式的小锤；在煤矿井下顶板剩余煤厚的探测过程中，其探测位置较高，可加工容易向上用力的顶锤等形式，目的是激发产生有效的地震波。能量较小的震源，现场通过多次垂直叠加，仍能记录到高信噪比的记录，与大能量相比，还能压制声波和面波干扰。

8.3.3　井下检波器

　　检波器又称拾震器，是安置在地面、水中或井下煤岩层中以拾取大地震动的接收器，实质是把地震波传到接收点时所引起的振动转换成电信号的一种装置。现代矿井地震检波器主要有动圈电磁式速度检波器和压电式加速度检波器两种类型。井下浅层地震勘探，两种检波器都可以使用，目前常用的是动圈式速度检波器，其频带范围在 10～2000 Hz 范围内，多采用 28 Hz 及以上的速度检波器。

　　检波器与煤岩体的耦合是矿井地震勘探中获取高质量地震信号的关键，由于巷道围岩松动圈对地震波的影响很大，因此，合理避开松动圈是关系到地震数据是否可靠的前提，煤矿大部分巷道的围岩松动圈在 1.5 m 以内，在 1.5 m 深的孔内安置检波器来接收地震波是一个值得推荐的方法；一些矿井地震工作在巷道壁上通过人工手压方式耦合检波器，可能会导致信噪比下降。当然，也可以采用锚杆转接的方式进行耦合。正确的做法，是首先调查工作巷道的围岩松动圈特征，确定检波器的耦合方式。

8.4　工作方法

　　受井下特殊条件及三维空间位置的限制，矿井浅层地震勘探中测线布置、地震仪器、震源激振方式、检波器耦合条件等与地面地震勘探相比，复杂程度高，可操作性灵活，因此必须充分重视现场数据采集的可靠性，力求获得第一手高质量的地震数据记录。

8.4.1　测线布置

　　煤矿在开采过程中，首先形成巷道，再形成工作面进行不同方式的采矿活动。因此井下探测时可利用的空间极其有限，探测过程中，可针对所要解决地质问题的基本概况，有效地选取激发和接收方向，进行相应的地震探测布置和数据采集。

　　具体来说，井下浅层地震勘探可以利用巷道的两帮、迎头、顶底板进行测线、测点布置，完成数据采集任务，对于浅层折射波法和反射波法因测试内容的不同其布置方式也有所不同。井下浅层地震勘探用到的各种观测系统见表 8-3。

　　对巷道超前探测，综采工作面顶板煤层剩余厚度探测，受空间条件所限，可采用零偏移距自激自收探测方法，其布置及要求相对较为简单；底板煤层剩余厚度可采用单、双边折射波法、反射共偏移法等；对于工作面内断层构造的延展、陷落柱大小、煤层变化范围、煤岩体中注浆质量检查等内容，可以利用巷道两帮及开切眼条件，在两帮中布置测点、测线进行反射共偏移法数据采集，获得工作面内地质条件的准确评价结果；对巷道底板岩层稳定性评价可利用相对较长的测线，沿煤层底板在巷道中采用反射共偏移法开展工作，获得底部岩层的反射地震剖面。图 8-4 所示为巷道掘进迎头自激自收反射波法探测布置示意图，图 8-5 所示为侧帮自激自收反射波法探测布置示意图。为了获得多点探测数据，对巷道掘进迎头可采用多点激发接收方式，图 8-6 所示为迎头断面上的两种布置方式。图 8-7 所示为巷道侧帮共偏移探测布置示意图。

表8-3　井下浅层地震勘探的观测系统

探测方法	观测系统		图　示		说　明
反射波法	排列	纵测线普通单次排列	测线　炮点　接收排列		适用于近距离探测
		纵测线普通连续排列	测线　炮点　接收排列		
		中心排列	测线　炮点　接收排列　接收排列		
		纵测线间隔排列	测线　炮点　偏移距　接收排列　接收排列		适用于远距离探测
	共偏移	零偏移自激自收观测	测点　炮点　接收点		适用于简单构造
		零偏移距连续观测	测线　炮点　接收点　炮点　接收点		适用于不同地质异常界面及位置探测
		最佳偏移距法	测线　最佳偏移距　炮点　接收点		
折射波法		纵测线普通单次排列	测线　炮点　接收排列		适用于浅层底煤厚度探测
		纵测线双边剖面	测线　炮点　接收排列　炮点		

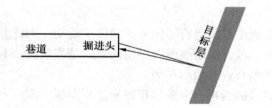

图8-4　巷道掘进迎头自激自收反射波法探测布置示意图

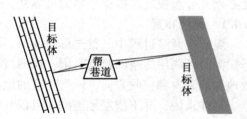

图8-5　巷道侧帮自激自收反射波法探测布置示意图

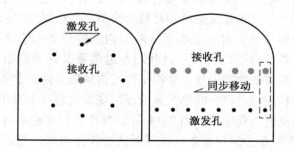

图8-6　巷道迎头超前探测单点激发接收布置示意图

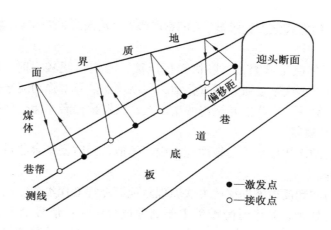

图 8-7 巷道侧帮共偏移探测布置示意图

8.4.2 井下探测激发接收系统的特殊性及要求

与地面探测空间不同的是，在矿井巷道中进行地震勘探属于三维空间体，是一种特殊的地质环境，地震波的激发与接收受到多种因素的影响，井下空间探测具有一定的特殊性和复杂性。概括起来有下列几个方面：

（1）井下三维空间体中进行地震波的激发与接收，存在的干扰因素较多，来自不同方向的地震波均可能被接收到，给地质体的分辨与解释带来一定的困难。

（2）探测空间的限制，井下没有地面探测中的无限平面的物理条件，不可能进行长测线大面积的观测系统设计，许多地面上成熟有效的观测方法在井下无法利用，因此数据采集的数量和技术方法都受到限制。

（3）井下除了沿顶底板进行的顺层布置、穿层观察外，大部分的探测均属迎面布置、顺层观察，在这种条件下，地震观测分析是无地质标志层可依托，给结果分析带来难度。

（4）井下地质条件与地面不同，因此地震波的传播物理条件存在一定的差异，对于同一个矿区里的不同矿井，或是同一个矿井的不同煤层，地震波的传播特征并不相同，因此，井下探测要根据现场的地质和探测条件设计施工方案并进行结果分析。

（5）对煤矿来说，井下空间的探测对仪器设备提出了更高的要求，仪器必须在防爆、防水、防尘、防潮等方面都能满足一定的条件。同时还要求仪器便携易操作，在技术方法上能够施工简易、方便快捷。这都是地震勘探方法井下应用的特殊需求。

井下浅层地震勘探中，为了得到较佳的探测结果，一般应注意以下几点：

（1）传感器应插入结实的煤层中，当巷道内浮煤较厚时，为避免浮煤的影响，可在测点处打入一根钢钎，并将传感器固定在钢钎上，避开浮煤松软带来的不利影响。

（2）传感器以及锤击点的位置应该尽量远离巷道中的钢轨。

（3）为保证激发信号的稳定性，需要在锤击点处放置一个锤垫，锤击力通过锤垫可使能量更为均匀地传播。这时必须针对巷帮的支护情况，加工各种锤垫如"工"字形、圆柱形、薄片形等，辅助激发有效的地震波向煤（岩）体中传播。同样接收检波器也要尽量避开煤岩壁的松动范围，保证接收到有效的地震波信号。

（4）为了增大探测距离，可在同一腰线上按一定距离打深度 1.5～2m 的小孔径钻孔，采用振动爆破的方式激发地震波，"闷炮激发""水炮激发"可以增强波传播的能量，改善记录的质量。

（5）由于井下邻区工作繁忙，随机干扰严重，当炮检距较大时，增益值不宜太大。为压制干扰波，可以多次重复激发垂直叠加，利用仪器信号增强功能来提高信噪比，从而提高解释精度。一般一个采样点要锤击两次以上，仪器操作者要能全面把握。

8.4.3　资料处理与解释

井下浅层地震勘探数据处理与地面地震勘探相似，同时要结合巷道揭露的地质条件进行综合分析与解释。

井下浅层折射波和反射波勘探的方法原理与地面地震勘探类似。反射波法可以在时间域和频率域中进行处理，其中时间域里主要处理过程包括：信号录入、格式转换、预处理、数字滤波、二维滤波、拉东变换、速度分析、水平叠加、偏移叠加、修饰处理和偏移剖面形成与显示等内容，其中预处理包括道集重排、振幅平衡、静校正、二次采样等，修饰处理包括空间混波、三瞬处理、平滑处理等。处理的结果是获得叠加时间剖面和深度偏移剖面，根据剖面中反射相位同相轴的连续追踪与对比，结合已知地质资料及地质体的各种特征进行解释，最终形成地质剖面。不同地质体在时间剖面中具有不同的反射波同相轴特征，即反射时间不同。其界面的具体位置要根据每一组反射波旅行时间进行深度计算。在这里界面位置确定时需对地震波速度进行有效选取，可通过井下煤岩体中调查试验获得。煤岩层中常见介质的波速见表8-4。探测距离远时地震波波速应结合顶底板岩性选取综合速度，可通过多次探采对比反演获得，更有效的是对地质目标体进行偏移归位。

表8-4　常见岩土介质的密度和波速

名　　称	密度 $\rho/(g \cdot cm^{-3})$	纵波速度 $V_P/(km \cdot s^{-1})$	横波速度 $V_S/(km \cdot s^{-1})$
黏土	1.60~2.04	1.2~2.5	—
饱水砂、砾石	—	1.5~2.8	—
砾岩	1.60~4.20	1.6~4.2	0.9~2.2
泥质灰岩	2.45~2.65	2.0~4.4	1.2~2.4
硅质石灰岩	2.80~2.90	4.4~4.8	2.6~3.0
致密石灰岩	2.60~2.77	2.5~6.1	1.4~3.5
页岩	2.30~2.70	1.3~4.0	0.8~2.3
砂岩	2.42~2.77	2.4~4.2	0.9~2.4
致密白云岩	2.80~3.00	2.5~5.0	1.5~3.0
煤	1.30~1.50	0.8~1.5	0.5~1.0
水	1.0	1.4~1.6	—
声波	—	0.34	—
混凝土	2.4~2.5	2.0~4.5	1.2~2.7

由于地震波在旅行过程中携带了大量的地质体中的信息，通过时间、振幅和频率等特性表现出来，因此可以通过频率域相关变化分析其特征。实际上是把时间域信号转变到频

率域信号，即频谱分析，它是研究谐波分量的振幅和相位随频率的变化规律。在频谱分析中，较多地利用振幅谱。通过振幅谱的基本特征可以判定煤岩层中介质特性的变化、构造的延展范围、煤岩松软状况、瓦斯富集特征等诸多内容。

目前可对井下各种地震勘探方法进行总结，并通过编制软件的方式使得地震勘探数据处理简单化，图8-8所示为安徽惠州地质安全研究院股份有限公司完成的一套矿井地震波处理系统（KDZ2.8）主界面，该软件可对井下浅层勘探数据进行智能处理，获得井下地质构造的界面解释结果。

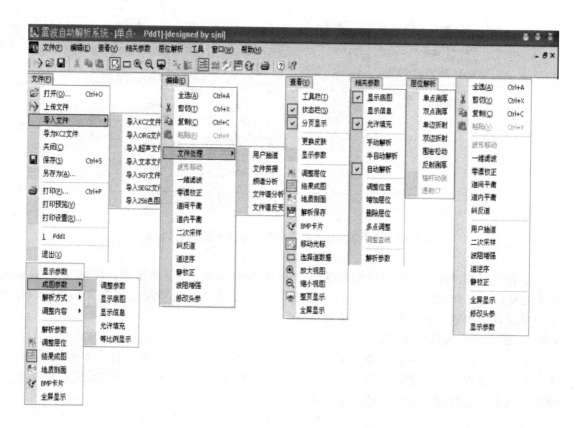

图8-8　KDZ2.8地震波探测处理系统主界面

8.5　探测应用与效果

8.5.1　断层构造探测

工作面内构造及异常大小对其开采产生很大的影响，特别是断层构造的延展方向与长度，可对综采设备起到阻碍作用。山西霍州矿业集团某煤矿条带联巷不同位置巷道分别揭露落差为6~9 m大断层，为判定其未揭露区前方延伸状况，现场采用单道最佳偏移距法，偏移距选定为20 m，移动步距为2.0 m，共进行了130 m段帮内数据采集。图8-9所示为测试偏移时间剖面，从图中可以看出，该构造迹线反射波同相轴连续，易于分辨。从波组整体上分析，该断层迹线有所摆动，总体上沿测试起点方向向联巷摆动距离加大。

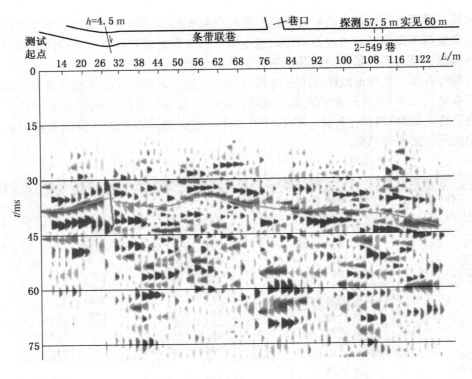

图 8-9 山西某矿条带联巷断层位置测试偏移时间剖面

结合现场测试取 2 号煤煤体地震波综合波速 2500 m/s，可以判定在距测试起点 60 m 处断层应位于工作面面内 43 m 左右。而在距测试起点 110 m 处断层位置在面内 57.5 m，后经穿过巷道揭露，该位置前方距离为 60 m。

8.5.2 矿井水文地质条件评测

矿井水文地质条件评测是井下安全生产中的一项重要内容，探测目标主要有陷落柱、采空区、底板岩层的强度评价等，由于其对安全生产的危害性较大，必须提前进行探测与预报，其中陷落柱探测在北方矿井中经常会遇到。

四川广安某煤矿在开拓过程中，同时施工两条斜井，一条进风斜井，另一条为回风斜井，两个斜井口处于同一水平，倾角均为 25°且相互平行，平距为 31.7 m，其中岩层倾角 20°左右，斜井与岩层呈大角度穿层状态。进、回风斜井均进入上二叠统长兴组长兴灰岩，其中进风斜井已掘至长兴灰岩 50 余米，上下地层界面清楚，层位正常。而回风斜井在 140~150 m 段飞仙关紫色泥岩中出现异常，根据进风斜井揭露的地层层位、厚度和构造特点，预计回风斜井约在 173 m 进入长兴组，现迎头距长兴灰岩斜长约 13 m。分析推断，下部长兴灰岩中存在岩溶陷落柱体，使上部的飞仙关泥岩失稳而逐渐陷落，造成泥浆侵入形成目前的异常。

为了准确测定构造异常体的具体形态，采用反射共偏移方法在进风斜井中沿朝向回风斜井的巷帮布置测线，现场噪声调查确定探测偏移距为 16 m，移动步距为 0.5 m，共完成探测测线 100.5 m。图 8-10 所示为进风斜井中反射共偏移法测试偏移时间剖面。可以看出测试区域内岩层的各种反射波组特征明显，反射相位清晰，为解释和判别提供依据，图上部为斜井中现场编录与观测对照内容。

从图 8-10 中可以看出，自测试起点始至 60 m 段为灰岩体中测试波形，波组完整无异常，但到 40 m 时由于受测试前方构造异常影响，其后波形发生变异，40~62 m 段波组相对紊乱，分析为岩性破碎杂乱引起较多的反射回波。进入泥岩区段测试后，该段波形受泥岩岩性结构变化影响较灰岩中有一定的差异。总体上很直观，从时间剖面上很容易分辨出构造异常区域的影响范围。在沿测试倾斜方向，时间剖面上距起点 40 m 应为构造异常区的下边界，且异常区延伸为 21.5 m 左右。

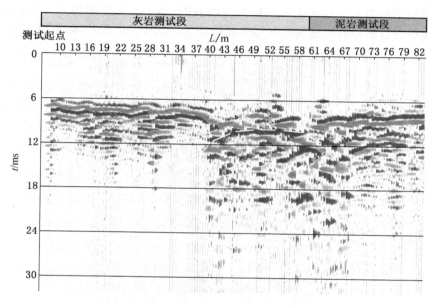

图 8-10　进风斜井中反射共偏移法测试偏移时间剖面

在探测方向的前方，即朝着回风斜井方向上，构造异常区域的轮廓较为清晰，根据波组特征结合测试岩性情况及现场地震地质条件调查，选取灰岩地震波波速 3500 m/s、泥岩地震波波速 2200 m/s、异常区域内岩层地震波综合波速 3000 m/s，可计算获得异常区的前边界距进风斜井最近为 15~18 m，而后边界距进风斜井最远为 35~40 m。该异常区在下方由于处于灰岩岩层区，破碎相对较严重，掘进中应注意含水层沟通问题，加强防范。后经回风斜井进一步掘进证实，该陷落柱在巷道中延伸长度为 22 m，与探测判定位置仅相差 0.5 m。

8.5.3　煤层厚度探测

矿井中综采工作面往往要对综采工作面顶、底板剩余煤层厚度进行探测，了解煤层发育的基本特征，并进行储量管理。矿井生产中获得底板煤厚最常用的手段是煤电钻探测方法，但该方法的劳动强度大，效率低。与之相比，利用折射波和反射波法却具有操作简单、迅速，解释精度高的特点，可以更加有效地进行剩余煤厚的探测。

1. 顶煤厚度探测

顶煤厚度探测，受综采工作面特殊场地条件所限，探测点一般在综采设备架子之间选取相对完整的煤层处。利用 PVC 导杆将传感器托至顶板，与煤层充分接触。将震源枪以丝扣形式连接到 PVC 导杆上，尽量保持零偏移距进行激振。该方法探测顶煤厚，现场方便快捷，通常两个技术人员即可完成操作。探测时要求检波器插入介质或与介质充分接触，并要保证震源与检波器间距离尽可能小。

图 8-11 所示为淮南国投新集一矿 1301A 放顶煤工作面风巷在 H4 号测点东 7.5 m 处，对巷道上方 13 煤层剩余厚度进行探测的结果。仪器参数选取为：采样间隔 20 μs，采样点数 2048，通频带 60~600 Hz。图 8-11 上图为该点单次测试波形图，图中煤层反射波组特征明显，可进行对比与解析。图 8-11 下图为 15 道叠加后信号的具体解析结果，由于顶煤中裂隙较发育，地震波在顶煤中的平均速度取 1.0 m/ms。单点自激自收探测解释的剩余煤层结构为 4.5(0.6)1.1，用钻探实测的巷道上方煤层结构为 4.8(0.8)1.0，由此可以看出单点自激自收探测煤厚在相对实体部位，其探测结果能够满足生产的需要。

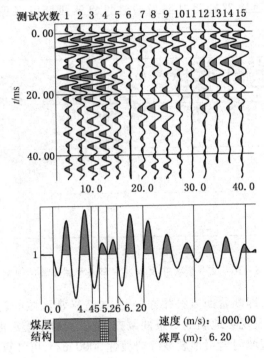

图 8-11 1301A 风巷煤厚探测波形结果

但要注意，数据采集时要采用多次垂直叠加技术，每点在其周围不少于 3 次以上的激发接收，解释时速度取平均速度，应逐层求速度进行解释为宜。同时可将一条测线上的波形形成剖面加以对比，更容易分辨各种波组的特征。在信号接收方面，应选择高阻尼传感器，提高信号频率。由波动理论可知，地震波探测的最小分辨厚度 $h = \dfrac{\lambda}{4} = \dfrac{v}{4f}$，即 h 与震波频率 f 成反比，因此，要分辨厚度较小的煤层夹矸层，必须提高地震波信号的频率。同时必须注意采用不同的数学方法对波形记录进行处理，目前处理薄层的方法有小波变换、神经网络等方法。

2. 底板剩余煤层厚度探测

底煤厚度探测可采用相遇折射波法，即在巷道底板布置测线，并在测线两端各放置一个传感器，测线长度 x 应足够长，以保证折射波能够出现。如果估计的剩余煤厚为 H，煤层内波速为 v_1，下伏岩层内波速为 v_2，那么 x 应该满足如下关系式：

$$x \geqslant 2H\sqrt{\frac{v_2 + v_1}{v_2 - v_1}} + L \qquad (8-2)$$

其中 L 应为 $3 \sim 4\Delta x$，即至少要有 $3 \sim 4$ 个时距点才能确定折射界面的速度。

淮南国投新集二矿 1308 工作面由于受到断层影响，煤层厚度在局部地段变化较大，该工作面倾角平缓，因此采用相遇折射波法进行剩余煤厚探测。图 8-12 所示为某段测线的波形记录，道间距为 2 m。从图中可清楚地分辨出直达波与折射波的初至。图 8-13 所示为用哈尔斯法进行折射波计算和解释的结果，其中煤层速度为 492 m/s，底板岩石速度是 2318 m/s，煤层厚度为 5 ~ 5.8 m。在测线 30 m 处煤层解释结果为 5.5 m，后经钻探结果验证实为 5.3 m。两者结果相近，折射波法用于探测煤层剩余煤厚是较为有效的。

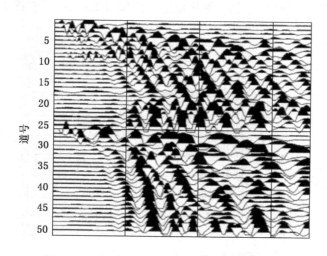

图 8-12 井下双边折射剖面法实测波形记录

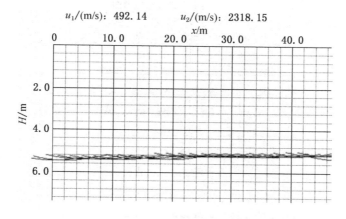

图 8-13 剩余煤层哈尔斯法折射解释剖面

8.5.4 煤岩体注浆质量评价

矿井煤岩体中易受到各种地质构造的影响，煤岩层松散含水，其强度较低，往往是矿井突水的通道，对煤矿安全生产带来重大的影响。因此生产中必须进行处理，注浆加固是一种有效的处理方法。为了评价松散结构体周边的注浆效果，须对此进行实测与评价，地震波频率分析技术可以起到很好的作用，煤岩体强度与地震波频谱具有很好的相关性，频率高则介质强度较大。淮南谢桥煤矿某工作面 1 号陷落柱是淮南矿区首次发现的岩溶陷落柱体，该柱面与巷道下顺槽最近只有 15 ~ 18 m，采后顶底板裂隙有可能与陷落柱内部的含水裂隙带相沟通，应采取措施防止顶底板裂隙带的扩展以及采动引起陷落柱柱面裂隙带活化而导水。图 8 - 14 所示为对陷落柱影响区注浆前后局部记录的频率分析对比图，该图为柱体影响区范围某 10 m 段的频谱图。从图中可以看出，注浆前后煤体强度发生了很大变化，其中注浆前地震波的主频段在 90 ~ 210 Hz，而注浆后该段地震波主频段发生了明显的上移，达到 280 ~ 610 Hz，且频带宽度明显增加。而正常煤层的地震波主频值在 270 ~ 300 Hz，注浆后地震波主频段达到正常煤层值，注浆效果良好，目前该工作面已安全回采。

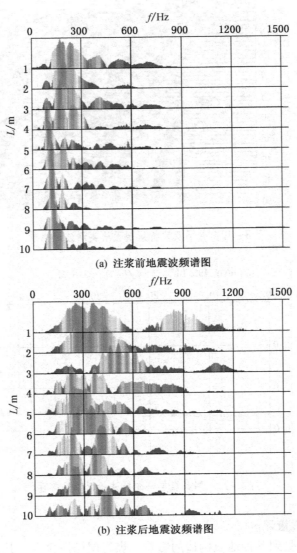

(a) 注浆前地震波频谱图

(b) 注浆后地震波频谱图

图 8 - 14　注浆前后地震波频率特征对比

9　其他地震勘探方法

9.1　术语定义

地震层析成像 seismic tomography　利用地震波在不同方向投射的波场信息，对地下介质内部精细结构（例如速度、衰减系数、反射系数等的分布）进行成像。有反射、绕射和透射层析成像之分。

矿井地震波超前探测 mine seismic prediction（MSP）　基于反射地震勘探原理，结合巷道空间特点，高倾角界面的波场动力学规律，探测掘进巷道前方断层等地质异常的一种多波多分量全空间地震勘探技术。

9.2　采面震波 CT 技术

9.2.1　概述

CT 技术是计算机辅助层析成像技术的简称，它是 20 世纪 80 年代开始在地球物理领域中应用并逐渐发展起来的，取得了许多令人瞩目的成果。目前广泛应用于地球内部结构成像、石油勘探、矿产勘探、土木工程检测、地质灾害防治等相关领域。

在煤层中激发地震波的同时，会产生一种特殊的煤层波（槽波），为了把槽波勘探和地震勘探在 CT 成像技术中统一起来，建议采用震波 CT 这个概念。因此震波 CT 实际上包括体波 CT（纵波 CT 和横波 CT）和槽波 CT，在 CT 技术方面这些概念没有本质的区别。矿井工作面震波 CT 探测是可以在巷－巷、孔－巷、孔－孔或巷道－地面之间建立成像区域，在一条巷道煤帮中激发地震波，并在另一条巷道的煤帮中接收地震波，根据地震波信号的初至及其特征相位的时间数据的变化，利用计算机通过成像算法就可以重建波传播路径的速度或衰减特征的二维图像。通过这种重建的测试区域地震波速度场或衰减特征的分布，并结合介质的物理性质来推断剖面中的精细构造及地质异常体的位置、形态和分布状况。

9.2.2　CT 方法原理

1. 基本原理

假设地震波的第 i 个传播路径为 l_i，其地震波初至时间为 t_i，则：$t_i = \int_{l_i} S(x, y)\,\mathrm{d}s$，其中 $S(x, y)$ 为慢度，$\mathrm{d}s$ 为弧长微元。通常在速度场变化不大的情况下，可近似把射线路径作为直线求解。对测区介质进行网格划分后，其走时成像公式可表示为：$t_i = \sum_{i=1}^{N} S_j d_{ij}$，该式表示第 i 条射线的观测走时 t_i 与第 j 个网格的慢度 S_j 之间的关系，慢度就是速度的倒数。其中，d_{ij} 表示第 j 条射线在第 i 个网格中的射线路径长度。

通过不同的接收点取得了 M 个观测数据时，上式可写成 $T = AS$ 形式，其中 T 为地震波走时向量，为测试值；A 表示射线的几何路径矩阵；S 表示慢度向量，为待求值。因此

CT 成像中即对 $S = A^{-1}T$ 求解。如果 T 为完全投影，A 为已知，则可求出 S 的精确值，但在巷间震波 CT 成像的实际应用中，很难实现完全观测系统布置，所以 T 是一个不完全投影，求解该方程多采用迭代的方法。对速度场图像重建，首先确定射线追踪方法，主要有直射线和弯曲射线追踪技术，直射线追踪算法相对简单，理论上要按照费马原理进行地震波走时路径追踪；再使用不同的反演方法进行 CT 数据反演，有反投演法（BPT）、算术迭代法（ART）、最小二乘法（LSQR）和联合迭代法（SIRT）等，进行终值迭代。弯曲射线追踪震波到时要比直射线追踪更趋于实际值，又由于 SIRT 方法收敛速度较快，而且对投影数据误差的敏感度小，结果多选取弯曲射线线性插值法（LTI）进行时间追踪和 SIRT 方法进行反演的结果为震波 CT 的目标图像。

2. 震波 CT 构造探测解释依据

地震波在介质中传播的过程中，携带大量的地质信息，通过波速、频率及振幅等特性表现出来，其中地震波速度与岩体的结构特征及应力状态之间有着显著的相关性。通常不同岩性中地震波的传播速度是不同的，即使是同一岩层，由于其结构特征发生变化，其波场分布也会发生新的变化。具体来说，地震波在煤层中传播，煤层是地震波的低速介质，当煤层是均匀分布时，CT 反演出的波速分布结果应当是一个较均匀速度图。而当煤层中出现构造及其他异常时，特别是单个的中、小正断层的作用，或者煤层顶、底板变化，使得煤层变薄，造成相对高速的顶、底板岩石介质取代了低速的煤层或部分煤层位置，这为震波 CT 解释提供了地球物理基础。从而可以认为波速 CT 图中，高速线性条带应代表正断层的一盘或煤层构造变薄区。而低速条带应代表断层构造另一盘、裂隙发育区或煤层增厚区等形迹，具体低速带解释还应结合区域地质与条带产状进行。

3. 震波 CT 多波多参量联合解释

透射 CT 地震波在传播过程中，根据接收距离远近不同可同时接收到纵波（P 波）、横波（S 波）和槽波（煤层波），图 9-1 所示为巷间透射地震 CT 记录中 3 种波的到时特征。表 9-1 为 3 种波的识别特征。因此，在 CT 反演中可对不同波组分别进行到时拾取与反演，获得各自的结果剖面图，重点以纵波波速（v_P）、横波波速（v_S）和槽波埃里相速度（v_R）结果进行解释。槽波是煤层低速与顶底板高速这种特殊条件下形成的低速导波，槽波埃里相的有无可作为判定煤层连通特性的重要依据，目前可以采用槽波 CT 和槽波有无的符号进行反演。同时按照弹性波动力学方法，还可以进行其他动力学参数计算，加以辅助判别地质构造及其特征。可利用的动力学参数有动弹性模量（E_d）、动剪切模量（G_d）、动泊松比（v）和纵横波波速比等。计算公式分别为

$$E_d = \frac{\rho(3v_{P2} - 4v_{S2})}{\dfrac{v_{P2}}{v_{S2}} - 1} = \frac{\rho v_{S2}(3v_{P2} - 4v_{S2})}{v_{P2} - v_{S2}} \tag{9-1}$$

$$G_d = \rho v_S \tag{9-2}$$

$$v = \frac{\dfrac{1}{2}\left(\dfrac{v_P}{v_S}\right)^2 - 1}{\left(\dfrac{v_P}{v_S}\right)^2 - 1} = \frac{v_{P2} - 2v_{S2}}{2(v_{P2} - v_{S2})} \tag{9-3}$$

其中，ρ 为介质的密度。

表9-1 透射震波CT记录中不同波的识别方法

波的种类	速 度	能 量	频 率	备 注
纵波（P波）	最快	较弱	较高	初至特征
横波（S波）	次之	较强	较低	通常来说 $v_P = \sqrt{3} V_S$
槽波	最慢	强	高	具有埃里相特征

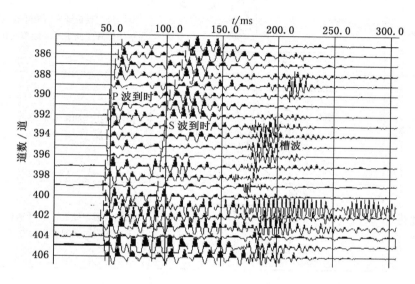

图9-1 透射震波CT波形记录的P、S及槽波到时特征

9.2.3 井下工作方法

1. 震波CT非完全观测系统布置

井下工作面斜长在100 m以上，地震波的激发必须通过爆炸震源完成。现场在工作面煤帮中施工爆破孔，炮孔位于风巷或机巷煤帮的腰线处，孔深1.5 m，孔径以矿用爆破煤电钻钻杆直径为准，倾角为俯角10°～15°（目的是便于装水封闭爆破孔进行滤波激发），爆破孔距5～10 m。检波器则放在对面巷道的煤帮的接收孔中，检波距为10 m左右，建议采用3分量检波器进行接收。现场由于打孔工作面较大，也可以采用磁座形式把检波器耦合在巷帮的锚杆头上，或将钢钎插入煤帮进行耦合。安装要注意检波器的位置及方向，目的是保证接收到来自震源的有效地震波。这样通过风巷、机巷以及开切眼，形成震波CT数据采集的非完全观测系统。表9-2列举了透射法常用的几种非完全观测系统。对于孔-巷观测系统中检波器可提前预埋进钻孔中。

2. 数据采集

根据非完全观测系统的设置，通过电缆将激发单元、接收单元和记录仪器进行连接，对巷-巷之间、地面-井下巷道之间还必须通过两部直通电话控制发炮时间。数据采集时按每一炮孔装取50～70 g矿用乳胶炸药激振，其中雷管要求延时最小，即矿用一段雷管，一炮一放完成炮检数据接收。

表9-2 透射法常用的几种非完全观测系统

观测系统	图 示	说 明
巷-巷观测系统	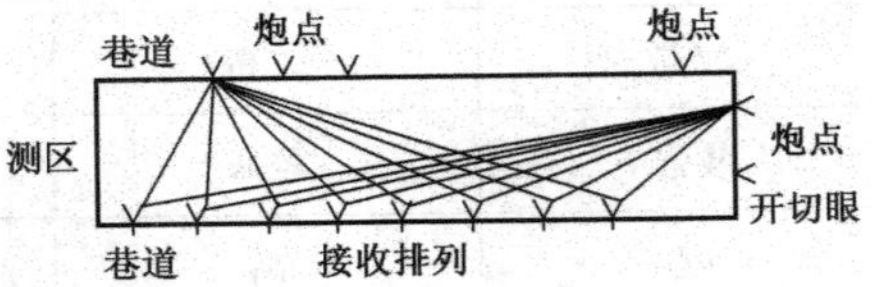	以双巷及开切眼形成测区,适用于解决面内构造及各种异常
孔-巷观测系统	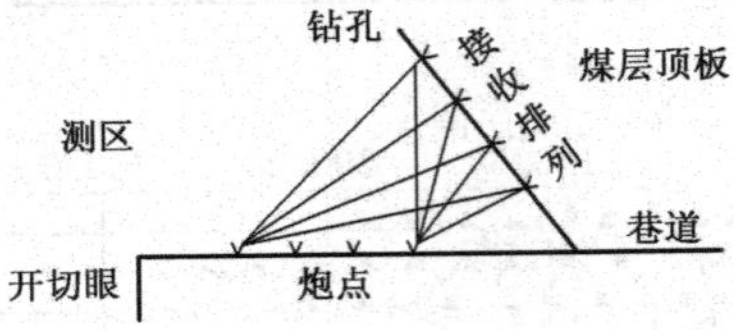	探测煤层顶板或底板开采破坏特征及规律,底板探测施工向下不同倾角钻孔
孔-孔观测系统	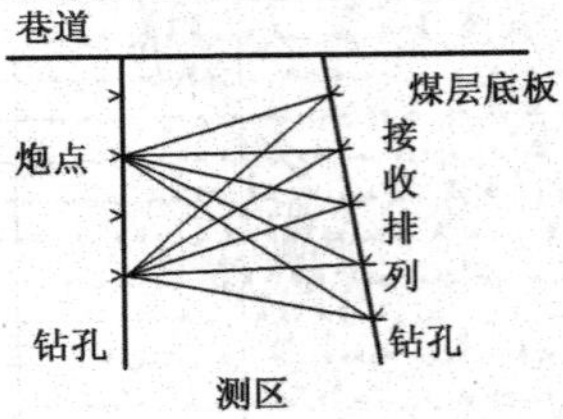	探测两孔之间的地质条件,适用于底板岩层结构评价
地面-孔(巷道)观测系统	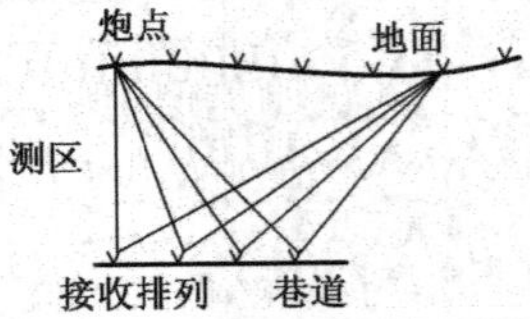	探测地面与钻孔之间区域的地质条件,适用于覆岩破坏观测等相关内容

仪器采集参数可视探测距离进行适当调整,通常采样间隔为 $300 \sim 400 \, \mu s$,采集时间在 $1 \, s$,频带 $2 \, kHz$ 低通即可满足要求。不同测站可能会有所变化,目的是保证有效波组全能被记录下来。

3. 数据处理

震波 CT 数据是使用专门的 CT 解析软件进行。通过数据传输、文头编辑、道数据编辑、二次采样、噪声剔除、频谱分析、初至拾取等处理过程。可从波的能量、速度、频率等方面进行震波透射 CT 成像反演。

反演时为了计算方便多用均匀的矩形网格划分探测区域,形成一个个尺度大致相同的像元,并把像元内的平均波速值作为其中心点的值。坐标系的建立要把探测区域完全圈定,确定 x、y 轴方向,从而取得各个炮点及检波点坐标。为了提高成像的分辨率,希望像元越小越好,但是像元尺寸又受震源间距和接收器间距的限制。因为一个像元最少要有一条射线通过,否则这个像元就没有存在的意义。网格形成后,结合不同波组的拾取到时,选择正反演方法即可完成震波 CT 反演的各种结果图像,并计算不同参数值进行综合成图。

4. 地质解释

将获得的震波波速及其他参量图,附于相应已知的探测区岩层、构造编录图中,比如煤层底板等高线图或其他带构造线的图件。结合已揭露的地质构造及异常情况即可对探测区内地质特征进行全面分析与判断,并通过波速、泊松比、波速比、弹性模量等参数结果,按照一定的解释原则进行联合解释,判定对测区影响较大的断层构造、陷落柱、采空区、顶板破碎区等异常范围及大小，或者是煤岩层的破坏发育特征。依据波速图中异常波速大小可对断层落差大小进行半定量的描述确定。当然不同煤矿区煤层结构及其特征不同，解释原则需要进行探采对比验证才能进一步确定。同时必须结合地质构造发育规律进行优化与取舍，全方位分析区域内的地质特征。

9.2.4 矿井探测应用

1. 工作面构造探测

以皖北矿业集团某矿 3241 工作面巷间震波 CT 探测为例。该面位于井田四采区一水平，煤层结构较简单，局部含一层泥岩夹矸，厚度为 0 ~ 0.1 m，煤层平均厚度约 2.2 m，由于受构造影响局部煤层变薄，以煤线形式存在。

该工作面内构造较为复杂，掘进过程中共揭露落差大于 1 m 的断层 11 条，机巷 7 条，风巷 4 条，其中落差大于 5 m 的断层 2 条。准确地查明该面的开采地质条件，特别是面内的隐伏构造及顶底板条件，才能保障综放工作面的顺利展开。地质任务如下：

一要查明工作面巷道已揭露的落差 1 m 以上的断层在工作面内的延展情况。

二要查明工作面内隐伏的落差大于煤厚 1/2（约断距为 1 m）以上的断层及煤层厚度小于 1 m 的"构造变薄带"的分布发育情况。

三要查明工作面内影响回采的其他隐伏地质异常区，如陷落柱、构造应力区等进行适当的解释，并控制其分布范围。

1）现场探测

根据现场的实际条件，探测以 3241 工作面的机巷、风巷为探测测线，对整个工作面巷道 700 m 长度范围进行透射 CT 探测布置工作。炮点布置在机巷，共计 143 个炮点，点距平均为 5 m；检波点布置在风巷，共计 72 个，点距平均为 10 m。为保证精度，实际计算时以实测点距代入运算。现场实际布置测线、测点如图 9-2 所示。

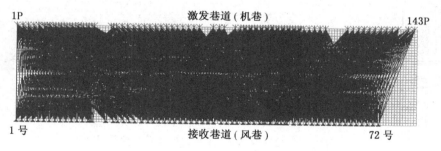

图 9-2 3241 工作面 725 m 区域震波 CT 探测布置与射线分布图

数据采集采用 24 道接收，爆炸使用 70 g 矿用乳胶炸药，仪器工作参数设置为：采样间隔 400 μs，采样长度 1024 点，采样频带 1 kHz 低通，固定增益 48 ~ 81 dB，数据采集质量较好。

2）解释结果

图 9-3 所示为弯线追踪 SIRT 法反演的纵波波速切片图，为固定慢度法切片。它是以 BPT 方法的重建结果作为迭代初值，经 100 次迭代，并进行 10 倍网格细化后得到 CT 成像结果图。图中黑色和白色分别代表波速的最小和最大值，据此标注了断层构造和纵波相对

低速区的界线，高速区由于主要断层构造近乎一致没有在图中直接标出。右下角区域为无射线经过区，未参加反演运算。

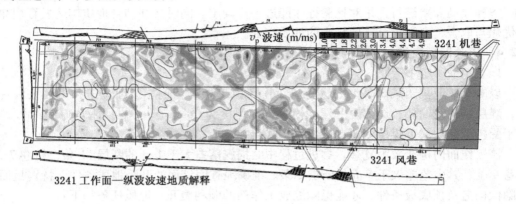

图 9-3 3241 面震波 CT 纵波波速反演结果图

同样，图 9-4 所示为 SIRT 法横波 v_S 波速切片与解释图。按照弹性波动力学方法，进一步反演出波速比、弹性模量、泊松比等参数并做出相应的变化分布图，且不同剖面图中构造特征分布具有较好的一致性。结合巷道掘进所揭露的地质资料进行综合，得到 3241 工作面探测区域综合解释结果（见图 9-5、图 9-6 中所标示的构造迹线）。各条断层具体情况参见表 9-3。

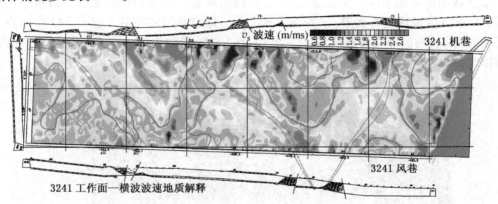

图 9-4 3241 面震波 CT 横波波速反演结果图

表 9-3 震波 CT 探测断层基本情况及验证对照表   m

断层名称	可信程度	延展长度	断层落差	距开切眼最近水平距		说　明
				机巷口	风巷口	
F1	+ +	11	0 ~ 1.0	0		与回采实见一致
F2	+ + +	60	0 ~ 1.5		145	与回采实见一致
F3	+ + +	60	0 ~ 1.5	95		与回采基本一致
F4	+ + +	70	0 ~ 2.0	165		隐伏，与回采基本一致

表9-3（续）

m

断层名称	可信程度	延展长度	断层落差	距开切眼最近水平距 机巷口	距开切眼最近水平距 风巷口	说　明
F5	+ + + +	90	0～2.0	180		与回采完全一致
F6	+ +	50	0～3.0	360		与回采基本一致
F7	+ + + +	150	0～5.0		320	与回采完全一致
F8	+ +	70	0～2.0	430		隐伏，实为煤层增厚区
F9	+ + + +	195	0～10.0		525	工作面收作，风巷已实见

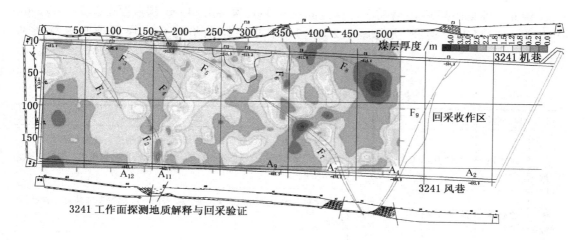

图9-5　3241面回采煤层厚度分布与震波CT探测解释构造对照图

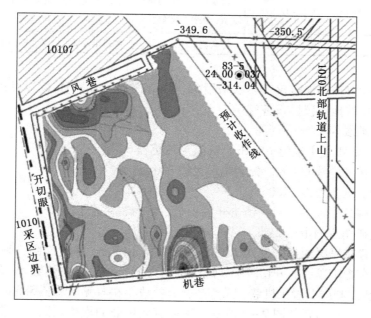

图9-6　某矿井下巷-巷之间不规则界面震波CT探测结果

3）对比验证

通过对回采地质资料的收集与对比，震波 CT 探测解释结果与回采资料吻合率较高，对生产起到了很好的指导作用。将实际回采的工作面煤层厚度分布进行成图，即可代表面内构造分布情况。图 9-5 所示为该面实际回采煤层厚度分布与震波 CT 探测解释构造的对照图，从图中可以看出，工作面中无煤区或薄煤区与解释的构造线对应程度较高，所确定的 9 条断层除 F8 为煤层增厚区外，其他均为构造影响区。原探测的低波速区在回采中存在严重淋水现象。

图 9-6 所示为井下巷-巷之间不规则界面震波 CT 探测结果。

2. 槽波 CT 探测工作面面内地质异常

淮北矿业集团某矿 10 煤层工作面走向长 610 m，倾斜长 140 m，煤层厚度 1.6~5.92 m，平均 4.4 m，局部含夹矸，夹矸厚 0.2~1.1 m。煤层倾角平均 6°。煤层顶底板特征见表 9-4。

表 9-4　探测工作面 10 煤层顶、底板特征简表

	顶板名称	岩石名称	厚度/m	岩 性 特 征
煤层顶底板情况	基本顶	细砂岩	3.2~5.1/4.0	灰白色、中-细粒砂质结构，层状-块状构造，成分以石英为主，长石、白云母碎片及暗色矿物次之，分选较差，次棱角状，裂隙发育，方解石半充填
	直接顶	砂质泥岩	0~4.0/2.0	灰黑色，泥质结构，块状构造，有滑面，局部有层理清晰，含砂质较多
	伪底	砂质泥岩	0~1.6/0.8	灰黑色，泥质结构，含砂质，局部有层理
	直接底	粉砂岩	5.0~12.9/8.9	深灰色，粉砂质结构为主，含灰白色，细砂质条带状，呈水平层理，致密、块状、碎块状
	基本底	泥岩	8.4~10.8/9.6	深灰色，质细而均一，含细碎云母片，平面凹凸不平

槽波地震探测采用地震仪（本次采用 54 道）和主频为 100 Hz 的速度传感器进行数据采集。主要使用的地震仪器设备有：

（1）多道地震仪 1 台。

（2）TZBS 系列（主频为 100 Hz）高阻尼传感器 60 组。

（3）数据传送电缆 600 m、配套电缆大线 800 m。

（4）启动、通信电缆 2100 m。

（5）串联爆炸启动器 2 只，锤击开关一个，启动芯片若干。

（6）本安矿用直通电话 2 部。

激发点布置在煤层中部，使用 1.5 m 深、孔径 $\phi42$ mm 的浅炮眼，采用 80 g 炸药爆炸。激发测线布置于风巷、开切眼中，炮间距均为 11 m，设计总炮数 59 炮，激发测线总长 640 m。接收点测线布置于机巷，采用单分量接收，接收测线总长 580 m，道间距 11 m，激发接收测线、测点布置如图 9-7 所示。提取有效爆破的炮检点路径，得到槽波有效覆盖区域如图 9-8 所示。

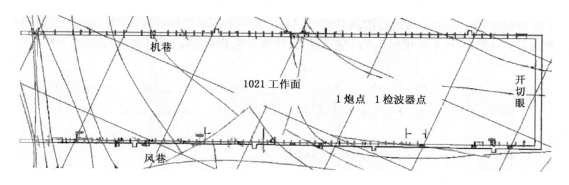

图 9-7 槽波地震激发接收布置图

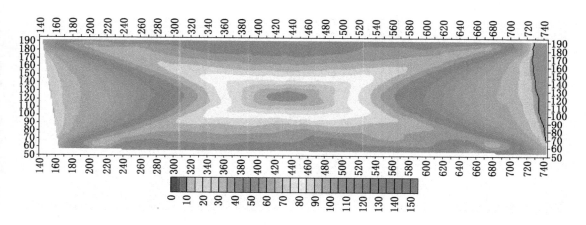

图 9-8 槽波地震探测区域射线叠加次数

从图 9-9 中可以明显看出，单炮记录中直达纵波 P、直达横波 S 和直达槽波 L 的波形特征清晰。单独抽出第 18 炮的 920 道和 940 道波形，如图 9-10 所示，可以发现这 3 种波组的特征，和表 9-4 所述的特征一致。

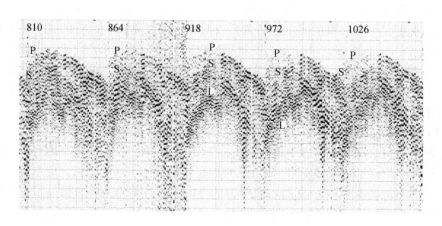

图 9-9 相邻 5 炮采集到的 810 道~1080 道波形

对图 9 – 10 中的记录进行频散分析，得到图 9 – 11 所示的槽波频散图，从该速度—频率图中可以发现，在平均煤厚 4.5 m 的条件下，槽波的能量主要集中在 120 Hz，速度在 800 m/s。

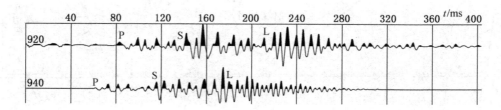

图 9 – 10   第 18 炮的 920、940 道检波器记录信号

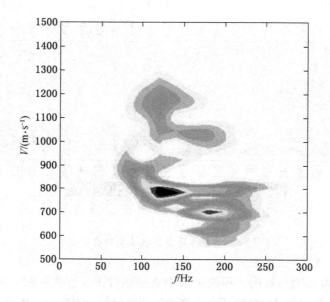

图 9 – 11   平均煤厚 4.5 m 的槽波频散特征

按照槽波理论，槽波的频散特征是煤层厚度和煤层内部地质异常的综合反映，在同一频段内，槽波速度与煤层厚度成反比的关系。对本次槽波勘探所取得的记录，进行时频分析，并提取 120 Hz 的槽波记录，判读埃里相位时间，进行槽波 CT 反演，得到图 9 – 12 所示的 120 Hz 槽波速度图像。槽波速度大，可以认为煤厚相对较薄，由于该工作面煤层赋存稳定，煤层变薄位置解释为由正断层等构造引起，同时结合该面的纵、横波 CT 图像，把槽波高速区对应的薄煤区解释为隐伏正断层发育带。

3. 覆岩破坏高度探测

煤层开采后覆岩破坏高度及其规律认识是矿井水害防治中一项重要内容，传统方法是通过地面钻探来取得破坏高度资料。但该方法施工难度大，一孔之见，成本高，因此利用井下物探技术解决此类问题一直是人们努力的方向。采用震波 CT 探测技术取代传统的钻探探测方法，可探明探测切面内的地质形态，通过在时空域中的多次对比探测，可获取煤岩层在采前的赋存形态和采后的破坏形态以及相关的其他信息资料。

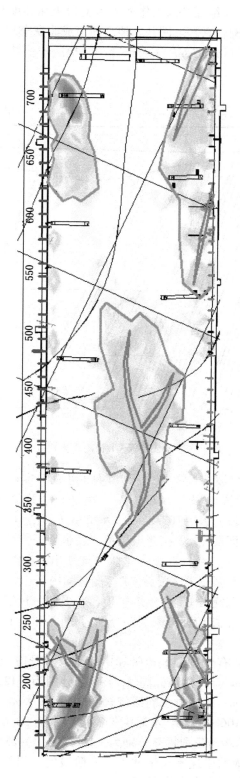

图 9 - 12　120 Hz 槽波速度图像与断层解释

淮南矿业（集团）公司 K 矿 A 组煤试采工作面采后覆岩破坏高度与底板岩层破坏深度、移动带破坏范围探测即是一例。它是采用井、地之间形成非完全观测系统进行数据采集，图 9-13 所示为 K 矿西四采区震波 CT 探测布置图，检波器安装在井下 25046 钻孔中，并在地面爆破激发地震波。

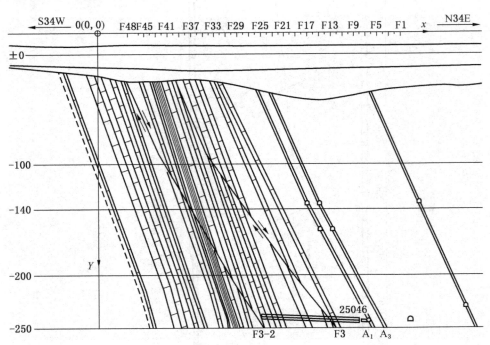

图 9-13 K 矿西四采区震波 CT 探测布置图

图 9-14 所示为西四采区震波 CT 解释成果，西四切面中实际采空区为 A_1 煤的 -140.6 ~ -160.6 m（第一小阶段）及 -167.5 ~ -196.3 m（第二小阶段）；A_3 煤的 -135.2 ~ -155.8 m（第一小阶段）及 -167.2 ~ -196.0 m（第二小阶段）。

图 9-14 左幅为首次西四采区震波 CT 探测煤层顶、底板切面特征，西四采区在探测有效区域内地质单元岩性分层明显，结构比较完整。可推断出，在首次震波 CT 探测时，A 组煤开采造成的采空区尚未波及西四采区震波 CT 探测切面内。

图 9-14 右幅为二次西四采区震波 CT 探测煤层顶、底板切面特征，西四采区第二次震波 CT 探测滞后 A_1、A_3 槽煤一、二阶段开采时间分别为 29 天和 4 个月。对于 A 组煤顶板来说：

（1）A_1、A_3 槽煤顶板均分布有较宽的低速带和中速带。一阶段顶部自 -140.0 m 以上可分为：低速垮落带 $v_P \leqslant 1.6$ m/ms，带顶标高 A_1、A_3 槽分别为 -129.0 m、-127.0 m，垮落带高度分别为 11.6 m、8.2 m；中速导水断裂带 v_P 在 1.6 ~ 2.4 m/ms 之间，带顶标高 A_1、A_3 槽分别为 -107.0 m、-106.0 m，导水断裂带高度分别为 33.6 m、29.6 m。二阶段自 -167 m 以上 A_1、A_3 槽低速垮落带顶标高分别为 -163.0 m、-164.0 m，垮落带高度分别为 4.5 m、6.8 m。A_1 槽顶板的中速断裂带并入了一阶段的 A_3 槽之中，A_3 槽中速断裂带顶标高为 -149.0 m，导水断裂带高度为 18.2 m。

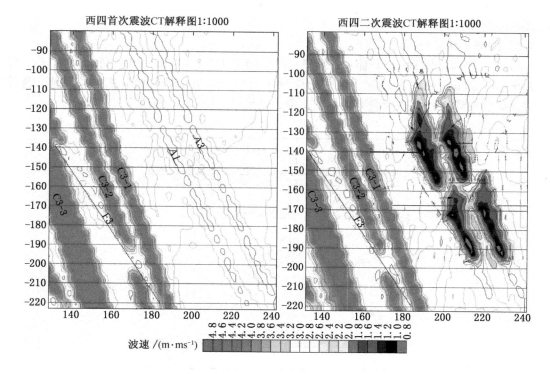

图 9 – 14　西四采区震波 CT 解释成果

（2）低、中速两个带的上边界与煤层仍呈反倾斜阶梯状排列形式，与水平线夹角 63°左右，解释为顶板破坏角。

（3）高速的应力集中区在阶段煤柱底板和 A_3 煤顶板有局部表现。

对于 A 组煤底板有：

（1）对应于一、二阶段采空区底板，中～较高波速带在 A_1 槽底板以下法向分布的深度一阶段为 6.0 m，二阶段为 5.0～8.0 m。该深度即为底板破坏深度。

（2）A 组煤的底板波速带边缘延长方向与水平线的夹角约为 57°，应是底板破坏角度。

（3）震波 CT 探测证明，西四采区 A 组煤底部发育的 F_3 断层，为一倾角 60°左右的正断层，该断层距 A_1 煤底板约 1.0 m，所以没有受到 A_1 煤采后影响而产生任何位移、变形和活化现象。

4. 底板破坏深度探测

煤层开采后顶底板破坏发育规律探测与研究一直是煤矿安全生产十分关注的问题，正确确定底板采动破坏深度是精确预测底板阻水能力的首要条件。特别是受煤层底板水害威胁较为严重的煤层开采过程中，更应注意对开采后底板规律的探测研究。20 世纪 80 年代以来，全国已进行底板采动破坏现场观测，由于受当时技术方法等条件的限制，一般是在煤层底板内沿剖面布置钻孔，进行钻孔注水观测。采用震波 CT 探测技术，能够连续观测底板破坏过程，深入研究底板采动破坏的动态变化，现结合皖北 L 矿 2614 综采工作面回采过程中孔 - 巷间观测剖面进行说明，该方法可为煤矿安全开采及矿井水害防治提供科学的参数依据。

1）探测工作面概况

2614 工作面（图 9-15）走向长 733 m，倾斜宽 130~190 m，煤层倾角 6°~11°，厚度 2.60~3.20 m，平均 2.93 m，可采储量 54.0×10^4 t。工作面内构造相对较简单，整体为一宽缓的小背斜，主要构造为断层，其中 3 条大于 10 m 以上断层穿过工作面。

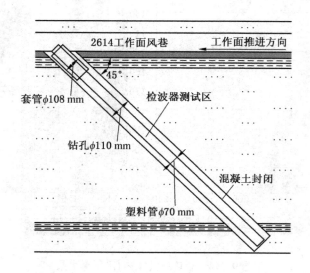

图 9-15 测试钻孔及探测剖面结构图

因为该工作面为北翼六煤层 -400 m 以下首采工作面，巷道掘进过程中，顶底板砂岩裂隙水丰富。工作面六煤层至一灰间平均间距为 47 m，底板承受的灰岩水水压为 2.76~2.97 MPa，若回采中底板破坏深度为 15 m，回采中的突水系数为 0.086~0.093 MPa/m，处于高水压条件下开采。为确保工作面安全回采，需进一步开展底板破坏深度测试研究工作，对底板构造异常区进行局部加固，确保工作面的安全回采。

2）探测数据采集

在巷道较为平整地段布置底板测试钻孔，根据钻孔与巷道之间形成测试剖面，进行震波 CT 非完全观测系统数据采集。

震波 CT 数据接收放在钻孔中，现场斜向工作面并向着开切眼方向施工一个倾斜钻孔，与巷道走向夹角为 45°。钻孔深度要求其垂距超过预计的破坏深度值。结合该矿区实际情况，接收孔施工孔深为 25.5 m。

测试孔孔径要求不小于 73 mm，为防止孔口塌陷需在孔口处埋设套管，孔内下入一 PVC 管，以防止杂物落入孔中。塑料管与孔壁之间用水泥浆封闭，使之尽量与孔壁吻合，孔内放满水。钻孔施工时应采用全取芯方式，并进行采样。岩心用于室内超声波波速测试，为 CT 反演提供背景波速参数。图 9-15 为测试钻孔及探测剖面结构图。为了简便也可以按一定的间距将检波器直接预埋于钻孔中。

3）CT 数据采集

现场数据采集时，首先在钻孔中不同位置点固定孔中检波器，并在巷道中不同位置点锤击激发地震波进行单道数据采集，从而形成一个测试点的各炮记录。现场采集时孔中检波器移动距离为 0.5 ~ 2.0 m，巷道锤击点移动距离为 1.0 ~ 2.0 m，其距离大小决定探测精度。检波器可根据实际情况在孔中自下而上变换点位，锤击点在巷道中的长度可完成 20 m 左右，每次测试时保持相对位置固定，便于进行对比。通过实验，仪器工作参数选择为：采样间隔 100 μs，采样频带 1 kHz 低通，固定增益 48 ~ 81 dB，采样长度 512 点。测试时要结合波形情况避免钻孔中套管波的影响。

4）探测工程量

现场测试必须结合工作面推进速度合理安排，通常必须多于 3 次，即钻孔安装后远离工作面推进位置时测取探测区域煤岩层背景波速分布值，通常在工作面距离钻孔位置平距100 m 左右时完成。当工作面煤壁推进至钻孔底端垂直对应巷道位置时测取第二次变化值，当工作面煤壁推进至距离钻孔孔口 10 ~ 15 m 时测取变化结果数据。3 次变化基本上可抓住底板岩煤层破坏超前发育规律与特征参数，为了清晰观测裂隙发育动态过程，当工作面推进至钻孔平距 30 m 左右可加密观测。

5）结果对比

本着前疏后密的原则，2614 工作面共完成了 6 次井下不同时间孔 – 巷间 CT 数据采集，图 9 – 16 所示为最后一次探测时激发和接收点具体布置及网格划分图，图 9 – 17 所示为 SIRT 法纵波波速 CT 反演底板破坏切片及解释图。此时工作面煤壁距钻孔孔口平面位置为 9.8 m，煤层开采所产生的底板岩层破坏已完成发育。从 CT 切片图对比研究中发现，受采动影响，煤层底板岩层发生了明显变化，其地震波波速分带性增强且较为稳定。其中距巷道垂深 0 ~ 9 m 范围波速变化较大，局部岩层的迭代波速在 0.5 m/ms 以下，分析为岩层受到破坏所引起的。且岩层破坏带最大深度可达 9.8 m，且在采空区附近岩层具有压密趋势，即破坏深度变浅。

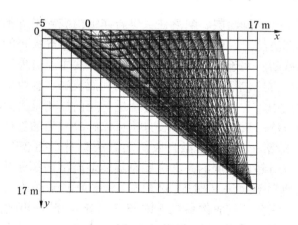

图 9 – 16　最后一次探测时激发和接收点具体布置及网格划分图

通过多次探测 CT 切片相对比，8 ~ 14 m 垂深段地震波波速同样产生变化，但其波速变化幅度小，岩层主要是以裂隙发育特征为主，波速在 1.5 ~ 2.1 m/ms，其特征同样较为明显，裂隙带发育最大深度可达 14.9 m。同时从浅部岩层地震波波速变化可以看出，受工作面推进影响，测试区距巷道浅部的地震波高速区也跟着向前推进，分析为采动应力超

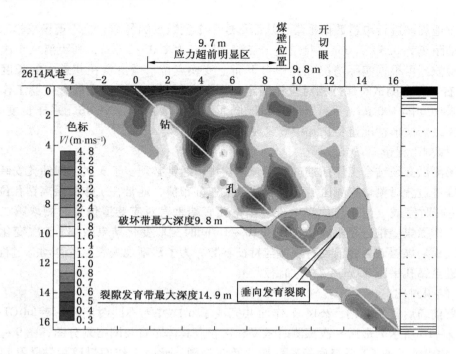

图 9-17　SIRT 法纵波波速 CT 反演底板破坏切片及解释图

前影响结果，其超前距离基本上在 10~16 m 范围。需要说明的是，震波 CT 探测所获得的煤层采动破坏规律及参数值与有限元数值模拟结果基本一致，FLAC 数值模拟获得该条件下煤层采动底板破坏最大深度为 17 m 左右。

9.3　巷道地震反射波超前探测技术

巷道在掘进过程中会遇到断层、陷落柱、煤岩体结构破碎带等不良矿井地质条件，这些地质异常直接影响掘进施工，同时还控制着矿井水、瓦斯等灾害的发育和发生，给矿井安全生产带来极大的威胁。用于矿井巷道超前探测的方法主要有地质预测法、钻探法和地球物理方法，其中物探方法包括反射地震波法、瑞利面波法、直流电阻率法和瞬变电磁法等。在诸多的物探方法中，利用反射地震波方法进行超前探测是主要的，也是准确率最高的一种地球物理探测方法。反射波自激自收方法可以解决一定的巷道前方地质问题，但随着矿井安全生产的要求增高，单点自激自收探测方法有时不能获得较高的探测精度。目前，依据反射波原理进行超前探测的方法主要有隧道地震剖面探测法（即 TSP 技术）、负视速度法与隧道垂直地震剖面法（即 TVSP 法）、水平声波剖面法（即 HSP 法）、真反射成像法（即 TRT 法）、综合地震成像系统（即 ISIS 系统）、陆地声呐法（也叫高频地震反射法）以及隧道地震层析成像法（即 TST 法）等，其中多数方法是从国外直接引进的。由瑞士 Amberg 公司完成的 TSP 探测系统在隧道应用较多、准确率也相对较高，主要应用在隧道超前探测中；TRT 和 ISIS 方法国内还鲜见有相关应用。

在国内开展矿井地震波超前探测技术研究，安徽理工大学自 20 世纪 80 年代末就开始了应用研究，在地震反射探测技术基础上，中国矿业大学、安徽理工大学和安徽惠州地下灾害研究设计院通过进一步合作，在国家十一五科技支撑计划的支持下，不断地改进观测系统和分析方法，形成了一套矿井巷道 MSP 探测方法技术，即 Mine Seismic Prediction 技术。矿井地震波超前探测技术采用了巷道多次覆盖观测系统进行数据采集，数据处理过程中综合运用了波场分离、反射波提取、叠前偏移成像等多种地震数据处理算法，是一种多波多分量全空间地震勘探技术，能有效探测掘进巷道前方 120m 范围内断层等地质异常，其探测成果可减少掘进事故，保障矿井安全高效生产。

9.3.1 反射波时距曲线特征分析

在矿井巷道中激发地震波时，随巷道周围介质结构的不同，地震波的传播特点也不同。矿井巷道地震波场相对于地面常规地震勘探更加复杂。研究巷道周边界面反射波时距曲线规律，有助于对实际复杂波场认识，进一步用来指导 MSP 数据处理与结果解释，有利于识别巷道周边地质体的构造特征，有效解决实际工程地质问题。

1. 巷道前方界面反射波时距曲线

研究反射波的时距曲线特征必须首先建立观测系统坐标系。由于受地下工程的空间局限性，巷道地震探测工作只能在巷道迎头附近有限区域展开。因此，结合实际，坐标系的 x 轴原点位于巷道后方，x 轴正方向水平指向巷道前方；接收点分别设置在原点和迎头位置，激发点位于原点与迎头之间。设巷道前方界面在 x 轴上出露点为 $(h, 0)$，界面倾角为 θ，前置接收点坐标为 $R_F(L, 0)$，后置接收点位于原点 $R_B(0, 0)$，任一激发点的坐标为 $S(x, 0)$（图 9-18）。根据反射定律和虚震源原理可得巷道前方界面的时距方程如下：

$$t_B = \frac{R_F S^*}{v_1} = \frac{\sqrt{x^2 + 4h\ (h-x)\ \sin^2\theta}}{v_1} \tag{9-4}$$

$$t_F = \frac{R_B S^*}{v_1} = \frac{\sqrt{(x-L)^2 + 4\sin^2\theta\ (x-h)\ (L-h)}}{v_1} \tag{9-5}$$

式中　t_B、t_F——后置、前置接收点反射旅行时；

　　　　x——任一激发点在 x 轴上的坐标；

　　　　h——前方界面和 x 轴（巷道轴线）的交点坐标；

　　　　θ——界面倾角；

　　　　v_1——界面上层速度；

　　　　L——前置接收点位置。

图 9-18 中 F、B 分别为前、后置接收点的时距曲线，由于巷道中仅能布置有限测线，因此仅能反映出时距曲线的局部（图中实线部分），由于 F 离前方界面较近，反射波旅行时相对后置要小。另外值得注意的是，两段反射波曲线同相轴均表现出负视速度特征。

图 9-19 所示为巷道前方不同倾角界面在后置接收点的时距曲线，倾角自 15°起递增为 22.5°、30°、45°，…，90°。对比不同角度的时距曲线可以发现，受时距曲线最小值点控制，最小值点随倾角变化

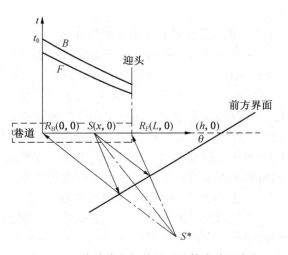

图 9-18 巷道前方倾斜界面反射波时距曲线

向上倾方向移动，低倾角时（15°～30°），最小值点位于测线内，在曲线的单调递减区（左侧）反射波同相轴为负视速度，在递增区表现为正视速度；当界面为高倾角时（45°～90°），由于最小值点不在测线内，测线段只能反映出单调递减的反射波同相轴，因此均表现出负速度。尤其直立界面（$\theta = 90°$）时距曲线已简化为直线，其斜率为 $-\dfrac{1}{v_1}$。

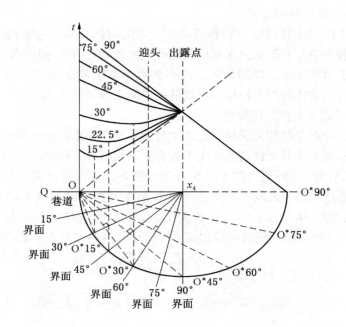

图 9 - 19　巷道前方不同倾角界面在后置接收点的时距曲线对比

综上，受巷道测线长度限制，在前方界面的反射波场中只能反映出局部反射波同相轴；该局部同相轴和界面倾角大小相联系，当前方界面为高倾角时，时距曲线段表现出负视速度特征；测线上前、后置接收点时距曲线特征相似，在高倾角界面时均具有负视速度特征。

2. 巷道后方界面反射波时距曲线

在巷道中布置测线时，受全空间影响，在巷道已揭露的后方存在的界面同样会产生反射波。图 9 - 20 所示为巷道后方倾斜界面的反射波时距曲线图，图中 F、B 分别为前置和后置接收点反射波同相轴曲线。从图中可以看出，F、B 均为双曲线，同样受测线长度所限，接收到的有效反射波时距曲线为曲线段，且两者均表现为正视速度。前文已分析，巷道前方界面表现为负视速度，因此，前后界面在同一观测系统下表现出不同的视速度特征，为从反射波场中正确识别，消除后方界面反射波的干扰提供了有利条件，并可进一步利用视速度滤波数学工具进行反射波场的分离，提取出前方反射波。

3. 巷道侧方界面反射波时距曲线

巷道侧方界面表现为与巷道轴线（或测线）平行，如顺层巷道的顶底板岩层或侧帮构造迹线。设侧方界面深度为 h，激发接收点位置同前，在此条件下，前置接收点和后置接收点时距曲线如图 9 - 21 所示，反射波时距方程如下：

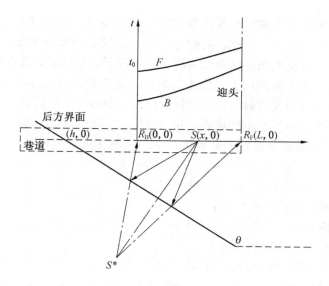

图 9 - 20 巷道后方倾斜界面的反射波时距曲线图

$$t_B = \frac{R_B S^*}{v_1} = \frac{\sqrt{x^2 + 4h^2}}{v_1} \quad (9-6)$$

$$t_F = \frac{R_F S^*}{v_1} = \frac{\sqrt{(L-x)^2 + 4h^2}}{v_1} \quad (9-7)$$

式中　t_B、t_F——后置和前置接收点时距方程；

　　　x——任一激发点在 x 轴上的坐标；

　　　h——界面深度；

　　　v_1——界面上层速度；

　　　L——前置接收点在 x 轴上的坐标。

　　分析时距曲线图（图 9 - 21），时距曲线 B 和 F 均表现双曲线特征，其中后置曲线 B 在巷道空间中的有效反射波同相轴表现为正视速度，而前置曲线 F 有效反射波仍表现出负视速度特点。因而，F 曲线在侧方界面和前方界面一样仍表现出负速度特征，这不利于从前置接收点的反射波场中分离出前方反射波。

　　通过巷道前方、后方、同侧界面反射波时距曲线特征规律分析，为有效分离前方反射波，在 MSP 观测系统布置中通常采用后置接收系统。

9.3.2　反射波提取技术

　　从以上分析可知，巷道条件下地震波

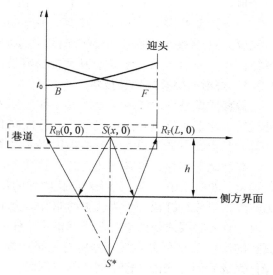

图 9 - 21　巷道侧方界面反射波时距曲线图

场是异常复杂的，MSP 的探测目标体主要集中在巷道前方，而前方的地质信息完全体现在来自巷道前方反射波组中，因此，有效地提取巷道前方的反射波成为 MSP 的关键技术之一。从时距曲线规律反映出，在线性观测系统条件下，巷道前方界面均表现出负视速度特征，而后方界面、侧方界面均表现出正视速度。基于此视速度差异规律，采用 $\tau - p$ 滤波方法提取出巷道前方界面反射波，同时压制声波、面波等干扰波以提高数据信噪比。

$\tau - p$（拉东变换）变换就是将地震记录从时间—空间（$t - x$）域变换到 $\tau - p$ 域，$\tau - p$ 变换又称为线性 Randon 变换。$t - x$ 域和 $\tau - p$ 域内描述波场的参量存在下述关系：

$$\begin{cases} t = \tau + px \\ p = \mathrm{d}t / \mathrm{d}x \end{cases} \tag{9-8}$$

式中　t——$t - x$ 域中的波旅行时间；

　　　x——炮检距；

　　　p——射线变量（水平波慢度）；

　　　τ——射线变量在时间轴上的截距。

设（t，x）域的二维信号 $\varphi(t, x)$，经转换到（τ，p）域后的二维信号为 $\phi(\tau, p)$，$\tau - p$ 变换将波场从 $t - x$ 域转换到 $\tau - p$ 域，在 $t - x$ 域中是用炮检距 x 和波的旅行时 t 来描述波场信息，波场值为 $\varphi(t, x)$。而在 $\tau - p$ 域中，是用射线变量 p（或称时距曲线的瞬时斜率 $\mathrm{d}t / \mathrm{d}x$，又称水平波慢度）和它在时间上的截距 τ 来描述波场，波场值为 $\phi(\tau, p)$。则 $\tau - p$ 的正反变换公式为

$$\phi(\tau, p) = \int_{-\infty}^{\infty} \varphi(t, x) \mathrm{d}x = \int_{-\infty}^{\infty} \varphi(\tau + px, x) \mathrm{d}x \tag{9-9}$$

$$\varphi(t, x) = \int_{-\infty}^{\infty} \phi(\tau, p) \mathrm{d}p = \int_{-\infty}^{\infty} \phi(t - px, p) \mathrm{d}p \tag{9-10}$$

$\tau - p$ 变换正变换是把 $t - x$ 域中共炮点记录或其他记录按不同的斜率 P 和截距 τ 进行叠加，按给定的斜率 p，即沿射线 $t = \tau + px_i$ 将记录的所有道叠加起来，即形成 $\tau - p$ 域的一个地震道；按某一个斜率范围叠加，则形成 $\tau - p$ 域的一组完整的地震道记录。

$\tau - p$ 逆变换类似于 $\tau - p$ 正变换，在 $\tau - p$ 域按不同斜率 $\mathrm{d}\tau / \mathrm{d}p$ 的直线做倾斜叠加就可以完成 $\tau - p$ 逆变换。由 $t - x$ 域变换到 $\tau - p$ 域相当于一次坐标变换。经转换后各种波的波场特征在 $\tau - p$ 中会发生变化，从而能够容易识别在 $t - x$ 域中无法识别的波场特征。

9.3.3　绕射扫描叠加偏移技术

偏移成像是反射波数据处理的关键，MSP 方法采用了绕射扫描叠加偏移，偏移成像处理技术比走时反演方法更优越，它可以同时利用运动学（走时）和动力学（幅值、极性等）信息，其图像更直观，能提供岩体力学性质变化和构造组合特征等丰富的资料。

叠前绕射偏移，是基于地震波绕射原理的一种深度偏移方法。绕射偏移原理认为在均匀速度 v 的介质中，任一炮检对所接收到的反射波 t，其反射点位置位于以炮点和检波点为焦点，以旅行路径一半为长轴的椭圆边界上（图 9 - 22）。基于上述椭圆理论，绕射偏移时，首先将要成像的空间范围网格化，任一网格都看作是潜在的反射点。如果某网格为真正的反射点 G_{ij} 所处位置，则所有记录中的反射弧在该网格处干涉增强。对所有网格点操作完成后即可获得成像空间的偏移剖面。

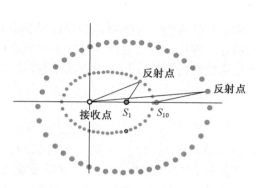

图 9 - 22 以炮检对为焦点的反射椭圆轨迹

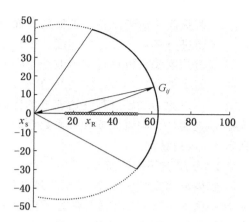

图 9 - 23 绕射偏移原理

绕射扫描偏移是建立在射线偏移的基础上使反射波自动归位到真实位置上的一种方法（图 9 - 23）。根据惠更斯原理，地下每一个反射点 p 都可以看成是一个子波震源，进行绕射扫描偏移时，把每一个网格点看成是一个反射点，则它的反射波或绕射波旅行时为

$$t_{ij} = \frac{\sqrt{h^2 + (x_p - x_{s_i})^2} + \sqrt{h^2 + (x_{R_j} - x_p)^2}}{v} \qquad (9 - 11)$$

式中 $j = 1, 2, 3, \cdots, m$，且 m 为参与叠加的记录道；v 为地震波的速度，h 为 p 点的垂直深度，t_{ij} 为扫描点 p 处第 i 炮第 j 个接收点的绕射波旅行时。图 9 - 24 所示为绕射扫描偏移网格。这样把记录道上 t_{ij} 时刻的振幅值 a_{ij} 与 p 点的振幅值叠加起来，作为 p 点的总振幅值 A_i，则

$$A_i = \sum_{j=1}^{m} (a_{ij})_p \qquad (9 - 12)$$

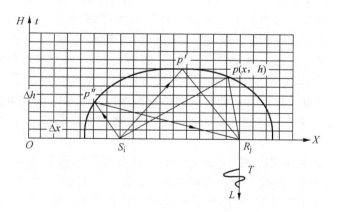

图 9 - 24 绕射扫描偏移网格图

当对 $X - H$ 平面按 Δx、Δh 划分的方格网上每一点 $P(x, h)$ 都进行计算，只要划分得足够细，总可以在所要求的精度上反映反射点的全部可能位置。这样，使反射界面上的叠加扫描点 p 的总振幅 A_i 更加增大，不在反射界面上的扫描点 p 的总振幅 A_i 进一步相对

减小,既提高了信噪比,又把反射界面自动偏移到其空间真实位置上去。在进行偏移叠加时,还要进行参数选择,如速度、扫描范围等。

通过深度偏移可将巷道震波记录中的反射波从时间域映射到空间域,将来自于巷道前方的反射事件重新归位,实现巷道前方构造形态描述。深度偏移剖面是成像的重要成果图件之一,以此为基础进行巷道前方的构造及其他地质信息的解释。另外在深度偏移时除获得振幅剖面外,同时获得相关系数剖面。

9.3.4 应用案例

1. 断层破碎带超前预报

安徽淮南某特大型矿井,矿井设计年产量达 1000×10^4t。11、13 煤层为首采煤层,通往南区的 -780 m 南翼大巷的开拓为关键的生产任务,对实现矿井布局具有重要意义。根据钻孔与三维地震资料,南翼大巷掘进前方存在多处复杂地质构造区,断层多且落差较大,岩层产状变化强烈,煤层瓦斯、煤系砂岩水等地质灾害将给巷道的安全施工及支护造成很大威胁。其中 -780 m 段预想地质剖面如图 9-25 所示。

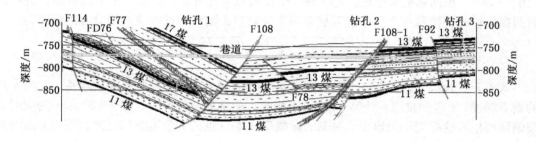

图 9-25 南翼巷道 -780 m 预想地质剖面

-780 m 南翼轨道大巷于 2006 年 10 月揭露 F_{92} 断层,断层带内岩性破碎,巷道揭露断层时发生较大涌水现象。由于出水中夹杂一些类似泥沙的物质,因而推断该段地层构造可能与第四系松散地层沟通,该巷道掘进属复杂水文地质条件下掘进。为确保 -780 m 南翼大巷安全通过,现场采用了矿井震波超前探测技术(MSP),对掘进巷道前方地层进行连续追踪探测,及时查明巷道前方断层、破碎带等地质构造赋存情况,并对地质异常区打钻验证。针对巷道前方裂隙带或富水区,采取深浅孔结合的注浆方法对围岩进行预注浆加固,对巷道前方断层带实施封水注浆,保证巷道安全通过复杂地质构造带。

现场探测工作于 2008 年 1 月 31 日于南翼迎头展开。本次矿井 MSP 探测采用炸药震源,在迎头有限空间内,测线布置在右帮和迎头断面上,其炮孔 28 个(右帮 24 炮,迎头 4 炮),传感器点 3 个 C1~C3。传感器及炮孔顺序和方位如图 9-26 所示,炮点 1~24 布置在右帮,25~28 布置在迎头断面,设计炮间距 2 m;C1 传感器距离 1 号炮点 13.3 m,C2 在左帮和 C1 位置对应,C3 位于迎头左帮,其中 8 号炮孔和 S44 点重合,现场测量炮检距,后续计算以实际距离计算。现场有效炮为 26 炮,4 号与 9 号由于炮眼破坏未能顺利起爆(图 9-26)。

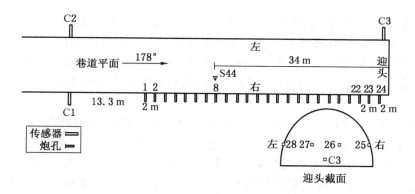

图 9 - 26　MSP 超前探测测线布置图

　　数据处理时统一以 S44 点后方 27.3 m 为相对零点，巷道前方为 x 正方向，y 正方向指向右帮建立坐标系，分别来确定接收点和激发点坐标。MSP 震波探测数据在自行研制开发的 MSP2.0 软件平台上进行，其处理流程为：数据预处理→频谱分析→直达波求取→反射波提取→速度分析→深度偏移→界面提取。

　　MSP 数据处理流程同上节，根据速度谱同时结合现场岩性情况，取综合速度为 4.5 m/ms 进行本次 MSP 探测偏移处理速度。本次探测由于采用炸药震源，探测距离较远，MSP 探测距离达到 200 m。图 9 - 27 所示为 MSP 超前探测深度偏移剖面与反射界面提取结果图。

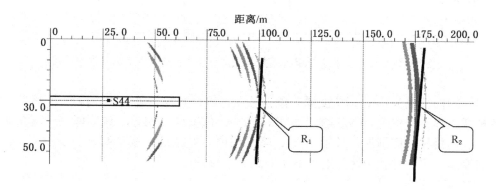

图 9 - 27　MSP 超前探测深度偏移剖面与反射界面提取结果图

　　从 MSP 深度偏移剖面可以看出，巷道 200 m 范围内存在 3 组主要反射界面。其中第 1 组反射界面位于已揭露区，实际为岩性分界面，且界面能量较弱。本次将第 2、3 组异常界面命名为 R_1、R_2。两处异常界面位置相对迎头距离如图 9 - 27 所示。

　　经过南翼轨道大巷实际掘进，在预测异常界面 R_1、R_2 处经实际揭露为断层构造，其中 R_1 对应的断层为 FD6（$\angle 50° \sim 85°$，$H = 5.5$ m），R_2 界面经实际揭露为煤岩界面，裂隙较发育，岩体较破碎。本次探测对轨道大巷的安全掘进起到了很好的指导作用。

　　2. 陷落柱超前预报

山西阳泉某矿范围内地质特征为局部断裂构造和岩溶陷落柱发育，主采煤层大部分带压开采，奥灰和太灰层局部富水，水压和涌水量较大，在断裂构造和陷落柱导水条件下，对上煤组和下煤组开采存在重大突水威胁。因此，从地质角度必须能够及时通过超前物探手段，准确预测掘进工作面前方的各种地质构造与异常显得十分关键，尤其是陷落柱探测。

2010 年 7 月 13 日对南二正巷正前方进行了超前物探，探测地震数据以 2.2 m/ms 综合纵波速度值进行地震偏移，偏移结果显示当日掘进头位置（203 测点向东 62.6 m）前 100 m 范围内存在两处主要反射界面，相对掘进头前方距离如图 9 – 28 所示。结合地质资料，预测 R_1 界面可能为陷落柱边界，而 R_2 界面可能为陷落柱另一边界。

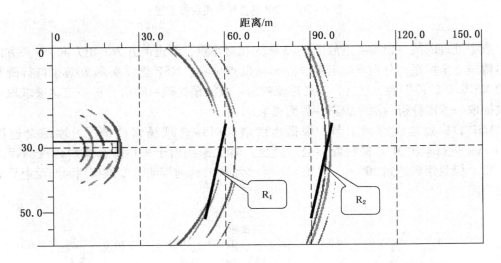

图 9 – 28 阳泉某矿井 MSP 超前探测深度偏移剖面与反射界面提取结果图

实际验证情况为：R_1 对应揭露一陷落柱东边界，岩性显著变化，位置为 28 m；R_2 为陷落柱西边界，位置为 84 m。在 R_1、R_2 处的 K_1 值变化较明显，说明两处位置附近的瓦斯异常。陷落柱呈椭圆形，长轴 56 m，陷落柱内岩性杂乱，棱角明显，以砂岩、砂质泥岩碎块充填为主，柱状边缘呈上大下小的倒八字形特征，无水。

3. 采空区超前预报

山西襄垣某矿井 1063 工作面在回采过程中受到来自 1032 工作面采空区的水害影响，因此必须对此进行探测，确定采空区的边界位置，为安全生产提供基础资料。图 9 – 29 所示为工作面设计位置及采空区探测位置图，因实际边界条件不清，巷道掘进时需对原采空边界的准确位置进一步确定，排除安全生产隐患。

现场采用 MSP 技术采集多炮地震记录，建立以 1063 回风巷西帮东 33 m（开切眼南帮）为原点的坐标系，对采集地震记录进行综合波速选取，探测煤层顶底板为砂泥岩为主，以 2.2 m/ms 综合纵波速度值进行地震偏移，图 9 – 30 所示为获得的结果剖面及其能量提取图。从图中可以看出，在巷道前方存在一组能量较强的异常界面 R_1，其位置在坐标原点前方 70 ~ 85 m。结合巷道实际采掘条件分析，该巷道探测空间中 R_1 界面可推断为采空区边界，即巷道工作面前方 0 ~ 53 m 处为采空区边界。

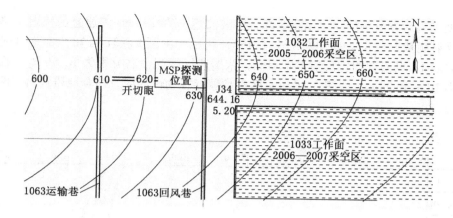

图 9 - 29　工作面设计位置及采空区探测位置图

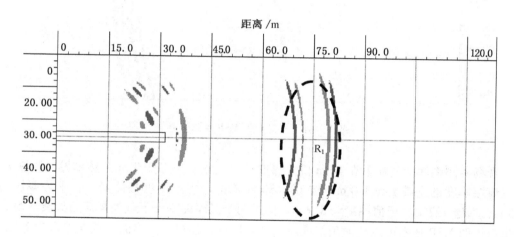

图 9 - 30　山西襄垣某矿井采空区边界探测偏移剖面及能量提取图

后经现场钻探验证，证实该巷道前方采空区边界位置在 50 m 左右，与探测成果相吻合。采空区探测关系到煤矿的安全生产，因此必须根据物探结果进行钻探验证，确保资料的可靠性。

4. 煤层厚度突变超前预报

义马矿区某矿井设计年产量达 120×10^4 t，井田可采煤层仅有二$_1$煤层，其赋存于山西组下部。煤层直接顶为泥岩和炭质泥岩，基本顶为层面富含炭质及白云母碎片的细～中粒砂岩，底板为深灰色条带状粉砂岩、砂质泥岩夹细粒砂岩薄层。二$_1$煤层厚度变化大（0.3～15.9 m）给安全高效生产造成极大困难，因此在掘进过程中超前探测煤厚变化情况，及时总结煤厚变化规律有着重要的现实意义。现场采用了矿井震波超前技术，对掘进巷道前方地层进行连续追踪探测，及时查明巷道前方煤层赋存情况，并在掘进过程打钻验证。

2009 年 7 月 18 日，以 12011 工作面带式输送机联络巷 +128 m 为零点进行探测布置。针对采集三分量信号，据纵横波频率差异及纵横波偏振特性实现纵横波分离；经自适应

$\tau-p$ 变换剥离后方波场后，运用测线综合横波波速 1.72 km/ms 匀速叠前绕射偏移后得到的前方反射能量归位图，如图 9 – 31（MSP）所示。由图 9 – 31 可知，自巷道迎头前方 100 m 范围内，共有两组主反射异常界面，依据连续探测命名分别为 R_1 和 R_2，相对迎头距离分别 10 m 和 78 m；说明在 10 m、78 m 位置存在物性界面，结合地质资料，两处解释为煤厚突变点。

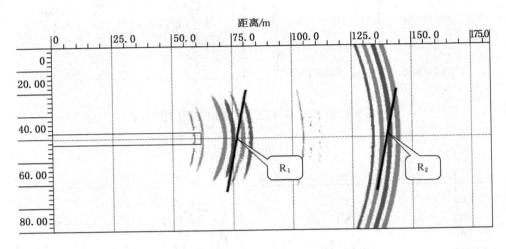

图 9 – 31 义煤井下 MSP 探测记录

现场实测剖面资料显示在 10 m 位置煤层厚度由正常煤厚 3.3 m 突然增厚，而在 80 m 位置煤层厚度迅速减小到 3.0 m。在 10 ～ 80 m 范围内煤层厚度整体增大，平均厚度约为 7.5 m，增厚 127%，极值厚度为 8.9 m。同时两个煤厚突变点附近为高瓦斯聚集区域；实测资料说明 MSP 技术可以超前预报煤厚变异点信息，预报突变界面位置误差率为 2%，有效保障了安全掘进。

9.3.5 矿井地震超前探测仪器设备简介及极化偏移新方法

矿井物探仪器发展很快，无线轻便型基站式地震仪也已经用于井下，方便于巷道超前探测。图 9 – 32 所示为该仪器的主机图片，其主要的功能特点如下：

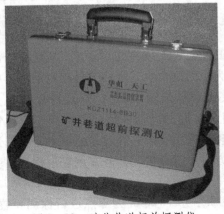

图 9 – 32 矿井巷道超前探测仪

（1）双采集模式，可同时进行速度型传感器和 MEMS 加速度传感器的信号采集，兼顾深部与浅部地震信号。

（2）采样频率高，最高可至 1.25 MHz，满足超浅层地震信号采集。

（3）MEMS 传感器频响范围广，解决传统速度型传感器高频信号响应差的问题。

（4）探测精度高，24 bit 高速 AD 及前置 2^{-4} ～ 2^7 倍程控增益，可以有效获取地震波场弱信号，浅层精细探测能力尤为突出。

（5）软件功能完备，配置兼具数据采集与处理的专业系统软件，可实现数据的采集、显示、管理、对比、处理成像及判别分析，具有一键成图与在线分析功能。

（6）操作简便，智能化 Android 系统平台、高清彩色触摸屏及机械辅助按键、系统软件人性化设计，确保人机交互更加便捷、仪器操作简单易学。

该系统的技术指标见表9－5、表9－6。

表9－5 主机系统

硬件平台	低功耗四核处理器	软件平台	嵌入式 Android 操作系统
通信接口	RS485 串口通信、USB 2.0 以太网端口、可扩展 WiFi 接口	显示屏	10.1 寸高清彩色 IPS 液晶屏（分辨率 1280 × 800）
操作界面	人机交互界面，触摸屏 + 机械按键	存储容量	32 GB
工作电源	锂电池组，12.6 V/6 Ah	工作时间	≥8 h
滤波器	0.1 ~ 50 kHz 低通数字滤波	前置增益	$2^{-4} ~ 2^7$，固定/浮点增益
采样频率	0.5 kHz ~ 1.25 MHz	采样长度	1 ~ 16 K
通道数	16 道	触发方式	内触发/外触发/信号沿触发
超前采样	128、256、512、1024（点数）	延迟采样	128、256、512、1024（点数）
动态范围	180 dB	输入信号	±5 Vrms（最大）
A/D 转换	24 bit	波形显示	道归一化/文件归一化

表9－6 信号接收系统

地震电缆	12 道（30 m）、4 道（5 m）	传感器	孔壁式三分量传感器（4 个）、四分量 MEMS 加速度计（1 个）
传感器频响范围	孔壁式：5 ~ 2000 Hz MEMS：0 ~ 1.8 kHz；0 ~ 22 kHz	传感器灵敏度	孔壁式：150 V/m/s MEMS：1320 mV/g；33.88 mV/g

图9－33 所示为与 MSP 配套的孔中三分量检波器，由三分量芯体室、气室、伸缩金属靠板、方向调整器 4 个部分组成。采用不锈钢材料，耦合轻便耐用。使用时以长杆将传感器送入孔中，通过方向调整器调整到准确的方向；气室连接有高压软管及压力表，向气室注入高压气体，通过机械传动使靠板紧贴孔壁，形成刚性耦合，用以接收反射地震波。

图9－34 所示为极化偏移地震剖面，异常界面具有明显的不对称性，更容易判断反射界面位置与特征，当采用常规偏移方法得到的是

图9－33 孔中三分量检波器

与巷道轴线对称的偏移图像，如上节所述的现场探测结果。因此建议采用极化偏移成像，更有利于对结果准确解释。极化偏移是根据全空间条件下提出的一种新型成像方法，具体原理如下：

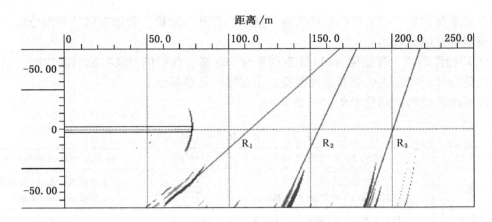

图 9 – 34　超前探测极化偏移剖面

从纵、横波基本性质出发，利用波传播过程中"纵波质点振动方向与波行进方向（射线方向）平行"及"横波质点振动方向与波行进方向（射线方向）垂直"的特征；在偏移成像时，主要通过分析接收点处质点振动方向与反射射线方向相关关系，完成极化成像。

如图 9 – 35 所示，在巷道超前探测过程中，井下全空间 x 方向指向迎头，z 方向指向顶板，y 方向指向左帮；其中 x、z、y 分别对应 P、SV、SH 分量。

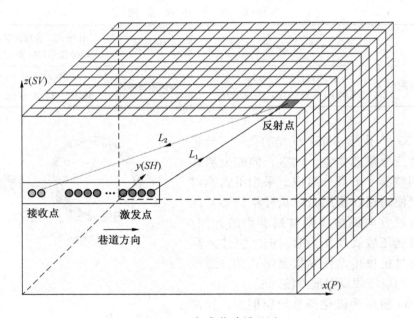

图 9 – 35　极化偏移原理图

巷道前方空间已经被网格划分，黑色方块为假设的空间某反射点（反射点）；迎头后方同侧布置两个接收点及若干激发点，接收点及激发点空间位置如图 9 – 35 所示。图中模拟单炮激发单道三分量接收；假设传播时间用 t 表示，传播路径如图中的方向射线所示；

在巷道空间坐标系下，从激发点传播到反射点的时间为 t_1，入射路径为 L_1；反射点反射到接收点时间为 t_2，反射路径用 L_2 表示；其中 L_1 及 L_2 射线路径在均匀空间可由反射点、接收点两点之间空间坐标求取，在非均匀空间可由射线追踪拟合曲线计算。

根据激发点、接收点到反射点的空间位置和空间速度参数，基于射线追踪技术，可计算 $t_1 + t_2$，根据 $t_1 + t_2$ 确定以信号周期为单位的时窗，通过接收的三分量时窗振幅信息，基于数学统计手段，计算 $t_1 + t_2$ 时刻接收点处质点空间振动方向 L_i 及质点极化程度。利用质点振动 L_i 方向与反射点及接收点之间的 L_2 射线方向，计算空间夹角 θ，基于纵横波夹角 θ 差异，结合不同类型波的极化程度及相干值便可设置极化滤波调制函数。

由于地震波的偏振是波场最敏感的特性参数之一，因此从接收点地震波的偏振特性出发，改变传统的固定滤波方向，利用不同反射点不断变化的波行进射线方向实时设置滤波器，实现动态极化滤波过程；同时结合"面波为球形极化特性，极化程度低"这一特性，设置滤波器过滤面波；此外，为有效压制 $P-SV$、$SV-P$ 等转换波，极化成像过程中，根据同类波及转换波速度差异这一特点，基于相干叠加原理，过滤转换波；将空间 3 种过滤运算融合到叠前偏移中，便可实现波场准确成像；故极化成像为集波场分离、偏移成像于一体的新方法。

第三篇

电 法 勘 探

10 直流电法勘探

10.1 术语定义

直流电法 DC electrical method 研究与地质体有关的直流电场的分布特点和规律，进行找矿和解决某些地质问题的方法。

视电阻率 apparent resistivity 在地下岩石电性分布不均匀（有两种或两种以上导电性不同的岩石或矿石）或地表起伏不平的情况下，若仍按测定均匀水平大地电阻率的方法和计算公式求得的电阻率称之为视电阻率，符号 ρ_s，单位为 $\Omega \cdot m$。

电阻率剖面法 resistivity profiling 是指 A、M、N、B 电极距保持不变，同时沿一定剖面方向逐点观测视电阻率，研究剖面方向地下一定深度的岩、矿石电阻率变化的一组方法。根据电极排列方式不同，可分为对称剖面法、联合剖面法、偶极剖面法等。中间梯度法也属于剖面法类。

电阻率测深法 resistivity sounding 在测深点上，逐次加大供电与测量电极的电极距，测量岩石的视电阻率值，根据其变化，以研究地下不同深度地质情况的物探方法。

10.2 电阻率法基础

10.2.1 岩、矿石的电阻率

物质的电阻率是指电流通过由该物质组成的 1 m^3 的立方体时所表现出的电阻值。其单位为欧姆·米，或记作（$\Omega \cdot m$）。

在电法勘探中，用来表征岩（矿）石导电性好坏的参数为电阻率（ρ）。物体的电阻率越小，其导电性越好。根据实验，当对一横截面积为 S 的长方形岩（矿）石标本的 A、B 两极进行供电（电流强度为 I），并在相距为 l 的环形电极 M、N 处测出其间的电位差为 ΔU 时（图 10-1），则可按下式计算其电阻率。

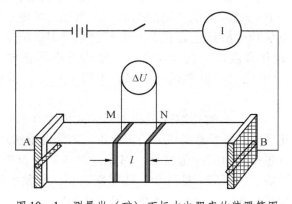

图 10-1 测量岩（矿）石标本电阻率的装置简图

$$\rho = R \frac{S}{l} = \frac{\Delta U}{I} \cdot \frac{S}{l} \qquad\qquad (10-1)$$

常见岩（矿）石的电阻率见表10-1。表10-1中的数字表明，不同岩（矿）石具有不同的电阻率，但同一种岩（矿）石电阻率的变化范围也很大，这说明决定岩（矿）石电阻率的因素很多，诸如岩石的矿物成分、含量与结构，岩石的孔隙率、温度和孔隙水的矿化度以及湿度等都可以影响电阻率的值。在众多的影响因素中，矿物成分与结构和含水条件两个因素是主要的。

表10-1　常见岩（矿）石的电阻率

岩（矿）石名称	电阻率/($\Omega \cdot m$)	岩（矿）石名称	电阻率/($\Omega \cdot m$)
黏性土	$10 \sim 10^3$	无烟煤	$10^{-2} \sim 10^4$
砂性土	$10 \sim 10^3$	煤	$10^2 \sim 10^6$
干砂、卵石	$10^3 \sim 10^5$	菱铁矿	$10^1 \sim 10^3$
湿砂	$10^2 \sim 10^3$	黄铜矿	$10^{-3} \sim 10^{-1}$
泥质页岩	$20 \sim 10^3$	磁铁矿	$10^{-4} \sim 10^{-2}$
致密砂岩	$10^2 \sim 10^3$	石墨	$10^{-6} \sim 10^{-4}$
泥灰岩	$50 \sim 8 \times 10^2$	石英、云母、长石	$> 10^6$
石灰岩	$3 \times 10^2 \sim 10^4$	河水	$10 \sim 10^2$
花岗岩	$2 \times 10^2 \sim 10^5$	海水	$5 \times 10^{-2} \sim 1$
玄武岩	$5 \times 10^2 \sim 10^5$	地下水	$10^{-1} \sim 3 \times 10^2$
闪长岩	$5 \times 10^2 \sim 10^5$	冰	$10^4 \sim 10^6$
正长岩	$5 \times 10^2 \sim 10^5$		

多数岩石和矿石是由不同形状的矿物颗粒与胶结物组成的。各种矿物的导电性能不同，必然使岩（矿）石的电阻率产生差异。例如含有大量黄铁矿等导电矿物的矿石电阻率一般比较低，而含有大量石英、长石、云母等非导电矿物的岩石电阻率一般比较高。矿物颗粒在岩石中的分布状态也将影响岩石的电阻率。例如，导电矿物在岩石中连续分布时，电阻率较低；导电矿物分散地包含在非导电矿物之中时，电阻率则较高。自然界中除金属矿物、石墨和碳化程度特高的煤层外，一般岩石中所含导电矿物均很少，所以多数岩石的电阻率都比较高。一般来说，岩浆岩电阻率最高，沉积岩最低，变质岩介于其间。

在自然条件下，岩（矿）石的孔隙或裂隙中或多或少含有水分，尤其是处于潜水面以下的岩层，孔隙中充满含有各种盐类成分的矿化水。因为地下水及其他天然水的电阻率都比较低，并且含盐分越多，电阻率值越低。因此，岩（矿）石中所含水分的多少将对其电阻率值有较大的影响。一般岩石越致密，孔隙率越小，所含水分越少，电阻率越高；岩石结构越疏松，孔隙率越大，所含水分越高，电阻率越低。

10.2.2 电阻率的测定

设岩层为均质各向同性的，则向地表下通过电流时，岩层电阻率的大小都一样，电流线的分布如图 10-2 所示。

AB 为供电电极，MN 为测量电极，当 AB 供电时，用仪器测出电流 I 和 MN 处的电位差 ΔV，则岩层的电阻率按下式计算：

$$\rho = K\frac{\Delta V}{I} \qquad (10-2)$$

式中　　ρ——岩层的电阻率，$\Omega \cdot m$；

　　　　ΔV——测得的电位差，V；

　　　　I——测得的电流，A；

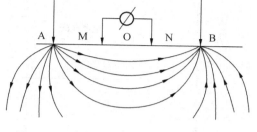

图 10-2　岩层电流线分布及测量装置简图

　　　　K——装置系数，m，与供电和测量电极间距有关，按表 10-2 所列公式计算。

表 10-2　K 值 计 算 公 式

电 阻 率 勘 探 方 法	K 值 计 算 公 式
对称四极测深、四极对称剖面	$K = \pi\dfrac{AM \cdot AN}{MN}$
三极测深、三极剖面、联合剖面	$K = 2\pi\dfrac{AM \cdot AN}{MN}$
轴向偶极测深、偶极剖面	$K = \dfrac{2\pi AM \cdot AN \cdot BM \cdot BN}{MN\,(AM \cdot AN - BM \cdot BN)}$
赤道偶极测深	$K = \dfrac{2\pi}{\dfrac{1}{AM} - \dfrac{1}{AN} - \dfrac{1}{BM} + \dfrac{1}{BN}}$
双电极剖面	$K = 2\pi \cdot AM$

注：π 为圆周率；AM、AN、MN 等为该两电极间距，m。

在各向同性的均质岩层中测量时，从理论上讲，无论电极装置如何，所得的电阻率应相等，即岩层的真电阻率。但严格地说，实际工作所遇到的地层既不同性又不均质，所得电阻率并非真电阻率，而是不均质体的综合反映，所以称这个所得的电阻率为视电阻率，用 ρ_s 表示。

10.2.3　直流电法勘探的种类

自然界的岩层由于其种类、成分、结构、湿度和温度等不同而具有不同的电学物理性质。以岩层电学性质的不同为基础，用仪器观测天然或人工电场变化或电性差异，来解决某些地质问题的勘探方法，称为电法勘探。电法勘探又分为直流电法勘探、交流电法勘探和过渡场法勘探三大类。直流电法勘探根据其电场性质和电极装置的不同，可分为表 10-3 所列几种。

表10-3 直流电法勘探分类

电场性质	方法名称		方法主要变种		
人工电场	电阻率法	电测深法	对称四极测深法		
			三极测深法		
			偶极测深法	轴向偶极测深	
				赤道偶极测深	
			环形测深法		
		电剖面法	对称四极剖面法		
			复合对称四极剖面法		
			三极剖面法（很少单独使用）		
			联合剖面法		
			偶极剖面	轴向偶极剖面	双边轴向偶极剖面
					单边轴向偶极剖面
				赤道偶极剖面	双边赤道偶极剖面
					单边赤道偶极剖面
			双电极剖面法		
			重复剖面法（五极剖面）		
			微分剖面法（纯异常法）		
			中间梯度法		
		透视法	矿井音频电穿透法（矿井直流电透视法）		
		超前探测法	矿井直流超前探测法		
	充电法				
自然电场	自然电场法		电位法		
			电位梯度法		

10.3 电阻率剖面法

电阻率剖面法简称为电剖面法，是用以研究地电断面横向电性变化的一组直流电法勘探方法。一般以地下岩（矿）石电阻率差异为基础，采用固定的电极距并使电极装置沿剖面移动，逐点供电和测量，这样便可观测到在一定深度范围内视电阻率沿剖面的变化，获得视电阻率剖面曲线，从而查明矿产资源和研究有关地质问题。根据装置形式的不同，电剖面法又分成联合剖面法、对称剖面法、偶极剖面法及中间梯度法等。不同的装置形式所能解决地质问题的能力也不一样。相对于电测深法而言，电剖面法更适合于探测产状陡立的高、低阻体，如划分不同岩性的接触带、岩脉；追索断层、地下暗河及构造破碎带等，并可发现浅层的局部不均匀体（溶洞、古窑等）。

由于地电断面的复杂结构以及各种电极装置相对于不均匀体的位置一般具有比较复杂的关系，电剖面法中的一些正演问题，除少数情况外，主要还是通过模型实验或数值模拟的方法来获得。因此，电剖面法的资料解释目前也以定性分析为主。

10.3.1 基本装置形式

1. 对称四极和复合对称四极装置

1) 对称四极剖面装置

（1）装置符号：AMNB。

（2）装置示意图如图 10 – 3 所示。

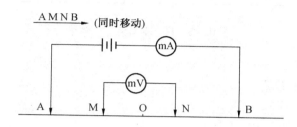

图 10 – 3　对称四极装置示意图

（3）装置系数 K 计算公式：

$$K = \pi \frac{AM \cdot AN}{MN} \qquad (10-3)$$

2) 复合对称四极装置

（1）装置符号：AA′MNB′B。

（2）装置示意图如图 10 – 4 所示。

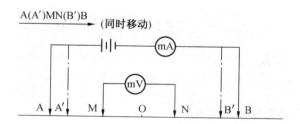

图 10 – 4　复合对称四极装置示意图

（3）装置系数 K 计算公式：

$$K = \pi \frac{A(A')M \cdot A(A')N}{MN} \qquad (10-4)$$

2. 联合剖面装置

（1）装置符号：AMN∞ MNB。

（2）装置示意图如图 10 – 5 所示。

（3）装置系数 K 计算公式：

$$K = 2\,\pi \frac{AM \cdot AN}{MN} \qquad (10-5)$$

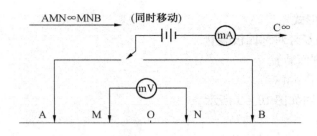

图 10-5 联合剖面装置示意图

3. 偶极剖面装置

1）双侧偶极剖面装置

（1）装置符号：ABMNA′B′。

（2）装置示意图如图 10-6 所示。

（3）装置系数 K 计算公式：

当 $AB = MN = A'B' = a$，$BM = NA' = n \cdot a$ 时

$$K = \pi \cdot n \cdot a(n+1)(n+2) \tag{10-6}$$

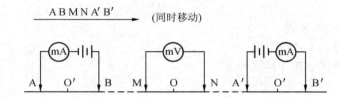

图 10-6 双侧偶极剖面装置示意图

2）赤道偶极剖面装置

（1）装置符号：$\dfrac{AM}{BN}$。

（2）装置示意图如图 10-7 所示。

（3）装置系数 K 计算公式：

当 $AB = MN = a$，$AM = BN = na$ 时

$$K = \frac{\pi a}{\dfrac{1}{n} - \dfrac{1}{\sqrt{n^2+1}}} \tag{10-7}$$

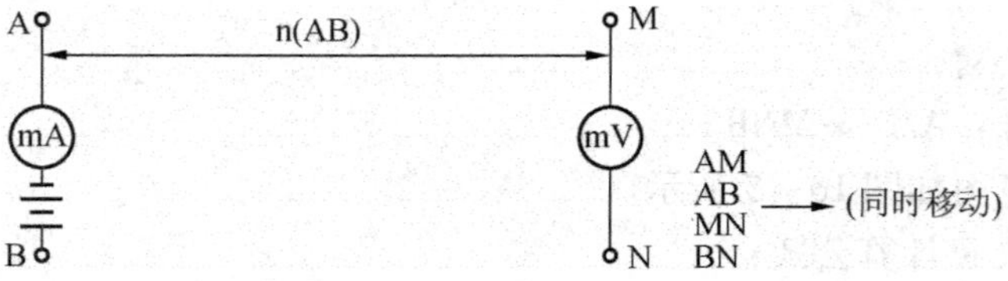

图 10-7 赤道偶极剖面装置示意图

4. 中间梯度装置

（1）装置符号：A – MN – B。

（2）装置示意图如图 10 – 8 所示。

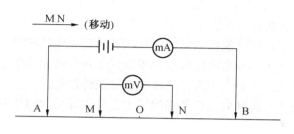

图 10 – 8 中间梯度装置示意图

（3）装置系数 K 计算公式：

$$K = \frac{2\pi}{\dfrac{1}{AM} - \dfrac{1}{AN} - \dfrac{1}{BM} + \dfrac{1}{BN}} \qquad (10-8)$$

10.3.2 电剖面法的应用条件

勘查对象与周围地质体之间存在较明显的电阻率差异；勘查对象的电测异常能从干扰背景中分辨出来。

1. 对称四极剖面法和复合对称四极剖面法的应用

对称四极剖面法主要应用于地质填图，研究覆盖层下基岩的起伏和为水文、工程地质提供有关松散层中电性不均匀体的分布以及松散层下的地质构造等。

该法供电电极距主要是根据工作地区基岩的平均埋藏深度或疏松覆盖层的平均厚度来确定。为了在同一剖面上研究两种不同深度上的电性特征，通常可采用两种供电电极距的"复合对称四极剖面法"。

2. 联合剖面法的应用

联合剖面法是用来寻找和追索良导电陡立薄矿脉、断裂构造的最有效方法。另外，当用其寻找等轴状矿体以及划分岩石分界面时，也有明显效果。

3. 偶极剖面法的应用

偶极剖面法一般采用轴向排列。该法是目前金属矿及其他矿产资源调查中的一种常用方法，异常反映明显，尤其是和频率域激发极化法配合测量时，其应用更为普遍。由于它的供电电极和测量电极是分开的，所需导线均很短，因此它在减弱游散电流或电磁感应作用引起的干扰方面相对其他装置有明显的优越性。偶极剖面法的主要缺点是，当极距较大时，在一个矿体上往往可出现两个异常，当有多个矿体存在或围岩电性不均匀时，曲线变得很复杂，给解释工作带来困难。

4. 中间梯度法的应用

中间梯度法是电阻率剖面法中一种常用的重要方法（简称中梯法）。由于中梯法的两个供电电极相距很远，而观测是在其中间 1/3 地段进行，在地下岩石为均匀、各向同性情况下，该地段的电场可近似地看作均匀电场。因而，中梯法的视电阻率异常，可归结为研究均匀电流场中赋存有电性不均体时所产生的。中梯法是用于追索陡立高阻脉状体的有效方法。由于许多热液型矿床与高阻岩脉在成因或空间上有密切关系，因此追索高阻岩脉便具有直接找矿意义。

10.3.3　不宜开展电剖面法工作的地区

以下地区不宜开展电剖面法工作：

（1）地形切割剧烈、悬崖峭壁、河网发育以及通行困难的地区。

（2）低阻覆盖厚度大，形成电屏蔽层而难以保证获取可靠观测信号的地区。

（3）接地电阻过大，又难以采取措施改善接地条件的地区。

（4）因有强大的工业游散电流而使观测困难，难以保证观测质量的地区。

10.3.4　电极距的选择

电极距的选择如下：

（1）对称四极剖面装置。

$$AB = (4 \sim 6)H, \quad MN < \frac{1}{3}AB。$$

（2）复合对称四极装置。

$$AB = (6 \sim 10)H, \quad A'B' = (2 \sim 4)H。$$

（3）联合剖面装置。

$$CO = (5 \sim 10)AO, \quad AO \geqslant 3H, \quad MN = \left(\frac{1}{5} \sim \frac{1}{3}\right)AO = 测点距。$$

（4）偶极剖面装置。

$$AB = (2 \sim 3)MN，当地质条件简单时：AB = MN, \quad MN = \frac{1}{10}OO' = 测点距。$$

OO' 的间距可参照联合剖面中的 AO 间距，即

$$OO' = AO + \frac{AB}{2}。$$

（5）中间梯度装置。

$$MN \geqslant H \text{ 或 } MN = (2 \sim 5)H, \quad AB = (30 \sim 40)MN。$$

上列各式中 H 为探测对象埋藏深度，单位 m。

10.3.5　电剖面法的主要成果图

1. 实际材料图

实际材料图的内容应包括测区的地理位置、测网和工作比例尺、三角点（或物控点）及其与基线联测关系、各种固定标志埋设位置及异常查证工程位置、剖面及其编号、方法或装置代号、重要的电性标本或地质标本采集点位置及编号、经系统检查观测的测线或测线段。

实际材料图的绘图比例尺与工作比例尺相同。

2. 视电阻率参数剖面图

视电阻率参数剖面图的内容一般包括：

（1）地形线、地质剖面和探矿工程。

（2）各种装置、极距的点剖面成果资料。

（3）其他物化探成果。

（4）解释推断成果，建议的异常查证工程位置。

选择电参数剖面图的绘图比例尺，应使基本点距在该比例尺剖面图上为 2 ~ 10 mm，地形线的高程比例尺也服从这个原则；只有在特殊目的时，高程比例尺才允许放大。

电阻率参数比例尺应根据观测精度和异常特点选择合适的算术比例尺，一般干扰水平控制在 2 mm 以内，中、强异常控制在 2 ~ 5 mm 以内，个别超强异常用超格" "符号表示。只有当异常幅度变化很大但又必须突出弱异常时，电阻率参数值才采用对数比例尺。

3. 剖面平面图

确定剖面平面图的比例尺应按下述原则：

（1）剖面平面图的比例尺应等于工作比例尺，有特殊需要时可以变换比例尺成图，但必须使基本点距在该比例尺剖面平面图中为 2 ~ 10 mm，线距为 10 ~ 40 mm。

（2）选择的视电阻率参数比例尺应能较好反映出有意义的异常细节。

（3）同一测区的视电阻率参数比例尺应采用同一种比例尺绘图。

4. 等值线平面图

视电阻率参数的等值线应取等差或等比间距，要求其最小等值线间距应为实际观测精度的 3 倍；同一地区中相同方法或装置的等值线间距应一致。

勾绘等值线的平面图应用同比例尺简化地质图作为底图。

5. 综合平面图

综合平面图的内容应包括各种物化探的成果和简化的地质图。

编制综合平面图时，对已有的物化探成果应在综合分析推断之后，做出如下处理：

（1）没有意义的物、化探成果应删减；矛盾的内容经可靠分析，否定了的应删去。

（2）次要的物、化探成果视图面复杂程度而取舍。

（3）地质内容应适当简化，但与成果解释有矛盾而又无可靠资料否定的内容应保留。

6. 推断成果图

推断成果图内容应包括各种物、化探推断成果和地质资料，图中必须标出所承担的地质任务的成果，并将电性成果解释成地质成果标出。

10.3.6 各种电剖面法的比较

各种电剖面法的应用范围和优缺点比较见表 10 - 4。

表 10 - 4 各种电剖面法的应用范围和优缺点比较

方法名称	探测的地电断面			优　点	缺　点
联合剖面法	陡立良导脉及球体	高阻脉	（详测）接触面	1. 异常幅度大，分辨能力强 2. 异常曲线清晰（比偶极剖面曲线好）	1. 生产效率低 2. 地形影响大
对称剖面法			（普查）构造、基岩起伏、厚岩层、接触面	1. ΔU_{MN} 大，易读数 2. 轻便、效率高 3. 不均匀干扰和地形干扰小	1. 不易发现陡立良导薄脉 2. 异常幅度小

表 10 - 4（续）

方法名称	探测的地电断面		优　点	缺　点
中间梯度法	陡立高阻脉或高阻体	（详测）接触面	1. 不均与及地形影响小（A、B 不动时） 2. 生产效率高	1. 勘探深度小 2. 不易发现直立低阻脉
偶极剖面法	良导脉	高阻陡立脉 （详测）接触面	1. 异常幅度大、灵敏 2. 等偶极工作（$AB = MN$）时，工作一次得双侧曲线 3. 轻便、效率高	1. 假异常大、不易分辨 2. 不均匀及地形影响大 3. 费电

10.4　电阻率测深法

电阻率测深法简称电测深法，是以地下岩（矿）石的电性差异为基础，人工建立地下稳定直流电场或脉动电场，通过逐次加大供电（或发送）与测量（或接收）电极极距，观测与研究同一测点下不同深度范围岩（矿）层电阻率的变化规律。以查明矿产资源或解决与深度有关的各类地质问题的一组直流电法勘查方法。

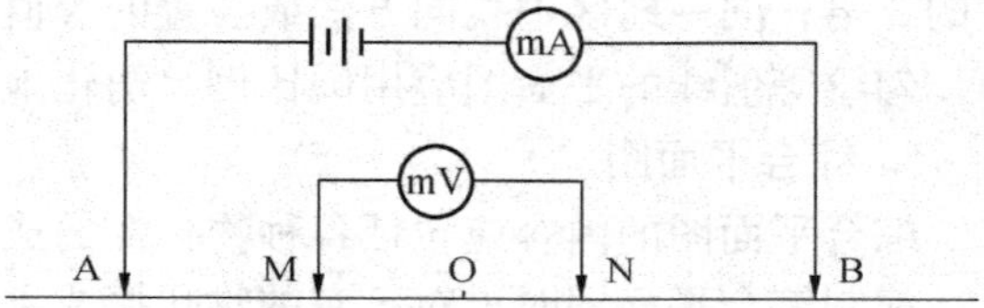

10.4.1　基本装置形式

1. 对称四极测深装置

（1）装置符号：←AMNB→。

（2）装置示意图如图 10 - 9 所示。

图 10 - 9　对称四极装置示意图

（3）装置系数 K 计算公式：

$$K = \pi \frac{\left(\dfrac{AB}{2}\right)^2 - \left(\dfrac{MN}{2}\right)^2}{2\left(\dfrac{MN}{2}\right)} \tag{10-9}$$

当 $AB/2$ 比 $MN/2$ 为定比，且比值为 n（$n = 3$，4，$\cdots$，30）时，装置系数 K 值公式可简化为

$$K = \frac{\pi}{2}\left(n - \frac{1}{n}\right) \cdot \frac{AB}{2} \tag{10-10}$$

2. 三极测深装置

1）单侧三极测深装置

（1）装置符号：←AMN∞。

（2）装置示意图如图 10 - 10 所示。

（3）装置系数 K 计算公式：

$$K = \pi \frac{(AO)^2 - \left(\dfrac{MN}{2}\right)^2}{\dfrac{MN}{2}} \tag{10-11}$$

或

$$K = \pi\left(n - \frac{1}{n}\right)AO \tag{10-12}$$

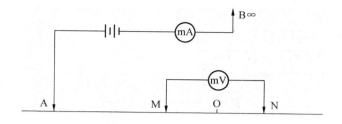

图 10 - 10　单侧三极测深装置示意图

2）三极联合测深装置

（1）装置符号：$\leftarrow$AMN∞
∞ MNA$'_{\rightarrow}$。

（2）装置示意图如图 10 - 11 所示。

（3）装置系数 K 计算公式同单侧三极装置。

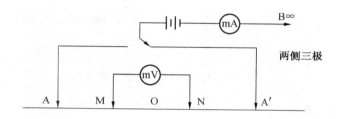

图 10 - 11　三极联合测深装置示意图

3. 偶极测深装置

1）轴向偶极测深装置

（1）装置符号：$\leftarrow$AM　NN$\rightarrow$。

（2）装置示意图如图 10 - 12 所示。

（3）装置系数 K 计算公式：

$$K = \frac{2\pi}{\dfrac{1}{AM} - \dfrac{1}{AN} - \dfrac{1}{BM} + \dfrac{1}{BN}} \tag{10-13}$$

当 $AB = MN = a$，$BM = na(n = 1, 2, \cdots, n)$ 时，则

$$K = \pi na(n+1)(n+2) \tag{10-14}$$

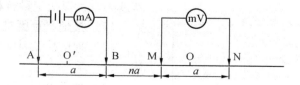

图 10 - 12　轴向偶极测深装置示意图

2）赤道偶极装置

（1）装置符号：$\leftarrow{}_B^A I \quad I_N^M \rightarrow$。

（2）装置示意图如图 10 – 13 所示。

（3）装置系数 K 计算公式：

$$K = \frac{2\pi}{\dfrac{1}{AM} - \dfrac{1}{AN} - \dfrac{1}{BM} + \dfrac{1}{BN}} \qquad (10-15)$$

当 $AB = MN = a$，$AM = BN = na$ 时，则

$$K = \frac{\pi a}{\dfrac{1}{n} - \dfrac{1}{\sqrt{n^2+1}}} \quad (n = 1,\ 2,\ \cdots,\ n) \qquad (10-16)$$

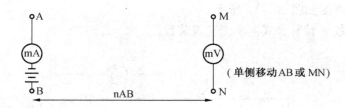

图 10 – 13　赤道偶极装置示意图

4. 五极纵轴测深装置

（1）装置符号：$I_N^M \atop {}_{B_1}\underset{A}{}{}_{B_2}$。

（2）装置示意图如图 10 – 14 所示。

（3）装置系数 K 计算公式：

设 $AB_1 = AB_2 = L$，$AM = Y_1$，$AN = Y_2$，则

$$K = \frac{2\pi}{\dfrac{Y_2 - Y_1}{Y_2 Y_1} - \dfrac{1}{\sqrt{L^2 + Y_1^2}} - \dfrac{1}{\sqrt{L^2 + Y_2^2}}} \qquad (10-17)$$

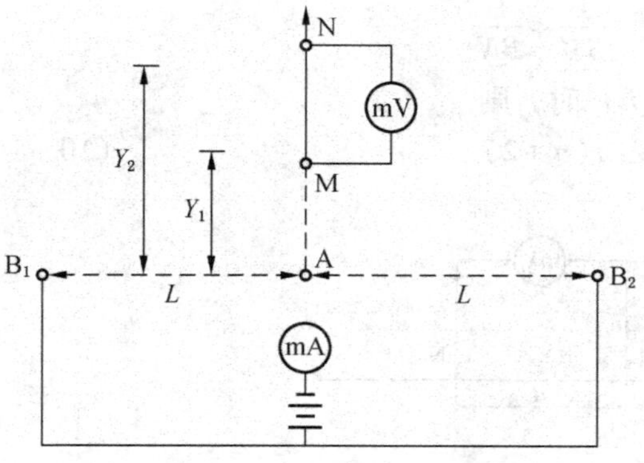

10.4.2　电测深法的应用条件

电测深法的应用，必须满足的地球物理前提同电剖面法。

10.4.3　不宜开展电测深法工作的情况

遇到下列条件，一般不宜设计电测深工作或不设计提交定量解释成果的工作：

（1）接地严重困难。

（2）地电断面中存在强烈的电性屏蔽层。

（3）地下经常存在无法克服的强大的工业游散电流。

（4）地形影响难以改正。

图 10 – 14　五极纵轴装置示意图

10.4.4 装置与电极距

测量装置与电极距要求如下：

（1）电测深工作的电极系列、最大供电电极距及电极排列方向的设计原则应根据勘查任务、测区地质、地球物理特征及施工条件等而定。

（2）供电电极系列的各电极距在模数为 6.25 cm 双对数坐标纸上沿 $AB/2$ 轴应大致均匀分布，相邻电极距的比值在 $1.2 \sim 1.8(0.5 \sim 1.5 \text{ cm})$ 之间；测量电极距与相应的供电电极距之比值应不大于 1/3。

（3）最小供电电极距应能保证电测深曲线有明显的前支渐近线（某些特殊目的不受此限）；最大供电电极距应以能获得完整的电测深曲线，满足解释推断的需要为原则。

（4）正常条件下完整的电测深曲线标准是：

①曲线前支以能追索出第一层渐近线为宜。

②当以"无穷大"电阻率值的电性层为底部电性标志层时，在反映该电性标志层呈 45°上升的曲线尾支渐近线上应至少有 3 个电极距的 ρ_s 值。

③当以有限电阻率值电性层为底部电性标志层时，测深曲线尾层应获得明显的渐近线，或反映该电性标志层上升（或下降）的拐点之后应有 3 个电极距的 ρ_s 值。

④对新测区，应通过"控制电测深点"观察电测深曲线的尾支渐近线特点和最下部电性标志层的电阻率情况。

⑤三极或联合测深中的"无穷远"极 B∞ 一般应位于 MN 的中垂线上，偏差不得大于 $\pm 5°$，B∞ 长度应大于最大供电电极距 AO（或 $A'O$）的 5 倍；不能垂直布设时，应增大 B∞ 长度，一般可增至 $10AO$（或 $A'O$）。

⑥五极纵轴测深的极距，一般可选 L 大于 $2 \sim 3$ 倍勘查对象的埋深，$MN = L/30 \sim L/40$。

⑦电极距的排列方向，应使地形、构造和水平方向的各种电性不均匀畸变影响降到最低程度或最易分辨。同时，也应适当照顾通行、接地和施工方便。

⑧电极排列方向一般应满足下列要求：

a）同一测区的电测深点的电极排列方向应大体相同；

b）有条件时，应尽可能与电测深剖面方向一致；

c）地形坡度大时，可与地形等高线平行；

d）倾斜或垂直分界面，可布成平行与垂直于界面两个方向；

e）地电断面沿水平方向变化时，应设计一定数量的十字电测深点。

10.4.5 水平层状地电断面电测深曲线类型

电测深曲线类型取决于地电断面中电性层的数目及其分布，此处，只讨论水平层状地电断面及其所构成的电测深曲线类型。

1. 二层曲线

二层结构的地电断面是指：第一层的厚度 h_1、电阻率 ρ_1；第二层的电阻率 ρ_2，其厚度较大，以致可以视为无限大。显然，二层地电断面按其电性关系可以分成两种曲线类型（图 10-15）：一种是 $\mu_2 = \dfrac{\rho_2}{\rho_1} > 1$ 的情况，称为 G 型曲线；另一种是 $\mu_2 = \dfrac{\rho_2}{\rho_1} < 1$ 的情况，称

为 D 型曲线。在 G 型曲线中，有一种经常遇到的特殊情况，即为 $\rho_2 \rightarrow \infty$ 时，电测深曲线尾支出现与横轴成 45°上升的渐近线。

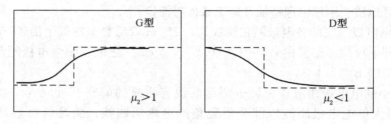

图 10-15　水平二层电测深曲线类型图

2. 三层曲线

三层地电断面共有 5 个参数，按电性层的组合关系可以分成 4 种曲线类型（图 10-16）。

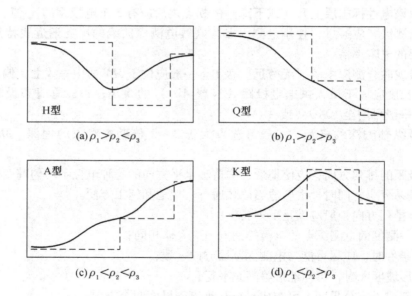

图 10-16　水平三层电测深曲线类型

3. 四层曲线

四层地电断面按电性层的组合关系可以分成 8 种情况，分别将其称为：HA 型、HK 型、AA 型、AK 型、KH 型、KQ 型、QH 型、QQ 型，曲线形态及其电性关系如图 10-17 所示。显然，四层曲线的命名是以三层曲线为基础的，第一个字母表示前三层（ρ_1、ρ_2、ρ_3）的电性组合关系；第二个字母则表示后三层（ρ_2、ρ_3、ρ_4）的电性组合关系。依此类推，五层及五层以上的地电断面，将需要用 3 个或 3 个以上的字母组合来表示，这里就不再逐一列出。

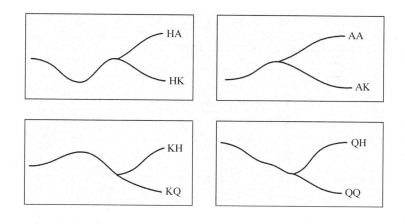

图 10 – 17 水平四层电测深曲线类型

10.4.6 电测深资料解释

1. 电测深资料的定性解释

电测深资料的定性解释是获得测区内地质—地电结构的重要阶段,它可以提供区内电性层的分布、地电断面和地质断面的关系以及测区地质构造的初步概念。电测深曲线的定性解释主要是根据反映测区电性变化的各种定性图件来进行的。

1) 等视电阻率断面图

等视电阻率断面图(ρ_s 等值线断面图)是电测深定性解释图件中最重要的一种,反映测线通过的垂向断面中视电阻率的变化情况。从这种图上可以看出基岩起伏、构造变化以及不同深度电性层沿测线方向的变化。常用 Surfer 绘图软件完成,以测点为横坐标,以 $\frac{AB}{2}$ 为纵坐标,以每个测深点所观测的各极距的 ρ_s 值建立数据文件,可选择不同的插值方法绘制 ρ_s 等值线图。这种图的纵坐标既可以是对数坐标也可以是算术坐标。图 10 – 18 所示为 9 种地电断面的等 ρ_s 断面特征。

2) 视电阻率平面等值线图

ρ_s 平面等值线图的作法是这样的:首先按一定水平比例尺绘出电测深点平面分布图,然后在各测点上标明同一极距在该点上的 ρ_s 值,最后勾制 ρ_s 平面等值线。这种图反映了测区内某一勘探深度范围内电阻率的变化规律。

3) 视电阻率曲线类型图

不同类型、形状和特征的电测深曲线是地质体存在的客观反映,所以测区内实测电测深类型的变化是区内地层结构或构造存在的一种反映。如断层两侧,地层层次发生变化,一侧多了某一层,另一侧可能缺失某一层;或者工区中水文地质条件发生变化,使某一地段某一层电阻率发生变化,如咸淡水区曲线类型相异就是例子。

电测深曲线类型图是一种粗略判断测区内地质断面变化情况的一种定性图件。它的表示方法有很多种,可绘成剖面图、平面图等形式。

除上述 3 种主要定性分析图件外,还可根据地区地质和地层电性特点以及解释的需要,绘制其他定性分析图件。如前讨论过的 H 型和 K 型三层断面电测深曲线的特征点

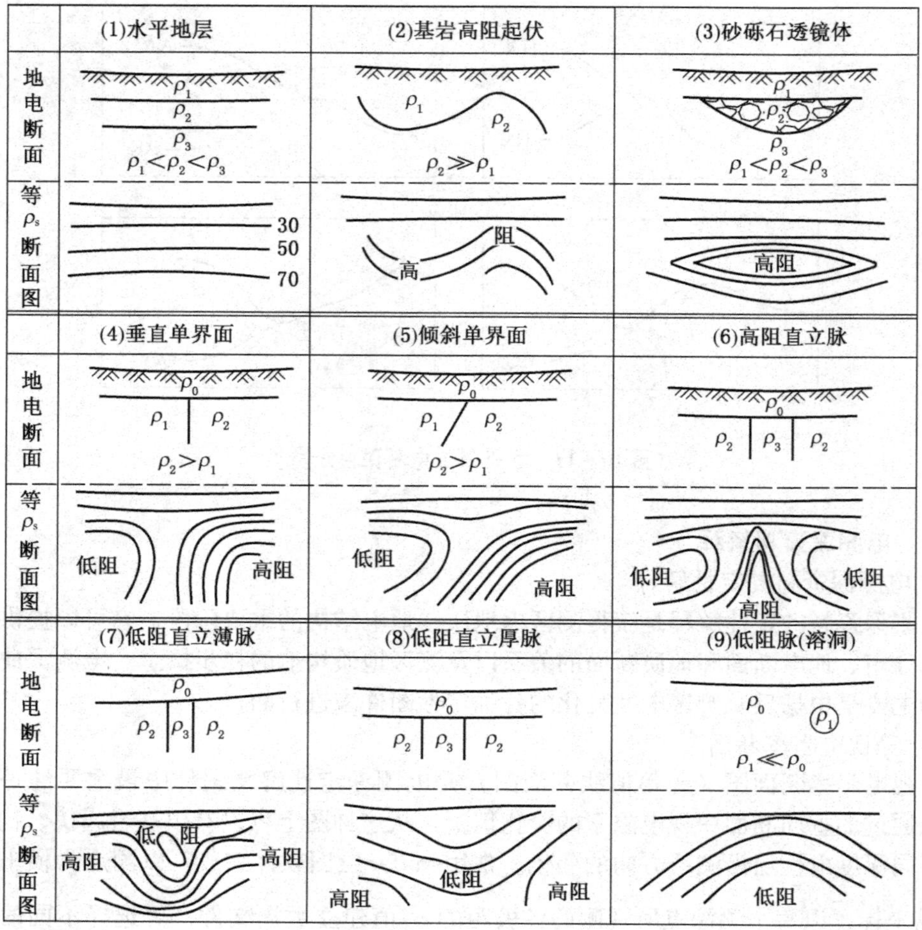

	(1)水平地层	(2)基岩高阻起伏	(3)砂砾石透镜体
地电断面	ρ_1 ρ_2 ρ_3 $\rho_1<\rho_2<\rho_3$	ρ_1 ρ_2 $\rho_2\gg\rho_1$	ρ_3 $\rho_1<\rho_2<\rho_3$
等ρ_s断面图	30 50 70	高阻 阻	高阻
	(4)垂直单界面	(5)倾斜单界面	(6)高阻直立脉
地电断面	ρ_0 ρ_1 ρ_2 $\rho_2>\rho_1$	ρ_0 ρ_1 ρ_2 $\rho_2>\rho_1$	ρ_0 ρ_2 ρ_3 ρ_2
等ρ_s断面图	低阻 高阻	低阻 高阻	低阻 高阻 低阻
	(7)低阻直立薄脉	(8)低阻直立厚脉	(9)低阻脉(溶洞)
地电断面	ρ_0 ρ_2 ρ_3 ρ_2	ρ_0 ρ_2 ρ_3 ρ_2	ρ_0 (ρ_1) $\rho_1\ll\rho_0$
等ρ_s断面图	高阻 低阻 高阻	高阻 低阻 高阻	低阻

图 10 – 18　不同地电断面等ρ_s断面特征图

（如 H 型曲线极小点，K 型曲线极大点）的ρ_s、$\dfrac{AB}{2}$变化图，用以推断中间层厚度及电阻率的变化。另一种图件是"等$\dfrac{AB}{2}$视电阻率剖面图"，简称ρ_s剖面图，形式同电剖面法四极对称装置的ρ_s剖面图一样，只是它的数据是从同剖面各测点上的电测深原始曲线上量取的。它可反映一定勘探深度$\left(因\dfrac{AB}{2}一定\right)$上地层沿某剖面视电阻率的横向变化。所以应选定适当的$\dfrac{AB}{2}$，以反映某一目的层。为进行不同深度对比，可选择多个极距分别绘制ρ_s剖面图。

4）纵向电导 S 图

除以上几种定性图件外，根据测区的实际情况和解释的需要，还可以绘制 S 平面图及剖面图。当测区有分布广泛的高阻基岩标准层时，电测深曲线尾支将出现与横轴呈 45°角渐近线，渐近线的横截距即为纵向电导 S 值。当上覆岩层的电阻率在水平方向较为稳定时，纵向电导 S 值的大小便反映出基岩顶面埋深的变化。所以在这一特定的条件下，电测深的测量结果能比较简捷与准确地解决基岩的埋深及其变化。

解释成果图有 3 种：①S 值平面等值线图；②基底埋深平面等值线图；③S 值剖面图。

2. 电测深曲线的定量解释

1）电测深曲线量板解释法

电测深曲线量板解释法的原理是将绘在透明双对数坐标纸上的实际曲线与量板上参数已知的理论曲线进行形态对比，当两者重合时，根据理论曲线的参数便可以求出实际曲线对应的地电断面层参数。

（1）二层电测深曲线解释。

图 10 - 19 所示为用二层量板解释二层电测深曲线。在讨论二层曲线性质时已知，曲线的形状决定于 μ_2，位置决定于第一层特征点 $O_1(h_1, \rho_1)$。实测曲线与二层理论曲线对比解释时，应保持坐标相互平行移动，使得实测曲线与二层量板上的一条理论曲线重合得最好或均匀处于两条理论曲线之间，这时理论曲线坐标原点在实测曲线坐标里的位置即是第一电性层的特征点 $O_1(h_1, \rho_1)$，其纵横坐标便是第一电性层的电阻率和厚度值。另外，从理论曲线上读出 μ_2 值，由 μ_2 计算出 ρ_2 值（$\rho_2 = \mu_2 \rho_1$）。

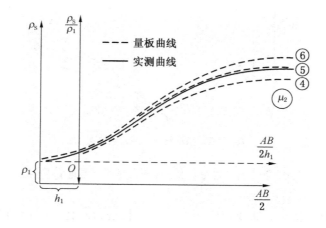

图 10 - 19　用二层量板解释二层电测深曲线

（2）三层电测深曲线解释。

三层电测深曲线解释可用三层量板法或辅助量板法等。现以实测的 H 型电测深曲线为例，说明用三层量板法解释曲线的方法步骤。

对已知中间层电阻率（$\rho_2 = 18.5\ \Omega \cdot m$、$\rho_3 = 750\ \Omega \cdot m$）的三层曲线，所求地电断面参数是 h_1、ρ_1 和 h_2。

①求 h_1 和 ρ_1。应用二层量板与实测曲线左支进行对比，纵横坐标保持相互平行移动，当二层量板中某一理论曲线右支之渐近线与已知参数 ρ_2 一致，且又与实测曲线左支重合得最好时，二层量板原点在实测曲线坐标里的位置，即是第一电性层的特征点 $O_1(h_1, \rho_1)$（图 10 -20a），其纵、横坐标即为 ρ_1 和 h_1 值，得 $\rho_1 = 370\ \Omega \cdot m$，$h_1 = 22\ m$。

②选择三层量板。根据已知参数 ρ_2、ρ_3 和新求出的 ρ_1 值，计算得出实际的 $\mu_2^s = \dfrac{1}{20}$、

$\mu_8^S = 40.5$。根据实测曲线类型 μ_2^S 和 μ_8^S 值，查找相应的三层量板。由于在量板册中无量板 $H - \dfrac{1}{20} - 40.5$，因此选用与之接近的两块量板：$H - \dfrac{1}{15} - 50$ 及 $H - \dfrac{1}{15} - 15$。

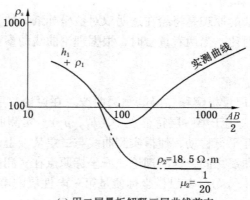

(a) 用二层量板解释三层曲线首支

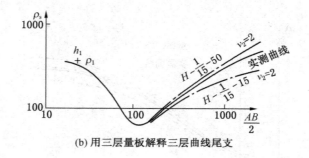

(b) 用三层量板解释三层曲线尾支

图 10-20　用二层量板和三层量板解释三层电测深曲线

③对比求 h_2 值。将实测曲线与所用的三层量板进行对比，找出与之重合得最好的理论曲线，记下其 v_2^L 值，由 v_2^L 值求出 h_2。若选用的量板 μ_2^L 值与实测曲线的 μ_2^S 相同，则前述的量板 v_2^L 值便应为实测曲线的 v_2^S 值；若选用的 μ_2^L 与 μ_2^S 不一致，则应进行等值运算求出 h_2 值。

如图 10-20b 所示，对比结果，实测曲线与量板中 $v_2^L = 2$ 的理论曲线重合得较好，进行等值运算得

$$h_2 = \frac{\mu_2^S}{\mu_2^L} \cdot v_2^L \cdot h_1 = \frac{\dfrac{1}{20}}{\dfrac{1}{15}} \times 2 \times 22 = 33 \text{ m}$$

于是基底深度为 $H = h_1 + h_2 = 22 + 33 = 55$ m。

（3）多层电测深曲线解释。

对于四层或四层以上的多层电测深曲线，定量解释是在二层或三层曲线定量解释的基础上进行。例如在对一条四层曲线进行解释时，往往先只考虑前三层，并且完全按一条三层断面进行解释。当求出 h_1、h_2，并已知 ρ_1、ρ_2 时，可用辅助量板求出与第一、第二层

等价的某一代替层的厚度 $h_{1,2}$ 及电阻率 $\rho_{1,2}$。最后把一、二层看作是一层，而把曲线右支同样认为是三层进行解释。多层曲线的解释和四层曲线的解释方法完全一样，可以化为 $n-2$ 个三层曲线依次进行解释。

2）电测深曲线数字解释简介

电测深曲线的数字解释是将实测的 ρ_s 曲线在双对数坐标上按一定的间隔进行取样，并将样值数字化后输入计算机进行自动拟合解释。自动拟合解释的方法较多，现以阻尼最小二乘法为例做简单介绍。

已知水平层状介质上对称四极电测深的视电阻率 ρ_s 的计算公式为

$$\rho_s'(r) = r^2 \int_0^\infty \rho_1 [1 + 2B(\lambda)] \cdot J_1(\lambda r) \cdot \lambda \, \mathrm{d}r \qquad (10-18)$$

其中，r 为观测点到电源点的距离，ρ_1 为表层电阻率，$B(\lambda)$ 是和各层厚度及电阻率等有关的函数，称之为核函数，λ 是与距离有关的参数，$J_1(\lambda r)$ 为一阶贝塞尔函数。

将式（10-18）经过一定的数学变换后，便可按给定的各层参数（ρ_1，h_1，ρ_2，h_2，$\cdots$ ρ_n）计算其相应的理论 ρ_s 曲线。

若设 ρ_{si} 为一组实测的视电阻率值（$\rho_1 = 1$，$2\cdots$），ρ_{si}' 为一组按给定参数（ρ_1，h_1，ρ_2，h_2，$\cdots$，ρ_n）计算的理论视电阻率值。解释中将这两组视电阻率进行拟合，拟合得好坏是以 ρ_{si} 和 ρ_{si}' 之差的平方和来表示的，此平方和称为目标函数，用 ϕ 表示，即

$$\phi = \sum_{i=1}^n (\rho_{si} - \rho'_{si})^2 \qquad (10-19)$$

如果由所给地层参数计算出的 ρ_{si}' 和实测的 ρ_{si} 值拟合较好时，则目标函数 ϕ 很小。当 ϕ 值小于所给的精度要求（ε）时，便可得出和实测 ρ_s 曲线相应的各参数值，从而获得了所求的解。否则，阻尼最小二乘法便能自动地修改所给的各层参数，重新计算新的理论 ρ_{si}' 值进行拟合，使之向 ϕ 值减小的方向变化。如此不断地自动修改迭代，直到 ϕ 值满足精度要求为止。整个解释过程都是由计算机自动完成，快速简便，是目前广为使用的方法。

这类自动拟合解释电测深曲线的计算机一般流程如图 10-21 所示。

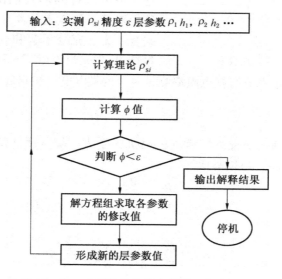

图 10-21　电测深曲线数字解释一般流程图

10.5 高密度电阻率法

10.5.1 高密度电阻率勘探系统

高密度电阻率法是根据水文工程及环境地质调查的实际需要而研制的一种电阻率勘探系统，该系统包括数据的采集和资料处理两部分。现场测量时只需将全部电极设置在一定间隔的测点上，一般为 1 ~ 10 m。测点密度远较常规电阻率法大。然后用多芯电缆将其连接到程控式多路电极转换开关上，电极转换开关是一种由微机控制的电极自动换接装置，它可以根据需要自动进行电极装置形式、极距及测点的转换。测量信号用电极转换开关送入微机工程电测仪，并将测量结果依次存入随机存储器。将数据回放并送入微机便可按给定程序对原始资料进行处理。

由于高密度电阻率法可以实现数据的快速采集和微机处理，从而改变了电阻率法勘探传统的工作模式，大大提高了工作效率，减轻了劳动强度，使电法勘探的智能化程度大大向前迈进了一步。

10.5.2 三电位电极系

为了使高密度电阻率法能够获得关于地电断面结构特征的信息，在电极装置的选择上采用三电位电极系。

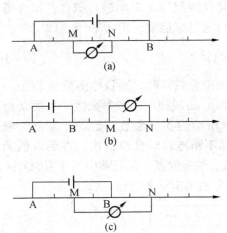

图 10 - 22 三电位电极系

三电位电极系是将等间距的对称四极、偶极及微分装置按一定方式组合后所构成的一种测量系统，该系统在实际测量时，只需利用电极转换开关便可将每 4 个相邻电极进行一次组合，从而在一个测点上便可获得 3 种电极排列的测量参数。三电位电极系的电极排列方式如图 10 - 22 所示，当相邻电极距设为 x 时，其测量极距 $a = nx(n = 1, 2, 3\cdots)$。为了方便，把上述 3 种电极排列形式依次用 α、β、γ 来代表。这里对某一测点上的 4 个电极按规定做了 3 次组合。为了充分了解和利用三电位电极系的测量结果，先来讨论以下 3 种电极排列之间的关系。

当采用三电位电极系进行视电阻率测量时，由供电电极在测量电极间所产生的电位差有以下关系

$$\Delta U^\alpha = \Delta U^\beta + \Delta U^\gamma \tag{10-20}$$

显然，当供电电流一定时，三者间的阻抗关系为：$R^\alpha = R^\beta + R^\gamma$。引入视电阻率及装置系数后，式（10 - 20）可以写成

$$\frac{\rho_s^\alpha}{K^\alpha} = \frac{\rho_s^\beta}{K^\beta} + \frac{\rho_s^\gamma}{K^\gamma} \tag{10-21}$$

经整理则有

$$\rho_s^\alpha = K^\alpha \left(\frac{\rho_s^\beta}{K^\beta} + \frac{\rho_s^\gamma}{K^\gamma} \right) = \frac{K^\alpha}{K^\beta} \rho_s^\beta + \frac{K^\alpha}{K^\gamma} \rho_s^\gamma \tag{10-22}$$

当极距为 a 时，上述 3 种电极装置系数依次为 $K^\alpha = 2\pi a$，$K^\beta = 6\pi a$，$K^\gamma = 3\pi a$，于

是式（10－22）写成

$$\rho_s^\alpha = \frac{1}{3}\rho_s^\beta + \frac{2}{3}\rho_s^\gamma \tag{10-23}$$

可见，当已知其中任意两种电极排列的视电阻率时，通过式（10－23）便可计算出第三者。

高密度电阻率法由于采用上述三电位电极系，所以视电阻率参数将包括：

$$\rho_s^\alpha = 2\pi a\frac{\Delta U^\alpha}{I} \qquad \rho_s^\beta = 6\pi a\frac{\Delta U^\beta}{I} \qquad \rho_s^\gamma = 3\pi a\frac{\Delta U^\gamma}{I}$$

式中 a 为三电位电极系的电极距。由于一条剖面地表测点总数是固定的，因此，当极距逐渐扩大时，反映不同深度的测点数将依次减少。根据需要，可增设无穷远极，从而增加联合三极测深。

此外，利用三电位电极系的测量结果还可以计算两类比值参数：一类是直接利用三电位电极系的测量结果并将其加以组合而构成的；另一类则是利用联合三极测深的测量结果（即不同极距的 ρ_s^A 及 ρ_s^B）并将其加以组合而构成的。两种比值参数不仅能以更为醒目的方式再现原有异常的特点，而且某些比值参数在一定程度上还具有抑制干扰和分解复合异常的能力，从而大大地改善了常规电阻率法反映地质对象赋存状况的能力。

考虑到三电位电极系中 3 种视电阻率参数异常的分布规律，设计了下述比值参数：

$$T_s(i) = \frac{\rho_s^\beta(i)}{\rho_s^\gamma(i)} \tag{10-24}$$

T_s 比值参数由于综合了 β 和 γ 两种视参数在反映同一地电断面时异常的相对分布关系，因而用该参数所绘制的比值断面图，在反映地电结构的分布形态方面，远较相应排列的视电阻率断面图要清晰明确得多。

10.5.3 技术要求

（1）根据不同的勘探对象、地质及地形条件来选择相应的测量装置。一般而言，不同装置对地质体的异常反映具有不用的特点：①相对而言，温纳四极分辨能力较弱，而偶极、微分和联合三极分辨能力较强；②温纳四极受地形起伏、地表不均匀等干扰影响较小，而其他 3 种不对称电极影响较大；③异常幅度偶极法最大，联合三极和微分法次之，温纳四极最小；④勘探深度温纳四极最大，偶极、微分装置次之，联合三极最小；⑤异常形态温纳四极简单，伴随异常较小，偶极、微分法随极距变化伴随异常相对较明显，联合三极亦然。

（2）测线的布设应垂直勘探目标走向，尽量选择地形平坦且覆盖较均匀的地段。极距的选择要保证最大隔离系数 $AB/2$ 大于勘探目标埋深的 1.5 倍。

10.5.4 数据处理方法

（1）可根据实际情况剔除隔离系数较小的数据，以减小地表不均的影响。一般情况下，随机跳变的数据应剔除掉，由于某些电极接地不良引起的不同隔离系数的数据有规律的突变也应予以剔除。

（2）设计过滤器有 4 个非零权系数，依次为 0.12、0.38、0.38、0.12，过滤长度 $L = 3n+1$（其中 n 为隔离系数）。在滤波时，总是把这 4 个非零权系数放在 4 个活动电极对应的测土上，在电极之间的测点插入零权系数。

（3）为了突出异常的相对变化，可采用统计处理方法、比值计算方法以及二维反演方法。

10.5.5　资料解释

1. 资料解释原则

1）异常的定性解释

分析对比各种参数断面图，正确区分正常场和异常场；根据参数等值线梯度变化密集程度确定异常大致分布特征。

2）异常的定量解释

定量解释的方法主要有特征点法、数值模拟法等。对于几何形态近似为规则体（球、柱、板状等）的，可采用经验公式确定其规模及埋深。对于不规则勘探对象，可利用二维反演方法进一步确定异常源的空间分布特征。

3）地质推断解释

合理利用定性解释和定量解释的结论，结合地质情况，最终做出地质推断解释。

2. 成果表达形式

（1）各种参数（ρ_s^a、ρ_s^β、ρ_s^γ 以及其他方法处理对应之参数）的等值线断面图。

（2）各种参数的分级断面图（灰阶图）。

（3）各种参数不同隔离系数的剖面图。

10.6　自然电位法

10.6.1　基本原理

在自然条件下，无须向地下供电，地面两点间通常能观测一定大小的电位差，这表明地下存在着天然电流场，简称自然电场，这种电场主要由电子导电矿体的电化学作用以及地下水中电离子的过滤或扩散作用等因素所形成。良导电矿体在地下水位面上、下部分之间的氧化还原作用产生电化学场；溶液经岩石孔隙渗透时，由于岩石颗粒对正、负离子有选择的吸附作用形成过滤电场；当两种浓度不同的溶液相接触时便产生扩散电场。不同成因的自然电场，在分布范围、强度和随时间变化的规律等方面均有各自的特点，并且与地质及地球物理条件有关。自然电位法就是通过观测和研究自然电场的分布特征来解决地质问题的一种方法。

10.6.2　观测方法

自然电位法（Self-Potential Method）主要有电位观测法和梯度观测法。

通常两种方法应用较多的是电位观测法，观测时将 N 电极置放在远离勘测目标且电场稳定的正常场区内，M 电极沿测线逐点移动进行电位测量。对于面积性勘探工作，应将各测点的电位值均换算成同一 N 电极点，并设其为零电位值。梯度观测法是使 M、N 测量电极保持一定距离（通常等于 1~2 个测点距），沿测线同时移动，逐点进行电位差 ΔU 观测，记录点定在 MN 的中点。

10.6.3　技术要求

（1）布置测线要选择地形平坦、覆盖均匀的工作场地，对于地形突变需做相应记录；应尽量远离电力线、变压器以及一切人为的干扰。

（2）测量电极应采用不极化电极，电极间极化电位差不得大于 ±2 mV。

（3）测线应垂直于勘测目标的走向。

（4）采用电位测量方式时，无穷远极至测线中心的距离应大于测线长度的2倍以上。

（5）在进行普查时，预计的异常范围至少要有一条测线穿过异常带，异常范围内测点不得少于3个；在详查时则要求有3~5条测线穿过异常带，异常范围内测点不少于5个。

（6）为确保成果质量，系统检查工作量一般应为测区总工作量的3%~5%。当不能确定精度级别时允许增加检查工作量，但检查工作量增加至测区总工作量的20%，仍然证明观测质量不符合要求时，则受检范围内的工作量应予以报废。观测工作总精度以均方相对误差衡量，其分级及误差要求见表10-5。

表10-5 自然电位法质量分级及误差

精度级别	$U(\Delta U) > 2.5$ mV（总均方相对误差）		$U(\Delta U) \leq 2.5$ mV（平均绝对误差）	
	无位误差/%	有位误差/%	无位误差/mV	有位误差/mV
A	3	5	0.1	0.2
B	6	10	0.2	0.3

系统检查观测结果应按下式计算均方相对误差，并满足设计要求：

$$M = \pm \sqrt{\frac{1}{2n} \sum_{i=1}^{n} \left(\frac{U_i - U_{i'}}{\overline{U}_i} \right)^2} \qquad (10-25)$$

式中　U_i——第 i 点原始观测数据；

　　　$U_{i'}$——第 i 点系统检查观测数据；

　　　$\overline{U}_i$——第 i 点 U_i 与 $U_{i'}$ 的平均值；

　　　n——参加系统检查计算的点数。

各检查点的相对误差

$$u_i = \frac{1}{2} \left(\frac{U_i - U_{i'}}{\overline{U}_i} \right) \qquad (10-26)$$

它的分布应该满足如下要求：①超过实测精度的测点数应不大于受检点总数的32%；②超过两倍实测精度的测点数不大于受检点总数的5%；③超过3倍实测精度的测点数不大于受检点总数的1%。

10.6.4　成果表达形式

（1）梯度测量的剖面平面图及纵向梯度平面图。

（2）电位测量的剖面平面图及等位线平面图。

（3）典型剖面上的综合剖面图。

（4）地质推断解释成果图。

10.6.5　资料解释原则

（1）成果解释推断以定性解释为主，即判断异常的性质及大致范围、产状等。

（2）单条剖面异常点不得少于3个，并且剖面平面图中异常有规律可循。

（3）从等位线分布特征来看，异常体在地表投影部分电位变化较慢，而在异常体边缘电位急剧变化，可根据等位线梯度变化程度确定异常源。

（4）推断解释时，还应识别各种干扰因素，如天然场源的变化、地形起伏、各向异性以及覆盖不均匀等导致电场畸变形成假异常。

（5）根据定性解释结论并结合实际地质情况，最终做出地质推断解释。

10.7 充电法

10.7.1 基本原理

充电法（Excitation – at – the – Mass – Method）以不同岩性的电性差异为基础，研究对象是相对围岩良导体或导电性较好的地质体。

实际工作中，在钻井、槽探、坑道等人工揭露或天然露头上接一供电电极（A），另一供电电极（B）置于远离充电体的地方，然后向 AB 线路里供电，这时充电体为一等位体或似等位体，电流由充电体流入围岩，形成稳定电流场，该电场的分布特征与充电体的形态、大小和产状等因素有关。在地面、坑道或钻井中观测充电电场，研究其分布特征，查明充电体的空间分布形态、产状、延伸等，从而为解决诸如地下水流速、流向、渗漏通道、滑坡位移等地质灾害提供依据。

10.7.2 观测方法

充电法主要有两种观测方法，即电位观测法和电位梯度观测法。

电位观测法是将一个测量电极 N 置于远离测区，可视为无穷远处，另一测量电极 M 沿测线逐点移动，观测相对于 N 极的电位值 ΔU；同时观测供电电流强度 I。观测结果用归一化值 $\Delta U/I$ 表示。

电位梯度观测法是使 M、N 测量电极保持一定距离（通常等于 1 ~ 2 个测点距），沿测线同时移动，逐点进行电位差 ΔU 和供电电流 I 的观测。结果用 $(\Delta U/I) \cdot MN$ 表示，记录点为 MN 之中点。

10.7.3 技术要求

（1）要使异常场能在较完整的正常场背景上显示出来，测线长度应为勘探对象长度的 2 ~ 4 倍。

（2）测量电极最好用不极化电极，电极间极化电位差不得大于 ±2 mV。

（3）测线布置应垂直勘探体走向，当勘探体与围岩电阻差异不大时，还应设计一定数量的斜交剖面。

（4）采用电位测量方式时，无穷远处电极至测线中心的距离应大于测线长度的 2 倍以上。

（5）在进行普查时，预计的异常范围内至少要有一条测线穿过异常带，异常范围内测点不得少于 3 个；在详查时要求有 3 ~ 5 条测线穿过异常带，在异常范围内测点不少于 5 个。在井下或坑道工作时，比例尺一般为 1:500 ~ 1:1000，点距为 2.5 ~ 5 m。

（6）为确保成果质量，系统检查工作量一般应为测区总工作量的 3% ~ 5%，不能确定观测精度时，允许增加检查工作量，但增加至 20% 时仍然证明观测质量不符合要求时，则受检范围内的工作量应予以报废。观测工作总精度以均方相对误差衡量，其分级及误差要求见表 10 - 6。

系统检查观测结果应按下式计算均方相对误差，并应满足设计要求：

$$M = \pm\sqrt{\frac{1}{2n}\sum_{i=1}^{n} u_i^2} \qquad (10-27)$$

表 10-6　充电法质量分级及误差表

精度级别	$U(\Delta U) > 2.5\ mV$		$U(\Delta U) \leqslant 2.5\ mV$	
	$U/I(\Delta U/I/MN)$ 均方相对误差		$U/I(\Delta U/I/MN)$ 平均绝对误差	
	无位误差/%	有位误差/%（总均方相对误差）	无位误差/mV	有位误差/mV（平均绝对误差）
A	3	5	0.1	0.2
B	6	10	0.2	0.3

$$u_i = \frac{\left(\dfrac{U_i}{I_i} - \dfrac{U'_i}{I'_i}\right)}{\dfrac{1}{2}\left(\dfrac{U_i}{I_i} + \dfrac{U'_i}{I'_i}\right)} \quad 或 \quad u_i = \frac{\left(\dfrac{\Delta U_i}{I_i \cdot MN} - \dfrac{U'_i}{I'_i \cdot MN}\right)}{\dfrac{1}{2}\left(\dfrac{\Delta U_i}{I_i \cdot MN} + \dfrac{U'_i}{I'_i \cdot MN}\right)} \qquad (10-28)$$

$$\Delta = \frac{1}{n}\sum_{i=1}^{n}|U_i - U'_i| \quad 或 \quad \Delta = \frac{1}{n}\sum_{i=1}^{n}|\Delta U_i - \Delta U'_i| \qquad (10-29)$$

式中　　I_i——第 i 点原始观测电流值；

$\quad\quad I'_i$——第 i 点检查观测电流值；

$\quad\quad U_i$——第 i 点原始观测电位值；

$\quad\quad U'_i$——第 i 点检查观测电位值；

$\quad\quad \Delta U_i$——第 i 点原始观测电位梯度值；

$\quad\quad \Delta U'_i$——第 i 点检查观测电位梯度值；

$\quad\quad u_i$——第 i 点检查点相对误差；

$\quad\quad \Delta$——平均绝对误差；

$\quad\quad n$——参加统计检查计算的点数；

$\quad\quad MN$——梯度观测时测量电极距。

各检查点的相对误差 u_i 的半值分布应满足如下条件：①超过实测精度的测点数应不大于受检点总数的 32%；②超过两倍实测精度的测点数不大于受检点总数的 5%；③超过三倍实测精度的测点数不大于受检点总数的 1%。

10.7.4　成果表达形式

（1）梯度测量的剖面平面图及纵向梯度平面图。

（2）电位测量的剖面平面图及等位线平面图。

（3）典型剖面上的综合剖面图。

（4）地质推断解释成果图。

10.7.5　资料解释原则

1. 异常的定性解释

正确区分正常场和异常场。均匀各向同性介质中点源场的电位和梯度曲线有如下特征：$H = 0.3q$ 或 $H = 0.7p$，其中：q 为电位曲线半极值间水平距离；p 为梯度曲线两极值间水平距离；H 为充电点深度。

充电点深度已知，从实测曲线量出 p、q，依据上述公式，可区分正常场和异常场。

单条剖面异常点不少于 3 个，并且剖面平面图中异常有规律可循。在充电体地表投影范围内，各剖面横向梯度的两极值点之间距离变化较小，其强度也大致相同，而在充电体两端之外电位梯度的两极值点间距离迅速增大，强度迅速下降，点源场则不具备上述稳定部分。

从等位线分布特征来看，异常体在地表投影部分电位变化较慢，而在异常体边缘电位急剧变化，可根据等位线梯度变化密集程度确定异常源。

2. 异常的定量解释

定量解释的方法主要有特征点法、数值模拟法和物理模拟法等。解释的目标体与围岩电阻率都应较均匀，几何形态近似为规则体（球、柱、板状等），各种干扰因素影响较小，并有足够的已知参数资料。应正确选择解释剖面，所选的典型剖面异常应满足定量解释异常的条件，地质条件比较清楚。

3. 地质推断解释

推断解释时，还应识别各种干扰因素，如天然场源的变化、地形起伏、各向异性以及覆盖层不均匀等导致电场畸变形成的假异常。

10.8 激发极化法

10.8.1 基本原理

当供电电极向地下供电时，供电电流不变，测量电极之间的电位差随时间增长会趋于某一饱和值，断电后，在测量电极之间仍然存在随时间减小的电位差，并逐步衰减趋近于零。这种现象称为"激发极化效应"。激发极化法（Induced Polarization，缩写为 IP）就是研究这一效应的方法。

在不含电子导体的普通岩石、黏土中也存在激发极化现象，它与岩石的湿度、黏土的含量、地下水的矿化度等因素有密切的联系。因而激发极化法可应用于地下水探测、地质工程、环境地质调查等工作中，解决地下水位、岩体含水特征等地质问题。

10.8.2 观测方法

激化极化法常用的装置见表 10-7。

表 10-7 激发极化法常用装置表

装置名称	装 置 示 意	装置符号	装置系数	装置特点
对称四极测深	A M O N B NB 与 MN 同步或不同步时两侧移动	←AMNB→	$K = \pi \dfrac{AM \cdot AN}{MN}$ 或 $K = \dfrac{2}{\pi}\left(n - \dfrac{1}{n}\right) \cdot \dfrac{AB}{2}$ 其中，$n = \dfrac{AB}{MN}$ $(3, 4\cdots)$	有足够的二次场强度，工作简便

表10-7（续）

装置名称	装置示意	装置符号	装置系数	装置特点
三极测深	（装置示意图：A M O N A'，mA、mV）	←AMN∞ ∞ MNA'→	$K=2\pi\dfrac{AM\cdot AN}{MN}$ 或　$K=\pi\left(n-\dfrac{1}{n}\right)\cdot AO$ 其中，$n=\dfrac{AA'}{MN}$（3，4…）	适用于地表有障碍的地区，可了解异常体特征
对称四极剖面	（装置示意图：A M O N B，mA、mV） AMNB 同时移动	AMNB	$K=\pi\dfrac{AM\cdot AN}{MN}$	工作简便，资料直观

10.8.3　激电常用参数

1. 表征岩石激发极化强弱的参数

（1）极化率（η）：

$$\eta(T,\ t)=\frac{\Delta V_2(t)}{\Delta V(T)}\times100\% \tag{10-30}$$

式中　ΔV——一次场电位差（供电时）；

$\quad\ \Delta V_2$——二次场电位差（断电时）；

$\quad\ T$——供电时间；

$\quad\ t$——断电后的电位差记录时间。

（2）充电率（m）：

$$m(T,t)=\int_{t_1}^{t_2}\frac{\Delta V_2(t)\,\mathrm{d}t}{\Delta V(T)} \tag{10-31}$$

式中　t_1、t_2——断电后测量二次场衰减的两个不同时间。

2. 表征激发极化放电快慢的参数

（1）半衰时（S_t）：放电二次场由断电后的最大值衰减到一半时所需的时间，通常用 S_t 表示。

（2）衰减度（D）：

$$D=\frac{\overline{\Delta V_2}}{\Delta V_2(0.25)}=\frac{\dfrac{1}{5}\displaystyle\int_{0.25}^{5.25}\Delta V_2(t)\,\mathrm{d}t}{\Delta V_2(0.25)}\times100\% \tag{10-32}$$

式中　$\Delta V_2(0.25)$——断电后0.25 s时电位差；

$\quad\ \overline{\Delta V_2}$——断电后0.25～5.25的5 s内二次场电位差的平均值。

3. 综合参数

（1）激发比（J）：

$$J=\eta\cdot D=\frac{\overline{\Delta V_2}}{\Delta V}\times100\% \tag{10-33}$$

（2）综合参数（Z）：

$$Z = \eta \cdot S_t = \frac{\Delta V_2}{\Delta V} S_t \times 100\% \qquad (10-34)$$

（3）电阻率（ρ_s）

$$\rho_s = K \frac{\Delta V_{MN}}{I} \qquad (10-35)$$

式中 K——装置系数；

I——供电电流。

（4）相对衰减时（S_R）：

$$S_R = \frac{S_t}{\rho_s} \qquad (10-36)$$

（5）偏离度（r）：实测结果与直线方程的偏离程度。

10.8.4 技术要求

由于激发极化法不受地形起伏及围岩电阻率不均匀性影响，且可充分利用其时间（或频率）特性，此方法适合山区勘查工作，可与同装置的视电阻率同步进行。

激发极化法应用条件：①工作区内没有地下埋设管线的影响；②激发源有较大的供电电流；③由于二次场较弱，要求工作区内无较强的干扰电场。

10.8.5 资料解释

1. 资料解释原则

（1）综合分析多种参数，划分异常并判断异常的可能性。

（2）研究曲线图，确定各种参数异常反映特征。

（3）结合当地条件，分析引起异常的地质因素。

（4）分析异常位置，确定异常体深度。

2. 成果表达形式

（1）ρ_s、η_s、S_t、Z 等各种参数曲线图。

（2）剖面平面图。

（3）等值线平面图。

（4）综合平面图。

11 矿井直流电法勘探

11.1 术语定义

矿井直流电法 mine DC current electric method 在矿井巷道全空间条件下研究煤层及其顶底板岩层中的直流电场的分布特点和规律，解决矿井地质问题的物探方法。

煤层顶板 roof of coal seam 在正常顺序的含煤岩系剖面中，直接覆于煤层上面的岩层。

煤层底板 floor of coal seam 在正常顺序的含煤岩系剖面中，直接伏于煤层下面的岩层。

矿井直流超前探测法 electrical methods ahead of roadway in coal mine 在煤矿井下巷道掘进迎头或工作面，采用直流电法超前预测预报尚未揭露的地质构造的探测方法。

矿井音频电穿透法 audio frequency transmission methods in coal mine 采用音频交流电建立电场（采用低频中交流与直流视电阻率的等值性进行解释），在采煤工作面两巷道间布极探测工作面煤层顶底板中的电阻率变化的电法方法。

11.2 矿井电阻率法基本原理

矿井电阻率法与地面电阻率法所依据的物理原理相同，都是通过向地下介质供以直流电，然后测定某一对电极间的电位差来研究和分析介质的导电性能，从而达到勘探地质异常体的目的。

矿井电阻率法的测点布置在地下巷道或采场内，根据勘探目的和施工过程中电极移动方式的不同，矿井电阻率法可分为矿井电剖面法、矿井电测深法、巷道直流电透视法和集测深法与剖面法于一体的矿井高密度电阻率法，用于煤层内小构造探测的直流层测深法和用于巷道掘进头超前探测的单极偶极法等。按照装置形式的不同，每类方法又可细分为若干种分支方法。如矿井电剖面法可分为偶极剖面法、对称四极剖面法、三极剖面法、微分剖面法；矿井电测深法可分为对称四极电测深法和三极电测深法；巷道电透视法分为三极电透视法、赤道偶极电透视法等。剖面类方法主要用于研究顺测线方向（横向）上的电性变化，测深类方法主要用于研究垂直测线方向（纵向）上的电性变化，透视类方法主要用于研究供电电极和测量电极间的介质电性变化情况。

对于矿井电阻率法而言，电流场分布变化的主要特征由含煤地层分层的特征所决定，电流垂直层面和顺层面流动所遇到的阻力有明显差异，称之为岩层的宏观电各向异性。根据勘探目标体的方位，需要变更测点和电极在巷道中的位置。例如，当电极全部布置在巷道底板上时，对应的电测深法以研究底板岩层的电性变化为主，称为巷道底板电测深；当电极全部布置在巷道一帮上时，观测结果主要反映巷道侧帮岩层介质的电性变化，对应的电测深法称为巷道侧帮电测深法等（岳建华，刘树才，1999）。主要矿井电阻率法的应用范围见表 11-1。

表 11 - 1 常用矿井电阻率法及应用范围

方　　法	主 要 应 用 范 围
巷道底板电测深法	探测煤层底板隐伏的断层破碎带、潜在导水/突水通道、含水层厚度、有效隔水层厚度等
矿井电剖面法	探测煤层底板隐伏的断层破碎带、导水通道
音频电穿透法	探测采煤工作面内顶板、底板中富水区、含水裂隙带、陷落柱范围等
矿井直流超前探测法	探测掘进巷道迎头前方的含水构造

矿井电阻率法通过一对接地电极把电流供入大地中，而通过另一对接地电极测量计算岩石电阻率所必需的电位差。

1. 三维空间均匀各向同性介质内的稳定电流场

在均匀各向同性介质的三维空间内 A 点供电时，M 点处的电位值 U_M、电场强度 E_M 和电流密度 j_M 为

$$U_M = \frac{I\rho}{4\pi r} \tag{11-1}$$

$$E_M = \frac{I\rho}{4\pi r^2} \tag{11-2}$$

$$j_M = \frac{I}{4\pi r^2} \tag{11-3}$$

式中　r——A、M 点间的距离；

　　　ρ——介质电阻率；

　　　I——供电电流强度。

显然，其等位面是以 A 为中心的同心球面。电流线垂直于等位面，这些电流线是从供电点发出的一束射线（图 11 - 1）。

当介质内部为双异极性点电源 A（$+I$）和 B（$-I$）同时供电时，测量电极 M、N 间的电位差 ΔU_{MN} 为

$$\Delta U_{MN} = \frac{I\rho}{4\pi}\left(\frac{1}{AM} - \frac{1}{AN} - \frac{1}{BM} + \frac{1}{BN}\right) \tag{11-4}$$

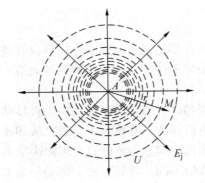

图 11 - 1 三维介质中的点电源场

2. 全空间视电阻率公式与矿井电阻率法的实质

全空间均匀各向同性介质时，由式（11 - 4）可得

$$\rho = K\frac{\Delta U_{MN}}{I} \tag{11-5}$$

式中

$$K = \frac{4\pi}{\dfrac{1}{AM} - \dfrac{1}{AN} - \dfrac{1}{BM} + \dfrac{1}{BN}} \tag{11-6}$$

式（11 - 5）表明，在均匀介质情况下，采用图 11 - 2 所示的装置测得供电回路 AB 中的电流强度 I 和测量电极 M、N 间的电位差 ΔU_{MN} 后，则不论供电电极 A、B 和测量电极 M、N 的相对位置如何，都可由式（11 - 5）计算出介质的真电阻率值。K 是由供电和测量电极间的相对位置所决定的，称为装置系数。

在井下巷道中布置供电电极，地下电流通过布置在巷道顶、底板或岩壁上的供电电极在巷道围岩中建立起全空间稳定电场（当不考虑巷道挖空影响时），该稳定场特征取决于巷道周围不同电性特征的岩石的赋存状态。当围岩非均匀时，式（11-5）计算的结果将不再是某种介质的真电阻率，而是电流分布的有效体积范围内电性变化的一种综合反映，称为全空间视电阻率（万能公式），用 ρ_s 来表示，即

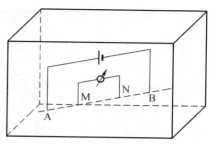

图 11-2 大地电阻率的测定装置

$$\rho_s = K \frac{\Delta U_{MN}}{I} \tag{11-7}$$

根据电磁场论的知识，可以导出全空间视电阻率的微分表达式为

$$\rho_s = \frac{j_{MN}}{j_0} \rho_{MN} \tag{11-8}$$

式中 ρ_{MN}——MN 电极附件介质的真电阻率；

j_{MN}——测量电极 M、N 间的实际电流密度；

j_0——全空间内充满均匀介质 ρ_0 时的电流密度。

式（11-8）可以定性地说明矿井电阻率法的观测结果是电阻率的主要影响因素。例如，当测量电极 M、N 附近存在高阻异常体时，因高阻异常体对电流有排斥作用，所以 $j_{MN} > j_0$，故 $\rho_s > \rho_{MN}$；当测量电极 M、N 附近存在低阻异常体时，由于低阻异常体对电流有吸引作用，所以 $j_{MN} < j_0$，故有 $\rho_s < \rho_{MN}$。因此，通过测量、分析全空间视电阻率的相对变化可以推断介质电性变化情况。这就是矿井电阻率法的物理实质。

3. 矿井电阻率法的全空间效应

通过向布置在巷道围岩上的电极供电时，电流场有向巷道周围全空间分布的趋势，称为全空间效应。然而，由于巷道空间不导电，矿井电阻率法的测量结果不仅与巷道周围介质的导电性、装置形式和装置大小有关，还受巷道影响。因此，全空间效应和巷道影响是矿井电阻率法固有的两个特殊理论问题。大量的正演模拟和实验结果都证明了两个基本事实：①布置在巷道顶、底板或其侧帮的供电电源，其电流场在巷道四周分布，因而矿井电法测量结果不单是布极一侧岩层电性的某种反映，而是整个地电断面电性变化的综合反映。除布极一侧岩层外，其他介质的分流作用及其内部地电异常体在矿井电法观测结果中的反映统称为全空间场效应。②巷道空间对全空间电流场的分布产生较大影响，这种影响与测点、布极点位置、装置形式、巷道所在岩层电阻率等多种因素有关，使全空间电流场的分布更趋复杂化。也就是说，矿井直流电法有其固有的基本理论问题，在分析解释实测矿井电阻率法资料时，必须考虑全空间场效应和巷道影响非线性叠加所带来的影响。

图 11-3a 中实线为不考虑巷道影响的全空间电测深曲线，地电断面如图 11-3b 所示，图中虚线所示为 ρ_3、ρ_4 组成的等效二层半空间地电模型的电测深理论曲线。

全空间—四层地电断面，由 ρ_1、ρ_2、ρ_3、ρ_4 组成；半空间—二层断面，由 ρ_3、ρ_4 组成；$\rho_1 = 1$，$\rho_2 = 10$，$\rho_3 = 1$，$h_2 = 1$，$h_3 = 10$。

对比全空间和半空间电测深曲线可以看出：

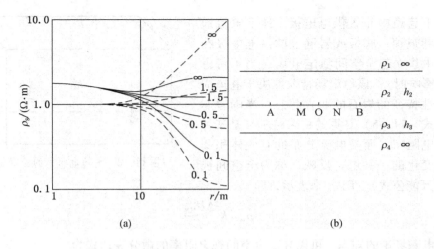

图 11 - 3   全空间和半空间电测深理论曲线对比

（1）当 $\rho_4 > \rho_3$ 时，全空间电测深曲线表现为似"H"型，对应的底板二层地电断面半空间电测深曲线为"D"型。

（2）曲线首、尾支渐近值不同，特别当 ρ_1 有限而 $\rho_4 \to \infty$ 时，全空间电测深曲线尾支不再是 45°上升的直线。

（3）当 $\rho_4 < \rho_3$ 时，全空间和半空间电测深曲线的类型相同，但同一极距的视电阻率值不同。

以上分析表明，全空间效应和巷道空间影响的大小及特征与多种因素有关，这些因素包括观测接收装置的形式和大小、巷道长度和横截面的尺寸、巷道围岩的电性特征以及测点位置等。

11.3   矿井电剖面法

矿井电剖面法的测量过程：保持各电极间的距离不变，沿测线逐点测量视电阻率值。由于电极间距不变，矿井电剖面法顺层（或垂直层面）的探测深度大致相等，因此所测得的 ρ_s 剖面曲线是测线方向上一定勘探体积范围内介质电性变化的综合反映。

矿井电剖面法常用于探测与巷道正交或斜交的隐伏裂隙带、断层破碎带等横向电性变化大的地质异常体。通过对比分析不同测线的电剖面法视电阻率曲线，追踪相同形态的视电阻率异常在不同测线上的变化规律，从而达到圈定地质异常体的目的，是地面电剖面法资料解释的基本方法。在矿井条件下，由于施工空间的限制，可对比分析的只有材料道与刮板输送机道或开切眼与联络巷的观测结果，工作面的走向和倾向长度相对小构造的延展长度而言较大，这种情况下的电剖面曲线的对比分析十分困难，为此在矿井下开展电剖面法工作时，多采用多极距电剖面装置形式，即在同一测线上布置不同极距的电剖面测量，资料解释以同一测线不同极距的观测结果的对比分析为主。同时，为了改善电剖面法的分辨能力，实际工作中可根据地电干扰的水平和巷道长度，选择对称四极或三极、偶极、两极装置等。对称四极装置的抗干扰能力强，但异常平缓、可分辨能力较差，在巷道两端产生一定的测量盲区；偶极、三极、两极装置等非对称装置异常幅度大、可分辨能力强，能避免巷道两端的测量盲区，但抗干扰能力差。

下面以对称四极剖面法为例，说明矿井电剖面法的方法原理与井下施工技术。

1. 对称四极剖面法原理

在矿井中进行的对称四极剖面法，其供电电极 A、B 和测量电极 M、N 布置在同一条巷道中，电极排列方式与地面电剖面法完全相同。

由于保持电极距不变，因此电流场分布范围基本不变，装置沿巷道移动测量时，巷道影响为常数，因此其视电阻率剖面曲线反映了沿巷道方向测线附近电性的横向变化。

对于不同的矿井地质任务，供电电极和测量电极布置的位置可以不同。例如，以探测煤层中构造变动为目的的勘探工作，供电电极和测量电极布置在巷道壁上；而以圈定巷道顶、底板断裂带为目的的勘探工作，则将供电电极和测量电极布置在巷道顶、底板上。

对称四极剖面曲线上的异常强度、宽度和形状，与所研究地电断面的特征（围岩电阻率和断裂破碎带电阻率的相互关系）有关，也与断裂破碎带和观测剖面的相对位置有关。

2. 对称四极剖面法的井下施工技术

巷道顶、底板对称四极剖面法，主要用于完成以下地质任务：查明巷道顶、底板上的断层和裂隙发育带；配合以偶极剖面法，评价断层和裂隙发育带的含水程度；调查顶、底板岩溶的破坏程度和范围。

为达到以上目的，通常选用复合极距装置，极距的选择，综合考虑以下几种因素的影响：①具体的地质任务；②巷道周围的矿井地质条件和巷道掘进的技术条件（巷道长度和支护类型等）；③由微分剖面曲线和观测剖面上个别点的巷道顶、底板电测深资料所确定的地电断面特征；④地电干扰的强度。

一般，选择 $20 \leqslant AB/2 \leqslant 120$ m，$MN/AB = 1/3 \sim 1/10$，点距取 $5 \sim 20$ m。在某些情况下，要求装置尺寸更小，测点更密。

在巷道壁上布极的对称四极剖面装置，主要用于预测采煤工作面内的构造扰动。具体地说，有以下几方面的应用：①探测煤层内的断层和裂隙发育带；②预测采煤工作面内的顶板垮落和突水点位置；③查明和验证其他电测方法所揭露的异常。

布置在巷道壁上的对称四极剖面装置大小，取决于以下因素：具体的地质任务，煤层和围岩电阻率的关系，勘探对象的空间位置和几何尺寸，巷道长度和采煤工作面的长度等。在许多情况下，选取 $AB/2 = 10 \sim L$（L 为采煤工作面的长度），$MN/AB = 1/3 \sim 1/10$，点距取 $5 \sim 10$ m。

由实验室物理模拟的结果可知：利用供电电极距等于采煤工作面长度 L 的对称四极剖面装置，可以查明到巷道壁距离 $Z \leqslant 0.3L$ 范围内的断层和裂隙发育带。当距离 Z 继续增大时，这种装置形式的分辨能力降低。

3. 对称四极剖面曲线的处理和解释

对于对称四极剖面法，巷道影响是一个常数，可作为背景值，不影响异常的形状。这时巷道顶、底板对称四极剖面曲线上的异常是全空间电性不均匀体的综合反映。

对于供电电极和测量电极布置在巷道壁上的对称四极剖面装置，若煤层内没有断裂破碎带等构造扰动，则测得的剖面曲线是一条平直直线；若煤层内存在构造扰动，则测得的剖面曲线是一条类型复杂的非平直曲线，剖面曲线上的异常与煤层中横向通过观测剖面的断层和裂隙发育带有关。异常特征（异常的形态、强度、宽度等）与断层或裂隙发育带和正常煤系地层的电性差异、它们的空间位置、几何参数（断层的断距、倾向、走向，与观测剖面的相遇角、走向长度等，裂隙发育带的宽度、延伸长度等）、含水性以及供电电极距的大小有关。高阻煤层中的断层，当其断距与煤层厚度大致相等时，煤层顶、底板靠得很近或相互接触，这时在对称四极剖面曲线上表现为低阻异常。而高阻煤层中发育的裂隙带，其异常性质与其含水性直接相关，若裂隙发育带不含水，在剖面曲线上表现为高阻异常；若裂隙发育带含水，在剖面曲线上则表现为低阻异常。

在矿井中进行电法测量时，由于矿井地质条件和巷道技术条件的限制，同一工作面只能布置一到两条测线，因此，矿井对称四极剖面曲线的处理和解释不能完全按照地表常规的方法和程序来进行。

对矿井对称四极剖面曲线进行数据处理的目的在于识别和划分异常。所采用的方法是滑动平均法，具体做法是：选择大小不等的滑动窗口，对电剖面曲线进行线性或非线性加权平均，计算出剩余异常和区域背景值。对于不同长度的滑动窗口和不同的平滑公式，计算所得到的剩余异常和区域背景值不同，从而达到对异常进行分级的目的。不同级次的异常，对应着不同规模、不同物性参数和不同几何参数的地质体。变化剧烈的锯齿状剩余异常一般与裂隙发育带有关。

对异常进行分级处理后，便可依据上面所提及的对称四极剖面曲线的性质，并结合观测剖面的地质资料和其他电测资料进行定性解释。在计算机正演模拟和实验室物理模拟的基础上，可通过地质—地球物理信息的统计处理，建立起异常特征与异常体几何参数之间的相关关系，从而定量或半定量计算出断层和裂隙发育带的宽度、长度以及落差等。

实际应用中，常采用多个极距的复合对称四极剖面法，以此可以了解和查明观测剖面上横向和垂向上的电阻率变化，并可确定异常体的空间位置。

11.4　矿井直流电测深法

矿井电测深法是在观测过程中保持测量电极中心点（即测点）的位置不变，由小到大或由大到小逐渐改变供电电极间距，对应的垂直层面（或顺层）勘探"深度"将不断增大，从而可观测到测点附近垂直层面（或顺层）方向上介质电性变化的电测深视电阻率曲线。同时，将不同测点的电测深观测结果进行对比，可以了解沿测线方向上的电性变化特征。图 11 - 4 所

图 11 - 4　巷道底板对称四极电测深法工作装置示意图

示为巷道底板对称四极电测深法的工作装置示意图。

巷道底板（或顶板）电测深法装置形式的选择，主要考虑可施工巷道的长度。当巷道长度足够大时，多选用对称四极电测深法；当巷道可施工长度较短时，为减少测量"盲区"，可选用三极测深法。井下施工中，由于巷道内岩石裸露，加上浮煤、铁轨、金属支架等表层电性不均匀体和随机地电干扰影响，施工条件较差、表层地电干扰严重，宜采用固定 MN 法，并应用较小测点距和较小极距变化跨度的高分辨电极距系列，以利于提高巷道底板电测深法的地质分辨能力。

在矿井全空间条件下，因介质不均匀所造成的电流场分布非均一性十分突出，巷道不同方向的电测深结果与布极一侧介质的电性特征密切相关。含煤地层中的三维地电异常体

在不同方位巷道电测深法的观测结果上具有不同的反映，利用这一特性在巷道的不同部位布置电测深工作，可以突出布极一侧岩石电性变化特征，据此可以研究陷落柱等二维或三维地电异常体的几何形态、空间位置和富水性等，从而达到为煤矿安全生产提供详尽地质资料的目的。这种全方位电测深技术在确定地电体空间方位、解决全空间效应带来的多解性问题方面具有良好的应用前景。

1. 巷道对电测深曲线的影响

巷道对电测深曲线的影响是巷道不导电空间对全空间电流场正常分布的一种畸变影响（图 11-5），它与电法装置形式、装置大小、巷道几何尺寸、围岩导电性和布极方式等多种因素有关。在井下实际电法工作中，巷道影响问题的复杂性主要体现在巷道影响随供电电极距的非线性变化，以及巷道影响与围岩导电性的关系上。对于不同类型的矿井直流电法，巷道影响问题的复杂程度不同。就矿井电剖面法而言，测量过程中装置大小不变，所以巷道对电剖面测量结果的影响在某种意义上可视为一种背景变化。但是，对于矿井电测深类方法，同一测点不同极距点的巷道影响不同，必然会扭曲地层垂向电性变化在测深曲线上的正常反映，给资料的定性、定量解释带来不利影响。

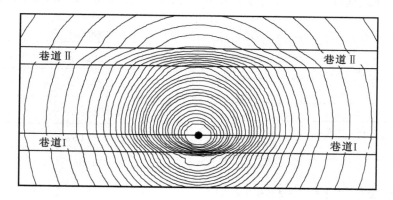

图 11-5 巷道影响下的 xoy 面内的电位等值线分布示意图

引入以下巷道影响因子来表征巷道空间对矿井电阻率法观测结果的影响

$$\alpha = \frac{\Delta U}{\Delta U_0} = \frac{K\dfrac{\Delta U}{I}}{K\dfrac{\Delta U_0}{I}} = \frac{\rho_s}{\rho_0} \tag{11-9}$$

式（11-9）中，ρ_s 为巷道影响下计算的视电阻率值，ρ_0 为无巷道条件下视电阻率值。当 $\alpha > 1$ 时，说明考察点处的视电阻率值因受巷道的影响而增大；当 $\alpha < 1$ 时，说明巷道影响使视电阻率值减小。参数 α 值的变化能够定量反映巷道影响的大小，主要根据 α 值的变化来讨论巷道影响下层状围岩介质中视电阻率曲线的变化规律。

大量数值计算结果表明，巷道影响系数 α 的大小与巷道横截面积、所在煤层（岩层）电阻率、顶底板岩层电阻率及电极距大小有关（岳建华，1997）。

2. 矿井电测深曲线首、尾支渐近线

图 11-6 所示为全空间水平均匀层状介质地电模型示意图，设装置系统布置在第 i 分

界面上。实际工作中，矿井电测深法根据布极位置，分为巷道顶板电测深法和底板电测深法两种。两者曲线变化规律是一致的，其区别只是电源所在界面不同而已，以后讨论均以底板电测深曲线为例。

电测深曲线首支渐近线 ρ_s 值为

$$\lim_{r\to 0}\rho_s=\frac{2\rho_i\rho_{i+1}}{\rho_i+\rho_{i+1}} \tag{11-10}$$

它是煤层及底板岩层电阻率的综合影响值。而曲线尾支渐近线 ρ_s 值为

$$\lim_{r\to \infty}\rho_s=\frac{2\rho_1\rho_n}{\rho_1+\rho_n} \tag{11-11}$$

当底板深部岩层由电阻率无限大的高阻地层组成时，由于全空间场的影响，曲线尾支一般不会出现45°上升渐近线，只有在测点上、下方同时存在电阻率为无穷大的电性层时，才出现45°上升渐近线，这一点与半空间测深曲线有实质性的不同。

3. 矿井电测深曲线中间段变化规律分析

以6层地电模型为例，ρ_3 为煤层，各层层参数均以煤层的厚度 h_3 和电阻率 ρ_3 为单位（图11－7）。在此基础上，依次就各层层参数变化时电测深曲线的变化规律进行讨论。

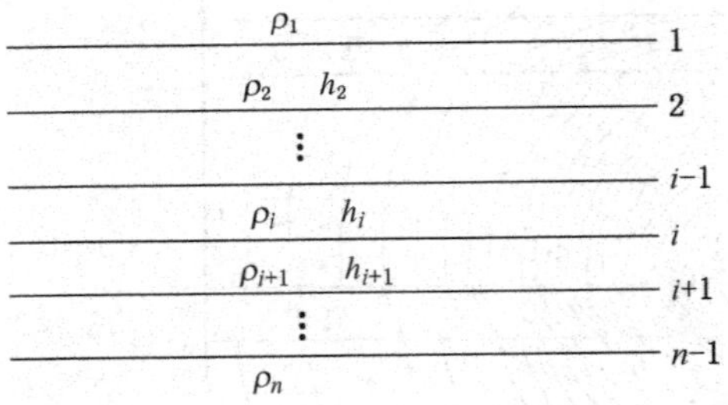
ρ_1
1
ρ_2 h_2
2
i-1
ρ_i h_i
i
ρ_{i+1} h_{i+1}
i+1
n-1
ρ_n

图11－6 全空间水平层状地电模型示意图

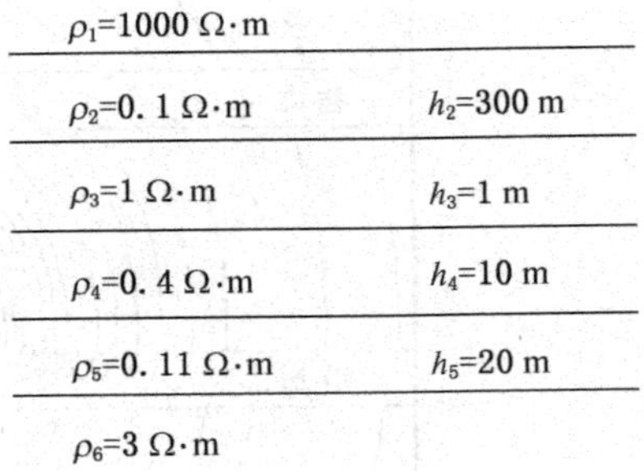
ρ_1=1000 Ω·m
ρ_2=0. 1 Ω·m h_2=300 m
ρ_3=1 Ω·m h_3=1 m
ρ_4=0. 4 Ω·m h_4=10 m
ρ_5=0. 11 Ω·m h_5=20 m
ρ_6=3 Ω·m

图11－7 地电模型及其参数

1）ρ_1 变化对 ρ_s 曲线的影响

如图11－8所示，ρ_1 的变化只影响测深曲线的尾支。当 ρ_1 为高阻，即 $\rho_1\geqslant\rho_3$ 时，视电阻率曲线与 $\rho_1\to\infty$（考虑地面存在）时的曲线基本重合，因此在下面的计算中取 $\rho_1=1000\rho_3$ 来表示地面以上的空气绝缘介质。而且，当 $AB/2$ 较小时，可不考虑地面对测深曲线的影响。

2）煤层顶板以上电性层 h_2 及 ρ_2 变化对 ρ_s 曲线的影响

h_2 为煤层的埋藏深度，ρ_2 表示煤层顶板至地面之间地层的电阻率值。如图11－9所示，当 h_2 由小变大时，测深曲线为HKH型→H型→HA型。曲线尾支的45°上升为 ρ_1 与 ρ_6 高阻屏蔽层的影响。当开采深度 h_2 大于 $100h_3$ 和 $AB/2\leqslant 0.5h_2$ 时，实测曲线可不考虑地面对电测深曲线的影响。

如图11－10所示，当 $\rho_2>\rho_3$ 时，顶板以上地层对曲线影响较小，在曲线前部形成一个低缓的K型，底板以下地层低阻形成曲线中部的H型。当 $\rho_2<\rho_3$ 时，由于煤层的屏蔽作用，除使曲线数值下降外，主要在曲线后部形成A型平台乃至H型。

3）煤层电阻率 ρ_3 及厚度 h_3 变化对测深曲线的影响

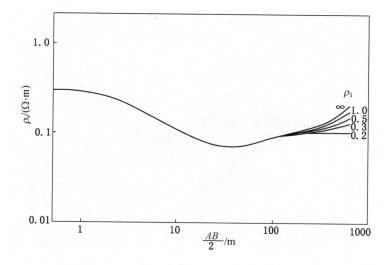

图 11 - 8 ρ_s 曲线随 ρ_1 变化规律

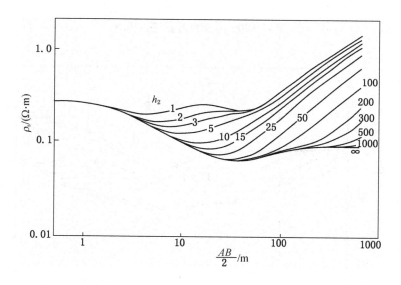

图 11 - 9 ρ_s 曲线随 h_2 变化规律

煤层厚度 h_3 的变化引起煤层对电流屏蔽作用的变化，如图 11 - 11 所示，当 h_3 由小变大时，煤层屏蔽作用加强，即顶板以上地层对测深曲线的影响逐步减弱和延后。同样 ρ_3 对曲线的影响有类似的规律（图 11 - 12），当 $\rho_3 \to \infty$ 时，曲线变为半空间的测深曲线。若电极距 $AB/2 \leqslant 100h_3$ 时，在 $\rho_3 \geqslant 3$（约 $\rho_3 \geqslant 10\rho_4$）的情况下，可不考虑顶板以上地层对测深曲线形态的影响，但会影响 ρ_s 数值的大小。当 ρ_3 相对较低时，煤层上下地层同时影响视电阻率值，曲线变复杂，给解释带来困难。这说明低阻煤层（如无烟煤）不利于开展井下电测深法工作。

4）煤层以下电性层参数变化对测深曲线的影响

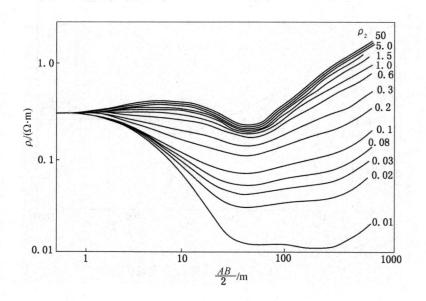

图 11 - 10 ρ_s 曲线随 ρ_2 变化规律

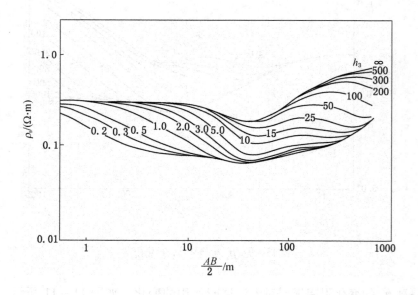

图 11 - 11 ρ_s 曲线随 h_3 变化规律

图 11 - 13 所示为煤层直接底板 ρ_4 变化的情况，ρ_4 主要影响曲线首支，同时，由于 ρ_4 与 ρ_5 大小关系的变化，曲线形态也将随之变化。在图 11 - 14 中 ρ_5 的变化主要影响测深曲线的后部 H 型极小值的大小。

h_4 和 h_5 主要影响测深曲线 H 型的宽窄及极小值，对曲线类型变化影响较弱。

5）基底灰岩 ρ_6 的变化对测深曲线的影响

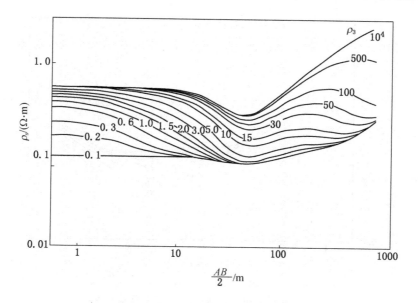

图 11 - 12　ρ_s 曲线随 ρ_3 变化规律

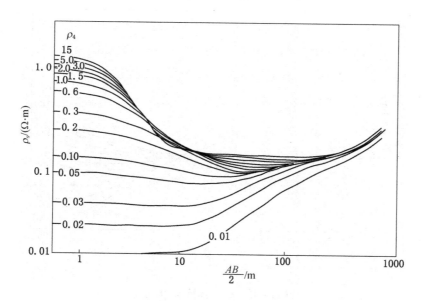

图 11 - 13　ρ_s 曲线随 ρ_4 变化规律

　　如图 11 - 15 所示，ρ_6 的变化直接反映为曲线尾支 ρ_s 数值的大小，如在 $AB/2 \leqslant 100h_3$ 时，ρ_s 的大小反映了灰岩电阻率的大小，这与灰岩的含水性有直接的关系。因此，当煤层以下灰岩充水时，由于其电阻率值较小，则在测深曲线上表现为尾支呈下降趋势。

　　总之，对于矿井电测深法，煤层电阻率的大小对测深曲线影响至关重要。当煤层电阻率相对高阻时，由于煤层屏蔽作用，煤层上部围岩在曲线上反映滞后，影响较小。此时测深曲线主要为煤层底板以下电性层的反映，曲线类型和特征的变化反映了煤层底板以下电性层层参数相对大小关系及数值的变化。实际工作应该注意以下几点：

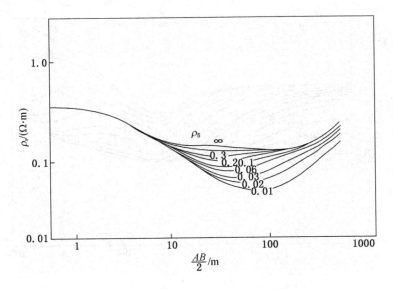

图 11 - 14 ρ_s 曲线随 ρ_5 变化规律

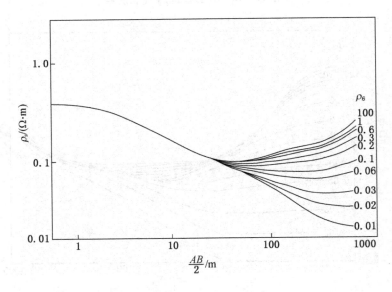

图 11 - 15 ρ_s 曲线随 ρ_6 变化规律

（1）当煤层电阻率与围岩电阻率差异较小时，底板电测深曲线变化规律与全空间岩层电性有关。在进行底板电测深时，还应该考虑煤层以上地层中低阻异常体的影响。

（2）全空间情况下的电测深曲线与地表半空间相比，曲线形态更加复杂，曲线类型已经不能像地面电测深那样与各层电阻率相对大小关系——对应。在某矿区进行矿井电测深勘探之前，应事先根据该矿区地电条件计算其对应测深曲线，并由此指导井下工程设计和施工。

（3）当煤层电阻率相对较高（煤层电阻率大于 3 倍围岩电阻率）时，电极距又不是很大（小于 80 倍煤层厚度）的情况下，底板（或顶板）电测深曲线可近似地按照半空间地表电测深曲线的定性、定量方法来进行资料解释。

（4）当巷道埋深较浅而电极距又较大时，应考虑地面对电测深曲线尾支变化的影响。

4. 煤层顶底板岩层内二维低阻体的异常特征

如图 11 - 16 所示的二维地电模型，在距中心点各 30 m 的煤层顶板、底板岩层内分别设置相同的低阻体，其电阻率 $\rho_3 = 1\ \Omega \cdot m$，围岩电阻率 $\rho_1 = 100\ \Omega \cdot m$。

对于煤层底板对称四极电测深，改变煤层的电阻率大小，当煤层电阻率分别是围岩电阻率的

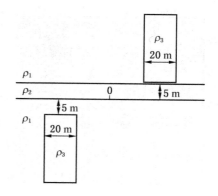

图 11 - 16 二维地电模型

1、5、10、50 倍时，分别将计算结果绘制成视电阻率断面图（图 11 - 17a ~ 图 11 - 17d）。

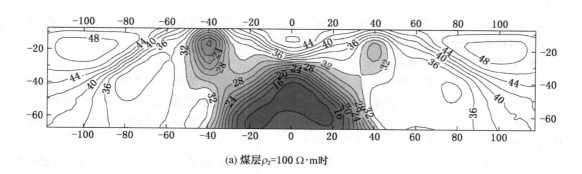

(a) 煤层 $\rho_2 = 100\ \Omega \cdot m$ 时

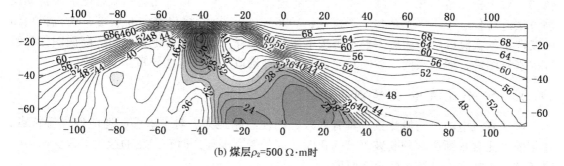

(b) 煤层 $\rho_2 = 500\ \Omega \cdot m$ 时

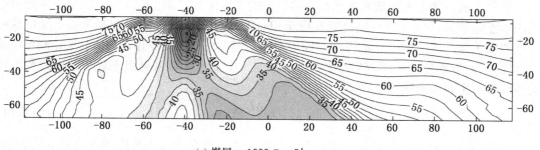

(c) 煤层 $\rho_2 = 1000\ \Omega \cdot m$ 时

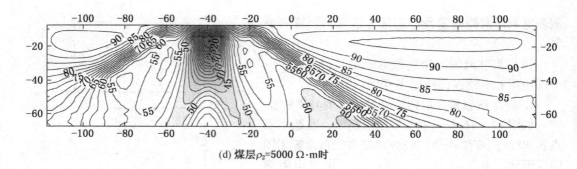

(d) 煤层ρ_2=5000 Ω·m时

图 11-17 底板对称四极测深视电阻率断面图

经对比可知，当煤层电阻率与顶底板围岩相同时，顶板异常与底板异常同时反映到断面图中，无法区分。当煤层电阻率增大时，顶板异常在断面图中的反映减弱，特别是当煤层电阻率大于围岩电阻率10倍时，顶板异常的影响可以忽略。

从以上数值模拟结果亦证明煤层的屏蔽影响，这种影响对底板测深（或顶板测深）的资料解释是十分有利的，容易判定异常的空间范围。

5. 矿井直流电测深资料解释

矿井电测深法的理论基础和地表电测深法不同，全空间情况下的巷道电测深曲线与地面半空间电测深曲线相比，两者有许多明显的差异，已经不能像地面电测深曲线那样与各层电阻率相对大小关系一一对应。加上巷道挖空的影响，使得巷道顶底板电测深曲线形态更加复杂，这就给巷道顶底板电测深曲线的反演解释带来一定的困难。

巷道电测深曲线的定量解释不能采用地面电测深曲线定量解释程序，否则会出现解释错误。对于较完整的井下电测深曲线，经巷道影响较正后，可采用巷道底板电测深自动反演方法进行分层定厚（岳建华，李志聘，1996）。对于因直接出露的断层带、铁轨影响而畸变严重的实测电测深曲线一般不再按单条曲线解释。此时，常把视电阻率断面图作为解释的基础图件，通过横向、纵向对比，判断各种构造产生的电性异常。

11.5 矿井直流电法超前探测技术

矿井直流电法超前探测技术具有高效、简便、测距大、对水敏感、适应性强等特点，在超前探测含水断层、判断破碎带的存在及其是否富水等方面有广泛的应用前景。

11.5.1 矿井直流电法超前探测原理

矿井直流电法超前探测采用单极–偶极法的三极装置（图11-18）。在全空间介质中利用单点电源 A 供电（另一供电极 B 置于相对无穷远处），用 M、N 电极测量。超前探测与电测深工作方式不同，它是将 A 极固定在巷道迎头，向后逐点移动 MN 电极，测量电位差 ΔU_{MN}，并以测量电极距 MN 的中点为记录点，按下式计算视电阻率后，就可绘制出沿巷道的视电阻率剖面曲线。

$$\rho_s = K \frac{\Delta U_{MN}}{I} \tag{11-12}$$

在均匀介质中，点电源 A 形成的等位面为球面，测量电极 MN 所测电位差 ΔU_{MN} 是通过 M、N 两点等位面值之差，此时沿巷道移动 MN 测量计算的视电阻率曲线将是一条直线。若电流分布范围内存在电性异常体（如含水地质异常等），不论异常体在巷道迎头前方还是其他方位，都会引起等位面的变化，视电阻率值也会发生变化。若是低阻异常体会引起视电阻率值降低；反之，高阻异常体则引起视电阻率增高。

如图 11-19 所示，当巷道迎头前方存在低阻体时，因其吸引电流而引起整个电流场的畸变，使得 MN 附近电流密度降低，故视电阻率减小。通过分析实测视电阻率剖面曲线的变化规律，就可分析巷道附近有无含水地质异常体。

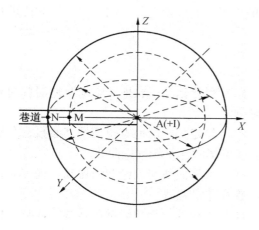

图 11-18　单极－偶极法测量原理图

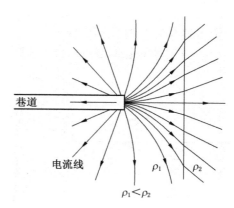

图 11-19　高阻岩层对电流场的排斥作用

由于全空间视电阻率影响因素较多，只用一个供电点的剖面曲线很难判定异常体的空间位置，所以实际工作中常常如图 11-20 所示布置 A_1、A_2、A_3 3 个供电电极（或 4 个供电电极也可），另一供电电极 B 设在无穷远处，测量电极 M、N 在巷道内按箭头所示方向以一定间隔移动。

A_1、A_2、A_3 供电点间距一般在 2～10 m 之间，最大电极距 AO 应根据

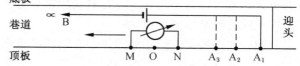

图 11-20　三点－三极超前探装置示意图

地质任务和巷道长度确定，以满足地质任务为准，且在反映目标深度以外应有 2～3 个极距观测值，由于仪器防爆限制功率，一般小于 100 m。MN 的大小要考虑信噪比及探测精度的影响，其移动间隔应尽可能小，通常为 2～6 m。相对无穷远极 B 的距离 $BO_{min} \geq (4～10)AO_{max}$。"无穷远"极的极距 BO 设置原则："无穷远"极（B 极）应布设在两测量电极的中垂线上（偏角不大于 5°），其至测量电极 MN 中心点（O）的直线距离（BO）应为另一供电电极至中心点最大距离（AO_{max}）的 4 倍以上；如布设在测量电极的延长线上，则 BO 的直线距离应为 AO_{max} 的 10 倍以上。如果既不垂直也不平行，则 BO 的直线距离应大于 6 倍 AO_{max}。

测量电极距相对固定，测量电极之中点（O）与供电电极（A）之间距离（AO）应分布在测量电极距（MN）的 3～40 倍之间，以免影响观测精度。应按尽量增大分辨率、提高信噪比的原则布极。

测量方法是每移动一次测量电极 MN，分别测量由 A_1MN、A_2MN、A_3MN 装置所对应的视电阻率 ρ_{s1}、ρ_{s2}、ρ_{s3} 值。然后向后移动 MN（扩大电极距），重复测量 3 个供电点的视

电阻率值，由此可以测得 3 条视电阻率值曲线。

通过 3 组视电阻率值曲线对比，可以校正、消除表层电性不均匀体的干扰，然后才能解释判断异常体的空间位置。

11.5.2 三极超前探测的资料解释及其图示方法

井下单极－偶极法的观测结果是勘探体积范围内包括巷道影响在内的岩层、构造等各种地质信息的综合。MN 电极附近的电性不均匀体对观测影响最大，往往造成剖面曲线出现大的起伏或锯齿状跳跃，需要通过 3 个测点的单极－偶极视电阻率剖面曲线的对比进行校正。

资料解释的方法和步骤如下：

（1）首先消除巷道迎头后方 MN 附近影响。

（2）尽量消除层状地层空间及地层各向异性影响。

（3）给定相应的地电模型及其参数，分别计算正常场和异常场理论曲线。

（4）实测曲线与理论曲线比较，确定异常点位置及异常类型。

（5）利用几何作图法确定异常体的具体位置。

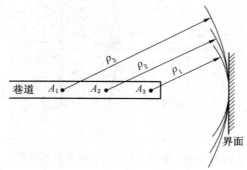

图 11－21 几何作图法原理示意图

图 11－21 所示为几何作图法原理示意图，方法是分别以实际供电点 A_1、A_2、A_3 为圆心，以该供电所测异常极小点坐标为半径画圆，若三圆弧相切点在正前方，则切点即为异常体界面位置；若三圆弧不相切，并且曲线异常形态类似，则异常体界面与巷道平行或斜交，其公切线即为异常体界面位置。

目前，巷道表层电性不均匀体的影响已经克服了，直流超前探测技术探测结果的可靠性和精度，尤其是解释异常的空间准确定位、人文设施干扰等方面还需进一步深入研究完善。

矿井直流超前探测法的图示方法有两种：一种叫综合拟断面图，或者称为拟巷道断面图（图 11－22），优点是结果直观；另一种叫综合（异常）曲线图，优点是异常的大小级别、范围及变化清楚。

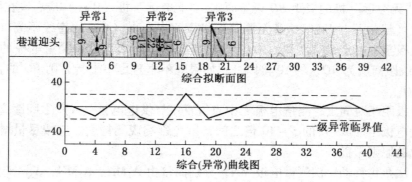

图 11－22 矿井直流超前探测法的两种图示方法示意图

11.6 矿井直流电透视法

11.6.1 矿井直流电透视原理

矿井直流电透视法把供电电极 A（有时用偶极 AB）和测量电极 MN 分别布置在采煤工作面两相邻巷道中，采用直流供电，通过测量 MN 间的电位差 ΔU_{MN}，研究工作面顶板或底板岩层中的隐伏地质异常体，用于探测工作面顶、底板岩层内的含水、导水构造。

矿井直流电透视的装置形式如图 11 – 23 所示，其中 A、B 为供电电极，M、N 为测量电极。

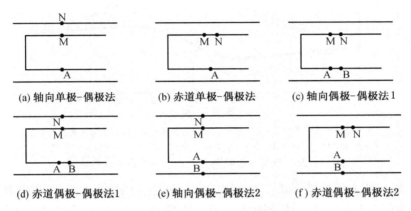

图 11 – 23 直流电透视法的几种布极方法

图 11 – 24a、图 11 – 24b 分别为轴向单极 – 偶极和赤道单极 – 偶极电极排列情况下对应的理论电位差曲线。图 11 – 25 所示为所有电极排列方式对应的理论电位差曲线。

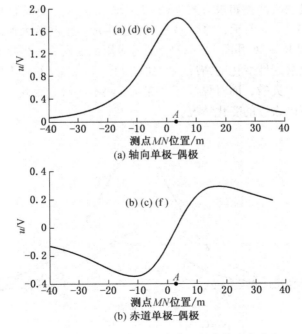

图 11 – 24 单极 – 偶极工作装置电位差响应曲线

对比分析图 11-25 中不同电极排列组合的电位差曲线可知，赤道偶极-偶极法 1 和轴向偶极-偶极法 2 所对应的理论电位差曲线与图 11-25a 曲线形态相似；轴向偶极-偶极法 1 和赤道偶极-偶极法 2 对应的理论电位差与图 11-25b 曲线相似，但其曲线变化的幅度有较大的差异。

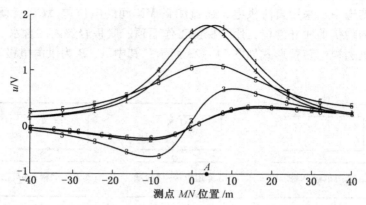

1—轴向单极-偶极法；2—赤道单极-偶极法；3—轴向偶极-偶极法 1
4—赤道偶极-偶极法 1；5—轴向偶极-偶极法 2；6—赤道偶极-偶极法 2

图 11-25　所有电极排列方式对应的理论电位差曲线

图 11-25 表明赤道单极-偶极法（b）、轴向偶极-偶极法 1（c）和赤道偶极-偶极法 2（f）3 种布极方式的 ΔU_{MN} 幅值较小，且存在零点，不利于实际观测。而轴向单极-偶极法（a）、赤道偶极-偶极法（d）、轴向偶极-偶极法 2（e）的电位差响应 ΔU_{MN} 特征较为明显，变化幅值较大，有利于测量，是较常用的排列方式。

11.6.2　赤道偶极-偶极法

赤道偶极-偶极法有两种布极方式（图 11-23），其中，赤道偶极-偶极法 1 正演理论电位差曲线如图 11-24a 所示，电位差曲线为上拱形，中间极大值两边对称，随着极距 $r \to \infty$，$\Delta U_{MN} \to 0$。图 11-26 和图 11-27 分别为应用赤道偶极-偶极布极方式下所计算电位差随巷道底板和煤层岩性变化的情况。对比图 11-26、图 11-27 可知，该方法对煤层顶、底板岩性变化反映灵敏，而对煤层岩性变化反映不灵敏。因此，赤道偶极-偶极法适于探测煤层顶、底板内岩性的变化情况。

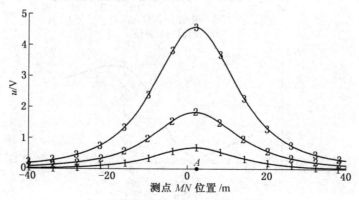

1—$\rho_2 = 0.1\rho_1$；2—$\rho_2 = \rho_1$；3—$\rho_2 = 10\rho_1$

图 11-26　底板电阻率变化情况（赤道偶极-偶极法 1）

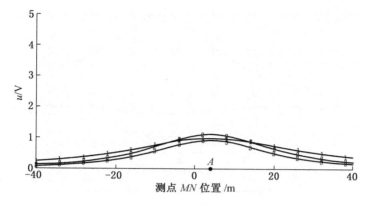

1—$\rho_2 = 0.1\rho_1$；2—$\rho_2 = \rho_1$；3—$\rho_2 = 10\rho_1$

图 11－27 煤层电阻率变化情况（赤道偶极－偶极法 1）

对于以上 6 种直流电透视方法逐一分析后可知，图 11－22 中所示的直流电透视方法主要反映了煤层顶、底板内部岩性的变化，而对煤层内部电性的变化反映不灵敏，即对工作面煤层内的局部异常探测精度较低。

11.6.3 煤层偶极－偶极法

对于工作面煤层内部的局部异常构造，采用煤层偶极－偶极法（顶、底板偶极－偶极法）来进行探测。即将两供电电极 A、B 以及测量电极 M、N 分别置于工作面两侧巷道的上、下界面，在测量过程中相对固定 AB；在另一巷道相对移动 M、N 极，使偶极排列可能呈扇形覆盖测量区域（图 11－28）（注：当 AB 与 MN 在同一巷道时的测量方法，叫层测深法）。

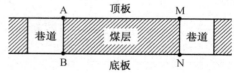

图 11－28 探测煤层内地质异常的布极方法

图 11－29 所示为底板岩性变化时，用煤层偶极－偶极法所测量的电位差曲线变化，从图 11－29 上可以看出，当底板岩性变化时，该方法所测量的电位差几乎没有变化，说明该方法对底板岩性变化没有反映。而图 11－30 所示为煤层电性变化时该方法的电位差响应曲线，当煤层电阻率值 ρ_2 与顶底板电性参数相差越大时，电位差响应越大。随着距供电点的 $r \to \infty$，电位差值趋近于零。

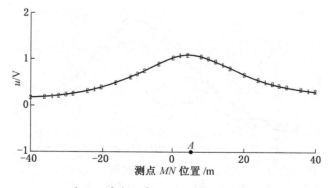

1—$\rho_3 = 0.1\rho_1$；2—$\rho_3 = \rho_1$；3—$\rho_3 = 10\rho_1$

图 11－29 底板岩性变化情况（煤层偶极－偶极法）

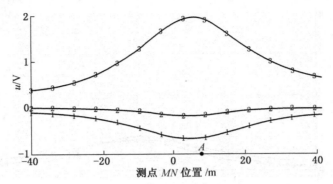

1—$\rho_2 = 0.1\rho_1$；2—$\rho_2 = \rho_1$；3—$\rho_2 = 10\rho_1$

图 11-30　煤层岩性变化情况（煤层偶极-偶极法）

根据电场分布规律，MN 电极所测量的两等位面间的电位差 ΔU_{MN} 主要反映了两等位面间勘探体积内的电性变化。对于以上 7 种电极组合方法，前 6 种在勘探体积内，顶底板占主导地位，主要反映煤层顶底板内的电性变化规律。煤层偶极-偶极法在 MN 间勘探体积内，煤层占主导地位，主要反映煤层内的电性变化。因此，在进行矿井电法勘探的过程中，应根据实际地质勘探任务的需要，合理选择具体的测量装置形式，以提高矿井电法勘探的精度。

11.6.4　直流电透视法正演模拟结果分析

工作面煤层内若有一局部异常体（图 11-31），设其电阻率值为 ρ_4，煤层顶、底板电性参数 $\rho_1 = \rho_3 = 100\,\Omega\cdot m$，煤层电阻率设为 $\rho_2 = 500\,\Omega\cdot m$。当局部异常体的电阻率取不同值时，由三维有限元正演模拟方法计算所得的电位差响应曲线如图 11-32 所示。

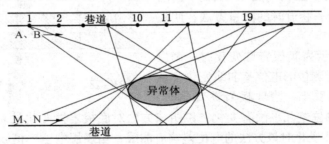

图 11-31　煤层偶极-偶极法平面示意图

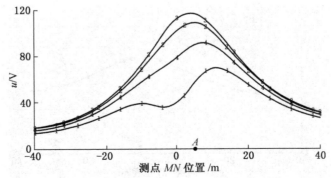

1—$\rho_4 = 10\,\Omega\cdot m$；2—$\rho_4 = 100\,\Omega\cdot m$；3—$\rho_4 = 500\,\Omega\cdot m$；4—$\rho_4 = 5000\,\Omega\cdot m$

图 11-32　煤层偶极-偶极法电位差曲线

随着异常体电性参数 ρ_4 的减小，曲线整体往下平移（降低），而不是只在对应异常体位置上发生变化。在实际测量过程中，对任一供电点可测量另一巷道中所有测点处的视电阻率值，这样可得到与供电点数相同的视电阻率曲线。每条视电阻率曲线形状都有所不同，主要取决于与异常体的相对位置。在资料处理解释时，绘制其相应的视电阻率曲线交汇图（图 11-33），即可判断出异常体的形态大小及其分布范围。该方法适用于探测工作面煤层内部的低阻异常体。

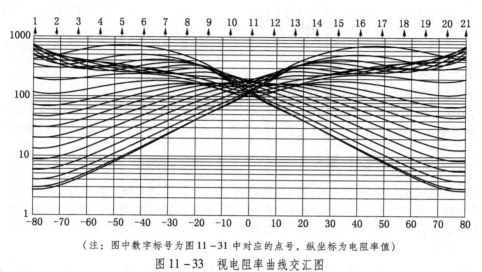

（注：图中数字标号为图 11-31 中对应的点号，纵坐标为电阻率值）

图 11-33　视电阻率曲线交汇图

上述分析计算结果表明，前 6 种直流电透视方法主要适用于探测工作面煤层顶底板内的局部异常，而煤层偶极 - 偶极法则主要用于煤层内低阻含水、导水构造探测。

11.6.5　井下施工方法技术

直流电透视法工作方法与矿井无线电透视法相同，测量工作在采煤工作面的两巷道间进行，一般每 10 m 一个测量点，每 50 m 一个供电点。如果采场较短，如小于 80 m，应加密到每 5 m 一个测量点，20～30 m 一个供电点。

具体测量方法是，对每个供电点供电时，对应在另一巷道的扇形对称区域内布置 15～20 个观测点进行测量 ΔU_{MN}。当本巷道内所有供电点测量完毕后，测量与供电在两巷道对调，重复观测所有供电点，以确保采面内各单元有两次以上的覆盖。

11.6.6　直流电透视法资料解释方法

1. 曲线对比法

曲线对比法是直流电透视资料解释中最常用的基本方法，首先利用电测资料确定煤层及围岩电性参数（电阻率）；其次，正演模拟计算理论地质模型的理论电透视曲线（电位曲线或视电阻率曲线），也可利用同一巷道不同测点的实测电透视曲线，通过相关分析法确定地电模型的理论电透视曲线；最后，将实测曲线和理论曲线对比，根据二者的吻合程度及实测曲线上的异常畸变点，可定性圈定煤层及其顶底板内是否存在断层、含水、导水构造等。依据畸变点的性质和位置，结合已知地质资料，可综合分析判断顶底板断层或岩溶裂隙发育带的含水性及其位置。

2. 地电 CT 成像法

该方法可将异常体的位置、性质、影响范围比较直观地表现在工作面平面图上。地电成像法与地震射线层析成像在原理上有很大的差别:该方法不像地震射线层析成像法那样有走时和速度沿射线路径积分的简单关系。在稳定电流场中,电位满足泊松方程,电流线总是趋向于从电阻率低的地方通过,电流强度沿电流线的积分(电位)与路径无关。因此,电阻率成像要通过数学物理方程反演来达到地电成像的目的。

一般借助于测量的电位差来确定电阻率的变化,而电阻率的变化取决于地层的非均匀性。为了描述这种非均匀性,引入局部电阻率 $\rho_s(x, y, z)$,即将所测范围划分成若干个地电单元体,将偏差 $e(x, y, z)$ 定义为

$$e(x, y, z) = (\rho_s - \rho_s^0) / \rho_s^0 \qquad (11-13)$$

式中 ρ_s——实测视电阻率;

ρ_s^0——理论地电模型正演计算的视电阻率值。

利用视电阻率在不同单元体的偏差 $e(x,y,z)$,将此非均匀性按一定规则用平面图表现出来,就是地电成像结果。依据异常带的性质可确定断层或裂隙发育带的含水性及其位置。

11.7 音频电透视技术

由于直流电透视应用稳定电流场,其观测仪器一般采用方波供电,宽频带接收,抗干扰能力相对较弱。煤科总院西安分院物探研究所开发了音频电透视仪器,它通过单一低频率交流供电、接收仪器等频测量等手段消除干扰,提高了抗干扰能力和观测精度,可小电流供电,有利于仪器设备的防爆。

由于音频电透视采用低频交流供电,一般为 15~100 Hz,在一定条件下该交流电场的视电阻率值与直流的是等值的,所以其资料处理解释方法可以借用较为简单的直流的解释方法。

但由于工作面宽度的限制,直流电透视的勘探深度往往不能控制,为此,可提高供电电流频率,利用交变电磁场的趋肤效应,来控制勘探深度。现在已经开发了多频点音频电透视技术及仪器设备。

目前,音频电透视技术在理论上还没有建立起勘探深度与不同频率电流场间的关系,对于不同地电参数的影响规律还不清楚。现在的解释深度还只能凭经验确定。

大量应用实例表明,矿井音频电法透视对于采煤工作面顶底板内部的导水构造及含水层的富水性探测,取得了良好的地质效果,为采煤工作面注浆改造及防治水工作提供了依据。在受水害威胁的大水矿区,常用于检查底板注浆改造的效果。

11.7.1 低频交流与直流等值原理

1. 无限均匀大地中电偶极子的电磁场等值性

在无限均匀大地中,电流为 I、长度为 AB 的电偶极子的电磁场在直角坐标系和球坐标系的矢量位表达式为

$$\left. \begin{aligned} A_Z &= \frac{IAB}{4\pi} \frac{e^{-kr}}{r}, \quad A_X = A_Y = 0 \\[2mm] A_r &= \frac{IAB}{4\pi} \frac{e^{-kr}}{r} \cos\theta \\[2mm] A_\theta &= -\frac{IAB}{4\pi} \frac{e^{-kr}}{r} \sin\theta, \quad A_\phi = 0 \end{aligned} \right\} \qquad (11-14)$$

在低频和小极距情况下，相当于近区场。因此，在近区场，$|kr|\ll 1$，由式（11-14）可得：

$$\left.\begin{aligned}H_\phi &= \frac{IAB}{4\pi}\frac{\sin\theta}{r^2}\\[6pt]E_r &= -i\omega\mu\frac{2IAB}{4\pi}\frac{\cos\theta}{k^2 r^3}\\[6pt]E_\theta &= -i\omega\mu\frac{IAB}{4\pi}\frac{\sin\theta}{k^2 r^3}\end{aligned}\right\}\qquad(11-15)$$

在似稳条件下，忽略位移电流，式（11-15）变为

$$\left.\begin{aligned}H_\phi &= \frac{IAB}{4\pi}\frac{\sin\theta}{r^2}\\[6pt]E_r &= \frac{2IAB}{4\pi}\frac{\cos\theta}{r^3}\rho\\[6pt]E_\theta &= \frac{IAB}{4\pi}\frac{\sin\theta}{r^3}\rho\end{aligned}\right\}\qquad(11-16)$$

式（11-16）中第二、三式与直流电偶极子表达式完全一致，第一式为直流电偶极子的毕奥—沙伐尔定律，磁场与介质无关系。由此说明，交流偶极子的近区似稳场与直流偶极场相同。

其中，k 为波数，$k=\sqrt{i\mu\omega\sigma}$，$\mu$ 为磁导率，ω 为圆频率，σ 为电导率。

2. 交流视电阻率 ρ_ω 与直流 ρ_s 的关系

一般 ρ_ω 随地层电性和结构、工作频率 f，以及极距 r/H 值（H 为目的层深度）而变化。不同场区对应的 ρ_ω 结果不同。

（1）当 $r\gg\dfrac{\lambda_1}{2\pi}$（远区）：

其条件是 $|kr|\gg 1$ 或 $r\gg\dfrac{\lambda_1}{2\pi}$，在此区，测量结果皆为表面波所起作用。这是频率测深中最好的利用场区，测量 ρ_ω 效果最佳。这个区段的测深曲线叫做波曲线。

（2）$r\ll\dfrac{\lambda_1}{2\pi}$（近区）：

其条件是：$|kr|\ll 1$，或 $r\ll\lambda_1$，这种情况下，地层波起主导作用，ρ_ω 曲线对地层的各向异性，等值关系加大，不能做频率测深，只能做几何测深，即直流测深。井下音频电穿透仪正是利用这一特性，实现交流观测，直流解释（实测曲线的尾支，通常进入了 S 区）。

（3）$\rho_\omega^{E_x}$ 的变化（$\theta=90°$）：

从场区理论看，对均匀大地情况 $\rho_\omega^{E_x}$ 从波区到 S 区间的变化可从理论计算得到的规律如图 11-34 所示：$\rho_\omega^{\sim}|_{E_x}$（完全波区）$=2\cdot\rho_\omega^{=}|_{E_x}$（完全 S 区）。由图 11-34 可见从波区到 S 区的 2 倍关系不是线性变化的。其中，ρ_ω 为交流视电阻率值，ρ_s 为直流视电阻率值。

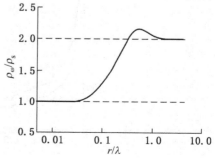

图 11-34 均匀空间 ρ_ω/ρ_s 与 r/λ 的关系

当 $r/\lambda_1 < 0.01$ 时，$\dfrac{\rho_\omega}{\rho_s} = 1$；当 $r/\lambda_1 < 0.033$ 时，$\dfrac{\rho_\omega}{\rho_s} = 1.0$；

当 $0.033 < r/\lambda_1 < 0.33$ 时，$\dfrac{\rho_\omega}{\rho_s} = 1.0 \sim 2.0$，当 $\left.\begin{array}{l} r/\lambda_1 = 0.33 \\ r/\lambda_1 > 1.43 \end{array}\right\}$ 时，$\rho_\omega/\rho_s \approx 2.0$；

当 $0.33 < r/\lambda_1 < 1.43$ 时，$\dfrac{\rho_\omega}{\rho_s} = 2.0 \sim 2.15$，这一近似规律，可作为解释工作中的参考数值。

（4）均匀大地 $\rho_\omega^{E_x}(\theta = 0°)$ 和 $\rho_\omega^{E_y}$ 的波区值与 S 区值的关系，由场强公式可知，对均匀大地：

$$\rho_\omega^{E_x}\big|_{\theta=0°}（完全波区）= \frac{1}{2}\rho_\omega^{E_x}\big|_{\theta=0°}（完全 S 区）$$

$$\rho_\omega^{E_y}（完全波区）= \rho_\omega^{E_y}（完全 S 区）$$

3. 交流、直流视电阻率等值关系影响最大等值探测距离（$r_{\max}$）的因素

根据电磁场有关原理知道，影响交、直流视电阻率等值关系的因素是地层电性和结构、工作频率、极距。因此影响最大等值探测距离（$r_{\max}$）的因素主要表现在地层电阻率和工作频率。

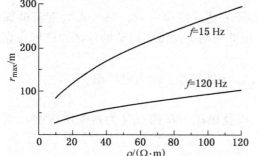

图 11-35 最大等值距离（$r_{\max}$）与电阻率关系图

1）地层电阻率的影响

在均匀地层中传播的电磁波长 λ_1 近似为

$$\lambda_1 = \sqrt{10^7 \cdot \frac{\rho}{f}}$$

式中 ρ——均匀大地电阻率；

f——工作频率。

对于固定频率 $f = 15\,\text{Hz}$，按照式（11-16）可以推导出岩石电阻率 ρ 与最大等值距离（$r_{\max}$）的关系（图 11-35），当频率一定，$r_{\max}$ 随岩石电阻率的增大而非线性增大。

2）工作频率的影响

对于固定岩石的电阻率是 $55\,\Omega \cdot \text{m}$ 不变时，频率 f 与最大等值距离（$r_{\max}$）的关系如图 11-36 所示，当电阻率一定，$r_{\max}$ 随工作频率 f 的增大而非线性减小。

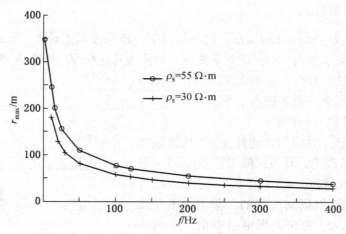

图 11-36 最大等值距离（$r_{\max}$）与频率关系图（$\rho = 55\,\Omega \cdot \text{m}$）

一般地，在近区，当频率一定，岩石电阻率越大，交流视电阻率越接近直流视电阻率；反之，其偏差越大。当电阻率不变，频率越低，交流视电阻率越接近直流视电阻率；反之，其偏差越大。

4. 交流、直流视电阻率正演理论曲线比较

采用边界元法二维正演仿真模拟，地电模型：上半空间 $\rho_1 = \infty$，下半空间 $\rho_2 = 200\ \Omega \cdot m$，$AB = MN = 3\ m$，工作频率 $f = 15\ Hz$，可计算出最大等值范围 $r_{max} \approx 381\ m$。取工作面宽度 $d = 100\ m$ < 381 m，分别采用交流轴向偶极法与直流平行偶极 - 偶极法相同装置进行计算，结果如图11 - 37 所示。两条理论视电阻率曲线间误差小于1%。说明在等值范围内 ρ_ω 与 ρ_s 是等值的。

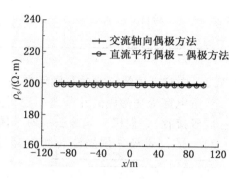

图 11 - 37　交流轴向偶极与直流平行
偶极 - 偶极法正演曲线

5. 交流与直流探测原理的差别

1）交流与直流电场的差别

在交变电流场中定义 $kr \ll 1$ 或 $r/\delta \ll 1$ 时为近区场（其中，k 为波数，r 为发射与接收之间的距离，δ 为趋肤深度），即当 r 相对于 δ 很小时为近区场，也就是低频小极距时。在近区场中以接地传导类电场为主，感应类场很小甚至可以忽略。直流电场完全是接地传导类电场。音频电穿透法直接利用了交变电流场中近区场的这个特点，用直流电法视电阻率近似替换之。

在低频近区场探测时，根据电场分布规律，音频电穿透法测量电极 M、N 之间的电位差 ΔU_{MN} 主要反映了两等位面之间勘探体积内的电性变化，由于该勘探体积在顶底板内所占比例为80%以上，探测结果主要是顶底板内的反映。因此音频电穿透法能探测采煤工作面顶底板内的电性变化。

2）交直流等值原理允许的最大探测距离

我国大多数煤系地层的电阻率大于 55 $\Omega \cdot m$。实际工作中应注意地层电阻率、仪器频率与最大等值探测距离的关系。目前常用的 DTS - 1、YT120（A）型防爆音频电穿透仪频率参数对应的最大等值探测距离见表 11 - 2。对于不同地区的不同地层电阻率应具体计算，如果超出等值范围，则不能使用交直流视电阻率等值原理，否则会影响探测结果。

表 11 - 2　交直流等值原理允许的最大探测距离

地层电阻率/($\Omega \cdot m$)	频率/Hz	最大等值距离/m
55	7.5	282.6
	15	199.8
	120	70.6
70	7.5	318.8
	15	225.4
	120	79.7

表 11 −2（续）

地层电阻率/(Ω·m)	频率/Hz	最大等值距离/m
100	7.5	381.0
	15	269.4
	120	95.2

11.7.2 电穿透法解释方法与图示方法

音频电穿透法使用的几种典型建场方法（施工方法）有单极 – 偶极法系列（单点发射 – 偶极接收），偶极 – 偶极法系列（偶极发射 – 偶极接收）。

对于平行偶极 – 偶极法音频电穿透法在工作面两巷道间进行（与单极 – 偶极法相

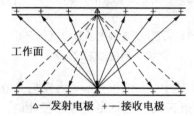

△—发射电极 +—接收电极

图 11 −38 音频电穿透探测方法示意图

似），一般按 5 ~ 10 m 一个测点，30 ~ 50 m 一个供电点。测量时，固定供电点（A、B），移动测量电极（M、N）在另一巷道对称区间（15 ~ 21 个点）呈扇形测量（接收）（图 11 −38）。

音频电穿透探测技术使用的参数是岩石的视电阻率。计算方法如下。

1. 交流视电阻率

对于水平谐变电偶极子，偶极距 Ia，偶极子平行于 x 轴，z 轴垂直向下，测点 P 与偶极子中心连线与偶极子夹角为 θ，其电场、磁场分量 E_x、E_y、E_z、H_x、H_y、H_z，既有方向性，又有振幅大小，还有相位等参数，比较复杂。在频率测深的近区场，$E_x = \dfrac{I\alpha\rho_1}{4\pi}\dfrac{1}{r^3}$

$(3\cos2\theta + 1)$，$E_y = \dfrac{3I\alpha\rho_1}{4\pi}\dfrac{1}{r^3}\sin2\theta$ ……，各场强均与频率无关。

在均匀大地情况，对于水平电偶极子源，大地电阻率 ρ_1 与各场强分量有如下关系：

$$\rho_1 = \frac{4\pi r^3}{I\alpha}\left|\frac{E_x}{3\cos2\theta - 1}\right| = \frac{4\pi r^3}{3I\alpha}\left|\frac{E_y}{\sin2\theta}\right| = \frac{4\pi^2 r^4}{\omega\mu_0 I^2\alpha^2}\left|\frac{E_x}{\cos\theta}\right|^2 = \frac{16\pi^2\omega\mu_0 r^6}{9I^2\alpha^2}\left|\frac{H_x}{\sin2\theta}\right|^2$$

$$= \frac{16\pi^2\omega\mu_0 r^6}{I^2\alpha^2}\left|\frac{H_y}{3\cos2\theta - 1}\right|^2 = \frac{2\pi\omega\mu_0 r^4}{3I\alpha}\left|\frac{H_z}{\sin\theta}\right| \qquad (11-17)$$

但当大地分层时，各层的电阻率不同，用一个笼统的大地电阻率来表示，称为视电阻率 ρ_ω。这样通过上述任意一个场强分量的振幅均可确定出大地的视电阻率值。

2. 直流视电阻率

计算直流视电阻率公式：

$$\rho_s = \frac{4\pi r^2 E}{I} = -\frac{4\pi r^2}{I}\frac{\partial U}{\partial r} = K\frac{\Delta U_{max}}{I} \qquad (11-18)$$

其中，K 为装置系数，对不同的建场方法（电极布置方式不同），K 的计算公式不同。对于平行偶极 – 偶极方式，$\Delta U_{max} = \Delta U/\cos\theta$，显然直流视电阻率计算公式简单方便。一般地，音频电穿透法解释方法可参照直流电透视解释方法，其图示方法是在采煤工作面二维平面图上成图，参数是视电阻率或视电导率。

目前其最好的解释成图方法是三维反演解释、三维成图，地电异常体在采煤工作面顶板还是底板定位比较直观、准确。

图 11 – 39 ~ 图 11 – 41 所示为采煤工作面电穿透法的工作布置、二维平面解释和三维空间解释图实例。

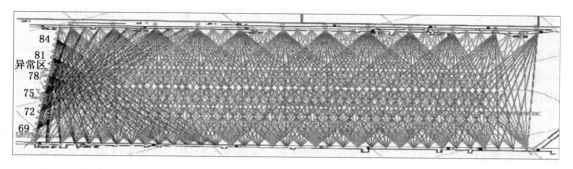

图 11 – 39　采煤工作面电穿透法工作布置图（定点发射，扇形接收）

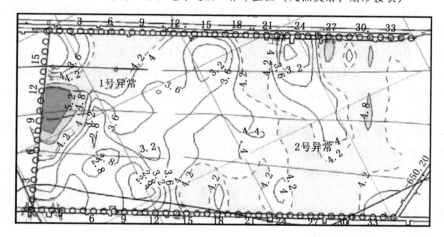

图 11 – 40　120 Hz 实测数据二维平面解释图（图中左侧异常区为含导水陷落柱）

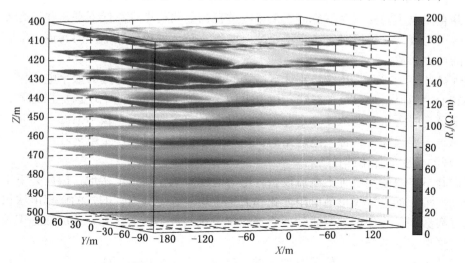

图 11 – 41　120 Hz 实测数据三维空间解释图（图中左上部异常区为含导水陷落柱）

11.8 矿井直流电法勘探中的其他问题

矿井电阻率法具有方法多、适应性强等特点,对应于不同的地质条件总可以找到一种或多种方法完成某一勘探任务。以调查底板突水条件为例,采用矿井电剖面法中的一种或多种方法可以探测巷道底板下的断层和裂隙发育地段,利用层测深法和电透视法等可追踪断裂带在煤层中的延伸情况,而确定煤层底板到含水层的距离、圈定底板灰岩岩溶发育范围等则可采用巷道底板电测深法。作为矿井电阻率法的共性问题,如施工方案设计、实测工作、资料解释等,需要注意以下几个问题。

1. 井下施工技术方案设计

通常,剖面法用于探测沿巷道方向的断层和裂隙带(与巷道垂直或斜交),若要进一步探测底板以下岩层内的构造,须用电测深法。高密度电阻率法包含了电剖面法和电测深法两者的优点,能更精细地探测横向和垂直方向的构造,但因其工作量成倍增加,勘探深度有限,只有在必要时才加以应用。层测深法和电透视法用于探测顺煤层内的断层或裂隙发育带等构造扰动。

实际应用中,大多数地质任务是探测巷道底板断层或裂隙发育带的导水性、底板下灰岩的埋深及其含水性。因此,矿井电测深法是最常用的方法。矿井三极电测深法具有施工方便、对异常反应灵敏等特点;而对称四级电测深法具有抗干扰能力强和测量时易于读数等优点。

因巷道可施工长度有限,若全部应用对称四极电测深法会在巷道两端产生探测盲区,因此遇到对巷道两端也有勘探要求的地质任务,一般采用三极电测深。实际测量中,首先在巷道某一端布置测点,供电电极 A 向另一端方向跑极,直到最大电极距到达另一端时,将供电电极反方向布置,这样巷道两端均可测到。值得注意的是,最好在改变布极方向的测点附近重复测量 2~3 条曲线,以便在资料解释时消除电场变化引起的虚假异常。

2. 井下施工中的其他问题

1)施工安全问题

矿井直流电法勘探在井下巷道或采场内进行,空间狭小且高低不平,并且有各种机械设备和备用物资,在跑极时应注意不要磕碰撞伤。对于顶板条件不好的巷道,不宜在有冒顶危险的地方久留。

在煤矿井下工作时,还应特别注意防爆问题。尽管已经有防爆的数字电法仪,但电法勘探的其他附属设备如电极、导线、供电电源等一般不防爆。施工现场加强通风,并安排瓦斯安全员定时测量瓦斯浓度,是井下电法勘探必须采取的安全技术措施。同时,仪器的供电电流也不能很高,各种供电线路的接头应连接良好,以免产生电火花。

2)观测精度的保障措施

煤矿井下普遍使用各种大电流设备,电力运输车的铁轨带电接地,因此井下工业游散电流干扰严重,加上浮煤接地电阻变化和人工金属设施等因素,旧式的模拟电法仪已无法观测到可靠数据。为保证观测质量,除采用抗干扰的数字电法仪外,还应在施工技术及读数方法上采取必要措施。

出于井下安全考虑,不能采取加大供电电流的方法来提高信噪比。数字电法仪可采用多次采样叠加的方法压制随机干扰信号。对于强的脉冲型和似稳定的游散电流,可采用

"方波比较读数法"进行观测读数,一般能获得较高的观测精度。

当供电电极或测量电极位于断层带、地下水流动的地质构造带附近时,常常出现读数不稳的现象,除重复检测外,还应做好记录,以便资料解释时参考。

3)电极和导线的铺设

井下巷道表层电性极不均匀,部分地段可能特别干燥且有浮煤,而在不远处则存在积水等。在干燥地段布极时,应通过浇盐水保证电极与底板接触良好,而在积水地段应注意导线的漏电问题。对于侧帮、顶板测量,为了保证电极与围岩接触良好,可事先打 20 ~ 30 cm 深的钻眼,并要填入炮泥后再打电极。

为减小测量电极附近电性不均匀体的影响,施工中可因地制宜地选择测量方式,尽可能减少测量电极的移动。

无穷远电极的铺设应充分利用井下巷道条件,注意远离铁轨、金属支架或其他大型电气设备等,同时可采用电极组来减小接地电阻。

巷道底板铁轨对电流场的影响与布极位置有关,通过井下试验发现:当铁轨与底板接触不良时,铁轨对观测结果的影响不大。但是,当铁轨与底板接触良好且各节铁轨紧密相连时,其影响较大。此时,一般将电极尽可能布置在远离铁轨的地方,并与铁轨保持相对固定的距离,使铁轨对电法观测结果的影响为一区域背景值。

11.9 矿井直流电法勘探应用实例

矿井直流电法是井下探测构造与水文地质条件比较轻便有效的物探方法,特别是近年来使用国产防爆数字仪器以后,更显示其适用性与有效性。主要解决煤矿有关水文地质和构造地质问题:

(1)矿井突水、导水通道综合探测。

(2)煤矿采区、工作面含水构造的探测。

(3)小煤窑等老窑积水区探测。

(4)陷落柱探测。

(5)工作面煤层底板隔水层、含水层探测。

(6)煤层底板断裂破碎带等小构造探测。

(7)煤层底板富水性、潜在突水点探测。

(8)工作面带压开采条件物探评价。

(9)巷道掘进头、侧帮超前探测。

11.9.1 矿井突水、导水通道综合探测

1. 陕西省黄陵矿业有限责任公司一号井突水通道地面综合探测

1)探测任务

1999 年 3 月 24 日,黄陵一号井因小煤窑乱采导致主巷道一侧发生突水淹井,最大水量 800 m³/h,使国家投资 15 亿元的一号矿井处于瘫痪状态,迫切需要一种快速、高效的探测方法技术,准确找出突水通道,为早日堵水复矿,正确采取有效防治水措施提供科学依据。探测的具体任务如下:

(1)找出潜在突水通道,平面误差小于 3 m。

(2)确定水力来源。

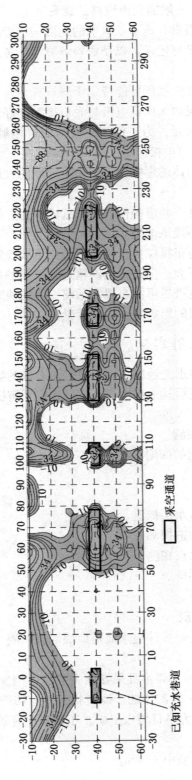

图 11-42　黄陵一号井 2 线 ρ_s 低阻异常断面图（西安分院物探所韩德品制作，1999）

（3）确定100 m宽保安煤柱内潜在导水构造的平面分布规律。

2）物探方法及探测结果

针对导致煤矿突水的小煤窑采空、充水、塌陷等特点，总结了以往有关研究成果和大量前提性试验结果，深入研究国内外探测小煤窑的一系列方法技术的发展水平和存在问题，按照地质任务及精度要求，优化出了以高分辨电测深法、稳态瑞利波法为主，电剖面法和自动电阻率法为辅的快速地面综合物探技术，它费用低、速度快、非破坏式综合探测，具有多参数、多方法、立体综合勘探的优势，对突水通道具有聚焦作用，并具有快速、准确的特点。

其中，高分辨电测深法采用$AB/2 = 3 \sim 100$ m，点距5 m，算术坐标，极间距4 m；电剖面法采用了$AB/2 = 85 \sim 100$ m，点距3 m；自动电阻率法采用了极间距3 m方式。稳态瑞利波法采用日本佐藤式瑞利波探测系统，该瑞利波勘探的施工方法是逐点测试，每测一个点，相当一个钻孔。

部分物探结果如图11-42～图11-44所示，其中在2线（图11-42）直流电法ρ_s低阻异常断面图上清楚地看到有6个低阻异常，最左侧的一个为已知充水巷道，其他5个为未知异常，推断认为是小煤窑偷采充水所致。图11-43所示为瑞利波两种洞穴异常特征示意图。综合物探成果及地质推断平面图如图11-44所示。

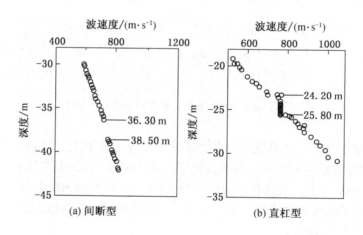

图11-43　瑞利波两种洞穴异常特征示意图

3）验证结果

（1）物探2线附近钻探验证情况见表11-3。

表11-3　物探2线附近钻探验证情况　　　　　　　　　　　　　　　　　　　　m

第一通道（宽度）		第二通道（宽度）		第三通道（宽度）	
物探结果	钻探结果	物探结果	钻探结果	物探结果	钻探结果
30	28.5	10.5	10.5	25	23

注：要求平面误差不大于3 m。

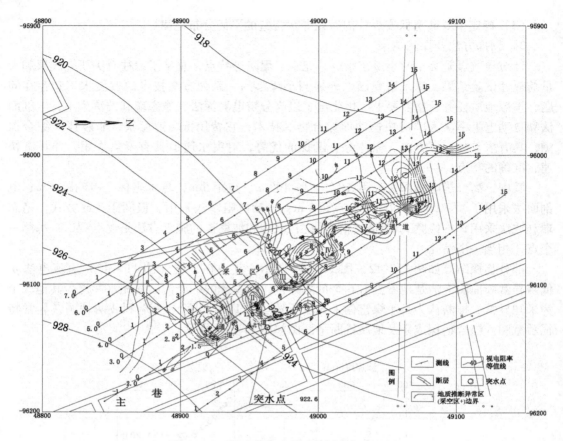

图 11 – 44　综合物探成果及地质推断平面图

（2）注浆堵水结果。在靠近出水点附近的 3 个导水通道上，打钻一百多个（图 11 – 45），单孔最大注浆量达 170 m³，突水量由原来 800 m³/h 减小到约 30 m³/h，堵水率由计划 60% 增加到 95% 以上；直接费用由计划的 3000 万元减少到 300 余万元。在国内矿井突水淹井史上创造了堵水工期最短（约 3 个月）、经费最省（300 余万元）、效果最佳（堵水率达 95% 以上）的奇迹。

2. 九里山矿 12031 工作面煤层底板潜在突水点、隔水层、含水层井下直流电法探测

1）探测任务

九里山矿 12031 工作面 1983—1991 年间发生多次底板突水，为了减小煤层底板采动破坏深度，尽量增大底板有效隔水层厚度，迫使矿方多次缩小工作面的面积（原来 500 m × 150 m），现有工作面长 270 m，宽 50~60 m。为探清底板突水构造情况，开展了井下直流电法探测工作，探测的具体任务如下：

（1）评价煤层底板下八灰富水性，探测煤层底板潜在突水点。

（2）确定巷道底板至八灰顶界的厚度及含水层八灰层厚。

（3）确定运输巷、回风巷底板大煤的残余厚度。

（4）确定工作面范围内潜在导水构造的平面分布规律。

2）探测结果

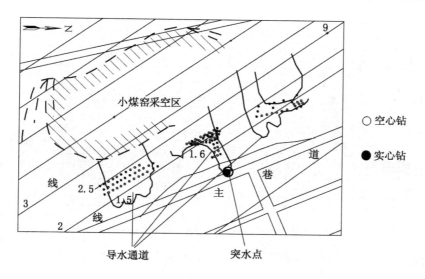

图 11 - 45　堵水钻探成果图

为完成上述任务,开展了巷道底板高密度电测深探测工作,AB 最小极距 2 m,最大极距 50 m,每次极距移动 1～3 m,MN 为 0.2～15 m,点距 20 m。采用了底板分层解释技术、连续断面解释技术及水文提取技术。

探测结果如图 11 - 46～图 11 - 48 所示。

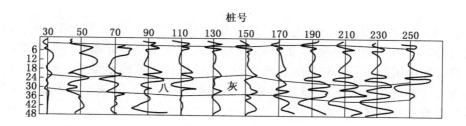

图 11 - 46　12031 工作面在 ρ_s 分层曲线图

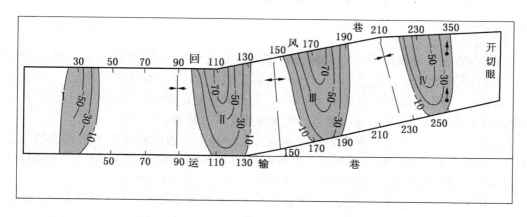

图 11 - 47　12031 工作面等 ρ_s 水文断面图(推断地质断面图)

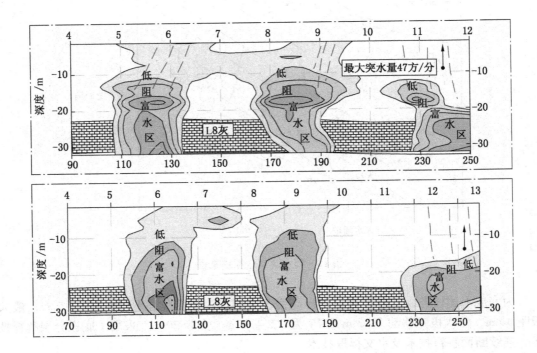

图 11 - 48　12031 工作面电法低阻含水异常平面图

由图 11 - 47 可以看出，运输巷、回风巷内 50 号点以西，110 ~ 130 号点间，170 ~ 190 号点间（130 ~ 170 号顶部连通），230 ~ 250 号点以东 4 个走向北西西方向的垂向低阻裂隙发育带（图中阴影部分）与深部有水力联系，该部位将可能是采煤过程煤层底板最易突水的地方（即潜在突水点）。这是因为八灰层内岩溶发育，八灰上部砂岩中局部含水，且主要与裂隙发育带有关。

从图 11 - 48 可以知道，巷道底板至八灰顶界面的深度为 22.3 ~ 30.3 m，八灰层厚 8.5 ~ 10.6 m，巷道残余煤厚 3.2 ~ 5.0 m。这里还可看到八灰深度、层厚及巷道余煤厚度的变化规律。

3）验证情况

该工作面回采至圈定第一个裂隙发育带时（自开切眼回采到 17 m 处，电法探测的 263 号点）开始出水，水量为 0.05 m³/min。回采至 26 m 处（电法 254 号点），出水量为 0.5 m³/min，数小时后水量最大 47 m³/min，后基本稳定在 40 m³/min 左右（图 11 - 49），同时八灰水位下降。说明突水水源与八灰含水层有水力联系。

为此，九里山矿在 250 号点以东回风巷、运输巷工作面内侧布置两个地面堵水钻孔（图 11 - 50），在八灰内均见到溶洞（直径 0.1 ~ 0.15 m），注砂浆 30 t 后，出水量即减少 15 m³/min。至结束注浆，出水量减为小于 0.3 m³/min（图 11 - 51）。

为了进一步验证电法的可靠性，随后又在其他异常带内分别打钻，孔孔见水，注浆效果明显，而偏离异常带（在异常带数米外）打孔，结果无水，在孔内炮崩仍不见水。

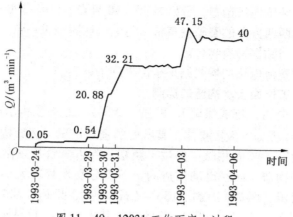

图 11 –49 12031 工作面突水过程

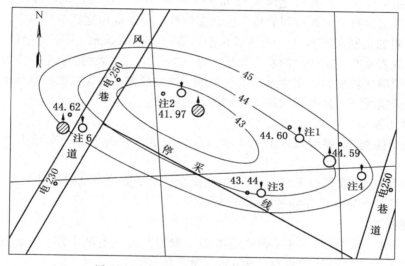

图 11 –50 12031 工作面地面钻孔布置图

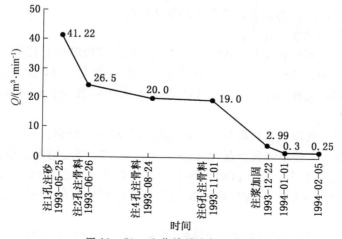

图 11 –51 注浆效果分析示意图

同时，矿方做了井下地质调查，分别在 20~50 号点、110~190 号点、230~265 号点发现巷道顶板存在北西西方向的裂隙发育带，与电法探测结果一致。而巷道余煤厚度，八灰的深度与厚度也均与钻探资料吻合。

由此可见，矿井直流电法的探测结果全部得到了证实。

11.9.2 煤矿采区、工作面含水构造的探测

河南郑煤集团（公司）郜成煤矿 13 采区（北部）二$_1$ 煤顶板水电法探测。

郜成煤矿二$_1$ 煤顶板为巨大推覆体，其所处的登封煤田，区域构造比较复杂，大型褶皱、断裂构造广泛发育。郜成井田正好位于颍阳—芦店向斜的东南翼，受区域构造的控制，主要表现为滑动构造，而在滑动构造的上下盘分别发育着大小数十条次级褶皱和断裂，如下盘的庄头背斜、西刘碑背斜、郜 F_2（石淙河）、郜 F_3、郜 F_5（翟门）、郜 F_7，上盘的朝阳沟背斜、郜 F_{10}、郜 F_{14}、郜 F_{15} 等断层。其中，上盘断层属于浅层断层，虽然未直接影响到主采煤层，但其落差却从 15 m 到 210 m 不等，地层切割程度剧烈，在很大程度上破坏了煤层顶板及上覆地层的稳定性和完整性；而下盘地层具有明显的波状起伏和褶曲，现已探明的正断层有 9 条，逆断层 8 条，落差 30~160 m，向下切割最深可至 L_4 灰岩，部分与灰岩水有一定程度的水力联系。据已知资料，主采的二$_1$ 煤层顶板、上覆砂岩泥岩互层中裂隙比较发育，富含大量的裂隙水。这些裂隙水和煤层底板承压水在巷道掘进或工作面开采情况下，具有很大的不稳定性和危害性。

1. 探测任务

（1）主要探查二$_1$ 煤顶板以上 120 m 内含水层富水区的平面分布范围及潜在的导水构造。

（2）探查二$_1$ 煤底板以下 20 m 内含水层富水区的平面分布范围及潜在的导水构造。

（3）定性分析富水区在测区的分布规律。

2. 探测技术

据任务要求，开展了 TEM（瞬变电磁法）探测及直流电法工作，目的层位约 200~350 m。工程布置：工作区域东西长 950 m、南北宽 800 m，控制面积 0.61 km^2，按两种物探方法设计施工。测网密度 50 m×25 m，坐标点 540 个。其中，瞬变电磁法全区测量，直流电法测区以测区西南部为重点，共 7 条测线 56 个测点。

通过优化试验技术参数如下：

瞬变电磁法：发射线框 400 m×400 m，1×100 m^2 高精度中心接收探头，发射电流不小于 12.0 A，采样延时 20 ms，采样率 20 测道，叠加次数大于 100 次。直流测深法：对称四极工作装置，供电极距 240~560 m，跑动极距算术间隔 20 m，测量极距固定 20 m。

3. 探测结果

（1）二$_1$ 煤层及其以上各层段均有不同程度的含水区域分布，其中二$_1$ 煤层向上 100~120 m 层段附近富水区规模和强度最大（图 11-52），二$_1$ 煤层附近层段次之，二$_1$ 煤层上 30~70 m 层段富水性较弱。富水区域的平面位置主要在测区西南部、东南部以及 12~16 线南半部。这些富水区是断层破碎带的存在及裂隙广泛发育的结果。全区探测结果如图 11-53 所示。

（2）二$_1$ 煤层底板富水区的规模比顶板稍小，富水强度也有所减弱，除几处大的裂隙和富水区域之外，测区中部出现由小裂隙引发的小规模富水区，这些富水区被裂隙切割了

二$_1$ 煤层下伏岩层，并与 7 灰、8 灰甚至更深层的灰岩有联系，是灰岩水从底板突出的潜在通道。

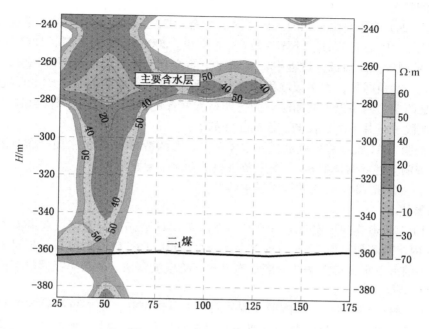

图 11-52　直流电法探测断面图

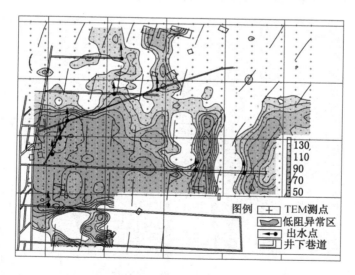

图 11-53　邹城矿 13 采区（北部）二$_1$ 煤附近视电阻率低阻富水异常平面图

4. 验证情况

在生产掘进过程中，先后发生在顶板出水 5 处、底板出水 1 处，水量在 40～120 m³/h，与物探结果吻合。矿方根据该物探资料，重新合理布置了工作面，尽最大限度避免了突水事故的发生，大大降低了吨煤成本，经济效益明显提高。

11.9.3 探测陷落柱及其富水性

淮北矿务局桃园矿陷落柱及其富水性探测。

1. 探测任务

桃园矿 1041 工作面位于北四采区左翼, 左邻 1022 工作面采空区, 右至四采区上山, 上起 10 煤层 -310 m 等高线, 下至 -370 m 等高线。2000 年 10 月 8 日, 1041 工作面轨道巷通过 10 号测量点向前掘进过程中, 发现迎头部位有上部岩层的不明堆积物, 堆积物形状差别较大, 棱角明显, 大多数堆积物为 10 煤底板以上地层的岩石。矿方怀疑该异常是陷落柱或是两条、两条以上的断层。为查明该异常体的性质及范围, 对桃园煤矿 1041 轨道巷可疑地段进行井下电法探测。探测任务如下:

(1) 查明 1041 轨道巷所测地质异常体在左、右两帮 50 m 内的平面分布范围。

(2) 查明上述异常体底板下 55 m 范围内的含水、导水规律。

(3) 定性分析 1041 轨道巷地质异常体的性质。

2. 探测技术

根据 1041 轨道巷井下实际地质情况, 为查清 1041 轨道巷异常区段巷道前方、巷道底板下 55 m 内、两侧帮平面 50 m 内的含水、导水通道, 构造破碎带及其分布规律, 分别采用巷道迎头前方三极超前探测法、底板高分辨三极电测深法、侧帮单极偶极超前探测法。

3. 探测结果

(1) 从 1041 轨道巷上、下侧帮探测平面图上分析可知, 视电阻率异常区域主要分布于轨道巷下帮一侧, 异常体的范围近似为不规则的圆形, 不像单一断层造成的狭长条带状电法低阻异常。井下顺煤层侧帮探测陷落柱平面图如图 11 - 54 所示。

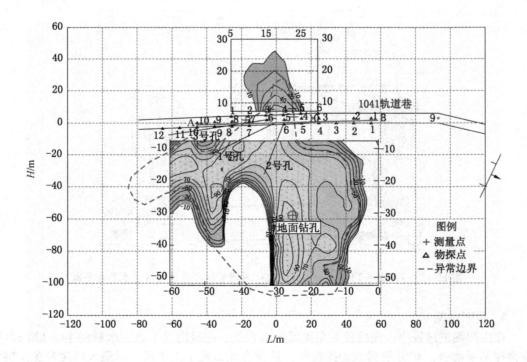

图 11 - 54　井下顺煤层侧帮探测陷落柱平面图

（2）从 1041 轨道巷底板低阻异常剖面图上（图 11－55）知，低阻异常区位于 1041 轨道巷 4～7 号测点的下部，异常呈直立状，宽 12～14 m，在低阻异常区内显示出两侧异常峰值低，而中间高，说明深部水沿异常体两边有向上导升的趋势（深部水导升至 10 煤底板下约 43 m），与任楼矿突水淹井的陷落柱所测的电法异常相似。

（3）巷道在掘进过程中，异常区的堆积物岩性差别较大、棱角明显，大多数堆积物为 10 煤以上地层的岩石，在异常边缘发现大量的金黄色硫化铁矿化物。异常区外两侧煤系地层沉积序列一致，地质资料表明存在陷落柱的可能性。

综合推断该异常区可能为直径约 50～70 m 不规则圆形陷落柱，与深部含水层太灰有一定水力联系，伴有局部小构造裂隙发育，为深部水导升提供了良好的条件。

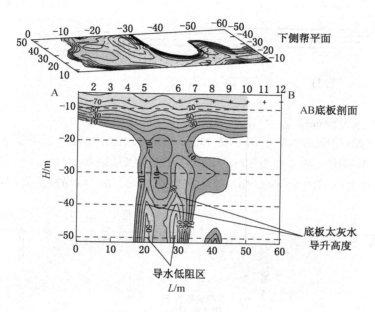

图 11－55　1041 轨道巷底板低阻异常剖面图

4. 验证情况

桃园矿在地面布置了验证钻孔，在 10 煤层顶板上发现地层陷落，至 10 煤层底板下 40 多米见水。至此已经完全证明该大型陷落柱的存在。

11.9.4　工作面附近煤层底板隔水层、含水层富水性、潜在突水点探测

在带压开采过程中，突水的机理认为：造成底板突水的主要因素是有效保护层厚度和完整性。有效保护层厚度取决于煤层底板原始厚度，以及采动后的破坏深度和高压含水层的导升高度等，而高压水导升高度又取决于底板隔水层内构造裂隙发育程度（图 11－56）。因此探测底板隔水层厚度和含水层厚度及其裂隙发育程度是防止底板突水的重要工作。井下直流电法对于解决此方面问题能够发挥独特的作用。

1. 淮北杨庄矿 2619 轨道巷底板含水层原始导升高度、潜在突水点探测

1）探测任务

F_x 断层在二水平大巷出露，横跨 2619 轨道巷，其空间形态，含、导水情况对Ⅲ611

工作面及其以下工作面的布置，巷道的展布都会有直接的影响。为查清 F_x 断层的影响范围和导、含水情况，防止突水事故的发生，使用高分辨井下直流电法对该断层进行探测。主要任务是查明该断层破碎带影响范围及其分布规律、太灰水原始导升高度、潜在突水点等。

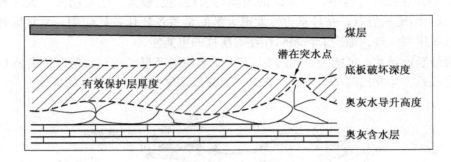

图 11 – 56 煤层底板隔水层、含水层富水性、潜在突水点

2）探测结果及验证情况

井下电法探测结果如图 11 – 57、图 11 – 58 所示。注1 孔验证了底板太灰水原始导升高度为 26 m、顺裂隙上导水量为 10 m³/h，至太灰内水量达 65 m³/h，注2 孔至底板砂岩内孤立圆形低阻异常体时出水 10 m³/h、至太灰出水 60 m³/h。与物探结果吻合。

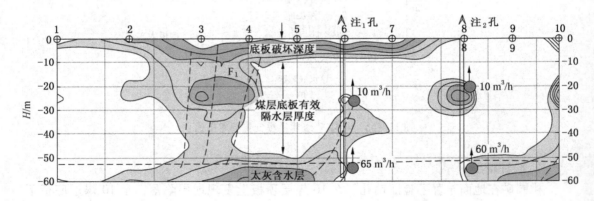

图 11 – 57 井下直流电法探测 2619 轨道巷剖面图

2. 董家河矿工作面底板潜在含水层富水性探测

1）探测任务

本矿煤系地层为石炭二叠系，主要煤层集中在下二叠统的山西组，自上而下为 1 号、2 号、3 号、5 号、6 号、9 号、10 号煤层。与电法探测直接有关的是 5 号煤层附近地层。5 号煤层顶板为山西组下部中粒砂岩 k_4 及其他砂岩层组。

图 11 – 59 所示为 5 号煤层底板为硅质石英岩 k_3 及其他砂岩层组及部分测井资料。根据已知资料，奥灰顶界面距 5 号煤层底板约 35 m 左右，这中间的主要岩层是中细粒度的砂岩、石英岩、薄层灰岩互层，其间还包含了 6 号、9 号、10 号煤层，该段岩层组合胶结程度中等，致密性较好，裂隙不甚发育，在某种程度上是阻止奥灰向上突出的良好隔水层。

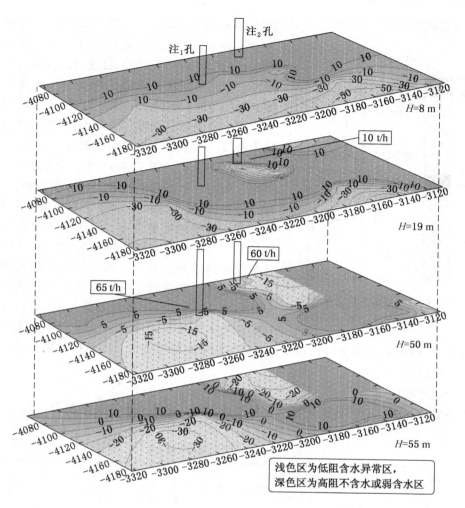

图 11 -58 井下直流电法探测 2619 轨道巷立体图

进入奥灰岩层，岩溶裂隙十分发育（在奥灰顶部厚约 20 m 的岩溶常被充填），奥灰水量充沛。在断层破碎带，尤其裂隙发育部位都有可能发生奥灰水的导升甚至突出，因此 5 号煤层以下 50 m 范围以内的砂岩和奥灰地层，是本次电法探测的目的层，以期发现该层段中的潜在含水、突水构造并对该工作面的水文地质条件（富水性）进行评价。

2）探测结果

为确保生产安全，防止突水事故发生，在工作面回采前使用矿井直流电法对工作面底板进行全面探测。采用沿巷道底板纵向切出的断面图进一步确定底板含水构造的纵向分布规律、潜在突水点等，在工作面底板目的层上切平面图以确定工作面范围内底板含水构造平面分布规律。

（1）巷道断面图。图 11 -60 所示为运输巷电法低阻异常断面图，图中低阻异常区主要分布于 5 号煤底板下～奥灰界面以上厚 30 m 层位，对应层位主要为石英砂岩，普遍存在低阻（含水）异常，表现为水平连通的低阻带，说明层内含水具有横向连通性；5 号煤

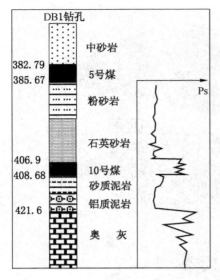

图 11-59 5 号煤层底板岩层组及
部分测井资料示意图

底板 40 m 以下，69~71、79~83 号点，在奥灰顶界下 10~20 m，存在局部低阻区（推断为奥灰岩溶裂隙含水），具有纵向联系，表现为近似垂向连通的低阻带。在回采或底板破坏的情况下，奥灰水有顺裂隙上导的可能，尤其 80~82 号点的异常既存在裂隙发育带，又邻近开切眼初次来压的特殊位置，底板隔水层厚度小于 10 m，是潜在的突水通道。

（2）平面图。图 11-61 所示为 22504 工作面矿井电法低阻含水异常平面图（煤层下 20 m），总体上带式输送机巷、开切眼一侧的异常明显大于轨道巷，轨道巷一侧异常零星分布，说明该工作面的带式输送机巷、开切眼一侧煤层底板下 20 m（砂岩段）富水性比轨道巷好。其中，图中开切眼附近的黑色虚线为推断导水裂缝带。低阻异常中心区域位于带式输送机巷 70~82 号点与开切眼 4~5 号点连线，该区底板有效隔水层厚度小于 10 m，小于实际底板采动影响深度（12 m），根据以往经验，该部位回采时最易突水。因此推断该异常区是"潜在突水异常区"。

3）验证情况

根据物探结果，在工作面底板打钻注浆加固时，钻孔出水情况见表 11-4。

表 11-4 钻孔出水情况

区 域	潜在突水异常区			其他异常区			
打钻点号	开切眼 5	带式输送机巷 82	带式输送机巷 70	带式输送机巷 39	带式输送机巷 21	轨道巷 23	轨道巷 45
出水量/($m^3 \cdot h^{-1}$)	>50	80	45	32	14	17	18
水压/MPa	0.65	0.7	0.7	0.4	0.3	0.3	0.4

钻探结果证明，物探低阻含水异常区确实含水，局部水压与奥灰水压一致；"潜在突水异常区"内的水量、水压均大于其他异常区，说明局部区域砂岩水与奥灰水存在越层通道联系。

11.9.5 山东某煤矿 3306 工作面顶板水探测

1. 工作面地质概况

3306 采煤工作面开采山西组 3 号煤下分层，其顶板从下向上依次为中砂岩、细砂岩、粉细砂岩和粉砂岩，总厚为 30 m 左右。$3_上$ 煤厚 0.2~1.5 m，其顶板依次为粉砂岩、细砂岩和中砂岩，累厚 18 m，向上为厚约 3.7~21.8 m 的粉砂岩泥岩互层和厚度为 16.3 m 的粉砂岩，粉砂岩上覆厚度是 1.87~2.3 m 的泥岩。根据 $3_下$ 煤层顶板岩性及其水文地质特征分析，开采前顶板岩层中 $3_上$ 煤层、粉砂岩泥岩互层和泥岩是较为理想的隔水层，富水

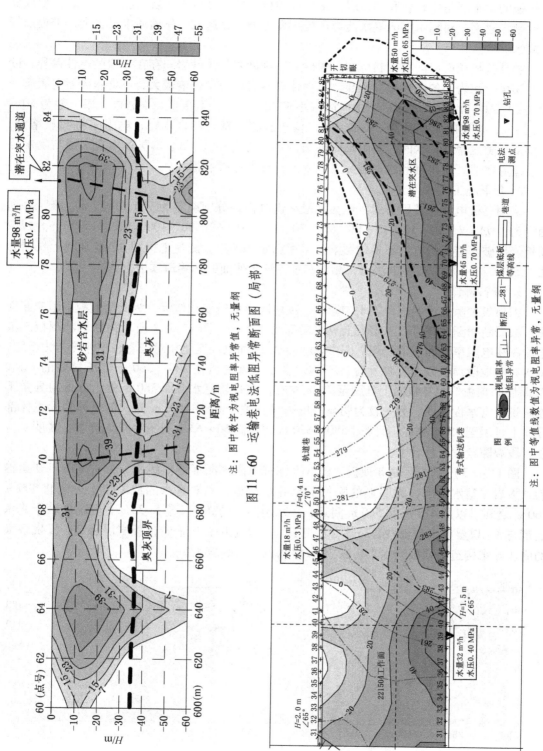

注：图中数字为视电阻率异常值，无量纲

图 11 - 60 运输巷电法低阻异常断面图（局部）

注：图中等值线数值为视电阻率异常，无量纲

图 11 - 61 22504 工作面矿井电法低阻含水异常平面图（煤层下 20 m）

性较强的含水层是中砂岩和细砂岩。采后在顶板冒落高度以下，岩层破碎、断裂，形成良好的导水通道，对隔水层的隔水能力产生不良影响，会造成工作面涌水量加大，需提前打钻放水。

统计分析该矿电测井资料可知，粉砂岩、细砂岩与中砂岩间存在一定的电性差异，砂岩与煤层、泥岩间的电性差异明显。富水性对砂岩电阻率影响较大，不含水砂岩电阻率一般在 $80 \sim 100 \, \Omega \cdot m$，含水砂岩的电阻率小于 $50 \, \Omega \cdot m$ 甚至更低。泥岩电阻率一般为 $20 \sim 30 \, \Omega \cdot m$，煤层电阻率约为 $250 \, \Omega \cdot m$。构造裂隙发育且不含水时，电阻率将明显增大，而构造裂隙发育且含水时，电阻率将明显减小。综上所述，3_{F} 煤层顶板含水层与隔水层电性差异明显，富水性和构造裂隙发育程度对导电性影响很大。

2. 井下施工方法

采用三极电测深装置形式，最大和最小供电极距分别确定为 150 m 和 7 m，极距序列确定为：$OA = 7$、10、12、15、20、25、30、40、50、60、80、100、120、150 m。为减少顶板岩层破碎造成的电性不均匀影响，采用固定 MN 法，测量电极距 $MN = 10$ m。仪器为法国 SYSCAL – R2E 数字电法仪，测点布置在该工作面的两巷道顶板上。

3. 资料解释

因顶板裂隙造成的电性不均匀影响，视电阻率曲线变化较大，为此绘制视电阻率断面图，根据断面图解释可以从宏观上克服局部畸变影响。图 11 – 62 所示为轨道巷顶板三极电测深视电阻率断面等值线图。图中 300 ~ 400 m 间电性变化相对剧烈，主体异常为低阻，说明对应地段顶板砂岩裂隙发育且不均匀含水。该巷道在 300 ~ 360 m 处所揭露的 F_{37} 和 F_{91} 断层间顶板低阻异常向上延展至 70 m 左右，该带较富水，而 380 m 处上方低阻异常不连续说明富水性较弱。另一较为明显的低阻异常位于 620 ~ 770 m 间，低阻异常的主体部分向上延展至 35 m 左右。此外，580 ~ 680 m 间在高 50 ~ 65 m 处有一低阻异常，说明对应砂岩段裂隙较发育且含水。

图 11 – 63 所示为运输巷顶板三极电测深视电阻率断面等值线图。分析该图可知运输巷顶板岩层富水性弱，无明显的隐伏上延导水通道，相对富水的地段位于运输巷 300 ~ 360 m 之间，以及 475 m 和 560 m 附近，含水裂隙带的高度不超过 35 m，巷道的若干滴水点都与 3_{F} 煤层直接顶板砂岩局部含水有关。总体上讲，运输巷顶板岩层稳定，没发现大的隐伏导水构造，顶板滴水来自高 35 m 以内的砂岩裂隙水。

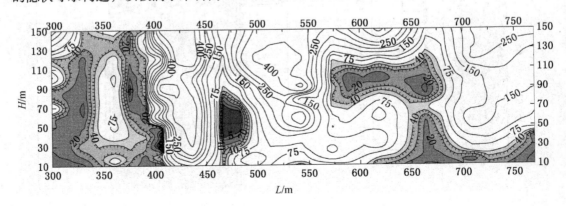

图 11 – 62　轨道巷顶板三极电测深 ρ_{s} 断面等值线图

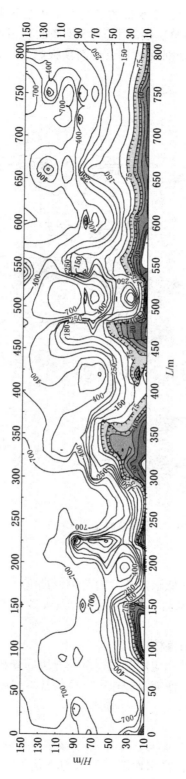

图 11-63 运输巷顶板三极电测深 ρ_s 断面等值线图

为分析研究 3306 工作面顶板砂岩富水带的平面展布和上下连通情况，选取极距 $OA =$ 20、50、100、150 m 的视电阻率值分别绘制了 3306 工作面顶板不同高度的视电阻率水平切片图，如图 11-64 所示，它们分别反映了工作面顶板高 15、35、65 m 和 90 m 处的岩层电性特征。

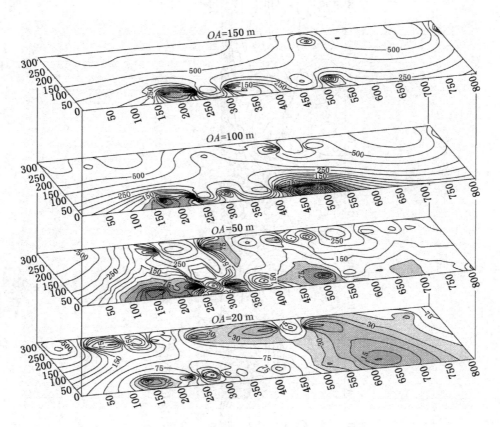

图 11-64　工作面顶板电测深水平切片图

综观各图可以看出，从下向上低阻异常带的范围逐渐变小，说明由下至上 $3_下$ 煤顶板岩层富水性变差。仅从电性反映来看，3306 工作面顶板砂岩富水性为中等或中等偏下，采场涌水量不会超过正常涌水量。

11.9.6　综合矿井物探方法探测陷落柱

每种物探方法都有其应用条件和应用范围，单一方法的资料解释常常具有多解性。如果将各种方法结合起来综合应用，便能克服单一方法的技术局限性，并可通过综合解释减少多解性，以取得理想的探测效果。

1. 地质概况

江苏某煤矿石炭系太原组整合于厚度 27 m 的本溪组地层之上，其中十四、十五灰岩厚度为 13 m，岩溶裂隙不甚发育，富水性弱，但因与下伏不整合接触的奥陶系灰岩有明显的水力联系，从而使矿井的水文地质条件十分复杂，给开采太原组煤层带来极大的安全隐患。某采煤工作面在带式输送机巷掘进过程中突遇陷落柱，为保证安全掘进，对该陷落柱进行了综合探测。

2. 井下施工方法

井下施工分两个阶段：第一阶段是在陷落柱刚揭露时，采用了底板三极电测深、三点—三极超前探测、矿井瞬变电磁超前探；第二阶段是在陷落柱内向前掘进50 m时，采用了除瞬变电磁以外的其他上述两种方法。其施工布置如图11-65所示。

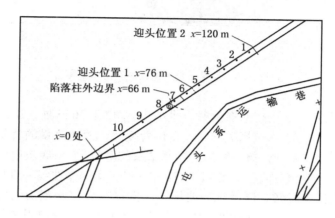

图11-65 施工布置示意图

3. 参数设置

（1）底板三极电测深采用固定 MN 法，$MN/2=4$ m，最小极距确定为 $OA=7$ m，最大为 $OA=100$ m。

（2）三点—三极超前探测 A_1 供电点设置在迎头，A_2、A_3 分别后移4 m和8 m，$MN=2$ m，最大供电电极距为70 m。

（3）瞬变电磁采用2 m×2 m重叠回线装置形式，沿巷壁布置9个测点，点距3 m。

4. 资料解释

资料解释过程中，对3种方法所测的数据进行了综合分析与解释。底板三极电测深视电阻率断面图反映巷道底板地电响应特征，能初步确立所探测地质体的异常响应值，为其他两种方法异常划分奠定基础。三点—三极超前探测视电阻率曲线反映探测前方介质的电性变化，以底板电测深中地质体的异常响应值为参照，可以推断该地质体在探测前方的发育范围。矿井瞬变电磁超前探测时间—视电阻率断面图反映掘进头前方与左右两侧帮介质的地电响应特征，以此推断地质体水平方向上的展布区域。3种方法可以相互对比，验证异常划分的合理性，确保解释结果的正确。

两次底板三极电测深视电阻率断面图表现基本一致（图11-66）：垂向上，浅部（供电极距7~20 m之间）视电阻率值较低，在10 Ω·m左右，主要是由巷道地表积水影响造成的，深部视电阻率值较高，大于50 Ω·m；横向上，小于60 m处呈现低阻，大于60 m的地方呈现高阻。可见该陷落柱呈高阻异常，且向下延展较深，其深部视电阻率值高于200 Ω·m，说明与深部奥灰不存在水力联系。底板55~68 m之间呈相对低阻，视电阻率值在20 Ω·m左右，为陷落柱边缘伴生裂隙弱含水的反映。

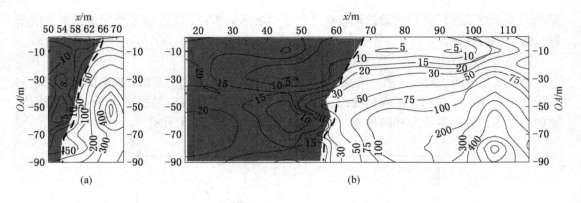

图 11-66 底板三极电测深视电阻率断面图

如图 11-67 所示，一次超前探测时，供电点 A_1 位于 76 m 处，第二次探测时，供电点 A_1 位于 120 m 处（由于巷道掘进与供电点位置变化，两次测量的背景场不一，故同一距离处视电阻率值存在差异，但不影响对探测结果的解释）。由底板电测深可知，该陷落柱呈高阻异常，边缘呈相对低阻。图 11-67a 中 3 条视电阻率曲线一直呈升高趋势，表明掘进头前方不存在低阻异常，同时也说明第一次向前有效探测范围仍位于陷落柱内。图 11-67b 中视电阻率曲线呈"高—低—高"趋势，从 135 m 处视电阻率值开始降低，为陷落柱边缘的反映。巷道向前掘进揭露陷落柱边界位于 140 m 处，实际验证与探测结果基本一致。

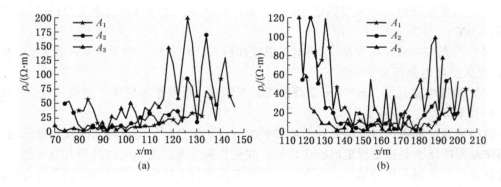

图 11-67 三点—三极超前探测视电阻率曲线图

图 11-68 所示为迎头位于 76 m 处时矿井瞬变电磁超前探测的时间—视电阻率断面图，陷落柱与其边界异常反映特征与底板电测深、三点—三极超前探测一致。1~3 和 7~9 号测点间视电阻率值无较大变化，说明煤层完整未受到陷落柱破坏；3~7 号测点间在 15 ms 处视电阻率开始低于 20 Ω·m，为陷落柱边缘反映。由此推测该陷落柱长轴与巷道掘进方向近乎平行且偏向巷道左侧，该推测在巷道掘进过程中得到了证实。

综合分析，3 种方法异常响应特征一致，该陷落柱呈高阻异常，向下延展较深，但与深部地层不存在水力联系，长轴方向与巷道掘进方向近乎平行，轴线位于巷道左侧，边缘地带由于陷落柱冒落的剪切作用，伴生裂隙弱含水呈相对低阻。

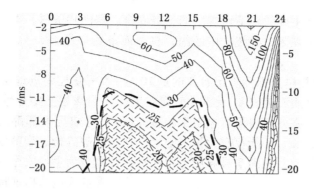

图 11-68 瞬变电磁超前探测的时间—视电阻率断面图

本实例表明，将多种物探方法有机结合，扬长避短，可以解决独头巷道中单一探测手段所不能解决的地质异常体超前探测的技术难题，同时在资料处理与解释过程中，相互印证，可以提高探测的准确度与结果的可靠性，为有限施工空间中地质异常体精确的超前探测提供了一条新的技术途径。

11.9.7 矿井直流电法探测顶板采空区水及其分布规律

1. 顶板采空区性质及其地球物理特征

1）采空区、采空塌陷区的变化

地下矿层采空后形成的空间称为采空区。当采空区出现后，打破了原有的应力平衡，采空区顶板（上覆岩层）失去支撑，产生移动变形，直到破坏塌落。采空区塌陷后，形成采空塌陷区。以煤层采空塌陷区为例，可将它分为3个带：①垮落带：煤层采空上部岩层出现坍落；②断裂带：垮落带上方岩体因弯曲变形过大，在采空区上方产生较大的拉应力，两侧受到较大的剪应力，因而岩体出现大量裂隙，岩石的整体性受到破坏；③弯曲带：断裂带以上直到地面，在自重应力作用下产生弯曲变形而不再破裂。

2）采空区电性特征

（1）采空区电性特征。采空区保存完整且基本上未充水时，在电性上是典型高阻体。采空区局部塌陷且未充水时，亦为高阻体。采空区充水或塌陷充水时，将成为低阻体，且随水的矿化度与塌陷溶水状态而有程度上的不同。

（2）采空区围岩电性特征。采空区围岩电性比较复杂：采空区内煤柱和围岩在不富水的情况下，其电阻比干采空区小，而比含水塌陷区要大；围岩中有断裂或渗漏通道，且富含水或形成超常滞留水潴积时，将形成带状延伸、延深或成片分布的低阻体；围岩中的泥、页岩（黏土）等在正常情况下是隔水层，但其电阻值亦较低。在超常含水时，将形成软弱层，不仅易于垮塌变形，且还使其电阻值降低。采空区顶部和边缘围岩的垮塌、变形是复杂的动态过程。在发生临界垮塌前，一般先经过破裂、充水、流变等状态，这些状态均使电性形成向低阻方向的变化趋势。因此，可形成低电阻异常。上述各种电性特点是使用电法探测采空区和衍生现象的地球物理依据。

2. 探测实例

1）矿井地质概况

根据矿井地质报告知道，5号煤层已经大部采完，现正开采下伏10号煤层，5号煤层采空区的积水已经严重威胁到下伏煤层的生产安全。据已知资料，本区煤系地层为石炭二叠系，主要煤层集中在下二叠统的山西组，自上而下为1号、2号、3号、5号、6号、9号、10号煤层。

与10号煤层顶板电法探测直接有关的是10号~5号煤层附近地层。10号煤层顶板为薄层灰岩，向上是硅质石英岩k_3及其他砂岩层组。10号煤层上距5号煤层30多米，煤层与灰岩电阻率相对较高，砂岩泥岩电阻率相对较低。5号煤层大部都已经采完，局部可能已经塌陷，因时间较长，可能存有大量老空水，在断层破碎带、裂隙发育部位都有可能发生老空水的透水。因此，探测5号煤层老空积水区位置成为生产安全的重中之重。

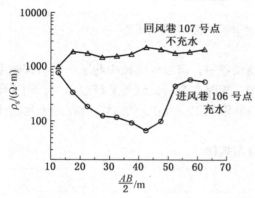

图 11 – 69   顶板采空区直流电法测深曲线对比

2）采空区地球物理特征试验

通过某工作面10号煤巷道内电测深曲线的对比试验知，没有积水的采空区电测深曲线如图11 – 69中回风巷107号点，自浅至深，视电阻率曲线呈现"低高低高低"波动起伏不大且视电阻率均大于1000 Ω·m；充水采空区的曲线如图11 – 70中进风巷106号点，视电阻率曲线呈现"高低低低高"波动起伏较大且视电阻率均小于1000 Ω·m，局部小于100 Ω·m，从曲线首部起一直降低到曲线的中部45 m附近，曲线尾部再抬高。说明采空区有积水时，自采空区积水位置，至底板下均被积水浸泡而呈视电阻率降低异常状态。这种采空区充水与非充水产生的明显电性差异的岩石电性特征为矿井电法探测顶板技术提供了良好的地球物理前提条件。

3）探测结果

在该工作面10号煤巷道内，开展了使用矿井直流电法技术探测顶板上覆5号煤层的老空积水区工作，由进风巷探测的顶板视电阻率低阻异常等值线断面图（图11 – 70）知道，在5号煤层位，17~34号点，43~112号点均为明显低阻含水异常。

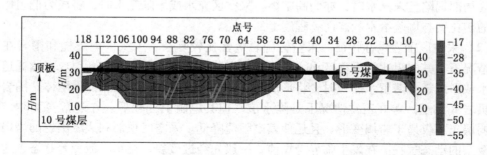

图 11 – 70   1209 进风巷顶板视电阻率低阻异常等值线断面图

由图11 – 71知，进风巷一边的视电阻率明显比回风巷低，在进风巷的43~112、17~34号点为低阻异常。而且在进风巷的43~112号点（2号异常区）分别与回风巷的23~35（5号异常区）号点有连通趋势，但在进风巷一侧异常范围相对较大，说明进风巷一边老空区含水性相对回风巷要好。这是进风巷标高较低、水往低处流的缘故。

　　建议在 1 号异常区和 2 号异常区打钻放水试验。

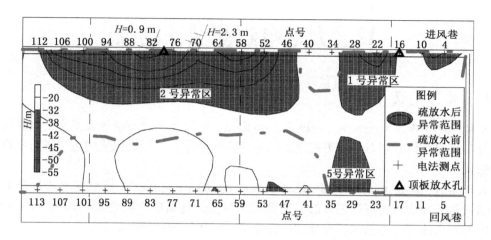

图 11 - 71　1209 工作面顶板 5 号煤视电阻率低阻异常等值线平面图

　　4）疏放水试验结果

　　在 1 号异常区和 2 号异常区打钻后，在 5 号煤采空区均发现老空水。开始最大流量达 110 m³/h，平均 50~60 m³/h，连续排放 20 多天时间，放出老空水 3 万多立方米。随后 1 号异常区钻孔不再流水，2 号异常区钻孔继续流水。

　　经进一步检测知道，1 号异常区钻孔位置（图 11 -71 中进风巷 16 号点处）已经位于老空积水区的边缘，2 号异常区钻孔仍有积水。疏放水后的含水面积比原来的面积小了 70% 以上。解除了顶板采空区水的威胁，有力保障了下组煤的生产安全。

12　大地电磁测深法勘探

12.1　术语定义

电磁频率测深法 frequency sounding method　是研究不同频率的人工交变电磁场在地下的分布规律，探测岩石、煤等视电阻率随深度的变化，以了解地质构造和进行找煤的物探方法。

大地电磁测深法 magnetotelluric sounding method　是利用天然交变电磁场研究地球电性结构的一种地球物理勘探方法。它是通过观测来自高空的电磁波（$10^{-4} \sim 10^{4}$ Hz）在地球内部产生的感应电场来研究地球电性结构的一种地球物理勘探方法。

12.2　基本原理

大地电磁测深法（MT）是以天然交变电磁场（频率变化范围为 $10^{-4} \sim 10^{4}$ Hz）为场源，当交变电磁场以平面波的形式垂直入射大地时，由于电磁感应作用，地面电磁场的观测值将包含有地下介质电阻率分布的信息。由于电磁场的趋肤效应，不同周期的电磁场信号具有不同的穿透深度，因此，研究大地对天然电磁场的频率效应，可以获得地下不同深度介质电阻率分布的信息。

12.2.1　吉洪诺夫－卡尼尔模型与水平层状介质中的平面电磁波

垂直入射的电磁波激励水平层状大地的大地电磁场模型称为吉洪诺夫－卡尼尔模型（图 12－1）。

假设模型参数为（σ_1，σ_2，$\cdots$，σ_N；d_1，d_2，$\cdots$，d_{N-1}），各层的磁导率等于真空中的磁导率。每个均匀层范围内平面电磁波的电场与磁场都满足一维赫姆霍兹方程：

$$\begin{cases} \dfrac{\partial^2 H}{\partial z^2} + k_j^2 H = 0 \\[2mm] \dfrac{\partial^2 E}{\partial z^2} + k_j^2 E = 0 \end{cases} \quad (z_{j-1} \leqslant z \leqslant z_{j-0}) \qquad (12-1)$$

这里 $k_j = \sqrt{i\omega\mu_0\sigma_j}$，为第 j 层的波数；$z_j = \sum_1^j d_j$，为第 j 层底面的埋深，$j = 1$，2，$\cdots$，$N - 1$。

由平面波的定义可知，E 和 H 仅有不为零的 x 和 y 分量

$$E = (E_x,\ E_y,\ 0) \qquad H = (H_x,\ H_y,\ 0)$$

由式（12－1）得第 j 层中电场水平分量的解为

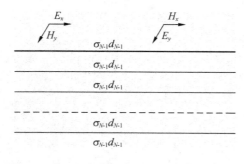

图 12－1　吉洪诺夫－卡尼尔模型

$$\begin{cases} E_x(z) = E_{xj}^+ e^{ik_j z} + E_{xj}^- e^{-ik_j z} \\ E_y(z) = E_{yj}^+ e^{ik_j z} + E_{yj}^- e^{-ik_j z} \end{cases} \quad (z_{j-1} \leqslant z \leqslant z_{j-0}) \qquad (12-2)$$

由麦克斯韦第二方程和式（12-2）可以得出第 j 层中磁场水平分量的解为

$$\begin{cases} H_x(z) = -\dfrac{k_j}{\omega\mu_0}(E_{yj}^+ e^{ik_j z} - E_{yj}^- e^{-ik_j z}) \\ H_y(z) = \dfrac{k_j}{\omega\mu_0}(E_{xj}^+ e^{ik_j z} - E_{xj}^- e^{-ik_j z}) \end{cases} \quad (z_{j-1} \leqslant z \leqslant z_{j-0}) \qquad (12-3)$$

吉洪诺夫、卡尼尔引入了大地电磁阻抗的概念，使其与地电断面参数联系起来，其定义为

$$Z_{xy} = E_x(z)/H_y(z) \qquad (12-4)$$
$$Z_{yx} = E_y(z)/H_x(z) \qquad (12-5)$$

由于 MT 是在地表观测正交的水平电磁场分量，通过式（12-2）至式（12-5）可以计算出地表的大地电磁阻抗：

$$Z_{xy}(0) = Z_{yx}(0) = (\omega\mu_0/k_1)R_N \qquad (12-6)$$

其中，R_N 为变换的层状断面阻抗，与地电断面参数有关。MT 的主要任务之一是测量吉洪诺夫-卡尼尔阻抗，并根据 Z 与频率 ω 的参数关系恢复电导率 $\sigma_n(z)$ 的分布特征。

12.2.2 视电阻率的概念与测深原理

当大地是均匀各向同性的导电介质时，设电阻率为 ρ_1，在地表 $Z=0$ 时式（12-6）变为

$$|Z_{xy}(0)| = |Z_{yx}(0)| = \sqrt{\omega\mu_0\rho} \qquad (12-7)$$

显然由上式可以确定均匀断面的电阻率：

$$\rho_1 = \frac{1}{\omega\mu_0}|Z(0)|^2 \qquad (12-8)$$

因此，通过在均匀大地表面上测量吉洪诺夫-卡尼尔阻抗就可以确定介质的真电阻率。而地层断面用水平层状介质模型描述更符合实际情况，在这种情况下也可以形式上利用式（12-8），但这时得到的不是断面任何一层的真电阻率，而是某一虚构的视值，故称为视电阻率，记为

$$\rho_s = \frac{1}{\omega\mu_0}|Z(0)|^2 \qquad (12-9)$$

水平电磁波在地下的穿透深度由频率 ω 确定，高频时由于趋肤效应场透入地下不深，因而好像对第二层及其下面各层的作用"不灵敏"，即当 $\omega \to \infty$，$\rho_s \to \rho_1$，随着频率的降低，平面波透入断面的第二层和更深的层，因而电阻率 ρ_2、ρ_3 等开始影响 ρ_s 数值大小。因此在 MT 中，视电阻率就是地层真电阻率的加权平均。

12.2.3 二维介质的 MT 方法

1. 二维模型

对有明显走向的倾斜岩层、背斜、向斜等地质构造，取构造走向为 y 轴，倾向为 x 轴，z 轴垂直向下，这时，只有 y 方向介质的电阻率是稳定的，而倾向 x 和垂直 z 的电阻率是变化的，把电阻率沿两个方向变化的介质模型称为二维模型。

由于 y 方向介质的电阻率是稳定的，则对于垂直入射的平面电磁波沿 y 轴的电磁场分

量也是稳定的，即满足：

$$\frac{\partial}{\partial_y} = 0 \tag{12-10}$$

2. 二维模型的场

对于二维模型，依据麦克斯韦方程组确定的电磁场分量，可以把它们分为两组：一组为 TE 极化方式，包括场分量 E_y、H_x 和 H_z；另一组为 TM 极化方式，包括场分量 H_y、E_x 和 E_z。两组极化波彼此独立，即

TE 极化 $(E_x - H_x)$:

$$E_y = \frac{1}{\sigma} \left(\frac{\partial H_x}{\partial z} - \frac{\partial H_z}{\partial x} \right) \tag{12-11}$$

$$H_x = \frac{i}{\omega\mu} \frac{\partial E_y}{\partial z} \tag{12-12}$$

$$H_z = -\frac{i}{\omega\mu} \frac{\partial E_y}{\partial x} \tag{12-13}$$

TM 极化 $(E_x - H_y)$:

$$H_y = -\frac{i}{\omega\mu} \left(\frac{\partial E_x}{\partial z} - \frac{\partial E_z}{\partial x} \right) \tag{12-14}$$

$$E_x = -\frac{1}{\sigma} \frac{\partial H_y}{\partial z} \tag{12-15}$$

$$E_z = \frac{1}{\sigma} \frac{\partial H_y}{\partial x} \tag{12-16}$$

3. 二维介质中 MT 参数的求取

在实际 MT 野外观测中，在地表很难测量 H_z 分量，一般通过观测 E_x、E_y、H_x、H_y 和 H_z 这 5 个电磁场分量，求得张量阻抗 Z 和倾子 T_p 等参数，进而计算视电阻率和相位以用于解释地层的电性结构。

实际工作中，假设地下构造满足二维介质的条件，但在测量设置的坐标系与构造电性主轴（一般沿走向）有一交角 θ_0 的情况下，电磁场满足关系式 $E = ZH$，其中 Z 为张量阻抗。

$$Z = \begin{bmatrix} Z_{xx} & Z_{xy} \\ Z_{yx} & Z_{yy} \end{bmatrix} \tag{12-17}$$

式中，Z_{xx}、Z_{xy}、Z_{yx} 和 Z_{yy} 为张量阻抗的 4 个元素。

实际资料处理中，需要旋转张量阻抗，使得目标函数 $M(\theta) = |Z_{xx}(\theta)|^2 + |Z_{yy}(\theta)|^2$ 最小，从而得到构造旋转角 θ_0、电性主轴方向上的主轴阻抗元素 Z_{TE} 和 Z_{TM}，以及相应的视电阻率 ρ_{TE}、ρ_{TM}，相位 Φ_{TE}、Φ_{TM} 和倾子 T_p。它们分别由以下关系式求得

$$\rho_{TE} = \frac{|Z_{TE}|^2}{\omega\mu_0} \tag{12-18}$$

$$\rho_{TM} = \frac{|Z_{TM}|^2}{\omega\mu_0} \tag{12-19}$$

$$\Phi_{TE} = \arctan \left| \frac{\mathrm{Im}(Z_{TE})}{\mathrm{Re}(Z_{TE})} \right| \tag{12-20}$$

$$\Phi_{TM} = \arctan \left| \frac{Im(Z_{TM})}{Re(Z_{TM})} \right| \qquad (12-21)$$

$$T_P = \left| \frac{H_z}{H_x} \right| \qquad (12-22)$$

12.3 野外工作方法与技术

12.3.1 MT 解决的地质任务

研究地质构造，探测地壳和上地幔的电性结构；探测基底起伏、划分构造单元；探测潜伏的火成岩体；研究断裂构造的展布；调查地热、煤、油气资源等。

12.3.2 MT 的应用条件

工作区内有稳定的、有差异的电性标志层；各目的层有足够的厚度；电磁噪声比较小，各种人文干扰不严重；地形起伏小等。

12.3.3 野外工作

（1）根据具体的项目任务要求，编写设计书。

（2）一般测线与点距规定见表 12-1。测线与测点应按设计书规定进行布置，测点处设置明显的标志，对出现异常的区段要结合现场情况加密测点。

表 12-1 大地电磁测深测网布置   km

比 例 尺	测线距	测点距
1:5000	0.05~0.1	0.02~0.05
1:10000	0.1~0.2	0.02~0.05
1:25000	0.2~0.4	0.1~0.2
1:50000	1~2	0.5~1
1:100000	3~5	2~4
1:200000	6~10	4~8
1:500000	15~20	10~20

（3）观测装置敷设：野外工作时，可根据现场情况选择观测装置。观测装置有十字型装置（图 12-2）、L 型装置（图 12-3）、T 型装置（图 12-4）、斜交装置（图 12-5）。

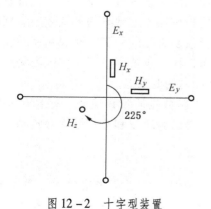

图 12-2 十字型装置　　　　　　　　　　图 12-3 L 型装置

十字型装置：水平方向的两对电极和两磁棒分别互相垂直敷设，其方位偏差不大于1°，水平磁棒顶端距中心点8~10 m。例如，两对电极和水平磁棒按正北（X）正东（Y）向布置；垂直磁棒（Z-向下）则应安放在方位角225°，距测点中心不超过10 m的位置。

在施工中不适宜十字型敷设时，可采用 L 型、T 型装置，或斜交装置。采用斜交装置时，斜交角应大于70°，方位偏差均应小于1°。

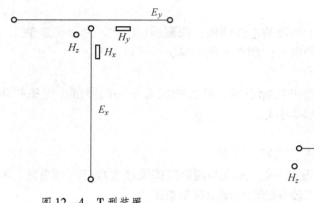

图12-4 T型装置

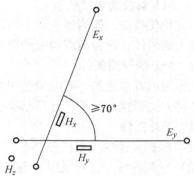

图12-5 斜交装置

根据观测信号强弱和噪声大小选择电极距，而且尽量减小电极的接地电阻。水平磁棒埋设要求入土30 cm，用水平尺校准保证水平；垂直磁棒入土深度为磁棒长度的1/2以上，上端用土埋实并保证垂直。仪器连线不能悬空、打结、环绕、并行放置，并防止晃动。

（4）远参考道的设置根据工作区实际情况可选择固定的远参考道法和移动的远参考道法（互参考道法）。

（5）数据采集。测线、测点布设过程中，应对仪器进行标定，工作区内如有两台或两台以上的仪器一起工作时，在同一点上采用相同的装置进行一致对比试验，其中应有80%以上的频点相对误差小于5%。标定达到要求、相对误差达到要求的仪器才能投入工作，严禁非正常仪器带病工作。仪器与电极、磁棒的布设等工作准备就绪后，应检查仪器各部件的连接情况及电道、磁道信号线与屏蔽线的绝缘情况。然后进行仪器测试工作，观测仪器的稳定性和参数的选择等工作。上述测试工作完成后，开始数据采集工作；观测时记录参数必须齐全正确，一个测点上大地电磁场的观测需连续进行并应选择干扰背景比较平静的时间记录。每个频点应有足够的叠加次数以提高信噪比，观测的最低频率达到地质任务要求。在观测记录过程中发现异常现象及时进行重复观测或补测。对观测完的测点按照要求填写工作记录。检查点要在工作区内均匀分布，检查点数不少于工作区内测点总数的3%，计算均方相对误差（m）不应大于5%或设计书的要求。

（6）野外数据采集完成后，要有原始数据带、原始数据质量评定表、操作员签字的工作记录、测点布置记录、点位测定记录、仪器一致性试验结果和标定结果等资料。

12.4 仪器设备

大地电磁系统的主要配置由电场传感器、磁场传感器、电磁场采集单元、主控单元、工作电源等部分组成。其中电场传感器采用一对电极（一般间隔10~20 m），要求受极化作用的影响较小，通常用铅板电极或特制的不极化电极，如铜 – 硫酸铜或铅 – 氧化铅等不同类型。目前使用一种适用于大地电磁测量的高频特殊钛合金，噪声低且可快速插入地下进行测量；目前应用最广泛的磁场传感器为感应式，是在坡莫合金棒上缠绕数以万匝计的长螺线线圈，通过测量感应线圈中感生电动势来测量磁场强度的变化。要求传感器有平坦的灵敏度 – 频率响应曲线，灵敏度一般达 $100\ mV/nT$。

目前的大地电磁系统以美国 EMI 公司的 MT24、美国劳雷工业公司的 EH4 和加拿大凤凰公司的 V8 为代表，仪器具有低噪声、大动态范围、多道多功能、测量信号频带宽、采用 24 位高分辨率模/数转换、可结合 GPS 实施 MT 遥感远参考技术等特点。具体特点见表 12 – 2。

表 12-2　大地电磁仪的特点

项　目	特　　　点
1	频率范围一般为 $10^{-4} \sim 10^4\ Hz$
2	功耗低，电源采用轻便的蓄电池和干电池
3	含 5 道（$E_x E_y$、E_z、H_x、H_y、H_z）或 7 道（除上述 5 道外，外加 2 个参考道）
4	一般都能做张量阻抗测量
5	轻便、体积小，易于携带
6	计算机控制仪器、自动采集和现场或实时处理数据，显示结果
7	能存储或实时监视时间序列
8	计算和显示视电阻率、阻抗相位、倾子振幅及相位、相干度、振幅谱、二维偏离度、旋转角、阻抗走向及倾子走向等
9	含有自标定系统或内存有标定数据
10	有很强的抑制工业频率（50 Hz、150 Hz）干扰的能力
11	工作环境温度范围为 $-20 \sim 50\ ℃$
12	有做带参考道（站）测量的能力
仪器标定	在进入新工区前和完成工区的测量工作任务后，都应对仪器做标定，确保仪器性能正常和稳定
质量检查	一般选总物理点数的 2% ~3% 进行重复观测，检查测量的视电阻曲线应与原测的一致，且数据彼此接近
仪器操作应注意的问题	布站工作结束前，操作员应检查各部分的连接情况，测试各部分（包括电源）的工作状态是否正常，适当设置仪器参数。操作员还应通过监视系统注意记录情况，若发现强干扰应及时采取适当措施加以改善。一个站的观测时间为 20 ~ 30 min

12.5　数据处理与资料解释

12.5.1　张量阻抗元素求取的 Robust 方法

大地电磁测深法研究的是波阻抗的频率响应，而电磁场观测是在时间域进行的，为此首先从时间序列的记录中提取电磁场的频谱信息，根据频谱分析结果求取张量阻抗元素。在求取张量阻抗元素时，常用最小二乘法。最小二乘法在处理受高斯噪声干扰的 MT 资料时效果较好，但对部分受高斯噪声干扰的 MT 资料无能为力。

Robust 方法对部分受高斯噪声干扰的 MT 资料处理比较有效。Robust 方法是一种以观测误差大小控制数据质量的加权最小二乘法，它重视整体数据，给飞点以小的权，使其在下一次迭代中降低影响，从而改善张量阻抗估算的品质，提高信噪比。在数据段足够或飞点量较少的情况下，此方法效果比较理想。

该方法原理如下：

大地电磁场的响应方程可以表示为

$$E = ZH + R \tag{12-23}$$

式中，E 为电场向量；H 为磁场向量；Z 为待估计的张量阻抗；R 为噪声向量。R 和 Z 均为未知量。对 Z 的均值估计是通过极小化 $\sum \rho(r_i/s)$ 来实现的，s 为标度因子，ρ 为衰减函数。

Robust 方法根据 Thomson 的权函数对野外记录数据进行加权，然后对衰减函数进行最小化，因为相位资料的质量通常比阻抗的要高，所以 Robust 方法还设计了根据相位资料利用希尔伯特变换关系对阻抗进行平滑的方案。

12.5.2 Robust 算法流程

对于某个频点：

（1）利用最小二乘法计算张量阻抗元素（Z_{xx}、Z_{xy}、Z_{yx}、Z_{yy}）作为初始值 Z_0。

（2）由张量阻抗元素和磁场按下式

$$E_{xx} = Z_{xx}H_x + Z_{xy}H_y \tag{12-24}$$

计算出"估计电场"。对于 N 次观测，式（12-23）可写成矩阵形式：

$$E = ZH + R \tag{12-25}$$

式中，E 是 N 次观测的电场 E_x；H 是 N 行 2 列的矩阵，一列是 H_x，另一列是 H_y。"实测电场"减去"估计电场"得到"残差"R：

$$R = E - ZH \tag{12-26}$$

Z 是一个 2 行 1 列的矩阵，其元素是 Z_{xx} 和 Z_{xy}。

（3）由残差计算比例因子 s。

（4）由比例残差（即残差除以比例因子）按公式：

$$\omega(\lambda) = 1 \quad （当 \lambda \leq \lambda_0 时）$$
$$\omega(\lambda) = \lambda_0/\lambda \quad （当 \lambda \leq \lambda_0 时）$$

计算 Huber 权系数（其中 $\lambda_0 = 1.5$）。当比例残差小于 λ_0 时，权系数为 1。每个残差可得到一个权系数（即 R 中每个元素），由此可构成矩阵 W。

（5）求解加权方程。迭代公式为

$$Z^{m+1} = (HW^mH)^{-1}HW^mE \tag{12-27}$$

其中，Z^{m+1} 为某个频点第 $m+1$ 次迭代的张量阻抗元素 Z_{xx} 和 Z_{xy}；W 是 $M \times N$ 权函数对角矩阵。

重复上述整个过程，直到收敛，然后转入下面的处理步骤。

（6）利用 Thomson 权系数求解加权方程。

（7）由相位（根据阻抗的实部和虚部计算得到）根据 Hilbert 变换计算阻抗的幅值和幅角，从而获得每个频点相位平滑的阻抗。

（8）用相位平滑后的阻抗作初值，进行一次 Thomson 估计。

（9）重复（7）以求得最终的相位平滑阻抗。

根据以上相同步骤，也可求得 Z_{yx} 和 Z_{yy}。

12.5.3 远参考大地电磁测深法

在 MT 资料的张量阻抗计算过程中，当自功率谱中含有噪声时，计算的阻抗要产生误差。应用相干函数辨认噪声在计算中产生的误差很有参考价值，但并不意味着能对资料进行校正。T·D·Gamble（1979）等人提出了远参考大地电磁测深法（Remote Reference MT，RRMT），远参考大地电磁测深法是电磁勘探方法中具有较强抗干扰能力、有效压制人文干扰、改善 MT 观测质量的方法。

1. 问题的提出

张量阻抗中的每一个元素可以用电磁分量的互功率谱或自动率谱 6 种组合形式的任何一种计算，这 6 种表达式分别是（仅以 Z_{xy} 为例）：

$$\overline{z}_{xy} = \frac{<H_x E_x^*><E_x E_y^*>-<H_x E_y^*><E_x E_y^*>}{<H_x E_x^*><H_y E_y^*>-<H_x E_y^*><H_y E_x^*>} \tag{12-28}$$

$$\overline{z}_{xy} = \frac{<H_x E_x^*><E_x H_y^*>-<H_x H_y^*><E_x E_x^*>}{<H_x E_x^*><H_y H_y^*>-<H_x H_y^*><H_y E_x^*>} \tag{12-29}$$

$$\overline{z}_{xy} = \frac{<H_x E_x^*><E_x H_y^*>-<H_x H_y^*><E_x E_x^*>}{<H_x H_y^*><H_y H_y^*>-<H_x H_y^*><H_y E_x^*>} \tag{12-30}$$

$$\overline{z}_{xy} = \frac{<H_x E_y^*><E_x H_y^*>-<H_x H_y^*><E_x E_y^*>}{<H_x E_y^*><H_y H_x^*>-<H_x H_y^*><H_y E_y^*>} \tag{12-31}$$

$$\overline{z}_{xy} = \frac{<H_x E_y^*><E_x H_y^*>-<H_x H_y^*><E_x E_y^*>}{<H_x E_y^*><H_y H_y^*>-<H_x E_y^*><H_y H_x^*>} \tag{12-32}$$

$$\overline{z}_{xy} = \frac{<H_x H_x^*><E_x H_y^*>-<H_x H_y^*><E_x H_x^*>}{<H_x H_x^*><H_y H_y^*>-<H_x H_y^*><H_y H_x^*>} \tag{12-33}$$

实际测量中电磁场 E 与 H 不可避免地含有噪声，显然有下式

$$\begin{cases} E_x = E_{xs} + E_{xn} \\ E_y = E_{ys} + E_{yn} \end{cases} \tag{12-34}$$

$$\begin{cases} H_x = H_{xs} + H_{xn} \\ H_y = H_{ys} + H_{yn} \end{cases} \tag{12-35}$$

这里 E_{xn}、E_{yn}、H_{xn} 和 H_{yn} 是对应场量中的噪声项，而大地地磁场的线性关系只对信号项才成立。

$$\begin{bmatrix} E_{xs} \\ E_{ys} \end{bmatrix} = \begin{bmatrix} Z_{xx} Z_{xy} \\ Z_{yx} Z_{yy} \end{bmatrix} \begin{bmatrix} H_{xs} \\ H_{ys} \end{bmatrix} \tag{12-36}$$

计算张量阻抗时如果噪声为零，则有

$$\overline{Z}_{xy} = Z_{xy} \tag{12-37}$$

以一维介质为例，式（12-28）与式（12-29）变成

$$\overline{Z}_{xy} = <E_x E_x^*>/<H_y E_x^*> \tag{12-38}$$

式（12-30）与式（12-31）蜕变成

$$\overline{Z}_{xy} = <E_x H_x^*>/<H_y H_y^*> \qquad (12-39)$$

假定噪声是随机的，且相互独立，则有

$$<E_x E_x^*> = <E_{xs} E_{xs}^*> + <E_{xn} E_{xn}^*> \qquad (12-40)$$

$$<H_y H_y^*> = <H_{ys} H_{ys}^*> + <H_{yn} H_{yn}^*> \qquad (12-41)$$

$$<E_x H_x^*> = <H_y E_{xs}^*> + <E_{xs} H_{yn}^*> \qquad (12-42)$$

于是有

$$\overline{Z}_{xy} = \frac{<E_{xs} E_{xs}^*> + <E_{xn} E_{xn}^*>}{<H_{ys} E_{xs}^*>} = Z_{xy}\left(1 + \frac{E_{n-p}}{E_{s-p}}\right) \qquad (12-43)$$

$$\overline{Z}_{xy} = \frac{<E_{xs} H_{xs}^*>}{<H_{ys} H_{ys}^*> + <H_{yn} H_{yn}^*>} = Z_{xy}\bigg/\left(1 + \frac{H_{n-p}}{H_{s-p}}\right) \qquad (12-44)$$

由式（12-43）及式（12-44）可以看出，磁噪声将导致张量阻抗估算偏低，而电噪声将导致张量阻抗估算偏高。

从上面的讨论可以得到这样的结论，只要各电磁分量之间的噪声相互独立，张量阻抗的估算质量将有所改善。但满足式（12-40）、式（12-41）与式（12-42）对于单点MT测量几乎是不可能的，且此时张量阻抗元素的表达式中至少有一对电磁分量的自功率谱。很显然，自功率谱将增强噪声，即降低信噪比，引起张量阻抗计算值有一定偏差。为了克服这一缺点，根据大地电磁场的磁场信号在一定距离范围内变化不大，反映地电结构的主要是电场信号这一特点，人们提出了远参考 MT 方法。

2. 远参考处理

当两观测点相距较远时，即两观测点间电磁分量中的噪声一般满足相互独立这个条件。但这还不够，因为噪声的自功率谱是不能忽略的。根据大地电磁测深中磁信号在相当一段距离范围内变化缓慢这一特点，人们提出了将远参考点处的磁信号作为测点处的磁分量来估算张量阻抗，此时一般有

$$<H_{yr} H_{yr}^*> = <H_{yrs} H_{yrs}^*> = <H_{ys} H_{ys}^*> \qquad (12-45)$$

$$<E_x H_{yr}^*> = <H_{yrs} E_{xs}^*> = <E_{xs} H_{ys}^*> \qquad (12-46)$$

$$<H_{yrn} H_{yn}^*> = 0 \qquad (12-47)$$

对于一维介质条件下的式（12-43）、式（12-44），很显然简化成式（12-37），这表明此时估算的张量阻抗没有偏差，通常，对于二维介质可以写出以磁道为参考的张量阻抗表达式：

$$\overline{Z}_{xy} = \frac{<H_x E_{xr}^*><H_y H_{yr}^*> - <E_x H_{yr}^*><H_y H_{xr}^*>}{D} \qquad (12-48)$$

$$\overline{Z}_{xy} = \frac{<E_x H_{yr}^*><H_x H_{xr}^*> - <E_x H_{xr}^*><H_x H_{yr}^*>}{D} \qquad (12-49)$$

$$\overline{Z}_{xy} = \frac{<E_y H_{xr}^*><H_y H_{yr}^*> - <E_y H_{yr}^*><H_y H_{xr}^*>}{D} \qquad (12-50)$$

$$\overline{Z}_{xy} = \frac{<E_y H_{yr}^*><H_x H_{xr}^*> - <E_y H_{xr}^*><H_x H_{yr}^*>}{D} \qquad (12-51)$$

其中 $\qquad D = <H_x H_{xr}^*><H_y H_{yr}^*> - <H_x H_{yr}^*><H_y H_{xr}^*> \qquad (12-52)$

从式（12-48）、式（12-49）、式（12-50）、式（12-51）可以看出，每一对功

率谱均包含参考道的磁分量，只要在远参考点与测量点上噪声的特性是相关的，实际上只要两点间的距离大于一定程度，远参考处理便能提高张量阻抗的计算精度。

12.5.4 资料解释

1. 定性解释

定性解释是利用基于所获原始数据编制成的各种能反映地下不同电性介质在水平方向和垂直方向分布的图件进行的。这些图件包括：能反映地下地电断面性质的视电阻率曲线类型图、视电阻率和阻抗相位的虚拟断面图。在这些图上，横坐标表示测点位置，垂直指向下方表示周期 T，勾画出的是视电阻率或阻抗相位的等值线；平面图和剖面图都是对一系列给定的周期即对应一定的深度范围分别给出的。平面图上纵横坐标表示测点的位置，勾画出的是视电阻率 ρ_a 和阻抗相位 θ 的等值线。剖面图上横坐标表示测点在剖面上的位置，纵坐标表示 ρ_a 和 θ 的值；通过近似一维反演法绘出近似电阻率—视深度的虚拟断面图。通过定性研究可以得到测区有关地质构造基本轮廓的概念。

2. 在定性解释的基础上做定量解释

对于较少的稀疏测点一般做一维定量解释，已有多种电磁一维反演的方法和程序，与电法勘探中其他方法的一维反演类似，可以选择采用几种方法进行以便对比和综合，缩小非唯一性影响。对于由较多测点组成的剖面资料一般做二维定量解释，二维反演方法较多，当前实用性较强、效果较好比较有代表性的反演方法是快速松弛反演法和共轭梯度反演法。三维反演方法正逐步走向实用化，对于由较多测点组成的面积性资料可以考虑做三维定量解释。

3. 对解释成果进行地质解释

在做过定性和定量地球物理解释之后，应再综合其他地球物理、地质资料进行地质解释，将前述解释成果解译成地质上的概念。用大地电磁方法可提供如下一些地质成果：测点下或沿剖面地电断面的特征；确定各地层覆盖层的厚度变化规律；探测断裂带的位置及性质；探测地下热水及深部热源的位置；确定沉积盆地基底的深度变化规律；圈定作为高阻不均匀体的岩浆侵入体火山岩或碳酸盐岩的分布范围；确定构造形态、构造分区及接触关系。

12.6 应用实例

1. 采空区探测

当地下煤层开采以后，上覆岩层将形成垮落带和裂缝带。在两带中形成大量的空洞、裂缝或离层，这将使煤层以上的部分岩层电阻率值较开采前大幅度上升，其值可达原来的 $3 \sim 5$ 倍。

图 12 -6 为某地采空区大地电磁测深电阻率断面图。从图中可以清楚地看出，$x = 0 \sim 4\,m$，深度 25 m；$x = 400 \sim 100\,m$，深度 20 m，有一明显的带状高电阻率异常区，其电阻率超过 150 $\Omega \cdot m$。这是由于地下煤层开采后，顶板岩层垮落形成较大的空洞与裂缝，从而使开采垮落的地层呈现出很高的电阻率，在剖面上则表现为沿煤层倾斜方向的条带状高阻带，而在未开采区则表现为正常电阻率特征。根据这一电性特征，可以连续追踪采空区，并可根据异常带的深度突然变化位置，解释断层的发育状况。该剖面有两个明显断层，在 $x = 38\,m$ 处，高阻异常带从 30 多米深突然抬升到 20 余米，从而推断 $x = 38\,m$ 位置处有落

差为 5 ~ 10 m 的断层；$x = 140 \sim 163$ m 高阻异常下降深度 50 m，可以推断 $x = 120 \sim 140$ m 之间存在一落差大于 20 m 的断层。

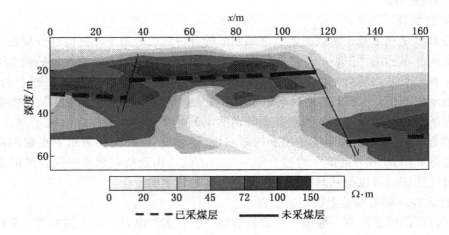

图 12 - 6 某地采空区大地电磁测深电阻率断面图

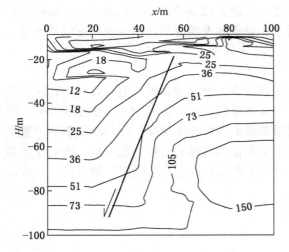

图 12 - 7 某勘探剖面的电阻率等值断面图

2. 断层构造勘探

某矿有一落差为 0 ~ 90 m 边界断层位置不详，该矿开采石炭系太原组煤层，其基盘为奥陶系灰岩，强含水。开采煤层距奥灰约 50 m。为了保证矿井生产安全，必须准确确定断层的具体要素。从地层的电性特征来看，煤系地层电阻率较低（10 ~ 50 $\Omega \cdot$ m）而灰岩电阻率很高（大于 100 $\Omega \cdot$ m），因此，断层两盘的电阻率具有明显差异，这是能够采用大地电磁测深法进行断层构造勘探的理论基础。图 12 - 7 为某勘探剖面的电阻率等值断面图。$x = 0 \sim 20$ m，由浅至深地层电阻率为 10 ~ 73 $\Omega \cdot$ m，由小号向大号方向倾斜。$x = 20 \sim 60$ m，电阻率等值线逐渐向上抬升；$x = 60 \sim 100$ m，电阻率等值线平缓延伸，这是较典型的断层异常特征。根据断面图电阻率变化特征，推断断层带位于剖面的 30 ~ 50 m 位置，断层带宽度约 20 m，断层落差约 40 m，倾角约 70°。

3. MT 在深部矿产探测中的应用

1）测区概况

测区位于山西临汾盆地，据钻孔揭示的情况，该区存在的地层自上而下主要为第四系、二叠系、薄层的石炭系、巨厚的奥陶系等，其他地层大多缺失。第四系岩性主要为黄土（10 ~ 50 $\Omega \cdot$ m），见细砂黏土层，厚度变化较大，一般为 100 ~ 210 m；二叠系在区内广泛分布，电阻率约 100 $\Omega \cdot$ m 为第四系所覆盖，主要成分为砂岩、页岩、泥岩及其互层，分布厚度为500～700 m不等；钻孔揭示石炭系厚度为40～100 m，主要成分为炭质及砂质页岩等；奥陶系主要成分为石灰岩、泥质灰岩，在中奥陶系 O_2^{2-1} 段可见，矽卡岩、黄铁矿、磁铁矿颗粒或矿脉，由于该套地层上部含泥质和低阻特性的矿物颗粒，故显示相对低阻（20～30 $\Omega \cdot$ m），推测其厚度为1～2 km。从区域资料分析，石灰岩、大理岩电阻率最高，石英砂岩、岩浆岩次之，矽卡岩中等，泥岩页岩较低，磁铁矿、铁铜矿、铜矿等最低，具备地球物理工作前提。

2）测线布设

考虑到测区表层低阻且干扰背景小，采用了天然源阵列大地电磁（MT）法，布设交叉的两条测线（图12－8）。根据已知资料分析，在L02线南端1号点（ZK501）深部900 m发现低阻特性的磁铁矿体，而 ZK521 钻孔遇石炭系地层未见矿；ZK541 钻孔见磁铁矿并已开采。设计的 ZK523 钻孔位于磁异常中心的北部，测线的北部，设计井深约1400 m，勘探的目的是通过对已知见矿孔的追踪分析为设计井深提供资料依据，探讨控矿环境。

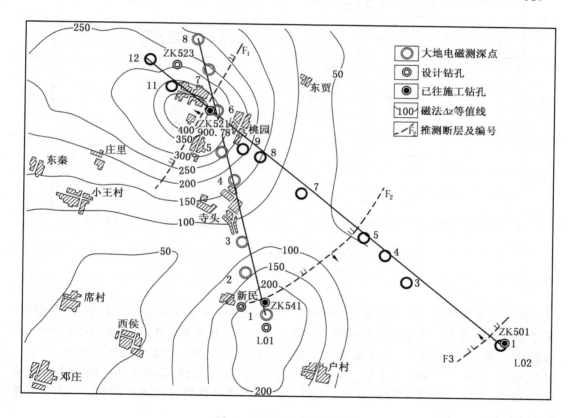

图12－8 测区布置示意图

3）资料解释

从成矿的地质条件而言，在火成岩与灰岩接触带内多形成矽卡岩，而矽卡岩与磁铁矿在空间上紧密共生。矿体的分布形态与火成岩的侵入有着直接关系，而断裂带则为岩浆上溢通道，在向上运移过程中沿中奥陶系层间薄弱带侵入，形成上下两个接触带，断裂带为控矿构造，其两侧多赋存矿体，在电性剖面上往往呈层状分布，与地层产状基本一致。

根据测区成矿条件分析,在正常的电性层中,局部低阻层(体)与高阻层(体)的伴生,则表明可能存在低阻特性的矿体,低阻等值线闭合圈情况与矿体的分布范围有密切关系。

图 12 -9 为 L02 线反演断面图,反演断面图上测点 10(L01 线 6 号点)以及 5 号点附近,海拔高程 -1000 m 以上标志层位等值线横向不连续,与断裂 F1 和 F2 的存在密切相关,是深部岩浆上溢的通道,也是控矿主要构造;在 1 号点附近,等值线也出现明显错断和横向不连续,推测受 F3 的影响。

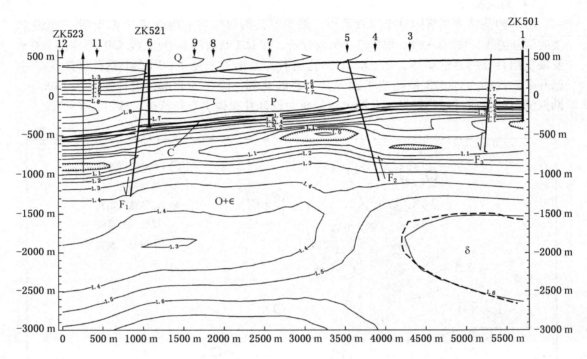

Q—第四系；P—二叠系；C—石炭系；O + ∈—奥陶寒武系；δ—岩体

图 12 -9　L02 线反演断面图

电性层总趋势也是南东侧浅北西侧深,在 -350 ~ -900 m 深度横向存在相对连续而又错动的低阻条带,条带的局部错断与断裂位置一致,在 6 号点和 11 号点以及 3 号点和 1(ZK501)号点以 10 Ω·m 可圈定两套不连续的低阻闭合圈,形态与地层分布基本一致,沿剖面埋深自 900 ~ 1400 m 不等,标高 -2000 m 附近存在局部高阻岩体。依据 ZK541 钻孔和 ZK501 钻孔结合控矿环境分析,该套低阻与磁铁矿体的存在密切相关,ZK521 钻孔未见矿也佐证了该认识。

依据设计孔推测矿体埋深顶板 1360 m,底板 1430 m,厚度约 70 m,经钻探验证,在孔深 1382 ~ 1416.3 m 之间发现粒状结构、块状构造,品位 20% ~ 30% 的磁铁矿,矿体厚度 34.3 m,与电磁法推断顶底板误差仅为 2.0% 和 0.9%,吻合程度较高,是频域电磁(MT)法在深部矿产勘查中成功的实例。

13 可控源音频大地电磁测深勘探

13.1 术语定义

可控源音频大地电磁法 controlled source audio magneto tellurics 根据电磁感应的趋肤效应，不同频率电磁波具有不同的穿透深度，通过有限长接地导线电流源向地下发送不同频率的交变电流，在地面一定范围内测量正交的电磁场分量，计算卡尼亚电阻率及阻抗相位，达到探测不同埋深地质目标体的一种频率域电磁测深方法。

13.2 CSAMT 的基本理论

可控源音频大地电磁法 CSAMT 是 20 世纪 70—80 年代在大地电磁法（MT）和音频大地电磁法（AMT）的基础上发展起来的可控源频率测深方法。它具有探测深度大、横向分辨能力较强、观测效率高，兼有测深和剖面研究双重特点，是研究深部地质构造、寻找隐伏矿和勘查地下水资源的一种有效手段。

CSAMT 是一种利用接地水平电偶源作为信号源的一种人工电磁测深法。其原理和常规大地电磁测深法类似。近年来，由于 CSAMT 抗干扰性能强，能在工业游散电流极强的矿区工作，加上其勘探深度相对较大、不受高阻层屏蔽以及工作成本低廉等优点，在深部煤矿采区水文勘查中也得到较多应用并取得了良好效果。

1. 电磁波传播途径

CSAMT 利用接地电偶极 AB 供以可变频率的交流电，由此产生电磁波。由场源发射的电磁波向四周发射，按其传播途径可分为天波、地面波和地层波（图 13 - 1）。

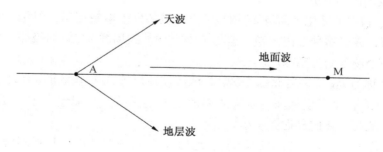

图 13 - 1 电磁波的传播途径

天波是由场源向天空发射的电磁波，由于可控源音频大地电磁测深发射的是长波和超长波，它们遇到电离层时并不往回反射，所以不考虑天波。在空气中沿地面传播的电磁波称为地面波。地层波是由场源射入地层中的电磁波。显然，可控源音频大地电磁测深中研究的对象就是地面波、地层波。

2. 电磁波的水平极化

人工场源所用的工作频率一般为 0.01～10 kHz，在此频段内，岩石中皆以传导电流为主，可以忽略位移电流。在无磁介质中电磁波传播速度为 $v=\sqrt{10f\rho}$，而电磁波在空气中的波速近似等于光速 c，显然，电磁波在空气中的波速比在地下的波速快得多。沿地表传向 MN 端的地面波（用 S_0 表示）和直接在地层中传播的地层波（用 S_1 表示）在某一时刻由于波程的差别就会在地面附近形成一个近似水平的波前面 S_1S_0，从而造成一个几乎垂直向下传播的水平极化平面波 S^*（图 13－2）。

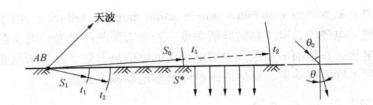

图 13－2　发射电磁波传播路径图

同样也可用电磁波折射定律证明：

$$\frac{\sin\theta}{\sin\theta_0}=\frac{v}{c}=\frac{\sqrt{10\rho f}}{3\times10^5} \tag{13－1}$$

式中　ρ——地层电阻率，$\Omega\cdot m$；

　　　f——电磁波频率，Hz。

例如，当 $f=1000$ Hz，$\rho=1000\ \Omega\cdot m$ 时，$\sin\theta\approx0.01\sin\theta_0$，即使入射角 $\theta_0=90°$，折射角也非常小（$\theta=0.06°$），表明无论电磁波入射角多大，入射后总是近似为垂直地面传播的平面波。由于电磁波为横波，当地层为水平层状时，地面所测的视电阻率主要与岩层的纵向电阻率有关。

3. 电磁波场区的划分

地层波 S_1 和水平极化平面波 S^* 均与地下地质体发生电磁作用，但是，它们是否影响地面的观测值，或以哪种波占主导，这与观测点 MN 到场源 AB 间的极距 r 大小有关。因此，这就有一个场区划分问题。

波区（又称为远区）：当 $r\gg\lambda/2\pi$ 时，该区域地层波几乎全部衰减殆尽，地下只有水平极化波 S^* 存在，相当于从高空垂直入射的平面电磁波，类似于大地电磁测深的情况。对地层分辨率最高，各向异性影响小。

S 区（又称为近区）：当 $r\ll\lambda/2\pi$ 时，地层波 S_1 占主导地位。其观测值与地层关系很弱，或只与总纵向电导有关。

过渡区：介于波区与 S 区之间的场区。在由 S 区向波区过渡时，电磁波从向水平方向传播逐渐过渡到倾斜方向，甚至垂直入射地面。

实际工作中，因电源功率有限，收发距 r 不可能很大，在低频段将进入过渡区和 S 区，造成测深曲线与地层关系复杂化。因此应尽可能保证测区处在波区范围内，并进行过渡区校正。

4. 有效勘探深度

电磁波在导电介质中传播时，随着传播距离的增加，电磁场幅值随之衰减。在波区条件下，电磁波在均匀半空间介质中由地面垂直向下传播时，其强度随深度 z 的增加呈指数规律衰减。设电偶极子 AB 向地下供入的谐变场为 $e^{-i\omega t}$，地下 z 处的 E_X 为

$$E_X = -\frac{I\,\overline{AB}\rho}{\pi\,r^3}e^{-2\pi z/\lambda} \tag{13-2}$$

式中　$\overline{AB}$——供电电偶极的长度；

　　　　I——供电电流强度。

当 $z = \dfrac{\lambda}{2\pi}$ 时，$E_x = \dfrac{1}{e}E_x^{z=0}$，即 E_x 衰减为地表相应值的 $1/e$ 倍，称为趋肤深度 δ。

$$\delta = \frac{\lambda}{2\pi} = 503.3\sqrt{\rho/f} \tag{13-3}$$

另外，有些学者认为取 E_x 衰减为地表相应值 $1/2$ 倍时的深度作为有效深度更合理。

$$h_{\text{有效}} = 356.5\sqrt{\rho/f} \tag{13-4}$$

由式（13-4）可以看出，在某测点下电阻率一定时，电磁波的有效穿透深度（或勘探深度）与频率 f 成正比，高频时探测深度浅，低频时探测深度深。CSAMT 通过改变发射电磁波的频率 f 来改变探测深度，从而达到频率测深的目的。

13.3　电磁场表达式及视电阻率的概念

1. 均匀半空间电磁场表达式

介质为均匀半空间，A、B 为供电极子，M 为观测点，r 为 M 点到 AB 中点 O 的距离，θ 是 r 与 OB 的夹角。在图 13-3 的直角坐标系下，如果忽略位移电流，介质的磁导率 $\mu = \mu_0$。

（1）波区条件下的电磁场表达式：

$$E_x = \frac{I\,\overline{AB}\rho}{2\pi\,r^3}(3\cos^2\theta - 2) \tag{13-5}$$

$$E_y = \frac{3I\,\overline{AB}\rho}{4\pi\,r^3}\sin 2\theta \tag{13-6}$$

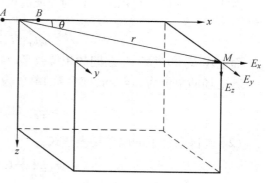

图 13-3　直角坐标系中的电偶源

$$E_z = (i-1)\frac{I\,\overline{AB}\rho}{2\pi\,r^3}\sqrt{\frac{\mu_0\omega}{2\rho}}\cos\theta \tag{13-7}$$

$$H_x = -(i+1)\frac{3I\,\overline{AB}\rho}{4\pi\,r^3}\sqrt{\frac{2\rho}{\mu_0\omega}}\cos\theta\sin\theta \tag{13-8}$$

$$H_y = (i+1)\frac{I\,\overline{AB}\rho}{4\pi\,r^3}\sqrt{\frac{2\rho}{\mu_0\omega}}(3\cos^2\theta - 2) \tag{13-9}$$

$$H_z = i\frac{3I\,\overline{AB}\rho}{2\pi\,\mu_0\omega r^4}\sin\theta \tag{13-10}$$

式中，$i = \sqrt{-1}$。

由式（13－5）至式（13－10）可以算出，当 $\theta = 90°$ 时，即赤道装置情况下 E_x 和 H_y 的绝对值最大。

$$E_x = -\frac{I\,\overline{AB}\rho}{\pi\,r^3} \tag{13－11}$$

$$E_y = 0 \tag{13－12}$$

$$E_z = 0 \tag{13－13}$$

$$H_x = 0 \tag{13－14}$$

$$H_y = (i+1)\frac{I\,\overline{AB}}{2\,\pi\,r^3}\sqrt{\frac{2\rho}{\mu_0\omega}} \tag{13－15}$$

$$H_z = i\,\frac{3I\,\overline{AB}\rho}{2\,\pi\,\omega\mu_0 r^4} \tag{13－16}$$

上述 6 个方程说明了远区电磁场的几个十分重要的性质。首先，在均匀介质中，电偶源远区电场的水平分量正比于介质的电阻率，而与频率无关；其次，磁场的水平分量和近场区不同，与频率和介质的电导率乘积的平方根成反比。

由于远区电磁场的水平分量都随 r^3 衰减，因此阻抗 Z 为

$$Z = \frac{E_x}{H_y} = \sqrt{\frac{i\omega\mu_0\rho}{2}} = \sqrt{\omega\mu_0\rho}\,\mathrm{e}^{i\frac{\pi}{4}} \tag{13－17}$$

Z 值与测量点距电偶极子之间的距离 r 无关。

由式（13－17）可以求得均匀介质的电阻率：

$$\rho = \frac{1}{\omega\mu_0}\left|\frac{E_x}{H_y}\right|^2 = \frac{1}{\omega\mu_0}|Z|^2 \tag{13－18}$$

而电场 E_x 和磁场 H_y 之间的相位差是 $\pi/4$。

若电场的单位为 mV/km，磁场的单位为 nT，时间为 s，则上式为

$$\rho = \frac{1}{5f}|Z|^2 = 0.2T\left|\frac{E_x}{H_y}\right|^2 \tag{13－19}$$

（2）S 区条件下的电磁场表达式：

$$E_x = \frac{I\,\overline{AB}\rho}{2\,\pi\,r^3}(3\cos^2\theta - 1) \tag{13－20}$$

$$E_y = \frac{3I\,\overline{AB}\rho}{4\,\pi\,r^3}\sin 2\theta \tag{13－21}$$

$$E_z = \frac{i\mu_0\omega I\,\overline{AB}}{4\,\pi\,r^3}\cos\theta \tag{13－22}$$

$$H_x = -\frac{I\,\overline{AB}}{2\,\pi\,r^3}\cos\theta\sin\theta \tag{13－23}$$

$$H_y = \frac{I\,\overline{AB}}{2\,\pi\,r^3}\cos 2\theta \tag{13－24}$$

$$H_z = \frac{I\,\overline{AB}}{4\,\pi\,r^3}\sin\theta \tag{13－25}$$

由以上公式可以看出，在均匀介质中，电偶源近区电场的水平分量正比于介质的电阻率，而与频率无关；磁场的水平分量与电阻率和电磁场的频率都没有关系。由于电场和磁

场都与频率无关，因而其比值阻抗 Z 不随频率变化，说明 $Z-\omega$ 曲线已经不具有测深的性质，即近场区的电磁场，即使经过近区场校正，也不可能像远区场那样用来研究地电断面的性质。

但是，必须指出，在非均匀介质中，如果像电测深或大地电磁测深那样在近区场中引入视电阻率的概念，则此时视电阻率是 r 而不是 ω 的函数，和直流电测深法中的电场完全相似。不过 r 的影响相对直流电测深法的电极距离要小得多。

（3）过渡区条件下的电磁场。在近场区和远场区之间的过渡区，电场 E、磁场 H 和阻抗 Z 都可用精确的电偶极子电磁场公式描述。其中 E、H 及 Z 都由近区场值缓慢过渡到远区场值。在非均匀介质中，过渡区的特性十分复杂，它不仅与频率 f、r 有关，还与介质的电阻率有关。

2. CSAMT 视电阻率的概念

实际工作中可控源音频电磁测深法观测电场 E_x 和磁场 H_y，按照式（13 - 19）计算电阻率，当地下为非均匀介质时，由此式计算的值将是电磁波分布范围内所有介质的综合影响，故称为视电阻率，又称为卡尼亚电阻率，记为

$$\rho_\omega = \frac{1}{5f}\left|\frac{E_x}{H_y}\right|^2 \qquad (13-26)$$

通过改变发射电磁波的频率 f 来改变电磁波的穿透深度，ρ_ω 就是反映了不同深度以上的介质电阻率，通过分析研究视电阻率 ρ_ω 随 f 的变化曲线（图 13 - 4），就可达到探测不同深度地质异常体的目的。

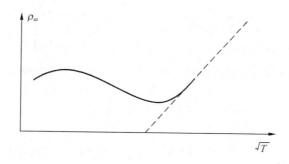

图 13 - 4　CSAMT 实测视电阻率曲线

3. CSAMT 解决的地质任务

CSAMT 用于立体地质填图，探测某些金属、非金属矿体，以及与油气、煤炭、放射性矿产有关的地质构造；研究盆地基底起伏和埋深，划分盆地范围及次级构造单元、构造形态、产状及断裂展布；探测其他有电性差异的目标层岩性分布及其厚度。

4. CSAMT 应用条件

工作区内目标体与围岩存在电阻率差异；目标体有足够的规模可以分辨，工作区无强烈的电磁干扰。测区内地形地貌条件适合场源布设与野外实时观测。

13.4　CSAMT 野外工作方法

（1）根据具体的项目任务要求，编写设计书。

（2）一般测线与点距规定见表13-1。

表13-1 CSAMT 测 网 密 度 表   km

比 例 尺	测线距	测点距
1：5000	0.05 ~ 0.1	0.02 ~ 0.05
1：10000	0.1 ~ 0.2	0.02 ~ 0.05
1：25000	0.2 ~ 0.4	0.1 ~ 0.2
1：50000	1 ~ 2	0.3 ~ 0.5
1：100000	2 ~ 5	0.5 ~ 1

CSAMT 的测量方式有标量方式、矢量方式和张量方式 3 种，根据具体的地质任务进行选择。

①标量方式。利用单一场源观测 2 个分量（E_x/H_y 或者 E_y/H_x），即单电场和单磁场分量测量，也可测量多个电场分量和共用一个磁场分量测量（图 13-5）。

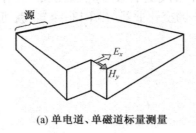

(a) 单电道、单磁道标量测量   (b) 标量共磁道测量

图 13-5 标量方式

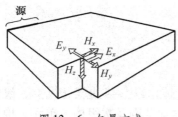

图 13-6 矢量方式

②矢量方式。利用单一场源测量 4 个（E_x、E_y、H_x、H_y）或 5 个分量（E_x、E_y、H_x、H_y、H_z）（图 13-6）。

③张量方式。利用 2 个分开或重叠的场源测量 10 个分量（E_{x1}、E_{x2}、E_{y1}、E_{y2}、H_{x1}、H_{x2}、H_{y1}、H_{y2}、H_{z1}、H_{z2}）（图 13-7）。

（3）装置形式：CSAMT 装置形式有旁侧 E_x/H_y 装置、轴向 E_x/H_y 装置、斜向 E_y/H_x 装置 3 种，每种装置形式的测量范围有所不同，可根据场地情况及项目要求采取合适的装置。测量模式有 TM 和 TE 两种。其中 TM 模式为发射偶极 AB、接收偶极 MN 及测线方向垂直于地质构造走向布设，TM 模式横向分辨能力较强，观测的电场受静态影响、地形影响较严重；TE 模式为发射偶极 AB、接收偶极 MN 及测线方向平行于地质构造走向布设。TE 模式垂向分辨能力较高，观测的电场受静态影响、地形影响较小。

（4）野外测量工作。

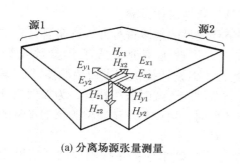 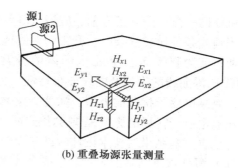

(a) 分离场源张量测量   (b) 重叠场源张量测量

图 13-7 张量方式

①首先根据项目任务要求，进行实地踏勘后，收集与项目任务有关的地质、物化探及钻探资料。

②选择工作频段，工作频段依据项目任务拟探测的最大深度和工作区平均电阻率初步确定。

③选择收—发距，依据探测深度、工作区大地电阻率、信噪比等因素确定。在保证信号质量的前提下，收发距 r 应尽可能满足远区测量条件。r 通常按目标体最大埋深 H_{max} 的 $7 \sim 8$ 倍以上设计。

④发射偶极距 AB 长度应保证足够的信噪比，尽量满足电偶极子的条件，通常按 $AB \leqslant (1/3 \sim 1/5)r$ 选择，一般为 $1 \sim 3$ km。在探测较深的地质目标体时，AB 长度可选择大些，在探测较浅的地质目标体时，AB 长度可选择小一些。A、B 极选点时要尽量避开高压线、矿山（洞）上方、暗埋管道、溪流水域、断裂构造等以减少电磁干扰。供电电极导电性能好，A、B 之间的接地电阻尽量小。供电电极 A、B 之间的供电导线要求内阻小、绝缘性能好、满足供电电流强度。

⑤接收偶极 MN 沿测线方向布设；MN 导线贴地放置，MN 电极采用不极化电极，并且接地电阻一般应低于 2 kΩ，在基岩裸露地区，可适当放宽。地表干燥时，应提前向坑内浇水以减小接地电阻；测点岩石裸露时，应填以湿土，并使电极底部与湿土有良好的接触。如遇人文设施、矿坑、流水、地形起伏较大时，MN 应适当平移，以减小干扰。磁探头应垂直于 MN 方向布设，采用罗盘定位，方位误差应小于 $2°$。采用共磁道排列观测时，为方便施工，接收机、磁探头应尽可能布设在多道电极排列中间；磁探头应水平放置，使用长度大于 40 cm 的水平尺校准；磁探头应紧贴地面，为避免震动而产生噪声，应将磁探头埋入地面以下。

⑥测线与测点应尽量垂直工作区已知地质构造和探测目标体的走向布置，测点处设置明显的标志，对出现异常的区段结合现场情况必须加密测点，并且测线位置应尽量避开高压线等电力设施，以及大的村镇、厂矿区、山峰和狭窄的沟谷。

⑦接收机、发射机、发电机组应配有专职操作员，野外工作期间严格按仪器使用说明书和操作规程进行使用与维护。仪器及附属设备应定期保养检查。发生故障时应及时检修，检修合格后方可继续使用，严禁仪器带病工作。仪器设备检修完成应填写完整检修记录并存档。

（5）数据采集。在新工作区内，首先应对仪器进行标定；同一型号 2 台及 2 台以上接收机在同一测区野外工作前，应进行多台仪器一致性对比试验。

当地质条件比较复杂时，开工初期应选择有代表性的地段进行方法试验研究。试验目的：通过实测测区标志层或目标体的异常响应，了解地下介质或工作参数及场源对 CSAMT 测深曲线的影响及曲线分布特性，为施工方案设计提供依据或检验施工方案的正确性，判断电磁干扰源的类型、强度、频率分布范围和干扰时段等特征，为如何避开、减少或压制电磁干扰场的影响提供方法依据。与此同时，通过生产试验检验仪器设备的性能等，并依据试验结果对技术设计做进一步修改和补充。

（6）野外观测结果的表示。电磁频率测深工作的基本任务是探测地层各层厚度及其视电阻率，它是通过野外实测视电阻率曲线与理论量板曲线对比或用其他解释方法完成的。野外观测是在预先布置好的测点上，将发射机和接收机分别放在 r 的两端，发射机向 AB 天线逐个频点送电，并测量其电流值。与此同时，接收机以相同频点通过 MN 测出电场电位差 ΔV_{MN}，通过接收线圈测量感应电动势 $\Delta \varepsilon_H$；比较地中信号与供电电流相位，即测量电场与电流的相位差 φ_{E_x} 和磁场与电流的相位差 φ_{H_z}。

根据计算的视电阻率值和测量的相位差绘制出 $\rho_\omega^{E_x}$、$\rho_\omega^{H_z}$、$\varphi_\omega^{E_x}$ 和 $\varphi_\omega^{H_z}$ 曲线图。视电阻率曲线画在模数为 6.25 cm 的双对数坐标纸上，横坐标为 $1/\sqrt{f}$，纵坐标为 $\rho_\omega^{E_x}$ 和 $\rho_\omega^{H_z}$。相位曲线画在单对数坐标纸上，横轴是以对数比例尺表示的量值 $1/\sqrt{f}$，纵轴是以算术坐标表示的相位差 $\varphi_\omega^{E_x}$ 和 $\varphi_\omega^{H_z}$，以 1 cm 代表 10°。

上述曲线要在野外观测过程中完成，作为原始资料保存，并随时检验所得的测深曲线是否准确无误，以及是否达到了对地层的勘探任务（即曲线是否已完整无缺）。

（7）质量要求：

①对 AB 和 MN 的要求：距离误差不大于 1%，偏离方向不大于 5°。

②对 r 的要求：距离误差不大于 0.3%，r 与 AB 的夹角不小于 85°（当采用赤道向测量时）。

③对线圈的要求：面积误差不大于 1%；应放水平，倾斜不能大于 2°。

④供电电源一般应放在 AB 中心点或沿线上。因地形、地物、障碍，搬迁和安放有困难时，须离开偶极子位置的情况下（但不能远离），应将其多余电源线靠拢一起铺放，不得分开呈"∧"形。

⑤两次改变电流的重复观测误差应小于 3%。

⑥单个测点的系统检查，其平均相对误差不大于 5%。

⑦对曲线的畸变点、异常点、极值点必须重复观测，采用误差不超过 5% 的多数 ρ_ω 的平均值。

⑧畸变点经重复观测还不能消除时，应加密频点观测。对特征点除重复观测外，还应根据具体情况考虑加密频点观测。

⑨系统检查观测点，检查点数不应少于全部观测点数的 5%。

⑩原测与检测的相对误差超限频点数不得超过曲线频点数的 20%，且不得连续出现在 3 个频点上。

⑪野外数据采集完成后，要有原始数据、质量检查（误差）评定表、操作员签字的工作记录、测点布置记录、点位测定记录、仪器一致性试验结果和标定结果、实际材料图（测网位置、检查点位置、场源位置、物性测定点位等）等相关资料。

13.5 安全施工

（1）相关操作人员持证上岗或进行安全用电常识培训。

（2）在工作区现场，每天出工前必须对供电导线进行漏电检查，任何损坏和开裂都必须进行及时修复和替换，接头处应使用高压绝缘胶布包裹。

（3）发射端电极埋设完毕，发射机操作员供电前必须仔细检测发射回路，确认接线正确、连通和接地情况良好，进行接地电阻测试后确保 A、B 电极正常。发射端安排专人进行发射电极和供电导线的看护工作，在 A、B 电极和电缆经过的村庄、路口等障碍物位置，布设安全用电警示牌。

（4）接收端工作布置完成后，给发射端发出可以发射的指令后，发射端才可以进行发射工作。供电期间，操作员应密切看护发射机及配套设备，保证其处于正常工作状态并随时处置出现的故障。

（5）发电机组运行期间，不得添加燃油。连接或断开供电导线、发射控制器电缆、发射机电源输入电缆时，必须确认发射机处于停机状态。

（6）接收端接收工作完成后，给发射端发出可以停止发射的指令后，发射端才可以停止发射工作。

（7）在山区收、放导线经过高压线时，严禁抛抖导线或手持长物，以防高压触电。放线经过水域时，除保证导线绝缘外，严禁徒手拖拽导线涉水（或泅渡）；水上或冰上作业必须制定相应的安全制度和应急措施。

（8）野外作业时车辆应配备灭火器、急救箱等；野外人员应配齐可靠的通信工具；供电系统人员必须使用绝缘胶鞋、绝缘手套等防护用品。

（9）雷雨天气，应停止野外作业。突遇雷电，应迅速关机、断开连接仪器设备的所有电缆。

13.6 资料处理与资料解释

13.6.1 资料处理

（1）资料处理的目的是消除原始数据中各种噪声的影响，如仪器、天然电磁噪声、静态位移、地形影响，以及其他非平面波引起的过渡区畸变影响等，从上述叠加场中分离或突出地质目标体的电磁场信息，并使其得到增强，以便易于识别和解释。

（2）大地电磁测深的资料处理流程与 CSAMT 的资料处理流程（图 13-8）相似。

①首先在野外工作完成后，进行内、外业资料交接，内业资料处理解释人员要对野外资料进行逐点检查、复核。

②根据具体的地质任务和要求，在一个工区内进行不同数据处理方法试验，通过试验选择符合工区的地质条件或先验地质模型的特点及更有利于解决工区地质问题的方法。处理方法一般包括：数据编辑、静态校正、地形校正及过渡区校正等。

③数据编辑是消除仪器、天然电磁噪声和人文噪声引起的明显畸变。根据野外观测工作原始记录的信息、视电阻率曲线趋势特征、误差统计表或分布曲线，对受干扰大、噪声强的数据做合理的编辑（剔除或圆滑）处理。

剔除数据时，每支曲线上删掉的频点不超过总频点数的20%，不能连续删掉3个以上的频点，保留的频点应在整支曲线上均匀分布，曲线不能无规律地扭曲变形。

曲线出现严重畸变，经过处理后，仍不能使用的物理点应报废。

④反演计算。经过数据编辑后，根据数据处理试验确定的处理方法，对编辑后的数据进行适合工区地质或先验地质模型的处理，包括静态校正、近场校正等，应检查资料处理过程正确与否，并将处理结果与原始资料进行比较，对处理引进的误差进行评价；确保原始数据中的固有真实信息得到保留或增强。反演计算出可供工区做地质解释的电磁场分布特征图件。

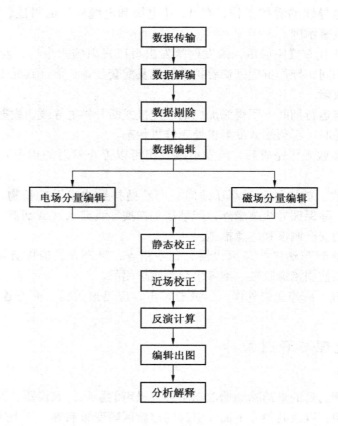

图 13-8 CSAMT 资料处理流程

13.6.2 图件编制

1. 图件编制的基本要求

编制的图件必须用验收合格的、校核无误的资料；根据地质任务必须做的图件，做到目的明确、重点突出，保证图上数据正确、清晰、齐全，线条流畅匀称，图面布局合理、美观。其他（物探、地质）资料与可控源音频大地电磁资料合编的综合图均应突出主题，同一工区的图幅、格式、符号、字体及同类图的名称必须一致。

2. 编制的基础图件

（1）实际材料图（测点位置、检查点位置、场源位置、物性点测定点位等）。

（2）曲线类型图。

（3）频率（或深度）-视电阻率（或相位）拟断面图。

（4）电性标志层厚度（或埋藏深度）图、电性分层剖面图。

（5）根据需要做不同深度的电阻率平面图、电阻率立体图。

3. 综合解释图件

（1）推断地质断面图。

（2）推断地质平面图。

（3）其他推断的图件。

13.6.3 资料解释

资料解释的目的是对电磁场包含的固有真实信息做出客观合理的地质推断，使工作目标任务得以较好地实现。解释工作的主要步骤是定性解释、定量解释和综合地质解释。实际解释工作中，资料处理、定性解释、定量解释和综合地质解释需要反复、交叉进行。

定性解释的任务是根据初步建立的地质—地球物理模型和标志，对电磁异常的性质、规模及起因进行分析判定，这也是定量解释和综合地质解释的基础。

对某些可以定量反演的异常进行定量反演，求取异常体的埋深形态和物性参数，与已知地质体的相应参数进行对比，以判断异常的起因。定量解释的任务是在定性解释的基础上，运用各种定量反演方法求取有关电性异常体的物性参数和几何参数。

定量解释要尽可能利用工区内实测的物性参数、已有地质钻探控制的地质情况以及其他物探资料，并根据定性解释对目标体的形态、产状、物性参数的认识建立反演初始模型，以减少定量反演的多解性。

综合地质解释的任务是在定性解释和定量解释的基础上，依照勘查目标任务要求，根据各种地质体的地质—地球物理模型特征，结合工区的综合信息深入分析解释，运用现代地质学的基本原理使地球物理解释成果客观合理。

13.7 CSAMT 的特点

CSAMT 同直流电法勘探相比有以下优点：

（1）使用可控制人工场源，它的信号强度比天然场要大得多，而且测量参数为电场与磁场的比值，减少了外来的随机干扰，因此可在较强干扰区的矿区及外围或在城市及城郊开展工作。

（2）基于电磁波的趋肤深度原理，利用改变频率从而改变几何尺寸进行不同深度的电磁测深，提高了工作效率，减轻了劳动强度，一次发射，可同时完成 7 个点的电磁测深。

（3）横向分辨率高，可灵敏地发现断层。除该方法本身的原因外，通过增加接收频点和采用整条断面反演，可有效提高分辨能力。

（4）地形相对影响小，如对原始数据作必要的数据处理，可将地形影响降至最低。

（5）勘探深度范围大，可达 1～2 km（不同仪器系统的探测深度不同）。

（6）高阻屏蔽作用小。CSAMT 使用的是交变电磁场，因而它可以穿过高阻层，特别是高阻薄层。有些无法用直流电法探测到的高阻薄层下的地质体，用 CSAMT 能得到很好反映。

尽管 CSAMT 有上述优点，但该法依然有自身的缺点，主要表现在两个方面：

（1）存在近场区问题：由于 CSAMT 的仪器设备发送功率有限，为保持足够强度的观测信号，收发距相对趋肤深度不是很大时，电磁场进入过渡区或近区。然而，卡尼亚电阻率计算公式是根据远区（或称为波区）条件导出的。在过渡区或近区下，卡尼亚视电阻率 ρ_ω 发生畸变，即使在均匀大地条件下，算出的视电阻率也明显偏离大地的真电阻率，这称为非波区场效应或近场效应。为了克服这一现象，需要对原始数据进行近场校正。

（2）存在静态效应：静态效应是由于地表浅层存在较大的电性差异而引起的一系列高阻或低阻密集带，需要通过空间滤波的方法进行静态校正。

13.8 应用实例

图 13-9 为莱芜南冶煤矿 D06 勘探线 CSAMT 勘探推断成果图，成果清晰地反映了断层构造、煤系地层、奥陶系地层的电性分布关系。

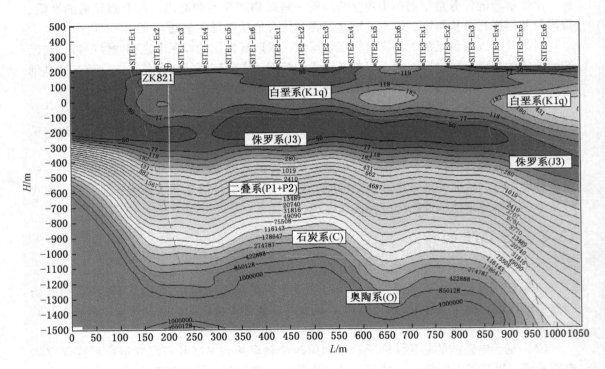

图 13-9 D06 勘探线 CSAMT 勘探推断成果图（据山东物化探勘查院）

14 瞬变电磁法勘探

14.1 术语定义

瞬变电磁法 transient electromagnetic method 是基于电性差异，利用不接地回线或接地线源向地下发送一次脉冲电磁场，利用线圈或接地电极观测二次涡流磁场或电场的方法。主要用于寻找低阻目标物。研究浅层至中深层的地电结构。

感应脉冲瞬变法 induced pulse transient method 用脉冲电流产生脉冲式一次场（偶极场或定源场），在断电间隙测量地下导体感应产生的瞬变二次场的一种地面和航空电磁法。

14.2 基本原理

和直流电阻率法一样，瞬变电磁法（TEM）也是以地下不同介质之间存在导电性差异为物理基础的一类方法，属于时间域主动源（人工源）电磁法。

瞬变电磁法（TEM）是利用敷设在地面的不接地回线（大回线、线圈）通以脉冲电流向地下发射一次脉冲磁场，或利用接地线源直接向地下发送一次脉冲电流场，使地下导电介质因电磁感应现象产生感应涡旋电流，从而形成随时间变化的二次电场和磁场；在一次场的间歇期间，测量二次电场和磁场及其随时间的衰减。

理论研究表明地下感应二次场的强弱、随时间衰减的快慢与地下被探测地质异常体的规模、产状、位置和导电性能密切相关。被探测异常体的规模越大、埋深越浅、电阻率越低，所观测的二次场越强；尤其是当异常体的电阻率越低时，二次场随时间的衰减速度越慢，延续时间也越长。因此，通过研究二次场的时间和空间分布便可获得地下地质异常体的电性特征、形态、产状和埋深。此外，由傅里叶变换可知，时间域和频率域信号是可以互换的，当在一个固定测点上观测二次场随时间的变化时，所观测的早期信号即相当于频率域的高频信号，而晚期信号则相当于低频信号；如果与频率测深类比，那么早期信号反映的是地下浅层信息，而晚期信号反映的是深部信息；通过对测点上所观测的二次场时间响应曲线的反演计算，可以获得地下各岩性层的参数。这说明，瞬变电磁测量既包含了剖面测量技术，又包含了测深技术，可以用于解决各种不同的岩土工程测试问题。

1. 均匀大地的瞬变电磁响应过程

在导电率为 σ、磁导率为 μ 的均匀各向同性大地表面敷设面积为 S 的矩形发射回线，在回线中供以阶跃脉冲电流：

$$I(t) = \begin{cases} I & (t < 0) \\ 0 & (t \geqslant 0) \end{cases} \tag{14-1}$$

在电流断开之前（$t < 0$ 时），发射电流在回线周围的大地空间中建立一个稳定磁场，如图 14-1 所示。在 $t = 0$ 时刻，将电流突然断开，由该电流产生的磁场也立即消失。一次磁场的这一剧烈变化通过空气和地下导电介质传至回线周围的大地中，并在大地中激发

出感应电流以维持发射电流断开之前存在的磁场，使空间磁场不会即刻消失。

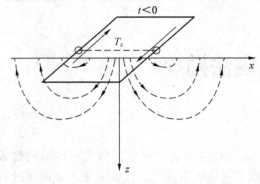

图 14-1 矩形框磁力线

由于介质的欧姆损耗，这一感应电场将迅速衰减，由它产生的磁场也随之迅速衰减，这种迅速衰减的磁场又在其周围的地下介质中感应出新的强度更弱的涡流。这一过程继续下去，直至大地的欧姆损耗将磁场能量消耗完毕为止。这便是大地中的瞬变电磁过程，伴随这一过程存在的电磁场便是大地的瞬变电磁场。

应该指出，由于电磁场在空气中传播的速度比在导电介质中传播的速度大得多。当一次电流断开时，一次磁场的剧烈变化首先传播到发射回线周围地表各点，因此，最初激发的感应电流局限于地表。地表各处感应电流的分布也是不均匀的，在紧靠发射回线一次磁场最强的地表处感应电流最强。随着时间的推移，地下的感应电流逐渐向下、向外扩散，其强度逐渐减弱，分布趋于均匀。美国地球物理学家 M·N·Nabghan 对发射电流关断后不同时刻地下感应电流场的分布进行了研究，研究结果表明，感应电流呈环带分布，涡流场极大值首先位于紧挨发射回线的地表下，随着时间的推移，该极大值沿着与地表呈 30°倾角的锥形斜面向下、向外移动，强度逐渐减弱。图 14-2 为不同时刻穿过发射回线中心横断面内电流密度等值线。

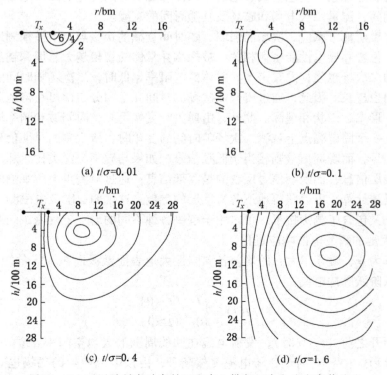

图 14-2 不同时刻穿过发射回线中心横断面内电流密度等值线

任一时刻地下涡旋电流在地表产生的磁场可以等效为一个水平环状线电流产生的磁场。当发射电流刚关断时，该环状线电流紧接发射回线，与发射回线具有相同的形状。随着时间的推移，该电流环向下、向外扩散，并逐渐变形为圆电流环。图14-3为发射电流关断后不同时刻地下等效电流环示意分布。从图14-3中可以看出，等效电流环好像从发射回线中"吹"出来的一系列"烟圈"，因此，人们将地下涡旋电流向下、向外扩散的过程形象地称为"烟圈效应"。

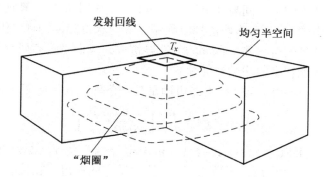

注：电导率 $\sigma = 0.1\ \text{s/m}$

图14-3　瞬变电磁场"烟圈"

"烟圈"的半径 r、深度 d 的表达式分别为

$$r = \sqrt{8c_2 t/(\sigma\mu_0) + a^2} \qquad (14-2)$$

$$d = 4\sqrt{t/\pi\,\sigma\mu_0} \qquad (14-3)$$

式中，a 为发射线圈半径；$c_2 = \dfrac{8}{\pi} - 2 = 0.546479$。

当发射线圈半径相对于"烟圈"半径很小时，可得 $\tan\theta = \dfrac{d}{r} \approx 1.07$，$\theta \approx 47°$，故"烟圈"将沿47°倾斜锥面扩散，其向下传播的速度为

$$v = \frac{\partial d}{\partial t} = \frac{2}{\sqrt{\pi\,\sigma\mu_0 t}} \qquad (14-4)$$

从式（14-2）至式（14-4）可以看出，地下感应涡流向下、向外扩散的速度与大地导电率有关。导电性越好，扩散速度越慢，这意味着在导电性较好的大地上，能在更长的延时后观测到大地瞬变电磁场。

从"烟圈效应"的观点来看，早期瞬变电磁场是由近地表的感应电流产生的，反映浅部电性分布；晚期瞬变电磁场主要是由深部的感应电流产生的，反映深部电性分布。因此，观测和研究大地瞬变电磁场随时间的变化规律，可以探测大地电位的垂向变化，这便是瞬变电磁测深的原理。

瞬变电磁场的探测深度主要由测量时间和地下介质的电阻率来确定。当地下为均匀介质时，地面发送线圈中的电流被切断后，感应电流随时间向地下扩散，电流被关断后某一时刻地下最大涡流所在深度由下式计算：

$$h = \sqrt{\frac{2t\rho}{\pi\,\mu_0}}$$

如果地下介质的平均电阻率为 $15\ \Omega\cdot m$，测量时间取 $20\ ms$，探测深度即达 $218\ m$。至于发送回线（接收回线）与探测深度的关系，只是为了保证接收线框内有足够的信号强度。同时，回线在一定范围内的线框越小，其体积效应越小，横向、纵向分辨率越高。

2. 视电阻率的计算公式

瞬变电磁测探法的视电阻率是将均匀半空间表面的瞬变电磁场在小感应数或大感应数下近似，得到半空间电阻率与电磁场的反函数关系。

由于无法直接从均匀半空间瞬变电磁场的解析表达式中得出计算视电阻率的简单数学公式，只有对公式中的 $u=2\pi r/\tau$ 取值加以限制，才能求得晚期的视电阻率表达式。

由于晚期的条件更适合探测中深部的电性异常体，我们将重点研究均匀半空间导电介质中多匝重叠回线晚期视电阻率的计算公式。

令 $u\ll1$，即 $2\pi a/\tau\ll1$，当 t 较大时可满足晚期条件。其视电阻率公式为

$$\rho_\tau(\partial B_z/\partial t)=\frac{\mu_0}{4\pi t}\left[\frac{2n\pi I_0 a^2\mu_0}{5t\partial B_z/\partial t}\right]^{2/3} \tag{14-5}$$

如果发射线框的面积为 S，匝数为 N，供电电流强度为 I，发射线框的磁偶距 $M=SNI$；如果接收线框的面积为 s，匝数为 n，介质中感应的涡流场在接收回线中产生的感应点位为

$$V=-sn\frac{\partial B_z}{\partial t} \tag{14-6}$$

故多匝重叠回线晚期视电阻率的计算公式为

$$\begin{aligned}\rho_\tau&=\frac{\mu_0}{4\pi t}\left[\frac{2\mu_0 SN_{sn}}{5t(V/I)}\right]^{2/3}\\&=6.32\times10^{-12}\times(SN)^{2/3}\times(V/I)^{-2/3}2/3t^{-5/3}\end{aligned} \tag{14-7}$$

式中，V、I 的单位分别为 V、A；t 的单位为 s；回线面积 S、s 的单位为 m^2。

3. 全区视电阻率计算

从瞬变电磁场的传播过程来看，存在早期场、晚期场，由于地磁场性质不同，早期或者晚期定义的公式也不同。煤田水文勘探中常用的重叠回线装置若采用晚期场计算公式，会造成中早延时段视电阻率增大，产生很多误差，进而造成浅部勘探盲区很大，所以一般采用全区视电阻率的计算公式。

全区视电阻率是指直接利用数值方法求取均匀半空间地表瞬变响应的反函数。不同工作方式的实测数据可以通过数值逼近或反演迭代技术求解。

重叠回线的均匀半空间响应表示如下：

$$\frac{\varepsilon(t)}{I}=\frac{2a\mu_0\sqrt{\pi}}{t}S(\tau_0) \tag{14-8}$$

为计算电阻率，可以将上式转化为

$$S(\tau_0)=\frac{t}{2a\mu_0\sqrt{\pi}}\frac{\varepsilon(t)}{I} \tag{14-9}$$

由式（14-9）求得 $S(\tau_0)$ 后再求各延时响应对应的中间参数 y：

$$y=S_0^{2/3} \tag{14-10}$$

将 y 代入下式求 X：

$$X = y(a_0 + a_1 y + a_2 y^2 + \cdots + a_9 y^9)^2 \qquad (14-11)$$

式中各系数值为

$$a_0 = 1.70997 \qquad a_1 = 2.38095 \qquad a_3 = 20.8835$$
$$a_4 = 71.8975 \qquad a_5 = 255.846 \qquad a_6 = 955.902$$
$$a_7 = 3378.09 \qquad a_8 = 12360.9 \qquad a_9 = 110000$$

将 X 等参数值代入下式求视电阻率：

$$\rho_s = \frac{\mu_0 a^2}{4tX} \qquad (14-12)$$

为保证误差小于 10%，X 值的选用应满足下列规定：

若 $X < 1.4$，可以直接代入式（14-12）。

若 $1.4 < X < 2.8$，则 X 写为 X_1，由下式求 X：

$$X = X_1 + 0.001635X_1^{4.892} \qquad (14-13)$$

若 $2.8 < X < 5.69$，则 X 写为 X_2，由下式求 X：

$$X = X_2 + 0.004018X_2^{4.01364} \qquad (14-14)$$

通常由感应电动势定义的全区视电阻率会出现多解或无解的时间段，而由磁场定义的全区视电阻率则不会出现多解。为避免出现多解或无解的情况，应正确选择回线边长，使最早延时不落在远区。

4. 时深转换

针对煤系地层一般为层状的特点，可采用下面的方法进行时深转换。

平面瞬变电磁波的传播随时间的延长而向下及向外扩展，扩散场极大值位于从发射框中心起始与地面呈 $30°$ 倾角的锥形面上。从发射场开始到激发最大的涡流所经历的延迟时间 t 与涡流场最大值所在深度 h 的关系为

$$t = \mu_0 h^2 \sigma / 2 \qquad (14-15)$$

对式（14-15）做如下计算，可以得到平面瞬变电磁波的传播速度公式：

$$v = \frac{dh}{dt} = \frac{1}{\sqrt{2\mu_0 \sigma t}} \qquad (14-16)$$

利用平面瞬变电磁波速度公式，对于不同的地质模型，有两种求解视深度的计算方法。

14.3 瞬变电磁法勘探的装置形式

如图 14-4 所示，重叠回线装置是发送回线与接收回线相重合敷设，但由于有互感现象，在野外施工时将两者分开 $1 \sim 2$ m 的距离。TEM 方法的供电和测量在时间上是互相分开的，因此发送回线与接收回线可以共用一个回线，称为共圈回线。重叠回线装置是频率域方法无法实现的装置，它与地质探测对象有最佳耦合，重叠回线装置响应曲线形态简单，具有较高的接收电平、较好的穿透深度及便于分析解释等特点。

中心回线装置是使用小型多匝接收线圈（或探头）放置于边长为 L 的发送回线中心观测的装置，常用于 1 km 以内的中、浅层测深工作。中心回线装置和重叠回线装置都属于同点装置。因此，它具有和重叠回线装置相似的特点，但由于其线框边长较小，纵横向分辨率高，受外部干扰较小，对施工环境要求较低，适应面较宽。

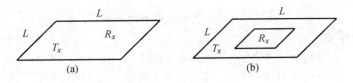

图 14 – 4 瞬变电磁法的重叠回线装置和中心回线装置

1. 磁偶极装置

磁偶极装置是保持发射线圈和接收线圈的距离不变，整个系统沿测线逐点移动观测的装置，如图 14 – 5 所示。偶极装置具有轻便灵活的特点，它可以采用不同位置和方向去激发导体及观测多个分量，对矿体有较好的分辨能力。由于收、发线圈分离，消除了互感作用。但是，偶极装置是动源装置，发送磁矩不可能做得很大，因此探测深度受到限制。另外，偶极装置所观测到的时间特性曲线复杂，给解释带来了一定困难。

2. 大定源回线装置

煤田水文勘查中常用大定源回线装置，其发射线框为边长达数百米甚至千米的矩形回线，采用小型线圈（或探头）在回线内部中心 1/3 面积范围内逐点测量（图 14 – 6）。一般采用发电机作为大功率电源，供电电流均达 20 A 以上，这种场源具有发射磁矩大、磁场均匀及随距离衰减慢等特点，适合于深部水文勘查。铺好回线后，可采用多台接收机同时工作，因此工作效率高，成本低。

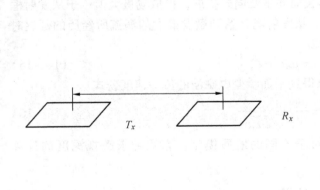

图 14 – 5 瞬变电磁法偶极装置

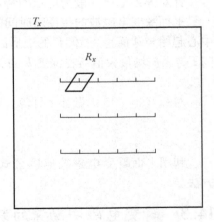

图 14 – 6 大定源回线装置

14.4 野外工作技术

1. 测区、测网的选择

测区范围应根据工作任务和测区的地质及地球物理工作程度合理确定，应主要考虑以下因素：

（1）探测目标的大小、埋深及围岩的电性差异，为了保证所得异常的完整性，周围要有一定范围的正常背景场，以便分析对比。

（2）测区范围应尽可能覆盖部分已知区。

（3）大定源回线装置不同发送回线的测区范围相衔接时，必须有一定的重叠面积。

2. 装置类型的选择

1）一般准则

在给定的条件下，要选用最佳的装置类型应考虑多种因素的影响，如目标体的特性、地质环境、电磁噪声干扰等。一般情况下，动源装置（如重叠回线、中心回线装置）的灵敏度随位置的变化是均匀的，而定源装置（如大回线装置）的灵敏度随离开发射回线中心点距离的增加而降低。因此，在地质资料少或空白地区做普查工作时，最好采用动源装置，如果选用中心回线装置或重叠回线装置，在后一阶段的详查工作中可以用大定源回线装置。

2）目标体参数的估计

目标体的主要参数决定了目标体的响应，接收机测到的信号强度是目标体大小、电导率和顶部埋深的函数，选择回线装置组合时应当考虑这些参数，具体可采用两种方法：一种是试验法，在正式工作开始之前，采用不同装置在异常区段反复试验，以此来选择能给出所需灵敏度的回线组合及其大小；另一种是计算法，即在选出回线装置组合之前，最好能估计有关目标体的参数，如埋深及电阻率，计算不同回线组合的目标体电磁响应，以此来选择能最好反映该目标体异常的回线组合及其大小。

3）地质环境

地质环境类型主要是指覆盖地区（厚度大于 100 m 的第四系覆盖层）和冻土地区（10 m 厚的高阻冻土盖层）。冻土地区地质环境 TEM 响应很弱，但覆盖地区地质环境引起可观的地质噪声，它对选择回线几何形状、回线尺寸和延时起主要影响，为了把地质噪声的影响降至最低应采用尽可能大的发射功率以及产生高的信噪比。

4）电磁噪声

电及各种人文电磁干扰产生的电磁噪声是 TEM 频带中电磁干扰的主要成分，总感应噪声与接收回线的面积成正比。天然电磁噪声具有低纬度地区强、高纬度地区弱，夏季强、冬季弱的特点，为了尽量抑制电磁噪声应采用尽可能大的发射磁矩，同时尽量减小接收线圈的尺寸。

3. 回线大小的选择

各种装置回线大小的选择应依据如下原则：

（1）重叠回线装置是适用于轻便型仪器的工作装置，一般情况下回线边长 $L = H$，H 为探测目标的最大埋藏深度。

（2）中心回线装置发送回线边长按该区测深工作所需要的探测深度、覆盖层平均电阻率、干扰电平及发送电流合理选定，也可以按下式估算：

$$H = 0.55\left(\frac{L^2 I \rho_1}{\eta}\right)^{1/5} \qquad (14-17)$$

式中　η——最小可分辨电压，一般为 $0.2 \sim 0.5$ nV/m^2；

　　　L——中心回线装置发送回线边长；

　　　ρ_1——覆盖层电阻率。

接收用水平放置的多匝回线（或探头）观测 dB_z/dt 分量，边长应小于发送回线边长的 $1/10 \sim 1/5$，在保证其频带宽度大于 8 kHz 的条件下，匝数可以适当多一点。

（3）大定源回线装置发送线框依据探测深度在 $600\ m \times 600\ m \sim 1000\ m \times 1000\ m$ 范围内选用，供电电流一般为 $10 \sim 30\ A$。在发送线框内用探头或轻便线圈观测 dB_z/dt。

4. 道数和叠加次数的选择

一般情况下，希望在实际工作中选择取样道数尽可能多些，以记录在较宽延时范围内的有用信号；而希望叠加次数取得少些，以提高观测速度。这两点主要决定于测区内所用观测装置的信噪比。要选择合适的取样道数和叠加次数，在一个测区开始工作之前首先做一些试验工作。如果最后几道读数为仪器噪声电平，说明有用信号都已记录下来，取样道数和叠加次数的选择是合适的；如果最后的读数超过噪声电平但波动较大，表明还未达到噪声电平，应增加测道数和叠加次数，直到最后几道仅为噪声电平为止。

5. 与三维地震配合施工时的测网布置及施工技术

理论上，网度取决于拟采用装置形式对勘探分辨率的要求，在同时进行三维地震勘探的测区，还应兼顾三维地震勘探的 CDP 网格大小以确定测线的线距、点距及回线的边长。对重叠回线和中心回线的装置形式，一般要求回线的 4 个边落在地震测线上，以方便在野外确定测点和边框位置，节省额外的测量工作。为提高工作效率，可以采用滚动式测量技术，如图 14-7 所示，在测量 8-2 测点（其回线 4 边为 A_1、B、C、D）同时铺设下一测点对应回线的前边框 A_2，A_3，$A_4 \cdots$，如 8-3 测点对应 A_2，8-4 测点对应 A_3，依此类推。在测量下一点时只需向前拖动回线的两侧边框 B、D。

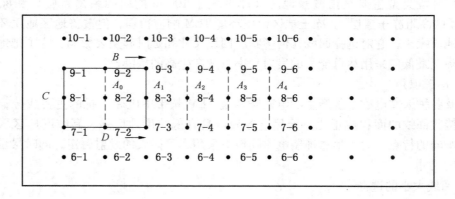

图 14-7 滚动式测量方法示意图

针对不同的测区地形及地震测线布置，此施工方法可灵活应用，如对 B、D 边也可以采用滚动方式布置。

14.5 瞬变电磁法勘探的资料解释

瞬变电磁资料解释，就是根据勘探区域的地球物理特征、TEM 响应的时间特性和空间分布特征来确定地质构造的空间分布特点，如覆盖层厚度变化、垂向岩性分层和岩层的横向变化情况，断裂破碎带和其他局部地质构造目标的位置、形态、产状、规模、埋深等。瞬变电磁法勘探成果的资料解释应以理论及模拟图形为基础，以测区的物性差异为前提，结合地质及其他物化探方法和工作环境进行，对资料的定性分析和解释是资料解释中最重要和最基本的部分，定量解释在定性解释的基础上进行。采区瞬变电磁测深资料的解释步骤为：

（1）调查测区已有的地质物探资料，确定测区地层、目的层的地球物理特性。

（2）格式转换，即把原始数据从瞬变电磁仪中存储的数据格式，经过专用程序处理转化为计算全区视电阻率可用的特定数据格式，并剔除干扰畸变点。

（3）将实测电位衰减时间相应曲线换算成视电阻率的时间曲线，由于采区水文勘探要求目的层较深，一般可采用晚期场定义的视电阻率公式计算，若考虑浅部目标，则应采用全区视电阻率公式计算。

（4）对视电阻率进行反演解释（时深转换），将 $\rho_\tau(t)$ 曲线反演转换成 $\rho_\tau(h)$ 曲线。

（5）制作各种图件，如视电阻率断面图、视电阻率平面图等，并与地震勘探结果进行层位对比，根据电性断面与地震剖面的相关性，确定目标层在视电阻率断面图中的位置。

（6）为了尽可能消除地层起伏对视电阻率值的影响，根据地震勘探成果和 TEM 断面图绘制沿煤层或目标层的不等深度横向切片平面图。

（7）根据断面图和平面图划分不同层位的视电阻率异常区。

（8）结合其他水文地质资料，对各异常区进行富水性分析评价，得出地质结论。

14.6 瞬变电磁法勘探的特点

（1）一次场的间隙期观测二次场，避免了一次场耦合的干扰，所以，可以通过加大发射功率及提高仪器灵敏度的方法达到提高信噪比的目的。

（2）导电围岩、导电覆盖层和各种导电程度不同的异常体所产生的二次场有明显不同的衰减速度；因此，TEM 法在低阻覆盖区及低阻围岩条件下，对欲探测地质目标体有较强的分辨能力。

（3）地表局部电性非均匀体的静位移效应影响小；在高阻围岩条件下，地形影响小；没有接地电阻问题，在基岩出露区及混凝土路面上仍可工作。

（4）装置形式灵活多样，可根据岩土工程的要求及施工场地的条件选择合适的装置；利用大定回线源装置还可以获得 X、Y、Z 3 个分量的变化信息，相当于同时完成直流电测深及数十个极距的直流电剖面法的任务；信息量大、效率高。

（5）由于对二次磁场连续取样，噪声来源广，在强干扰地区，所受干扰的影响比离散取样的频率域方法要大。

（6）植被发育地区敷设及移动发射回线很不方便，工作效率不高。

14.7 瞬变电磁法勘探的应用

1. 应用条件

（1）被探测目标体与围岩之间存在明显电性差异，并且呈低阻特征。

（2）要根据探测深度和被探测目标体的规模，结合测区地下导电性结构特征、周围地质、噪声、人文干扰水平等条件进行分析，具体确定所使用仪器的灵敏度、功率和技术措施。

（3）解决第四系分层问题，必须尽可能掌握测区内 2~3 个钻孔分层结果和地层电性变化特征。

（4）不仅可以在陆地上进行工程勘测，而且可用于水上工程和水陆两栖工程。但用于水上测量时，测点布置受水流、海浪、风速和船速等条件的制约，需视具体条件而定。

2. 应用范围

（1）确定覆盖层厚度及第四系分层；在有一定已知条件的地区，用于划分基岩的风化层，提出各层的等厚度图及基岩面等深图。

（2）探测基底断裂、破碎带、岩溶等地质构造。

（3）在水域覆盖区，用于探测水下基岩面起伏和基底断裂、破碎带、岩溶等地质构造轮廓；可提供水下第四系厚度及分层结果。

（4）在滩涂地区（淤泥、沙滩覆盖区）解决上述地质问题。

（5）在沙漠等干旱地区找水。

（6）海岸带调查，圈定海水浸入带。

3. 应用实例

【实例1】山东省某矿四采区水文物探。

1）测区地质—地球物理特征

测区主要地层地质—电性特征可概括如下：①第四系冲积层：一般厚 145 m，厚度变化有向井田中东部变厚的趋势。含水层与隔水层相互交错，岩性变化较为复杂，电阻率变化较大，平均电阻率为 12 Ω·m。②下二叠统山西组可分为上下两段，上段由 2 煤顶界面至山西组顶界，为碎屑岩段，不含煤，下段为重要的含煤段，含主采煤层 3 煤，平均厚度为 7.94 m。③上石炭统太原组，上段为灰岩—碎屑段，含厚度较大且稳定分布的三灰和不稳定分布的二灰，除三灰具有稳定且较高的电阻率外，其余各层电阻率基本稳定且变化较小，为 12 ~ 15 Ω·m；其下段为主要的含煤层段，含稳定可采的 $16_\text{上}$ 层煤、17 层煤和局部可采的 $18_\text{上}$ 层煤，煤层电阻率为 120 ~ 250 Ω·m，其余各层砂、泥岩电阻率变化范围为 13 ~ 30 Ω·m。主要可采煤层 $16_\text{上}$ 煤的埋深小于 500 m，走向近似为南北方向，煤层倾角较小。

2）实际施工技术

电法勘探与三维地震同时施工，为了节省测地工作，根据三维地震勘探观测系统并结合已知地质资料，设计瞬变电磁法测线与地震测线重合，测线线距（是地震线距的整数倍）为 80 m，点距为 40 m。瞬变电磁法在测量过程中采用重叠回线装置，线框边长 160 m × 160 m，供电电流 7 A，叠加次数 512 次。

3）TEM 与三维地震资料的联合反演解释

联合反演解释的步骤为：①首先将实测电位衰减时间响应曲线换算成视电阻率的时间曲线，由于采区水文勘探要求目的层较深，因此直接采用了晚期场定义的视电阻率公式来计算实测视电阻率曲线。②对视电阻率进行反演解释（时深转换），将 $\rho_\tau(t)$ 曲线反演转换成 $\rho_\tau(h)$ 曲线。③制作各种图件，如视电阻率断面图、视电阻率平面图等；并与地震勘探结果进行层位对比，根据电性断面与地震剖面的相关性，确定目标层在视电阻率断面图中的位置。④为了尽可能消除地层倾斜对视电阻率值的影响，根据地震勘探成果和 TEM 断面图绘制沿煤层或目标层的不等深度横向切片平面图。⑤结合其他水文地质资料，对各异常区进行富水性分析评价，得出地质结论。

　　图 14－8 为测区 33 测线对应的反演视电阻率断面图，从图中可以看出电性分层较为明显（图中虚线为地震解释的第四系底界面），第四系基底埋深由西向东逐渐增加，平均厚度为 145 m。煤层所对应电性层的深度东西两边相差较大，西部煤层埋深为 240 m 左右，东部煤层埋深约为 450 m，埋深由西向东连续变化。由图 14－8 可知，主要电性分界面的特征明显、规律性强，利用瞬变电磁测深资料反演解释的第四系底界和煤层底板深度与三维地震勘探基本一致，二者得到了相互印证。煤层底板附近有 3 个局部异常反映，并且其视电阻率呈低阻反映。从地震资料解释上可知，该 3 个局部异常为构造断层，从 TEM 反演视电阻率断层图上可知该断层部分含水，但其连通性较差，3 个异常体之间没有必然的水力联系。

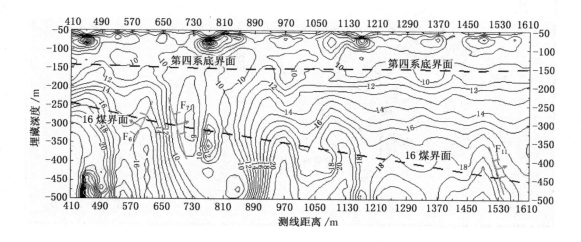

图 14－8　33 测线反演视电阻率断面图

　　相同深度的视电阻率值标在对应的测点上来构制平面图，主要反映了某一深度岩层横向电性变化特征。但当测区内煤层附近地层为非水平状态时，等值线平面图就不能很好地反映煤层底板附近地层电性的连续变化。因此，结合地震勘探资料解释的煤层底板等高线，将测区内煤层底板深度所对应的反演视电阻率值标在对应的测点上，并绘制成沿煤层切片图，能够较好地反映煤层底板对应深度的构造异常及其视电阻率值的相对大小，突出反映了二维或三维地电异常体的响应特征。

　　图 14－9 为 33 测线附近 TEM 沿煤层底板切片图，图中两个低阻异常 A、B 显然与 F_7 断层的破碎带有关。

　　通过各测线断面图和不同层位切片图的综合解释，就可得出测区内低阻异常区的大小范围、立体分布形态及富水强度等水文地质资料。

　　【实例2】大定源瞬变电磁法在采空区富水性探测中的应用。

　　1）工程描述与测点布置

　　在内蒙古自治区某矿进行大定源瞬变电磁法勘探，主要探测采空区内的富水情况，为矿井水害的防治提供参考依据。工程采用 PROTEM47 型仪器，数据采集由微机控制，自动记录和存储，与微机连接可实现数据回放。在勘探区域内部采用单匝 120 m × 120 m 的大框（激发源），在大框内部布置了 4 条测线，分别为：L0、L1、L2、L3。点距为 10 m，线距为 20 m。

2）仪器设备参数的选择

为了取得较好的勘探效果，在正式探测前进行了多次试验来确定仪器设备的参数设置。试验具体内容如下：叠加次数，32 次、64 次、128 次、256 次；增益，1、2、4、8、16；电流，3 A、6 A、9 A；基本频率，2.5 Hz、6.25 Hz、25 Hz、62.5 Hz。

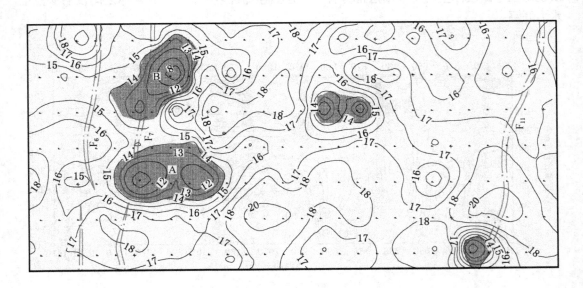

图 14-9　33 测线附近 TEM 沿煤层底板切片图

通过多次试验，综合各方面的情况后确定：叠加次数为 128 次，增益为 1，电流为 6 A，基本频率为 25 Hz 时曲线圆滑勘探效果最好。

3）探测成果分析

瞬变电磁法视电阻率的影响因素主要是：勘探体积内岩石的电阻率、探测系统与异常体的相对位置及周围人文设施的干扰等。而岩石电阻率的大小主要与岩石性质及其含水性有关，相同岩石在含水情况下其电阻率可减小数倍。将实测资料进行去噪、滤波，然后进行反演后，即可绘制视电阻率等值线断面图。图 14-10 为测线 L1 视电阻率等值线断面图。图中下端坐标为水平距离，左右两侧为标高。如图 14-10 所示测线 L1 的 140～230 m段位于采空区上部，230～300 m 段位于采空区东侧边界外部，可以看出 140～230 m 范围内深部视电阻率值相对较大，为 208 Ωm。原因是由于这段位于采空区内部，受到采空区影响视电阻率值偏大。230～300 m 范围内深部视电阻率值相对较小，一般小于 7 Ωm。原因是这段位于采空区东侧边界外部，距离采空区相对较远，受采空区影响较小。根据测线L0、L1、L2、L3 四幅断面图综合分析，探测区域 A 内采空区内部视电阻率值均相对较大，采空区外部视电阻率值均相对较小。判断探测区域 A 内部的采空区富水性差。

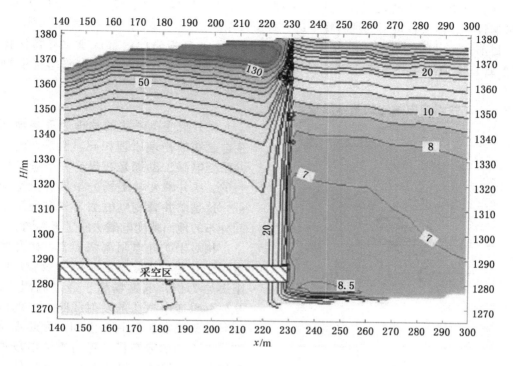

图 14 - 10　测线 L1 视电阻率等值线断面

14.8　矿井瞬变电磁法

瞬变电磁法对低阻体反应敏感，且施工方便、灵活、效率高，因而自 1998 年中国矿业大学开展相关试验研究工作以来，有关矿井瞬变电磁法的应用与研究工作迅速在我国各主要生产矿区展开。由于矿井瞬变电磁勘探在井下巷道中进行，采用多匝小回线装置测量，井下噪声的压制方法、资料处理和解释方法有其特殊性：

（1）由于井下测量环境与地表不同，无法采用地表测量时的大线圈（边长大于 50 m）装置，只能采用边长小于 3 m 的多匝小线框，因此与地面瞬变电磁法相比具有数据采集工作量小，测量设备轻便，工作效率高，成本低等优点；对于其他矿井物探方法无法施工的巷道（巷道长度有限或巷道掘进迎头超前探测等），可采用测量装置小、轻便的矿井瞬变电磁法探测。

（2）采用小线圈测量，点距更密（一般为 2～20 m），可降低体积效应，提高勘探的横向分辨率。

（3）井下测量装置靠目标体更近，可提高异常体的感应信号强度。

（4）利用矿井瞬变电磁法小线框发射电磁波的方向性，可分别用于探测巷道底板下一定深度内含水异常体垂向和横向的发育规律、顶板一定范围内含水低阻异常体的发育规律及巷道掘进迎头超前探测等。

（5）由于瞬变电磁法关断时间的影响，与其他物探方法相比，无法探测到更浅部的异常体，往往在浅部形成 20 m 左右的盲区。

（6）矿井瞬变电磁法勘探受井下金属仪器设备（采煤机械、变压器、金属支架等）的影响较大，需要在资料处理解释中进行校正或剔除。

目前，矿井瞬变电磁法不仅用于解决煤层顶板或底板岩层内部的富水异常区探测问题，还广泛应用于巷道掘进迎头前方的突水构造预测和工作面内含水陷落柱的勘查等。

14.8.1 矿井瞬变电磁法的基本原理

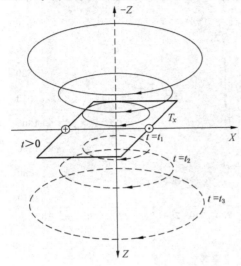

图 14-11 全空间瞬变电磁场的传播

矿井瞬变电磁法的物理原理与地面瞬变电磁法的物理原理相同。但是，由于矿井瞬变电磁法勘探是在煤矿井下巷道内进行的，矿井瞬变电磁场分布具有全空间特征，这是矿井瞬变电磁法与只在地下半空间分布的地面瞬变电磁法的显著不同。

相对于矿井电阻率法而言，矿井瞬变电磁法有着更为复杂的全空间效应。以高阻煤层为例，电磁场易于通过高阻介质，从矿井瞬变电磁法的发射线圈发出的电磁场其能量极易扩散到全空间，因此煤层对瞬变电磁场的分布没有像对直流电场那样的屏蔽性。但是，可以利用小线框体积效应小、电磁波传播具有方向性，特别是接收线圈与岩层的电磁耦合特性，通过改变线框法向来达到探测不同方位地质异常体的目的。全空间瞬变电磁场的传播如图14-11所示。

14.8.2 矿井瞬变电磁法井下施工方法技术

矿井瞬变电磁法工作装置主要有重叠回线和分离回线两种。重叠回线装置的优点是地质异常响应大、施工方便；缺点是线圈互感、自感效应强，一次场影响严重。采用分离回线装置的优点是收发线圈互感影响小，消除了一次场影响；缺点是二次场信号弱。

1. 装置参数的设计

矿井瞬变电磁法在井下巷道中采用多匝数小回线装置测量，参数选择是否合理直接影响测量结果。矿井瞬变电磁法测量参数主要有：回线边长、回线匝数、时间序列、叠加次数、终端窗口和增益等。

根据不同的地质任务，选择回线边长与匝数是不同的。回线在一定范围内线框越小，其体积效应越小，横向、纵向分辨率也越大。信号的强弱可通过选择中心探头的档位和调整发送电流的大小进行控制。由于受井下工作环境限制，矿井巷道宽度只有几米，因此回线边长不能太大，否则不便于施工，也降低工作效率。地面上的瞬变电磁勘探边长可达200 m，能勘探较深部位的地质体。但井下的工作任务不同，受施工环境所限，只能选择较小的边长，通过具体试验，一般为 2~3 m。

要提高发射功率，可通过增加回线匝数、加大发射电流来增大发射磁矩，以此提高信噪比，增大有效探测深度。其他参数在井下实际测量前通过试验确定。在发射回线边长一定的情况下，回线匝数越多，发射磁矩越大，发射功率也越大，接收回线的感应信号也越强。增大回线边长，虽然也可增大发射面积、加大发射磁矩、增强接收回线的感应信号，提高探测深度，但是会增加装置移动的难度，且易受施工空间的限制。为了克服井下巷道空间的限制，有时可采用矩形回线组合的方式增大回线的有效面积，以满足实际探测工作的需要。

2. 测点布置及施工方法

矿井瞬变电磁法在煤矿井下巷道内进行，测点间距为 2 ~ 20 m。由电磁理论可知，发射回线的法线方向可视为矿井瞬变电磁法的主要探测方向，因此如果将发射、接收线框平面分别对准煤层顶板、底板或平行煤层方向进行探测，就可以分别反映煤层顶、底板岩层或平行煤层内部的地质异常情况（图 14 – 12）。

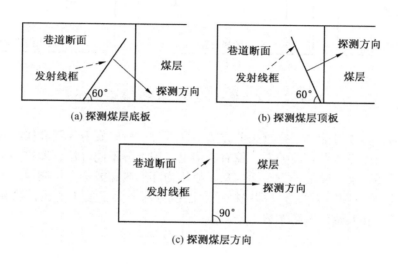

图 14 – 12　瞬变电磁法探测方向示意图

3. 井下干扰问题

矿井瞬变电磁法测量环境位于井下巷道内，离地面深度一般大于 500 m，因此地面上的各类电磁干扰对井下瞬变电磁法测量的影响很小，但是井下铁轨、工字钢支护、锚网支护和运输带支架等人文设施的影响十分复杂。

通过井下试验，影响井下瞬变电磁法探测质量的主要人文设施有：①巷道底板上的铁轨；②工字钢支护；③锚杆支护；④运输带支架等各种金属设施。这些金属设施在井下瞬变电磁法探测中能产生很强的瞬变电磁响应，如在巷道底板下采用重叠回线组合测量时，有铁轨地段比无铁轨地段瞬变电磁响应强几倍。

巷道内铁轨、锚网支护、运输带及各种电缆在瞬变电磁中是一种低阻响应，使得实测视电阻率减小几个数量级，但此类影响在测线方向往往是均一的，可作为一种背景异常进行校正。对于巷道内其他孤立的金属机电设备（如变压器、电机、密集钢梁支护等），在实测时应偏移测点位置，同时做好记录，以便在资料解释时排除此类影响。

14. 8. 3　矿井瞬变电磁法超前探测技术

应用瞬变电磁法探测井下巷道迎头前方的含水构造，与其他矿井物探方法相比，具有施工空间小、方向性强、速度快、基本不耽误掘进施工等优点。

1. 瞬变电磁法超前探测原理

掘进头超前探测装置兼具共中心点装置和偶极装置的特点。如前所述，受井下瞬变电磁施工空间的限制，一般选用多匝小线圈作为发射和接收线圈，并采用环形或全方位测深方式进行观测，常用装置形式如图 14 – 13 所示。实际测量时，发射线圈（T_x）和接收线圈（R_x）框面分别位于前后平行的两个平面内，二者相距一定距离（一般要求大于 10 m），接收线圈贴近掌子面放置，探测时轴线相互保持平行并指向探测目标体。

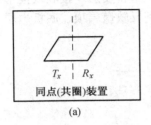 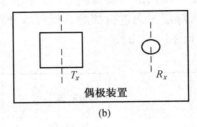 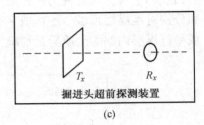

T_x　R_x	T_x　　　　R_x	T_x　　　　R_x
同点(共圈)装置	偶极装置	掘进头超前探测装置
(a)	(b)	(c)

图 14 – 13　巷道掘进头瞬变电磁探测装置示意图

由于探测目标体可能位于掘进头前方的不同方位，所以发射线圈和接收线圈法向方向可能指向巷道正前方以及正前偏左、偏右、偏上、偏下等不同方位，即在多个角度采集数据，从而获得尽可能完整的前方空间信息，故称为环形测深或全方位测深。测点布置方法如图 14 – 14 所示，图中箭头方向即线框平面法线方向。为了便于对比，除在迎头方向布置测点外，还应在巷道两侧帮布置若干测点。

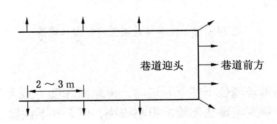

巷道迎头　　→ 巷道前方

2～3 m

图 14 – 14　瞬变电磁法超前探测工作布置示意图

2. 井下施工方法与技术

利用瞬变电磁法进行掘进头超前探测是一个动态的监测过程。合理确定两次物探工作的间隔十分重要，其基本原则是：瞬变电磁探测与钻孔探放水相结合，每次探放水后及时采用瞬变电磁法预测预报掘进头前方 70 m 范围内岩层的赋水性，确定掘进头前方有无富水异常区（体）及其位置和范围。若存在富水区（体），则采取必要的防水措施后再进行掘进；巷道每往前掘进 50～60 m 进行下一次物探，如此往复。一般情况下，掘完一条巷道有时需要进行多达十余次的跟踪勘探。

克服矿井地电干扰的方法及施工中其他应注意的问题如前所述。

14.8.4　矿井瞬变电磁法的资料解释

　　瞬变电磁法的资料解释步骤：①对采集到的数据进行去噪处理；②根据晚期场或全期场公式计算视电阻率曲线，然后进行时深转换处理，得到各测线视电阻率断面图；③根据测区的地球物理特征、瞬变电磁响应的时间特性和空间分布特征，并结合矿井地质资料进行综合解释，划分地层富水区分布范围。

　　根据矿井瞬变电磁法的基本原理和大量应用实例，可以得出以下对矿井瞬变电磁法应用条件和应用效果的一些认识：

　　（1）矿井瞬变电磁法是时间域电磁感应法的重要补充和完善。由于发射线圈和接收线圈布置在井下巷道中，全空间效应和巷道影响是巷道围岩介质中瞬变电磁场的两个基本特征，因此巷道影响下的全空间瞬变电磁场分布变化规律是矿井瞬变电磁法的理论基础。

　　（2）在巷道有限断面内，发射线圈和接收线圈的尺寸受到限制，为提高瞬变电磁场的强度，一般采用增加线圈匝数以扩大发射面积和接收面积，实践表明这种做法在提高探测信号信噪比方面确实有效，但随之带来因线圈自感和互感增大致使视电阻率计算值偏低的问题（为 $10^{-2} \sim 10^{-4}$ 数量级）与实际情况相差很大，需要进行校正。

　　（3）巷道金属支护材料、铁轨电缆和采掘机电设备等对观测结果产生较大影响，合理选择测点位置，采用多次叠加技术是保证井下观测质量的重要措施。

　　（4）根据探测目标体的空间方位，合理选择发射线圈和接收线圈的位置，对于提高地质应用效果至关重要。

　　（5）应用实例表明、矿井瞬变电磁法对充水构造或充水岩溶等反映灵敏，加上巷道施工空间的选择余地较直流电法大。建立巷道影响下全空间瞬变电磁场的正演理论，系统研究采煤工作面不同方位地质目标体的地电异常特征，将扩大矿井瞬变电磁法的应用领域，在深部开采精细构造探测、工作面顶板岩层变形观测、高渗透应力条件下水与瓦斯突出的预测预报中具有良好的应用前景。

14.8.5　矿井瞬变电磁法在煤层顶板水探测中的应用

　　1. 地质概况

　　某采煤工作面伪顶是平均厚度为 0.5 m 的灰黑色泥岩，易破碎冒落；直接顶是灰黑色粉砂岩，厚度变化较大，成分以石英为主，长石次之，致密性脆；基本顶为灰白色中砂岩，成分以长石、石英为主，泥质胶结，含少量暗色矿物，岩性坚硬。

　　对该工作面回采有影响的含水层为煤层顶板砂岩，是直接充水含水层，顶板砂岩平均厚 39 m，若局部富含水，将对工作面的正常回采产生一定影响。为了减小顶板涌水对开采的影响，需要先采用物探方法进行顶板富水异常区探测，然后再进行探钻放水。

　　2. 井下施工方法技术

　　根据本次探测任务的要求和巷道条件的实际情况，使用澳大利亚生产的 SIROTEM-Ⅲ型瞬变电磁仪，采用 2 m×2 m 的多匝数重叠回线装置进行测量。发射线框和接收线框分别为匝数不等，且完全分离的两个独立线框，以便与回线法线方向上的异常体产生最佳偶合响应。

　　具体观测参数为：30 匝 2 m×2 m 发射回线，28 匝 2 m×2 m 接收回线；64 次叠加；3 ~4 A 供电电流。

有效采样时间窗口序列：1.325 ms，1.625 ms，2.025 ms，2.425 ms，2.825 ms，3.425 ms，4.225 ms，5.025 ms，5.825 ms，7.025 ms，8.625 ms，10.225 ms，11.825 ms，14.25 ms，17.425 ms，20.625 ms，23.825 ms，28.625 ms，35.025 ms，41.425 ms，47.825 ms，57.425 ms，70.225 ms，共计 23 个时间窗口。

在运输巷和材料巷靠近采煤工作面一侧布置测点，测点点距为 10 m。测量时，将发射线框平面以 60°的仰角向工作面顶板方向探测（图 14 – 15）。线框的角度可根据目的层的位置、工作面煤层的倾角及井下钻孔的角度来确定。

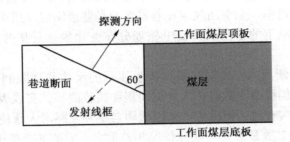

图 14 – 15 矿井瞬变电磁法探测方向示意图

3. 资料处理解释

瞬变电磁法观测数据是二次场感应电位随时间的衰减曲线，需要经过滤波消除畸变点、全空间视电阻率曲线计算、时深转换等处理，最后根据时深转换结果绘制矿井 TEM 视电阻率拟断面图。断面图中横坐标为测点坐标，纵坐标为沿探测方向的深度坐标。

图 14 – 16 为该工作面轨道巷顶板探测视电阻率拟断面图，探测方向指向轨道巷顶板。由图 14 – 16 可知，在探测方向 35 m 范围内，视电阻率等值线横向变化起伏不大，等值线近于平行分布，说明工作面煤层顶板电性横向分布较均匀，含水裂隙不发育。在该断面图上，低阻异常区有 3 处：A 异常位于 31 ~ 33 号测点之间，异常顶端位于 35 m 处，随着深度的增加，逐步展宽，一直延展到 100 m 多；B 异常位于 39 ~ 41 号测点之间，等值线呈半封闭状，开口向下，顶界位于 50 m 处；C 异常位于 43 ~ 44 号测点之间，为一低阻窄带。

4. 地质结论与验证情况

此次顶板瞬变电磁测深探测成果如图 14 – 17 所示，在轨道巷煤层顶板砂岩层内有 3 个相对低阻异常区，为砂岩层内局部裂隙发育且充水的反映：A 异常区位于轨道巷 31 ~ 33 号测点，距巷道仰角 60°倾斜方向 30 ~ 100 m 范围内，为局部砂岩裂隙发育且充水的反映；B 异常位于轨道巷 39 ~ 41 号测点附近，距巷道仰角 60°倾斜方向 50 ~ 105 m 范围内，为局部砂岩裂隙发育且充水的反映；C 异常位于轨道巷 42 号测点附近，距巷道仰角 60°倾斜方向 45 ~ 100 m 范围内，为局部砂岩裂隙发育且充水的反映。

矿方分别在 3 个异常区的 31、40、44 测点附近布置了 3 个钻孔，钻孔仰角 60°，孔深 75 ~ 82 m，5 天共放水 1250 m³。而在正常区 27 号测点附近的 1 号钻孔没有出水，说明此次物探结果是正确的。

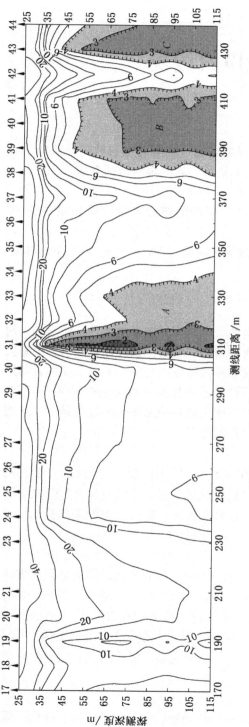

图 14-16 轨道巷顶板视电阻率等值线断面图

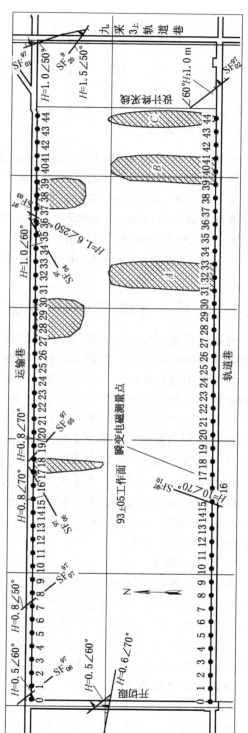

图 14-17 顶板瞬变电磁测深探测成果图

15　工作面无线电波透视

15.1　术语定义

　　无线电波透视法 radio penetration method　根据岩石、煤等对电磁波的吸收能力不同，探测断层、无煤带、煤层变薄带、岩溶陷落柱、老窑、岩溶等的物探方法。

　　采煤工作面 coal face　进行采煤作业的场所。

　　衰减系数 attenuation coefficient　实测场强 H 与相应的按公式计算的理论场值 H^0（或由条件试验取得的计算场强值）的比值。

　　吸收系数 absorption coefficient　单位距离场强的衰减量（dB/m 或 np/m，1np = 8.69 dB）。

15.2　工作面电磁波法探测原理

　　电磁波在地下岩层中传播时，由于各种岩石电性（电阻率 ρ 和介电常数 ε）不同，对电磁波能量吸收也不同，低阻岩体对电磁波的吸收作用较高阻岩体强。在矿井下，电磁波穿过煤层途中遇到断层、陷落柱或其他构造时，波能量被吸收或完全屏蔽，则在接收巷道收到微弱的电磁波信号或收不到透射信号，形成所谓的透视异常（称为阴影异常）。研究采区煤层、各种构造及地质异常体对电磁波的影响所造成的各种无线电波透视异常，从而进行地质推断和解释，这就是矿井电磁波透视法的探测原理。

15.2.1　煤层、围岩的主要电性特征

　　因为电磁波透视法的工作频率主要在 $0.1 \times 10^6 \sim 1.5 \times 10^6$ Hz 范围，所以岩、矿石的电性除显示传导电流外，还有位移电流的作用。因此，这里的煤、岩层电性参数除电阻率 ρ 外，还要考虑介电常数 ε 和磁导率 μ。而地壳中绝大多数岩、矿石的磁导率均接近于 1（极少数铁磁性矿物除外）。

　　1. 煤的电阻率

　　煤的变质程度对其电阻率有决定性影响。在成煤过程中，随着炭化作用的进行，煤的变质程度增高，煤的含碳量逐渐增多，挥发物减少，煤的电阻率也相应减小。另外，煤与其他岩层一样，其电阻率与湿度的关系密切，煤层及其顶底板岩层中都含有一定量的水分，水分溶解了煤和顶底板岩石中的矿物质，呈一种带极性分子的溶液存在于煤层及岩层孔隙中，为离子导电物质，因此对电阻率的影响很大。水分越高，湿度越大，则电阻率变小，电磁能量衰减增大。

　　2. 介电常数

　　介电常数是表征岩、矿石在电场中极化程度的一个物理量。它与物质成分、结构、湿度等有关。介质的绝对介电常数为

$$\varepsilon = \varepsilon_0 \varepsilon_r \qquad\qquad (15-1)$$

式中，ε_0 为真空介电常数；ε_r 为介质的相对介电常数，无量纲。

表 15 - 1 列出了一般煤系地层中常见岩石的相对介电常数 ε_r。由表 15 - 1 可知，一般胶结岩石的 ε_r 约为 10，而纯水的 ε_r 最大，其值可达 80，煤的 ε_r 较低。岩、煤层的相对介电常数 ε_r 随湿度的增大都有不同程度的降低。

表 15 - 1　一般煤系地层中常见岩石岩样电磁参数值

沉 积 岩	电阻率 $\rho/(\Omega \cdot m)$	相对介电常数 ε_r	测试频率/Hz
煤	$10 \sim 10^4$	$2 \sim 5$	5×10^5
无烟煤	$10^{-3} \sim 10^4$	$3 \sim 20$	5×10^5
泥岩	$1 \sim 50$	7.2	5×10^5
砂岩	$1 \sim 10^5$	$4 \sim 11$	5×10^5
石灰岩	$60 \sim 4 \times 10^5$	$7.3 \sim 12$	5×10^5
土壤		$2 \sim 32$	
水		80	

15.2.2　电磁波在均匀介质中的传播特性

在煤层中进行电磁波透视，具有显著的特点：第一，交替成层的含煤地层是典型的非均匀介质；第二，巷道通常是沿着煤层掘进的，而极少数布置在煤层的顶板或底板岩层中。

考虑到第一点，则介质电性参数（ε、μ、ρ）都要用垂直层理和平行层理的 X、Y、Z 三个分量，才能完整地表达透视中波的参数。这样就使资料解释相对于均匀各向同性介质的解释复杂得多。但是考虑到第二点，即采煤工作面的巷道通常都布置在煤层中（除寻找因断层断失的煤层外）。如果在透射时，发射机和接收机均置于同一煤层中，而在大多数情况下，煤层在一定范围内横向上的变化是均匀的，因此仍可利用均匀各向同性介质中较简单的公式进行计算和解释。

1. 辐射场的一般规律

电磁波传播理论是以麦克斯韦方程组为基础的。电磁波在均匀介质中的辐射场随距离的增加呈一定规律变化。电磁波辐射场能量的大小，除受发射机输出功率大小的影响外，还取决于天线的辐射形式。因此，选择一定的天线形式，使其获得最佳匹配，对辐射出最大的能量具有重要意义。在实际应用中，根据巷道条件，考虑到方向因子较简单的天线，一般采用长度小于波长的短偶极子。电磁波透视法中经常采用的发射天线有鞭状天线、T 形天线和框形天线，以框形天线为主。采用何种天线，其电磁场强度在介质中的分布，归根结底是根据一定边界条件求解麦克斯韦方程组所确定的。

2. 辐射场的表达式

如图 15 - 1 所示，假设原点 A 在辐射源（天线轴）中点，在无限均匀、各向同性的介质中，观测点 P 到 A 点的距离为 r（观测点在辐射场内），在此条件下求解导电介质（电导率 $\sigma \neq 0$）中的波动方程，即可求得 P 点的电磁场强度 H_p。

$$H_p = H_0 \frac{e^{-\beta r}}{r} f(\theta) \tag{15 - 2}$$

式中　　　H_0——取决于发射功率和天线周围介质的初始场强；

　　　　　β——介质对电磁波能量的吸收系数；

　　　　　r——P 点到 A 点的直线距离；

　　　　$f(\theta)$——方向因子；

　　　　　θ——偶极子轴与观测方向的夹角。

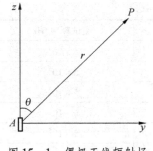

图 15 - 1　偶极天线辐射场

由式（15 - 2）可以看出，有 4 个参量决定 P 点场强值的大小。在辐射条件不随时间变化时，H_0 是一个常数。吸收系数 α 是影响场强辐射值的主要参数。因为场强是以 $e^{-\beta r}$ 随距离的增加呈指数规律衰减的，β 值越大，场强衰减越快。

3. 吸收系数 β

1）物理意义

电磁波在有耗介质中传播时，电磁能量随着距离 r 的增加而减弱，以至于消失，这种现象称为吸收。β 即表示单位距离场强的衰减量（dB/m 或 np/m，1np = 8.69 dB），称为吸收系数，其表达式为

$$\beta = \omega\sqrt{\varepsilon\mu}\sqrt{\frac{1}{2}\left[\sqrt{1+\left(\frac{\sigma}{\varepsilon\omega}\right)^2}-1\right]} \qquad (15-3)$$

式中　　　ω——角频率；

　　　　　ε——介电常数；

　　　　　σ——电导率，$\sigma = \dfrac{1}{\rho}$；

　　　　　μ——磁导率；

　　　$\sigma/\varepsilon\omega$——传导电流与位移电流之比。

从式（15 - 3）可以看出，β 是介质电磁参数 σ、$\varepsilon = \varepsilon_r\varepsilon_0$、$\mu$ 及工作频率 $\omega = 2\pi f$ 的函数，因此讨论 β 与电磁参数和工作频率的关系具有重要意义。

2）吸收系数与有关参量间的关系

（1）吸收系数 β 与频率 f 的关系。当频率 f 较低时，β 随 f 的增加而增加，β 变化明显；高频情况下，β 值变化不明显，达到某一极限值后趋于饱和，且 ρ 越大，其极限值越小。例如，开滦范各庄矿 2.2 m 厚的肥煤层，采用工作频率 $f = 1.5$ MHz，$\beta = 0.747$，透射距离 $r = 140$ m；当 $f = 3.0$ MHz 时，$\beta = 1.071$，透射距离 $r = 110$ m。结果表明，考虑大透视距离时，应选用较低的工作频率；为提高分辨能力，选用高频更适宜。

（2）吸收系数 β 与电阻率 ρ 的关系。当介质电阻率 ρ 较低时，β 值主要取决于 ρ 和 f，当 ρ 很小时，有 $\beta \approx \sqrt{\dfrac{\sigma\mu\omega}{2}}$，与 ε 无关；当 ρ 很高时，β 值主要由 ρ 和 ε 决定，而与 f 无关。

这一点由式（15 - 3）可以看出，当 ρ 较小时，在 $\dfrac{\sigma}{\omega\varepsilon}$ 项中 σ 很大，即说明介质传导电流密度远大于位移电流密度，于是电阻率影响起主要作用；反之，ρ 很大时，位移电流影响不可忽略，因而介电常数的变化影响场的分布。频率升高时，增加位移电流影响，介电损耗也增加，也使介质吸收增强。因此，导电性好的岩石，β 值较大，场强衰减较剧烈，电磁

波穿透距离较小；导电性差的岩石，β 值较小，电磁波穿透距离较大。

（3）吸收系数 β 与介电常数 ε 的关系。由图 15 - 2 中介质吸收系数 β 与介电常数 ε 关系曲线可以看出，当工作频率为一定值时，β 与 ε 关系不大，但当 ε 较小和 ρ 较大时，ε 对 β 仍有一定影响，其影响远比电阻率对吸收系数的影响小。

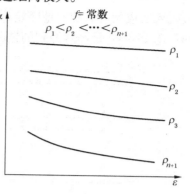

图 15 - 2　介质吸收系数 β 与
介电常数 ε 关系曲线图

15.3　工作方法

15.3.1　工作面电磁波透视法

1. 工作方法

工作面电磁波透视法一般在井下两巷道间进行，如在回风巷布置发射点，向煤层中发射某一频率的电磁波，在运输巷安置接收机观测电磁场场强 H 信号，如沿巷道多点观测，则形成所谓的透视异常。根据工作任务，发射点和接收点可分别布置在回风巷、运输巷、刮板输送机运输巷或工作面易于通行和干扰小的地段。

1）电磁波在工作面内传播路径分析

在工作面运输巷、回风巷进行电磁波透视时，电磁波传播限制在层状介质中，煤层与顶底板岩层电阻率差异较大，所以电磁波在垂直层理方向上传播距离很小，煤层顶底板实际上起到屏蔽作用（图 15 -3a）；电磁波顺煤层方向传播，电磁场强度最大方向与煤层方向相互平行，传播距离以发射点 A 为圆心，以最大距离 R 为半径向周围传播（图 15 -3b）。

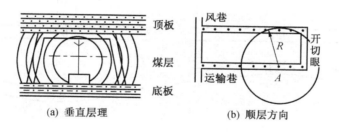

(a) 垂直层理　　　　　　　　(b) 顺层方向

图 15 -3　井下煤层中电磁波传播形式

在煤矿井下可能遇到的几种巷道及巷道之间构造分布情况（图 15 -4）：图 15 -4a 是简单情况，即发、收工作巷道在同一煤层中，电磁波可沿着煤层层理传播；图 15 -4b 为厚煤层时，两巷道分别靠近顶底板布置，则发、收点连线与岩层有一夹角 ϕ，如果 $\phi > 3°$，则要考虑煤层的各向异性影响；图 15 -4c、图 15 -4d 为发、收巷道之间存在断层情况，所接收的电磁场强度主要反映电磁波传播过程中的煤层被断开以及岩石分布；图15 -4e、图 15 -4f 为工作面中存在的褶曲情况，背斜时煤层底板和向斜时煤层顶板对电磁波传播的影响依褶曲幅度大小而变化，褶曲幅度越大则影响越大；图 15 -4g、图 15 -4h、图 15 -4i、图 15 -4j 分别为因褶曲构造和分层开采的影响所形成的煤厚变化情况，可以看出，图 15 -4g、图 15 -4i 中煤厚变化对电磁波传播影响较大，因而通过吸收系数成像可以圈定煤厚变化趋势，同时通过局部点的已知煤厚则可半定量、定量标定煤层等厚线；

图 15 – 4k、图 15 – 4l 为工作面中有隐伏陷落柱存在和火成岩侵入体存在时的情况，通过吸收系数成像可以准确地圈定这些不良地质体的范围。在实际工作中，图 15 – 4a、图 15 – 4c、图 15 – 4d 是经常遇到的情况。

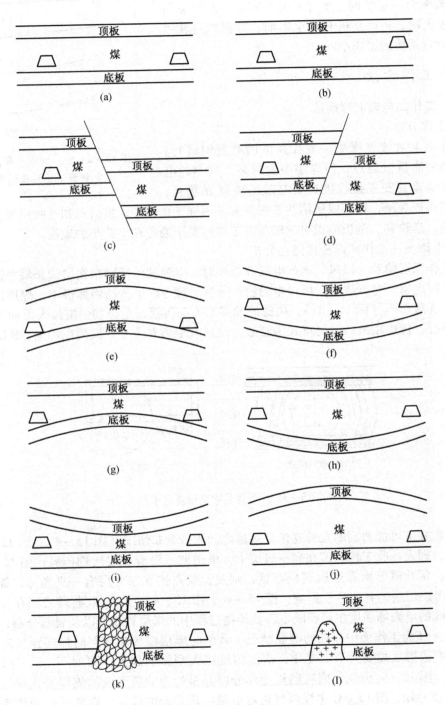

图 15 – 4　电磁波透视法在工作面遇到的几种地质情况

2）观测方法

井下观测方法有同步法和定点交会法两种方式。

同步法是指发射机和接收机分别位于两条大致平行的巷道中（图 15 – 5a），同时等距离同向移动，逐点发射和接收。同步法发射点移动频繁，不易做到和接收机同步，工作效率低，除研究一些特殊问题外，较少采用。

定点交会法是指发射机相对固定于某巷道事先确定好的发射点位置上，接收机在另一巷道一定范围内沿巷道逐点观测场强值（图 15 – 5b）。根据工作要求，发射点和接收点可以交换位置，尽可能把工作面全部覆盖。定点交会法工作效率高、速度快，是常用的基本施工方法。

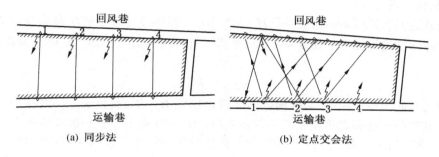

(a) 同步法   (b) 定点交会法

图 15 – 5 同步法和定点交会法工作布置图

在定点交会法的基础上，适当加密测点，并保证实测区内射线均匀，可进行层析反演，以提高观测精度和分辨率，称为 CT 观测法。为了保证层析反演成像的高精度，电磁波透视 CT 工作方法要求在电磁波透视施测范围内保证射线分布基本均匀，避免出现"盲区"，因此，工作之前，要根据工作面的实际情况预先画出观测系统，观察观测射线分布是否均匀，并适当调整发射点和接收点的位置，在关键环节上确保成像质量。不同发射点的发射参数要基本上保持不变，以减少吸收系数反演的误差，保证收敛速度。

3）观测点与发射点的布置

在井下工程平面图上，按设计布置发射点和接收点的位置。一般发射点距 50 m，接收点距 10 m。每一发射点，接收机可相应观测 15 ~ 20 个点，这样可覆盖一个扇形面积（图 15 – 6）。如果在该扇形面积范围内发现异常，可适当加密观测点。正式观测前，在地质条件正常的地段，特别是人工设施干扰小的区域，进行条件试验，即在同巷或不同巷道布置 1 ~ 2 个发射点，由近及远逐点观测，实测场强由大到小，目的在于求取初始场强 H_0 值、煤层正常吸收系数 β 值和透视最大距离 r 等。

接收点和发射点尽量布置在远离人工导体的地段，特别是发射点和接收点间不能有金属导体等干扰体。为保证观测清晰，发射

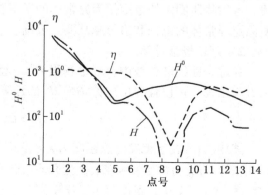

图 15 – 6 透视综合曲线图

点应设置在远离地质构造体一侧巷道。

4）观测的基本步骤

在井下发射和接收观测之前，应预先统一安排好观测时间顺序，并列出时间表格，发、收双方各执一份，然后双方按时间表进行观测。观测工作开始时，发射机框型天线应平行巷道，悬挂成多边形。发射时要注意工作电压、电流和调谐值，应保持自始至终相对稳定。

直立安置的接收天线环面对准发射机的方位，即观测最大值方向。

2. 工作面电磁波透视法资料处理与解释

井下观测工作结束后，便进入数据整理、绘图和解释工作。

1）数据整理与图示

电磁波透视法资料解释通常采用场强对比法，即将各接收点的实测场强 H 与相应的按公式计算的理论场强 H^0（或经条件试验取得的计算场强值）进行对比，称为衰减系数，即

$$\eta = H/H^0 \qquad\qquad (15-4)$$

或 $$\eta = H - H^0 \qquad\qquad (15-5)$$

在均匀各向同性介质中，实测场强等于理论场强 $H = H^0$，所以 $\eta = 1\,\mathrm{dB}$（或 $\eta = 0\,\mathrm{dB}$）。由于煤层的非均一性和观测误差，一般 η 值接近于 $1\,\mathrm{dB}$ 而不等于 $1\,\mathrm{dB}$（或等于 $0\,\mathrm{dB}$）。当 η 值远离 $1\,\mathrm{dB}$（$\eta < 1\,\mathrm{dB}$ 或 $\eta \ll 1\,\mathrm{dB}$）时，即出现负分贝值，说明在透视距离内遇到地质异常体。根据 η 的变化，参考实测场强 H 和理论场强 H^0 曲线，分析异常体性质和进行地质推断解释。

通常用图示方法来描述沿观测巷道或在透视范围内场强的变化规律。

（1）综合曲线图。将同一发射点所对应接收点的实测场强 H、理论场强 H^0 和衰减系数 η 按给定比例尺绘制成曲线图。横坐标为接收点点号，纵坐标（对数或算术）为 H、H^0 和 η，即得到关于 H、H^0 和 η 的 3 条曲线，称为综合曲线图（图 15-6）。综合曲线图是解释推断的主要图件。

（2）交会平面图。交会法是依据各发射点相应接收点取得的 η 异常，通过交会确定异常平面位置和划分异常体的边界。在采区平面工程图上，标定各发射点（A、B、C、$D\cdots$）和对应的接收段（a_1a_2、b_1b_2、c_1c_2、$d_1d_2\cdots$）（图 15-7）。根据综合曲线确定边界点，将该点与对应的发射点连线，于是可由不同发射点所对应的接收点绘出相应的边界射线，各射线所圈定的范围便为异常体的平面位置。发射点密度越大，且沿巷道均匀分布，所圈定异常体的范围和边界越真实、准确。

2）理论场强计算

在综合曲线各参数中，理论场强 H^0 一经确定后，η 也随之确定。从电磁场的麦克斯韦方程出发，可以推导出理论场强 H^0 的计算公式：

$$H^0 = H_0 \frac{e^{-\beta\gamma}}{r}\sin\theta \qquad\qquad (15-6)$$

式中，H^0 表示距发射点距离为 r 处的理论场强（注：电磁波透视法中，一般把 H_φ 表示为 H^0）；H_0 为初始场强值；β 为介质吸收系数。θ 为发射天线轴与接收点方向间的夹角（图 15-8）。在缓倾斜煤层中，煤层倾角 φ 较小，即 θ 角较大，当 $\theta > 70^0$ 时，即可认为 $\sin\theta \approx 1$。于是式（15-6）可简化为

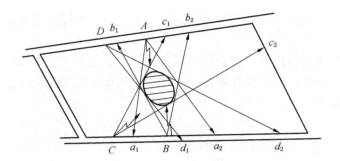

图 15-7 交会平面图

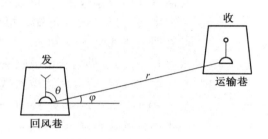

图 15-8 发射与接收相对位置示意图

$$H^0 = H_0 \frac{e^{-\beta\gamma}}{r} \tag{15-7}$$

因此，计算理论场强 H^0 时，首先要确定介质的吸收系数 β 和初始场强 H_0，求取 β 和 H_0 可采用实测场强法和图解法两种方式。

（1）实测场强法。选择均匀介质地段设置发射点，距发射点分别为 r_1 和 r_2 两点接收场强为 H_1 和 H_2，可以认为在均匀介质中实测场强 H_1（或 H_2）近似等于理论场强 H^0。根据式（15-7）有

$$H_1 = H_1 \frac{e^{-\beta\gamma_1}}{r_1} \sin\theta \tag{15-8}$$

$$H_2 = H_2 \frac{e^{-\beta\gamma_2}}{r_2} \sin\theta \tag{15-9}$$

移项相除，并取自然对数

$$\ln \frac{H_1 r_1}{H_2 r_2} = -\beta r_1 + \beta r_2$$

因而有

$$\beta = \frac{\ln H_1 r_1 - \ln H_2 r_2}{r_2 - r_1} \tag{15-10}$$

初始场强为

$$\begin{cases} H_0 = \dfrac{H_1 \gamma_1}{e^{-\beta\gamma_1}} \\ H_0 = \dfrac{H_2 \gamma_2}{e^{-\beta\gamma_2}} \end{cases} \tag{15-11}$$

将式（15-10）和式（15-11）代入式（15-7），即可求得各接收点的理论场强 H^0。

（2）图解法。由于煤层并非完全均匀介质，任选上述两点实测场强计算出的 β 和 H_0 与实际值存在较大差异，为了求取准确的正常理论场强 H^0，在条件允许的情况下，通常采用图解法求 β 和 H_0。

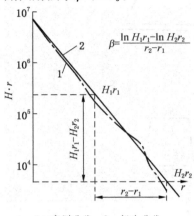

$$\beta = \frac{\ln H_1 r_1 - \ln H_2 r_2}{r_2 - r_1}$$

1—实测曲线；2—拟合曲线

图 15-9 $\ln H_r - r$ 曲线

将多点实测场强 H_1，H_2，…，H_n 各乘以其与发射点的水平距离 r_1，r_2，…，r_n 后，以 H_r 为纵坐标（对数坐标），以 r 为横坐标（算术坐标），做出散点图，通过回归分析做出最佳拟合曲线（图 15-9）。利用拟合曲线（吸收系数线），可以求取 β 和 H_0。

由式（15-10）可知，拟合曲线斜率等于 β，因此在图上任选两点 r_1 和 r_2，将其纵坐标和横坐标代入式（15-10），即可求出吸收系数 β。

对式（15-7）两边取对数，有 $\ln H^0 r = \ln H_0 - \beta r$，当 $r \to 0$ 时，$\ln H^0 r \to \ln H_0$ 或 $H_0 = H^0 r$，即吸收系数线与纵坐标交点处的 H_r 就是 H_0。

β 和 H_0 确定后代入式（15-7），即可计算出理论场强或绘制一条 $H^0 - r$ 曲线（图 15-10）。

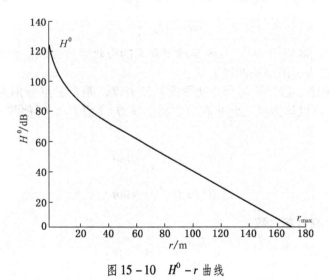

图 15-10 $H^0 - r$ 曲线

（3）综合曲线解释。电磁波透视法解释的基础资料是透视综合曲线图。图中 3 条曲线相互关联，缺一不可。根据综合曲线 H^0、H 和 η 的变化规律和曲线特征，结合地质或其他资料，对透视异常做出定性解释，推断引起异常的地质原因，根据曲线特征点确定透视异常范围。

根据各综合曲线图发现的异常点，可以采用定点交会法做出定量解释，即确定异常区的范围和大小。交会图中，阴影部分为异常体在采区中的平面分布范围和位置，根据综合曲线推断引起异常的地质因素，按规定的地质符号标在图上，即得到电磁波透视法推断解释的最终成果图。

15.3.2　计算机层析成像（CT）法

1. 计算机层析成像计算

20 世纪 70 年代以来，由于 CT 技术在医学领域得到广泛应用，发展迅速，在技术和计算方法方面都已比较成熟。从 20 世纪 80 年代开始，CT 技术逐渐应用到地球物理领域中，取得了许多令人瞩目的成果。

在数学领域，CT 技术的图像重建计算方法有变换法和代数迭代法两大类。目前在地学中主要应用代数迭代法进行图像重建。1970 年 Gordon 等人提出了代数重建法，其基本思想依据射线原理。首先对成像条件提出一个初始模型，然后把模型网格化，计算出投影函数的观测值与理论值的残差量，将每条射线的残差量以它穿过的每一网格的路径长度为权分摊到该网格中去，修正模型，反复迭代直到满足收敛条件为止。

如图 15-11 所示，把电磁波透视工作面划分成有不同吸收系数的若干小单元，每一小单元可视为介质均匀。假设电磁波的第 i 个传播路径为 r_i。它可以表示为若干小单元的距离之和：

$$r_i = \sum_{j=1}^{m} d_{ij} \tag{15-12}$$

没有射线穿过的单元，可视 $d_{ij}=0$，于是式（15-7）变成

$$H_i = H_{0i}\mathrm{e}^{-\sum_{j=1}^{m}\beta_i d_{ij}}/r_i \tag{15-13}$$

这里 H_i 为实测场强，H_{0i} 为初始场强。

对式（15-13）两端取对数有

$$\sum_{j=1}^{m} \beta_i d_{ij} = \ln\left(\frac{H_{0i}}{H_i r_i}\right) \tag{15-14}$$

若在多个发射点上对场强分别进行多重观测，便可形成矩阵方程：

$$[X][D] = [Y] \tag{15-15}$$

式中，$[X]$ 是 β_i 未知数矩阵；$[D]$ 是 $\sum_{j=1}^{m} d_{ij}$ 系数矩阵；$[Y]$ 是已知数矩阵，即实测值。利用 ART 算法（代数重构技术）和 SIRT 算法（联合迭代重构技术）就可以得到各单元吸收系数值，从而实现了工作面成像区内吸收系数反演成像。利用反演计算结果可以绘制成像区吸收系数等值线图和色谱图。

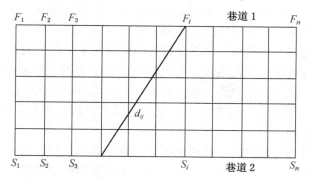

图 15-11　电磁波透视法层析成像单元离散示意图

2. 层析成像成果解释

电磁波透视法 CT 解释主要依据吸收系数成像结果（包括吸收系数色谱图和等值线图）来进行解释。不同的地质条件和不同的地质现象所引起的电磁波衰减特征不同。因此，根据不同的异常特征即可以进行地质解释。

一般情况下，正常煤层对电磁波的吸收较围岩对电磁波的吸收小，而当煤层破碎、煤层中裂隙发育以及裂隙含水时，就会造成吸收系数增大，甚至其引起的衰减较围岩大得多。工作面中隐伏断层落差不同引起的衰减也不一样，落差大于煤厚的断层较落差小于煤厚的断层引起的衰减随落差的减小而减小。当煤层厚度变薄以及煤层中存在夹矸时，电磁波的衰减随煤层变薄和夹矸增厚而增大。当煤层有火成岩侵入体存在时，其衰减依据火成岩的电性特征发生变化，可能出现低值异常和高值异常，但对于同一采煤工作面内的侵入体具有单一性。工作面中陷落柱同样引起高吸收衰减。

从吸收系数异常范围来说，断层引起的异常范围一般呈条带状，落差大的断层较落差小的断层异常带宽，煤层厚度变化区、夹矸增厚、煤层破碎区的异常范围一般都较大。工作面中侵入体及陷落柱引起的异常范围与其形状基本一致。

根据上述吸收系数的异常特征，就可以进行不同地质异常的地质解释。

15.3.3 仪器设备

电磁波透视法所用仪器主要是坑透仪，由本质安全型防爆发射机、接收机、天线，以及充电机组成。

发射机部分包括发射机和一条发射天线，其作用是发射无线电波，可以任意选择发射高频或低频，发射机产生具有一定频率的电磁波，由发射天线向周围岩层发射，发射天线由橡套电缆环形框组成。接收机部分包括接收机和两个环形接收天线，其作用是接收无线电波，接收高频时配接高频接收天线，接收低频时配接低频接收天线，接收天线为铝屏蔽环形天线。接收机工作频率与发射机频率相同，接收来自发射机的电磁波。

15.3.4 井下干扰因素分析及排除

井下巷道人工导体设施对电磁波传播起干扰作用，如金属支架、金属管道、铁轨及电缆等。在高频电磁场中，感应出辐射二次场，该二次干扰场影响有效探测，使观测值畸变，往往造成观测结果与实际情况相差甚远。

巷道金属支架对电磁波具有少量的屏蔽吸收作用，与木支架相比，其初始场强略低一些，一般不影响观测结果。接地铁轨、刮板输送机对电磁波有一定的引导作用，存在二次场；但在铁轨附近，场的梯度大，相距 1 m 以外，二次场的影响可忽略不计。

电缆对电磁波有很好的引导作用，电缆上感应电流以驻波形式沿电缆传播，成为二次辐射源。当接收巷道存在电缆时，天线接收的电磁波有来自煤层的直达波和导线上的二次辐射波。如果二次辐射波大于直达波，它就掩盖了直达透视波，使透视无法进行。为此，发射机天线要远离电缆及其他金属导线，或将悬挂在巷道壁上的电缆放下。对于各巷道相通的电缆，应在电缆接头处（如巷道拐弯处的接线盒、启动器等）断开，并拉开一定距离，以尽量减少其影响。

在金属管道上会产生较强的二次感应场，其影响大小与到发射点的距离有关。对井下一些电力设备，如电机、变压器等，其本身就产生较强的干扰能量，工作时应停止运转或远离它们。

井下干扰因素很多，只要搞清其影响规律，采取相应措施，消除或减少其影响，透视工作仍能取得理想效果。

15.4 工作面电磁波探测的应用

15.4.1 陷落柱探测

煤系底部的可溶性石灰岩岩溶空洞因后期地壳运动或应力失去平衡而塌陷形成陷落柱。陷落柱构造在我国古生代煤田中较发育，如山西阳泉、河北开滦、山东肥城及江苏徐州等矿区均有陷落柱发育。陷落柱构造使煤层受到严重破坏，煤层缺失，而以奇形怪状、大小不一、棱角分明、杂乱无章的上覆岩层的堆积物代之，与其周围煤层的电性有明显差异。在陷落柱形成过程中，往往伴随着裂隙发育，小断层增多，甚至大量充水，使它能够大量吸收电磁波的能量。

对于低阻陷落柱，反映在透视综合曲线图上有明显的特征：η 和 H 曲线呈漏斗形或 U 字形。图 15 – 12 是山西省某矿 4201 工作面的无线电波透视结果。透视时，该工作面的通

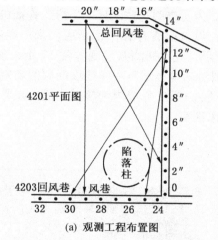

(a) 观测工程布置图

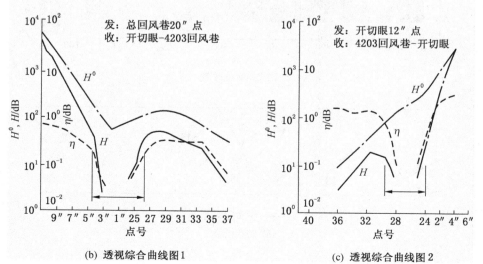

(b) 透视综合曲线图 1　　　　　　　(c) 透视综合曲线图 2

图 15 – 12　陷落柱的典型综合曲线图

风、运输系统尚未正式形成，仅利用开切眼、另一个工作面的回风巷及总回风巷，在开切眼12点及总回风巷20点布置了两个发射点进行透视。根据陷落柱的典型综合曲线图（图15-12），近陷落柱时 η 开始减小，在陷落柱中心 η 达到最小值，圈定了异常位置。后经打钻证实了陷落柱位置基本正确。

15.4.2　断层探测

断层是普遍发育的一种地质构造。断层破坏煤层正常结构，使煤层发生错动和位移，在断层附近煤层破碎、节理裂隙发育，电磁波遇到各种界面便产生折射、反射或散射等物理现象，造成能量损失。如果断层充水，使断层附近煤层电阻率降低，吸收系数增大。因此当电磁波在穿越煤层的过程中有断层存在时，就会不同程度地被吸收和屏蔽，形成透视低值异常。只要适当布置发射点和接收点，根据透视异常去线特征，综合分析资料，就能够利用电磁波透视法圈定断层在工作面内的尖灭点，寻找隐伏断层，并相对地估计其落差大小。某矿7513工作面走向长650 m，倾斜长145 m，煤层厚度5.1~6.3 m，煤层赋存稳定。该工作面南北两端构造简单，但中部构造复杂，巷道中已揭露断层断点9个，断层之间的切割关系难以推断。为了查明这些断层向采煤工作面的延伸情况、断层之间的切割关系、断层最大落差位置，以及是否存在隐伏断层，采用电磁波透视层析成像方法进行探测，成果如图15-13所示。此次探测共发现异常10个，解释断层10条，工作面电磁波衰减系数CT成像色谱图清晰地显示出中间区段断层的切割关系以及最大落差位置，校正了原推断结论，电磁波透视CT工作成果为该工作面的正常生产提供了准确可靠的地质依据，主要解释成果为回采证实。

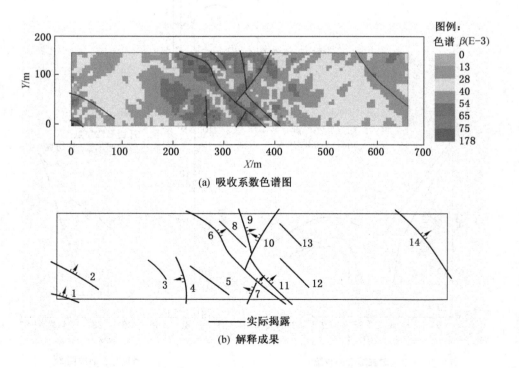

图15-13　7513工作面电磁波透视层析成像吸收系数色谱图及解释成果

15.4.3　煤层结构及煤厚变化探测

　　某矿 392 工作面巷道揭露局部地段煤层夹矸增厚，煤层变薄，为了圈定煤厚变薄带，指导下一步生产，采用电磁波透视法进行探测。图 15 - 14 为该工作面电磁波 CT 成像吸收系数色谱图和解释成果，从图 15 - 14a 中可以看出工作面中部靠近运输巷一侧存在一明显的较高吸收区段（4 号异常），解释为煤层变薄带，煤厚相对变薄 0.4 ~ 0.7 m，工作面推进中实际揭露煤厚变薄区位置与 CT 解释一致，最大相对变薄 0.6 m；1 号、2 号异常区为煤层变薄区，实际揭露最大相对变薄 0.4 m，为底鼓引起。另外，CT 解释的七条断层（图 15 - 14b）与实际揭露位置基本一致。该工作面夹矸厚度变化一般小于 0.4 m，因而成像结果反映不太明显。

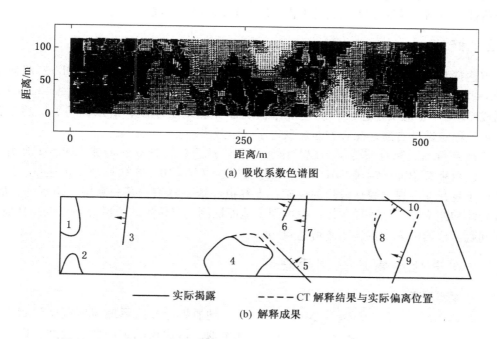

(a) 吸收系数色谱图

——— 实际揭露　　　- - - - CT 解释结果与实际偏离位置

(b) 解释成果

图 15 - 14　392 工作面电磁波透视层析成像吸收系数色谱图及解释成果

16 矿井地质雷达

16.1 术语定义

地质雷达法 geological radar method 利用高频电磁波束的反射规律，探测断层、岩溶陷落柱、溶洞，解决水文地质与工程地质等问题的物探方法。

16.2 概述

雷达探地的设想始于 20 世纪 50 年代，经过长期探索，美国 XADR 公司研制成 XADR – IV 地质雷达仪、日本地质调查社研制成 OYO 地质雷达仪、加拿大 A – cubed 公司研制成EKKO – Ⅲ地质雷达仪。这些仪器在地面探测水层厚度、潜水面位置、覆盖层厚度、坝址稳定性及古遗址探查方面，取得了一定效果。

1978 年煤科总院重庆分院与成都电讯工程学院合作，首先研制成 KDL – 1 矿井地质雷达仪，后来又单独研制成 KDL – 2 矿井地质雷达仪和 KDL – 3 防爆数字雷达仪。这些仪器适用于有瓦斯和煤尘爆炸危险的煤矿井下巷道和地下隧道，探测断层、陷落柱、溶洞、火成岩体和充水带等地质异常体，也可用于地面探测老窑位置、火区分布范围和其他工程地质问题。仪器的最大探测距离可达 60 m。

16.3 矿井地质雷达探测原理

16.3.1 探测原理

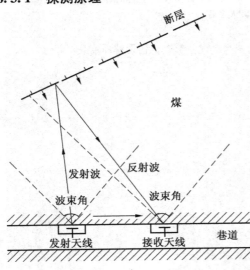

图 16 –1 矿井地质雷达探测原理

地质雷达探测原理与地震反射和声呐探测类似。雷达仪的定向发射天线，以一定的波束角向地下发射频率一般为 10 ~ 100 MHz 的短脉冲，电磁波在其传播过程中，遇到不同电性岩层界面时便产生反射，反射波被安置在发射机旁的接收天线所接收（图 16 – 1）。若已知电磁波在介质中的传播速度，根据发射波与反射波传播时间，即可求得反射界面的位置。

16.3.2 矿井地质雷达方程

矿井地质雷达与探空雷达不同之处在于：

（1）电磁波不是在空中而是在地下高损耗非均一煤岩导电介质中传播的，衰减损耗大。

（2）所探测地质体如岩层面、断层或溶洞等的局部表面，可以看成是平面反射，而不是散射。

（3）探测距离小，探测目的物相对较大。因此适用于探测地下平面物体的雷达方程应为

$$P_r = \frac{P_t G_t \sigma A_r}{(4 \pi r^2)^2} e^{-2\alpha r} \tag{16-1}$$

式中　P_r——接收信号的功率，W；

　　　　P_t——发射机天线发射功率，W；

　　　　G_t——发射天线功率增益，dB；

　　　　σ——探测目标的反射截面积，m²；

　　　　A_r——接收天线有效孔径面积，m²；

　　　　r——雷达探测目标距离，m；

　　　　α——电磁波在岩层中的吸收系数，np/m。

又知 $A_r = \dfrac{G_r \lambda^2}{4 \pi}$，故有

$$P_r = \frac{P_t G_t G_r \sigma \lambda^2}{64 \pi^3 r^4} e^{-2\alpha r} \tag{16-2}$$

式中　G_r——接收天线功率增益，dB；

　　　　λ——波长，m。

由式（16-2）可知，发射功率 P_t、天线功率增益 G_r、G_t 越大，探测距离 r 越大。探测目标的反射截面积 σ 越大，探测距离也越大。工作频率越高，探测距离越小。

由式（16-2）还可以看出，电磁波在煤岩层介质中传播时，按自然对数负指数衰减。吸收系数 α 与煤岩层的电性（电阻率 ρ 和介电常数 ε）密切相关。

16.3.3　与雷达波传播有关的煤岩层电性参数

如上所述，煤的电阻率和介电常数与雷达波的传播有密切关系。由表 16-1 可知，雷达工作频率为 160 MHz 时，煤的最低电阻率为 68 Ω·m。不同变质程度的各种烟煤的电阻率为 100～1100 Ω·m。气煤、肥煤、瘦煤、焦煤的电阻率较高，最适宜于地质雷达工作。

各种变质程度的煤的相对介电常数 ε_r 变化不大，为 2.3～3.6。中等变质程度的烟煤的相对介电常数为 2.5～3.0。

表 16-1　频率为 160 MHz 不同变质程度的煤的电阻率与相对介电常数

煤的变质程度	电阻率 $\rho/(\Omega \cdot m)$		相对介电常数（ε_r）
	原煤样	湿煤样	
褐煤 HM	5.6～8.6	测不出	2.8
长焰煤 CY			
气煤 QM	5.9×10^3	5.85×10^2	2.8
肥煤 FM	8.9×10^3	9.76×10^2	3.0
焦煤 JM	1.4×10^3	3.52×10^2	2.3
瘦煤 SM	1.1×10^3	7.17×10^2	3.1
贫煤 PM	3.6×10^3	2.12×10^2	2.5
无烟煤 WY	6.8×10	未测出	3.6

16.4 矿井地质雷达仪

目前，国产设备有 KDL-2 矿井地质雷达仪和 KDL-3B 防爆数字地质雷达仪，两者主要技术指标基本相同，不同之处在于 KDL-3B 防爆数字地质雷达仪为数字磁带记录，数据由微计算机处理。下面主要介绍 KDL-2 矿井地质雷达仪的组成、简单工作原理、操作方法及主要技术指标。

16.4.1 KDL-2 矿井地质雷达仪的组成

KDL-2 矿井地质雷达仪由下列部分组成：发射机（KH）及电源（KH）、接收机（KH）及电源（KH）、终端机（KB）及电源（EXib1）、发射天线、接收天线、波形照相机及支架等。图 16-2 为其组成框图。

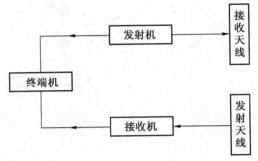

图 16-2 KDL-2 矿井地质
雷达仪的组成框图

16.4.2 简单工作原理

1. 整机工作原理

发射机通过发射天线 160 MHz 调制脉冲信号，在传播路径上遇到不同介质界面时发生反射。接收机通过接收天线收到反射信号，经变频为 60 MHz 再经放大后送到终端显示。照相后在波形图上获取电磁反射波传播时间，再根据介电常数 ε_r 求取传播速度（或实测），进而求得反射体的位置。

2. 发射机工作原理

图 16-3 是发射机工作原理框图。方波发生器产生 50 ns 方波，将主震级产生的 160 MHz 载频信号调制成脉冲信号，然后通过三级功放进行功率放大，逐级抑制杂散干扰，使输出到发射天线的信号成为理想的脉冲波形。0.625 MHz 的方波还作为终端机的同步触发信号。

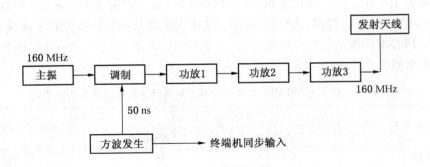

图 16-3 KDL-2 雷达仪发射机工作原理框图

3. 接收机工作原理

图 16-4 为接收机工作原理框图。接收天线收到的信号首先进入电调电路，经过幅度调整，送入宽频放大器，高放后的信号经混频变成 60 MHz，再经前中频放大后，由衰减器将信号控制在最佳状态。然后经过三级中放将信号放大，再送终端机显示。

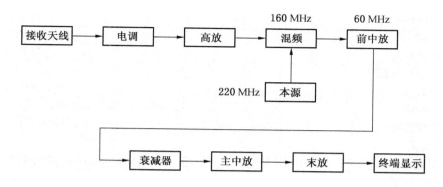

图 16-4　KDL-2 矿井地质雷达仪接收机工作原理框图

4. 终端机工作原理

该终端机是选用 COS5040 型示波器改制而成的，图 16-5 为其工作原理框图。主电路有 3 部分，即垂直偏转电路、水平偏转电路和 CRT 控制电路。垂直偏转电路的作用是在屏幕上垂直移动光点，水平偏转电路的作用是在屏幕上水平移动光点。CRT 电路的作用是操纵阴极射线管，使其工作在最佳状态。

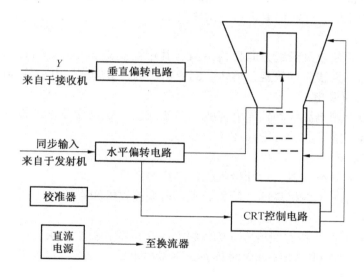

图 16-5　KDL-2 矿井地质雷达仪终端机工作原理框图

16.4.3　KDL-2 矿井地质雷达仪主要技术指标

1. 发射机

工作频率	160 MHz
调制脉冲宽度	50 ns、80 ns、120 ns
调制脉冲重复周期	1.6 μs（625 MHz）
发射峰值功率	<30 W
工作时间	4 h（可连续使用）

2. 接收机

接收中心频率	160 MHz
中频	60 MHz
整机带宽	20 MHz
接收机灵敏度	4 μV
增益	85 ~ 100 dB
衰减器	固定衰减 21，连续可调 20，总计 41
工作时间	8 h（可连续工作）

3. 终端机

灵敏度	5 mV/cm ~ 5 V/cm，10 个量程
频带宽度	DC – 40 MHz
输入阻抗（MΩ）	1 ± 2%
最大允许输入电压	400 V

4. 天线（采用收发双天线体制）

方向性	60 ~ 90
增益	7 dB

16.4.4　KDL – 2 矿井地质雷达仪操作方法

1. 准备工作

将各分机电源电压充到额定值。使用新电池要充放电三次，使用时充一次即可。检查各电缆连接是否正确，探测前要进行一次联机试验。

2. 架设天线

架设天线时要使收发天线方向保持一致，其中心距离为 2 ~ 2.5 m，天线辐射锥体轴应对准探测目标。天线应尽量避开钢轨、刮板输送机、金属棚、电缆等导电体。

3. 连接各分机及电源

各分机均有专用电源线和信号电缆线，切勿误接。联机后要仔细检查是否正确可靠，特别是发射天线不能开路，否则会烧坏功放管。

4. 开关机顺序

开机顺序：先开终端机，后开接收机，再开发射机。

关机顺序：先关发射机高压，后关低压，再关接收机和终端机。

5. 注意事项

（1）为节省电源，拍完照后应立刻关机，关闭电源，拔出插头。

（2）严禁在井下打开机壳和电源外壳，不得淋水。

（3）故障处理：

①无扫描线：检查发射机 6 V 电源和同步输出有无信号。

②有扫描线无雷达波形：检查接收线终端机 Y 轴输入电缆是否开路。

③终端机信号很弱：检查收发天线 L16 插头是否接牢，接收机电源指示在 0.5 mA，发射机电源电压足否充足。

④波形互重影或回扫现象：表示终端机电源不足，需充电。

16.5　地质雷达探测工作方法

16.5.1　测区地质地球物理资料的收集

为了较准确地对雷达资料进行地质解释，需要收集测区地质资料，包括地层、构造、煤层产状、煤变质程度，以及煤岩层电性参数等。此外还需要进行现场踏勘，了解探测区位置和巷道情况，明确现场探测的有利条件和不利条件，以便制定对策。

16.5.2 探测方法

根据探测目标和现场条件的不同，探测方法有 3 种（表 16-2）。

表 16-2 地质雷达探测方法

探测方法	使用条件	探测方法	注意事项
点测法	井下掘进工作面	测点布置在工作面上，间距为 0.5~1.0 m	1. 架设天线前，先将工作面用镐刨平，允许高差为 2 cm。将天线贴紧煤壁或岩层，用金属网格将四周围好，避免漏场 2. 选择天线架设位置，要离开巷道拐角 28 m，以避开侧方巷道反射干扰
剖面法	井下巷道及采煤工作面	测点布置在巷底、巷顶或两帮，间距为 5~10 m（经验数字）。各测点按剖面顺序编号，并标定在平面图上 地面向地下探测，点间距为 5~10 m。根据精度要求，测点可用经纬仪测量或皮尺丈量，并将坐标及高程标定在地形图上，编号，顺序探测	
网格法	地面（包括露天煤矿）	在测区内用等间距画成网格，各点间距一般为 5~10 m。根据不同精度要求，测点可用经纬仪或皮尺测定；或控制点用经纬仪测定，在其控制范围内用皮尺测量。将坐标及高程标在地形图上，按行列编号，顺序探测	1. 天线要与地面垂直，贴紧周围用土培好，不要使用电磁波漏场太大 2. 雷达仪架设时，要避开两个天线之间的连线

16.5.3 现场实测

架设好无线后，按仪器使用说明开机，观测终端机屏幕上的波形。

（1）记录 X、Y 旋钮参数。在示波器上刻有 8 cm X 轴和 4 cm Y 轴，组成方格。X 轴上每 1 cm 代表 200 ns，Y 轴代表电压，其值视微调旋钮所在位置而定。

（2）记录发射机末级功放电流值和接收机衰减量。

（3）初读各波峰时间，包括直达波和反射波，从左到后累计计算。

（4）绘制波形草图。

（5）根据下式初算反射面到测点的距离 r：

$$r = \sqrt{\left[\frac{1}{2}vx(t-t_0)\right]^2 - \left(\frac{s}{2}\right)^2} \tag{16-3}$$

式中　t——屏幕上读出的波到时间；

　　　t_0——起始零点；

s——收发天线之间的距离。

（6）用照相机摄下雷达波形。

（7）将各观测项目逐一填入地质雷达探测记录表。

16.6　资料处理与解释

16.6.1　确定雷达波在介质中的传播速度

1. 现场实测

在测区选择无地质异常地段，将收发天线架设在相距十余米处（S_1），开机读出直达波在屏幕上的时间 t_1；移动任一天线，使两天线间距缩短为 10 m（S_2），读出直达波时间 t_2，按下式计算电磁波在介质中的传播速度：

$$V_{1-2} = \frac{S_1 - S_2}{t_1 - t_2} \tag{16-4}$$

2. 计算法

利用试验所测介质介电常数 ε，按下式计算电磁波传播速度：

$$V = \frac{C}{\sqrt{\varepsilon}} \tag{16-5}$$

式中，C（光速）为 3×10^8 m/s。

16.6.2　整理资料

（1）首先整理井下原始记录，核对各测点位置和编号，并将其标在工程平面图上。

（2）放大雷达波形照片，粘贴成册。

（3）判读直达波和反射波到达时间，识别波形特征。

（4）计算各测点到反射面的往返距离 R：

$$R = V(t - t_0) \tag{16-6}$$

式中　t——在屏幕上读出的反射波时间；

　　　t_0——起始零点。

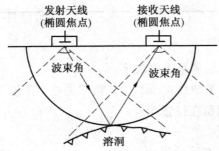

图 16-6　用椭圆法确定反射面的位置

（5）计算反射面的位置，根据已经算出的雷达反射波在介质中的往返距离，用椭圆法即可求反射面的位置。如图 16-6 所示，以两个天线的位置为椭圆焦点的位置，用 R 长度作两焦点到椭圆任意一点的距离之和画椭圆弧，两个无线波瓣所覆盖的范围，有可能是反射面所在的位置。

16.6.3　解释地质资料

解释人员应根据测区的有关地质资料，针对测点所在测区中的位置，对雷达探测资料进行综合解释。在掌握地质资料的基础上，应对物性差异和雷达波形特征进行分析。在煤层中探测时，信号在煤层顶板可能发生多次反射。当向前传播遇到前方可能探测的反射体时直达波传播所占时间将加宽，产生延迟现象，波形变得近于圆形，反射波也具有与直达波相似的波形（图 16-7a）。相反在厚层灰岩中探测时，雷达波形呈尖锐状波形（图16-7b）。

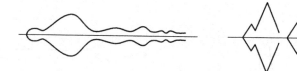

（a）煤层厚度小时的雷达波形　　　　　（b）厚层石灰岩中的雷达波形

图 16 - 7　地质雷达波形

断层与陷落柱等的地质解释见表 16 - 3。

表 16 - 3　断层与陷落柱等的地质解释

地质解释	依　据	图　示
断层	1. 根据测区的地质资料进行分析 2. 在测深剖面上，几个连续测点用椭圆法算出的反射面位置，呈一连续直线	
陷落柱、溶洞或其他地质体	1. 根据测区的地质资料进行分析 2. 在测深剖面上，只在中间某一段有测深反射面，在其两侧突然消失	

16.7　探测实例

16.7.1　探测采煤工作面已知断层的尖灭点

工作面煤厚 1.5 m，煤层倾角为 10°，要求确定运输巷揭露出的落差为 2.6 m、倾角为 70°的正断层在工作面内的尖灭点位置（图 16 - 8）。在带式输送机运输巷中设置 A、B、C 三个探测点，获取如图 16 - 9 所示的雷达回波图（分别对应 A、B、C 三个探测点）。图 16 - 9b、图 16 - 9c 中 1 号回波（400 ns）为直达波；2 号回波（500 ns）比 1 号回波还要强，其反射距离为 12.7 m，不应是断层反射波；3 号回波（620 ns）虽不明显，其反射距离为 25 m，恰为断层延伸位置。在图 16 - 9a 中，除 400 ns 的直达波 1 外，另有回波 2（500 ns），而无断层反射波。因而推断 B 点所测图像为断层尖灭点位置。图 16 - 9c 尾部产生很多回波波形，是由运输巷多次反射造成的。

16.7.2　探测侧面空巷

图 16 - 10 为测区平面示意图。发射点位于运输巷（下巷），接收点位于回风巷（上巷）。上下巷间距为 15 m。采用固定发射点，移动接收点的共发射点测量，每次记录 20 道。图 16 - 11 为发射点位置不同的两张共发射点的反射剖面。由图 16 - 11 可知，除直达波外，在 0.2 μs 处附近有一组反射波同相轴，这就是侧巷的反映。

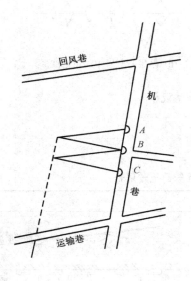

图 16 - 8　采煤工作面平面图

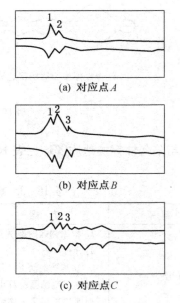

(a) 对应点 A

(b) 对应点 B

(c) 对应点 C

图 16 - 9　雷达回波图

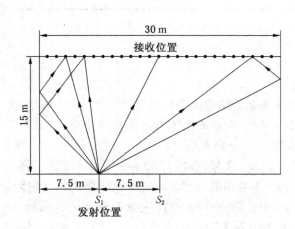

图 16 - 10　侧巷探测平面图

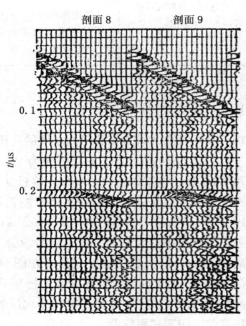

图 16 - 11　侧巷探测共深度
点反射剖面

重力、磁法、放射性勘探及
遥 感 地 质

17 重 力 勘 探

17.1 术语定义

重力勘探 gravity prospecting 利用重力仪对地质体的重力场和重力异常进行探测，以确定某地质体的性质、空间位置、大小和形状的勘探方法。

煤炭重力勘探 coal gravity prospecting 根据岩石、煤等的密度差异所引起的重力场局部变化，圈定含煤岩系分布范围，研究地质构造等问题的物探方法。

17.2 基本原理

重力勘探是以探测对象与其周围（矿）石之间的密度差异为基础，通过观测和研究重力场的变化规律，查明地质构造，寻找矿产（藏）及探测地物的一种物探方法。它主要用于探查含油气远景区中的地质构造、盐丘及圈定煤田盆地；研究区域地质构造和深部地质构造；在工程建设中研究浮土下基岩起伏及有无空洞等。

地球重力是地球质量在观测点上的引力与地球自转所产生的离心力之合力。实质上，重力观测就是对重力加速度值的测定。测定方法有绝对值测量和相对值测量两种。相对重力测量是重力勘探的主要方法。

地球上的任何物体都受两种力的作用：地球引力和由于地球自转而产生的离心力。所谓重力，就是这两种力的合力。

宇宙中任何物体之间都存在吸引力——万有引力。假设有两个质点 m_1 和 m_2，它们之间的距离为 r，质点之间的引力为 F，则 F 的大小与质点质量的乘积成正比，与距离的平方成反比，用公式表示为

$$F = f\frac{m_1 m_2}{r^2} \quad (f \text{ 为万有引力常数}) \qquad (17-1)$$

假设地球表面有一物体 A（图 17-1），F 为地球对它的引力，C 为地球自转对它的惯性离心力，G 为两个力的向量和，即重力，用公式表示为

$$G = F + C \qquad (17-2)$$

由于引力比离心力大得多，所以它们的合力方向仍可以看作大致指向地心，因此引力的变化是引起重力变化的主要原因。

地球周围空间到处有重力作用，凡存在地球重力作用的空间，均称为重力场。它是引力场和惯性离心力场的合成场。原则上可用同一个物体在重力场不同位置处所受的重力来衡量重力场的强弱。但

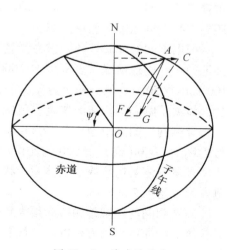

图 17-1 地球的重力

因为重力与物体质量大小有关，为了研究重力场本身的变化，规定一个单位质量的物体在空间某一点所受的重力作为重力场强弱的衡量标准，并称为该点的重力场强度。

当物体受重力作用自由下落时，将产生加速度，这个加速度叫作重力加速度，用 g 表示。根据牛顿第二定律，它与重力之间的关系为

$$G = mg \tag{17-3}$$

式中，m 是物体的质量；g 是重力加速度。若令上式中的 $m = 1$，则 $G = g$；或者以 m 除该式的两端，则得

$$g = \frac{G}{m} \tag{17-4}$$

因此，重力加速度在数值上等于单位质量所受的重力，其方向也与重力相同。由于重力 G 与试探质量 m 有关，不易反映客观的重力变化，所以在重力测量学及重力勘探中，总是研究重力场强度或重力加速度 g。在重力勘探中常用重力二字代表重力场强度或重力加速度。地质勘探中常用重力加速度的单位为伽、毫伽、微伽，1 伽 $= 10^{-2}$ m/s^2。

17.3　工作方法与技术

17.3.1　重力仪

重力仪是测量重力的仪器，种类很多。按弹性系统使用的材料来区分，常用的重力仪主要有金属弹簧重力仪和石英弹簧重力仪。它们的工作原理基本相同，都是通过测定某种静力平衡体系在重力作用改变时产生的位移来确定重力的相对变化。石英弹簧重力仪是地面重力测量常用的仪器，金属弹簧重力仪不仅可用于地面测量，而且可用于海洋测量。

重力仪是一种高精度、高灵敏度的仪器，因此在野外工作中要严格遵守操作规程，严禁剧烈震动、撞击等情况的发生。由于重力仪本身弹性系统的弹性疲劳，温度补偿不完全及日变等因素的影响，会使读数的零点随时间发生变化。因此在观测一段时间后，必须回到基点观测一次，以便进行零点位移改正。

17.3.2　测网的布置及野外观测方法

重力勘探的野外工作方法同其他物探一样，必须首先布置测网，并选择基点。然后在布置好的测网上逐点进行观测。同时需要有测区附近详细的地形图。在大比例尺的详测中还要进行大量的地形测量工作。

根据不同的地质任务，重力测量可分为预查、普查、详查和精测。预查的任务是了解某地的大地构造情况，多采用 1∶1000000 或 1∶500000 的小比例尺布置测网。测点大约每 100 km^2 或 50 km^2 的面积上分布一个，呈均匀分布。普查用于了解区域构造特征，划分大的岩体或了解局部构造的位置、范围及产状等，一般采用 1∶200000 或 1∶100000 的比例尺布置测网，测点距为 0.5 ~ 2 km 不等。详查用来了解构造形态及地质体的分布状况，一般采用 1∶50000 或 1∶10000 的比例尺进行工作，要求测量在严格的点线网上进行。精测为了具体查清某构造或地质体的产状及赋存情况等，一般采用 1∶500 ~ 1∶5000 的比例尺，测点距可密到 2 m × 5 m。

布置测网的原则是测线必须大致垂直构造走向或地质体长轴方向，对于近似等轴状的异常体的勘探可采用方格网。一般要求要有 2 ~ 3 条测线，每条测线要有 3 ~ 5 个点通过异常。

17.3.3　观测结果的整理

重力测量在测区内沿测线逐点进行。工作比例尺及测线间距和测点间距取决于地质任务和重力异常范围的大小。取得各测点的重力值后，还不能立即进行地质解释，因为仪器在地表观测时，还有许多与地质无关的干扰因素必须从资料中消除（图 17－2）。为了获得由于地质密度不均匀体引起的重力异常，必须对实测重力值进行各种改正。

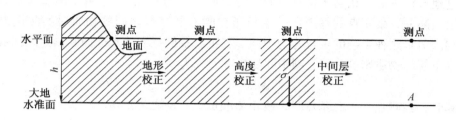

图 17－2　各种校正的示意图

1. 纬度校正

由于正常重力值是纬度的函数，当测点与总基点纬度不同时，重力差值中包含有纬度影响，消除这种影响，称为纬度校正，也称为正常场校正。当纬度变化不大时，由正常重力公式的微分可得下式：

$$\Delta g_L = \pm 8.14 D \sin 2\varphi \qquad (17-5)$$

式中，φ 为测区平均纬度；D 为测点与总基点纬向距离，单位为 km；Δg_L 为纬度影响值。

使用上式进行纬度改正时，在北半球，当测点在总基点北面时，纬度影响为正值；当测点在总基点南面时，纬度影响为负值，改正值取反号即可。在大区域重力测量中，可直接利用各测点纬度，由正常重力公式算出纬度影响值进行改正。

2. 地形校正

由于地形起伏使观测点周围的物质不处于同一平面上，因此首先需要把观测点周围的物质影响消除掉，即把测点平面以上的物质除去，并把测点平面以下的空缺填补起来，这项工作叫作地形改正。不论是测点平面以上的物质，还是测点平面以下的空缺，都会使重力观测值变小，故地形改正值总为正值。然而，当考虑到大范围水准面弯曲以及海洋重力数据整理时，地形校正值有正有负。目前进行地形校正的方法较多，但原理都一样，一般均采用下述近似积分的方法：将以测点为中心的四周地形分割成许多小块，计算出每一小块地形质量对测点的重力值，然后累加求和便得到该点的地形影响值。根据测点周围地形分块的形状，地形校正方法分为扇形分区法及方形域法。前者是一种利用地形校正量板进行手算的方法，现在很少使用；后者是正在使用的采用计算机的快速算法。

3. 高度校正

经过地形校正和中间层校正后，测点相对基点而言仍存在高度差，消除这个高度影响，称为自由空间校正或高度校正。测点经过高度校正，就可以把它投影到基准面上。高度校正公式为

$$\Delta g_H = 3.086 h (1 + 0.0007 \cos\varphi) - 7.2 \times 10^{-7} h^2 \qquad (17-6)$$

式中 Δg_H——高度校正值；

$\quad\quad h$——校正高度，m。

当测区范围小且高差不大时，可取 $\Delta g_H = 3.086h$。

若测点高于基点，改正值为正值，反之为负值。

4. 中间层校正

经过地形校正后，相当于将测点周围的地形"夷为平地"。但由于测点和基点之间还存在一定的高差，故测点到基准点（基点所在的水平面）之间的物质对实测重力值亦会产生影响。消除这种影响的工作称为中间层校正。我们把大地水准面和测点之间看成厚度为 h 的水平层，物质密度为 σ，则中间层校正公式为

$$\Delta g_z = 0.419\sigma h \tag{17-7}$$

计算时，当测点高于总基点时，改正值取负值，反之为正值。

在重力勘探中，把高度校正和中间层校正合起来进行，称为布格校正，校正公式为

$$\Delta g_B = (3.086 - 0.419\sigma)h \tag{17-8}$$

经过上述各种校正后，剩下的重力异常才是由于地下密度分布不均的地质因素产生的重力异常，这种异常称为布格重力异常。

17.4 数据处理与资料解释

重力资料的数据处理就是利用计算机对重力异常数据进行有关的数学计算和图像处理，以得到用于进一步深化重力解释的异常资料。

由于室内进行的各项校正中误差的影响，由野外实测所获得的观测数据得到的异常不可能如理论曲线那样光滑；更重要的是，实测异常往往是由浅到深多种地质因素引起的叠加异常。因此，必须对实测重力异常进行数据处理，其具体目的如下：

（1）消除因重力测量和对测量结果进行各项校正所引进的一些偶然误差，或与勘探目标无关的某些近地表小型密度不均匀体的干扰。

（2）从叠加异常中分离出由勘探目标引起的异常。

（3）把实测重力异常转换成其他的位场要素，以满足重力解释，即解重力反问题的需要。重力异常转换也用于异常分离。

17.4.1 重力异常的平滑

重力异常的平滑处理是为了消除异常数据中由观测引起的偶然误差以及由地表附近密度分布不均匀引起的杂乱无章的重力效应，以得到有意义的地质体引起的异常。

17.4.1.1 剖面异常的平滑法

1. 徒手平滑法

徒手平滑法是依据重力异常在剖面上的变化具有一定的连续、渐变的规律（这也是重力异常所具有的特点），徒手去掉某些明显的突变点。该做法要求平滑前后各点重力异常值的偏差，不应超过实测异常的均方误差，即被平滑掉的只应该是误差。

2. 最小二乘平滑法

最小二乘平滑法包括线性平滑法和二次曲线平滑法。

（1）线性平滑公式：

$$\overline{g}_i(0) = \frac{1}{2m+1}\sum_{i=-m}^{m} g_i \qquad (17-9)$$

某一点的平滑值是在剖面上以该点为中心取奇数点的算术平均值。当 $m = \pm1$ 时，得三点平滑公式为

$$\overline{g}(0) = \frac{1}{3}[g(-1) + g(0) + g(1)] \qquad (17-10)$$

同理可得 5 点、7 点、9 点平滑公式。

（2）二次曲线平滑公式：包括五点和七点平滑公式。

五点平滑公式为

$$\overline{g}(0) = \frac{1}{35}\{17g(0) + 12[g(-1) + g(1)] - 3[g(2)] + g(-2)\} \qquad (17-11)$$

七点平滑公式为

$$\overline{g}(0) = \frac{1}{21}\{7g(0) + 6[g(-1) + g(1)] + 3[g(2) + g(-2)] - 2[g(3) + g(-3)]\}$$

$$(17-12)$$

17.4.1.2　平面异常的平滑法

平面异常的平滑法是根据测区内某一小面积范围已知重力异常值的变化趋势，建立一个拟合多项式。某一点的平滑值可用拟合值代替。由于拟合多项式含两个变量，所以该多项式代表各种曲面。

1. 线性平滑公式

在重力异常平面图的一定范围内，若异常形态呈简单线性变化，某点 (x, y) 的异常值可用下列方程拟合：

$$\overline{g}(x, y) = a_0 + a_1 x + a_2 y \qquad (17-13)$$

式中，a_0、a_1、a_2 为待定系数，同样利用最小二乘法来确定。

下面给出五点和七点平滑公式。

五点平滑公式为

$$\overline{g}(0, 0) = \frac{1}{5}[g(0, 0) + g(1, 0) + g(-1, 0) + g(0, -1) + g(0, 1)]$$

$$(17-14)$$

九点平滑公式为

$$\overline{g}(0, 0) = \frac{1}{9}[g(0, 0) + g(2, 0) + g(1, 0) + g(0, 1) + g(0, 2) + g(-2, 0) +$$
$$g(-1, 0) + g(0, -2) + g(0, -1)] \qquad (17-15)$$

2. 二次曲面平滑公式

若重力异常的分布在一定范围内可以用二次曲面拟合时，则平滑后的异常值 $g(x, y)$ 可用下列方程表示：

$$\overline{g}(x, y) = a_0 + a_1 x + a_2 y + a_3 x^2 + a_4 xy + a_5 y^2 \qquad (17-16)$$

对于不同阶次、不同点数的平滑公式，其平滑效果有以下特点：

（1）点数一定，阶次越低，结果越平滑。

（2）阶次一定，点数越多，结果越平滑。

（3）不同阶次和不同点数的结合，有时可能得到相似的平滑效果。

17.4.2　重力异常的识别和划分

重力异常可分为区域异常和局部异常两部分。区域异常反映的是深而大的地质体，其特点是：分布范围大，变化平稳，有明显的规律性。局部异常则反映的是浅而小的地质体，其特点是异常范围小，梯度大，变化比较明显。在进行地质解释，尤其是进行定量解释之前，需对叠加异常进行处理，划分出区域异常和局部异常。其常用方法如下。

（1）图解法。图解法是一种传统的手工方法，分为平行直线法和平滑曲线法两种。平行直线法适用于区域重力异常沿水平方向呈线性变化的地区；平滑曲线法适用于区域重力异常等值线不能用平行直线而只能用曲线表示的情形。

（2）平均场法。在一定剖面或平面范围内的区域异常可视为线性变化，因而该范围的重力异常平均值可作为其中心点处的区域异常值；平均异常时所选用的范围应大于局部异常时所选用的范围，包括偏差法、圆周法、网络法等。

（3）多项式拟合法、趋势分析法。

17.4.3　位场的转换

位场的转换主要是为了便于反问题的处理，主要内容包括：

（1）由观测平面上的重力观测值换算同一平面上的重力异常二阶、三阶偏导数（V_{xz}、V_{zz}、V_{zz}^2）等各阶系数，即重力异常的导数换算。

（2）由观测平面上的重力观测值换算异常源以外任意点上的 Δg、V_{xz}、V_{zz}、V_{zz}^2 等，即重力异常的解析延拓。

17.4.4　重力勘探数据的反演方法

解反演问题，是重力勘探工作特别是资料处理解释中的主要环节之一。反演前必须对叠加异常进行认真分析，并设法提取与勘探目标有关的重力异常，这样才可能对引起异常的地质体做出定量解释。

1. 直接法

直接利用由反演目标引起的局部异常，通过某种积分运算和函数关系，求得与异常分布有关地质体的某些参量。例如，三度体剩余量、重心坐标的估计或二度体横截面积、重心坐标的估计。该方法还只是一种地质体参量的粗略估计，解决问题的范围还很有限。

2. 选择法

根据实测重力异常在剖面或平面的分布和变化的基本特征，结合工作区的地质和其他地球物理、物性等资料，给出引起异常的地质体模型，然后进行正演计算；将计算的理论异常与实测异常进行对比，当两者在允许的误差范围内时，则所给出的地质体模型即为所求的解。

3. 解析法

解析法是一种根据异常曲线上的一些点或特征点的异常值及相应的坐标求取场源体的几何或物性参数的方法。该方法仅适用于剩余密度为常数的几何形体。该方法将计算重力异常及其导数的解析式中自变量与因变量的函数关系反过来，即将异常值和相应的测点点位作为已知量，而将该异常体的产状要素和剩余密度作为未知量，并把异常体参数与异常值、点位的关系表示为显函数形式。地质体的 Δg、V_{xz}、V_{zz}、V_{zz}^2 是其产状要素、剩余质量及观测点坐标的函数。反之，如果把地质体的产状要素或剩余质量等表示成重力异常及观测点坐标的函数，则当这些地质体产生的 Δg 已知时，便可以根据这种函数关系求出地质体的产状要素及剩余质量等参数。计算方法包括 Δg 异常曲线求解和 V_{xz}、V_{zz}、V_{zz}^2 曲线求解。

4. 切线法

利用异常曲线特征点的切线，用图解法求取物体顶部的近似埋藏深度。

5. 密度分界面的反演

根据实测的重力异常确定地下密度分界面的起伏，对于研究地质构造十分重要。要使这一工作取得良好效果，必须具备以下条件：

（1）用来进行反演计算的重力异常是由密度界面起伏所引起的。

（2）界面上下物质层的密度分布比较均匀，且已知它们的密度差。

（3）在工作区内至少有一个或几个点的界面深度已知，求解密度界面的方法有：线性公式求解法、二级近似公式求解法、压缩质面法等。

6. 浅层应力场反演

以弹性力学平衡方程为理论基础推导出计算地壳浅层应力场的计算公式，并利用地表实测重力资料来反演浅部应力场，以此来探讨一些地质体的力学机理和稳定性趋势。

17.5 重力异常的地质解释

重力异常的地质解释可分为定性解释和定量解释。定性解释是根据重力异常基本特征和已知的地质、其他地球物理资料，对引起重力异常的地质原因做出判断。定量解释的目的是根据重力异常的特征计算出地质体的体积、埋深及产状要素等。为保证资料完整、可靠和便于解释，在解释前应分析以下条件和因素。

（1）分析与检查用于解释的基础资料是否满足在允许的误差范围内按需要的详细程度测得所研究地质因素产生的异常。这是能否取得好的地质效果的前提条件。

（2）要研究和分析在一个工区内，不同研究对象引起的重力异常之间，以及研究对象与非研究对象（或干扰因素）所引起的重力异常之间，是否具有反映其特征的差异。如果存在这种差异，应有目的地选用相应的数据处理方法区分异常区，同时消除或压制干扰体产生的异常，获得有效异常，以利于做出正确的地质判断。

（3）充分利用工作区的已知地质条件，如地层及岩石的种类、构造产状等，以使反问题的解尽量符合客观要求。

（4）鉴于重力异常的复杂性，各种数据处理及解释方法又都有自身的局限性，因此应针对解释的具体地质任务和条件选用相应的方法，并通过试验确定有关的参数，从中选取效果最佳的解释方法。

（5）充分利用钻井资料，从中收集各种地层的准确厚度和各种岩石的物理性质，以便获取解释异常所需的重要资料。

（6）各种地球物理资料可以对重力异常的解释起补充和旁证的作用，应充分利用。

定量解释通常在定性解释的基础上进行，其结果又往往可以补充解释的结果。它们之间无严格的界限，二者相辅相成。

17.6 应用实例

重力勘探是借助于地下地质构造或地质体在地面引起的重力异常而间接地了解它们的

构造形态或地质体形态，以及它们的分布范围、深度的勘探手段。相对来说，重力勘探具有经济、勘探深度大，以及快速获得面积上信息的优点，因而获得了比较广泛的应用。

【实例1】山西屯留井田3号陷落柱探测。

陕西省沁水煤田潞安矿区屯留井田煤炭资源的开发是国家"八五"重点项目，该井田首采区已经过钻探等多种手段的勘探，但对综采来讲仍然存在精度不足的问题。根据3号陷落柱的规模和特点，采用南北三条线、东西四条线的方形网格观测，其中线距50 m、点距10 m。从布格重力异常图上看，由破碎带形成的低异常等值线圈闭合非常明显，经回归分析，得到陷落柱在奥灰顶界面上的形态大致为椭圆状。其中长轴呈 NNW 向，长约275 m；短轴呈东西向，长约200 m，3号陷落柱重力布格异常平面如图17-3所示。

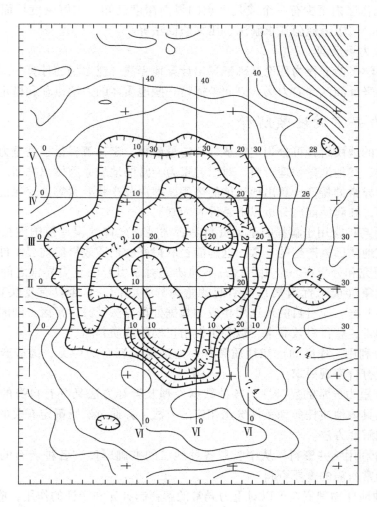

图17-3 3号陷落柱重力布格异常平面图

【实例2】重力勘探在溶岩地区的塌陷探测。

某公司拟在广东省韶关市南区新建职工住宅3栋，拟建场地为第四系沉积物覆盖，地形平坦，根据钻孔揭露下伏基岩为中厚层灰岩。楼房施工前，按设计部门的要求，曾做过孔距较大的钻探工作，未发现隐伏溶洞。其中 ZK1 钻孔钻探结果是：0～6 m 为第四系沉积物（黏土），6～7 m 为完整灰岩。然后，进行楼房基础开挖工作，开挖深度为 2～3 m。一场大雨过后，在拟建 2 号楼区内出现多处岩溶塌陷，在楼房基础底板插钎 6～7 m 深才试探到塌陷底部，地表水经塌坑流入地下。为了查明隐伏土洞的发育情况，进行了补充勘探工作，投入的物探方法有重力测量和浅层地震勘探。根据已有地物的分布情况，工区内布置了 3 条重力剖面和两条地震剖面，重力点距为 2 m。考虑到已有地物对重力垂直梯度测量的干扰，区内仅做了地面高精度重力相对测量。采用国产科研样机微伽级石英弹簧重力仪进行单程实测工作。测点高程采用 NAKO 自动安平水准仪按四等水准施测。由图17－4 可知，区内共发现两个重力低异常 G_1 和 G_2，G_2 异常范围较小，幅度不大（约为 $-13\mu G_{a1}$），推断为浮土层中浅埋较小规模的不均匀体产生。G_1 异常是叠加在重力高区域背景值上的局部重力低异常，其异常范围较大，幅值约为 $-25\mu G_{a1}$。根据异常特征推断 G_1 异常由土岩界面附近的岩溶地质体所致，异常中心在 50/Ⅱ，浅层地震勘探也在该点出现了振幅异常。已经出露的塌坑空间位置只是土洞上部的空腔位置，其深部应向 50/Ⅱ号测点斜向延伸，如图 17－4 所示。

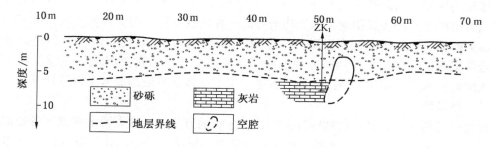

图 17－4 测线物探地质综合剖面图

18　磁　法　勘　探

18.1　术语定义

磁法勘探 magnetic prospecting　探测地下岩体磁异常以查明地质情况的方法。

煤炭磁法勘探 coal magnetic prospecting　根据岩石、矿体等的磁性差异所引起的磁场局部变化，圈定含煤岩系、岩浆岩、煤层燃烧带等的分布范围，研究地质构造及结晶基底起伏等问题的物探方法。

18.2　磁法勘探的基本概念

磁法勘探是利用地壳内各种岩（矿）石间的磁性差异所引起的磁场变化（磁异常）来寻找有用矿产资源和查明地下地质构造等的一种物探方法。按其观测空间位置不同，可分为地面磁测、航空磁测及海洋磁测。过去磁法勘探多用来研究大地构造和寻找磁性矿体，近年来磁法勘探在矿井地质方面的应用越来越广泛，如在探测地下热源、含水破碎带、火成岩侵入区、煤层火烧区、地下管道、地下电缆等方面均取得了良好效果。

18.2.1　地磁场

在地球任何一处，悬挂的磁针都会停止在一定的方位上，这说明地球表面各处都有存在磁场，这个磁场称为地磁场。地磁场在地球表面的分布是有规律的，它相当于一个位于地心的磁偶极子的磁场，S 极位于地理北极附近，N 极位于地理南极附近，地磁轴和地理轴有一偏角。

1.　地磁要素

为了研究空间某点的地磁场强度，通常选用直角坐标系统，其原点 O 选在观测点上，XOY 平面为水平面，X 轴指向地理北方、Y 轴指向地理东方、Z 轴垂直向下。地磁场坐标系统如图 18 – 1 所示。

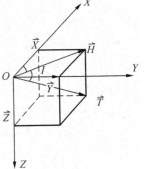

图 18 – 1　地磁场坐标系统

地磁场强度一般用 T 表示，它在 X、Y、Z 三个轴上的投影分别为北分量 X、东分量 Y、垂直分量 Z。T 在 XOY 平面上的投影称为水平分量 H，其方向指向磁北。地磁场各分量的方向与坐标轴方向一致时取正值，反之取负值。H 与 X 轴的夹角称为磁偏角 D，当 H 偏东时，D 取正值，反之取负值。H 与 T 的夹角称为磁倾角 I，T 下倾时 I 取正值，反之取负值。

上述 X、Y、Z、H、T、D、I 各量统称为地磁要素，它们之间的关系如下：

$$X = H\cos D$$

$$Y = H\sin D$$

$$Z = T\sin I = H\operatorname{tg}I$$

$$H = T\cos I$$
$$T^2 = H^2 + Z^2 = X^2 + Y^2 + Z^2$$

分析这些关系可知，地磁要素中有各自独立的三组：I、D、H；X、Y、Z；H、Z、D。如果知道其中一组，即可求得其他各要素。在地磁绝对测量中通常测 I、D、H 三个要素。磁法勘探一般都是相对测量，地面磁测主要测 Z 的变化，有时也测 H 和 T；航空磁测主要测定 T 的变化。

磁场强度的单位，在国际单位制中为特斯拉（T），在磁法勘探中常用它的 $1/10^9$ 为单位，称为纳特（nT），即

$$1nT = 10^{-9}T$$

过去习惯使用 CGSM 单位制中的伽马（γ），其与国际单位制的换算关系为

$$l\gamma = lnT$$

2. 地磁场的分布规律

根据各地的地磁绝对测量结果，可以绘制出地球表面各地磁要素的等值线图。在世界地磁图上反映的地磁场分布规律为：两极处，$Z = T = \pm 60000 \sim 70000$ nT，$H = 0$，$I = \pm 90°$；赤道处，$H = T = 30000 \sim 40000$ nT，$Z = 0$，$I = 0°$；在北半球，Z、I 为正值，且自南向北逐渐增加，H 自南向北逐渐减少，方向指向磁北，T 向下倾；在南半球，Z、I 为负值，且自南向北绝对值减少，H 自南向北增加，方向仍指向磁北，T 向上倾。

我国境内，Z、H、I 自南向北的变化范围为：Z，$-10000 \sim 56000$ nT；H，$40000 \sim 21000$ nT；I，$-10° \sim 70°$。D 在我国东部和中部为负值，在西部为正值，其变化范围为 $-11° \sim 5°$。

地磁台长期观测结果表明，地磁场是随时间变化的，既有日变、月变、年变、长期等周期性变化，也有磁扰、磁暴等短时间非周期性变化。

18. 2. 2　磁异常

在磁法勘探中，实测磁场总是由正常磁场和磁异常两部分组成。其中正常磁场由地磁场的偶极子场和非偶极子场（大陆磁场）组成。而磁异常则是地下岩、矿体或地质构造受地磁场磁化后，在其周围空间形成并叠加在地磁场上的次生磁场。其中含分布范围较大的深部磁性岩层或构造引起的部分，称为区域异常；而由分布范围较小的浅部岩、矿体或地质构造引起的部分，称为局部异常。

例如，实测磁场为 T，正常磁场为 T_0，则磁异常 T_a 可表示为

$$T_a = T - T_0$$

在航空磁测中，大多数测量地磁场总强度 T 和正常磁场强度 T_0 的模数差 ΔT 为

$$\Delta T = |T| - |T_0|$$

在地面磁测中，在 20 世纪六七十年代，主要测量磁场的垂直分量变化值 Z_a，称为垂直磁异常，即

$$Z_a = Z - Z_0$$

式中，Z 为实测垂直磁场强度，Z_0 为正常垂直磁场强度。80 年代以后，随着质子磁力和光泵磁力仪的普及，大多数是测量地磁场总强度，计算方式与航测相同。

18. 2. 3　岩（矿）石的磁性

自然界中的各种岩石具有不同的磁性，即使同种岩石由于矿物成分、结构特点不同，

其磁性也不相同。岩石之间的磁性差异是磁法勘探的物理基础。

岩石的磁性用磁化率和磁化强度表示。磁化强度 M 表示单位面积所具有的磁矩；岩石的磁化强度分为两部分，即

$$M = M_i + M_r$$

式中，M_i 为感应磁化强度，表示各种岩石在现代地磁场的磁化下所具有的磁性，M_i 主要取决于岩石的磁化率（κ）和地磁场强度（T），其关系式为

$$M_i = \kappa T$$

M_r 为剩余磁化强度，表示各种岩石在地质历史条件下被古地磁场磁化所保留下来的磁性。M_r 基本上不受现代磁场的影响而保持着其固有的数值和方向。古地磁学研究证明，几乎所有的火成岩和大部分陆屑沉积岩都具有剩余磁化强度。

由上述可知，表示岩（矿）石磁性的参数主要有磁化率（κ）和剩余磁化强度（M_r）。表 18 – 1 中列出了各类岩（矿）石的磁性参数。

表 18 – 1　岩（矿）石的磁性参数

岩（矿）石类型	磁化率 κ（$10^{-7} SI$）	剩余磁化强度 M_r（10^{-3} A/m）
磁铁矿及钛磁铁矿	$10^3 \sim 10^4$	$10^1 \sim 10^4$
其他铁矿	$10^1 \sim 10^5$	$10^0 \sim 10^5$
超基性岩	$10^2 \sim 10^4$	$10^2 \sim 10^4$
基性岩	$10^1 \sim 10^4$	$10^0 \sim 10^4$
酸性岩	$10^1 \sim 10^3$	$10^0 \sim 10^4$
变质岩	$10^0 \sim 10^3$	$10^0 \sim 10^2$
沉积岩	$10^0 \sim 10^2$	$10^0 \sim 10^2$

由表 18 – 1 可知，火成岩磁性最强，沉积岩磁性最弱，变质岩介于二者之间，其磁性取决于原岩的磁性。火成岩中，由酸性到超基性，铁磁性矿物逐渐增加，磁性也由弱变强。

18.3　磁力仪和磁测工作方法

18.3.1　磁力仪

磁力仪的种类很多，大致可分为两大类，即机械式磁力仪和电磁式磁力仪。机械式磁力仪可分为刃口式和悬丝式两种，每种又可分为垂直磁力仪（测量磁场强度垂直分量）和水平磁力仪（测量磁场强度水平分量），主要用于地面磁测。目前电磁式磁力仪主要有：磁通门磁力仪、质子旋进磁力仪、光泵磁力仪和超导磁力仪等，主要用于航空磁测、海洋磁测和井中磁测。

1. 常用磁测仪器

目前国内常用的磁测仪器见表 18 – 2。

2. 磁力仪观测均方误差与一致性测定

表 18 - 2　高精度磁测常用仪器性能表

仪器型号	CZM - 2	IGS - 2MP - 4	G - 856AX	CZM - 21	CZCS - 90	NEVI	HC - 85	HC90
仪器原理	普通质子磁力仪	微机质子磁力仪	微机质子磁力仪	微机质子磁力仪	微机质子磁力仪	微机质子磁力仪	氦光泵磁力仪	氦光泵磁力梯度仪
所测参量	T	T、Th	T、Th	T	T、Z、H	T、Th	T	T、Th
测程/nT	32000 ~ 70000	20000 ~ 90000	20000 ~ 90000	32000 ~ 70000	32000 ~ 70000	20000 ~ 100000	32000 ~ 75000	20000 ~ 90000
分辨率/nT	1.0	0.1	0.1	0.1	0.1	0.1	0.01	0.001
容忍度/$(nT \cdot m^{-1})$	< 200	5000	5000	5000	5000	5000	20000	
记录容量	手抄	2000	5700	1000	1000	20000	2000	600 ~ 4200 任选
配谐情况	手动 24 挡	全量程自动配谐	全量程自动配谐	全量程自动配谐	全量程自动配谐	全量程自动仪	不需配谐	不需配谐
可达精度/nT	2 ~ 5	1	1	1	1	1	0.1	0.025
产品年代	20 世纪 80 年代初	20 世纪 80 年代中	20 世纪 80 年代初	20 世纪 80 年代末	20 世纪 80 年代末	20 世纪 90 年代	20 世纪 80 年代末	20 世纪 90 年代初

当对仪器观测误差与一致性进行测定时，要选择浅层干扰较少且无人文干扰场影响地区，并要求测线穿过十余纳特弱磁异常变化地区。在测线上布置 50 ~ 100 个测点，测点做好标记，使参与生产的各台磁力仪（含备用磁力仪）都在这些测点上做往返观测，将观测值进行日变改正后按下式计算每台仪器的观测均方误差。

$$\varepsilon = \pm \sqrt{\frac{\sum_{i=1}^{i=n} \delta_i^2}{2n}}$$

式中　δ_i——第 i 点的原始观测与检查观测之差；

　　　n——检查点数，$i = 1, 2, \cdots, n$。

总观测误差不超过设计总误差的 1/2 时，可以参加一致性计算，最终按下式计算一致性均方差：

$$M = \pm \sqrt{\frac{\sum_{i=1}^{m} V_i^2}{m - n}}$$

式中　V_i——第 i 个观测值与该点的全部观测值的平均值之差；

　　　m——各点、各仪器的总的观测次数；

　　　n——剖面上的总数。

当 m 小于设计均方误差的一半时，则满足要求。一致性校验不合格的仪器不能使用。

磁力测量分为绝对测量和相对测量。绝对测量一般多用于正常场的测量，磁法勘探主要采用相对测量，单位是 nT（纳特）。

18.3.2 磁测工作方法

1. 测点、比例尺和测网的确定

磁法勘探一般分为普查、详查和精测 3 种。测区范围应根据任务要求和工区地质、矿产及以往物化探工作等情况合理确定。尽量使磁测结果轮廓完整规则，并尽可能包括地质、物探工作过的地段，周围有一定面积的正常场背景，以利于数据处理与解释推断。测网密度由工作比例尺决定。基础地质调查的磁测工作比例尺，应等于相应地质工作比例尺或较大一级比例尺。其线距大体为该工作比例尺图上 1 cm 所代表的长度，点距可以根据需要选定，一般为线距的 $1/10 \sim 1/2$。普查性磁测工作的线距不大于最小探测对象的长度，点距应保证至少有 3 个测点能反映有意义的最小异常。详查或勘探性磁测工作，应有 5 条测线通过主要磁异常或所要研究的地质体，点距应满足反映异常特征的细节及解释推断的需要，尽可能密一些。测线应垂直于测区内总的走向或主要探测对象的走向，必要时可在同一测区内布置不同方向的测线。野外工作一般采用两人一个台组，在布置好的测网上逐点进行观测。每天在出工和收工时要进行基点测量，以便进行各个校正。

2. 磁测精度的确定

磁测精度一般用均方误差来衡量，我国磁测工作采取三级精度标准：高精度，均方误差 $\leqslant 5$ nT；中精度，均方误差为 $5 \sim 15$ nT；低精度，均方误差可大于 15 nT。其中均方误差小于 2 nT 的高精度磁测，定为特高精度磁测。一个工区的磁测精度，通常都是通过系统重复观测确定的，在非异常区计算均方误差，异常区和磁场梯度大的地区采用平均相对误差。在矿井地质工作中开展磁测工作，一般要求精度应在中等精度以上。

18.3.3 航空磁测工作方法

在航空磁测中，磁力仪装在飞机上，多测量 ΔT 值，仪器是连续自动记录的。飞行高度、测网密度依工作比例尺不同而定。飞行时首先按基线飞行，然后进入测线飞行。

测量结果要进行各项校正（日变校正、零点位移校正、纬度校正、偏向校正、零线位置校正等），最后绘制成各种比例尺的 ΔT 剖面平面图和等值线平面图。

18.4 磁测数据的处理与解释

18.4.1 磁测数据的整理及图示

利用磁力仪进行地面测量，其结果反映磁场的相对变化，即各测点的读数相对于基点的读数差。在强磁区工作时，只要算出测点相对于基点的磁场增量就可以认为是测点的异常值。在弱磁区工作时或精密磁测时，还要对观测结果进行一些改正，以消除干扰因素所造成的影响。

1. 观测数据的校正

一般校正项目有：①日变校正，目的是消除地磁场日变对观测的影响；②温度校正，目的是消除因温度变化引起磁力仪性能改变而使读数受到的影响；③零点校正，目的是消除因仪器性能不稳所产生的零点漂移。当磁测精度要求较低时，上述 3 项校正可一并考虑，采用"混合校正"。测区较大时，还要进行纬度校正。

　　最后将校正后的数据绘制成各种图件，如剖面图、剖面平面图、等值线平面图等，以供定性、定量解释时使用。

　　1）正常场（纬度）校正

　　正常地磁场随纬度呈现规律性变化，水平梯度为 2～3 nT/km。正常场（纬度）校正的目的就是消除正常场的影响。校正方法是应用最近时期的地磁图，确定工区正常场的水平梯度值，那么正常场水平梯度值乘以测点至基点的距离，就是相应测点的校正值。在北半球，测点在基点以北时正常地磁场 Z_0、T_0 的影响值是正值，所以校正值应为负值。测点在基点以南，校正值应为正值。

　　2）日变校正

　　日变校正就是消除地磁场随时间的变化。消除方法是在野外工作的同时，在基地进行日变曲线的测量。例如，测得日变曲线如图 18-2 所示，t_0 为起始时间，校正时，按照对应野外观测点的时间 t，在日变曲线上读取该时间的日变值 ΔZ，即为日变校正值。ΔZ 为正值，校正值为负值；反之校正值为正值。

　　3）温度校正

　　磁性体对温度的敏感性一般较大，磁力仪也一样，当外界气温变化时，会对磁秤读数有明显影响，因而要对它进行校正。校正方法是按照事先求出的仪器温度系数（一般是线性的）进行校正。

　　4）零点位移校正

　　由于磁力仪的扭丝有非弹性形变和其他一些原因使仪器的零位有移动。校正办法是对基点重复读数，将两次读数的差值，按时间分配到每一个测点上。

　　以上是对地面磁测观测数据的校正。对于航空磁测数据的校正，也要进行正常场校正、日变校正、零位移校正，此外还有偏向校正、高度校正，而且由于航空磁测是沿测线连续记录的，所以选择起算磁异常和检查仪器的零位，不是采用基点而是采用基线。

　　2. 磁异常的图示

　　野外实测数据经过有关整理、校正以后，可以得到相应的磁异常值。为了使磁异常特征一目了然，往往把磁异常值用图件形式直观表示出来。在生产中磁异常图件主要有磁异常剖面图、磁异常平面剖面图和磁异常平面图，其中以磁异常平面图最为常用。

　　磁异常剖面图是反映某一剖面（测线）磁异常变化形态的图件，如图 18-3 所示。

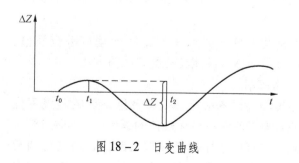

图 18-2　日变曲线

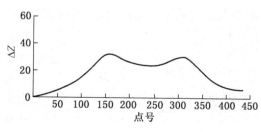

图 18-3　磁异常剖面图

磁异常平面图是反映异常平面变化特征的图件（图18-4）。若将各测线的磁异常剖面图依据线距大小拼绘在一起，就得到磁异常剖面平面图（图18-5）。

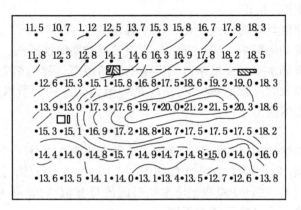

图18-4 磁异常平面图

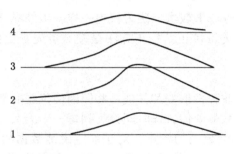

图18-5 磁异常剖面平面图

18.4.2 磁异常的数据处理

由于实测异常，经常是由不同空间位置、不同磁性体的磁异常叠加而成的，按照地质任务不同，其中有的是有用异常，而另一些是干扰异常。为了消除干扰异常，突出有用异常，对实测磁异常进行处理。当前采用的处理方法有数据网格化、光滑、解析延拓、滤波、高次导数法等。

1. 数据网格化

实践中，由于某些客观原因，在一些测点上不能实际测量，从而造成实测点分布不均匀。但是异常的处理要求数据均匀分布，因此必须由分布不规则的实测数据换算出规则网格节点上的数据，此过程即为数据网格化。

图18-6 含有误差和随机干扰的异常剖面

数据网格化的实质是对不规则的数据点进行插值。插值方法很多，但通常采用拉格朗日插值方法。

2. 磁异常圆滑

由于测量误差、各项校正误差及近地表的随机干扰等，常常使磁异常曲线呈现无规律的锯齿状，如图18-6所示。因此，在解释这样的磁异常之前，必须进行圆滑处理。圆滑处理方式较多，有徒手圆滑法、多次线性内插圆滑法、最小二乘圆滑法等。

3. 磁异常的相关分析

当磁异常分布没有规律时，如弱异常受到强干扰时，使得相邻剖面不能对比，这时可采用相关分析法来发现弱异常。

4. 磁异常的解析延拓

由水平面（水平线）上的观测异常计算出场源外部空间中的异常，称为磁异常的解析延拓。那么由地面实测的磁异常计算出地面以上任一平面的磁场称为向上延拓，反之计算出地面以下任一平面的磁场称为向下延拓。

向下延拓的主要作用是增大浅部异常的比例，而且向下延拓较向上延拓的误差大。

5. 磁异常的导数法

为了消除区域场，突出局部异常，在生产中常用导数法。导数法通常采用二次导数。利用求得的异常导数，可以消除或削弱背景场，确定异常体的边界。

6. 地形起伏的化直法

由于实际地形经常是起伏不平的，而对磁异常的解释都是按磁场在一个水平面上来讨论的，因而如果实测磁异常是在地形起伏的情况下观测的，就应将它换算成在一个水平面上观测到的，这种换算称为化直法。

18.4.3 磁异常的解释

磁异常的解释分为定性解释和定量解释。

1. 磁异常的定性解释

磁异常的解释步骤与思路和重力异常的解释步骤与思路相近。磁异常的形态与地质体的形状、磁性强弱、产状等的关系，可综合如下。

如果在等值线平面图上磁异常沿某一方向延伸较远，说明该磁性体为二度体，异常的长轴方向即磁性地质体的走向。当磁异常无明显走向时，说明磁性体可能为球、柱等二度体。磁性地质体的规模可根据异常范围大致确定。

在 Z_a 等值线平面图上，如果在正异常周围出现负异常，一般是有限延深的磁性地质体引起的；如果只在一侧出现负值，则是无限延深斜磁化地质体引起的，如果在正异常周围不出现负异常，则是顺层（轴）磁化无限延深的地质体。

磁异常的幅值与地质体的磁化强度成正比，且随地质体的体积增大而增加。当 Z_a 和 M 体积一定时，磁异常随地质体埋深的增大而减小，且曲线梯度小，异常范围加宽。

另外，根据磁异常等值线平面图还可以圈定地质体在地面的投影位置。当 Z_a 曲线对称时，高值带一般出现在磁性地质体正上方。当异常曲线不对称时，极大值对于地质体中心有偏移，这时地质体中心在地面的投影位于极大值和极小值之间。

2. 磁异常的定量解释

1）特征点法

该法主要用于简单形体求解。

对于无限延深顺轴磁化的柱体（单极），可以用下式求顶面埋深 h：

$$x_{1/2} = 0.766h$$

式中，$x_{1/2}$ 为原点（极大值点）到半极值点的距离。

无限延深顺层磁化的板状体顶板埋深 h 为

$$h = x_{1/2}$$

水平圆柱（偶极线）中心埋深 h 为

$$h = x_0$$

式中，x_0 为极大值点到 Z_a 曲线零值点的距离。

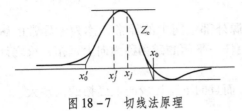

图 18-7　切线法原理

2）切线法

切线法是一种近似的经验方法。其特点是方法精度不高但快速。具体做法是通过曲线极大值、极小值及曲线两翼拐点分别做 5 条切线，如图 18-7 所示。利用拐点切线与极值点切线交点的横坐标来求埋深 h，其关系式为

$$h = \frac{1}{2}\left[\frac{1}{2}(x_0 - x_j) + \frac{1}{2}(x'_0 - x'_j) \right]$$

式中，x_j、x'_j 为极大值点切线与拐点切线交点的横坐标；x'_0、x_0 分别为两个极小值点切线与拐点切线交点的横坐标。

3）选择法

该法也称为理论曲线与实测曲线对比法。它根据实测曲线和地质资料分析，初步确定地下磁性体的产状、体积及埋深，然后利用理论公式计算出其异常曲线，并用此理论曲线与实测曲线对比，如果两曲线基本特征一致，说明原确定的磁性体参数符合实际情况；若差别较大，需要进一步修改有关参数，再计算理论曲线，再对比，以逐步接近实测曲线，直至两曲线吻合为止。此时假定的各参数即为实测磁性体参数。具体计算方法多采用量板法或计算机处理。

18.5　磁法勘探的应用

18.5.1　利用磁异常确定断裂构造

不同级别的断裂往往是不同级别构造单元的分界线。利用磁法勘探确定断裂是有效的。

在磁异常中，断裂的主要表现形式为：

（1）磁异常的密集带或正负异常的突变带。

（2）磁场分布性质的突变带或异常走向的突变带。

（3）串珠状、带状或雁行排列的异常带。

（4）异常强度和宽度发生变化。

（5）不同特征磁场区的分界线。

图 18-8 是利用磁异常推断断裂的例子。

由图 18-8 可以看出，其磁场为两种不同性质的磁异常，西北部磁异常较平缓，范围大；东南面磁异常数目多，较不平静。产生这一现象的原因可以认为是由于断层存在，两边岩石的埋藏深度不同，从而表现出两边磁异常的性质不同。

图 18-9 为等异常线突然转向和骤然散开，它表明由于断层存在，使岩石在断层两边有深度差和在水平方向有位移，从而引起异常走向突然转向和异常线突然变疏。

18.5.2　利用磁异常研究结晶基底岩性和基底起伏

在基底起伏较平缓且埋藏深度不大的条件下，结晶基底内岩性变化可以产生一定的磁

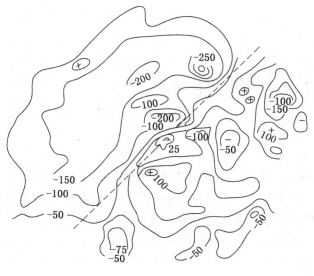

图 18-8　磁异常等值线图

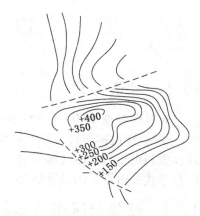

图 18-9　磁异常等值线图

异常，利用磁异常剖面曲线，可以推断地质断面图。

在地台区研究结晶基底起伏，可以推断沉积岩系的分布范围和厚度的变化情况，对划分构造单元、指出油气远景区均有重要意义。

此外，某些金属、非金属矿也与基底起伏有关。结晶基底与上覆沉积岩系通常为明显的密度和磁性界面，而且基底的磁性和密度比沉积岩的大。当基岩的磁性、密度较均匀时，重磁异常可以反映基底顶面的起伏。

大量资料表明，如果区域重力高，与变化剧烈、水平梯度较大的区域磁力低相对应，则该区的基底较浅；反之，如果区域重力低，与宽缓、平静的磁力高相对应，则该区的基底较深。

19 放 射 性 勘 探

19.1 术语定义

放射性勘探 radioactivity prospecting 借助于地壳内天然放射性元素衰变放出的 α、β、γ 射线穿过物质时，将产生游离、荧光等特殊的物理现象，人们根据放射性射线的物理性质利用专门仪器（如辐射仪、射气仪等），通过测量放射性元素的射线强度或射气浓度来寻找放射性矿床以及解决有关地质问题的一种物探方法。

19.2 核辐射探测的基本知识

19.2.1 放射性元素和核辐射现象

放射性是某些元素的特殊物理性质。这些元素的原子核能够自发地发生变化，由一个元素的原子核，变为另一个元素的原子核，在变化过程中伴随放出射线，这种现象称为核辐射现象，即放射现象，这些元素称为放射性元素。

放射性元素很多，可分为两类：一类是天然放射性元素，另一类是人工放射性元素。天然放射性元素天然地具有放射性，如铀、镭、锕、钍等。人工放射性元素必须经过人工核反应之后才显示出放射性现象。

19.2.2 射线与物质相互作用

天然放射性元素衰变过程中产生的射线，主要由 3 种不同种类的射线组成：α 射线、β 射线和 γ 射线，也可以分别叫作 α 粒子、β 粒子和 γ 光子。α 射线是带正电的氦原子核流；β 射线是带负电的电子流；γ 射线是波长极短的电磁波，即光子流。

1. α 射线及其与物质相互作用

α 射线是由 α 粒子束组成的。α 粒子是快速运动的氦核，质量约为质子的 4 倍，所带正电荷电量是电子的 2 倍。

α 粒子通过物质时，主要与原子的轨道电子相互作用，使物质电离或激发。带电的 α 粒子与束缚电子作弹性碰撞，或因静电作用力使束缚电子得到加速，离开轨道变成自由电子，叫作电离。若束缚电子获得的能量不够大，则不能变成自由电子，只是激发到更高能级上去，这是激发现象。

α 粒子的电离能力很强，但穿透物质的能力很弱，在空气中射程只有 3~10 cm，一张纸就可以挡住它，几毫米厚的塑料也可以挡住它。α 粒子运行的轨迹呈直线。

2. β 射线及其与物质相互作用

β 射线是由 β 粒子束组成的。β 粒子是带一个负电荷的高速运动电子，其速度接近光速。

β 粒子通过物质时，能产生电离、激发、弹性散射和韧致辐射等现象。弹性散射使 β 粒子运动方向发生变化，致使其实际运行的路程比穿透的射程要大几倍。韧致辐射是 β

粒子被物质阻止，速度突然降低，一部分动能以电磁波的形式辐射出去的效应。

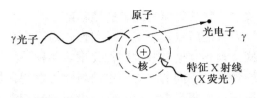

(a) 光电效应

β 粒子行走的轨迹不是直线，而是弯曲的折线。在空气中，其射程约为 1.2 m，在铝中其射程约为 0.6 cm。不到 1 cm 厚的岩层就把 β 射线全部吸收了。

3. γ射线及其与物质相互作用

γ射线是波长很短的电磁波，是一种光子，其传播速度为光速。

γ射线不带电，与物质相互作用不同于 α、β 等带电粒子的作用过程。γ射线通过物质时主要有 3 种过程，如图 19－1 所示。

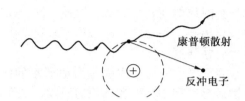

(b) 康普顿效应

1）光电效应

光子和原子碰撞，前者把全部能量交给一个轨道电子，使其脱离原子而运动，成为光电子，而光子本身被吸收，这一过程叫作光电效应。光电子具有一定的动能，类似 β粒子，可与物质作用产生许多次级效应。低能 γ射线通过原子序数大的物质时，发生光电效应的概率大；反之，概率下降。

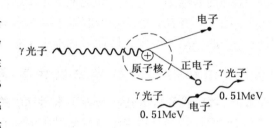

(c) 形成电子对效应

图 19－1　γ 射线与物质相互作用时的
3 种效应示意图

产生光电效应后的原子会处于激发状态，多余的能量会使外层电子从原子中逃出，称为俄歇电子；也可以使外层电子跃迁到内层，充填电子空缺，多余的能量以 X 射线释出。

2）康普顿效应

当 γ光子能量增加后，康普顿效应增强。在这一过程中，光子和原子中的一个电子作用，类似发生弹性碰撞。碰撞之后，光子将部分能量传给电子，电子即从原子中射出，并具有一定角度，叫作康普顿电子。入射光子能量减少后，则以另一角度散射出去。

3）形成电子对效应

当 γ光子能量大于 1.02 Mev 并作用于物质时，光子会在原子核旁转化成一个电子和一个正电子，形成电子对，而原来的 γ光子全部消失。之后，正电子能和电子结合，转化成光子，发生电子对的湮没。前一过程叫作形成电子对效应，后一现象叫作光化辐射。

天然放射性核素放出的 γ射线，能量有限，它与岩石作用时，主要发生康普顿效应，并与物质的原子序数成正比关系。

γ射线在空气中可以穿透数百米，在岩石中也有 1 m 左右的射程。

射线的穿透及电离能力与射线的能量有关，能量越高穿透能力和电离本领越强。射线的能量单位是电子伏特，用 "ev" 表示。一个电子伏特的能量表示一个电子通过电位差为 1 V 的电场所获得的能量。实际使用中常采用千电子伏特（kev）或百万电子伏特（Mev）作单位。

19.2.3 岩石和地表的天然核辐射

岩石之所以具有天然放射性，是因为其中含有镭、钍、锕、铀及其衰变产物，以及钾的同位素和其他某些放射性元素。各种不同岩性的岩石由于放射性元素含量不同，自然放射性强度是不同的。岩石中放射性元素的含量与岩石在形成时的物理化学条件有关。一般情况下，岩浆岩中放射性含量最高的是酸性岩，超基性岩的放射性最弱。在沉积岩中，放射性的强弱主要取决于岩石的泥质含量，泥质含量越高放射性越强，原因如下：①由于泥质颗粒吸附放射性元素的能力很强，同时泥质颗粒细，沉积时间长，有充分时间使铀从溶液中分离出来，并随之一起沉积下来；②由于在泥质沉积物中常含有较多的钾矿物从而使天然放射性强度增加。

地表土壤中放射性主要是由地下水的作用形成的。地下水将其中所溶解的放射性物质，搬运至有利于吸附和沉积的地段，从而形成放射性异常。很多情形下，上层土壤与地下水以毛细管相连，这样，在蒸发量大于降水量的季节，水分从地下沿毛细管渗透到表土层；水分沿着毛细管上升，并把地下水中所溶解的放射性及非放射性矿物的离子搬运到地表层；黏土具有较大的毛细管吸吮力，并具有作为离子交换剂的重要特性，经离子交换便使黏土中的阳离子增多，因而可在地表土壤中形成放射性物质的富集。

19.3 核辐射场与水文地质和工程地质条件的关系

19.3.1 放射性元素的迁移与地下水活动的关系

放射性元素的迁移与地下水活动关系密切。由于岩石和地下水在漫长的地质年代中，在一定水文地质条件下，岩石中呈分散吸附状态存在的天然放射性元素（如铀、镭、氡）以溶解、悬浮或气态方式进入地下水，或在不破坏结晶格架完整性的情况下，以溶滤作用方式进入地下水，当岩石中的放射性元素不断向地下水中转移时，岩体中的放射性含量减少，水体中的放射性含量增多。这样，天然放射性元素将水作为"载体"和地下水一道迁移，部分地下水总是通过各种途经不断向断裂、破碎带、松散带等储水空间运移。

19.3.2 放射性氡气的运移与地质构造的关系

大量试验资料表明，在含水地质构造带（如断层、破碎带、基岩裂隙带）上所测到的辐射场强度通常高出正常值 $0.3 \sim 1$ 倍。这是由于放射性元素在衰变过程中产生放射性气体如氡气或氡气的同位素所造成的。构造破碎带特别是时代新、切割深、延伸远、倾角陡、胶结差、活动性强的断裂破碎带，有较好的透水性和导气性，是地下水和气体运移的良好通道。而在其浅部常常被松散的黏土、铁锰胶体沉淀物或吸附力很强的物质所充填，或被薄层土壤覆盖，当放射性元素随地下水迁移到构造破碎带附近时，在地下水位附近往往由于环境的氧化还原条件、温度、压力和酸碱等情况的改变，加上各种松散物质的吸附作用，致使天然放射性元素又以沉淀、吸附方式从地下水中析出，聚积在裂隙导水壁上。富集于断裂破碎带的天然放射性元素在衰变过程中不断释放氡气，加上断裂带岩石破碎，致使破碎带（裂隙带）中的氡气浓度比周围完整岩石中的浓度大得多，这时伴随着氡气的迁移、裂变以及浓度差、压力差和温度差等因素的影响，氡气又会以扩散和对流的方式沿断裂结构面这一阻力最小的通道上升而扩散到地表，并有一部分氡气吸附在土壤的孔隙之中，从而在断裂带出口和覆盖层接触处形成辐射场的强异常，因此，测量氡气的异常场可以确定地质构造带范围。

19.4 核辐射探测方法及仪器

19.4.1 γ测量

　　γ测量是一种应用最广泛的核辐射探测方法，它利用仪器测量地表岩石或覆盖层中放射性核素发出的γ射线，根据射线强度（或能量）的变化，发现γ异常或γ射线强度（或能量）的增高地段，来查明地质构造、寻找矿产资源以及解决水文、工程地质问题等。

　　γ测量使用的仪器是闪烁辐射仪，它的主要部分是闪烁计数器，如图19-2所示。工作时，γ射线进入闪烁体，使它的原子受到激发，被激发的原子恢复到正常能态时，就会放出光子，出现闪烁现象。光子通过光导体到达光电倍增管的光阴极，由于光电效应而使光阴极发出光电子，经各联极（又称为倍增电极）的作用，光电子成倍增长，最后形成电子束，在阳极输出一个负电压脉冲。入射的γ射线越强，闪烁体的闪光次数越频繁，单位时间内输出的脉冲数越多。入射γ射线能量越高，闪光的亮度就越大，脉冲幅度也越大。因此，仪器既可以探测γ射线的强度，又可以探测γ射线的能量。

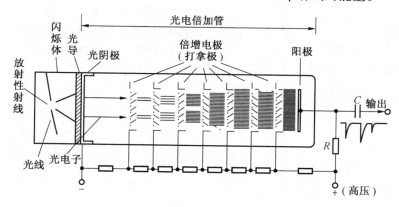

图19-2　闪烁计数器工作原理图

19.4.2 氡气测量

　　氡气测量一般是指在野外条件下利用氡射气测量仪器直接测量从土壤（或岩石）中抽取的气体中氡气的浓度，目的是发现浮土覆盖下的放射性物体，圈定构造带或破碎带，划分岩层的接触界面。

　　图19-3是氡射气测量的工作过程示意图。测量时，先在测点上打出取气孔，深0.5~1 m，再将取气器埋入孔中，用唧筒把土壤中的氡气吸入仪器中，进行测量。测量完毕，应及时将仪器里的气体排掉，以免氡气污染仪器。

19.4.3 α卡测量和静电α卡测量

　　α卡测量是一种累积法测氡技术。把某种材料制成的卡片，埋于土壤中，由于吸附作用，卡

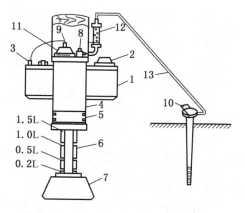

1—操作台；2—探测器；3—高压输出；4—抽气筒；5—活塞；6—导向空向滑杆；7—脚蹬；8—进气三通阀门；9—高压输入；10—取样器；11—收集片；12—干燥器；13—橡皮管

图19-3　氡射气测量的工作过程示意图

片上会聚积氡气的子体，一定时间后取出卡片，立即用α辐射仪测量卡片上的α辐射，借此测定氡气的富集情况，发现微弱的放射性异常，来解决隐伏构造等地质问题。α卡测量又叫作自然α卡法。

静电α卡测量是使用自身带静电的材料做的α卡来进行核辐射测量。静电α卡是过氯乙烯超细纤维薄膜，在制造过程中其上带有数百伏负的静电电压，以致静电α卡收集氡子体的能力大增，其灵敏度比同面积的自然α卡要高数倍。静电α卡具有憎水性，能在野外潮湿条件下使用。静电α卡的电位可以调整并可重复使用，只要不揭去其上的保护纸，静电能长期保存，携带方便。在实际工作中，静电α卡测量的灵敏度比α卡测量的灵敏度高得多，故多采用静电α卡测量。

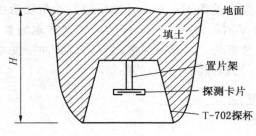

图 19 - 4 静电α卡测量埋卡示意图

静电α卡测量工作如图 19 - 4 所示。将静电α卡放置在 500 ~ 1000 mL 的塑料杯内，倒扣于挖好的坑底，填土埋好，4 ~ 6 h 后取出，立即进行α测量，测量时间一般可取 5 min，测量完毕后取回坑底土样 30 ~ 40 g，以便在室内进行 R_α 测量。α测量主要用α数字闪烁辐射仪，其原理如图 19 - 5 所示。闪烁计数器给出信号，进行脉冲计数测量，可以方便地用延长测量时间的办法来提高观测精度。

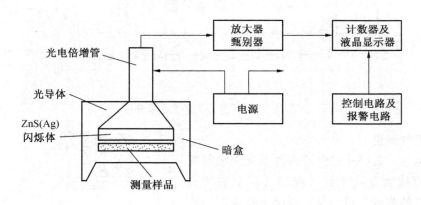

图 19 - 5 α数字闪烁辐射仪工作原理图

19.5 岩体核辐射探测的应用实例

19.5.1 探测地下水

利用核辐射探测找寻的是地下蓄水构造。由于蓄水构造附近能够形成微弱的放射性异常，借助α卡和静电α卡测量有可能给出清晰的显示，找出断裂带、裂隙密集带或接触带等部位，间接地找到地下水。

测量方法有α卡测量、静电α卡测量和γ测量。图 19 - 6 是应用α卡法在浮土厚 10 m，电磁干扰严重的城郊找水的实例。由于正确判断了闪长玢岩的位置、宽度，及时指导钻探工作正确进行。成井后，井深 110 m，出水量约 5000 t/d。该地浮土厚，电磁干扰严重，致使 γ 测量及电法工作效果均不佳。

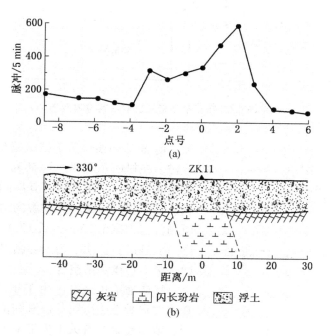

图 19-6 应用 α 卡法找寻基岩地下水的实例

19.5.2 探测隐伏构造

某矿由于岩溶陷落柱的影响，井下无效进尺上千米，直接经济损失高达数百万元/年。图 19-7 是探测结果与井下验证情况。因黄土覆盖较薄（约 10 m），氡异常幅值明显。一个月后，该陷落柱由井下掘进所验证，井下所见柱体边界与地表氡气测量所圈定的边界相差 10 m。可知该陷落柱的塌陷角为 84°左右。

19.5.3 在煤矿地质中的应用

钱家营矿 F_4 断层是位于二采区的一条大断层，落差约 27 m，倾角 45°，为一逆断层。钱家营矿 1271 东工作面运输巷掘至距其所探测断层 50 m 处不再推进，意在用其他物探方面验证。为此，我们用测氡法在地面进行了探测。

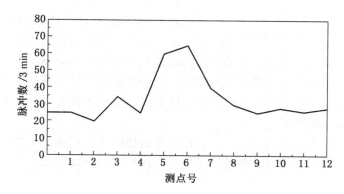

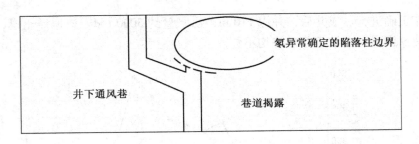

图 19 - 7 核辐射方法探测隐伏构造的实例

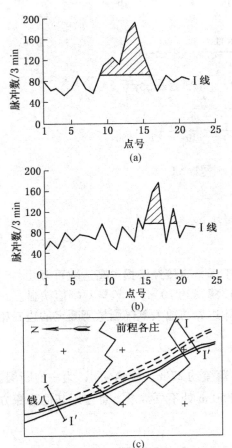

图 19 - 8 钱家营矿 F₄ 断层测氡成果图

F_4 断层地面位置于钱家营矿以东约 5 km 前程各村，在村西北距钱八孔 50 m 及村东南垂直 F_4 断层走向布设了两条测线，其探测结果如图 19 - 8 所示。测氡法的结果较测物源的结果向东偏移，Ⅱ线所测位置向东偏 25 m，后 1271 东工作面运输巷继续向前掘进，证明了与所测结果相符。

19.5.4 寻找古采空区

煤矿地下古采空区由于年代久且采掘不规范，在地面很难准确探明其位置和范围，因而给煤矿生产、地面建筑及有关工程带来了极大影响，有些甚至造成了煤矿淹井和地面建筑物倒塌等灾难性事故。当地下存在采空区或巷道时，由于采掘等因素的影响，破坏了煤层及其围岩的原始应力状态，从而造成岩石破裂，这增加了放射性气体氡气从岩石中析出的量，形成采空区氡气浓度差异。地下采空区（或巷道）是氡气聚积的有利空间，特别是古空区充水的情况下更是如此，由于采空区顶部岩石存在一定裂隙，为气体向上运移提供了良好的通道。因此，在地质条件相近的地区，采空区顶部地面上的氡气浓度与非受采动影响区地面上的氡气浓度存在明显差异。通过测量地面上的氡气浓度，就可以较准确地圈定古采空区范围。

某矿选煤厂建厂位置在古采空破坏区内，厂房建设过程中不断发现大小不等、新旧不一的陷落坑和裂缝，为确保主厂房工程地基稳固，需要探明厂区内古采空区的准确位置和范围。经多种探测方法试验，最后决定利用地面测氡法进行探测。图 19 - 9 为所确定的古采空区位置，后经采掘施工所证实。

19.5.5 矿井隐蔽火源探测

矿井火灾是煤矿主要灾害之一，尤其是煤层自燃的火源隐藏，不易熄灭，积压了大批煤量不能开采，严重影响了煤矿高效安全生产，因此，准确确定地下火源的位置和范围是矿井防灭火关键问题之一。

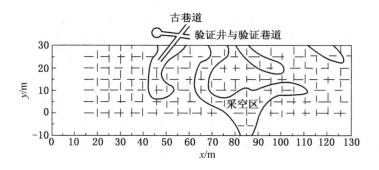

图 19-9 氡异常平面图及古采空区范围

一般情况下，岩石均有一定孔隙度并含一定水分。水溶解氡的程度通常与周围气体含氡量呈正相关性。当周围气体含氡量不变时，氡气在水中的溶解度将随温度升高而降低。

当地下存在热源时，由于地下火区所产生的温度、湿度、压力等条件的变化，岩石中孔隙水溶解氡的数量减少，而向上迁移的数量增加，而且氡及其同位素向上迁移的速率，均比地质条件相近、地下无热源时氡及其同位素迁移的速率快，就可能在热区上方产生一定的氡气浓度差异。若在地表附近用测氡法测量氡浓度的变化，就可能确定地下火区的位置和大致范围。

图 19-10 为某矿利用测氡法查明地下隐蔽火源的位置和范围，根据氡异常幅值大小圈定了可靠异常区和可疑区，后通过钻孔注浆实施灭火工程，证实了测氡法圈定异常的可靠性，提高了效率，减少了盲目性，取得了比较显著的经济效益。

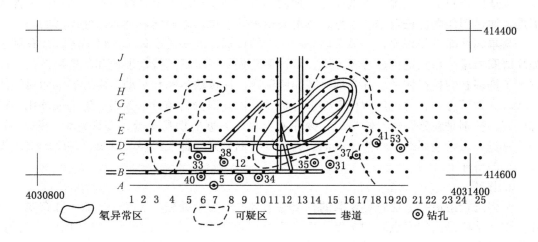

图 19-10 探测区氡异常平面示意图

20　遥　感　地　质

20.1　术语定义

遥感 remote sensing　不接触地物本身，利用遥感器收集目标物的电磁波信息，经处理、分析后，识别目标物、揭示目标物几何形状大小、物理性质和相互关系及其变化规律的科学技术。

遥感地质 remote sensing geology　综合应用遥感技术进行各类地质调查和地质勘查的手段和方法。

煤炭地质遥感 coal geological remote sensing　综合应用遥感技术，进行各类煤炭资源调查、煤炭地质勘查、煤田地质及水文地质填图和矿区环境地质、煤层火灾调查与监测的手段和方法。

20.2　简介

20.2.1　基本概念

1. 遥感地质调查

以遥感资料为信息源，以地质体、地质构造和地质现象对电磁波谱响应的特征影像为依据，通过图像解译提取地质信息、测量地质参数、填绘地质图件和研究地质问题。

与单纯地面工作相比，一般可以节约一半的投资，加快进度 2～10 倍不等，并有利于提高成图质量。在大地构造分析方面，卫星遥感提供了丰富的线性形迹和环形影像，从而发现了许多新的构造体系，并为地面工作所证实。使板块运动和热动力学的研究面目焕然一新。在找矿方面，通过区域控矿构造分析、岩性光谱分析与自动分类、生物地球化学标志研究，特别是遥感图像与物探、化探和人工地震数据的信息复合，在探测金、铜、锡、铁等有色、黑色金属矿及煤炭、石油、天然气与铀矿方面都获得显著成效，并已经形成规模巨大的行业。

2. 图像

图像泛指由遥感方法直接获取的，由遥感数据经数学处理、变换产生的各种介质的相片。图像结构是由像元点阵的灰度、色彩等变化频率表征的图像光滑、粗糙现象或均匀、斑状等组合特征。图像构造是由一种或几种图像结构有规律地排列组合构成的图案。影像是图像中具有特定波谱特征、空间特征或结构、构造的区间。

3. 遥感解译

遥感解译是在图像中识别和圈定某种影像、赋予特定属性和内涵以及测量特征参数的过程。

解译标志是图像中可以用来区分相邻物体或确定物体属性的波谱特征和空间特征如：色调、色彩和阴影；结构与构造；形状、大小和高低；地形与地貌；特定的空间位置以及与周围地物的相关关系等。

特征解译标志是指相同的自然地理—地质景观区中，某地质体、地质现象特有的比较稳定的一种解译标志或几种解译标志的组合。

遥感异常是根据特定的遥感数据圈定的、可能与矿化或围岩蚀变矿物有关的吸收光谱分布区、带。

影像岩石单位泛指根据目视解译圈定或用计算机自动分类提取的，可用以表征沉积岩、火山岩、侵入岩和变质岩等同一岩石或几种岩石有规律组合的影像区、带。

重现性指遥感解译的各种地质界线，能否在同等技术条件下重复解译中再现。

20.2.2 研究内容

遥感技术所取得的地面图像和数据及相应的数据和信息处理技术在地质学的应用，又称地质遥感，它从宏观的角度，着眼于由空中取得的地质信息，即以各种地质体对电磁辐射的反应作为基本依据，结合其他各种地质资料及遥感资料的综合应用，以分析、判断一定地区内的地质构造情况。一般包括 4 个方面的研究内容：①各种地质体和地质现象的电磁波谱特征；②地质体和地质现象在遥感图像上的判别特征；③地质遥感图像的光学及电子光学处理和图像及有关数据的数字处理和分析；④遥感技术在地质制图、地质矿产资源勘查及环境、工程、灾害地质调查研究中的应用。

遥感图像地质解译的基本内容包括：①岩性和地层解译。解译的标本有色调、地貌、水系、植被与土地利用特点等。②构造解译。在遥感图像上识别、勾绘和研究各种地质构造形迹的形态、产状、分布规律、组合关系及其成因联系等。③矿产解译和成矿远景分析。这是一项复杂的综合性解译工作。在大比例尺图像上有时可以直接判别原生矿体露头、铁帽和采矿遗迹等。但大多数情况下是利用多波段遥感图像（尤其是红外航空遥感图像）解译与成矿相关的岩石、地层、构造以及围岩蚀变带等地质体。除目视解译外，还经常运用图像处理技术提取矿产信息。成矿远景分析工作是以成矿理论为指导，在矿产解译基础上，利用计算机将矿产解译成果与地球物理勘探、地球化学勘查资料进行综合处理，从而圈定成矿远景区，提出预测区和勘探靶区。利用遥感图像解译矿产已成为一种重要的找矿手段。

20.2.3 遥感技术分类

（1）根据平台（平台即遥感台，指装载传感器进行遥感作业的运载工具，如飞机、气球、卫星、火箭等）可分为地面遥感、航空遥感、航天遥感和航宇遥感。

（2）根据辐射源来分主动 RS 和被动 RS。

（3）根据遥感资料分为成像遥感（分摄影遥感和扫描遥感）和非成像遥感。

（4）根据传感器的性能分单波段和多波段遥感。具体分为紫外遥感、可见光遥感、红外遥感、微波遥感、多波段遥感。

20.2.4 遥感技术特点

1. 宏观性

居高临下，视域广阔，可克服地面点、线调查的局限性。陆地资源卫星如 landsat，其一幅影像覆盖地面面积为 185 km × 185 km，便于进行大范围调查和基于时序的多尺度分析。

2. 多波段及"透视性"（宽、深）

根据不同的任务，遥感技术可选用不同波段和传感器来获取信息。例如可采用可见光探测物体，也可采用紫外线、红外线和微波探测物体。利用不同波段对物体不同的穿透性，还可获取地物内部信息。例如，地面深层、水的下层，冰层下水体，沙漠下地物特性等，微波波段还可以全天候工作，不受天气影响。

3. 多时相特征、动态监测

由于卫星围绕地球运转，从而能及时获取所经地区的各种自然现象的最新资料，以便更新原有资料，或根据新旧资料变化进行动态监测，这是人工实地测量和航空摄影测量无法比拟的。例如，陆地卫星 landsat 每 16 天覆盖地球一次，NOAA 气象卫星每天能收到两次图像。

4. 获取信息受条件限制少

在地球上有很多地方，自然条件极为恶劣，人类难以到达，如沙漠、沼泽、高山峻岭等。采用不受地面条件限制的遥感技术，特别是航天遥感可方便及时地获取各种宝贵资料。

20.3　遥感基本原理

电磁波理论是遥感技术和遥感图像解译的理论基础。电磁辐射源有太阳和大地两种。了解遥感的主要电磁辐射源（太阳辐射、大地辐射）、大气对电磁辐射传输的影响、大气窗口、常用大气窗口与遥感波谱通道、地物反射波谱和发射波谱特性、色度学。

20.3.1　电磁波的基本特征

电磁波：在空间传播的交变电磁场。这些电场和磁场以光速传播并且彼此垂直，同时还与传播方向垂直。无线电波、微波、红外线、可见光、紫外线、X 射线、γ 射线都是电磁波，不过它们产生的方式不同，波长也不同。

电磁波的特性可描述为：电磁波是连续的波动性和不连续的量子性的相对对立而又统一的粒子流体。波动性可通过相干、衍射、叠加，散射，极化等特性证明，如杨氏干涉实验。粒子性可通过光电效应和光化学作用实验证明。光电效应：光照在金属表面时，金属中有电子逸出的现象。

20.3.2　大气对电磁辐射传输的影响

大气由气体和悬浮微粒组成。气体的成分主要包括 N_2、O_2、CO_2、N_2O、CH_4 和 O_3（表 20 – 1）。悬浮微粒主要指微水滴、雾、矿物挥发物和尘埃，多集中在大气底层。大气的质量，主要集中在距地表 30 km 的范围内。

表 20-1　大气中气体的成分

气体	N_2	O_2	CO_2	N_2O	CH_4	O_3	其他
含量/%	78	21	0.032	5×10^{-3}	2×10^{-4}	1×10^{-5}	0.003

大气反射、吸收和散射，一方面增加了地物的辐射强度，另一方面减少了地物间的反差，对遥感是不利因素。

1. 大气散射

大气散射就是使光的传播方向发生改变的作用。主要是小的微粒,如大气分子、尘埃、水汽等,分3种情况:

1)瑞利散射

颗粒的半径 $r \ll$ 电磁波波长 λ,散射强度 $\propto \dfrac{1}{\lambda^4}$,散射的结果,在可见光波段损失能量的10%,晴天时辐射的衰减,主要是瑞利散射引起。

2)米氏散射

$r \approx \lambda$ 时产生,主要是由烟尘、汽溶胶等颗粒引起,散射规律与能见度及微粒的结构有关。受气候的影响大,情况复杂,不易估算。

3)无选择性散射

$r \gg \lambda$,散射强度与 λ 无关,如云雾等较大颗粒的散射。

2. 大气吸收

不同的成分,吸收特性不同;同一成分,对不同的波段吸收也不同,即吸收具选择性。吸收的结果是减弱电磁波的辐射强度。

3. 大气反射

大气的反射占30%,主要是云的反射(微粒反射6%)。云的反射取决于云量(单位面积内的含水量)和云厚。一般,云量越大,云层越厚,反射能力就越大。当云厚大于100 m,反射太阳能的75%;大于1200 m时,可全部反射掉。

4. 大气窗口

电磁波穿过大气层时,透过率较高的波段范围,称为大气窗口。

(1)摄影窗口(0.3~1.3 μm)可摄影成像(也可扫描),大气透过率在90%以上。

(2)近红外(1.3~2.5 μm)目前用得不太广,对地质用途较广:TM 用 1.57~1.78 μm,2.08~2.35 μm 区分岩石。

(3)中红外(3.5~4.2 μm)属反射的混合光谱,少用。

(4)热红外(8~14 μm)属热辐射光谱。

(5)微波(0.3~25 cm)基本不受大气影响。

另外还有大气的折散作用和湍流作用。例如天空中闪烁的星光就是湍流作用所致。

20.3.3 地物波谱特性

不同的地物电磁波辐射特性不同;同一地物对不同波长的电磁波辐射特性不同,这是遥感的物理基础。

1. 反射波谱

1)反射分类

据界面的光滑程度主要分:镜面反射、漫反射和混合反射。镜面反射的入射角 = 反射角(具严格的方向性)且反射后 φ 相干,并有偏振现象。漫反射的反射面为粗糙面(朗伯面),反射后在半球空间内强度相等且反射后位相不相干,无偏振现象。混合反射的界面介于以上两种之间,反射在半球空间,但在镜面反射的方向上强度大些;不相干,无偏振。

总之,界面不同反射不同,同一界面,λ 不同,反射也不同,遥感上3种反射都可见。但以后者常见。

2)反射能力的度量

（1）$\rho = \dfrac{\text{反射电磁波能}}{\text{入射电磁波能}} \times 100\%$，$\rho$ 高，反射能力强，表现在影像上色调浅，反之，色调深。

（2）$\rho_\lambda = \dfrac{\text{某波段的反射能}}{\text{某波段的入射能}} \times 100\%$。

2. 发射波谱

温度高于 0 K 的物体都发射。但物体的性质和所处的温度不同，其发射电磁波的能量和波谱成分也不同。发射波段主要集中在 6 ~ 20 μm。辐射发射率 ξ 和波长 λ 之间的函数关系，称为地物的发射波谱。

1）热辐射与黑体

由物体温度不同而决定的辐射能的强弱和光谱成分的差异的电磁辐射，称为热辐射。

研究热辐射能一般从以下 3 个方面研究：辐射源在单位时间内发射的辐射能；辐射能在辐射波谱中的分布；辐射源所发出的辐射能的峰值波长。

黑体是一个完全的辐射吸收体和完全的辐射发射体。吸收率 $\alpha = 1$，发射率 $\xi = 1$，它不一定是黑色的物体，如白霜对红外来说是黑体，它是一种理论假设，实际上无真正的黑体。

2）黑体辐射的特性

黑体热辐射定律 Plant. M 公式表示

$$W_\lambda = \frac{2\pi hc^2}{\lambda^5} \times \frac{1}{e^{hc/\lambda kt} - 1} = \frac{C_1}{\lambda^5 (e^{C_2/\lambda T} - 1)} \tag{20-1}$$

W_λ 为黑体表面积上，单位时间内，在单位波长宽度内辐射出的能量，单位为 W/（cm² · μm）k 为波尔兹曼常数，$C_1 = 3.74 \times 10^{-6}$ km²，$C_2 = 1.4388 \times 10^{-2}$ km²。

据上式固定 T，可做出不同温度条件下 $M_\lambda (\lambda)$ 曲线。它阐述了 M_λ 作为 T 函数，沿波长的分布情况。黑体辐射的辐射波谱是连续光谱，T 不同，光谱曲线不相交，T 增大时，M_λ 迅速增大，λ_{max} 则减小。

将 Plant 公式积分可得，单位时间内向半球空间发射的总能量。

$$W = \int_0^\infty W_\lambda \mathrm{d}\lambda = \frac{2\pi^5 K^4}{15 C^2 h^3} T^4 = \sigma T^4 \tag{20-2}$$

$$\sigma = 5.67 \times 10^{-12} \text{W} \cdot \text{cm}^{-2} \cdot \text{k}^{-4} \quad （斯蒂芬常数）$$

由式（20-2）可知：只要温度稍有变化，则 W 的变化就很显著。这正是热红外遥感的依据。T 决定于物体的热导率、热扩散率、热惯性等热特性。

将 Plant 公式对 λ 微分，求极值，得

$$\lambda_{max} T = 2897.8 \text{ μK}$$

此式称为 Wien 位移定律：它说明，黑体辐射 λ_{max} 与 T 成反比，很明显，已知 T，即可估算出 λ_{max}，反之亦然。从而选择合适的波段进行遥感。

3. 几种地物的波谱特性

1）反射波谱特性

ρ 随波长变化的曲线称该物体的反射波谱。$\rho = f(\lambda)$ 曲线的横坐标表示 λ，纵坐标表示 ρ。它具有以下特点①地物不同，ρ 不同，若只知地物波谱，然后将感测到的波谱信息与之比较，可区分地物；②同一地物 $f(\lambda)$ 也可不同，如水量等；③不同的地物，也可有相似的 $f(\lambda)$。

2）三大类地物的波谱形态（一般情况）

土壤，岩石：λ 增大，ρ 也增大。随水的含量、有机质等变化。

植物：$0.55~\mu m$ 处，ρ 增加，故呈绿色。在 $0.68~\mu m$ 处，由于叶绿素的吸收，有一低值。到了红外波段急剧增大，在 $1.5~\mu m \pm$，有 CO_2 的吸收谷，在 $1.9~\mu m$ 有一水的吸收谷。

水体：总体讲 ρ 较低（＜20%），但雪较高，波谱形态与水相似。在蓝绿波段稍强，在 $0.4 \sim 0.8~\mu m$，变化不大。

4. 地物波谱的时间效应和空间效应

1）时间效应

由于时间推移导致同一地点相同地物电磁波谱特征的改变。

2）空间效应

在同一时刻，同一类地物，由于其所处的地理位置不同，其波谱特征可能存在一定差异，这种由于空间位置不同导致同类地物之间波谱特征的变化叫地物波谱的空间效应。

20.3.4　色度学基本知识

1. 彩色三要素

1）色调

表示红、黄、蓝、绿、紫等颜色特性。

2）明度

投射在物体上的光被漫反射的程度。它给人以不同明暗程度的感觉。在相同照明条件下，以白板为标准，对物体表面的视觉特性给以从白到黑的分度。

3）饱和度

饱和度指彩色的纯洁程度。可见光谱的各种单色光是饱和度最高的彩色。在同一亮度时颜色距离中心灰色越远，饱和度就越高；反之，则饱和度越低。物体色的饱和度取决于物体表面反射和透射光谱辐射的选择性程度。

2. 三基色光原理

1）三基色光原理内容

通常把红、绿、蓝三色称为三基色，任何一种颜色均可由三基色按一定比例组合形成。因此任何一种彩色都可用三基色的比例来表示，这样一来，传送彩色信号就大为简化了。因为要使彩色重现，并不需要传送原景物反射光的光谱分量，而只需传送 3 个不同比例的基色信号即可。

2）色光混合方法

国际上规定三基色的 3 个单色光波长为：红—$0.7~\mu m$，绿—$0.546~\mu m$，蓝—$0.4358~\mu m$。由色光相加和相减得知：红、绿、蓝色光两两相加即可合成 3 种间色光：红＋绿＝黄，绿＋蓝＝青，蓝＋红＝品红。

两种色光相加成为白色的，这两色称为互补色，互补色也可由白光中减去三基色得到。

3. 其他

1）色觉

观测者知觉彩色的能力。

2）色度图

由色度坐标或主波长及其兴奋纯度来定义色刺激性质的图。表示色刺激混合结果的直

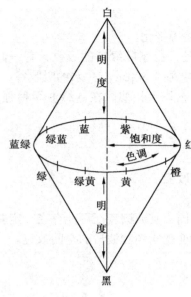

图 20 - 1　色彩空间图

角平面图，每一种色度只由图上的一个点表示。图中标有波长的弧形曲线为光谱轨迹，轨迹上的颜色是饱和度最高的光谱色。

3）色彩空间

表示颜色的三维空间。色彩空间把颜色的 3 种基本特性：色调、明度、饱和度以坐标形式全部表示出来（图20 - 1）。

20.4　遥感图像类型与特性

20.4.1　遥感平台

1. 地面平台

地面平台有三脚架(0.75 ~ 2 m)、遥感塔(6 ~ 10 m)、遥感车和船等。

2. 航空平台、飞机和气球

低空：小于 2000 m，直升机可离地面 10 m，侦察机 300 ~ 500 m，通常 1000 ~ 1500 m。

中空：2000 ~ 6000 m，由于对流层中 1500 ~ 3000 m 处为 C 电离层，带电云层变化无常，故遥感常在 3000 m 以上进行。

高空：12000 m ±，处于对流层顶部和同温层下部。有人驾驶的可达 12000 m ±，无人驾驶的可达 20000 ~ 30000 m。

气球最高可升到 12 ~ 40 km 高度且带多种传感器。特点：成本低、周期短、可回收。我国发射了 40 多个气球，最大 30000 m³，最长时间 11 h，载重 200 kg，基地在北京香河。

3. 航天平台的卫星轨道类型

极地轨道：指卫星的轨道平面与赤道平面垂直的轨道。

太阳同步轨道：指卫星的轨道平面与太阳入射光线之间的夹角始终保持一致的轨道。

此种轨道的面倾角（与赤道面间的夹角）大于 90°。在地球赤道膨胀部分产生的额外引力作用下，轨道面每天自动偏转 0.986°。每年累积转 360°。与地球绕太阳公转的角速度相同。

这样，太阳入射光线与降交点间的角距，始终保持 37°30′。

卫星过降交点的时刻，为当地太阳时 9 时 42 分，这意味着，白天成像时间由北向南，大约在 9 - 10 点之间。

4. 卫星轨道参数

陆地卫星轨道参数见表 20 - 2，法国 SPOT - 1 轨道参数见表 20 - 2。

表 20 - 2　陆地卫星轨道参数

参　数	1, 2, 3	4, 5, 6
轨道高度/km	近地点 905，远 918	平均 705
轨道倾角/(°)	99.125	98.2

表 20 - 2（续）

参　数	1，2，3	4，5，6
运行周期/（分·圈$^{-1}$）	103.267	98.9
重复周期/天	18	16
覆盖全球/圈	约251	233
赤道上轨道间距/km	159	170
成像宽度/km	185	185

表 20 - 3　法国 SPOT - 1 轨道参数

轨道高度/km	832	轨道倾角/（°）	98.72 ± 0.08（可覆盖南北纬81.29 之间）
运行周期/（分·圈$^{-1}$）	101.4	轨道倾角/（°）	98.72 ± 0.08（可覆盖南北纬81.29 之间）
每天绕地球/圈	$14\frac{1}{5}-14\frac{1}{5}$	赤道上的轨道间距/km	108.4
重复周期/天	26	过降交点的时刻	10：30 ± 15（地方时）

20.4.2　遥感器

遥感器是用以获取目标物电磁辐射信息的探测仪器。是收集、量测和记录电磁辐射特性的工具，它是遥感工作的核心部分。

1. 遥感器的基本组成及工作原理

1）收集系统

接收来自地物的电磁波，聚焦送往探测系统。

最基本的收集元件是透镜、反射镜和天线、滤色镜（多波段）、光栅、分光镜等。

2）探测系统

探测系统是传感器的重要部分。是接收地物电磁波谱的器件。常用的探测元件有：感光胶片、光电敏感元件、固体敏感元件等。感光胶片的响应波段在 $0.32 \sim 1.1\ \mu m$，不同类的胶片，其响应波段和响应强度不同。光电敏感软件的响应波段在 $0.2 \sim 2\ \mu m$，不同元件其响应的特征不同，光电管为 $0.3 \sim 0.7\ \mu m$。多用于可见光 - 近红外波段的扫描成像。对于固体敏感元件，响应波段主要在近红外、中红外和远红外这类元件。

3）信号转换系统

如信号的放大处理、数字化处理等，随传感器的不断改进，这部分越来越复杂。

4）记录系统（信息载体感光材料、磁带、CD、DVD 等）

该系统是以恰当的方式输出信息。通常分直接和间接两种方式，直接如胶片、间接如数据磁带，或通信系统传到地表。

2. 遥感器的特性参数

（1）空间分辨率：图像能分辨具有不同反差、相距一定距离相邻目标的能力，又分为影像分辨率和地面分辨率。

影像分辨率：指用显微镜观察影像时，1 mm 宽度内所能分辨出的相间排列的黑白线对数。受光学系统分辨率、感光材料分辨率、影像比例尺、相邻地物间的反差等因素的综合影响。

（2）温度分辨率：指热红外影像上和微波影像上能显示的地物的最小温度差。差越小，温度分辨率越高。如有的能分辨到 0.5 ℃，有的则分辨 1 ℃，表现在影像上就是影像的色调差。即色调的层次越多，温度分辨率就越高。

（3）辐射分辨率：是机载和星载红外及多谱段遥感器的一项性能指标，指遥感器感测元件在接收光谱辐射信号时能分辨的最小的辐射度差，或是指对两个不同的辐射源的辐射量的分辨能力。能分辨的辐射度差越小，则辐射分辨率越高；在一定动态范围内，辐射分辨率越高，表明图像上可分辨的电平数越多，图像的可检测能力就越强。遥感图像若要得到辐射分辨率，要求有足够多的独立样本数。然而，增加独立样本数的图像处理，将会使图像的空间分辨率恶化。图像处理后的空间分辨率与辐射分辨率之间呈反比例关系。

（4）时间分辨率：指对同一地区影像重复覆盖的频率。频率越高，时间分辨率就越高，反之就低。如气象卫星，每天可接收两次，Landsat 16 天覆盖一次，而 SPOT 2.4 ~ 4 天可重复一次。它的意义有四点：动态的监测预报，时间分辨率越高越利于动态监测；为自然历史的变迁和动力学分析提供保证；利用时间差，可提高解译的信息量；更新数据库（地理信息系统）。

3. 遥感器的类型

（1）摄影方式遥感器（帧幅式航空摄影机、多波段摄影机、全景式摄影机）。

（2）扫描方式遥感器（多波段扫描仪、热红外扫描仪、固体自扫描仪、天线扫描仪）。

20.4.3 遥感地面接收站

1. 任务

遥感地面接收站的任务是接收运载工具从空中发回的信号，建立地点除考虑经济和交通条件外，还要考虑覆盖范围和地区。

2. 设备构成

（1）大型抛物面天线，直径要大于 9 m，一般为 20 m，它是接收系统的最重要的一部分。材料和结构要好，抛物面的焦点处有一接收机，再由接收机传给控制室。

（2）天线跟踪系统，有计算机操纵天线在视域范围内很准确地对着卫星。

（3）速看系统。作用是对接收来的信息先过电视接收机，经信息转换，以图像的形式显示在荧光屏上，图像虽模糊，但也能看出点问题，如飞行器的姿态不正，可使图像变形，此时可与卫星中心联系，调整。通过速看淘汰一部分影像，不必输入中心控制系统，相当于对图像的初选。

（4）接收系统将 MSS、RVB 的信息接收后，记录在高密度磁带上（HDDT）。

20.5 遥感图像处理

遥感图像处理是把由遥感器接收到的原始信息做适当的技术加工，制成有一定精度和质量的图像，以及从中提取有用信息的过程，是遥感地质工作的重要组成部分。

20.5.1 遥感图像光学增强技术

光学图像处理：指以胶片方式记录的遥感图像或由数字产品转换来的影像胶片为处理对象，通过光学或电子－光学仪器的加工改造，对遥感图像进行变换和增强的一种图像处理技术。

光学彩色合成：对多波段遥感图像处理的一种最基本也最实用的方法。通常是将两个或三个波段的黑白图像分别赋以红、绿、蓝三原色或黄、品红、青三补色，并使之精确叠合，从而生成色彩丰富的彩色图像。

20.5.2 遥感图像数字处理

1. 数字图像与图像数字化

模拟图像是指空间坐标和明暗程度都连续变化的、计算机无法直接处理的图像。

数字图像是指被计算机存储、处理和使用的图像，是一种空间坐标和灰度均不连续的、用离散数学表示的图像。

2. 数字图像处理的主要内容

（1）恢复处理—预处理。旨在改正或补偿成像过程中的辐射失真、几何畸变、各种噪声以及高频信息的损失等均属预处理范畴，一般包括辐射校正、几何校正、数字放大、数字镶嵌等。

（2）增强处理。对经过恢复处理的数据通过某种数学变幻，扩大影像间的灰度差异，以突出目标信息或改善图像的视觉效果，提高可解译性。

（3）图像复合处理。对同一地区各种不同来源的数字图像按统一的地理坐标做空间配准叠合，以进行不同信息源间的对比或综合分析。

（4）分类处理。对多重遥感数据，根据其像元在多维波谱空间的特征，按一定的统计决策标准，由计算机划分和识别出不同的波谱集群类型，据以实现地质体的自动识别分类。

20.5.3 遥感图像数字处理系统

1. 遥感图像数字处理系统的组成

遥感图像数字处理系统如图 20－2 所示。

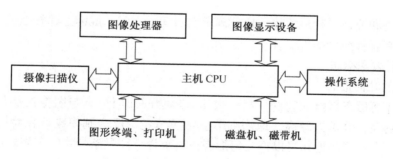

图 20－2　遥感图像数字处理系统框图

2. 硬件构成

1）主机

主机是进行各种运算、预处理、统计分析和协调各种外围设备运转的控制中心，是最基本的设备。一般为速度快、内存大的计算机。

2）磁带机和磁盘机

磁带机和磁盘机是连接数字磁带和主机的数据传输装置，既可以输入 CCT 数据，也可以将中间处理和最终处理的结果再转存记录到 CCT 上，对于微机系统，图像数据的传输一般用软磁盘，但对大数据量的卫星 CCT 则需用具微机接口的磁带机。

3）图像处理机

图像处理机是数字图像处理专用的核心设备，既具体承担各种图像处理功能，也是主机和各种输入输出设备的纽带。

20.6　地质解译标志与遥感图像地学分析方法

20.6.1　概述

1. 遥感图像解译

遥感图像解译指从图像获取信息的基本过程。

2. 影像特征

影像特征包括影像的几何形状、大小、花纹、色彩或色调等。它们是遥感的空间和波谱信息的图形显示。

3. 地质解译标志

地质解译标志是指能识别出地质体和地质现象，并能说明其性质和相互关系的影像特征。

4. 遥感图像地质解译的目的

目的是为了获取各种地学遥感信息，以加快地质工作的步伐，提高地质研究的质量，节省时间和经费。

5. 遥感图像地质解译的要求

（1）判明各种地质体和地质现象的形态特征与属性，它们的展布和延伸方向，并尽可能确定其边界。

（2）量测地质体的各种参数，如断层的长度和走向、岩层的厚度、火山锥的地理坐标等。

（3）推测和分析各种地质体、地质现象在时间、空间、成因上的相互关系。

（4）编制各种解译图件。

20.6.2　地质解译标志

1. 地物的几何形态

地物的几何形态是指地物的形状、大小。地物的几何形态与图像比例尺、分辨力有关。比例尺越大，分辨力越高，地物细节显示越清楚，反之则模糊。在相同比例尺图像上，形状和大小不同的地物可以据几何形态进行解译。同是条带状的沉积岩层、作物和林带，可据它们的几何形态细节、出现的位置、与地形的关系不同加以区分。但在应用几何形态特征时，一定要注意由于中心投影的影响对地物几何形态引起的畸变。

地物的外貌轮廓，即物体的几何形态，直观不用分析，可直接判断得出结论。但要注意3点：比例尺越小，则越粗略，反之，精细明显；要注意像点的位移，航卫片特性；所表现的是顶部形态和平面形状，是从空中俯视地物，要注意三维立体形态。

地物的大小指地物的空间范围、规模。其影像的大小取决于比例尺，可用公式：$L = l \cdot m$（L：实际大小，l：影像大小　m：比例尺）计算。

人眼的分辨率 0.1 mm，若 $m = 30000$，则地物的大小实际为 3 m。如高速公路与一般公路等。

2. 色调与色彩

色调与色彩是地物波谱信息构成的影像特征。

地物亮度在黑白片上的表现，也就是黑白深浅的程度，又称之为灰度。它是重要的解译标志，实际影像上没有色调的差别，像片上的地物的形状是显示不出来的。肉眼能区分开的级别是十～十五级。

色调的描述，除表 20-4 中的术语外，人们还常用到浅色调，深色调，色调较浅、较深，亮色调，色调的均匀、不均匀，如斑状、紊乱、边界的逐渐模糊等。

表20-4 色调的术语

消色地质体的电磁波特性			像 片 上 的 影 像 色 调				
吸收率/%	反射率/%	地质体的原色	灰阶	标准色调	地物名称	真彩片上颜色	彩虹外片颜色
0～10	90～100	白	1	白	清洁的河、湖水	蓝、绿	深蓝—黑
10～20	80～90	灰白	2	灰白	含沙量高的水体	浅绿、黄绿	浅蓝
20～30	70～80	浅灰	3	浅灰	高营养化水体	亮绿	浅紫色、品红
30～40	60～70	浅灰	4	浅灰	严重污染的水体	黑绿—灰黑	灰黑、黑
40～50	50～60	灰	5	灰	健康植被	绿	红、品红
50～60	40～50	暗灰	6	暗灰	受病害植物	绿、黄绿	暗红、青
60～70	30～40	深灰	7	深灰	秋天植物	红黄	黄—白
70～80	20～30	淡黑	8	淡黑	城镇	灰、深灰	浅灰、蓝灰
80～90	10～20	浅黑	9	浅黑	阴影	蓝色、细节可见	黑色
90～100	0～10	黑	10	黑	砂渍	赤红、棕红	灰黑

色彩取决于影像特征（真彩色、假彩色），以及所采用的图像处理方案，同一地物在不同的彩色影像上则表现为不同的色彩。描述方法，除单色描述外，还有些过渡色和象形色。

3. 阴影

阴影有助于识别侧面的形状，它分本影和落影——是地物在阳光的照射下，投落在地上的影子。

4. 影像结构

影像结构分为纹形图案和影纹图案。由细小的地物重复出现组合而成，也可包括不同的地物在形状、大小、色调、阴影等方面的综合表现。如水系格局，土地利用的型式，地质体等。它的描述多用象形术语，如条带状、格状、块状、栅状等。

5. 地貌

地貌是地球表面的形态表现，航卫片是地球表面的真实写照，地貌形态的研究，可揭示某些特殊地貌与岩性和地质结构构造之间的内在联系。

1）宏观地貌形态

多是在较小的比例尺的遥感影像上进行。主要是山地、丘陵、平原、盆地等。由山顶

（脊）、山坡、山麓（脚）三要素组成的隆起高地。规模很悬殊，但多是成群、成片分布。

山地分类见表 20-5。

表 20-5 山 地 分 类   m

山地分类	绝对高	相对高	山地分类	绝对高	相对高
最高山	>5000	>1000	低山	500~1000	200~500
高山	3500~5000	200~1000	丘陵	<500	<200
中山	1000~3500	200~500			

山体的形态和组合特征常常受到大地构造的控制或构造变动的控制。如鲁西地区的山地展布总体呈北西向。影像上可据色调确定阴阳坡。

平原：是指宽广、平坦、切割微弱、略有起伏的平坦区域，它是在地壳相对稳定，升降缓慢的条件下，外力地质作用形成的。平原分类较多。影像上表现为均匀浅灰的色调。多分布有农田、居民地、交通网等人文活动痕迹。据此可间接推断土壤成分、含水性等。

2）微观地貌特征

微观地貌特征是指规模相对比较微小的地形，它是直接受岩性和构造控制的。有许多成因类型和形态类型。如褶皱山、断块山、平顶山、方山（桌状山）、单面山等。

山脊：尖棱，浑圆等形态。

山坡：陡，缓，光滑，阶梯状。

微地貌的突变常表现为岩性及构造特征的突变。观察微地貌多用大比例尺的遥感影像，如航片。

6. 水系特征

水系：一定区域内水文网的总称。与地理学上的划分相反，级别由小到大，小的 1 级，逐步向大的排列。

水系的密度、大小是由岩石和土壤的成分、结构、含水性及地形决定的。

密度大（1，2 级间隔 <100 m）。

密度小（1，2 级间隔 >500 m）。

密度中等介于以上两者之间。

影响因素：岩性、地貌、地形、地质构造，与之紧密相连，同时这也是它们的间接解译标志。

7. 土壤、植被标志

土壤与当地的松散沉积物有关，松散沉积物与母岩有关，植被发育在它们上面，它们有很密切的相关性。地质解译可以通过对土壤、植被的相关分析，推断其下伏基岩的性质。植被类型不同，植被的局部异常都可以为地质解译提供信息。植物的选择性生长，也是地质找矿的一种标志和依据。

8. 人工活动遗迹

古代与现代的采场、采坑、矿冶遗址、碴堆是找矿标志。耕地的排布反映地形地貌特征等。

解译标志的可变性和局限性：

（1）地物的成分、出露面积和产状。

（2）含水性多少直接影响色调等因素。

（3）植被的发育程度直接或间接影响地质解译。

（4）松散沉积物厚度影响地质体的信息传递。

（5）图像处理及所选择的遥感波段。

20.6.3　遥感图像的地学解译方法

遥感图像的地学解译方法包括目视解译、光学增强处理和电子计算机图像处理 3 种。其中目视解译主要包括以下 5 种方法：

用肉眼借助于简单仪器，运用各种解译标志，从遥感影像上直接识别和分析地物。这是最基本的方法。解译的精度直接取决于解译人的专业水平和经验。

1）直判法

利用直接解译标志，确定地物的存在或属性。具有明显的形态、色调特征的地物和自然现象，多用此法。

2）对比法

影像上待判读的地物，与已知的标准样片比较而确定地物的属性。比较时要注意，必须是条件相同才可以。

3）邻比法

在同一张或较邻近的影响上，通过相对比较而划分出地物的类别。但不一定鉴别出属性。

4）逻辑推理法

利用地物间的内在联系所表现的现象用逻辑推理的方法，间接判断某地物或自然现象的属性。如河流两侧均有小路至岸边，就想到该处是渡口或涉水处。若无渡船则是涉水处，若两侧路的连线，与河近直交则说明流速小，若斜交，则流速大。

5）历史对比法

利用多时相的航片对比分析，从而了解地物与自然现象的变化情况，称为历史对比法。如：沙丘的移动、河岸的冲刷、污染的分析等。

上述几种方法在应用中不可能完全隔开，而是交错在一起，只能是在某一判读过程中，某一方法占主导地位而已。

20.7　遥感图像岩性解译、地层分析与编图

20.7.1　三大岩类主要影像特征

影响岩石波谱特性及色调特征的因素主要有岩石成分和结构构造，岩石的物理、化学性质，岩石所处自然地理条件。

1. 岩浆岩

总的说来，岩浆岩呈团块状，外形浑圆，一般无层状（火山碎屑岩），色调随 Fe、Mg 的降低及 SiO_2 含量的升高而变浅。

侵入岩一般规模大，色调均匀，球状风化明显，故山脊、顶多呈现浑圆状，大面积分布时，地形平坦。

喷出岩是最直观的是火山机构和流动构造，一般色调深，地形平坦，常形成桌状山，年轻的火山岩比古老的易判读。

2. 沉积岩

沉积岩最重要的解译标志是层理。其影像特征是条带状，自然弯曲，由于成分和产状不同，而又表现为不同的影纹图案，常见岩石类型如下：

1）碎屑岩类

（1）砾岩：层理不明显，表面较粗糙，多呈暗色调。

（2）砂岩：分布广，条带状，多形成单面山的山脊，若水平产状时，形成阶梯状陡坎，一般来说，节理发育，可见球形风化和特殊的地貌形态，如丹霞地形。

（3）页岩：一般出现在负地形处，露头差，常分布在农田、村庄。色调较深。若与砂、灰岩互层时，条带状更明显。

2）化学岩类

这类岩石包括石灰岩、白云岩（石膏），这类岩石的层理不太清晰，在干旱气候条件下，多形成浑圆的山丘，厚层时形成陡峭的山崖，呈阶梯状，在潮湿气候条件下，多形成孤立的峰林。岩溶地貌。色调相对深，北方色调较浅。

3. 变质岩

依原岩的类型和变质程度的不同，影像特征各异，它是介于岩浆岩和沉积岩间的类型。几种常见变质岩类如下：

（1）片麻岩：一般色调浅，较均匀，有条带状片麻理，当混合交代强烈时易与岩浆岩混淆。

（2）千枚岩、板岩：由粉砂和黏土岩变质而成的浅变质岩类，与沉积岩类似，条带状明显。

不同岩石类型的黑白航片解译标志与比较见表20-6。

表20-6　不同岩石类型的黑白航片解译标志与比较表

岩性	标志	色调	地貌	水系	植被与土地利用	其他
沉积岩	砾岩	斑点状、斑块状等不均匀的深色调	沿主要节理发育方向陡崖、垄岗，分水岭尖峭，地形崎岖不平	地面裂隙发育、透水放水系不发育	基岩出露区植被不发育或线状展布。耕地少	层理不发育，影像表面结构粗糙，多崩积物，阴影发育
	砂岩	浅灰色调，植物丛生的砂岩或铁质砂岩呈深色调	陡峻奇峰，常形成陡崖、垄岗、单面山或猪背岭，山脊走向稳定，层压三角发育	中等密度的树枝状、格状及角状水系，冲沟短、陡、切割深，呈"V"形	树木、耕地少，仅集中于河道、沟边	可据砂岩稳定、延伸远等特有地形、水系而作标志层

表20-6（续）

岩性＼标志		色调	地貌	水系	植被与土地利用	其他
沉积岩	页岩	暗灰色带斑块或隐约的带状影纹	低矮圆滑，馒头状山丘，平缓盆地、坡地、开阔洼地	典型树枝及平行状水系，紧密相间，河网自由摆动，冲沟短、密、圆滑、呈"U"形	质软、残积层发育、土壤较厚，村镇、路、林、耕地多，是很好的农作物区，边坡树林覆盖	易风化多残坡积物，呈浅色斑块，村落居民点多
	碳酸盐岩 干旱区	较单调的浅色调	可呈陡峻山势，岩溶地形极少见	水系不发育，冲沟细小	植被稀少，无重要耕地与村镇	分水岭尖峭，基岩裸露，残坡积物少
	碳酸盐岩 潮湿区	偏浅、杂斑状，有植被时多呈深色斑点状	发育以溶蚀作用为主的岩溶地貌	内向水系，干流曲折明显而支流稀疏狭窄，冲沟短、浅	植被茂盛，农田、村镇、道路集中在河谷内	裂隙均匀分布，并成组出现
岩浆岩	侵入岩	均匀、随岩性（酸性—基性）色调从浅—深变化	穹形、浑圆形、低缓、圆滑丘陵或较高山地。球形风化发育	稀疏树枝状、环状、放射状水系，明显受裂隙控制	植被沿裂隙呈带状分布耕地、村落、道路较集中	无层理、有岩相带，围岩蚀变带，岩体长轴常与构造带走向一致
	喷出岩	暗深（中基性）或浅灰（中酸性）具斑状纹	火山地貌，舌状熔岩流、桌面山、垄岗或台地、独具火山结构和流动构造，表面粗糙不平	树枝状、环状、放射状、平行状水系，峨眉山玄武岩具蠕虫状水系	植被稀少，并成带状分布，土壤层不发育	玄武岩独具柱状节理，构造悬崖可作标志层
变质岩	板岩、千枚岩、片岩	色调变化范围大，但较均匀	低缓丘陵或岗状地形、定向性、连续性强	栉状、梳状、格状水系较发育	易风化崩落，残坡积物发育（显均匀浅色调）	菱形线状构造醒目（影像为平行密集线纹代表板理、千枚理方向）
	片岩、片麻岩混合物	浅色色调，暗色矿物集中带为暗色条带，不同色调组成的细线纹呈现"片麻状"影纹	低矮浑圆的岗峦，分水岭杂乱无章，表面光滑	树枝状或"丰"字形水系	表土深厚残积层发育，植被、耕地及林木集中	不连续、波状扭曲的细影纹线理、景观单调

20.7.2　岩性解译要领与识别方法

1. 岩性解译要领

（1）目视解译是岩性解译的基本方法。在目视解译的基础上设定方案，循序渐进，先区分基岩与松散沉积物；再区分三大类岩类；再从典型样区出发，进行岩性细分。高空间分辨率图像是目视解译的基本资料。

（2）充分利用对比提高解译能力。对比的内容包括与典型样区对比；与不同类型的遥感图像上同名地物影像特征的对比；与同类岩性在不同地段的影像特征的对比；与不同岩性的影像特征对比。

（3）正确选择岩性解译典型样区。应当从易到难，从已知到未知，从较典型地区开始，通过对比解译，选出样区来。

（4）充分利用地物波谱资料。利用多波段超多波段高波谱分辨率、多平台遥感资料识别岩性。

2. 岩性识别的主要方法

（1）利用多波段遥感资料。

（2）用岩石热惯量。

（3）用高波谱分辨率的超多波段成像波谱仪资料。

（4）利用图像的水系、影纹和结构等解译标志。

（5）利用多源地学信息资料。

20.7.3　地层分析

1. RS 地层单位——又称之影像的地层单位

RS 地层单位是指影像上能够显示的相对稳定的以某一套岩性组合或某一岩性特征为主体的地层单位，它的实质是岩性地层单位。它可能相当于一个或几个时代地层单位。

根据影像判读建立相对的地层层序，然后根据常规地质资料和实地采样具体确定地层时代。

2. 地层角度不整合接触关系的解译

地层角度不整合接触关系的解译可依据下列解译标志—区域岩性—地层单元产状的标志及其变化；角度不整合两套地层构造型式，构造发育强度，变质特点等不同，它们在遥感地质上表现为线性构造优势方向不同和密度不同、褶皱组合形式不同、变质与未变质等；地质上的上述差异，必然造成地貌景观分区，水系类型、影纹图案和色调色彩等影像特征的不同；形成较早的地质体被较新的岩性—地层单元所覆盖。

根据某个地层影像特征的变化，尤其是当沿走向方向变化明显或有一定规律可循时，配合地质资料，可获取区域地层相变的一些信息。但要慎重，因为更多情况下，影像特征的变化是自然地理环境或成像条件变化引起的。

3. 遥感地质图件的编制

1）编制和填绘地质图件的形式

（1）通过典型样区和地质解译划分出各种岩性单元而不涉及岩性单元的时代归属。

（2）利用遥感资料解译出不同的岩性—地层单元，编制或修改地质图件，对解译出的不同岩性或岩类赋予一定地层学的含义。它与区域地层有一定对应关系，但并不相等。

（3）划分岩性—地层单元并赋予区域地层学的含义，作为区域地质制图的填图单位。

2）步骤

（1）准备阶段。收集各种地质的、遥感的及物化探资料，进行图像预处理和概略地质解译，在了解全区遥感地质特征概况的同时，重点评价影像地层单位可分程度，初步归纳各种地质体的解译标志，选定实测剖面的位置等。

（2）野外踏勘及建立遥感岩性—地层单位的阶段。通过实测地层剖面及剖面上各主要岩性地物波谱数据，通过野外踏勘，在进一步完善对各种地质体解译标志的基础上，建立遥感岩性—地层单位。此阶段也包括室内图像处理。

（3）解译、野外验证及图件测制阶段。此阶段基本完成全区测量及编制各种图件工作。

（4）综合解译成图和遥感地质专题研究阶段。

（5）总结、成图阶段。

20.8　遥感图像构造解译与编图

遥感图像构造解译是地质解译的重要内容。应掌握岩层产状判断、褶皱构造和断裂构造的解译标志，卫星图像上线性构造、环形构造、隐伏构造的解译标志及其在地质找矿工作中的意义。学会编绘矢量数字遥感图像构造解译图。

1. 岩层及地质构造面产状的解译标志

（1）层状岩石产状的解译标志。

（2）块状岩石接触面及断层面产状的解译。

（3）遥感图像上岩层层面或地质构造面产状量测方法。

2. 不同产状岩层的解译

1）近水平岩层的解译

影像特征为封闭的条带或曲线（如同地形的等高线，特别是软硬岩层相间时，这种台阶更明显，要注意和梯田的区别。梯田不封闭，其上常有被利用的痕迹，如人工植被等。色调不均匀，还可借助立体镜区分）。

2）陡倾及近直立岩层的解译

遥感图像上的特征是不同色调或微地貌组成平行的直线状或弧线状条带，这些条带不受地形起伏的影响。坚硬的直立岩层，常形成两坡对称的平直的山脊，而软弱岩层则形成平直的槽沟洼地，两者组成脉状地形。直立岩层可以直接根据其出露宽度确定其厚度。

3）中等倾斜岩层的解译

主要判读产状要素：包括走向、倾向和倾角。由于地形的切割和岩层的倾斜，岩层的露头和地形等高线之间变成了复杂的曲线。总的规律如下：

（1）垂直岩层不受地形起伏的影响，仍为直线，垂直岩层一条线。

（2）相反相同原则：V字型地形等高线一致，但弯曲度小，V字的尖端指向河谷的上游。

（3）相同相反原则：岩层的倾角>地形坡角，投影后与地形线反。

（4）相同相同原则：岩层的倾角<地形坡角，但地质界线弯曲度大（曲率大）。

一般讲，山谷中V字尖端所指的方向即是岩层的倾向。V字形越尖，则说明倾角越小。

这是产状的相对确定原则。以上只是一种定性的估算，要精确计算可在立体镜下用三点法量算，原理同量地形坡角。

3. 褶皱构造解译

通过航片的表现形式，可判读出褶皱轴呈带状分布，可据岩层的三角面相对（背斜）和相向（向斜）。对不完整形态的褶皱，可据转折端的影像标志来确定是倾伏的背（向）斜。

标准由转折端处岩层的产状（据三角面的指向）来确定。

典型的卫星影像是我国的万县地区和重庆幅，即川东，中生代侏罗系砂岩的褶皱区。

1）褶皱构造解译的基本任务

（1）确定褶皱构造的存在。

（2）分析褶皱构造的形态和类型。

（3）研究褶皱的内部构造及褶皱的组合形态特征。

（4）研究褶皱构造与其他构造的关系并分析褶皱构造的形成机制。

2）褶皱存在的解译标志

（1）转折端。当发现遥感图像上带状弯曲影像特征的岩层，同时具有岩层三角面的产状有规律地偏转，构成马蹄形、弧形等几何形态。转折端在遥感图像上都显示为一坡陡、一坡缓的弧形山脊的影像特征。缓坡向外的可能为背斜的外倾转折；缓坡向内的可能为向斜的内倾转折。

（2）岩层分布的对称性。岩层三角面、单面山、猪背岭等构造地貌沿某一界面对称性重复出现是判断褶皱存在的标志。

（3）岩层三角面的分布特征。背斜构造两翼岩层三角面尖端指向相对，两翼单面山顺向坡向外倾，顺向坡水系向外流且对称分布；向斜构造两翼岩层三角面尖端指向相背，两翼单面山顺向坡朝里倾，顺向坡水系向内流且对称。

（4）色调、图形。图像上岩层的对称重复表现为不同色调的条带呈对称重复分布。当岩层厚度较大时或岩层间岩性差异明显时，反映为不同的微地貌组合，不同的植被、土壤条带及不同的水系、花纹的对称重复出现。

（5）特殊的水系。褶皱两翼的大河流通常沿着两坚硬岩层间的软弱岩层平行于岩层走向流动，支流则顺着顺向坡及逆向坡流下，支流的相对长度、疏密程度及类型为推断岩层的倾斜方向提供了线索。褶皱转折端可能由主流的弯曲绕行及撒开状或收敛状的水系型式反映出来。一般正常褶皱的两翼往往有对称或相似的水系型式。放射状、向心状、环形水系是褶皱较为常见的水系类型。

4. 断裂构造解译

断裂构造在卫星影像上，断裂表现为线性体。

主要表现为：平原区呈现深（或浅）的条带和色带，水系的变化、隐伏的构造明显。基岩出露区、断裂构造往往表现为长、直的负地形，岩体的线状排列，山脊的错断，褶皱岩层的错位等。

地貌类型的突然变化，如两种地貌单元呈直线或折线的交界，则为线性构造所致。

水体的异常，如河流的同步拐弯、多条河流的汇流处、泉水的线性排列、河道的急转弯（肘状转弯）。

（1）断裂构造直接解译标志。岩石或地层发生位错；构造发生位错；地层重复或缺失；直线状分布的陡崖；岩体、岩脉、火山口等呈线状分布。

（2）断裂构造间接解译标志。山脊、湖泊、沼泽等发生位错；对头沟的出现；沟谷、洼地直线分布；不同地貌区沿直线接触；水系特征和地表水系（显示断裂存在的水系异常、水体异常）。

20.9 应用实例：工矿区地面沉降（陷）InSAR 监测技术

20.9.1 煤矿开采引起地面沉陷的特点

地下煤炭开采引起的地表沉陷是属于人为因素导致的地质灾害。煤炭不断被开采造成足够大的采动空间后，就会使开采区域周围岩体的原始应力的平衡状态受到破坏，造成地下岩体内应力的重新分布，形成新的平衡。在此过程中，岩体产生连续的移动、变形和非连续的断裂、裂隙，延续发展到地面，形成地面沉降、裂缝、台阶等，产生一定范围内的沉降盆地。由于煤炭开采强度大，最大地面下沉量在几百毫米到几米不等，且发生在一定的时空范围内，使得地表农田破坏，形成大量的塌陷坑、塌陷槽，甚至大面积的积水坑；同时，导致采空区上方人居环境的变化，导致地表建筑物墙体的位移、开裂、倾斜甚至倒塌，地上和地下供水、排水、供热、通信、人防等管网设施的破坏等危害。

20.9.2 煤矿区地表形变 InSAR 监测技术选择

1）短基线差分 InSAR 技术

针对矿区开采沉陷大变形而言，有效实现 InSAR 监测需增加监测密度，从雷达数据获取上尽可能确保每个周期都能获取数据，利用短时间间隔和空间基线的雷达数据实现差分 InSAR 处理，提取短时间条件下的塌陷量。

2）时序分析 InSAR 技术

根据开采沉陷发生的阶段性和长期性，利用时序分析方法为基本思想的 InSAR 技术可以实现对于大变形之外的缓慢变形的连续监测。

20.9.3 雷达数据及主要参数

当前用于 InSAR 技术研究和应用较多的是 ERS – 1/2、ENVISAT、RADARSAT – 1/2 以及 ALOS PALSAR 获取的 SAR 数据，其空间分辨多为 20 ~ 30 m，可归为中等分辨率雷达数据。与之相比较而言，近 2 年发射的雷达卫星以高分辨率为主，包括 CosmoSkymed 及 TerraSAR – X，其最高分辨率可以达到 1 ~ 3 m。

结合兖矿地区的实际，为了满足对工作区开采沉陷历史状况和现状的调查，满足一景图像对全工作区的覆盖，选择利用 ENVISAT 卫星接收的存档数据作为数据源（其他卫星无存档数据）。该数据轨道定位精度高、分辨率适中，其重放周期和覆盖范围均满足本次调查工作的目标要求。

20.9.4 工作区地表形变 InSAR 监测内容

1. 开采沉陷 InSAR 动态监测

综合分析开采沉陷的基本特点和 InSAR 技术应用的主要条件，矿山开采沉陷 InSAR 监测需选择合理 InSAR 系统参数。包括雷达数据获取的周期、分辨率和波长大小。

2. 矿业城市缓慢地面沉降监测

针对兖州地区地表形变调查和监测的工作重点，主要目标为查明工作区地面沉降（陷）的历史状况和现状，调查兖州、济宁和邹城下属的多个矿区开采沉陷的基本特征和分布范围，开展兖州市地面沉降 InSAR 监测。因而，采用常规 D – InSAR 技术与永久散射体干涉测量相结合的工作方法进行（图20-3）。各工作步骤所采取的工作方法如下：

1）工作区SAR数据获取

本项工作采用的主要雷达数据为欧空局自2004年12月—2010年10月间和2011年11月—2012年2月间接收的ASAR数据，其有效工作波段是C波段，数据获取周期为35天和30天（2010年10月轨道调整后周期变为30天），分辨率为20m。

2）数据处理和分析

数据处理和分析系统以专业InSAR数据处理软件，如GAMMA、Doris和SARSCAPE为主，选择利用ARCGIS平台为数据后处理系统，针对工作区环境特点及矿区开采沉陷关键InSAR处理分析技术，分别利用常规D-InSAR技术和永久散射体InSAR技术分别针对快速沉陷和缓慢沉降开展监测。

3）地表形变信息提取

主要采用永久散射体InSAR时间序列分析技术提取地表形变信息，并结合若干实地观测结果获取不同时间间隔的地面沉降速率图。

4）InSAR监测结果后处理

在多期地面沉降信息分析与综合的基础上编制工作区地面沉降（陷）速率图和累积沉降量图。

20.9.5 D-InSAR 基本数据处理方法

要得到反映地形信息的干涉相位，应当首先从干涉相位和中消除平地相位的影响，其次从中减去其他各项得到地形相位，再进行相位解缠和相位到高程的转换，将生成的高程信息转换到特定的坐标系统下，生成DEM数据。由于地形形变相位、热噪声相位、大气波动相位以及轨道偏差引起的相位波动可以通过合理的处理方法来消除或者降低。

InSAR数据处理流程如图20-4所示。

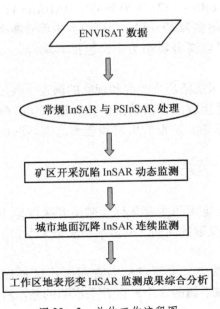

图20-3 总体工作流程图

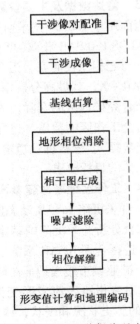

图20-4 InSAR数据处理流程

20.9.6　PSInSAR 时序分析关键技术

　　PS 技术的核心思想是对永久散射体干涉相位进行时间序列分析，根据各相位分量的时空特征，估算大气波动、数字高程模型误差以及噪声等，将其从差分干涉相位中逐个分离，最终获取每个 PS 的线性和非线性形变速率、大气延迟量以及 DEM 误差。经 PS 方法处理，获取的年度形变率的精度可以达到毫米级。该方法是基于大量的合成孔径雷达（SAR）数据（一般大于 20 甚至 30 景），从中筛选出具有稳定散射特性的相干点目标，构成离散点观测网络（较之常规的变形监测网密度更高），通过分析 PS 点目标相位变化获取地表形变状况。由于将永久散射体作为观测对象，降低了空间基线对相干性的影响，即使在临界基线的条件下，仍然可以通过分析 PS 差分干涉相位的变化反演形变信息。但该方法往往需要反映地表形变特征的先验模型，如线性形变速率模型。另外，为了提高散射体高程的估算精度，并进行大气校正，需要大量的 SAR 数据进行统计分析。

　　PS 技术一般采用线性形变模型提取点目标对应的形变量，如测量长时间下保持稳定移动速率的地表移动的现象。该方法的优点是能一次性地获取中尺度范围内的地表形变信息。由于非线性形变可以用线性形变模型来模拟，因而一些非线性形变也可以通过线性形变测量得到。若观测对象表现出明显的非线性的特征，并且形变量变化大，则在 PS 点目标覆盖的范围内出现了不连续的区域，产生不连续的原因是由于形变本身超出了所采用的模型的边界条件。

　　针对兖州和济宁市区地面沉降等缓慢微小地表形变现象的监测，工作中采用永久散射体干涉测量技术（PSInSAR）（图 20 – 5）。

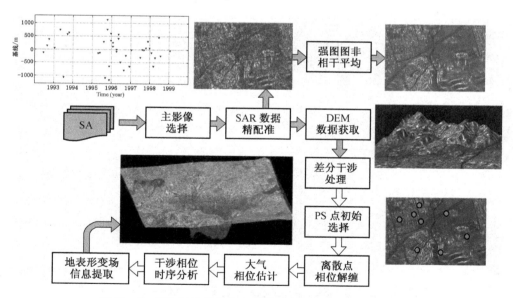

图 20 – 5　PSInSAR 数据处理的基本方法（引自 Rocca2005）

20.9.7　兖矿地区开采沉陷历史状况 InSAR 动态监测结果

　　工作中共接收 ENVISAT ASAR 数据 22 景，ENVISAT 卫星变轨前 18 景，由于该卫星于 2010 年 10 月后轨道调整，在变轨后从 2011 年底截止到 2012 年 3 月，接收数据 4 景。

　　监测成果揭示了济宁、兖州、曲阜和邹城地区各个煤矿开采区在 2004 年 11 月—2005

年 3 月、2005 年 12 月—2006 年 2 月、2009 年 12 月—2010 年 2 月以及 2011 年 11 月—2012 年 2 月四时间段的地面塌陷基本情况。

由 2004 年 12 月—2006 年 2 月和 2008 年 9 月—2010 年 10 月两个时间段的 ENVISAT ASAR 数据进行 PSInSAR 时序分析，得到两个时间段的平均沉降速率。监测结果表明：工作区总的沉降范围与矿区分布一致，分别位于济宁市任城区北部、兖州市东南部、曲阜市西部以及邹城市西北部。

2004 年 12 月—2006 年 2 月监测结果表明，工作区内有两大明显的沉降区域，兖州市东南、曲阜市西部以及邹城市西北部沉降连接成片，沉降速率大于 20 mm/a 的区域超过 180 km²，另一个明显的沉降区域为济宁市任城区北部。

2008 年 9 月—2010 年 10 月，InSAR 监测地面沉降结果表明，两大沉降区沉降范围有所扩大，兖州—曲阜—邹城沉降区内沉降中心沉降速率有所减缓，但西部整体沉降加剧，东部有所减缓；济宁任城区沉降区与汶上县、嘉祥县交界处沉降明显减缓，主城区西北郊南张镇一带有所加剧，北部岱庄—栗乡一带有所减缓，但任城区东部和南部出现明显沉降中心。图 20 - 6 所示为 2004 年 12 月—2010 年 10 月 InSAR 监测地面沉降结果图。

图 20 - 6　工作区 InSAR 监测累积地面沉降量（2004 - 12—2010 - 10）

由 InSAR 监测累积地面沉降量所示可知，在近 6 年的时间内，全区最大累积沉降量超过 250 mm，两个沉降区分别为济宁市北部煤矿区和曲阜、兖州交界沿泗河一线。

通过对累积地面沉降量空间插值分析得到该区域累积沉降等值线图，济宁、兖州、曲阜和邹城四辖区约 4060 km² 的面积，去除大面积水域共约 3922 km²，分析统计可得各沉降范围影响面积（表 20 - 7）。

表 20 - 7 累积地面沉降影响范围统计

累积沉降量/mm	面积/km²	所占比例/%
<-200	0.159	0.004
-180 ~ -200	1.028	0.026
-160 ~ -180	3.580	0.091
-140 ~ -160	32.044	0.817
-120 ~ -140	65.489	1.670
-100 ~ -120	110.945	2.828
-80 ~ -100	174.526	4.449
-60 ~ -80	451.056	11.499
-40 ~ -60	1472.813	37.548
-20 ~ -40	1410.537	35.961
0 ~ -20	200.262	5.106
总 计	3922.438	100.000

20.9.8 结论

本次工作针对兖州和邹城地区区域性地面沉降和煤矿开采区快速沉陷两种类型地表形变，利用 2004—2012 年多期 EVSAT ASAR 雷达数据，应用 PSInSAR 处理技术与常规 D - InSAR 差分干涉处理方法，获取了全区 2 个不同时间段的区域性地面沉降速率和 6 年时间内全区累积沉降量结果，并以冬季相干性良好的差分干涉纹图实现了开采沉陷动态过程监测，得到了多个时段矿区动态沉陷监测成果。监测结果查明了济宁、兖州、曲阜、邹城四市地面沉降分布状况，统计得到了全区累积沉降量和影响地区范围，全面掌握了 4 个地区目前地面沉降的总体分布态势和局部沉降特征。

第 五 篇

地球物理测井

21 地球物理测井概述

21.1 术语定义

测井 **well logging** 在勘探过程中，利用各种仪器测量井下地层、井中流体的物理参数及井的技术状况，分析所记录的资料，进行地质和工程研究的技术。

测井系列 **well logging series** 针对不同的地层剖面和不同的测井目的而确定的一套测井方法。

测井方法 **log method** 测井方法众多。电、声、放射性是三种基本方法。特殊方法有电缆地层测试、地层倾角测井、成像测井、核磁共振测井、随钻测井等。

数控测井 **computerized well logging** 在测井过程中，利用计算机控制数据采集及数据处理的技术。

勘探测井 **exploration well logging** 在煤田勘探过程中使用的方法、仪器、处理及解释技术。

记录点 **recording point** 下井仪器测量地层物理参数的深度对应点。

源强 **source intensity** 单位时间内放射源衰变次数。

半衰期 **half－life** 放射源的强度衰减到它的原来数值的一半所用的时间。

γ射线 **gamma ray** 由核子蜕变过程中发射的一种电磁波。

供电电极 **current electrode；injection sonde** 在电法测井中，用于提供电压或电流的电极，在井筒中可以形成一定的人工电场。

侧向测井仪 **latero logger** 用于侧向测井方法的仪器。

测井仪器设备 **well logging equipment** 测量井下物理参数的仪器设备。

声波幅度测井仪 **acoustic amplitude logger** 在钻孔中通过测量声波信号传播过程中幅度的衰减来研究周围介质特点的仪器。

随钻测井 **follow up log** 一种非电缆测井。它是将传感器置于特殊的钻铤内，在钻井过程中测量各种物理参数并发送到地面进行记录的测井方法。

组合测井 **combination logging** 将几种下井仪器组合在一起，一次下井可以测量多种物理参数的一种测井工艺。

工程测井 **engineering logging** 检测钻井、开发过程中井下技术状况，解决相应工程问题的测井技术。

电测井 **electrical logging** 以测量地层电阻率和介电常数等物理参数为主的测井方法。

地层倾斜方位角 **azimuth of formation inclination** 用倾向线与正北方向的夹角来表示。

地温梯度 **geothermal gradient** 由地表向下，地层温度随深度的增加逐渐升高。深度每增加 100 m 时，温度的增加量称为地温梯度。

钻孔倾角 **inclination of the borehole** 钻孔轴线上某点沿轴线延伸方向的切线与垂线

之间的夹角称为钻孔该点的顶角。

视密度 apparent density　由于测量过程中环境因素的影响，使密度测井测得的密度值偏离地层的真体积密度，其测量值称为视密度。

声波测井 sonic logging　测量声波在地层或井周其他介质中传播特性的测井方法。

放射性测井 radioactive logging　在井中测量由天然放射性核素发射的、辐射源激发的、人工活化的以及示踪同位素核射线的测井方法。

核磁共振测井 nuclear magnetic resonance logging　利用磁共振原理，观测地层孔隙流体中氢核的弛豫特性及含氢量的测井方法。

成像测井 imaging logging　对使用测井仪器测得的具有不同探测深度的测井数据，利用计算机图像处理技术，展现井筒周围地层剖面某个特定物理参数变化的图像的技术。

频率图 frequency plot　频率交会图是在 x、y 平面上统计给定井段上各采样点的两种测井参数值落在每个单位网格中的点数（即频率数）的一种直观的数字分析图形。

周波跳跃 cycle skipping　在特别疏松的地层，因地层大量吸收声波能量，产生较大的衰减，这时常常发现滑行波的信号只能触发路径较短的第一接收器的线路，而当它到达第二接收器时，由于路径更长而引起极大的衰减，不能触发接收器的线路。第二接收器的线路只能被后续的信号所触发。这时在声波时差曲线上出现突然的时差增大，这种现象称为"周波跳跃"。

井温测井 temperature log　测量井内温度以研究钻井液、水泥和地层热学性质的测井方法。

井径测井 caliper logging　测量井眼尺寸或通过测量套管内径来检查套管壁状况的测井方法。

井斜测井 inclination logging　测量井筒倾角和倾斜方位角的测井方法。

热测井 thermal log　是根据钻孔内温度随深度变化的规律来研究地质构造、岩层性质，寻找有用矿产以及检查钻孔技术状况的测井方法。

中子测井 neutron log　中子测井是把装有中子源和探测器的下井仪器放入井内，快中子在穿过井孔介质进入岩层的过程中，高能量中子与物质的原子核相互作用而减速、扩散和被吸收，其能量不断损失或减弱，主要探测岩层中的含氢量。

中子–伽马测井 neutron gamma log　在井中利用同位素中子源照射地层，测量由俘获辐射核反应产生的伽马射线的测井方法。

伽马–伽马测井 selective gamma–gamma logging　井下仪器中放一个放射源去照射孔内岩石，然后测量经散射回来的伽马射线强度。岩石密度越大，散射回来的射线强度就越低，密度小的地方，散射的射线强度高，故又称密度测井。

中子–热中子测井 neutron–thermal neutron log　利用中子探测器记录距中子源一定距离的热中子通量率，测定地层含氢指数的测井方法。分普通热中子测井和补偿热中子测井。

中子–超热中子测井 neutron–epithermal log　利用中子探测器记录距中子源一定距离的超热中子通量率，测定地层含氢指数的测井方法。

岩石电阻率 resistivity of rock　岩石的电学参数之一，是岩石阻抗电流通过其自身的特性。

地层真电阻率 true formation resistivity　原状地层的电阻率。

地层水电阻率 formation water resistivity 原状地层孔隙中所含水的电阻率。

围岩电阻率 resistivity of adjacent formation 盖层及垫层的电阻率。

地层视电阻率 apparent formation resistivity 受井筒、侵入带和围岩等测井环境的影响，地层真电阻率的测量结果。

补偿中子测井 compensated neutron log 一种双探测器热中子测井。采用大强度的同位素中子源和不同源距的两个探测器，用比值法补偿井眼的影响并测量地层含氢指数。

单源距密度测井 single densilog 在地质钻孔中应用的一种测量岩层密度的只有一个探测器的仪器。

声波幅度测井 acoustic amplitude log 是在钻孔中通过测量声波信号传播过程中幅度的衰减来研究周围介质特点的方法。

声波电视测井 borehole acoustic televiewing 利用感光照像或普通电视设备研究钻孔时，需要用清水或气体替换钻井泥浆。利用声波电视测井，则可以在任何不含气的均匀液体，如水、泥浆、原油中进行测量。

流量测井 flow logging 根据水动力学原理，对井孔抽水或注水时，可使所揭露的含水层涌水（吸水）状态发生变化，这种变化必然会使孔内的水沿钻孔作垂向运动。用一种可以自由转动的，能够产生电信号的计数仪器（叶轮）放在孔内测量不同深度位置的流速，进而计算其流量。

电阻率法测井 resistivity log 电阻率法测井是以研究钻孔内煤、岩层导电能力的一种电测井方法，它包括视电阻率法测井和接地电阻率法测井两种。

激发极化测井 induced polarization logging 测量人工激发电场的测井方法。

横向测井 electric lateral curve log 使用一套不同电极距的梯度电极系（或电位电极系），在同一目的层井段测量地层视电阻率，然后利用测井解释图板或相关数值算法确定地层真电阻率、侵入带电阻率和侵入半径的测井方法。

侧向测井 laterolog 采用聚焦电极系，使供电电流向井眼径向聚焦并流入地层的电阻率测井方法。根据电极的不同组合，分为三侧向、七侧向、双侧向、微侧向、邻近侧向及微球形聚焦测井等。

三侧向测井 laterolog 3 在圆柱绝缘体上，由一个主电极和两个屏蔽电极组成电极系的侧向测井。

七侧向测井 laterolog 7 由 7 个体积较小的环状电极组成的侧向测井。

双侧向测井 dual laterolog 由 9 个环状电极组成的侧向测井，由深侧向测井和浅侧向测井组合而成。

微侧向测井 microlaterolog 在贴向井壁的极板上，由主电极和与它同心的 3 个环状电极组成的聚焦电流测井。

蝌蚪图 tadpole plot 又称箭头图(arrow plat)。是地层倾角测井成果图件之一。纵轴为深度,横轴为地层倾斜角度。倾斜方向从每个表示倾角的点上引出一个线段来表示,线段按上北下南的惯例标出。分析蝌蚪图的形状可以了解地层的构造变化和沉积环境等地质特征。

邻近侧向测井 proximity log 电极嵌在贴向井壁极板上的一种聚焦测井方法。

球形聚焦测井 spherically focused log 一种聚焦测井方法。主电流在井眼附近的地层中流动，形成一个等位面近似球形的电场。

微球形聚焦测井 micro – spherical focused log　测井原理及电极系排列类似球形聚焦测井，但它的电极尺寸较小，且嵌在贴向井壁的极板上。

自然电位测井 spontaneous potential log（SP）　测量井内自然电场的测井方法，广泛用于识别岩性、划分渗透层及确定地层水电阻率等。

自然伽马测井 gamma ray log　在井中连续测量地层天然放射性核素发射的伽马射线的测井方法。

密度测井 density log　通过在井中测量地层电子密度指数来确定地层体积密度的测井方法。

补偿密度测井 compensated density logging　利用长短源距探测器测出的密度差值补偿泥饼影响的一种测量地层体积密度的测井方法。

岩性密度测井 litho – density logging　在井中测定地层电子密度指数 ρe 和光电吸收指数值的测井方法。

21.2　地球物理测井概述

21.2.1　地球物理测井及发展概况

1. 地球物理测井的概念

地球物理测井，又叫钻井地球物理勘探，简称测井，是在钻孔中应用地球物理特性测量地球物理参数的方法。是以矿岩层物性的差异为依据，用来划分钻孔岩性、评价矿层、查明勘探区或矿区的矿层分布、水文地质条件和地质构造形态，以及解决其他某些地下地质问题的一门技术学科。

煤田测井是利用钻孔内不同岩、煤层的电磁学、核物理学、声学、热学、光学、力学特性及电化学活动性等物理性质的差异，通过对测井仪器测量的反映不同物性曲线的分析解释，用以确定煤层的深度、厚度、结构，划分岩性并对比地层，进行煤质分析，计算煤层的碳、灰、水含量，解释断层构造、水文、井温、井斜、井径以及岩、煤层的产状，配合地质、水文、地震、煤质化验等手段为矿山开发提供地层、煤层、煤质、构造、水文地质、工程地质和储量等成果资料。

在煤田地质勘查中，每个钻孔均应按煤田地球物理测井规范要求进行测井。煤田测井适用于煤炭资源评价、煤矿基本建设、煤矿安全生产地质勘查工作中有关的煤、煤层气、水文、工程、灾害、环境等地球物理测井工作。

2. 测井技术发展概况

自 1927 年世界首次进行测井并测出第一条测井曲线以来，测井技术从简单的测量逐步演化成了集成自动化的测量系列，根据数据采集系统的特点，测井技术的发展大致可分为模拟测井、数字测井、数控测井、成像测井 4 个阶段（表 21 – 1）。目前正处在数控测井、成像测井阶段，先进的电子数字技术和信息技术得到广泛应用。

表 21 – 1　测井技术发展概况

发展阶段	模 拟 测 井	数 字 测 井	数 控 测 井	成 像 测 井
地面系统	检流计光点照相记录仪	数字磁带记录仪	计算机控制测井仪	成像测井仪
测量方式	单测为主	部分组合	多参数组合	多参数阵列组合
传输		单向编码传输	双向可控数据传输	双向可控数据传输

21.2.2　测井地质任务

测井一般应完成以下地质任务：

（1）划分钻孔岩性剖面，确定煤岩层物性数据，计策岩层的砂、泥、水含量，推断解释地层时代。

（2）确定煤层的埋深、厚度及结构，计算目的煤层的炭、灰、水含量，推断煤层变质程度，判断煤层煤种。

（3）确定地层倾角倾向，研究煤岩层的沉积规律、地质构造及沉积环境。

（4）估算目的煤层煤层气含气量，评价渗透性。

（5）测算地层孔隙率、地层含水饱和度，确定含水层位置及含水层间的补给关系，估算涌水量和渗透系数。

（6）测算地层地温，并分析、评价地温变化特征。

（7）测算煤岩层岩石力学参数。

（8）固井质量检查评价和套管校深。

（9）确定钻孔顶角与方位角。

（10）对其他有益矿产提供信息或做出初步评价。

21.2.3　测井方法分类

1. 测井方法分类

测井方法众多。电、声、放射性是3种基本方法。特殊方法有电缆地层测试、地层倾角测井、成像测井、核磁共振测井、随钻测井等。

1）按勘查或开采的对象分类

测井按其勘查或开采的对象不同，可分为煤田测井、油田测井、金属与非金属测井和水文测井、工程测井、地热测井、煤层气测井、页岩气测井等。

2）按物理性质分类

测井按其物理性质可分为电测井、电化学测井、放射性测井、声测井、热测井、磁测井、重力测井等。

3）目前主要使用的测井方法

煤田测井已达到方法系列化、仪器组合化、信息数字化、数据处理和资料解释自动化的水平。根据中国煤田地质特点和煤、岩层的物性，目前主要使用的测井方法见表21-2。

表21-2　目前主要使用的测井方法一览表

类　别	测 井 方 法		备　　注
电测井	自然电场法	自然电位法	
		电极电位法	
	直流电场法	视电阻率法	视电阻率电位法、视电阻率梯度法、双电位等方法
		电流法	单电极电流、屏蔽电流、接地电阻梯度
		侧向法	三电极、五电极、七电极
		微电极系法	微侧向、微电位、微梯度
		激发极化法	
	交流电场法	感应法	

表 21-2（续）

类　别	测　井　方　法		备　注
放射性测井	自然伽马法	伽马法	
		自然伽马能谱法	
	人工伽马法	伽马-伽马法	长源距伽马-伽马、短源距伽马-伽马
		选择伽马-伽马法	
		伽马能谱岩性法	
	中子法	中子-中子法	
		中子-热中子法	
		中子-超热中子法	
		补偿中子法	
		中子伽马法	
		次生活化法	
声测井	声波速度法		
	声波幅度法		
	声波全波列法		
	超声成像法		
水文测井	流速、流向法		
	流量法		
工程测井	井温法		梯度井温测井、梯度微差井温测井
	井斜法		悬锤罗盘式、感性连续式、陀螺测斜
	岩层产状法		四臂式、三臂式产状测井
	井径法		测杆电阻式、菱形电阻式、感应式
	井液电阻率法		
其他测井	磁法		
	气法		
	核磁法		
	热测井法		
	重力法		
	电视法		

常用测井仪器方法组合见表 21-3。

表 21-3　常用测井仪器方法组合一览表

仪器组合	测　量　参　数
密度组合	自然伽马、聚焦电阻率、长源距伽马-伽马、短源距伽马-伽马、井径等参数
声波仪	声波时差（单发单收、双收、三收）、全波列和声幅，测量不同地层声波传播速度
电测井仪	自然电位、激发极化、电位电阻率、梯度电阻率等有关电法测井参数，极距排列尺寸可按用户要求

表21-3（续）

仪器组合	测量参数
中子组合仪	自然伽马、电位电阻率、自然电位、接地电阻、中子－热中子、井径等参数
产状组合仪	倾角、方位、微侧向、井径等参数
井温仪	钻孔内不同深度的温度和井液电阻率

2. 测井测量的一些物理性质

（1）岩石的密度。

（2）岩石的声波传播时间。

（3）岩石的电阻率。

（4）岩石的中子吸收率。

（5）岩石或井液界面的自然电位。

（6）钻孔孔径大小。

（7）钻孔中的流体流量与密度。

（8）与岩石或钻孔环境有关的其他性质。

21.2.4 不同煤岩层的主要物理特征

1. 电阻率

在电法测井中，通常用电阻率表示岩、煤层的导电性能。它们在导电性能上的差异，构成了视电阻率法等电法测井的物理基础。常见主要矿物、岩石的电阻率值见表21-4。

表21-4 常见主要矿物、岩石的电阻率

名　称	电阻率值/(Ω·m)	名　称	电阻率值/(Ω·m)	名　称	电阻率值/(Ω·m)
石墨	$10^{-6} \sim 3 \times 10^{-4}$	辉绿石	$8 \times 10^{2} \sim 8 \times 10^{5}$	页岩	$10^{1} \sim 10^{2}$
磁铁矿	$10^{-4} \sim 6 \times 10^{-3}$	花岗岩	$6 \times 10^{2} \sim 6 \times 10^{5}$	疏散砂岩	$2 \times 10^{0} \sim 5 \times 10^{1}$
黄铁矿	10^{-4}	玄武岩	$6 \times 10^{2} \sim 6 \times 10^{5}$	致密砂岩	$2 \times 10^{1} \sim 2 \times 10^{3}$
黄铜矿	$10^{-3} \sim 10^{-1}$	无烟煤	$10^{-3} \sim 10^{2}$	砾岩	$2 \times 10^{1} \sim 3 \times 10^{3}$
方解石	$5 \times 10^{3} \sim 5 \times 10^{12}$	烟煤	$5 \times 10^{2} \sim 5 \times 10^{4}$	白云岩	$5 \times 10^{1} \sim 5 \times 10^{3}$
长石	4×10^{11}	褐煤	$10^{1} \sim 2 \times 10^{2}$	泥灰岩	$5 \times 10^{0} \sim 5 \times 10^{2}$
白云母	$10^{11} \sim 10^{12}$	黏土	$2 \sim 10$	石灰岩	$6 \times 10^{2} \sim 6 \times 10^{3}$
石英	$10^{12} \sim 10^{14}$	泥岩	$10^{0} \sim 3 \times 10^{2}$	硬石膏	$10^{4} \sim 10^{10}$
天然焦	$10^{-4} \sim 10^{0}$	辉长岩	$8 \times 10^{2} \sim 10^{5}$	钾石盐	$10^{14} \sim 10^{15}$
黑云母	$10^{14} \sim 10^{15}$	片麻岩	$10^{2} \sim 10^{4}$	盐岩(普通)	$10^{4} \sim 10^{14}$
褐铁矿	$10^{6} \sim 10^{8}$	砂	$10 \sim 10^{3}$	方铅矿	$10^{-5} \sim 10^{-3}$
铝土矿	$10^{2} \sim 10^{6}$	泥炭	$10 \sim 3 \times 10^{2}$	正长岩	$10^{2} \sim 10^{5}$
赤铁矿	$2 \times 10^{-3} \sim 1 \times 10^{6}$	硫	$10^{9} \sim 10^{16}$	闪长岩	$10^{4} \sim 10^{5}$

2. 密度

岩、煤层在密度上存在着较明显的差异，这种差异是伽马－伽马测井法（密度测井）用以判断煤层的依据。常见矿物、岩石的密度见表21-5。

表 21-5 常见矿物、岩石的密度

名称	密度/$(g \cdot cm^{-3})$	名称	密度/$(g \cdot cm^{-3})$	名称	密度/$(g \cdot cm^{-3})$	名称	密度/$(g \cdot cm^{-3})$
石墨	2.1~2.4	花岗岩	2.5~2.81	黑云母	2.65~3.10	泥岩	2.0~2.4
金刚石	3.15	石英岩	2.5~3.6	石膏	2.3~2.5	砂层	2.0~2.5
黄铁矿	4.7~5.2	高岭土	2.4~2.68	天然焦	1.8~2.1	粉砂岩	2.0~2.6
磁铁矿	4.9~5.2	高岭石	2.58~2.60	褐煤	1.05~1.45	砂岩	2.1~2.84
赤铁矿	5.0~5.3	石英	2.59~2.67	烟煤	1.18~1.65	石灰岩	2.3~2.9
方铅矿	7.4~7.6	长石	2.58~2.76	无烟煤	1.35~1.9	岩浆岩	2.6~3.0
铅	11.3~11.9	方解石	2.6~2.9	页岩	1.9~2.60	硬石膏	2.89~3.05
铝	2.70	白云母	2.76~3.1	辉长岩	2.85~3.12	辉绿岩	2.96~3.50
铁	7.86	钾盐	1.97~1.99	水泥	1.99	钠长石	2.6~2.75

3. 自然放射性

地层中，一般都含有微量的天然放射性元素（铀、钍、钾等）。通过测量它们的伽马射线强度，可以划分不同的地层。我国部分煤田岩、煤层的放射性强度值见表 21-6。部分岩石的自然放射性含量见表 21-7。

表 21-6 部分煤田岩、煤层的放射性强度值

名　称	伽马射线强度（伽马）	名　称	伽马射线强度（伽马）	名　称	伽马射线强度（伽马）
煤层	5~7	粉砂岩	15~25	中性火成岩	5~15
石灰岩	4~8	砂质泥岩	20~30	基性火成岩	4~10
中、粗砂岩	6~12	泥岩	20~35		
细砂岩	10~15	酸性火成岩	8~40		

表 21-7 部分岩石的自然放射性含量

岩　性	放射物质含量$\left(\dfrac{克镭当量}{克}\right)$	岩　性	放射物质含量$\left(\dfrac{克镭当量}{克}\right)$
红黏土 黑沥青质黏土	90×10^{12}	酸性火成岩	$1~10 \times 10^{-12}$
		中性、基性、超基性岩	$<1~10 \times 10^{-12}$
钾盐	60×10^{-12}	砂层	
泥质页岩		白云岩	
泥质粉砂岩	$<60 \times 10^{-2}$	砂质灰岩	$1~8 \times 10^{-12}$
火山灰		灰质砂岩	
黏土砂岩		硬石膏	
泥灰岩		石膏	
泥质灰岩	$5 \times 10^{-12} ~ 30 \times 10^{-12}$	不含钾岩盐	$1~2 \times 10^{-12}$
砂质泥岩		煤	

在碎屑沉积岩中，天然放射性元素含量主要与泥质含量有关，随着泥质含量的增多，岩石的放射性强度增强。

4. 声波速度

声波在岩石中的传播速度与岩石的密度有密切关系，随密度的增大而呈线性增大。部分岩、煤层中声波速度见表 21-8。

表 21-8　常见介质及沉积岩的纵波速度和时差（常温及标准大气压下）

介　质	声速/(m·s⁻¹)	时差/(μs·m⁻¹)	介　质	声速/(m·s⁻¹)	时差/(μs·m⁻¹)
空气（0℃，1atm）	330	3000	渗透性砂岩	5940	168
甲烷（0℃，1atm）	442	2260	致密砂岩	5500	182
石油（0℃，1atm）	1070~1320	985~757	致密石灰岩	6400~7000	156~143
水（普通钻井液）	1160~1620	655~620	白云岩	7900	125
泥岩	1830~3960	548~252	岩盐	4600~5200	217~193
泥质砂岩	5640	177	硬石膏	6100~6250	164~160
橄榄岩	7978	125.3	赤铁矿	7100	140.7
辉长岩	7189	139.1	花岗岩	6010	166.3
辉绿岩	6838	146.2	钾盐	4115	242.7
方解石	6416~6705	149~163	无烟煤	2540~3386	295.2~393.6
石英	5760	174	烟煤	1800~3048	328.2~459.2
套管（钢）	1650	187	褐煤	1055~2177	459.2~590.4

5. 孔隙率

中子测井是以岩石中的含氢量来研究岩石性质和孔隙率等地质问题，而岩石的含氢量又取决于它的孔隙率。几种岩石的孔隙率见表 21-9。

表 21-9　几种岩石的孔隙率　　　　　　　　　　　　%

岩石名称	孔隙率	岩石名称	孔隙率	岩石名称	孔隙率
花岗岩	0.1~1.2	粉砂岩	5.0~20	砾岩	0.4~9.3
石灰岩	0.5~2.0	砂质泥岩	4.0~25	砾石	25~40
中、粗砂岩	3.0~4.8	泥岩	5.0~30	砂层	30~50
细砂岩	3.0~30	火成岩	0.1~6.3	黏土	40~70

21.3　测井方法

21.3.1　电测井

21.3.1.1　电阻率法测井

电阻率法测井是以研究钻孔内煤、岩层导电能力的一种电测井方法，它包括视电阻率法测井和接地电阻率法测井等。视电阻率法测井按其电极系的差别，分为普通电极系电阻

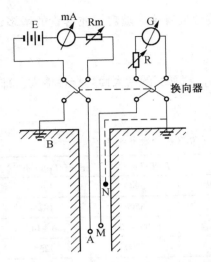

图 21-1　视电阻率测井原理图

率测井和聚焦电极系电阻率测井。在煤田测井中，普通电极系电阻率测井采用电位电极系和梯度电极系，而聚焦电极系电阻率测井是使用三电极、五电极、七电极聚焦电极系等。

1. 视电阻率测井原理

视电阻率测井就是沿井身测量井周围地层电阻率的变化，为了测得井内介质的电阻率，需要向井中供应电流，在地层中形成电场，研究地层中电场的变化。通过电缆分别在介质表面和介质中安置 4 个电极 A、B、M、N，构成一个供电回路和一个测量回路，由供电电极 A、B 和恒流电源组成的回路，称为供电回路；由测量电极 M、N 和记录仪中的测量道 G 组成的回路，称为测量回路，其中，G 用以记录电阻率曲线，故由 G 构成的测量回路称为电阻率测量道回路。电路中配置电子换向器是为了消除自然电位对电阻率测井的影响。其测量原理如图 21-1 所示。把供电电极 A 和测量电极 M，N 组成的电极系放到井下，供电电极的回路电极 B 放在井口。当电极系由井底向上提升时，由 A 电极供应电流 I，M，N 电极测量电位差 ΔU_{MN}，它的变化反映了周围地层电阻率的变化。通过变换，即可测出地层的视电阻率。这样就能给出一条随深度变化的视电阻率曲线，可用下式表示：

$$R_a = K \frac{\Delta U_{MN}}{I} \tag{21-1}$$

式中　　　R_a——视电阻率，$\Omega \cdot m$，mV；

ΔU_{MN}——MN 电极间的电位差，mV；

I——供电电流，测量时电流恒定，mA；

K——电极系常数，它的数值与电极间的距离有关。

$$K = \frac{4 \pi \overline{AM} \cdot \overline{AN}}{\overline{MN}} \tag{21-2}$$

2. 电极系

通常把井下接在同一线路中的电极叫作成对电极，把地面电极与井下电极接在同一线路中的电极叫作不成对电极。根据成对电极与不成对电极间的距离，把视电阻率法测井采用的下井电极系分为两类四系八种形式（图 21-2）。

1）梯度电极系

不成对电极与其相邻成对电极间的距离（$\overline{AM}$或$\overline{MA}$）远大于成对电极间的距离（$\overline{MN}$或$\overline{AB}$）的电极系称为梯度电极系，成对电极的中点为 O，叫作记录点，梯度电极系测量值相当于 O 点对应深度处的视

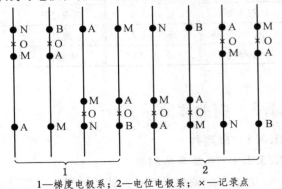

1—梯度电极系；2—电位电极系；×—记录点

图 21-2　视电阻率法测井电极系分布图

电阻率。不成对电极到记录点的距离（$\overline{AO}$或$\overline{MO}$），称为梯度电极系的电极距，用$\overline{AO}$或 L 表示。电极距和记录点是电极系的重要参数。

如果 MN 电极（或 AB）间的距离接近于零时，$\overline{AM} \approx \overline{AN} = \overline{AO}$，这样的电极系叫作理想梯度电极系，理想梯度电极系的视电阻率为

$$R_a = \frac{4\,\pi\overline{AM} \cdot \overline{AN}}{I} \cdot \frac{\Delta U_{MN}}{MN} = \frac{4\,\pi\overline{AQ}^2}{I} \cdot E \qquad (21-3)$$

上视电阻率 R_a 与记录点处的电位梯度成正比，这是梯度电极系命名的依据。

2）电位电极系

不成对电极与其相邻成对电极间的距离（$\overline{AM}$或$\overline{MA}$）远小于成对电极间的距离（$\overline{MN}$ 或$\overline{AB}$）的电极系叫作电位电极系。不成对电极到其相邻成对电极的距离（$\overline{AM}$或$\overline{MA}$）叫电极距，用$\overline{AM}$或 L 表示，$\overline{AM}$的中点 O，称为记录点，电位电极系的测量值相当于 O 点所在深度处的视电阻率。当成对电极 MN 的距离很大时，N 点电极对测量结果已无影响，这样的电极系称为理想电位电极系，其视电阻率可用下式表示：

$$R_a = 4\,\pi\overline{AM}\frac{U_M}{I} \qquad (21-4)$$

所测视电阻率与 M 电极的电位成正比，这也是电位电极系命名的依据。

3. 视电阻率曲线

1）梯度电极系视电阻率曲线

图 21-3 所示为在三层介质无井存在时理想梯度电极系（AMN 电极系，$\overline{MN} \to 0$）的视电阻率曲线。对于高电阻率地层，上、下围岩电阻率相等时，曲线形状不对称。在地层顶面显示极小值，地层底面显示极大值，甚至于对地层厚度小于电极距的薄层（$h < L$，$L = AO$），仍然保持这一特点。当有井存在时，实际梯度电极系的视电阻率曲线基本类似，只是曲线的突变点及直线部分都变得比较光滑，但对高电阻率地层仍显示出极大和极小值。按照这种原理，用底部梯度电极来划分地层界面。梯度电极系的探测范围约为电极距的 1.4 倍。

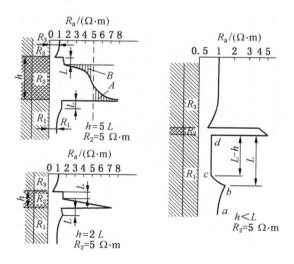

图 21-3　三层介质无井存在时理想梯度电极系的视电阻率曲线

2）梯度电极系理论曲线（未考虑井的影响）特征

（1）视电阻率梯度电极系（顶部和底部）理论曲线的形状与被测岩层的中点上下不对称。

（2）特征点梯度视电阻率曲线的极小值，特征点曲线的极大值，它们所在位置分别为岩层的底界面和顶界面。

（3）取极大值与极小值之间的平均值作为岩层的真电阻率值。

（4）在岩层底界面和顶界面上方分别有一直线段，该直线段长度等于梯度电极系的电极距（$L = AO$ 或 $L = MO$）。

3）电位电极系的视电阻率曲线

图 21-4 所示为理想电位电极系（AMN，$N \rightarrow \infty$）的视电阻率曲线。对于高电阻率厚地层，上、下围岩相同时，曲线对地层中点呈对称形状，在地层中点显示极大值。当地层厚度大于 5 倍电极距（$h \geqslant 5\overline{AM}$），其极大值近似等于地层电阻率。但对当电阻率薄地层（$h < \overline{AM}$），视电阻率曲线对地层中点显示极小值。在距地层上、下界面 1/2 $\overline{AM}$ 处显示假极值。因此，在薄地层时，电位电极系不能反映地层的电阻率变化。我国煤炭测井用 $\overline{AM} = 0.1m$ 的电位电极作为标准电测井，基本上能够反映厚度大于 0.1m 地层的电阻率变化。当有井存在时，曲线的突变点及直线部分，变得更为光滑，仍保留曲线的基本特征。电位电极系的探测范围约为电极距的 2 倍。

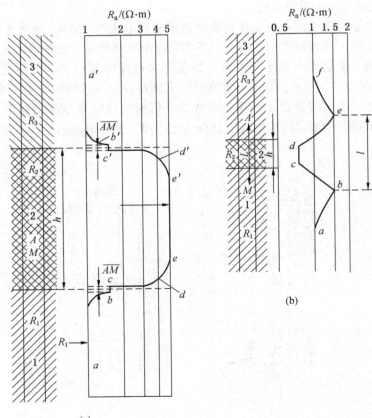

(a)

(b)

图 21-4 理想电位电极系的视电阻率曲线

4）电位电极系视电阻率理论曲线（未考虑井的影响）特征

（1）视电阻率电位电极系（倒装和正装）理论曲线的形状与被测岩层的中点呈上下对称。

（2）特征点电位视电阻率曲线的最大值，其值近似等于岩层真电阻率值。

（3）在岩层上、下界面处各有一直线段，其距离等于一个电极距（$L = AM$），其中点分别为岩层的底界面和顶界面。

（4）当高阻层厚度 $H > \overline{AM}$ 时，其电位电极系视电阻率曲线的分层点位于异常根部的分离点。

4. 标准电测井

为了在一个煤田或一个地区研究地质剖面、构造形态及岩相的变化，选用一个或两个电极系对全井段进行测量，这种测井叫作标准电测井。我国用 0.1 m 的电位电极系和 2.5 m 的梯度电极系测量。同时还测量自然电位和井径，形成标准电测井曲线。标准电测井要求在全区采用相同的横向比例和深度比例（通常用 1：500 的比例尺）。标准电测井在地质和工程上应用较多，井径曲线可用于横向测井及组合测井分析井径的影响。

5. 视电阻率曲线的影响因素

影响视电阻率曲线的因素很多，主要有以下几点：

（1）地层厚度及地层电阻率的影响。假定在其他条件不变的情况下，随着地层厚度增大和电阻率的增高，视电阻率曲线的幅度会逐渐增大（图 21-5）。

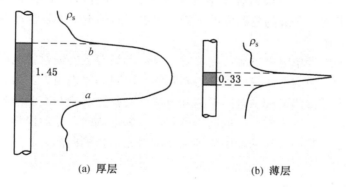

(a) 厚层　　　　　　　　　　(b) 薄层

图 21-5　高阻煤层（或岩层）的视电阻率曲线形态

（2）井径及泥浆电阻率的影响。由于泥浆的存在，使得分流作用增强，削弱了地层电场，因此测得的 ρ_s 曲线受泥浆的影响增大。同时，井孔的扩大将进一步导致探测范围内的泥浆增多，使得视电阻率曲线幅值降低。在井径严重扩大处，其实测的地层视电阻率曲线值就等于井内泥浆电阻率值。因此，在扩井处要进行井径校正，以消除上述影响。

（3）围岩电阻率的影响。围岩电阻率的变化，直接影响了地层电阻率曲线的变化，不但可使曲线幅值降低，而且还可使其曲线变形。一般来说，当围岩与地层的电阻率值有一个合适的比例时，所测曲线才能符合实际情况。

（4）倾斜岩层的影响。视电阻率理论曲线是在无井条件下的水平高阻岩层中得出的最佳结果。在实际工作中，经常接触到的大都是倾斜岩层，在其他条件不变的情况下，岩层倾角发生变化，所测曲线形状则发生变化（图 21-6、图 21-7）。

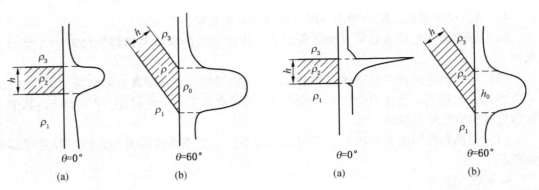

图21-6 倾斜岩层电位电极系的视电阻率　　图21-7 倾斜岩层梯度电极系的视电阻率曲线

随着岩层倾角增大，电位电阻率曲线形状无大的变化，只是曲线所反映岩层的视厚度增加。因此，在岩层倾角大的地区，可进行适当的厚度校正。

随着岩层倾角的增大，梯度电阻率曲线的极大值向地层中心移动，当 $\theta \geqslant 60°$ 时，曲线与岩层中心呈对称形态；曲线的极大值随着倾角的增加而降低，极小值消失，曲线变得平缓。因此，在岩层倾角较大的地区，不要采用梯度电极系。

（5）影响电阻率值的主要因素。一是岩石的成分与结构，岩石的电阻率将取决于这些胶结物和矿物颗粒的电阻率及相对含量，胶结好，孔隙率小，致密，则电阻率高；二是岩石的裂隙率或含水量，一般裂隙率或含水量越大，则岩石电阻率越小，反之则电阻率大；三是岩石的温度，一般随着温度的下降，含水岩石的电阻率显著增高。

21.3.1.2 侧向测井

用普通电极系或者单电极电流法测井时，电流场是发散的辐射状电场，易受低阻的泥浆和围岩分流影响，使测得的视电阻率与实际的真电阻率差别很大。为了克服普通电极系上述的弱点，引入了聚焦电极系电阻率测井方法，简称侧向测井。侧向测井由于电极装置不同，可分成三侧向、五侧向、七侧向、微侧向、邻近侧向、球形聚焦、双侧向、方位侧向测井等几种类型，其中煤炭勘探中应用较多的是三电极侧向测井。

1. 三侧向测井

1）三侧向测井的原理

三侧向测井是用屏蔽电极的电流使主电极的电流（主电流）成为水平层状而流入地层，可以大大减少钻孔泥浆的影响（图21-8）。可测量4个参数，即侧向电压、侧向电流、侧向电阻率、侧向电导率。该测井曲线界面明显，是解释薄地层的有效方法。

三侧向测井的电极系由主电极 A_0 和屏蔽电极 A_1、A_2 构成（图21-8），电极呈圆棒状，三侧向测井原理如图21-9所示。我国煤炭三侧向测井常用的有两种：①主电极 A_0 长 0.15 m，屏蔽电极 A_1、A_2 各长 1.70 m，A_0 和 A_1、A_2 之间长度为 0.025 m 的绝缘环；②主电极 A_0 长 0.10 m，屏蔽电极 A_1、A_2 各长 1.00 m，A_0 和 A_1、A_2 之间长度为 0.02 m 的绝缘环，电极系总长 2.14 m，A_1 与 A_2 短路相接。测量时，A_0 电极通以恒定电流 I_0，A_1 和 A_2 电极通以屏蔽电流，通过自动调节，使得 A_1、A_2 电极的电位与 A_0 电极相等，从而迫使 I_0 电流呈圆盘状沿径向流入地层，减小了井和围岩的影响，提高了纵向分层能力。测得的视电阻率 R_a 表示为

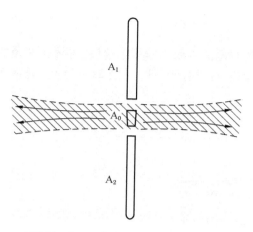

图 21-8 三侧向主电极的电流分布

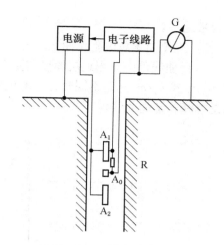

图 21-9 三侧向测井的原理

$$R_{a} = K \frac{U}{I_{0}} \qquad (21-5)$$

式中 U——电极表面电位，mV；

I_{0}——主电流，恒流供电，mA；

K——电极系常数。

三侧向测井视电阻率曲线对地层中点呈对称形状，视电阻率极大值位于地层中点。

侧向测井所测得的参数仍是视电阻率，但较普通电极系所测得的数值更接近于被测岩层的真电阻率。曲线陡度大，对夹石的反映明显，提高了分层精度和划分薄层的能力（图 21-10）。

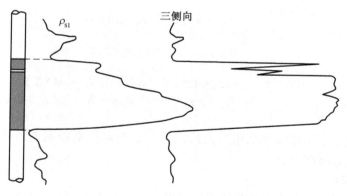

图 21-10 三侧向曲线与视电阻率曲线的比较

为了能够进行组合测量，探测侵入带和原状地层的电阻率，又提出浅探测三侧向测井（简称浅三侧向），除保留深三侧向的 A_1 和 A_2 作为屏蔽电极外，在 A_1、A_2 的外端又加上回路电极 B_1 和 B_2，极性与 A_0、A_1、A_2 相反，A_0、A_1、A_2 电极流出的电流进入地层后不远，就会流向 B_1、B_2 电极，因此使其探测深度变浅，从而达到探测侵入带电阻率的目的。

目前用深、浅三侧向测井进行组合测井，以求取侵入带和原状地层的电阻率。该探管是通过探管内部自动控制，能交替进行深浅侧向测井，当进行井眼和围岩影响校正后，可确定侵入带直径和地层电阻率。全部探管由九电极组成。是煤炭与煤层气测井分辨率较好的参数之一。

2）三侧向聚焦电阻率曲线

（1）曲线形态。当地层厚度与主电极长度的比值 H/L_0、电极系直径与钻孔井径的比值 d_n/d_0 和 L_0/d_0 比值不同时，三电极聚焦电阻率曲线有所不同（图 21-11）。通常多见的是单峰异常的曲线。

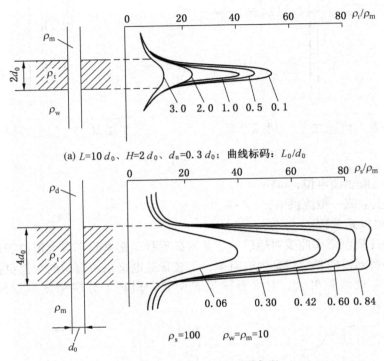

(a) $L=10\,d_0$、$H=2\,d_0$、$d_n=0.3\,d_0$；曲线标码：L_0/d_0

(b) $L=10\,d_0$、$H=4\,d_0$、$d_n=0.75\,d_0$；曲线标码：L_0/d_0

H—地层厚度；L_0—主电极长度；d_0—钻孔井径；d_n—电极系直径

图 21-11　H/L_0、d_n/d_0、L_0/d_0 不同时三电极聚焦电阻率测井的曲线

（2）分层点。三电极聚焦电阻率曲线的分层点与电位电极系电阻率曲线相似，也在高峰异常根部的分离点上。

2. 微侧向测井

微侧向测井利用了七侧向测井的测量原理，不同的是采用小的电极系，并装在绝缘极板上。电极系由主电极 A_0、测量电极 M_1、M_2 和屏蔽电极 A_1 构成，M_1、M_2 和 A_1 电极呈环状，间距为 $A_0 - 0.016M - M_1 - 0.012M - M_2 - 0.012M - A_1$，利用推靠器将极板压向井壁，使电极与井壁直接接触。测量时由 A_0 电极流出主电流 I_0，A_1 电极供以屏蔽电流 I_1，I_1 与 I_0 的极性相同，通过自动控制，调节屏蔽电流 I_1，使得测量电极 M_1 和 M_2 的电位相等，从而迫使 I_0 呈束状沿径向流入地层。在井壁附近地层中，电流束的直径近于环形，电极 M_1 和 M_2 的平均直径约为 $4.4\ \mathrm{cm}$，距井壁较远处，电流束散开，其探测范围约为 $7.5\ \mathrm{cm}$。

测量时，利用微侧向与微电极测井制作的综合校正图板可求得侵入带电阻率。

3. 邻近侧向测井

邻近侧向测井由 3 个电极构成，电极装在绝缘极板上，借助推靠器压向井壁。主电极为 A_0，A_1 为屏蔽电极，M 为参考电位电极。测量时，通过调节 A_1 电极屏蔽电流 I_s，使得 M 电极的电位 U_M 等于仪器内已知的参考信号 $U_参$。在测量过程中保持 $U_M = U_参 = $ 常数。通过调节 A_0 电极的电流 I，使得 $U_{AO} = U_M$。如果二者不等，再调节 I_0 使它们相等。所以，在整个测量过程中能自动保持 $U_{AO} = U_M = $ 常数，从而使得 A_0 电极与 M 电极之间的电位梯度为零，迫使 I_0 沿径向射入地层。

邻近侧向测井的探测范围明显大于微侧向测井，泥饼影响小。通常，当侵入带直径大于 1.00 m 时，原状地层几乎没有影响，邻近侧向测井得出的电阻率就是侵入带电阻率 R_{xo}。但是，当侵入带直径小于 1.00 m 时，原状地层电阻率影响增大。

4. 球形聚焦和微球形聚焦测井

球形聚焦测井由 9 个电极组成，A_0 为主电极，在 A_0 上下对称排列着 M_0、M'_0、A_1、A'_1、M_1、M'_1、M_2、M'_2 四对电极，每对电极短路相接，A_1、A'_1 电极与 A_0 电极极性相反，称为辅助电极。由 A_0 供给的电流一部分流到 A_1、A'_1 电极，称为辅助电流，用 I_a 表示；另一部分电流进入地层，流经一段距离后回到较远的回路电极 B，这部分电流称为测量电流，用 I_0 表示。在整个测量过程中，通过仪器的自动控制系统，调节 I_a 和 I_0 的大小，使 $M_0(M'_1)$ 电极的电位与电极 M_1、$M_2(M'_1$、$M'_2)$ 中点电位差等于某一固定的参考值，从而维持 M_0 到 M_1、M_2 中点之间的电位差不变。此时通过 M_0、M'_0 电极的等位面和通过 M_1、$M_2(M'_1$、$M'_2)$ 电极中点的等位面近似于球形，这也是球形聚焦测井名称的由来。同时，通过调节，要保持 M_1、$M_2(M'_1$、$M'_2)$ 电极间的电位差近似为零，通常 M_0 (M'_0) 叫作参考电极，M_1、$M_2(M'_1$、$M'_2)$ 叫作测量电极。由于 A_1、A'_1 与 A_0 相距较近，辅助电流 I_a 主要沿井眼流动，迫使主电流 I_0 流入地层，由于 M_1、$M_2(M'_1$、$M'_2)$ 电极间的电位差为零，在 M_1、$M_2(M'_1$、$M'_2)$ 电极以内，I_0 不会流入井眼。因此，I_0 的变化反映了地层电阻率的变化。通常选择回路电极 B 及电极 M_1、$M_2(M'_1$、$M'_2)$ 到 A_0 电极间的距离，可改变球形聚焦的探测范围。球形聚焦测井可求得侵入带直径（D_i）及原状地层电阻率 R_t。

微球形聚焦测井原理与球形聚焦测井原理完全相同，只是电极系形状不一样。主电极呈矩形，其他电极是环状矩形，电极间的距离变小，装在绝缘极板上，借助于推靠器使电极与井壁直接接触。辅助电流 I_a 主要经泥饼流入 A_1 电极，这就减小了泥饼的影响，迫使主电流 I_0 流入地层中（对于渗透性地层，即流到侵入带中）。由于电极距小，探测深度浅，不受原状地层电阻率的影响，主要是探测冲洗带电阻率 R_{xo}。

5. 深浅双侧向测井

深浅双侧向测井采用圆柱状电极和环状电极，主电极 A_0 通以测量电流 I_0，M_1、M_2 $(M'_1$、$M'_2)$ 为测量电极，测量过程保持 M_1、$M_2(M'_1$、$M'_2)$ 电极间的电位差为零。进行深侧向测井时，屏蔽电极 A_1、A_2 合并为上屏蔽电极，A'_1、A'_2 合并为下屏蔽电极，并发出与 A_0 电极同极性的屏蔽电流 I_s。浅侧向测井时，A_1、A'_1 为屏蔽电极，极性与 A_0 电极相同，A_2、A'_2 为回路电极，极性与 A_0 相反，由 A_0 和屏蔽电极 A_1、A'_1 流出的电流进入地层后很快返回到 A_2、A'_2 电极，减小了探测深度。

双侧向—微球形聚焦组合测井是一种综合下井仪器，微球形聚焦电极系极板装在 A_2 电极的末端，借助于推靠器压向井壁。该极板结构特殊，其末端可作水平移动，在井壁不规则时，也能贴靠井壁，以保证测井质量。这种组合测井仪可同时测量深侧向测井视电阻率曲线、浅侧向测井视电阻率曲线、微球形聚焦测井电阻率曲线、井径曲线、自然电位曲线、泥饼厚度。

双侧向测井的测量结果仍然受钻井液和围岩的影响。因此，对井眼和围岩影响要进行校正，从而确定侵入带直径 D_i 和地层电阻率 R_t。

21.3.1.3　自然电位测井

以煤岩层电化学活动性为基础的测井方法，为电化学测井。目前，煤田测井中使用的电化学测井有自然电位测井、电极电位测井和激发极化测井，其中，自然电位测井普遍使用，电极电位测井适用于无烟煤、天然焦地区，激发极化测井对硫化矿、石墨、天然焦等划分效果较好。

1. 自然电位成因

1）扩散作用

自然电位来源于含盐浓度梯度引起的离子扩散。当地层水盐浓度大于泥浆滤液的盐浓度时，在渗透层上形成负的自然电位异常；反之则形成正的自然电位异常。

2）扩散吸附作用

在泥岩层上，若地层水与泥浆滤液的盐浓度不同时，因泥质矿物颗粒对离子的吸附作用，使正离子扩散的迁移率大于负离子，由此产生扩散吸附电位。测井规范规定，将泥岩层上的扩散吸附电位人为地视为自然电位测井曲线的相对零电位（即曲线的基线），可见，自然电位测井曲线上的自然电位值，实际上就是各煤岩层与泥岩层之间的自然电位的差值。

3）氧化还原作用

根据氧化失去电子带正电而还原得到电子带负电的原理，当煤层或矿层氧化时，发生氧化作用，在钻孔中形成正的自然电位异常；当还原时则相反，在钻孔中形成负的自然电位异常。

对于煤层来说，煤层上的自然电位与煤种牌号有关。一般情况，褐煤、长焰煤和气煤多处于还原状态，常出现幅度不大的负异常。从肥煤起，随着煤层变质程度增强，按肥煤、焦煤、瘦煤、贫煤和无烟煤、天然焦的顺序，氧化作用的强度递增，其中，肥煤的氧化最弱，而无烟煤（尤其高变质无烟煤和天然焦）的氧化反应最强。在井内岩层的交界面附近即产生了电位差，造成了自然电场。测量该电位差值，可用来划分渗透性地层和高变质煤层、天然焦，解释含水层和判断咸淡水等。应当明确，有些烟煤层出现明显的自然电位正异常，往往与煤层含较多的黄铁矿被氧化密切相关。

2. 测量装置原理

自然电位测量线路如图 21-12 所示，在井下放一个电极 M，地面放一个电极 N，没有供电线路，只有测量线路，G 表示记录仪中的自然电位测量道。测井前，先将 M 电极置于井下的泥岩层上，以泥岩的自然电位作为曲线的基线（相对零线），然后，将 M 电极放到井底后提升测量，记录仪器就记录出一条自然电位测井曲线。图 21-13 所示为砂泥岩剖面井段的自然电位曲线。

3. 自然电位曲线与影响因素

1）自然电位曲线特征

自然电位理论曲线有以下 3 个特征：

（1）当被测岩层岩性均匀且上、下围岩性质相同时，自然电位曲线形状与岩层中部是对称的，并在对着岩层的中部出现极值（极大值或极小值）。如渗透性地层（如砂岩）自然电位曲线形态（图 21 – 13）。

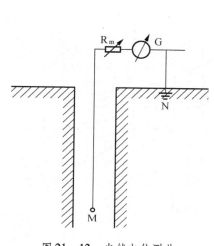

图 21 – 12　自然电位测井

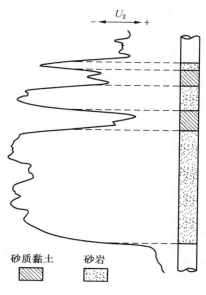

砂质黏土　　砂岩

图 21 – 13　自然电位测井曲线形态

（2）在大多数情况下，岩层中所含地层水的矿化度大于泥浆滤液的矿化度，在含高矿化度水的岩层（如砂岩）处曲线显示负异常；反之，曲线显示正异常。

（3）自然电位曲线形状随着岩层厚度改变而变化。在厚岩层（地层厚度大于 4 倍井径）是用曲线异常幅值的半幅值点来分层；薄层（地层厚度小于 4 倍井径）的曲线异常幅值有所减小，分层解释点向异常顶部移动（一般用异常幅值 2/3 处作分层点）（图 21 – 14）。

2）影响自然电位曲线的因素

（1）总电动势变化的影响。

由于岩石的电化学活动性不同，因此产生自然电位的总电动势也不相同，所测曲线的异常反映也不一样（图 21 – 15）。通常总电动势 $E_{总}$ 越大，自然电位 ΔU_{sp} 也越大，所测自然电位曲线为正异常；$E_{总}$ 越小，ΔU_{sp} 也越小，所测自然电位曲线为

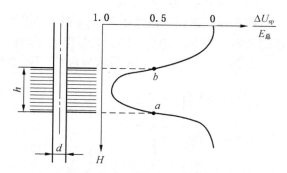

(a) 厚岩层的自然电位理论曲线(h>4d)

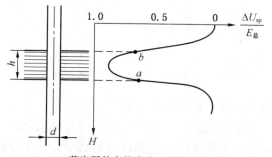

(b) 薄岩层的自然电位理论曲线(h<4d)

图 21 – 14　自然电位理论曲线示意图

负异常。

（2）地层厚度的影响。

自然电位 ΔU_{sp} 是随地层厚度变化而变化的。当地层厚度较大时，ΔU_{sp} 接近或等于 $E_总$（图 21 - 16）；当地层厚度变薄时，ΔU_{sp} 不等于 $E_总$，曲线异常宽度变小，且幅度也减小。

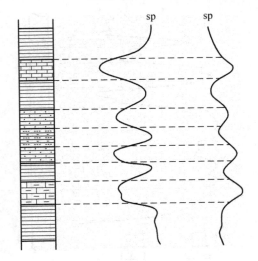

图 21 - 15 总电动势不同情况下
测得的自然电位曲线

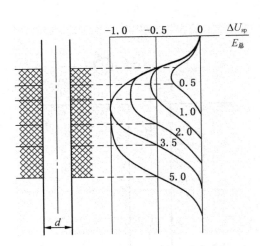

图 21 - 16 层厚变化对自然电位曲线的影响
（曲线数字：h/d）

（3）钻孔和泥浆的影响。

钻孔井径越大，泥浆电阻 $R_{泥浆}$ 越小，自然电位减小。泥浆矿化度越高，泥浆电阻率值就越低，则 $R_{泥浆}$ 越小，因此自然电位就越低；反之，自然电位越高。

图 21 - 17、图 21 - 18 所示为自然电位实测曲线划分无烟煤和岩浆岩。

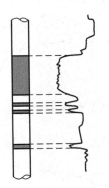

图 21 - 17 利用自然电位曲线划分无烟煤

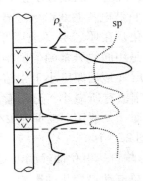

图 21 - 18 用自然电位曲线划分岩浆岩

21.3.1.4 电极电位测井

电极电位测井主要用来研究金属硫化物、石墨和无烟煤、天然焦等具有电子导电性的矿体。利用电极电位曲线可精确地划分无烟煤、天然焦及其厚度。

图 21 - 19 所示为电极电位测井的测量装置原理图和电极电位曲线。M 为中央的刷子电极（也是测量电极，需与矿体接触），N_1 与 N_2 位于 M 电极两侧的比较电极。

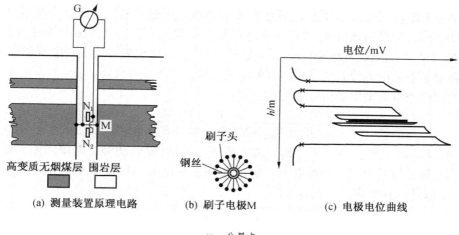

（a）测量装置原理电路　　　（b）刷子电极M　　　（c）电极电位曲线

×—分层点

图 21 – 19　电极电位测井

当电极 M 在一般岩层上（非电子导体）滑动时，岩层无电极电位，故所测得的电位差为测量电极（刷子电极）M 和比较电极 N 的电极电位差。通常这个电位差很小，并近似不变。故在无矿层地段，电极电位曲线呈现为近似平行于井轴的一条直线。当电极 M 进入电子导电的矿体并与之接触时，电极 MN 之间产生很大的电位差。因而电子导电的矿体在电极电位曲线上表现为急剧变化的高异常。比较电极装置在刷子电极的上、下两侧可以平均钻孔中的自然电位，减少电极电位曲线受自然电位的影响。电极电位曲线的分层点在异常的急剧突变点上。

21.3.1.5　接地电阻测井

1. 接地电阻的概念

在电阻率测井中，把下井供电电极 A 称为正极，而把放置在地面的另一个供电电极 B 称为负极，并规定电流从 A 极表面流到 B 极（B 极趋于无穷）所包括的全部介质的电阻的总和，称为接地电阻。

设在均匀各向同性无限分布的介质中，有一球形电极 A（图 21 – 20），其半径为 r_A，介质的电阻率为 ρ，根据接地电阻定义，可测得球形电极 A 的接地电阻为

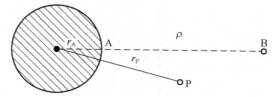

图 21 – 20　均匀介质中球形电极的接地电阻

$$R_A = \int_{r_A}^{\infty} \frac{\rho dR}{4\pi r^2} = \frac{\rho}{4\pi r_A} \tag{21-6}$$

接地电阻 R_A 与其周围介质的电阻率 ρ 成正比，而与电极的半径 r_A 成反比。A 电极处于高阻层中，接地电阻 R_A 就大；A 电极处于低阻层中，其接地电阻 R_A 就小。

接地电阻的 90% 是由 10 倍电极半径以内的介质所决定的，但主要影响范围是 $5r_A \sim 6r_A$ 范围内的介质。因此，可利用各类接地电阻法测井，来解决厚度较小的地层。

2. 电流法测井

1）测量原理

用单芯电缆连接电极 A 下井，当电极 A 沿井身上下移动时，由于处在电极 A 附近介质的电性不同，使接地电阻 R_A 及线路中电流强度都发生变化，从而引起接在线路中的标准电阻 R_0 上产生的电位差也发生变化（图 21 - 21）。该电位差的大小与电流强度成正比。然后，将记录下来的电位差曲线再换算为电流曲线。

供电线路中电流强度的值可由下式确定：

$$I = \frac{E}{R_E + R_{mA} + R + R_L + R_0 + R_B + R_A} \tag{21-7}$$

其中，E、R_E、R_{mA}、R、R_L、R_0、R_B、R_A 依次为电源电动势、电源内阻、电流表内阻、可变电阻、缆芯电阻、标准电阻、电极 B 的接地电阻和电极 A 的接地电阻。在它们中间除 R_A 以外，其他均为常数，所以

$$I = \frac{E}{R_C + R_A} \tag{21-8}$$

其中，$R_C = R_E + R_{mA} + R + R_L + R_0 + R_B$。

根岩层电阻率 ρ 与电流强度 I 的变化成反比。当电极 A 经过高电阻岩层时电流值降低，曲线出现低异常。AB 供电线路中电流的变化只取决于 A 电极接地电阻 R_A 的变化。

2）电流曲线

从实测电流曲线形状来看，它是视电阻率（指电位曲线）曲线的镜像（图 21 - 22），但由于它的幅宽较大，则分层定厚点应取曲线异常幅值的 $\frac{1}{2}$ 处为宜。

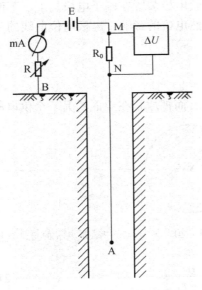

图 21 - 21　电流法测井原理线路图

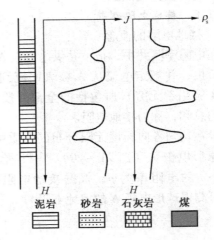

图 21 - 22　实测电流曲线

电流法测井由于受介质影响范围小，因此该法主要用来划分薄岩层和煤层中的夹矸。正因它受介质影响范围小，所以受井的影响就增大，特别是在电极 A 直径不大的情况下，井的影响就更严重，使得解释精度大大降低。因此目前已较少采用这种测井方法。

3. 接地电阻梯度法测井

1）测量原理

电阻率梯度是单位距离内电阻率的变化率。接地电阻梯度法测井的测量线路是由桥式电路组成（图21-23）。电桥的固定臂是由两个固定电阻 R_1 和 R_2 构成；电桥的活动臂是由可变电阻 R_3、电极 A_1 的接地电阻 R_{A1} 和可变电阻 R_4、电极 A_2 的接地电阻 R_{A2} 组成。下井电极 A_1、A_2 之间的距离一般为 0.6 m 左右。

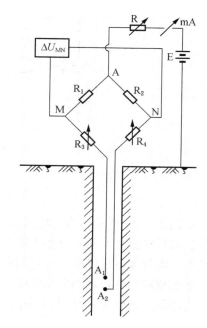

2）接地电阻梯度曲线特点

接地电阻的变化由于发生在岩层交界面处，因此它的曲线形状为一对正负相间的尖峰（图21-24）。接地电阻梯度法测井曲线的记录点为 A_1、A_2 的中点。所以，在高阻岩层上，曲线的极小值与极大值要分别向尖峰外移动 $A_1A_2/2$ 距离，即为高阻岩层的顶、底界面；对于低阻岩层，曲线的两个极值要分别向尖峰内移动 $A_1A_2/2$ 距离，即为低阻岩层的顶、底界面。实际测量的接地电阻梯度曲线，如图21-25所示。

图21-23　接地电阻梯度法测井原理线路

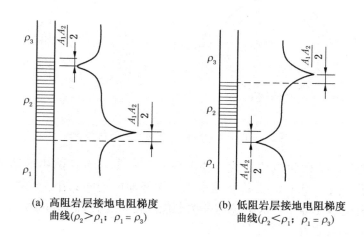

(a) 高阻岩层接地电阻梯度曲线($\rho_2 > \rho_1$；$\rho_1 = \rho_3$)　　(b) 低阻岩层接地电阻梯度曲线($\rho_2 < \rho_1$；$\rho_1 = \rho_3$)

图21-24　接地电阻梯度曲线的特点

实际应用中，如果岩层厚度很大，可直接在两个极值处确定分层点，不需要向外或向内移动1/2个电极距。接地电阻梯度测井曲线仅作为分层定厚使用，不能用于定性解释。

21.3.1.6　激发极化测井

1. 岩石的激发极化机理

岩矿石的激发极化与其成分、含量、结构及周围溶液性质等密切相关，能以明显的异常显示出储层的岩性性质，确定矿藏的位置和储量、确定砂泥岩储层的阳离子交换量和地层水矿化度。

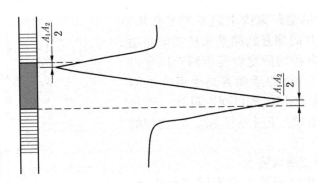

图 21 - 25 接地电阻梯度曲线

如图 21 - 26 所示，当岩样两端施加一外电场时，作用在颗粒表面上的外电场分为法向分量和切向分量。切向分量不能使偶电层中电荷密度产生重大变化，仅仅引起电传导性的增加，而外加电场的法向分量与偶电层的场相叠加（偶电层的场垂直岩石颗粒表面），可以增加或减少变形层的电荷密度，结果在颗粒的一边表现出正电荷的过剩，在另一边则表现为不足，这时颗粒与偶极子相似，它的场与外加电场方向一致。

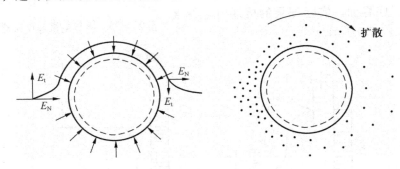

图 21 - 26 偶电层在外电场使用下的形变

偶电层形变和浓差极化电位的大小主要取决于：①岩石孔隙中的溶液的电导率 C_w；②黏土的阳离子交换量 Q_v；③岩石渗透率 K；④外加电场的大小。当激发电流密度在线性范围内时，极化率（等于二次电位与一次电位之比）与外加电场的大小无关。

2. 岩石极化率与岩性、物性关系分析

1）极化率与地层水矿化度的关系

在矿化度的全区间变化范围内，极化率与矿化度之间存在双解关系。在 C_w 低值时，激发极化现象（简称 IP），IP 响应随 C_w 增加而增加。含盐量超过一定比例后，偶电层厚度随之减小，离子可动性降低，致使电解质活性减小，IP 值降低，在高含盐量时偶电层破裂，IP 响应趋于零。

2）极化率与地层阳离子交换量的关系

在 Q_v 的全区间范围内，极化率与 Q_v 之间也存在双解关系。当阳离子交换量为零时，极化率为零。理论上纯砂岩层是没有极化电的。只有像黏土那样的细颗粒才能形成足够数量的窄孔隙薄膜。在 $Q_v \leqslant 1$ 的范围内，极化率与 Q_v 成正比。Q_v 值太高后，也就是黏土含量太高，极化效应将随 Q_v 的增加而减小，以至纯黏土的极化率趋于零，原因是离子的迁移率处处一样。由于不存在离子浓度梯度，也就没有激发极化效应。实际砂岩层都含有不同程度的黏土胶结成分，故实际砂岩都有一定的极化率。

3）极化率与孔隙率的关系

极化率与孔隙率的关系是随着孔隙率增大，极化率升高。当孔隙率小于 10% 时，极化率变化较快，且数值较低。就是说，孔隙率小于 10% 的砂层基本上是极化率较低的非渗透层。孔隙率大于 10% 时，极化率升高较慢，孔隙率每变化 1%，极化率变化约为 0.1%。尽管极化率变化较小，但孔隙率对极化率的影响仍不可忽视。

3. 激发极化测井原理

激发极化测井适用于砂、泥岩地质剖面。地层阳离子交换量 Q_v 和地层水电阻率 R_w 均属电化学参数，是激发极化测井响应的主要组成部分。R_w 是个变量，仅用自然电位 SP 测井曲线确定 Q_v 是不可能的，因而需要激发极化和自然电位组合测井才能定量求解 R_w 和 Q_v。

在电阻率为 ρ、极化率为 η 的无限均匀各向同性介质中，由点电源 A 和 M 点产生的一次场电位为

$$U_0 = \frac{I\rho}{4\pi} \cdot \frac{1}{L} \tag{21-9}$$

式中　L——点电源到测点的距离 $\overline{AM}$，m；

　　　I——激发电流强度，A；

　　　ρ——电阻率，$\Omega \cdot m$。

电流激发后，介质中存在由电流产生的二次电动势（即极化电位）。在激发电流时间 $T \to \infty$ 时，此二次电动势达到饱和极限值 U_2，且与外加电场的方向一致。当直径为 d 的钻孔穿过无限均匀介质时，由于井中的钻井液具有极小的激发电化学活性，可近似取为零。对于 $L \to 0$ 的电极系，二次电位为

$$U_2 = \frac{\eta \rho I}{4\pi d} F(L_r) = \frac{\eta \rho I}{8d} \tag{21-10}$$

从二次场电位不仅与介质的极化率有关，而且还与激发电流和介质的电阻率成正比。当电极系由低级化、高阻围岩进入高极化、低阻地层时，所得到的二次场电位不但不会增大，反而会减小，极化电位曲线（即二次场电位曲线）并不能很好地反映出地层的极化情况。

由于一次场和二次场均与激发电流和介质的电阻率成正比，它们的比值极化率却正好能极大地消除激发电流和介质的电阻率的影响，从而利用极化率曲线能更好地反映地层的极化特征。图 21-27 所示为不同电极系极化曲线。

图 21-28 所示为不同厚度地层的视极化率曲线形态。视极化率曲线形态对于地

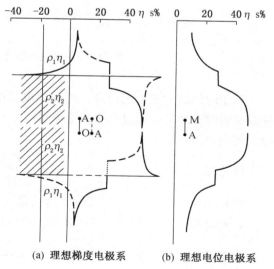

(a) 理想梯度电极系　　(b) 理想电位电极系

$\rho_1 = \rho_2 = 100\ \Omega \cdot m$；$\eta_2/\eta_1 = 10$；$\eta_1 = 5\%$；$d_0 = 0$

图 21-27　不同电极系极化曲线

层中点是对称的。对于层厚 $h_d > 10$ 的地层，U_2^{max} 接近 U_2^{max} ($h \to \infty$) 的值。也就是说，基本上不受地层厚度的影响，曲线半幅点基本位于地层界面处。当 $h_d < 10$ 时，地层界面处于半幅点偏上处，且地层越薄，偏上越多。可依据视化率（$= U_2 / U_p$）曲线这一特性划分地层。

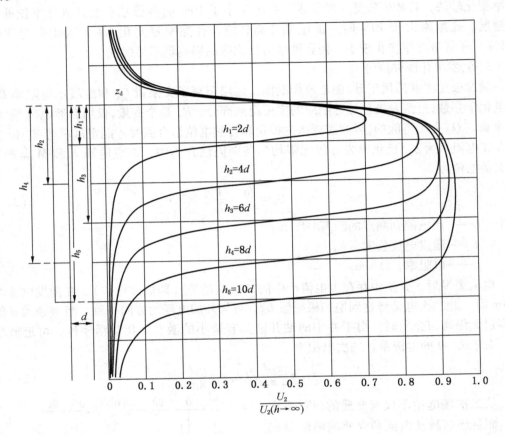

图 21－28　不同厚度地层的视极化率曲线形态

对于时间域激发极化测井，所加的电流呈阶跃函数形式，其二次场（衰减电压）是随时间瞬时衰减的。通过采集测量电极间在充电时的一次电位和断电后一定时间的二次电位，可获得：

极化率：
$$\eta(t) = \frac{U_2(t)}{U_p} \times 100\% \tag{21－11}$$

极化电位：
$$U_2(t) = [U_2^+(t) + U_2^-(t)]/2 \tag{21－12}$$

自然电位：
$$SP = [U_2^+(t) - U_2^-(t)]/2 \tag{21－13}$$

电阻率：
$$\rho = K \frac{U_p}{I_0} \tag{21－14}$$

式中　K——仪器系数；

　　　I_0——激发电流强度。

当激发电流密度在线性范围之内时，地层极化率与供电电流的大小无关。

对于频率域激发极化测井，则采用相差 10 倍频以上的两个不同频率 ω_1 和 ω_2 的激发电流，测量地层在两个不同频率下的阻抗，则百分频率效应为

$$PFE = \frac{\rho_1 - \rho_2}{\rho_1} \quad (\omega_1 < \omega_2) \tag{21-15}$$

在阶跃函数电流的激发下，均匀可极化物质的极化率为

$$\eta = \frac{J\rho_0 - J\rho}{J\rho_0} = \frac{\rho_0 - \rho_\infty}{\rho_0} = FE \tag{21-16}$$

由此可以看出，时间域和频率域激发极化法在理论上是等价的。

4. 影响因素

对时间域激发极化测井系统，供电时间的长短将对极化场产生影响。当供电时间不足时，二次电动势未能达到饱和极限值，其幅度的大小与供电时间有关。

由于激发极化二次场电位为毫伏级（0 到几百毫伏），测量电极的稳定性将直接影响测井质量，甚至关系到测井资料能否使用。目前测井常用的是铅电极和银－氯化银电极。

影响电极电位的因素还有电极的极化作用。一般来说，在相同的实验条件下，可逆电极较不可逆电极更不易极化，因其交换电流密度大。此外，通过增加电极的表面积和减小流过电极的净电流密度也可减小电极的极化影响。

5. 激发极化测井环境校正

激发极化（IP）测井测量充电过程结束前的地层视电阻率 $R_a(T)$ 及放电过程中不同时刻的地层极化率 $\eta_a(t)$。所测得的 R_a 和 η_a 是井下各部分地层参数（目的层、井眼、围岩、冲洗带等）贡献的综合反映。

想要得到目的层参数电阻率 R_t 和极化率 η，就要对 R_a 和 η_a 进行环境校正，尽可能消除环境参数的影响，这就需要制作环境校正图板。

由于激发极化测井电极系的电极距很小，使得其纵向分辨率较高。因此，井眼与围岩对 R_a 和 η_a 的交互影响不大，故可制作单因素校正图板，即井眼影响校正图板和围岩层厚影响校正图板，对测井读数分别作井眼校正和围岩层厚校正，从而消除井眼、围岩的影响。这样做，可使环境校正图板的数量减至最少。

21.3.2 声波测井

21.3.2.1 岩石的声学性质

1. 岩石的弹性性质

测井中遇到的各类岩石都具有弹性体的特性，可将岩石看作弹性体。

但是，地壳中各种不同地质年代、由不同矿物成分组成、结构各异的岩石并非理想弹性体。

2. 岩石的弹性力学及声学参数

用弹性体的杨氏模量 E、切变模量 μ、泊松比 σ 和体变模量 K 以及密度 ρ 来表述岩石这类非均匀、非完全弹性的地质体的性质，上述参数仍然适用。因此，将岩石看成弹性介质是一种近似。

岩石的声学参数主要有：纵波速度 v_p 和横波速度 v_s、纵波时差 Δt_p 和横波时差 Δt_s、声阻抗 Z_0、声衰减系数 α。

21.3.2.2 声波测井的测量原理

声波测井是利用声波在岩石中的传播性质来研究钻孔内岩石岩性的。声波测井主要包括声速测井、声波幅度测井、全波列测井和井下声波电视测井。目前，在煤田测井中主要应用的是声速测井、超声成像测井。

声波速度测井是测量井下岩层的声波传播速度（或时差），以确定井剖面地层的岩性、估算储层孔隙率、岩石强度，判断煤层等，是主要的测井方法之一。声速测井研究的是最先到达接收器的纵波。

声速测井仪器主要有单发射单接收、单发射双接收和双发射四接收 3 种类型。由于单发射单接收受井的影响较大，目前煤田测井主要采用单发射双接收。

21.3.2.3 单发射双接收声波测井

单发射双接收声速测井的测量原理如图 21 - 29 所示。在声速测井仪器中装有声波发生器 F 和声波接收器 J_1、J_2，发声器 F 到接收器 J_1 的距离称源距，用 L 表示。接收器 J_1 与接收器 J_2 之间的距离称间距，用 l 表示。测井时，发声器 F 以不同的角度向各个方向发射声波，声波经过泥浆传向井壁，进入岩层的称透射波，反射回来的为反射波，其中以临界角 i 入射的一部分则在井壁上产生滑行波，另外还有一部分直接沿泥浆传播称直达波。为了反映岩石的传播特性，在声速测井中需要记录的是滑行波。这是由于滑行波是以地层速度 v_2 沿井壁传播，传播时将引起泥浆质点的振动，并产生折射波（初至波），因此接收器接收到的初至波就是最先到达的滑行波。声波发生器 F 定时发射出声波，声波通过井液传播到井壁后，部分沿井壁方向在岩石中滑行，滑行波沿 ABCE 路程传至接收器 J_1，同时又经 ABCDF 传到接收器 J_2。如声波到达 J_1 的时间为 t_1，到达 J_2 的时间为 t_2，那么两接收器的时差即为：$t_2 - t_1 = \Delta t$。

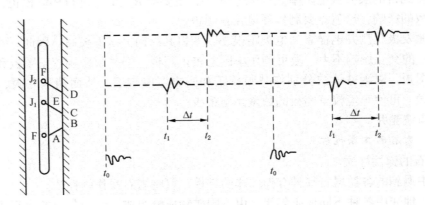

图 21 - 29 声速测井的原理

声速测井是测量纵波在地层中旅行一段距离所需的时间来反映地层的速度。在两接收器之间的距离 l 不变的情况下，只要知道纵波到达两个接收器的时间差 Δt，即可按公式

$$v_2 = 10^6 \frac{l}{\Delta t} \tag{21-17}$$

求出岩层中的声速 v_2。地层不同，时差也就不同。

测量时，双接收器记录点为两接收器的中点。

1. 声波测井曲线形态

单发双收声波测井理论曲线有以下特征
（图21－30）：

（1）当上、下围岩的性质和声波传播
速度相同时，曲线在岩层中心呈对称形状。
异常的幅度值就是该地层的速度值或时差
值。

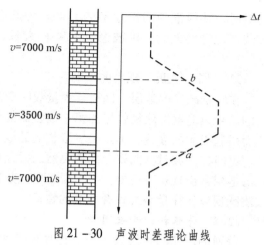

图21－30 声波时差理论曲线

（2）曲线异常幅度的中点就是对应岩层
的上、下界面。因此，可用半幅值点法来划
分岩层界面。

（3）实测声波测井曲线，岩层厚度 $H \geq$
间距 l 时，岩层的分层点在曲线异常的半幅
点。$H < l$ 的岩层分层点在异常顶部，分层效果差，因此选择间距时应取 $l \leq H_{min}$（H_{min} 为
最小划分厚度）。

2. 声波测井的主要影响因素

声波测井曲线（图21－31）受很多因素的影响，如井径、源距、间距的影响和周波
跳跃现象的影响等。应采取相应的措施减少或消除上述各因素的影响。

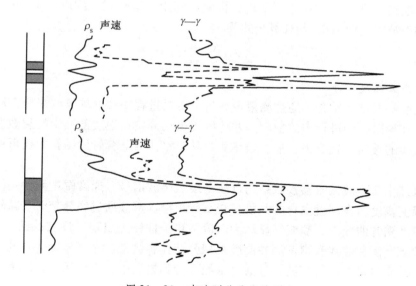

图21－31 声波测井曲线的形态

1）井径的影响

当井径扩大时，在扩大位置的上、下界面，时差曲线会出现假的异常。所以在相应于
井径扩大的上界面处，时差曲线显示高于地层真时差的异常。曲线的这种变化最好配合井
径曲线，在解释时应予以注意。

2）源距的影响及其选择

声速测井是测量首波到达两接收器的时间差，只有通过地层的滑行波最先到达两接

收器时，才能准确测量地层的时差。为此必须增大源距，使滑行波超前直达波到达接收器。但选得太大，声波经过的路程太长，衰减增大，会使信号变弱，给测量造成困难。

3）"周波跳跃"现象的影响

在特别疏松的地层，因地层大量吸收声波能量，产生较大的衰减，这时常常发现滑行波的信号只能触发路径较短的第一接收器的线路，而当它到达第二接收器时，由于路径更长而引起极大的衰减，不能触发接收器的线路。第二接收器的线路只能被后续的信号所触发。这时在声波时差曲线上出现突然的时差增大，这种现象称为"周波跳跃"，在裂缝发育的地层常出现这种现象。"周波跳跃"使得时差曲线无法读出该地层的真正时差值。周波跳跃现象往往是裂缝发育地层的特征。

21.3.2.4 井眼补偿声波测井

普通的声速测井仪只有一个发射器和两个接收器，它的测量结果受井径变化和仪器相对于井轴倾斜的影响。井眼补偿声波测井仪是用两个发射器和两个接收器组成的特殊类型的声波速度测井仪。这种方法的基本点是在接收器的上下分别安装发射器以抵消井径扩大造成的影响。

井眼补偿声波测井仪的上发射器和下发射器交替发射声波脉冲，两对接收器分别接收到的信号传至地面，发射器在上及发射器在下时所分别测得的时差用 Δt_1 及 Δt_2 表示。在地面有计算电路，将 Δt_1、Δt_2 进行平均，再除以间距，这样就得到以（μs/m）为单位的经过补偿的声波时差值 ΔT，其计算公式为

$$\Delta T = \frac{\Delta t_1 + \Delta t_2}{2l} \tag{21-18}$$

21.3.2.5 声波幅度测井

声波幅度测井是在钻孔中通过测量声波信号传播过程中幅度的衰减来研究周围介质特点的方法。在裸眼井中进行声波幅度测井可以用来划分钻孔地质剖面中的裂隙发育的裂隙带和孔隙液体的性质。在煤田石油、地热测井和排水孔等下套管的钻孔中还可用来检查固井质量。

在裸眼井中，声波接收器接收到的首波是地层声波信号，通常幅度测井是测首波第一个半周的峰值幅度，在裂缝发育的井段，岩石较疏松，声波通过裂缝带时衰减较厉害，因此在声波幅度测井曲线上，裂缝带显示为低值（声波曲线上出现"周波跳跃"现象），可以根据声波幅度测井曲线和声速测井曲线来划分钻孔裂缝带。在下套管的钻孔中研究固井质量，当固井质量良好时，声波能量通过水泥环传到岩层中，声波幅度衰减大；反之声波幅度衰减小。

21.3.2.6 声波全波列测井仪

声波全波列测井可同时记录声波时差、声幅和声波全波列信号，仪器外径 60 mm，源距 3 ft（1 ft = 0.3048 m），时距 1 ft。通过处理软件，分别求得滑行波从发生器到远、近接收器所经历的时间，并依据互换原理来实现双发双收补偿声波测井，从而得到补偿时差曲线，这样便可将单发双收的全波列测井资料转换成双发双收的补偿声波测井资料。此外，可由软件来处理远接收器的声波全波列信号，生成声波变密度图。

图 21-32 所示为生成补偿声波时差曲线和声波变密度图的工作流程图。

首先对记录的远、近接收器全波信号进行预处理（深度对齐、统一中心线），然后确认首波，确认无误后作过零检测，寻找与零线的交点，计算出从发射到该点所经历的时间，从而得到 t_1 和 t_2，并与此时的深度 H 值一起存放进数据库，再按互换原理中叙述的关系计算初步超声波时差，最后将生成的补偿声波时差曲线存入数据库。

读取远接收器的全波列数据，截取波形的上半周，以每个半波为一个单元对整个波列作归一化处理。然后设定若干个灰度等级（由人工设定），最大值为100%，半波的幅度越小，灰度等级越低；反之，灰度等级越高。

最后，将经上述处理后的各深度点波形打印出来，就可以得到声波变密度图。

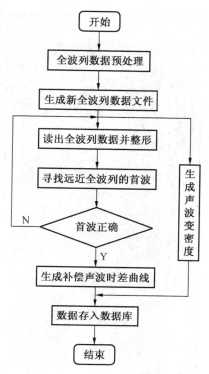

图 21 - 32　补偿声波时差曲线和声波变密度图的工作流程图

21. 3. 2. 7　超声成像、声波成像测井

1. 超声成像测井原理

超声成像测井根据超声波的传播特性和井壁（或套管内壁）对超声波的反射特性，采用旋转超声换能器垂直井壁发射定向超声脉冲，接收来自井壁的反射回波，利用其回波的声幅和传播时间信息进行处理，得到反映井壁状况的三维图像，从而获取井壁的声阻抗信息。

探测器沿着北东南西北的方向进行一周 360°扫描，每周系统采样，随着井下仪器的提升，将整个钻孔井壁螺旋式进行扫描，记录由于孔壁岩性和岩石物理特征（如层理、裂缝、孔洞、沟槽等）变化及井壁几何形状改变而引起的声波幅度和传播时间的变化，主要成果图件为钻孔剖面声波幅度图像、声波传播时间图像。幅度图像主要显示孔壁岩体的声阻抗的大小，反映岩体的强度参数，可灵敏地辨别出软弱层、洞穴、裂缝、扩缩径及孔壁的质量。时间图像主要显示回波时间的大小，反映出钻孔半径变化。由计算机处理成图像，分别将回波幅度和传播时间，划分成不同灰度等级，每一级赋予固定的彩色，按井内 360°方位展开实时显示出彩色剖面图像，可直接观察出孔壁岩性、裂缝、层理、洞穴及钻孔几何形状的变化、深度及方位。

2. 地质应用效果

超声成像测井资料能清晰反映孔内的直观图像及旋转立体图像，通过分析研究可获得地层产状、地层层面、层理、裂隙和裂缝的产状，解释孔壁岩性、裂缝、层理、洞穴及钻孔几何形状的变化、深度、方位以及定性区分岩性等。在套管井中，可以用来精确测量套管内径变化、套管破裂、错断、腐蚀等情况。图 21 - 33 中，深色表示声幅弱，浅色表示声幅强。右边的图像是按同样方式展开的超声波传播时间图像，浅色表示时间短，深色表示时间长。

（1）解释岩性。与划分地层界面岩性不同，其声阻抗的差别也不同，如砂岩的声阻

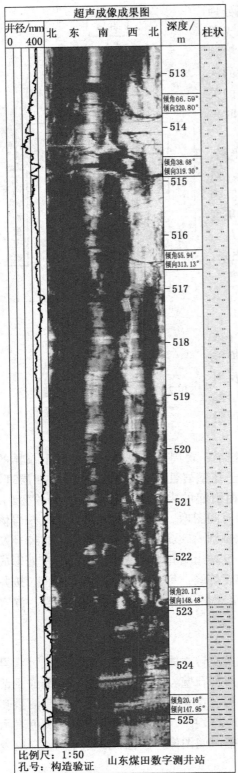

超声成像成果图

井径/mm	北　东　南　西　北	深度/m	柱状
0　　400			

倾角66.59°
倾向320.80°

—513

—514

倾角38.68°
倾向319.30°

—515

倾角55.94°
倾向313.13°

—516

—517

—518

—519

—520

—521

—522

倾角20.17°
倾向148.48°

—523

—524

倾角20.16°
倾向147.95°

—525

比例尺：1:50　　山东煤田数字测井站
孔号：构造验证

图 21-33　岩石裂缝及岩性解释

抗较大，岩石硬度大，反射系数大，声幅图像颜色较亮；泥岩的声阻抗较小，反射系数也小，声幅图像颜色较暗，差异越大分层效果越好。可根据暗亮大致区分岩性，也可根据采集数据分析比较区分岩性（图21-33）。不同时代地层声阻抗、反射系数组合有一定差异和规律，通过分析可较好地划分出地层时代界面。

（2）确定岩层产状。声阻抗差别明显的两种岩层，由于反射系数的差别在声幅图像上显示为"亮""暗"两部分，其分界被清楚地显示出来，据此可确定岩层倾向和倾角（图21-33）。

（3）解释水平裂缝。水平裂缝在图像的图面上显示出水平黑线（图21-34），根据黑线纵坐标确定水平裂缝宽度：裂缝宽度＝黑线宽度×深度比例。

（4）解释井壁的垂直裂缝。垂直裂缝在图像的图面上出现两条平行井轴的黑线（图21-35），根据黑线的宽度和长度，计算裂缝的长度和宽度：裂缝长度＝黑线长度×深度比例。

裂缝宽度＝井壁周长×黑线宽度/图面横向长度。

根据黑线纵坐标确定深度分布范围，根据黑线的横坐标确定垂直裂缝的方位角。

倾斜裂缝在图像的图面上出现波浪黑线，根据波浪黑线最高点与最低点的垂直距离和井径可以确定倾斜裂缝的倾角。根据波浪线最低点的横坐标确定倾斜裂缝方位角。根据波浪线最高点与最低点的纵坐标确定倾斜裂缝的深度范围。

（5）反映钻孔几何形状。裸眼井中有的含水层在石灰岩地层的裂缝和孔洞中，因而需要了解井壁上裂缝与孔洞发育状况。图 21-35 所示为山东省兖州矿区的超声成像测井图。左边的一条曲线是井径曲线；图像右半部分是时间图，它反映了井径大小的变化。由图可知，在这个井段中井径显著增大的地方，声波回波幅度相应减弱，图像变暗。此图正确地反映了此井段的实际情况。在井径扩大严重的地方，甚至接收不到回波信号，图像全部变黑。

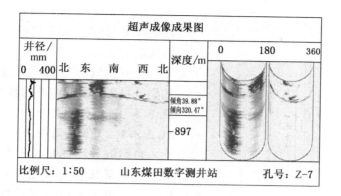

图 21-34 岩层层理面和立体图像

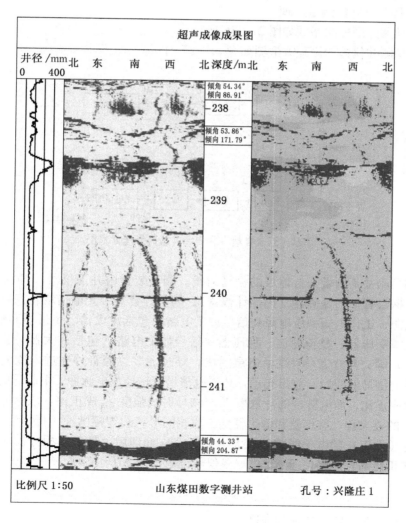

图 21-35 地层产状与垂直裂缝显示

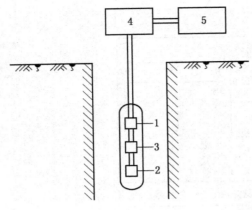

1—电源；2—探测器；3—放大器；4、5—测井记录仪
图 21-36 自然伽马测井原理线路图

超声成像测井等井眼成像测井能大大提高其他常规地球物理测井的解释精度，同其他常规测井方法综合解释经常能提供许多更有用的信息。

声波成像测井原理与超声成像测井原理相同，只不过发射声波的脉冲频率有所不同。

21.3.3 放射性测井

21.3.3.1 自然伽马测井

自然伽马测井是在井内测量岩层中自然放射性元素核衰变过程中放射出来的伽马射线强度，以此来认识岩层性质，解决地下地质问题的一种核测井方法。

1. 自然伽马测井法测量原理

自然伽马测井原理线路图如图 21-36 所示。

自然伽马测井仪器的原理方框图如图 21-37 所示。

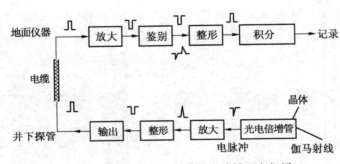

图 21-37 自然伽马测井仪器的原理方框图

自然伽马测井是测量来自地层的伽马射线。测量装置由井下仪器（即探管）和地面仪器组成。探管有伽马探测器（闪烁计数器）、闪烁计数器中光电倍增管需要的偏置电路及其高压电源、工作电压稳压电源和信号加工电路（包括放大器、整形器和输出器）；地面仪器有电源变压器、整流滤波、稳压器、信号加工电路（包括放大器、鉴别器、整形器和积分器）等，自然伽马射线由岩层射出，穿过泥浆、探管外壳进入探测器，晶体接收来自地层的伽马射线后，放出光子，经光电倍增管转换成电脉冲，电脉冲的幅度与伽马射线的能量成正比，而电脉冲的计数率 N 与伽马射线强度 J_γ 成正比。该脉冲通过井下仪器（探管）的放大器、整形器和输出器加工成相同形状的等幅脉冲，再由电缆送至地面，经地面仪器（面板）的电子线路（放大、整形等）处理后，最后经积分器转化为与脉冲计数率 N 成正比的直流电位差 ΔU 供记录仪器记录，即 $\Delta U \propto N \propto J_\gamma$。

$$J_\gamma = \frac{a\rho q}{\mu} = \frac{aq}{\mu_e}$$ (21-19)

式中 J_γ——岩层中的自然伽马强度；

     a——岩层中自然放射性元素的放射系数；

ρ——岩层的密度，又称体积密度；

μ——岩层的伽马吸收系数；

μ_e——岩层的质量吸收系数；

q——岩层中自然放射性含量。

2. 自然伽马测井法曲线形态特征

自然伽马测井理论曲线形状如图 21-38 所示。其曲线形态有如下特点：

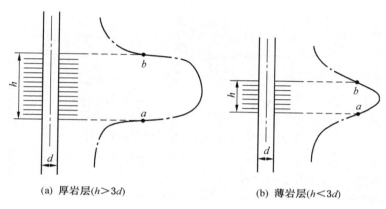

(a) 厚岩层($h>3d$)　　　　　(b) 薄岩层($h<3d$)

图 21-38　自然伽马测井理论曲线形状

（1）曲线对称于地层中点。高放射性地层中点位于曲线异常极大值，而低放射性地层中点在极小值。

（2）地层厚度 $H \geqslant 6d$（d - 钻孔直径），曲线受地层厚度影响不大，其极大值或极小值（即反映地层放射性含量的极值）为一常数，与地层厚度无关，而与地层的自然放射性含量成正比。曲线异常的半幅值，对着地层分界面。

（3）地层厚度 $H < 6d$ 时，层厚对自然伽马曲线的影响较大（图 21-39）。异常幅值随层厚的减小而降低，此时异常半幅点的宽度大于地层厚度。当 $H \geqslant 3d_0$，地层分层点位于异常的半幅点，由此确定地层的厚度。当 $H < 3d_0$ 时，分层点向异常极值移动，不能用半幅点分层，否则，由此确定的厚度将大于真实厚度。

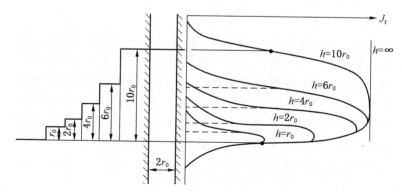

图 21-39　层厚对自然伽马曲线的影响

煤层（或放射性元素含量低的岩层）的自然伽马测井曲线形态如图21-40所示。

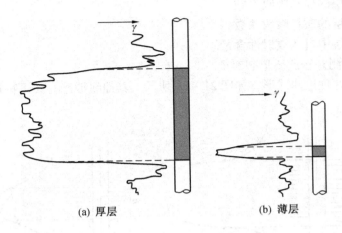

(a) 厚层　　　　　　　(b) 薄层

图21-40　煤层的自然伽马测井曲线形态

3. 影响自然伽马测井曲线的因素

1）泥浆的影响

泥浆密度对自然伽马测井曲线有一定的影响，密度大则吸收强，在解释及对比曲线时应加以注意。

2）井径和溶洞的影响

井径扩大和有溶洞存在，相当于泥浆层的增厚，在泥浆的放射性比地层弱的情况下，它们主要加强了对来自地层的伽马射线的吸收，而使所得曲线的读数降低。

3）套管的影响

在有套管的井段伽马射线强度将减弱，曲线的异常幅度减小。如在有一层套管时，所测得的读数为没有套管时读数的75%，有多层套管时，所测得的读数更低。

4）探测范围的影响

自然伽马测井对地层的探测范围大约是一个直径为1 m的球体，距离记录点30~45 cm范围内介质的放射性对测量结果影响最大。自然伽马测井在每个深度点上测到的计数率曲线可直接反映自然伽马射线强度沿井剖面的分布。

21.3.3.2　伽马-伽马测井

伽马-伽马测井，或称散射伽马测井，是根据康普顿效应及光电效应测定地层密度和岩性的测井方法。测井时，用仪器在井眼中测量由点源发射再经地层散射进入探测器灵敏体积的伽马射线，记录射线强度随深度的变化，进而计算出地层密度和岩性参数。目前常用的密度测井有单源距密度测井、双源距（补偿）密度测井、岩性密度测井等。岩性密度测井主要反映地层中元素的原子序数，故也称为Z密度测井。它们均以测量散射伽马射线强度形式记录成测井曲线，根据需要再转换成密度测井曲线。

1. 矿物和岩石对伽马射线的散射与吸收

若用n_e表示电子密度，即每立方厘米中的电子数，则有：

$$n_e = N_A \rho Z / A \tag{21-20}$$

电子密度是个很大的数，为使用方便，定义一个与它成正比的参数，即电子密度指数：

$$\rho_e = \frac{2n_e}{N_A} = 2\left(\frac{Z}{A}\right)\rho \qquad (21-21)$$

式中　　N_A——阿佛加德罗常数；

　　　　ρ——密度；

　　　　$\frac{Z}{A}$——荷质比。

若荷质比可近似看作常数，则测出电子密度指数就能确定体积密度。几种元素的原子量 A、原子序数 Z 和两倍荷质比的数值见表 21-10。由表可知，除氢以外，其他元素的 $2\left(\frac{Z}{A}\right)$ 近似为 1，所以 $\rho_e \approx \rho$。

表 21-10　$2\left(\frac{Z}{A}\right)$ 数 值 表

元　素	A	Z	$2\left(\frac{Z}{A}\right)$
H	1.0079	1	1.9843
C	12.011	6	0.9991
O	15.999	8	1.0000
Na	22.9898	11	0.9569
Mg	24.305	12	0.9875
Al	26.9815	13	0.9636
Si	28.085	14	0.9970
S	32.06	16	0.9981
Cl	35.416	17	0.9690
K	39.039	19	0.9734
Ca	40.05	20	0.9988

表 21-11 给出一些矿物的有关数值。电子密度指数 ρ_e 在数值上与体积密度 ρ 近似相等。

表 21-11　一 些 矿 物 的 密 度 数 值

矿　物	分子式	密度/(g·cm⁻³)	$2(\sum n_i Z_i)/M$	电子密度指数	视密度/(g·cm⁻³)
石英	SiO_2	2.654	0.9985	2.650	2.648
方解石	$CaCO_3$	2.710	0.9991	2.708	2.710
白云石	$CaMg(CO_3)_2$	2.870	0.9977	2.863	2.876
硬石膏	$CaSO_4$	2.960	0.9990	2.957	2.977
钾盐	KCl	1.984	0.9657	1.916	1.863
岩盐	$NaCl$	2.165	0.9581	2.074	2.032
石膏	$CaSO_4 \cdot 2H_2O$	2.320	1.0222	2.372	2.351

表 21-11（续）

矿　物	分子式	密度/(g·cm⁻³)	$2(\sum n_i Z_i)/M$	电子密度指数	视密度/(g·cm⁻³)
无烟煤		1.400 1.800	1.030	1.442 1.852	1.355 1.796
烟煤		1.200 1.500	1.060	1.272 1.590	1.173 1.514
淡水	H_2O	1.000	1.1101	1.110	1.000
矿化水①	$H_2O + NaCl$	1.146	1.0797	1.237	1.135
原油	$n(CH_2)$	0.850	1.1407	0.970	0.850
甲烷	CH_4	$\rho(CH_4)$	1.247	$1.247\rho(CH_4)$	$\rho_a(CH_4)$②
天然气	$C_{1.1}H_{4.2}$	$\rho(空气)$	1.238	$1.238\rho(空气)$	$\rho_a(天然气)$③

注：①矿化度 2.0×10^5 rng/l。
　　②甲烷的视密度 $\rho_a(CH_4) = 1.335\rho(CH_4) - 0.188$。
　　③天然气的视密度 $\rho_a(天然气) = 1.325\rho(空气) - 0.188$。

　　电子密度指数与电子密度及康普顿线性衰减系数成正比，是可以测量的；而体积密度的测量值是通过它与电子密度指数的近似关系间接导出的，因而会受刻度系统的影响。通常，密度测井仪器是以饱含淡水的石灰岩为标准进行刻度。测井时，不管测量环境与标准条件有何不同，输出的密度值与被测介质的实际密度略有差别，故称之为视密度。计数与光子通量成正比，光子通量和地层密度的关系比较密切（图 21-41）。取源距分别为 20 cm 和 40 cm，得到光子通量与地层密度的关系。在半对数坐标下，短源距探测器（图 21-41a）和长源距探测器（图 21-41b）光子通量与地层密度均保持良好的线性关系；同时长源距图中直线斜率较大，对地层密度分辨率高。

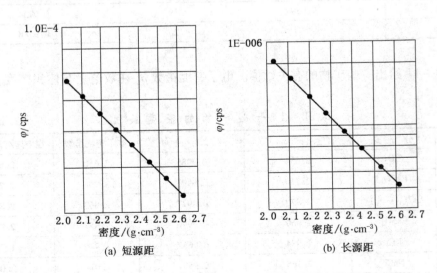

(a) 短源距　　　　　　　(b) 长源距

图 21-41　光子通量与地层密度的关系曲线

2. 单源距伽马－伽马测井原理

伽马－伽马测井法使用的仪器与自然伽马法基本相同，只是测量时在探管下端加装了一个放射性源（如钴 Co^{60}，$E_\gamma = 1.17$ 和 1.33 Mev；铯 Cs^{137}，$E_\gamma = 0.66$ Mev）（图 21 – 42）。该射线源发射出的伽马射线射向地层，经地层散射后（称二次伽马射线）再到达接收器。这样，仪器记录的是来自地层的自然伽马射线和地层散射的二次伽马射线的叠加值。后者强度远远大于前者（20 倍以上）。由于被测定的二次伽马射线强度与岩石的密度有密切关系（密度增大，二次伽马射线减少），由于散射伽马射线强度 J_{88} 与岩层密度 ρ 呈负指数关系，即 $J_{\gamma\gamma} = Ke^{-m\rho}$［式中，$K$、$m$ 是与 γ 源类型、强度以及仪器条件（如源距）有关的常数］，故又称为密度测井。

源到接收器的距离叫源距，一般为 0.5 m。

源的强度单位常用毫居里（mci）或贝克勒尔，简称贝克（Bq）表示。

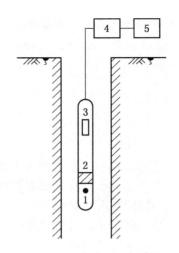

1—γ 源；2—铅屏；3—探测器；

4—地面控制台；5—曲线记录仪

图 21 – 42　密度测井工作原理图

$$1mci = 0.001ci = 3.7 \times 10^7 Bq$$

3. 双源距补偿密度测井测量装置原理

单源距密度测井受测量环境（尤其井眼和围岩）影响严重，渗透性地层的井壁通常积有泥饼，它对探测器计数率的影响较大。要测量两层结构的介质，必须采用双探测器系统。补偿密度测井就是用双探测器系统来补偿泥饼的影响。离源近的探测器叫短源距探测器，离源远的叫长源距探测器。

单发射双接收伽马－伽马测井长源距一般 40 cm，短源距一般 20 cm。

双源距补偿密度测井可以改善密度测井地质应用的效果和扩大密度测井地质应用的范围。

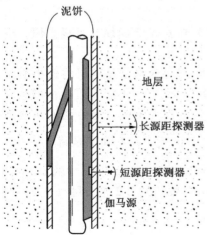

图 21 – 43　双探测器密度测井
仪器结构示意

（1）双源距补偿密度测井探测系统（图 21 – 43）采用定向技术（γ 源和长、短源距探测器的窗口，正面对准井壁，而其背面与侧面均用铅屏蔽）、推靠技术（用推靠器将探测系统紧贴井壁），使放射源的 γ 射线对准井壁定向射入地层，地层中的散射 γ 射线对准窗口正面射入探测器，而背面、侧面射来的散射 γ 射线被铅屏蔽，大大减小了泥浆的影响。由于采用定向技术和推靠技术，可减小其源距，因此，削弱了围岩的影响。

（2）双源距补偿密度测井的原理。密度测井探测到的是其探测范围内各介质（如地层、泥浆等）射来的散射伽马强度，由此反映的是该探测范围内各介质密度的平均值，即探测范围内的视密度 ρ_s。

密度测井的探测范围取决于源距。源距加大，探测范围随之增大。在厚层上，探测范围内可认为仅包括地层和泥浆两种介质。若地层密度为 ρ_t、泥浆密度为 ρ_m，泥浆在探测范围内所占百分含量为 x。根据视密度的概念，有下列关系：

$$\rho_s = x\rho_m + (1-x)\rho_t \qquad (21-22)$$

$$\rho_t = \rho_{cs} + k(\rho_{cs} - \rho_{ds}) \qquad (21-23)$$

$$k = \frac{x_c}{x_d - x_c} \qquad (21-24)$$

式中 ρ_{cs}、ρ_{ds}——长、短源距的视密度；

x_c、x_d——长、短源距探测范围内，泥浆所占的百分含量。

当探测系统与井壁之间的夹缝泥浆不厚时，k 可视为常数，则根据上式能简单地计算出地层的密度 ρ_t，这是双源距密度测井的密度补偿原理。若夹缝泥浆较厚，应采用脊肋图方法求得地层的密度。

4. 伽马 - 伽马测井曲线

低密度地层（如煤层）上的密度测井散射伽马曲线如图 21-44 所示，其特征如下：

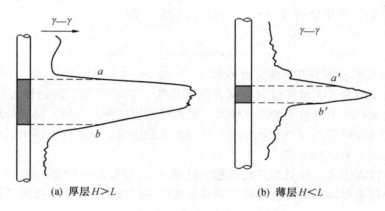

(a) 厚层 $H>L$　　　　　　　　(b) 薄层 $H<L$

图 21-44　伽马 - 伽马测井曲线的形态

（1）曲线对称于地层中心。低密度地层（如煤层）中点位于曲线异常极大值，高密度地层（如石灰岩、砂岩等）中点位于曲线异常极小值。

（2）当地层厚度 H 小于源距时，低密度地层的极大值（或高密度地层的极小值）随 H 的减小而降低（或增加）；当 H 大于源距时，其极值达到稳定，不随 H 变化而增减。

（3）厚层的散射伽马曲线的分层点可由计算法求得。当煤层围岩是致密的灰岩和砂岩时，可用相对幅度的 $\frac{1}{3}$ 分层；而围岩为泥岩时，则用 $\frac{2}{5}$ 的相对幅度确定界面。

（4）层厚 H 大于源距 L 时，异常幅值 1/3 处对着地层分界面（图 21-44a 中的 a、b 点）。

（5）层厚 H 小于源距 L 时，异常加宽，一般采用异常幅值的 1/2 来分层（图 21-44b 中的 a'、b' 点）。

5. 影响伽马 - 伽马测井曲线的因素

1）泥浆的影响

井内一次散射伽马射线主要来自泥浆。泥浆密度减小，散射伽马射线强度 $J_{\gamma\gamma}$ 增加，反之就减小。在泥浆密度均匀的钻孔中，泥浆的影响是一个固定值，因此在实际测井中应保持全孔泥浆密度均匀。

2）井径的影响

井径扩大相当于探测器周围介质密度变小，故 $J_{\gamma\gamma}$ 值增大。而井径变小时，相当于探测器周围介质密度变大，故 $J_{\gamma\gamma}$ 值减小。所以在实际测井中，最好加测井径曲线，以便解释曲线时准确地认识 $J_{\gamma\gamma}$ 值变化的原因。

3）源的影响

（1）源强的影响：源的强度越大，$J_{\gamma\gamma}$ 值越大，有利于减少自然伽马射线的影响，也有利于减小相对涨落误差。但从安全防护角度考虑，应尽量使用小的源强。因此，综合因素考虑，一般认为当散射伽马射线强度大于自然伽马射线强度的 20 倍时，这样的源强就可满足要求。

（2）源的能量的影响：伽马射线能量越小，散射伽马射线强度与岩石密度之间的关系越密切，应该选择能量小的源作为伽马源，但伽马射线能量减小，将会使伽马射线被大量吸收而使 $J_{\gamma\gamma}$ 值降低，同时，为了增加射线的穿透距离必须加大源强。因此，能量的选择要综合考虑上述因素，目前煤炭测井多数用的放射性源是钴 Co^{60}（$E_\gamma = 1.17$ Mev 或 1.33 Mev；半衰期 5.3 年）、铯 Cs^{137}（$E_\gamma = 0.66$ Mev；半衰期 33 年）。

4）源距的影响

随着源距的增大，散射伽马射线的相对异常也增加。在源距等于目的层的厚度时，散射伽马射线的相对异常达到极大值。当继续增大源距时，散射伽马射线的相对异常随之降低。但是，当源距足够大时，$J_{\gamma\gamma}$ 值随着密度增大而近于指数规律减小。煤炭测井采用源距 20 ~ 50 cm 比较合适。

5）铅屏的影响

探测器和伽马源之间，为防止源的伽马射线直接到达探测器，需设铅屏以屏蔽这种直射射线，在源的上方设置的铅屏必要厚度为 10 cm。

21.3.3.3　散射伽马能谱测井仪

散射伽马能谱测井即岩性密度测井，它是利用源伽马射线与地层相互作用发生的康普顿散射效应和光电吸收效应，通过测量和分析康普顿散射伽马射线的能谱来确定地层密度和岩性的测井方法。

散射伽马能谱测井采用 Cs^{137} 伽马放射源，能量为 662 keV，具有单能、分支比高的特点，它只与地层物质发生康普顿散射效应和光电吸收效应。

测井中遇到的大多数地层，电子密度指数 ρ_e 与电子密度及康普顿散射衰减系数成正比，因而可根据伽马射线的吸收衰减规律测量并由此计算体积密度。

可利用散射伽马能谱较高能段（H 能窗）测定岩石的密度；而利用低能段（S 能窗）测定岩石的等效原子序数，即地层的岩性。

21.3.3.4　中子测井

1. 中子和中子源

根据中子的能量，可把中子分为快中子、慢中子、热中子、超热中子。快中子能量大于 0.2 MeV，慢中子能量为 0.025 eV ~ 0.2 MeV，热中子能量小于 0.025 eV，超热中子能量为 0.025 ~ 1 eV。

中子源的特征参数有中子源的强度、能谱、半衰期等。表 21 – 12 给出了中子源的特征参数值。

表21 –12 中 子 源 的 特 征 参 数 值

中子值	中子能量范围/MeV	中子能谱主值/MeV	中子平均能量/MeV	中子输出（中子/秒/居里）	伴生 γ 射线（伽马/中子）	半衰期
$^{236}Ra + Be^9$	1 ~ 13	3.6; 5	3.6	1.5×10^7	1×10^4	1620 年
$^{239}Pu + Be^9$	1 ~ 8	4	4.5	1.7×10^6	少	34360 年
$^{210}Po + Be^9$	1 ~ 11	3.0; 5.0		2.0×10^6	1×10^{-5}	38.3 天
$^{241}Am + Be^9$			4.5	2.5×10^6	少	458 年
^{252}Cf			2.3	4.4×10^9		2.65 年

通常，中子被束缚在原子核内，在测井工作中，是通过人工核反应来得到中子。用来产生中子的装置称为中子源。常用的中子源有镭 – 铍中子源、钋 – 铍中子源、钚 – 铍中子源和锔 – 铍中子源。

2. 岩石的中子特性

岩石中子特性就是中子与岩石相互作用的特性，主要包括岩石对中子的减速作用和岩石中产生的中子伽马反应。超热中子、热中子密度和中子伽马强度分别取决于超热中子与热中子的分布，超热中子与热中子的分布和岩石的中子特性有关。中子在地层中运动，遇到原子核发生散射或吸收，散射时不仅损失能量，还会改变方向。

中子源放出的中子都是能量大、速度大的快中子。当快中子与岩石的原子核发生碰撞时，损失能量，速度逐渐减小，先后变成了超热中子和热中子。不同元素的原子核对中子的减速能力不同。重原子的减速能力差，轻原子的减速能力强。因此快中子在岩石中的减速本领主要决定于岩石的含氢量。油和水含大量的氢，所以油、水层和泥浆对快中子具有很大的减速能力，在这些岩层中，快中子在距中子源不远的地方就变成超热中子或热中子。而在含氢量少的致密的砂岩、石灰岩中，快中子要在距中子源较远的地方才会变成超热中子和热中子。

测井时，分布于源周围的中子能量范围很宽。不同能量段的中子，如快中子和热中子与地层相互作用的特点有很大差别，图 21 –45 给出淡水的中子减速长度 L_s 与中子初始能量 E_0 的关系。岩石的中子减速长度主要是由含氢量决定的，若骨架矿物不含氢，孔隙中饱含水或油，则中子减速长度反映孔隙率的大小，减速长度 L_s 越小孔隙率越大。由图 21 –46 可知砂岩孔隙率与中子减速长度有良好的线性关系。

在中子测井中，将淡水的含氢量规定为一个单位，而 1 cm³ 任何岩石或矿物中的氢核数与同样体积淡水氢核数的比值定义为它的含氢指数。含氢指数用 H 表示，它与单位体积中介质的氢核数成正比。由一种化合物组成的矿物或岩石的含氢指数为

$$H = \frac{9x\rho}{M} \tag{21 – 25}$$

式中　M——该化合物的分子量；

　　　x——该分子中的氢原子数；

　　　ρ——密度。

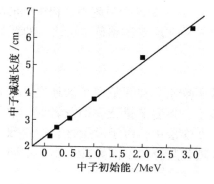

图21-45 淡水的中子减速长度

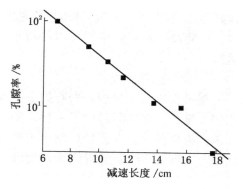

图21-46 砂岩孔隙率和中子减速长度的关系

测井时，将饱含淡水的纯石灰岩作为标准刻度条件。方解石的含氢指数定为零，饱含淡水的纯石灰岩含氢指数 H 就等于它的孔隙率 ϕ。其他岩性的地层，只能测定其等效含氢指数，即与它的中子减速能力相当的纯石灰岩的含氢指数。

中子和地层的相互作用方式主要是弹性散射和俘获辐射。地层的含氢量决定中子在地层中的慢化过程，而含氢量与饱含水或油的孔隙体积相关。测井能直接测量的是与中子通量成正比的中子或伽马计数率。中子测井主要是反映岩层中的含氢量，它是一种非常好的孔隙率测井。根据测量对象的不同，中子测井分为中子－超热中子测井、中子－热中子测井和中子－伽马测井。目前，煤田测井使用的中子测井方法主要有中子伽马法和中子－热中子法。

21.3.3.5 中子-伽马测井

1. 中子-伽马反应

中子不易与原子核结合，而热中子因速度小，在原子核附近逗留的时间长，容易被原子核俘房，发生中子-伽马反应，并放射出 γ 射线，该射线称为中子 γ 射线。不同元素的原子核对热中子的俘获能力不同，常见的岩石中，氯元素对热中子的俘获能力最大，比氢元素大 100 倍，比氧、碳元素大 1000 倍。中子测井在大源距的工作条件下，探测器周围的超热中子的密度仅取决于岩石的减速能力，含氢量高的岩层，其超热中子密度低，反之，含氢低的岩层，其超热中子密度高。

2. 中子-伽马测井原理

中子-伽马测井的整个装置与伽马-伽马测井相似，只是用强度较大的中子源替换了强度较小的 γ 源。

测井时，将装有中子源的探管放入井内，随着探管的移动，由中子源发出的高能量的高速中子流便射入地层，并产生相互作用，使得快中子减速变成慢中子（热中子），最后被各种元素的原子核所俘获，并放出中子 γ 射线，即次生 γ 射线。次生 γ 射线被探测器接收后变换为电脉冲，经放大后送入地面仪器，最终以电位差的形式被记录下来（图21-47）。

中子 γ 射线强度的大小，主要取决于快中子的减速作用，在渗

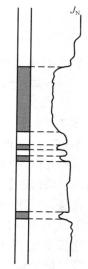

图21-47 煤层上的中子-伽马测井曲线

透性比较好的地层中，快中子的减速主要是由氢来决定的。氢的数目越多，快中子的减速作用越强，探测器接收到的中子γ射线就越少，曲线异常反映就越低；反之，曲线异常反映就越高。

3. 中子 - 伽马测井曲线

（1）一般孔隙率大的地层，岩石的中子γ射线强度小；在孔隙率小的地层，岩石的中子γ射线强度大。在实测的中子 - 伽马测井曲线上，在含氢量较少的灰岩上，中子 - 伽马曲线表现为高异常；在泥岩处则出现低异常；在煤层中，由于煤层含有一定数量的氢，故在中子 - 伽马曲线上呈现低异常反映，而且随着灰分的不同异常大小也不同（图21 - 47）。

（2）中子 - 伽马测井受很多因素的影响，主要包括：地层条件、地层的中子特性、井参数及测试条件等。为了尽量消除这些因素的影响，必须合理地选择所用参数，尤其要重视源距的选择。在实际工作中，煤炭测井一般取源距为40 ~ 50 cm。

21.3.3.6 中子 - 热中子测井

中子 - 热中子测井记录的是被原子核俘获前的热中子，因此它不受井内自然伽马射线和中子源产生的伴生γ射线的影响，只与地层对中子的减速和俘获特性有关。

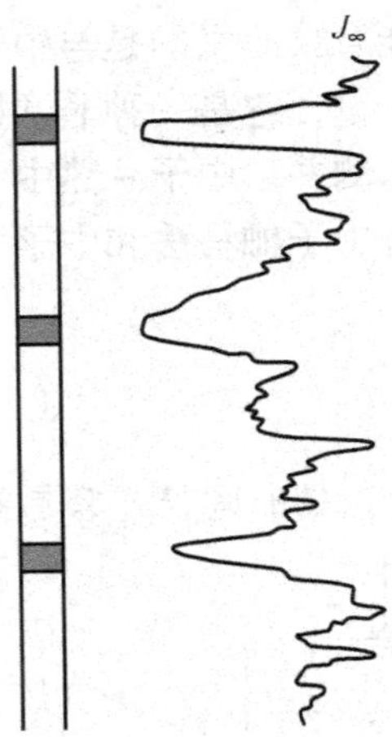

中子 - 中子测井装置和中子伽马测井基本相同，所不同的是用中子射线探测器代替了γ射线探测器。

中子 - 中子测井记录的是被俘获前的热中子，因此与被记录的热中子密度有关。热中子密度越大，进入中子探测器的热中子越多，曲线上反映的计数率也就越高。

一般情况下，中子射线强度是由含氢量决定的，而含氢量的多少可直接反映地层孔隙率的大小。在孔隙率小的地层岩石（如致密砂岩、岩浆岩和灰岩）上，中子射线强度大，曲线显示高值。在孔隙率大的地层（如泥岩、黏土），岩石的中子射线强度小。

在煤层上，从中子 - 中子测井曲线形状可看出，它与中子伽马曲线反映相似，在煤层处总是呈低异常（图21 - 48）。但随煤层灰分增大，幅值逐渐升高。

图21 - 48 煤层的中子 - 中子实测曲线

21.3.3.7 中子 - 超热中子测井

测井时，分布于源周围的中子能量范围很宽。不同能量段的中子，如快中子和热中子与地层相互作用的特点有很大差别。测井用的镭 - 铍中子源，中子能量大约在3 ~ 10 MeV之间，平均减速长度约为7 cm。岩石的中子减速长度主要是由含氢量决定的，若骨架矿物不含氢，孔隙中饱含水或油，则中子减速长度反映孔隙率的大小，中子减速长度 L_s 越小孔隙率越大。表21 - 13 给出砂岩的超热中子参数。表中的超热中子的平均扩散长度 L_s 和减速长度 L_s 相等。从表中的关系可以看出，孔隙率与中子减速长度有良好的线性关系。

若只记录超热中子，就可避开热中子扩散和俘获辐射的影响，使中子在被记录前只经历了在地层中的慢化过程。当源距（r）选定后，超热中子通量只和地层中子减速性质有关，即主要和含氢量有关。

表 21 – 13 砂岩的超热中子参数

孔隙率/%	L_e/cm	D_e/cm
3.0	17.8	94.1
10.0	15.5	86.0
11.4	13.7	85.1
22.6	11.5	80.4
33.8	10.5	77.0
50.0	9.1	73.6
100.0	7.0	68.8

超热中子测井直接记录的量是与中子通量成正比的计数率。中子通量与地层孔隙率和源距有如下的关系：

孔隙率较大，即含氢指数较大的地层，中子通量随源距增大下降快；孔隙率不同的地层，曲线斜率不同，每两条曲线都有一个交点，交点对应的源距称为零源距，零源距区大约在 5 ~ 10 cm 之间，这一区间对含氢指数没有分辨能力；源距增大，中子通量孔隙率的分辨能力增大，计数率会明显降低，使统计精度变差，一般选 30 cm 左右为宜。

21.3.3.8 补偿中子测井

补偿中子测井也是热中子测井，它是用同位素中子源在井眼中向地层发射快中子，在离源距离不同的两个点上，用热中子探测器测量经地层慢化并散射回井眼来的热中子。离源远的探测器叫长源距探测器，离源近的探测器叫短源距探测器，用两个探测器计数率的比值测定地层的孔隙率。

热中子通量的分布不仅决定于地层的快中子减速长度，而且还与它对热中子的扩散及吸收性质有关。热中子的分布范围比超热中子大得多，探测范围大，计数效率高，因而可采用较大的源距。由于地层的快中子减速长度近似于热中子扩散长度的两倍，在源距 r 较大的条件下，利用快中子减速长度与地层含氢指数的关系可测定其孔隙率。

如果用源距分别为 r_1 和 r_2 的两个探测器进行计数，且 $r_1 > r_2$，则相应的热中子通量比为

$$R = \frac{\Phi_t(r_1)}{\Phi_t(r_2)} = \frac{r_2}{r_1} e^{-(r_1 - r_2)/L_f} \tag{21 – 26}$$

式中 L_f——快中子减速长度；

$\Phi_t(r_1)$——均匀无限介质中热中子距源 r_1 处的通量；

$\Phi_t(r_2)$——均匀无限介质中热中子距源 r_2 处的通量。

用比值法，在很大程度上补偿了地层吸收性质和井眼环境对孔隙率的影响，因而称之为补偿中子测井。用中子测井求出的孔隙率称之为岩石的中子孔隙率。实际测井时，中子孔隙率和仪器计数率比值的关系是在标准刻度井中确定的，刻度模块是一组饱含淡水的孔隙率已知的石灰岩。

孔隙率对数和计数率比值的线性关系是近似的，为得到更好的拟合，可选用多项式或其他合适的公式。

补偿中子测井的探测深度：长源距（38 cm）探测器的探测深度大约为 40 cm，而短

源距（26 cm）的探测深度只有 30 cm，比值的响应特性不同于单一探测器。

中子测井的探测深度与孔隙率有关，随孔隙率的减小，补偿中子仪器的探测深度增大，当孔隙率从 30% 减小到 10% 时，长源距探测器探测深度增加 5 cm 以上。

由于补偿中子孔隙率测井的探测范围比较小，井眼环境的影响虽已得到补偿，但在许多情况下还需作校正。如当井径增大时，中子孔隙率增大，测井时可进行实时校正，反之亦然。泥饼的含氢指数比高孔隙率地层低，比低孔隙率地层高。仪器离开井壁一定距离，中子孔隙率较仪器靠井壁时略高。若井中充气或充满发泡钻井液，中子测井读数将表现异常。

21.3.4 其他测井

其他测井包括工程测井、水文测井、热测井、煤层气测井等。

工程测井包括井斜（方位）测井、井径测井、井温测井和地层产状测井等。水文测井包括流速流向测井、流量测井等，实际工作中，视电阻率、密度、声波、中子测井等也属于水文测井。井温测井、井液测井也是热测井。煤层气测井包括视电阻率、自然伽马、密度、声波、中子测井，井斜测井，井径测井和地层产状测井等。

21.3.4.1 井温测井

井温测井也称热测井，它能够取得井内各深度的温度资料，判断井筒中温度变化的位置和原因，对井筒中流体的各种参数进行物性分析，研究与剖面中的岩性及地质构造有关的自然热场或人工热场。井温测井方法有梯度井温、梯度微差井温及径向微差井温测井。

1. 岩石的热学性质

地下热源在岩石中形成热场，岩石的热学性质不同，热场的分布也不一样。表征岩石热学性质的主要参数有导热率（λ）、热阻率（ξ）、比热（c）及导温率（α）等（表21 – 14）。

表21 –14　一些矿物岩石的热学性质

岩石或矿物名称	导热率 λ/ ($kcal \cdot m^{-1} \cdot h^{-1} \cdot ℃^{-1}$)	热阻率/ ($m \cdot h \cdot ℃ \cdot kcal^{-1}$)	比热 c/ ($kcal \cdot kg^{-1} \cdot ℃^{-1}$)	导温率 α/ ($m^2 \cdot h^{-1} \times 16^{-3}$)	密度 δ/ ($g \cdot cm^{-3}$)
黏土	1.3	0.77	0.18	0.35	1.51 ~ 2.61
页岩	1.33 ~ 1.88	0.16 ~ 0.75	0.184	0.35	1.86 ~ 2.85
白云岩	4.3 ~ 0.926	0.23 ~ 1.08	—	3.1	2.0 ~ 2.86
多孔石灰岩	1.88	0.16	2.24	1.8 ~ 4.33	2.12 ~ 2.46
泥灰岩	0.792 ~ 1.88	0.16 ~ 1.26	—	—	1.95 ~ 2.36
致密砂岩	1.1 ~ 2.6	0.38 ~ 0.91	0.2	5.0	2.6
无烟煤	0.18 ~ 0.24	4.2 ~ 5.5	—	—	1.3 ~ 1.4
铁	5.0	0.02	0.13	49.5	7.87
石膏	0.35 ~ 0.65	1.54 ~ 2.85	0.275	1.1	2.13
水	0.503	2.0	0.998	0.505	0.998
石油	0.12	8.35	0.5	0.25 ~ 0.31	0.79 ~ 0.96
干砂	0.3	3.3	0.191	0.72	—

岩石的热阻率随密度增大而增大，故致密的碳酸岩、岩浆岩、变质岩等比沉积岩的导热率要大。金属矿的热阻率最小，岩浆岩热阻率最大。

热导率的值通常与温度相关，随温度而增加，故岩石温度升高时，热阻率即变小。

水是导热性能良好的介质，故岩石湿度增大时，热阻率即变小。含水很少的干燥岩石较被水饱和的同样岩石的热阻率可以相差好几倍。

岩石渗透性的好坏将影响孔隙中水的流动能力。渗透性好时，由于对流作用，热交换变多，故热阻率降低。但如果当岩石孔隙中的水被煤层气取代时，则热阻率增大，因为煤层气的热阻率比水约大几倍。

层理对岩石的热阻率也有影响，垂直层理方向的热阻率大于平行层理方向的，故热阻率具有各向异性。

在沉积岩中，干燥岩石有最大的热阻率，湿岩石的热阻率则低得多，渗透性良好的含水砂层热阻率最小；在矿产中，矿物煤和含气岩石具有最大的热阻率，金属矿的热阻率最小。

2. 井温测井原理

地层温度主要来自于地球内部的热能。井筒内流体的温度决定于原始地层温度、地层与套管及流体的热学性质等因素。

由地表向下，地层温度随深度的增加逐渐升高。深度每增加 100 m 时，温度的增加量称为地温梯度。地温梯度取决于岩石的热传导系数，热传导系数越大，热量通过岩石的传导就容易，地温梯度就小。由于不同地区地层的岩性不同，地温梯度也不同。在温度测井中，一般来说，同一口井中的地温梯度在不同深度段也是可变的。地温梯度可以通过基准温度测井获得，也可以通过不同时间测量的井底温度恢复曲线确定。如果地表温度为 T_b，则深度为 D 处的温度值 T_G 可表示为

$$T_G = T_b + G_t D \tag{21-27}$$

式中 G_t——地温梯度。

一般井筒中温度随深度增加而增大，随时间增加而逐渐接近地层温度。

3. 井温测井仪及其工作原理

井温测井仪由探头和电子线路构成。探头将井液温度转化为电信号，电子线路将其放大并传输到地面，经处理后得到测点的温度值。探头的感温元件选择为金属电阻。纯金属的电阻与温度的关系可表示为

$$R_T = R_0 \left[1 + a(T - T_0) + b(T - T_0)^2 + \cdots \right] \tag{21-28}$$

式中 R_T——温度为 T 时的电阻；

R_0——参考温度 T_0 下的电阻；

a、b——与金属材料性质有关的常数，可以根据固定点温度算出；

T_0——参考温度，也叫起始温度。

4. 梯度井温测井仪

梯度井温测井仪用来测量井内各个深度处液体的温度，电阻井温仪的原理如图 21-49 所示。它是个桥式线路，R_1、R_2、R_3 为固定臂，由温度系数极小的电阻材料制成，通常 R_4 选用温度系数高的铂电阻制成，称为灵敏臂，它加上保护装置后暴露出来，用以测量介质温度。电桥供一稳定的直流电，当 R_4 阻值随温度变化而变化时，引起 M、N 之间

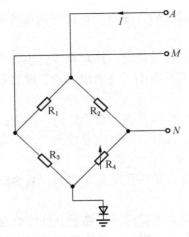

图 21 – 49 电阻井温仪的电路原理

电位差的变化。测量出该电位差的大小，即可得出仪器周围介质的温度值。利用图 21 – 49，根据电阻的串并联关系推得 M、N 两点电势差为

$$U_{MN} = I \cdot \frac{R_1 R_4 - R_2 R_3}{R_1 + R_2 + R_3 + R_4} \qquad (21 - 29)$$

其中，$I = I_1 + I_2$。

选择固定臂的电阻相等，即 $R_2 = R_3 = R_4 = R_0$，当温度离开平衡点温度时，令：

$$R_1 = R_0 + \Delta R \qquad (21 - 30)$$

可以得到温度传感器的工作原理方程

$$T \approx T_0 + k \cdot \frac{U_{MN}}{I} \qquad (21 - 31)$$

其中，$k = 4/\alpha R_0$，它是与传感器自身结构、材料有关的参数，称为仪器常数，表示电阻每变化一个单位温度的变化量。T_0 是平衡点温度。若电流 I 保持恒定，测出 M、N 两点之间的电位差就可以得到测点的温度。

梯度井温仪也可以采用双臂式电桥，即 R_1 与 R_3 为灵敏臂，R_2 和 R_4 为固定臂，可以推导这种结构的仪器常数为单臂式的一半。

5. 梯度微差井温测井仪

梯度微差井温测井仪用来测量井轴上相隔一定间距两点间的温度差值，可获得井内的局部温度异常。对梯度井温信号进行延迟处理，可同时获得微差井温信号。如图 21 – 50 所示，测量时，把梯度井温信号送到微差道。在微差道中，把梯度井温信号分别送到快道和慢道。在快道中，信号直接送到 B 端；慢道中，经过延迟电路，将信号延迟 t_0 之后，送到 B 点与快道信号比较。慢道信号与快道信号的深度差为 t_0 与测井速度之积。调节微差乘法器，可以改变微差井温的横向比例。

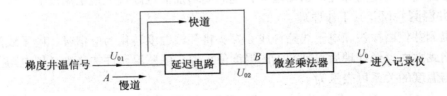

图 21 – 50 梯度微差井温测井仪

梯度微差井温测井仪也可以采用双臂式测量电桥，测量原理与梯度井温测井仪大致相同。两个灵敏臂处于不同的深度处测量，可以直接得到两个灵敏臂所在深度的温度差。

6. 径向微差井温测井仪

径向微差井温测井仪（RDT）测量的是某一固定深度上，同一水平面圆周上相差 180° 两点间的温度差。它可以定点探测管外串槽的方位。当套管外存在串槽时，会引起套管外某一方向上的温度异常，通过这个异常，就可以确定串槽的位置。

评价温度测井仪的一个重要指标是时间常数，又称为热惯性。当仪器从一种温度为

T_1 的介质到温度为 T_2 的介质时，传感器温度响应 T 不是突变的，而是服从一定的规律：

$$T = T_1 + (T_2 - T_1)(1 - e^{t/\tau}) \tag{21-32}$$

式中　τ——仪器的时间常数。

7. 井温的测量

测量井温就是在停钻后测井液随时间变化的温度值。只有当井液的温度与岩温近似或平衡时，井温曲线才能反映或近似地反映出孔内岩层的温度与地温梯度。井温测量的关键在于测得中性点、井底和恒温点的深度和温度，其测量方法如下：

（1）井底温度的测定。在钻进过程中近井底部位受钻探干扰最小，温度恢复最快。实测资料表明，在我国北方煤系地层中，对于孔深 500 ~ 1000 m 的钻孔，停钻 2 ~ 3 天后，井底温度即基本恢复，因此，测量井底温度时，应在停钻静止 24 h 后进行。为了获得几个比较准确的井底温度数据，以供互相对比和校正，应有少量钻孔在静止 2 ~ 3 天后测量。

（2）测定中性点温度与深度。停钻后在不同时间内测得两条井温曲线，两条曲线的交点即为中性点。两次测量的间隔时间，一般不小于 12 h，间隔时间长短，以能测得两条曲线的交点为宜。中性点的位置与井液温度有关。井液温度低，中性点位于钻孔较浅部；井液温度高，中性点往往位于较深处。在实际测温中，由于孔内有纵向水流或测温深度不够等原因，往往不易测得中性点。

（3）恒温点的计算或测定。在一个地形平坦的较小地区内，恒温点的深度与温度基本上是不变的。因此，可将一个地区年恒温带的深度大体估算为该区日恒温带深度（即地温变化消失的深度）的 20 倍。其精度一般相当于当地多年的平均地面温度。这些数据可从各地气象台查到。必要时可在区内适当叠选 2 ~ 3 个深度（40 ~ 100 m 即可）不同的钻孔，直接测定恒温点的深度（H_G）和温度（T_G）。观测次数一般为每月或每季度一次，但最少一年不少于两次，并以 1、7 两月为宜，以便能得到地温变化的"极值"。根据观测资料，做出深度（H）和温度（T）的关系曲线。地温变化的拐点即为似恒温点（图 21 - 51）。

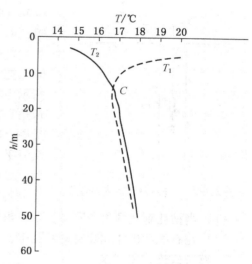

T_1—第一次测温；T_2—第二次测温；
C—恒温点（深度 12 m，温度 16.8 ℃）

图 21 - 51　由井温曲线确定恒温点

要得到钻孔真实的地温资料，需要几天乃至几个月的时间进行长期观测。根据煤田勘探的实际情况和不同的目的要求，可将煤田勘探钻孔测温分为下列 3 种情况：

（1）简易测温。进行常规测井时，在测量其他参数的前后，各测一条井温曲线，以便求出中性点。利用恒温点、中性点及井底的深度与温度，求出大致的地温梯度，这种测温占用井场时间短，故称简易测温。由于观测时间短，测量的井底温度值与实际地温差值较大，只能用以大致了解地温梯度的变化情况以及初步了解有无高温带。

（2）近似稳态测温。进行常规测井时，在测量其他参数的前后，各测一条井温曲线，之后按 12、12、24、24 h 的时间间隔顺序，各进行一次测温，以获得岩煤层的近似稳态温度，这种温度方法称近似稳态测温。近似稳态测温的实质是着重求得近似于岩温的井底温度。主要为了查明区内的恒温带深度与温度，初步查明地温梯度及其变化，基本确定勘探区内地温正常区和地温异常区的分布以及有无高温区，并初步圈定一、二级高温带的范围。

（3）稳态测温。所谓稳态，是指钻探扰乱了的地温场已经恢复和稳定，井液的温度已与周围岩石的温度达到平衡。稳态测温，是在为专门测温施工的钻孔内，直接测量经过长时间静止的井液（泥浆或清水）的温度。在稳态情况下所测得的井温值代表了围岩的温度。在仪器和其他测量技术条件正常的情况下，稳态测温所得资料最可靠。

21.3.4.2 井斜测井

为测量钻孔顶角和方位的工作称为井斜测井。

井斜测量的仪器多种，有悬锤罗盘式测斜仪、照相式测斜仪、陀螺测斜仪和感应式测斜仪等。测量方式有连续测量或点测。

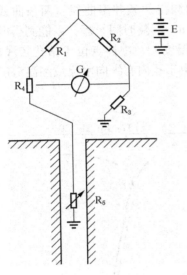

图 21 – 52 井斜测量的电路原理

1. 悬锤罗盘式测斜仪

悬锤罗盘式测斜仪分井下仪（测斜探管）和地面仪两部分，为框架系统和机械接触点，采用平衡电桥测量的测量原理，其电路如图 21 – 52 所示。E 为直流电源（90 V），电桥 4 个臂中，R_1、R_2、R_3 为固定电阻；R_4 为可调电阻；R_5 为井下仪器中的方位（或倾角）电阻，G 为检流计。仪器垂直（相当孔不歪斜）时，把电桥调到平衡状态，此时检流计中无电流通过，指示为零。钻孔歪斜时，R_5 发生变化（其值随钻井的顶角和方位角的变化而变化），电桥即失去平衡，检流计中有电流通过，指示不为零。在地面调 R_4，使电桥恢复平衡，检流计重新指示为零。通过 R_4 的调整数值，可得出钻孔的倾角或方位角。

需要注意的是：

（1）当钻孔垂直倾角为零时，方位角的读数没有任何意义。

（2）在有磁性矿体和套管的钻孔中，因指南针不能指南，故不能测出方位角。

2. 感应式连续测斜仪

感应式连续测斜仪采用感应式传感器来测量钻孔的顶角和方位角（图 21 – 53）。连续测斜时配上记录仪即可将钻孔在地下空间的弯曲情况连续地记录下来。

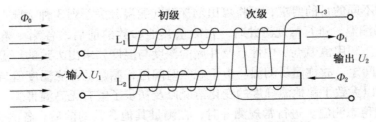

图 21 – 53 连续测斜仪的方位角传感器原理图

顶角的连续测量采用了动圈式顶角传感器。它把顶角的大小转换成动圈中感应电动势的大小。

方位角的连续测量是采用了磁敏元件所制成的方位角传感器。它利用调制的方法，将地磁场调制成幅度、相位与水平场强方位角有关的脉冲信号。

在两条玻莫合金上分别绕以初级线圈 L_1 和 L_2，然后把它们合在一起再绕次级线圈 L_3，便构成为方位角传感器。图 21-53 所示为连续测斜仪的方位角传感器原理图。使用两个互相垂直的方向传感器求出传感器所在的方位角。

3. 陀螺测斜仪

当钻孔中存在干扰磁场，例如有磁性岩石、套管或其他磁异常体时，孔内的地磁场将受到歪曲，罗盘和磁感应定位器都将失去作用。为了解决这类钻孔的测斜问题（如水文孔、井检孔、长期观测孔、立排井及铁矿区等），可采用陀螺测斜仪。

目前应用于煤炭测井的陀螺仪主要是框架陀螺和挠性陀螺两类，它们均可以制作成为速率陀螺仪和位置陀螺仪。煤炭测井应用的多是速率陀螺仪。测量方式一般采用点测模式。

陀螺仪的工作原理如图 21-54 所示，其主要部件是一个能绕 3 个互相垂直的 AA'、BB' 和 CC' 轴转动的飞轮 T，3 根轴的交点即飞轮的重心。由于飞轮在高速转动时具有极大的惯性而能保持其在恒星空间的位置不变，为了补偿地球自转所发生的仪器轴对地面南北方向的变动，可在仪器的一端加一个恒定的力，使轴发生较缓慢的移动，其速度恰好等于地球自转引起的对地面上固定方向的移动。

陀螺测斜仪有两个旋转系统，分别称为方向指示器和水平稳定器。方向指示器在测量的过程中保持恒定的方向，可借以确定钻孔的方位角 φ，水平稳定器上装有水平仪，借助于光电追逐系统能使一个框架面垂直于钻孔倾斜面，利用其上的电位计测得钻孔的顶角 δ。井斜仪的测量结果是获得了各个深度处的钻孔顶角 δ 和方位角 φ。

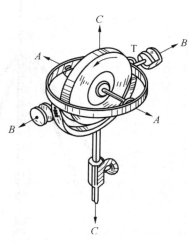

图 21-54 陀螺仪的工作原理

陀螺测斜仪的主要特点是不受磁场的影响，可在强磁异常区的钻孔中以及有套管的钻孔中确定井孔的倾斜角度（顶角）和井斜方位角。

21.3.4.3 井径测井

井径仪种类多，一般有电阻式井径仪、感应式井径仪，以及伽马井径仪和声波井径仪。

1. 电阻式井径仪井径测量的原理与仪器

目前使用的井径仪多属于滑线电阻式，其电路原理如图 21-55 所示。电阻尺的滑动头通过机械方法与 4 条测量杆连接，当测量杆随井径的变化缩小和张大时，就带动滑动头相对移动，从而将井径的变化转化成电阻的变化。AB 间供上电流，MN 间产生电位差，该电位差与滑动头位置有关，故测量出 MN 间电位差，就可得出井径的数值。电阻式井径

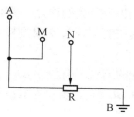

图 21-55 井径仪工作原理图

仪有四测杆张臂型电阻式井径仪和菱形曲臂电阻式井径仪。

图 21–56a 所示为测杆式电阻井径仪的外貌，它由仪器头、测量部分、测量杆、锥形锤等部分组成。仪器下井时，四根测量杆用胶布或不太结实的绳索捆住，快下到井底时，加快下放速度，使锥形锤猛撞井底而挤断胶布或绳索，测量杆便得到释放，然后在上提仪器时进行测量。当需要自井内某一深度开始测量而不是自井底开始测量，或者当泥浆的比重和黏度较大以及井底岩屑沉淀较厚时，可采用爆炸法，这时需要先在炸药室安置炸药及雷管，到达预定深度后，电缆芯 A 通以 220 V 交流电而引爆，使绳索炸断，释放测量腿。也可以用一个小铁盒（如罐头筒）在地面把四条测杆套住，当到达预定深度后，将仪器向上猛一提，利用泥浆的阻力把铁盒压落，测量杆即行张开。

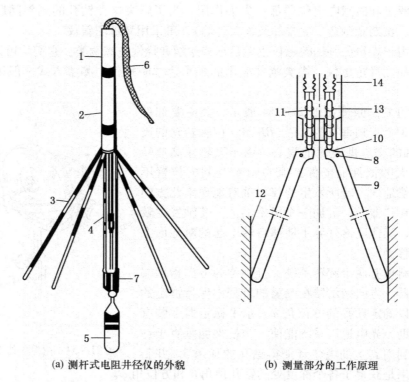

(a) 测杆式电阻井径仪的外貌　　　　(b) 测量部分的工作原理

1—仪器头；2—测量部分；3—测量杆；4—压力补偿器；5—锥形重锤；6—电缆；7—炸药室；8—支点；
9—测杆的长臂；10—测杆的短臂；11—压紧弹簧；12—井壁；13—连杆；14—可变电阻

图 21–56　电阻井径仪

图 21–56b 是测量部分的工作原理图，每根测量杆都有一个活动的支点（即固定在仪器座架上的轴），它把测量杆分成了长短两个臂，长臂的末端由于弹簧的作用，在测量时恒与井壁接触，短臂通过连杆而控制着可变电阻的滑键，使其位置与通过 4 根测杆末端的圆周直径相适应，从而也就是与井径大小相当。

仪器的 4 根测杆成对地装置在互相垂直的两个平面上，当杆的末端沿井壁滑动时，井径的变化 Δd 便使各杆的长臂发生了总值为 $\Delta l = \Delta l_1 + \Delta l_2 + \Delta l_3 + \Delta l_4$ 的位移，这个位移的大小与 Δd 成正比，因此，可变电阻的变化 ΔR 也与 Δd 成正比，即

$$\Delta R = \beta \Delta d \tag{21–33}$$

如果我们测出了电阻变化大小 ΔR 和知道了比例系数 β，井径的大小 Δd 也就可以确定了。

2. 菱形井径仪井径测量的原理与仪器

菱形井径仪也采用三芯电缆，其工作原理和电路与电位计式的电阻井径仪一样，只是结构上有所不同。

图 21 - 57 所示为菱形井径仪的结构，其测量装置是由 3 根分开成 120°的滚轮系统所组成，滚轮系统的两端有一个固定塞柱和可以在管中移动的活动塞柱，塞柱由安装在仪器中心上的弹簧所拉紧，在弹簧的作用下，3 个滚轮紧紧地压向井壁。为了防止井径很小时弹簧水平分力的减小而使滚轮没有足够的力量压向井壁，安装了一个辅助弹簧，当井壁较小时，压力主要由辅助弹簧来承担。

在仪器的贮油室中，装有滑动电阻，其滑键借助于推杆，利用滚轮系统中的凸轮来推动，凸轮的形状要能使推杆的移动与滚轮至仪器轴的距离（井径）成正比。

滑动电阻的引用线通过压力补偿器接到装有多孔帽中的接头上，然后分别接到三芯电缆的缆芯。

3. 感应井径仪测量的原理与仪器

感应井径仪是利用电磁感应的原理来测量井径的。图 21 - 58 所示为一种实用四芯电缆的感应井径仪的原理图。

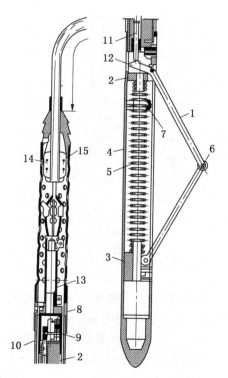

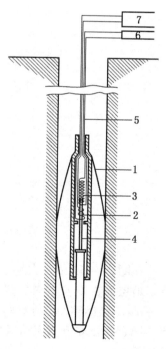

1—滚轮系统；2—固定柱塞；3—活动柱塞；4—管；5—弹簧；
6—滚轮；7—辅助弹簧；8—贮油室；9—滑动电阻；10—滑键；
11—推杆；12—凸轮；13—压力补偿器；14—接头；15—孔帽

图 21 - 57　菱形井径仪

1—弹簧条；2—供电线圈；3—接收线圈；4—铁心；5—电缆；
6—记录仪；7—交流电源

图 21 - 58　感应井径仪的原理

仪器用 3 根弹簧条作为测量腿，弹簧的上端与仪器外壳固定，下端接到能够相对外壳移动的套筒上，套筒与铁心 4 相连，当弹簧随井径大小而伸缩时，套筒即带动铁心仪器上下移动；在铁心上套着两个线圈，供电线圈由地面输入交流电，接受线圈随着铁心的移动而感应出不同的电动势，此电动势由电缆传到地面，经过整流后送到记录仪中，记录出规定比例尺的井径曲线。

21.3.4.4　地层倾角测井

地层倾角测井是在井中测量地层层面的倾角和方位角的一种测井方法。利用地层倾角测井信息可以研究沉积环境和岩相古地理，提供鉴别断层、不整合、交错层、沙坝、河床沉积、沙丘周围的构造变形、地层裂缝和破碎带方面的资料。

1. 地层倾角测井的原理

地层倾角测井是根据三点可以成一平面的道理，用井下仪器在井中测出同一层面的 3 个或 3 个以上的点，根据这些点就可绘出地层的层面的倾斜方向。

图 21 −59 所示为地层面倾角倾向在大地坐标系中的表示。n 是地层层面上的单位法向矢量，它表示地层层面的倾斜情况。

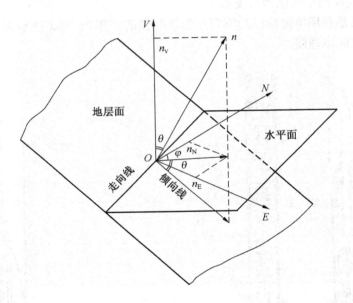

图 21 −59　地层面倾角倾向在大地坐标系中的表示

在图 21 −59 中，大地坐标系 $O - ENV$ 为右手坐标系，其原点是该地层面与井轴的交点。地层面在 O 点的单位法向矢量 n，它在各轴上的投影分别为 n_E，n_N，n_V，即 $n = n_{Ei} + n_{Nj} + n_{Vk}$。坐标轴 OE 和 ON 所在的平面为水平面，它与地层面交线的方向为地层面的走向，用它与正北方的夹角（顺时针）表示。地层面在 O 点上的倾向是它在该点由高到低变化最大的方向，用地层面在该点的倾向线在水平面上的投影与正北方向的夹角（顺时针）表示，称为倾斜方位角，简称倾向。因为倾向线在水平面上投影与单位法向矢量在水平面上的投影方向一致，故地层面在 O 点的单位法向矢量 n 在水平面上的投影与正北方向的夹角即为地层面的倾斜方位，其变化范围是 $0° \sim 360°$。因为地层面的走向与倾向互成 90°，故地层倾角测井只确定地层面的倾向。地层面在 O 点的倾角是它在该点与水平面的夹角，其变化范围是 0°~90°。因为地层面的单位法向矢量 n 垂直于地层面，而铅直轴 OV 垂直于水平面，故 n 与 OV 的夹角 θ 即地层倾角，由图上的几何关系可得出地层倾角。

要确定地层面在空间的位置，至少要确定地层面上的 3 个点。三臂地层倾角测井仪就是按此思想设计的。现在使用的四臂地层倾角测井仪，一般可在地层面上确定 4 个点，其中每 3 个点就可以确定一个平面，这就可以用统计方法选出最符合地质情况的那个平面，使计算结果更可靠。如图 21-60 所示为四臂倾角测井仪测量原理图。

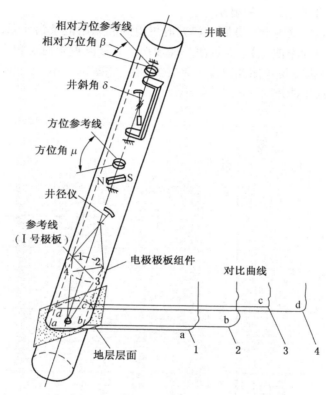

图 21-60 四臂倾角测井仪测量原理图

2. 地层倾角测井仪

地层倾角测井仪是在钻孔内测定岩层的走向、倾向和倾角的仪器。它包括两部分：一部分是测量岩层相对于钻孔的倾斜角及方位；另一部分是测量钻孔本身的倾斜和方位以及井径。利用其综合资料可求出岩层的产状。测定岩层相对于钻孔轴线倾斜的装置，由位于同一平面（此面与井轴垂直）相互成 120° 角的 3 组，或互成 90° 角的 4 组电极组成。根据岩层的具体情况不同，可以记录微侧向测井曲线或其他测井曲线。根据测出的 3 条或 4 条曲线分别定出的界面深度，以及井径数据，便可以得到岩层相对于钻孔的倾角。电极方位、钻孔倾角及井径的测量原理，同一般井斜仪、井径仪相似。

如图 21-61 所示，四臂地层倾角仪探测器的下部是 4 个臂支持的贴井壁的电极极板系统，相邻两个极板相隔 90°，按顺时针方向依次编号为 1，2，3，4。每个极板上有一个微聚焦电极系，仪器的机械系统使各极板与井臂接触良好，而且使 4 个微聚焦电极系的记录点始终在垂直于仪器轴的平面内，该平面称为仪器平面。地层倾角仪上部还装有扶正器，它与下部的四臂极板系统结合起来，可使整个倾角仪在井内居中。因此，仪器平面也是垂直井轴的。这样，为了确定地层面在空间的位置，我们可建立仪器坐标系。设 1～4 极板的记录点穿过地层面的位置依次是 a、b、c、d。从对应的微聚焦电导率曲线上容易确定其深度分别是 Z_1、Z_2、Z_3、Z_4。四臂极板系统还同时测出 1 与 3 方向的井径 c_1 和 2 与 4 方向的井径 c_2 两条井径曲线。这样，可确定地层面上四点的仪器坐标系中 a、b、c、d 的坐标。

3. 地层倾角测井数据及成果显示

以四臂的地层倾角仪为例，在野外测井时可得到的原始记录为 9 条测量曲线：4 条聚焦电阻率曲线（或电导率曲线）、2 条微井径曲线、1 号极板相对于仪器倾斜方位的相对方位角、1 条 1 号极板方位角曲线以及 1 条井斜曲线（图 21－61）。必要时，还可加测电缆张力曲线或速度校正曲线。

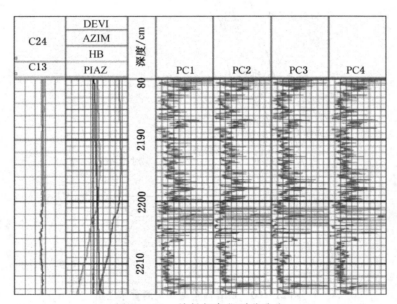

图 21－61 地层倾角仪测井曲线

根据所测出的 4 条电阻率曲线进行相关对比，就可以确定地层层面上 4 个点 M_1、M_2、M_3、M_4 沿井轴方向的高度 Z_1、Z_2、Z_3、Z_4，可以求出地层平面的高程差；由高程差求出层面法线方向的单位向量 $\vec{n}$，得到地层平面在仪器坐标系中的视倾角与视方位，再利用坐标变换原理，经过 3 次旋转，把 $\vec{n}$ 换算到大地坐标系，就可得到地层平面的真倾角与真倾斜方位角。上述分析成果由计算机以表格图形的形式打印输出。

地层倾角测井利用计算机调用各种显示程序将地层倾角计算成果打印成数据表和绘制出各种图件。

1）数据表

原始数据表包括深度，井斜角 δ，井斜相对方位角 β，1 号极板的方位角 μ，井径值

D_{13}、D_{24}，4 个高程 Z_1、Z_2、Z_3、Z_4。

最终成果表包括：井段深度、地层倾角 θ、地层倾斜方位角 Φ、地层倾斜方向、井斜角 δ、井斜方位角、井斜方向及计算点置信度（质量等级，范围为 $1 \sim 100$，100 为对比质量最好）。这些数据是绘制成果图的基础数据。表 21 – 15 是解释成果表的一个实例。

表 21 – 15　地层倾角测井解释成果实例

深度/m		地层倾斜			井　眼			等级
顶界	底界	倾角/(°)	方位角/(°)	方向	井斜角/(°)	方位角/(°)	方向	
4711	4719	2.0	151	S29E	0.8	58	N58E	100
4713	4721	2.0	148	S32E	0.4	62	N62E	100
4715	4723	2.0	147	S33E	0.4	59	N59E	100
4717	4725	1.9	121	S59E	0.4	50	N50E	100
4719	4727	1.9	116	S64E	0.4	50	N50E	100
4721	4729	1.9	60	S60E	0.4	49	N49E	100

2）成果图

（1）矢量图。矢量图的表示方式和内容如图 21 – 62 所示。图中的纵坐标为深度，横坐标是倾角，横坐标的比例尺是非线性的，黑点的位置表示它的深度和倾角，黑点上的箭头表示地层的倾角和方位（以极坐标表示）。图 21 – 62 的矢量图表明在 380 m 处，地层层面向东倾斜，倾角为 $10°$。

（2）杆状图（棍棒图）。杆状图是表示沿剖面线的地层视倾角随深度变化的图件（图 21 – 63）。其对于井间地层对比或绘制横剖面图效果较好。

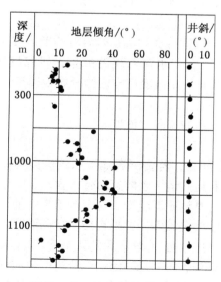

图 21 – 62　地层倾角测井矢量

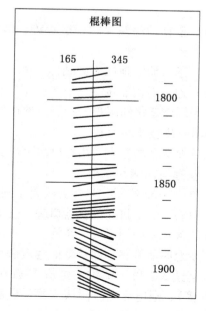

图 21 – 63　杆状图

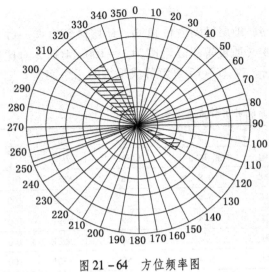

图 21 – 64　方位频率图

（3）方位频率图。方位频率图是在一定的研究井段中以统计方法建立的极坐标图（图 21 – 64）。在选择研究井段时，要求该井段为一连续一致的单元，不应包含有不整合、断层等不连续的情况。

（4）改进的施密特图。改进的施密特图也是一种极坐标图。同心圆从外边缘 0° 到中心的 90° 表示地层倾角，根据井段内各点倾角和方位的大小标在相应的坐标图上，用等值线圈出每个小扇形区点子数相同的区域，构造倾角的点子集中在极坐图的外圈区域，等值线呈扁长形，倾角小且变化很小。沉积倾角变化大且倾角较大，等值线图通常呈三角形，底边接近极坐标的外圈，顶角指向坐标中心。

（5）圆柱面展开图。圆柱面展开图相当于岩心素描的展形图，用它可以研究层面倾角和观察各种层理。

4. 地层倾角测井成果应用

通过对地层倾角测井资料的分析，可以解决构造和沉积方面的地质问题。

（1）确定岩层和煤层的产状，进而精确确定岩、煤层的真厚度。

（2）研究地下构造的形态及位置，做出地质构造异常的解释，例如判断断层及性质、角度不整合、交错层破碎带、沙坝砂岩圈闭的具体位置。

（3）根据单个孔或几个孔的地层倾角资料，做出所在地区的构造图，以指导钻探位置。

（4）根据地层倾角的一般趋势，借助于做方位分布图的方法来确定基本的构造倾角。

（5）通过研究地层内的结构，确定沉积岩的层理特征和沉积时岩屑的搬运方向。

（6）通过对沉积时水流方向、沉积物来源、沉积水流急缓的关系，研究沉积环境，并可作为研究三角洲沉积岩相、古地理的手段和研究岸线变迁与岩体分布规律等。

21.3.4.5　流速流向测井

在条件适合的地方，用充电法可以测定地下水的流向、流速。

1. 流速流向测井原理

如图 21 – 65 所示，当钻孔揭露了某一含水层时，若要测定地下水的流向与流速，可在钻孔中放下一个带孔的食盐口袋，食盐将不断地被地下水溶解而带入含水层，于是在钻孔周围的含水层中便形成一个沿水流方向延伸的电解质低阻带。这个低阻带的前缘随着地下水不断地向前推移，而移动的速度和水流速度大致相等。如果在放食盐的同时，放入一个供电电极 A，另一个供电电极 B 放在"无穷远"处（与钻孔的距离等于含水层深度 10 ~ 20 倍），通电后电流便从 A 穿过电解质低阻带流向大地。因电流流过电解质低阻带时不产生电位降，故低阻带在电场中呈一等位体，且体内的电位与 A 相等，而体外的电位则随距低阻带的距离增加而下降。在地面上观测等电位线随时间的位移，然后根据其位移的方向判定地下水的流向，根据其位移的速度计算地下水的流速。

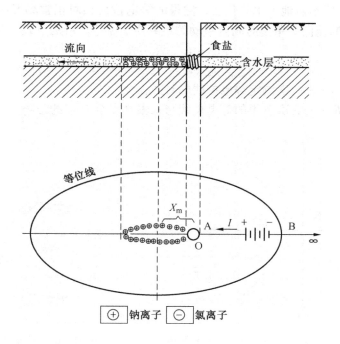

注：上方为充电前剖面图，良导区呈中性，空间无电场；
下方为充电时平面图，地面上形成椭圆形等电位线
图 21-65　充电法原理图

2. 工作方法

（1）测线布置。如图 21-66 示，以充电钻孔为中心呈辐射状分布，测线一般互呈 45°或 30°，分成 8 个方位或 12 个方位布置。

（2）供电电极。供电电极为一直径 2 cm 左右的金属小球，与供电线路连接后，和食盐口袋放在一起，置于孔内待测含水层的中部；另一供电电极（无穷远极）B 置于距钻孔约 10~20 倍含水层深度的地表，并使其接地良好。

（3）测量电极。N 极固定在与事先推测的水流方向相反的测线上，距离一般不小于 A 极的入井深度，然后供电。M 电极在各条测线上移动，依次寻找和 N 等电位的点。

（4）观测过程。在盐化地下水流之前，预先测定一次正常的等电位线。若含水层岩性均匀各向同性，正常场的等电位线是一个以钻孔为中心的圆形；若岩性不均匀，测得的等电位线可能是各种形状的闭合曲线。测出正常场等电位线后，再将食盐口袋放入钻孔中，并记下时间。间隔一定时间后（间隔时间长短依地下水流速而定），再沿各条测线测出新的等电位点，记下时间和该点至钻孔的距离，绘制新的等电位线。为保证观测流速流向的准确性，要求地下水盐化后用同样的方法观测等电位线不少于五次。

3. 资料整理

一般采用位移法和矢量法来整理资料。

1）位移法

如图21-67所示。地下水盐化后，测得的等电位线相对正常场等电位线位移的最大方向便是地下水的流向。单位时间内移动的距离便是流速。可用下式计算：

$$v = \left[\frac{R_2 - R_1}{t_2 - t_1} + \frac{R_3 - R_2}{t_3 - t_2} \right] \times \frac{1}{2} \qquad (21-34)$$

式中　t_1、t_2、t_3——3次测定等电位线的时间；

　　　R_1、R_2、R_3——3次测得的等电位线与长轴交点至 O 点的距离。

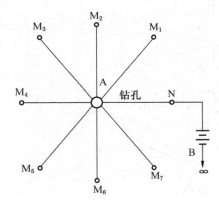

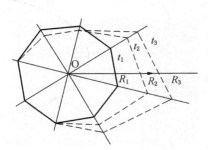

图21-66　充电法测定地下水流向流速装置图　　　图21-67　位移法计算流速流向

若测定有多组等电位线时，可分别算出每组的流速，然后取平均值。

在绘制等电位线时，是把各条测线上的等电位点都认为是同一时间测得的，但实际上测定等电位点的时间有先后差别，特别是在地下水流速较大的情况下，这种误差比较明显。为了消除由于观测时间不同所产生的误差，可在最后一条测线测完后，再重测第一条测线求得闭合差，然后按各等电位点的先后观测顺序进行误差分配，再绘制改正后的等电位线。

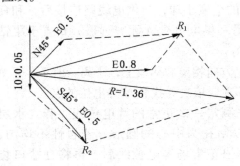

图21-68　矢量法求地下水流速流向的矢量合成图

2）矢量法

矢量法和位移法只是作图方法上的不同，实质是一致的。具体方法是在平面图上，以充电钻孔为原点绘制沿各测线方向等电位点相对正常情况的位移矢量（图21-68）。这些矢量的长度是按一定比例尺绘制的，并且和各条测线等电位点的位移距离一一对应。然后用矢量合成法求出总矢量，总矢量的方向即为地下水的流向。总矢量的长度 R 和相应的时间间隔 Δt 之比

$$v = \frac{R}{\Delta t} \qquad (21-35)$$

即为地下水的流速。

21.3.4.6　流量测井

1. 流量测井原理

流量测井使用的主要有涡轮流量计、示踪流量计、超声流量计、电磁流量计等流量测井仪，下面以使用较多的涡轮流量计为例进行说明。

涡轮流量计是应用流体动量矩原理实现流量测量的（图21-69）。流量测井仪主要包括井下探头和井上记录面板。井下探头即叶轮，分阻差式和光电式两种；井上记录面板分点测和连测两类。根据水动力学原理，对井孔抽水或注水时，可使所揭露的含水层涌水（吸水）状态发生变化，这种变化必然会使孔内的水沿钻孔作垂向运动。流量测井就是根据这一原理用一种可以自由转动的，能够产生电信号的计数仪器（叶轮）放在孔内测量不同深度位置的流速，进而计算其流量。因为水的流速和叶轮单位时间内旋转的次数成正比，根据叶轮单位时间旋转的次数和通过井径测量求得的钻孔截面积，就可以获得钻孔内任一截面水的流量值。

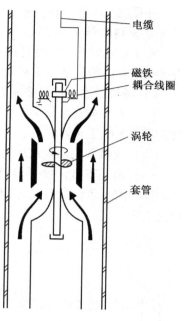

图21-69　涡轮流量计

2. 工作方法和步骤

在测量之前，先将井壁上的泥浆全部冲掉。

做3次水位降低，每次测量都必须在水位降低达到稳定后（一般要求稳定8 h）进行。

选择点距，一般以2 m为宜，对于含水层可适当加密测点，以控制顶底板界限。

随流量测井同时标定叶轮。维护井壁的套管用3种不同直径的套管组成，标定的结果得到流量标定曲线（图21-70）。

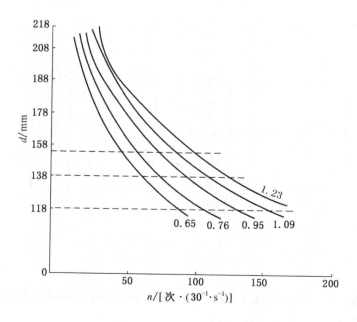

图21-70　流量标定曲线

井径测量一般是在流量测井以后进行，也可以和流量测井同时进行。

3. 资料解释

有了钻孔各对应点井径曲线和流量标定曲线，就可以利用实测的转速曲线 $n = f(h)$ 直接查得各点的流量，绘制成随深度变化的流量曲线 $Q = f(h)$。

1）各种含水层流量曲线 $Q = f(h)$ 特征

（1）在均质含水层中，$Q = f(h)$ 为一不平行 h 轴的直线，如图 21 – 71a 的 ab、cd 线段，其中平行于 h 轴的 bc、de 线段为隔水层。

（2）层状非均质含水层的 $Q = f(h)$ 为一折线，如图 21 – 71b 中 ab、bc、cd 段。

（3）沿垂直方向渗透性逐渐变化的非均质含水层，$Q = f(h)$ 为一连续曲线，如图 21 – 71c 中的 ab 线段，而 a、b 对应的深度之差等于含水层厚度，其流量之差等于含水层流量，即

$$M = h_a - h_b$$
$$Q = Q_b - Q_a$$

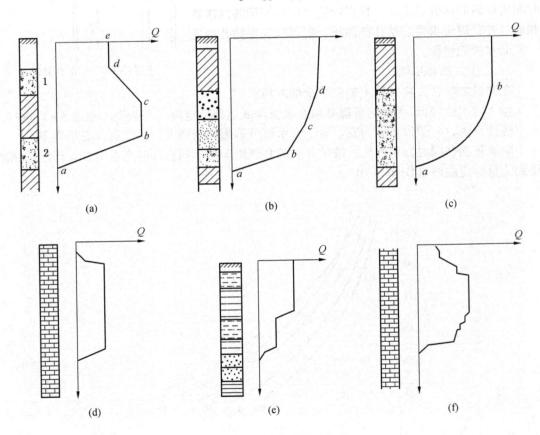

图 21 – 71 各种含水层流量曲线

（4）当各涌水层的涌水量总和等于各吸水层的吸水量总和时，$Q = f(h)$ 曲线必与 h 轴构成一封闭曲线，如图 21 – 71d 所示。

（5）当钻孔所揭露的含水层均呈涌水状态或均呈吸水状态时，$Q = f(h)$ 曲线必与 h

轴构成向上开口的张开型曲线，如图 21−71e 所示。

（6）如既有涌水的含水层又有吸水的含水层，并且 Q 涌不等于 Q 吸，则 $Q = f(h)$ 曲线必与 h 轴构成半封闭曲线，如图 21−71f 所示。

2）$Q = f(S)$ 曲线及其图解法

在钻孔中进行 3 次水位降低，就可以得出 3 条 $Q = f(h)$ 曲线（图 21−72）。在钻孔的每一深度上都可以得到 3 个 Q 值，从而可以作出任一含水层顶板 $Q−S$ 曲线和底板 $Q−S$ 曲线。再用 $Q−S$ 曲线图解法，就可以求出该含水层的 $Q−S$ 曲线和静止水位线。

$Q−S$ 曲线图解法：如图 21−73 所示，已知 A、B 两个含水层混合抽水时的混合 $Q−S$ 曲线 Ⅰ+Ⅱ，混合静止水位 $a+b$，以及含水层 A 的 $Q−S$ 曲线 Ⅰ，静止水位 a，求含水层 B 的 $Q−S$ 曲线 Ⅱ 及静止水位 b。

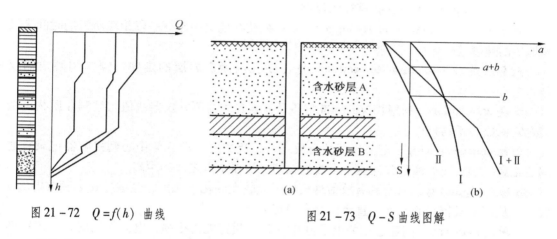

图 21−72　$Q = f(h)$ 曲线

图 21−73　$Q−S$ 曲线图解

首先将 A、B 的混合 $Q−S$ 曲线 Ⅰ+Ⅱ 及 A 的 $Q−S$ 曲线 Ⅰ 按其水位高程绘在一张综合 $Q−S$ 曲线图上。Ⅰ+Ⅱ 与 Ⅰ 必交于一点，此点所在的高程（纵坐标）就等于含水层 B 的静止水位高程。过此点作一水位高程线，即为含水层 B 的静止水位线 b。然后从 b 与纵坐标交点作一曲线，使曲线上每一点横坐标值（Q 值）等于 Ⅰ+Ⅱ 与 Ⅰ 两条 $Q−S$ 曲线上相应点的 Q 值之差，此曲线即为含水层 B 的 $Q−S$ 曲线 Ⅱ。如果混合含水层有 3 个或更多时，照此类推，依次解出各含水层的静止水位和 $Q−S$ 曲线。

22　测井数据的采集及测井质量控制

22.1　术语定义

井温仪 borehole thermometer　可测量钻孔内不同深度的温度和井液电阻率的仪器。

井斜仪 inclinometer　测量各个深度处的钻孔顶角 δ 和方位角 φ 的仪器。

井径仪 caliper　测量钻孔直径的仪器。

声速测井仪 acoustic velocity logger　测量纵波在地层中旅行一段距离所需的时间来反映地层的速度的仪器。

地层倾角测井仪 dipmeter sonde　是在钻孔内测定岩层的走向、倾向和倾角的仪器。

刻度 calibration　利用相应的标准物质及其装置建立测井仪器量值与被测介质物理量值之间函数关系的过程。

源距 source spacing　下井仪器的参数之一，泛指发射源几何中心到接收器记录点之间的距离。如：放射性测井仪器中是放射源到探测器中点之间的距离。

α 射线 alpha ray　通常具有放射性而原子量较大的化学元素，会透过 α 衰变放射出 α 粒子，从而变成较轻的元素，直至该元素稳定为止。

β 射线 beta ray　高速运动的电子流 0/ -1e，贯穿能力很强，电离作用弱，本来物理世界里是没有左右之分的，但 β 射线却有左右之分。

采样间隔 sample interval　相邻两次采样间的时间间隔或空间间隔。

统计起伏 statistical fluctuation　由核射线探测的统计性质引起的计数率的起伏。

测井深度 logging depth　对测量结果起决定作用的那部分介质的范围。

重复曲线 repeated curve　在相同的测量条件下，为了检验和证实下井仪器的稳定性对同一层段进行再次测量的曲线。

深度比例尺 depth scale　在测井曲线图上，沿深度方向两水平线间的距离与它所代表实际井段距离之比。

横向比例 grid scale　在测井曲线图上，曲线幅度变化单位长度所代表的实测物理参数值。

曲线形态 morphology　当地层厚度与主电极长度的比值 H/L_0、电极系直径与钻孔井径的比值 dn/d_0 和 L_0/d_0 比值不同时，三电极聚焦电阻率曲线有所不同。

探测深度 depth of investigation　下井仪器的径向探测范围。下井仪器测量的地层物理参数值主要反映这个范围内地层的特性。不同测井方法的探测深度不同。

纵向分辨率 vertical resolution　测井仪器能够分辨出的地层的最小厚度。电测井仪器通常以纵向积分几何因子为 90% 时对应的地层厚度作为仪器的纵向分辨率。

电极系 electrode，sonde　用于测量地层视电阻率的多个电极组成的系统。

电极距 electrode spacing　梯度电极系的电极距是单电极到记录点之间的距离（AO）。电位电极系的电极距是单电极到相邻成对电极的距离（AM）。

API 单位　API unit 美国石油学会规定的自然伽马和中子伽马测井的计量单位。规定在美国休斯顿大学自然伽马测井刻度井中测得的高放射性地层和低放射性地层的读数差的 1/200 为一个 API 自然伽马测井单位。对中子伽马测井，在中子测井刻度井中将仪器零线与孔隙率为 19% 的印第安纳石灰岩层的中子测井幅度差值的 1/1000 作为一个 API 中子测井单位。

22.2　测井数据的采集设备

22.2.1　测井数据采集系统

图 22 - 1 所示为数字测井工作示意图。将各种下井探管送入井下，在地面采集系统的控制下，测量钻孔地质和工程信息，并转换成物理量。下井仪器的电子线路测量这些信号，经规一化、放大和处理后，通过电缆送到地面。地面仪器对这些从井下来的数据进行处理后，显示、绘制成测井图，并将数据记录在磁带或磁盘上，在井场做出快速直观解释或在室内进行处理解释。

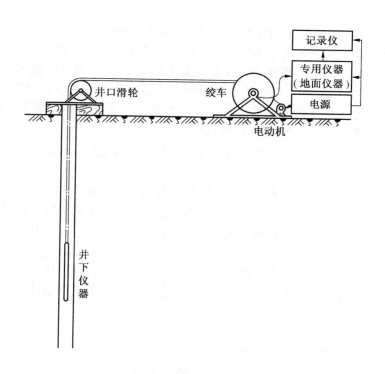

图 22 - 1　测井工作示意图

以数控测井系统为例，测井数据采集系统如图 22 - 2 所示。测井数据采集系统主要包括以下 4 个部分：

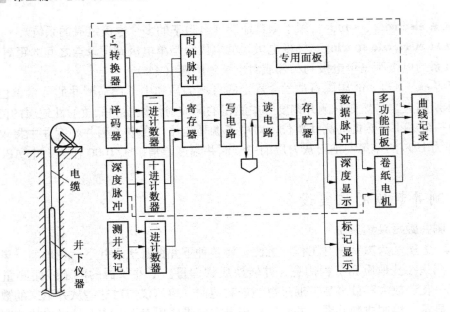

图 22 - 2　测井数据采集系统原理框图

（1）地面仪器，地面的数据采集、控制、记录和处理系统。

（2）下井仪器，根据不同的地质和工程目的，选择不同的探管。

（3）测井绞车，用于煤炭测井的绞车按测量深度可分为 3000 m 绞车、2000 m 绞车、1000 m 绞车、500 m 绞车等。按电缆芯数可分为一芯、三芯、四芯、六芯、七芯电缆等。大部分已采用先进的变频调速技术控制绞车，实现自动恒速及手动调速，超负荷自动保护，自动加减计算深度，深度误差自动补偿等。

（4）附属设备，包括井口装置、深度系统、测井数据遥传通信等。

22.2.2　测井地面系统

测井数据采集、记录和处理的地面系统包括测井控制面板、电源控制面板、绞车控制面板、采集计算机、采集打印机；地面操作面板是综合测井地面仪器，它同时具备测井记录仪、声速面板、放射性测井面板、电测井面板、井径面板、产状、井斜、井温测井面板等。

测井地面仪器可包括主机、信息采集子系统、磁记录子系统、绘图子系统、测井接口子系统、输出子系统、供电子系统、深度和通信子系统，以及其他通信辅助或特种作业面板等。

22.2.3　下井仪器

测井下井仪器的种类有数十种，包括：普通电法测井探管、三侧向聚焦测井探管、单密度组合探管、双密度贴壁组合探管、密度选择伽马探管、声波探管、超声成像探管、中子探管、井径探管、井斜产状测井探管、井温井液电阻率探管等；根据孔径大小可分为大口径探管、小口径探管。测井下井仪器的主要用途和次要用途见表 22 - 1。根据测井目的和解决地质工程问题的不同，可选用不同的下井仪器或仪器组合。

表22-1　测井下井仪器的主要用途和次要用途

测井方法	构造裂隙	沉积环境	岩性	孔隙率	煤层	含水层	地应力	钻孔形状
地层倾角	★	★	☆					
微电阻率扫描	★	★	☆				★	★
电阻率	☆	☆	★	☆	★	★		
感应					★			
侧向	☆	☆	★	☆	★	★		
微球形聚焦					☆			
补偿声波			☆	★				
自然电位		★	☆	☆	☆	★		
声速	★		★	★	★	★	☆	
井周声波	★	★					★	★
自然伽马	☆	★	★	☆	★	★		
伽马能谱		★						
补偿密度			☆	★	★	☆		
补偿中子				★		★		
脉冲中子				★	☆			
中子寿命					★			
井径	☆			☆		☆		★

注：★代表主要用途。
　　☆代表次要用途。

22.2.4　测井数据采集流程

测井数据采集的基本流程如图22-3所示。

（1）由下井仪器的数据采集部分在井下测得数据。

（2）在采集过程中，可以实时显示和记录多种曲线、图形、图像和参数。

（3）这些数据按照一定的格式向地面发送。

（4）信号恢复和处理。地面仪的数据接收部分在接收到井下来的数据或信号后，要进行仪器响应恢复和必要的测井环境校正。

（5）数据刻度计算。对测井数据进行刻度，即将物理量转换成相应的工程量，就可以得到随深度变化的测井曲线和数据。在有些情况下，为了达到提高分辨率和信噪比的目的，还需要对数据做进一步处理，然后计算地层参数。

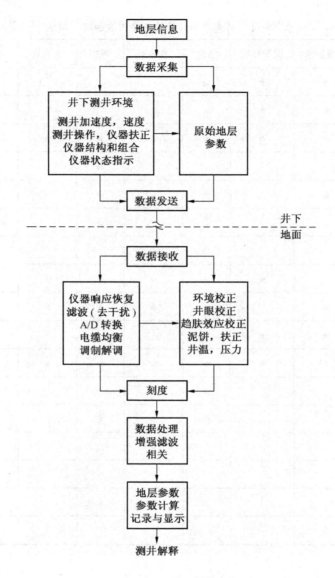

图 22 – 3 测井数据采集流程

22.3 测井质量控制及资料验收

22.3.1 测井质量控制

22.3.1.1 测井质量控制的内容

测井质量控制过程是一个全过程的控制。主要分为以下4项内容：

（1）测井仪器本身的质量控制。主要取决于仪器的设计、制造、正确使用及维修。

（2）测井信息获取过程的质量控制。主要是按测井规程和规范正确使用测井仪器，使其满足要求；在测井作业中按操作规程操作，记录好张力曲线和深度曲线。在仪器规定的井温条件下测井，做好测井信息的记录，并做好井场基本数据的记录。测井作业过程的严格质量控制是保证测井信息质量的关键。

（3）测井条件对测井资料影响的质量控制。在用测井信息进行解释之前，要对测井信息进行一系列的环境因素校正。

（4）测井信息解释过程的质量控制。对测井信息的处理和解释都要综合检查，反复对比解释结论和其他反映地质性质资料的符合程度，才能最终控制住处理成果的质量。

22.3.1.2 影响测井质量的因素

对测井质量的影响主要有以下几个因素：

（1）钻井液：钻孔中的钻井液类型影响测井质量。钻井液对钻孔影响可利用校正图板进行校正。

（2）套管：当有套管时，某些测井方法就要被排除掉（如电阻率测井、自然电位测井）。通常，只有核测量（如自然伽马、散射伽马、中子测井）或某些声波测量才能透过套管，但测量值需要修正。

（3）井下仪器直径和偏心：大部分井下仪器直径范围都适合于普通钻孔尺寸。某些测量方法要求仪器处在正确的位置，为此要用机械装置予以保证。

（4）传感器源距和探测深度：测井仪器读取的是来自以探测器为中心周围介质的体积信息。当井下仪器采用一个源或发射体和一个探测器时，它所接收到的是来自和源距相当的同一数量级的高度的那部分地层体积的信号。一般规律是，径向探测深度随传感器源距的增加而增加。

（5）纵向分辨率：纵向地层分辨率随传感器源距的减小而增加。探测深度与纵向分辨率有较密切的关系，径向探测深度随传感器源距的增加而增加，而纵向分辨率也随之变差。

（6）测井速度：各种测井方法的测井速度要根据计数率大小和要求的测量精度选择测井速度。另外一些限制测井速度的因素是各种安全方面的考虑，特别是电缆张力和损坏推靠板设备的危险性。

（7）采样间隔。对厚层岩石来说，采样间隔对划分地层影响不大，但对薄层岩石来说采样间隔直接影响分层的精度。目前煤田数字测井仪的采样间隔目的层段不大于 5 cm，其他层段不大于 10 cm。特殊测井方法应依据所要求的测量精度及仪器性能确定并在设计中明示。

（8）恶劣环境：测井仪器必须能够承受住可能遇到的极端钻孔条件。测井时对每种井下仪器提出最大压力、最高温度、抗震能力、抗冲击等工作限制条件，超出这些限制条件的范围，就会发生电子元器件温度失效、通过密封口漏入钻井液、承压外壳损坏等事故，有使设备毁坏的危险。在井中有腐蚀气体（如硫化氢）存在时，需要特别的预防措施和防腐设备。

（9）钻孔孔径：钻孔孔径越大，围绕测井仪器的流体体积越大，它对测井读数的影响也就越大。钻孔尺寸大到一定程度后，可能就很少有或没有来自地层的测井信号。测井时除了要指定能使井下仪器安全起下的最小钻孔尺寸之外，还常要考虑最大的钻孔尺寸。

22.3.1.3 提高测井精度的措施

（1）提高径向探测深度和纵向分辨率。

（2）减少环境影响。

（3）提高仪器可靠性。

（4）建立响应关系和刻度系统。

22.3.1.4　测井作业质量的控制方法

为了保证测井数据的有效性，必须对影响测井质量的各个作业环节进行控制。主要包括测前刻度标定、测井过程的监测、测后刻度、测井曲线质量要求及交会图、直方图的检查等几个方面。

1. 测前刻度标定检查

测井时，要求井下仪器测井前后的刻度值应在允许误差范围之内，如果超出这个范围，则认为井下仪器工作不正常，应该维修。

一般仪器在进行测前刻度时都要先进行外观检查和通电检查，只有工作正常的仪器才按刻度要求（环境、测试时间、刻度位置等）进行刻度。测前刻度在井场进行。

有的仪器既做测前刻度，又做测前检查，如地层倾角仪器。

2. 测井仪器的自检

调用地面计算机系统的诊断软件，对整个系统进行全面的自测试，确保系统工作在正常状态。

3. 测井过程的监督

1）在已知条件下的特征响应

（1）套管：井下套管可以用来检查声波传播时间（Δt），套管声波时差的数值一般应为 182 $\mu s/m$。套管也可用来检查井径仪工作状态是否良好。某些电测曲线响应也可在套管中检验。在套管中，电测曲线和侧向电阻率曲线的测值应为零。

（2）地层：有些岩层可作为测井仪器的在线核查。如自然伽马曲线的统计起伏。

2）监测曲线

完成了正确的测前刻度，并不能保证仪器良好的测井。仪器在井下可能随温度升高而漂移，到地面又回到正常状况。因此有必要对仪器运转情况作某些独立的核查。

现在有些曲线不是直接用作地层评价，而是用来检查仪器的性能。例如，岩性密度测井仪在测井过程中的质量控制曲线。当曲线记录有问题时应及时采取补救措施。

3）速度控制

各种测井曲线要按规范测速要求进行测井。几种仪器组合测量时，采用其中最低测量速度仪器的测速。测速要均匀，测速变化不应大于5%。

4）采样间隔及深度比例尺

煤层及目的层段采样间隔不大于 5 cm，其他层段采样间隔用 10 cm 或 5 cm。深度比例尺全孔用 1:500 或 1:200；煤系地层用 1:200；煤层及目的层用 1:50，巨厚煤层也可用 1:200。

4. 测后检查

测后检查（或核查）的目的就是要核查仪器在测井过程中有无漂移。这可以通过使用与测前刻度相同的刻度器和刻度方法，确定仪器读数值的变化来完成。

测后刻度（或核查）有的在地表进行较为方便，如自然伽马测井、密度测井；有的在井中进行检查，如地层倾角仪器测后用套管数据对井径进行检查。

测井前、后，在井场用刻度器对测井仪器进行刻度与核查，两次的数据重复性应符合仪器技术要求。

5. 重复性

重复性是在相同的条件下，用相同的设备、相同的工程操作人员、相同的环境下两次测值的平均值。测井中，常常记录重复测量段以验证仪器响应的正确性。

6. 一致性

一致性可以用不同的仪器在一致的地层或在同一口井中测试得以检查，一致性测试是探测和诊断系统误差的一种途径。选择数个合适的标志层井段，采用统计方法对测井值进行分析，将选择好的某个测井参数的所有值都画在直方图上，进行平均值和标准偏差计算，并加以校正。

22.3.2　测井对仪器与设备的要求

22.3.2.1　测井仪器与设备的使用和维护

（1）各种仪器设备必须按说明书和操作手册的规定使用和维护。

（2）每台仪器设备都应建立技术档案（内容包括说明书、使用情况、检修记录、测试和刻度图表等）。

（3）仪器设备及电缆的绝缘电阻应符合表22-2的要求。

表22-2　仪器设备及电缆的绝缘性能要求表

序号	项　目	最低绝缘/MΩ
1	地面仪器线路间及对地、绞车集电环间及对地	10
2	发电机、电动机、变压器对地	1
3	井下仪器线路对外壳（接通者除外）、潮湿态电缆缆芯之间及对地	2
4	测井后表皮干燥状态下电极系电极间及对地	2
备注	凡仪器设计对绝缘有特殊要求者，应达到设计要求	

（4）仪器中电池的电压低于额定值的15%时，应及时更换。长期停用时，必须将电池取出。

（5）下井仪使用后，必须擦洗干净，活动部分应涂油防锈，易松动部件应检查紧固。

（6）长期不使用的完好仪器设备应存放在专用库房中，且每3个月通电检查一次。

（7）天轮、地轮、导向轮和测量轮的直径应大于电缆直径30倍。

（8）电缆应在滚筒上整齐缠绕，测孔累计深度达10000m时应掉头使用。铠装电缆测井后须及时清洗，长期停用时应涂油防锈。

（9）各种存储介质记录的程序及数据文件必须存放在防磁、防静电、防潮、防尘，以及温度、湿度符合要求的专用柜中。程序及原始数据文件必须留有备份，原文件与备份应分别存放，其他文档资料也应妥善保存。

（10）存储介质记录的程序及数据文件，每6个月需做例行检查，每12个月需重新拷贝。

22.3.2.2　仪器的调校、测试

（1）用于定量解释的方法仪器的刻度装置，其物理量必须由高一级的刻度装置传递

或经精密仪器测定，并定期监测。

（2）各种仪器设备均须按说明书和本标准的要求进行调校、测试。

（3）各种仪器设备除下文特别指明的外，调校、测试间隔为 6 个月。因更换元器件、调整工作状态引起仪器灵敏度变化或井场测试检查误差超限时，也须重新调校、测试。

（4）测井系统中各方法仪器每 12 个月必须测试稳定性，连续工作 4 h，其输出变化不大于 3.5%。

（5）调校、测试的数据必须同时做数字记录和监视记录，并绘制相应图表妥善保存。

（6）电缆深度记号两记号间的标准间距为 10 m，丈量误差不超过 5 mm；检查中发现标准记号间的误差超过 0.10 m 或累计误差超过 0.1% 时，必须重做。

（7）仪器测量深度与实际丈量值对照，误差超过 0.3% 时，须调整测量系统；不大于 0.3% 时，须求得各方法仪器的深度校正公式。

（8）核测井仪器更换光电倍增管、调整放大倍数或调整阈电压后，应重新测试或标定。坪斜不超过 2% 的坪区宽度不宜小于 100 V，工作电压应位于坪区中心部位。

（9）最高地温大于 50 ℃ 的施工区，应测试仪器的温度稳定性。常温与最高地温时的输出相差不超过 5%。

（10）密度测井仪每 3 个月刻度一次，要求如下：①测点不得少于 2 个，计算刻度系数后将测量值回代，误差不大于 0.03 g/cm³；②用同一照射率测定伽马 – 伽马和自然伽马响应值的折算系数。

（11）自然伽马测井仪使用标定装置（刻度器强度为 150～200 API），计算计数率与照射率的换算关系。

（12）中子 – 中子测井仪使用标定装置刻度，孔隙率相对误差不大于 10%。

（13）电阻率测井仪器（主要包括三侧向、双侧向、微球形聚焦、微电极、视电阻率）：给定值不少于 6 个。测量值与给定值比较，20～100 Ω·m 时，相差不超过 5 Ω·m；大于 100 Ω·m 时，误差不大于 5%。

（14）井液电阻率测井仪和井液电阻率计：给定值不少于 3 个，测量值与给定值比较，误差不大于 5%；井液电阻率测井仪还应分别用金属管和绝缘管屏蔽，置于同一液体中，两者测量的相对误差不大于 5%。

（15）地层倾角测井仪各臂微聚焦电阻率：给定值不少于 3 个，各臂间电阻率相对误差不大于 10%。

（16）声速测井仪在校验筒（铝或钢）内测试纵波时差和稳定性，连续工作 2 h，各次实测值与标准值相比，相差不大于 5 μs/m。

（17）超声成像测井仪在已知倾角、方位刻度装置上测试，误差不大于出厂指标。

（18）井斜仪（包括地层倾角仪中井斜测量部分）每 3 个月在校验架上进行校验。方位角在 0°～360°、顶角在 0° 至极限值之间，至少各有 8 个校验点，且均匀分布。顶角误差不大于 0.5°、方位角误差不大于 5°（顶角大于 3° 时）。

（19）井径仪在开臂和收臂两个方向多点测量，误差不大于 10 mm。

（20）井温仪给定温度应覆盖测区地温变化范围，且均匀分布。测量值与精度为 0.1 ℃ 的水银温度计比较，误差不大于 0.5 ℃。同时测定系统阻尼时间。

（21）流量测井仪用于定量计算时，每 12 个月标定一次。选择 3 种直径不同、长度大于 1.5 m 的钢管，多次（至少 3 次）改变注水量，确定转速、孔径和流量之间的关系。与精度为 1% 的流量计比较，相差不大于 2%。采用井下标定时，应选择 3 种直径不同、长度大于 2 m 的钢管，钢管直径应尽可能覆盖测量井段的钻孔直径。

22.3.2.3　测井刻度

刻度就是用特性确切已知的装置对仪器进行标定，以便在仪器读数和地层参数之间建立起响应关系。

1. 刻度装置

刻度装置是指用于刻度测井仪器的具有已知准确而稳定的量值的标准物质、装置或物理模型，不同类型的测井仪器有各自的刻度装置。目前提供用来进行刻度的装置有 3 种：

（1）一级标准：石油行业级刻度装置。

一级标准是刻度体系中量值的最高标准（采用 API 单位），用来建立仪器响应的一系列附件和操作规程，这些标准的特征尽可能接近真实地层特征，所含部件尺寸庞大，不易搬动，一般放在特殊的房屋内。

（2）二级标准：企业级工作校准刻度装置。

其量值由行业级刻度装置传递而得，以保证二级刻度标准的精确。该装置一般放置在现场，不直接放置在井场。

（3）三级标准：现场检测装置。

井下仪器对该刻度器的基本响应是由车间刻度装置传递而来的，由于这种刻度装置轻便，易于运输，每次测井时都可携带至井场使用。

2. 测井刻度的作用

（1）检验井下仪器工作是否正常。井下仪器工作正常与否，可以通过刻度检验出来。如果超出这个范围，则认为井下仪器工作不正常，应该维修。

（2）检查井下仪器的响应关系和稳定性。测井时，要求井下仪器测井前后的刻度值应在允许误差范围之内，以证明其测井前后和测井过程中具有高度的稳定性。

3. 测井刻度的原理

对于线性响应的测井仪器来说，测井刻度的主要原理如下：首先认为采样数据（电位差、计数率等）与相应的工程值之间存在线性关系，然后利用刻度器去建立采样数据与工程值之间的关系，从而得出转换公式。其形式是：

$$EC = M\frac{SC}{K} + A \tag{22-1}$$

式中　EC——刻度器的工程单位值；

　　　SC——刻度值（测量值）；

　　　K——测井数据线路传输校正系数；

　　　M——乘系数，为 EC 和 SC 关系直线的斜率；

　　　A——加系数，为 EC 和 SC 关系直线的截距。

由于 EC 为已知刻度器的工程单位值，SC 为已知刻度的测量值，M 和 A 是未知值。所以，进行刻度就是为了确定出乘系数 M 和加系数 A。

测井系统刻度的方法有两种：一是两点刻度法；二是一点刻度法。

（1）两点刻度法。两点刻度法需要使用两个刻度器（例如，井径刻度时使用 15 cm

小刻度环和 30 cm 大刻度环）或者在一个刻度器上读取高和低两个刻度值（例如，感应测井所使用的刻度环）。总之，两点刻度法需要有两个刻度值，配合上两个相应的刻度器工程值，即可在以测量值和工程值为坐标的平面图上得到两个点。此两点之间连一条直线，即为测量值与工程值关系直线，称为刻度线。根据刻度线用作图法得到 M（乘系数）和 A（加系数）。

对于数控测井系统可以用解方程的方法确定 M 和 A。

（2）一点刻度法。根据经验可知，对有的井下仪器进行刻度时，刻度线具有过零点的规律。对于这样的井下仪器，可采用一点刻度法进行刻度。

22.3.3 测井施工要求

22.3.3.1 测井方法技术选择原则

采用的测井参数，应按煤种、煤层结构及地质目的进行选择，其原则如下：

（1）凡探煤钻孔，必须选择测量电阻率、自然伽马、补偿密度、自然电位或声波时差、井径、井斜等参数。

（2）复杂结构煤层或薄煤层的地区，还应选择采用垂直分辨率高的测井方法。

（3）凡要求进行煤层气评价的钻孔，必须选择测量补偿密度、自然伽马、声波时差、中子-中子、双侧向、自然电位、双井径、井斜、井温等参数；还可考虑选择下列测井项目：微球形聚焦、微电极、地层产状、超声成像、核磁共振。

（4）凡要求进行水文地质评价的钻孔，还应选择测量扩散、流量等参数方法。

（5）凡要求进行工程地质评价的钻孔，还应选择测量超声成像等参数。

（6）凡要求进行地温评价的钻孔，还应选择测量简易井温或近稳态井温。

（7）凡要求进行固井质量检查的钻孔，还应选择声幅、全波列（声波变密度）、套管接箍等参数。

（8）所有测井钻孔均应测量井液的密度、电阻率及温度。

22.3.3.2 测井准备

（1）钻孔钻探完工由项目综合管理单位向测井工程承担单位发出"测井通知书"约定，并经地质和测井负责人签字确认，测井通知书内容应包括：测井任务、钻孔情况（包括安全情况并附钻孔 1:500 地质柱状图，岩性及其深度、厚度、采长）、交通情况（附示意图）。

（2）应根据设计要求、待测钻孔钻探资料，分析钻孔地质情况及邻孔测井资料。

（3）检查仪器工作状态，其相关调校、测试的数据必须同时做数字记录和监视记录，并绘制相应图表妥善保存。

（4）检查其他所需用的仪器设备、工具、材料、资料等。

（5）井场钻台前应有 10 m 以上的开阔地，并能保证测井车辆的顺利进出及就位。

（6）终孔深度必须保证所有下井仪器能测到最下目的层以下 2 m。终孔直径应大于下井仪外径 20 mm。

（7）测井前，钻机将钻具下到井底冲孔，待测井人员和设备到达井场后提钻。若钻孔条件复杂，应有事故防范和应急措施，保证下井仪器上下安全畅通。

（8）测井仪器设备应妥善安放，绞车与井口间距一般应大于 10 m，且能通视。

（9）下井电缆应从孔口中心通过，地轮槽应与绞车滚筒轴线垂直，且对准滚筒中点。

（10）地面的电源线与测量线必须分开布放，并防止踏破和拉断。

（11）应使用与钻探一致的深度起算点，计算起算深度。

（12）测井期间，钻机应留有值班人员。冲洗钻孔所需设备及照明、防雨、避雷等设施必须完好。

（13）下井仪器必须密封可靠，下井前应与地面仪器连接通电检查。

（14）在未充分掌握地质—地球物理特征的地区及需研究或推广新方法、新技术时，应在基准孔或选择有代表性的钻孔进行测井试验工作。

22.3.3.3 测井施工基本要求

（1）仪器车等工作场所的电源、温度、湿度应符合安全需要，并备有有效的消防设施。

（2）机械设备不得在运转中检修；仪器通电检修或有可能接触36 V以上电压时，应采取相应措施。

（3）行车前及长途行车途中应做好车况、放射源及仪器设备安全检查。

（4）仪器开机前应对以下内容进行复查：

①电源电压、频率与极性。

②仪器接线及接地。

③各开关、部件及计算机是否处于安全状态。

④需固定装置的安装状况。

⑤绞车的刹车及变速装置。

（5）施工过程中，操作人员应观察仪器、设备工作状态，发现异常应及时处置。

（6）仪器工作结束后，须将各操纵部件恢复到安全位置；严禁在通电状态下搬运仪器设备和拔、插接线。

（7）车载计算机须采取防震、防尘措施，其软驱、光驱和硬盘必须处于安全状态。

（8）检查电缆绝缘须断开缆芯与地面、井下仪器间的连线；检查各仪器设备绝缘必须选用与其耐压相应的仪表。

（9）铠装电缆拉出绞车时，应防止打结。

（10）严禁使用低燃点高挥发性的汽油作静电显影液的溶剂。

（11）下井仪器与电缆连接处须设有拉力薄弱环节，该点拉断力应小于电缆允许拉力的1/2。

（12）绞车启动、电缆提升和下放时，严禁紧急刹车和骤然加速。电缆提升时，仪器和工作人员应避开电缆活动影响区。

（13）严禁超井深下放电缆。仪器距井口20 m时，应有减速警戒信号。

（14）电缆提升及下放速度不得过快。当仪器接近井底、套管鞋、井口或井况复杂时，须降低速度。

（15）仪器在井底停留不得超过60 s，裸眼井段停留时间不应超过3 min。

（16）严禁用下井仪器冲击孔内障碍物。遇阻时，应将仪器提出井口，通、冲孔后重新测量。

（17）施工时应先使用无推靠（聚中）装置的井下仪器试测；安全性差的钻孔必须采取有效的安全措施。

（18）下井仪器遇卡时，应立即停车，收拢井下推靠臂，缓慢上下活动；如仍未解脱，应迅速研究处理事故的具体措施，指定专人处理。

（19）施工中有雷电危害时，须立即关闭仪器电源。

（20）井场临时放置的放射源罐与工作人员距离应大于 10 m，且应采取防止丢失的措施。

（21）遇有放射源被盗、遗失等放射性事故时，用源单位必须妥善处理并迅速呈报主管单位和当地环保、公安等有关部门。

（22）放射源掉入孔内必须尽量打捞，并指定专人负责实施；打捞无效，应检测放射源所在位置。当确认未破损污染时，可用水泥全孔封井，并呈报主管单位。提交地质报告时，须将孔号、事故日期及放射源的详细情况写明，并在平面图及钻孔柱状图上标注。

（23）拟参加放射性工作的人员，必须经过体检；有不适应症者，不得参加此项工作。从事放射性工作的人员要定期进行身体检查；确认放射损伤者，应及时治疗。

22.3.4 数据采集要求

22.3.4.1 原始记录

原始记录一般应包含：井场原始数据记录表、井场原始测井数据数字记录存储介质和井场原始监视与回放记录图。

井场原始数据记录表必须及时、准确、齐全、清楚地填写。原始记录严禁涂改，划改时，应使原来的字迹仍可识别；严禁事后凭回忆填写。

22.3.4.2 数字记录

1. 原始测井数据

（1）原始测井数据应记录在能够长期保存的存储介质中，现场记录于硬盘或移动存储上的数据，返回基地后应及时转存。

（2）文件头数据和刻度检查数据应齐全。

（3）记录的数据文件名应统一，应包括勘查区、井名、探管名称及顺序号等信息。

（4）丢、错码率不得大于 1%，且不得出现连续丢、错码。

（5）原始数据文件中除记录采集的测井信息外，还要同时记录测速、计量单位、责任人、日期、起止时间等信息。

2. 井场原始监视与回放

（1）所有有效测井方法在实际数据采集过程中均需要实施纸质式监视，并获取相应的井场原始监视记录。当监视记录失败时，必须现场回放。

（2）监视记录应选取能够长期保存的纸张和打印设备，一般走纸误差不大于 1%。

（3）监视记录应标注纵横向比例、时标，选用的深度比例尺应能满足对目的层、岩层分层判定的要求，一般可选用 1:200 或 1:500。

（4）同一勘查区内，横向比例尺应力求统一，并能够清楚地识别煤层、岩层（包括松散层）、含水层、破碎带等。主要参数曲线 2/3 的可采煤层的相对幅值不应低于 4 cm，与围岩没有明显差异的方法除外。对于侧向测井等数据动态范围大的测井方法，应选用对数比例尺记录。

（5）不同曲线应使用不同的线型或颜色加以区分。

（6）目的层上不得出现断记；其他层段断记每百米不超过两处，断距不大于 1 mm；

曲线不得出现畸变、漏电及其他干扰。

3. 采集方式

（1）测量范围由最深目的层以下 2 m 至井深 20 m。

（2）一般情况下，除井斜、井液电阻率、井温等可自上而下外，其他方法应在提升电缆时连续记录。

（3）分段观测时，衔接处至少重复观测 20 m 或两个测点。

（4）点测量时，测点处仪器停留时间，应大于系统阻尼时间的 2 倍。

（5）深度测量校正后的各方法探管测量曲线间的深度差，孔深不大于 500 m 时，不超过 0.25 m；大于 500 m 时，不大于 0.05%。各方法探管的回程差不允许出现正值，当回程差大于实测井深的 0.1% 时，应查明原因，必要时须重新测量。

22.3.5　测井方法技术要求

22.3.5.1　井参数方法单位

测井参数方法单位见表 22-3。

表 22-3　测井参数方法单位表

测井方法名称	单位	
	曲线单位或记数率单位	刻度校正或计算后单位
自然伽马测井	cps（脉冲/s）	pA/kg API
自然电位测井	mV	
电阻率测井	Ω·m	
补偿密度测井（长源距和短源距测井）	cps（脉冲/s）	g/cm³
低能伽马-伽马测井	cps（脉冲/s）	
中子-中子测井	cps（脉冲/s）	%
声波速度测井	时差单位为 μs/m	速度单位为 m/s
声幅测井	mV	%
电极电位测井	mV	
激发极化测井	视极化率单位为%；激发极化电位单位为 mV	
井径测井	mm	
井温测井	℃	

22.3.5.2　一般测井方法技术要求

（1）自然伽马仪器下井前用刻度环或标准源进行检查，其响应值与基地读数比较，误差不大于5%。同时，在照射率相当于 2.9 pA/kg 情况下，计算涨落引起的相对标准误差，其值不大于5%。

（2）自然电位测井。测量时应辨清极性，使曲线异常右向为正，左向为负。曲线的基线应在岩性较纯的泥岩或粉砂质岩层段确定。测量线路的总电阻，应大于接地电阻变化值的 10 倍。

（3）电阻率测井。电极系下井前，须外接标准电阻做两点检查，检查值与计算值的相对误差不得大于 5%。同一勘查区应采用同一类型的电极系，接地电阻的变化对测量结果的影响不大于 2%。

（4）补偿密度测井。仪器下井前用检查装置测量长源距和短源距的响应值，与基地读数相比，相对误差不大于 5%。计算煤层处由涨落引起的相对标准误差，其值不大于 2%。

（5）伽马－伽马测井。下井前用检查装置测量，响应值与基地读数相比，相对误差不大于 5%。

（6）中子－中子测井。下井前在检查装置上测量，响应值与基地读数相比，相对误差不大于 5%。

（7）声波速度测井。下井前或测井时在钢管（或铝管）中检查，其响应值与标准值相差不得超过 8 μs/m。在井壁规则的井段，非地层因素引起的跳动，每百米不得多于 4 次，且不允许在目的层上出现（孔径扩大除外）。

（8）声幅测井。以测量钻井自由套管井段的曲线幅值标定为 100%。测量范围从井底遇阻处起，至水泥返高面之上至少 5 根接箍反映明显自由套管处止。

（9）超声成像测井。仪器下井前，应在专用泥浆筒中做声反射和磁扫描线的监视检查。深度比例尺应根据精度要求及岩层倾角大小进行选择。

（10）电极电位测井。测量线路的总电阻应大于接地电阻变化值的 20 倍。电极系必须有扶正装置，该装置应既能保证测量电极 M 不与比较电极 N 短路，又能使比较电极不与井壁接触。

（11）激发极化测井。目的层的异常值（极化电位）应大于同种电极排列所记录的自然电位异常值的 5 倍。

（12）井径仪器下井前必须用已知直径进行检查，误差不大于 10 mm。

22.3.5.3　井斜测井

（1）仪器下井前必须进行试测，顶角和方位角的检查点各不少于两个；实测值与罗盘测定值相差：顶角不大于 1°，方位角不大于 20°（顶角大于 3°时）。仪器下井前、后必须在井口进行吊零检查，误差不大于 0.5°。

（2）点测时在顶角大于 1°时，每一测点应同时测量顶角和方位角。当顶角小于 3°或测斜点附近（10 m 以内）有铁磁性物体时，方位角误差不做要求。

（3）点测时测点间距一般不大于 50 m，定向斜孔不大于 20 m，最深测点距孔底不大于 10 m。相邻两个测点间顶角变化大于 2°或方位角变化大于 20°（顶角大于 3°）时应加密测量，测点加密到 10 m 后可不再加密。

（4）点测时检查测量每 200 m 不少于一个点，最深测点必须检测。检测值与原测值相差：顶角不大于 1°，方位角不大于 10°。连续记录的仪器可不做检查测量。

22.3.5.4　井温测井

（1）仪器下井前应进行检查，实测值与给定值相差不大于 1 ℃。

（2）测量范围应自井液液面至孔底，且距孔底的距离不应大于 10 m。

（3）点测时测点间距为 20 m。相邻两个测点温差大于 2 ℃时应加密测点，点距加密到 5 m 后，可不再加密。当曲线形态反常时，应进行检查测量，测量值与检测值相差不大于 1 ℃。

（4）测温期间不得循环井液。

（5）简易测温孔应在测量其他参数前、后各测一次井温。

（6）近稳态测温孔应按 12、12、24、24 h 间隔顺序用同一仪器进行测温，直至 24 h 内温度变化不大于 0.5 ℃或总测温时间已达 72 h 为止。

（7）稳态测温孔测量时间间隔及精度应符合设计要求。

（8）井液有纵向流动的钻孔不应做近似稳态、稳态测温。

（9）测量时必须准确记录停止井液循环时间及各次测量最深点的起测时间。

（10）地层倾角测井时，微聚焦电阻率应使用同一标准电阻，对 3 个测量道进行检查，其幅值相差不大于 10%。

22.3.5.5　扩散法测井

（1）应在清水中测量，并准确记录水位。泥浆孔必须洗孔后测量。

（2）盐化前后两条井液电阻率曲线幅值变化应大于 1/4。

（3）盐化井液应均匀（差异不得大于 15%）；因水文地质条件影响或井径变化（超过 100 mm），均匀程度不做要求。

（4）对单一水位含水层的钻孔应至少测量 3 条在含水层段差异明显的曲线；对存在纵向补给关系的钻孔，应至少测量 4 条反映补给全过程的曲线，且最后两条界面位置接近不变。36 h 后仍达不到上述要求可终止扩散测量。

（5）每条曲线的测量技术条件必须一致，测速应均匀且不宜大于 15 m/min。测量时应记录每条曲线起止时间。

22.3.5.6　流量测井

（1）流量测井按解决地质任务不同可施行简易流量测井和常规流量测井。测量方式可采用点测、连续测量和定点持续测量。

（2）井液中不得混浊、不得含有影响仪器灵敏度的杂质。

（3）测量时测速变化不应大于 5%，且测速应与井液流动速度明显不同。测量在每次水位降低（或抬高）时，应分别测量提升和下放时的曲线。

（4）简易流量测井，可在一次水位降低（或抬高）时测量，自然条件下有井液纵向水流的钻孔可直接测量。

（5）常规流量测井应在抽（注）水量、水位稳定后测量流量，测量次数应与抽水次数一致。

22.3.6　测井资料质量验收

22.3.6.1　测井资料的质量要求

1. 测井原始资料质量要求

1）测井设备要求

首先应根据施工井的地理环境、地质条件及测井环境（如温度、压力等）确定测井设备的最低要求，达不到最低要求的测井设备不得进行测井施工作业。

2）仪器的刻度与校验要求

仪器的刻度与校验是测井和定量解释的关键,仪器的刻度与校验数据的物理量及工程值都应符合仪器的技术要求。

3)测井图头

图头是测井资料的重要标识,测井图头要采用标准格式,数据齐全、准确。井下仪器信息必须与测井井下仪器一致,以利于仪器质量跟踪。

4)测井原始图

测井原始图应图面整洁、清晰、走纸均匀,成像测井图颜色对比合理、图像清晰,曲线布局、线型选择合理,曲线交叉处清晰可辨。重复文件、主文件、接图文件、测井参数、仪器参数、刻度与校验数据、图头应连续打印,以便于测井质量检验。

5)数据记录检查

原始数据记录要填写齐全,数据格式规范,清单内容完备,现场回放数据记录,数据记录与测井原图不一致时,应补测或重新测井。

6)测井深度

测井电缆的深度要在深度标准井内或地面电缆丈量系统中进行注磁标记,并在深度标准井内进行深度校验。测井深度与钻井工程数据(井深、钻具、套管)、地质录井资料的深度误差应符合技术要求。

7)测量速度

测量速度不能超过仪器的技术指标要求,只有当速度很小时,测得的曲线形状才与理论曲线相似。几种仪器组合测量时,测量速度采用最低测量速度仪器的测速(表22-4)。

表22-4 不同目的层厚度对应测速推荐值

方 法	厚度/m	系统阻尼推荐值/s	目的层段测速推荐值/(m·h⁻¹)
普通电测井	0.1	0.3(0.1)	1200
自然伽马	0.4	2.6(2.7)	550
载源核测井	0.2	1.2	600
普通声波测井	0.2	0.6(0.1)	1200
其他测井	测速依据仪器说明书或试验确定		

注:非目的层段的测速不得超过上式或推荐值的一倍。

8)测井重复性

为了检查仪器工作的稳定性,应选择曲线幅度变化明显、井径规则的井段进行重复测井,其重复测井井段按照仪器的技术要求。

9)钻井液性能

测井前先测量钻井液的温度、电阻率、黏度等,结合井下地质情况,合理选择测井项目和方法。

2. 单条原始曲线质量要求

(1)有合适的测前、测后刻度记录。

（2）图头内容齐全、准确，主要应包括：

①图头标题、公司名、井名、矿区、地区和文件号，现场测井主要人员姓名。

②测井深度基准面名称、转盘面高、钻台高、地面高。

③测井日期、仪器下井次数、测井项目、钻井深度、测井深度、测量井段底部深度和测量井段顶部深度。

④套管内径、套管下深、测量的套管下深和钻头程序。

⑤钻井液性能（密度、黏度、pH 值、失水）、钻井液电阻率及测量电阻率时的温度。

⑥钻井液循环时间、仪器到达井底时间和井底温度。

⑦地面测井系统型号、井下仪器信息（仪器名、仪器系列号、仪器编号）和零长计算。

（3）在特征地层（套管、泥岩、渗透层、煤层、标志层）上有准确的响应，重复曲线形状与正式曲线相似，仪器响应符合地区规律，趋向变化与岩性剖面一致。

（4）同次测井曲线补接时，接图处曲线重复测量井段应大于 20 m；不同次测井曲线补接时，接图处曲线重复测量井段应大于 50 m，重复测量误差在允许范围内。

（5）由于仪器连接或井底沉砂等原因造成的漏测井段应少于 15 m 或符合地质要求，遇阻曲线应平直稳定（放射性测井应考虑统计起伏）。

3. 多条原始曲线质量

（1）每测完一条曲线，都要对记录的磁带进行回放检查，并与模拟记录曲线对比，曲线幅度相对误差应在 2% 以内，深度误差绝对值小于 0.2 m。超过误差、漏记以及曲线畸变等，要进行补测。

（2）重复文件、主文件、接图文件（有接图时）、测井参数、仪器参数、刻度与校验数据和图头应连续打印。

（3）要求各条曲线深度对齐，曲线间的深度误差、孔深不大于 500 m 时，不超过 0.25 m；孔深大于 500 m 时，不大于 0.05%。

（4）各种曲线测量值一般应分别与地区岩性规律相吻合，曲线不得出现与井下条件无关的零值、负值与畸变，原因不明者，应换仪器重测。

（5）深度记号齐全准确，清晰可辨。深度比例尺为 1∶200 的曲线不得连续缺失两个或更多记号；1∶500 的曲线不得连续缺失 3 个或更多记号；1∶50 的曲线不得缺失记号；井底和套管鞋附近不得缺失记号。

（6）曲线绘图刻度规范，便于储层识别和岩性分析；曲线布局、线型选择合理，曲线交叉处清晰可辨。

（7）数控测井项目应显示仪器的张力和速度曲线。

（8）测井曲线确定的表层套管深度与套管实际下深误差不超过 0.5 m，测井曲线确定的技术套管深度与套管实际下深误差不应大于 0.1%；深度误差超出规定，应查明原因。

（9）几种仪器组合测量时，采用最低测量速度仪器的测速。

22.3.6.2　原始资料质量评级标准

原始资料质量评级标准见表 22-5。

（1）项目组应设专人对原始资料质量进行现场评级，初步评定单条曲线及全孔质量等级。

表22-5 原始资料质量评级标准

序号	项目	甲	乙	丙	废品
1	原始数据		主要技术数据无遗漏，无涂改		无使用价值
2	测速		不超过规定的1.5倍		超过规定的2倍
3	丢、错码率		丢、错码率不大于2%；不超过两个的连续丢、错码每百米不超过两处，且不在目的层及界面上		丢、错码率大于5%
4	深度误差		不超过测井规范规定的2倍		超过规定的4倍
5	采样间隔	符合测井规范标准相应条款规定要求	应测自然伽马异常段为0.1m，其余符合要求		均大于0.1m
6	监视或回放曲线		走纸误差不大于2%，井壁规则段声波跳动不超过规定的两倍；无畸变现象；目的层及其界面处无干扰		走纸误差大于6%；目的层严重畸变
7	仪器刻度		距前次刻度间隔不超过规定的1.5倍；刻度项目不少于规定的1/2	达不到乙级又不属于废品者	各项目的刻度间隔均超过规定的3倍
8	井场检查		检查误差不超过相应规定的1.5倍		
9	单条综合	以上1~8项单项最低等为综合等级			
10	点测井斜	符合本标准相应条款要求	符合8、9项乙级或以上要求；点距及最下测点与井底距离均不大于50m；检查点及加密点不低于应测数的2/3且检查误差不超过规定的1.5倍	达不到乙级又不属于废品者	均未检查；检查点误差超过规定的3倍；井斜大于5°时无方位
11	点测井温		符合7、8项乙级或以上要求；点距及最下测点与井底距离均不大于20m；检查点及加密点不低于应测数的2/3，且检查误差不超过规定的1.5倍		均未检查；检查点误差超过规定的3倍
12	全孔原始资料综合评价	4种物性参数达到甲级或测量了5种及以上参数，其中3种达到甲级，其余两种达到乙级；井斜及设计要求的井温、扩散法、流量测井、双侧向、声波、中子等达到甲级；设计要求的井径达到乙级或以上	3种参数达到乙级或以上；井斜及设计要求的井温、扩散法、流量测井、双侧向、声波、中子等达到乙级或以上		全部参数方法数据均无法利用；或测斜为废品

说明：因测井原始数据永久破坏，但对监视记录进行了数字化，且质量达到规范要求，原始资料综合评级最高不得高于乙级。

（2）测井后，项目组应及时验收、审定全部原始资料并办理有关手续。

22.3.6.3 成果质量评级标准

（1）煤层及夹矸的解释符合下述要求：

①必须有两种或两种以上定性、定厚物性参数。

②各物性参数方法，应按各自的解释原则解释，确定成果采用各解释结果的平均值。

③确定成果与单一方法解释结果比较，相差应符合表22-6要求。

表22-6　煤层及夹矸解释精度要求表

m

煤 层 厚 度	最 大 厚 度 差	最 大 深 度 差	夹层最大厚度
最低可采厚度	≤0.10	≤0.20	≤0.10
1.3~3.50	≤0.15	≤0.25	≤0.15
3.51~8.00	≤0.20	≤0.30	≤0.20
>8.00	≤0.30	≤0.40	≤0.30
备　注	当已知岩心倾角时，可使用真厚度		

（2）成果质量评级标准见表22-7。

表22-7　成 果 质 量 标 准 表

序号	项目	优　质	合　格	不合格	废　品
1	煤层	符合测井规范规定并做煤层分析	煤层及夹层定性可靠，深度和厚度不超过测井规范条则规定的25%并做煤层分析	达不到合格标准又不属于废品者	煤层及夹层定性不可靠或深度和厚度超过测井规范条规定的50%
2	岩层	有3种物性参数曲线划分岩层，解释结果与岩心分层基本吻合，岩性分析资料可靠	有两种物性参数曲线划分岩层，主要层段的解释结果与岩心分层基本吻合，岩性分析资料基本可靠		无法划分岩层或划分的岩层与岩心分层误差大于50%
3	含水层	两种物性参数曲线对主要含水层深度、厚度的解释误差不大于2 m	两种物性参数曲线对主要含水层深度、厚度的解释误差不大于4 m		成果无法利用
4	断点	在物性标志层稳定的地区，有两种物性参数曲线进行解释，且不遗漏距大于20 m的断点	在物性标志层稳定的地区，有两种物性参数曲线进行解释，且不遗漏断距大于30 m的断点		成果无法利用
5	孔斜	按规范规定进行测斜，重复测量差值，顶角不大于1°，方位角不大于10°（在顶角大于3°时）	工作有缺陷，但不影响成果，重复测量差值，顶角不大于1.5°，方位角不大于15°（在顶角大于3°时）		成果无法利用
6	孔径	仪器供电电流的变化对测量结果造成的误差不大于0.5 cm	仪器供电电流的变化对测量结果造成的误差不大于1 cm		成果无法利用
7	井温	按设计要求和规程规定进行测量，检查测量差值不大于0.5 ℃	工作有缺陷，但不影响使用，检查测量差值不大于1 ℃		成果无法利用或检查测量差值大于2 ℃

说明：在物性较差的地区，属于下列情况者煤层成果为合格：

1. 对于夹矸，可采用两种物性参数有显示，其中一种参数两种方法解释的厚度差值符合合格标准规定。

2. 结构单一煤层，有井径曲线证实密度（长源距伽马-伽马）定性可靠，且重复测量的深度、厚度相差符合优质标准规定。

（3）测井质量综合评级标准见表22－8。

表22－8　测井质量综合评级标准表

序号	项目	甲	乙	丙	废　品
1	原始资料	原始资料综合等级为甲级	原始资料综合等级为乙级	达不到合格标准又不属于废品者	原始资料综合等级为废品
2	煤层	定性解释和参与评级的可采煤层定厚解释90%为优质，其余为合格	定性解释和参与评级的可采煤层定厚解释90%不低于合格标准，其余无废品		所有煤层定性不可靠，或50%煤层为废品
3	其他成果	井斜、井径、井温为优质、其余为合格	井斜、井径、井温不低于合格、其余无废品		井斜废品
4	测井全孔评级	以上5项中的最低级别为本孔的测井工程质量等级			

22.4　常见测井事故及处理

随着地质勘查往深层和复杂地层发展，施工难度越来越大，井筒情况更加复杂，在测井过程中经常发生各种事故。分析事故发生的原因，了解施工中的危险因素，确定切实可行的防范措施，可有效避免事故的发生；采取正确的处理方法，可最大限度地减少损失，提高效率。

22.4.1　常见测井工程事故及原因

22.4.1.1　常见测井工程事故

（1）仪器遇卡：包括裸眼井遇卡、套管井遇卡。

（2）仪器落井。

（3）电缆打扭。

（4）仪器进水。

（5）仪器损坏。

（6）放射源落井。

22.4.1.2　测井工程危险因素

1. 井筒不畅

（1）钻孔本身地层复杂，难以形成通畅的井筒，易造成仪器遇卡。

（2）钻井时为了节约成本，压缩钻井过程中必要的资金投入，降低了钻井液的性能，井下情况的复杂性增加。

2. 施工设计不周密

施工设计不周密主要表现在对可能出现的各类意外情况没有针对性的施工预案，现场操作中对出现的各类意外情况不能及时准确地进行处理，导致事故的发生。

3. 对钻孔情况了解不够

施工过程中，常因对井况了解不够导致施工出现问题。

4. 责任心不强，不按操作规程施工

责任心不强，不按照操作规程和施工方案进行测井施工，往往会发生事故。

5. 通信不良

通信不好，易导致钻探、测井操作井口、地面配合不协调，易引发事故。

6. 动力故障

施工过程中动力设备出现故障，绞车无法起落电缆，电缆和井下仪器在井中停留时间过长，造成黏附，电缆和井下仪器在井中无法起出。

7. 疲劳施工

由于测井工作的特殊性，很容易导致施工人员疲劳，出现思维迟钝、精力不集中，对突发事件反应迟缓。过度疲劳施工易出现事故。

8. 过程控制和人员组织不力

要按操作规程和质量管理程序对质量、安全等方面进行严格控制，保证施工顺利，无缺陷无漏洞，资料齐全准确。控制不好或考虑不周会导致事故发生。

人员组织不力往往使施工作业人员职责不清，形成无序施工，导致事故发生。

22.4.2　常见测井事故的处理

22.4.2.1　常见事故的原因及预防措施

1. 仪器遇卡

测井施工过程中，仪器上提发生遇卡分为裸眼井遇卡和套管井遇卡两种情况。

1）裸眼井遇卡

（1）压差黏附遇卡。由于钻井液和地层压力差较大而吸附电缆或仪器造成的遇卡，一般发生在钻井使用了密度较高的钻井液或钻井过程中发生钻井液漏失，而测井时电缆在井中静止时间过长。

预防措施：经常活动电缆，不要让电缆在井中长时间静止或停留时间过长；在仪器上安装间隙器。

（2）键槽遇卡。在钻孔弯曲或斜井中进行测井，电缆一直沿一个轨迹运动，容易在井壁上勒出键槽，由于仪器比电缆直径大不能进入键槽而造成遇卡。

预防措施：在仪器头附近安装间隙器使仪器居中。

（3）钻孔缩径或井壁掉块遇阻遇卡。由于泥岩、黏土膨胀超压造成钻孔缩径，或地层疏松引起井壁掉块、垮塌造成井眼不畅通，引发遇阻、遇卡。

预防措施：使仪器居中；仪器遇阻时不要快速提升或下冲，下井遇阻时应将仪器提出井口，通、冲孔后重新测量。

（4）套管损坏或套管鞋开裂遇卡。在套管损坏变形或套管口形成裂口时，电缆或仪器卡在裂口处。

预防措施：使仪器居中；提升仪器时不要快速上提，要缓慢接近套管鞋，仪器接近套管时提升速度不得超过 6 m/min。

（5）电缆损坏遇卡。由于各种原因造成电缆打结，电缆钢丝断裂、扭结、分开、断开等情况，易发生电缆损坏遇卡。

预防措施：电缆在井中不要快速下放，下放速度模拟测井不得超过 40 m/min，数字测井不得超过 20 m/min；新电缆一定要破劲后使用；遇阻时要及时停车，上提速度要慢；

电缆拉出绞车时，应防止打结；电缆不要放入井底过多以防电缆打扭。

（6）井下仪器损坏遇卡。由于井径臂或扶正器断裂卡在井筒上无法上提仪器造成遇卡。

预防措施：电缆提升和下放时，不要紧急刹车和骤然加速。

（7）井底岩粉沉淀遇卡。由于井底岩粉沉淀过多或井壁垮塌，仪器快速冲至井底陷入沉沙中造成遇卡。

预防措施：仪器接近孔底时应降低下放速度，缩短仪器在井底停留时间，井底停留时间不得超过 60 s。

（8）井壁垮塌、掉块遇卡。测井过程中，下落的岩石碎块等掉在仪器的上部卡住仪器或井壁垮塌埋住仪器造成遇卡。

预防措施：测井前掌握钻孔孔内情况的所有数据，并制定预防措施；仪器提升和下放速度要平稳，不要快，仪器遇阻时不要快速提升或下冲，下井遇阻时应将仪器提出井口，通、冲孔后重新测量。

（9）电缆跳槽。仪器在井口附近，仪器下速过快；仪器下放较慢，而电缆下放较快，造成电缆不能完全进入滑轮槽内；电缆快速运行中突然停车，造成电缆脱离滑轮槽；滑轮槽损坏，造成电缆沿损坏部位脱离滑轮槽。

预防措施：测井施工应尽可能采用防跳槽滑轮；仪器下井过程中电缆下放速度与仪器运行速度保持一致，且电缆保持一定的张力；严禁快起快停；按规范检查天、地滑轮，发现破损及时修复。

2）套管井遇卡

套管井消除了裸眼井中的不利因素，在套管井中测井发生遇卡的概率比在裸眼井中大大降低，但仍会有遇卡事故发生。

由于套管质量、固井质量及地层压力等原因造成套管变形内陷，容易造成仪器遇阻或遇卡。不同壁厚套管接口处有台阶，下套管中外扣内陷，也会造成仪器遇阻或遇卡。

预防措施：使仪器居中；不要快速上提或下放电缆，特别是套管井中的第一趟上下测量更要谨慎。

2. 仪器落井

下井仪器在井中运动时，由于仪器遇卡，仪器头薄弱点拉断、电缆拉断或仪器串断裂，致使测井仪器掉入井内，造成仪器落井事故。有时仪器到达井口时，没有进行减速或没有及时停车造成仪器落井事故。

预防措施：加强责任心，严格按规程操作；仪器距井口 20 m 时，应有减速警戒信号；不要快速上提或下放电缆，特别是骤然加速；仪器遇卡时，应立即停车，迅速研究处理事故的具体措施，并立即落实。

3. 电缆打扭

使用未进行破劲或者破劲不够的新电缆进行测井，仪器下井过程中遇阻未及时停车，放入了过多的电缆，在上提时速度过快，易造成电缆打扭。电缆打扭后一般会造成电缆绝缘被破坏，无法继续施工，需要重新对接电缆，有时处理不当还会导致电缆从打扭处拉断，仪器落井。

预防措施：新电缆充分破劲；仪器下放速度不要过快；仪器遇阻时应及时停车，开始上提电缆时速度要慢；保持电缆有充分的张力；仪器遇卡拉力需要放松时张力不要减得过快，应慢慢放松电缆。

4. 仪器进水

测井时，当井内井液的压力大于仪器耐压时，井液进入仪器内部，造成仪器进水，损坏仪器。

预防措施：及时更换有缺陷的密封圈；检查下井仪器密封部位的密封面是否受损；进行仪器耐压性能试验，确定仪器耐压性能是否满足施工需要。

5. 仪器损坏

在测井过程中，如果仪器带病作业或施工人员不严格按照操作规范施工，极易造成仪器损坏。

预防措施：对仪器按规程进行刻度、检修、测试和井场检查，保证仪器在良好的状态下工作；严格按照规范要求进行仪器操作、使用和维护；测井过程中，发现仪器设备工作状态异常应及时关机。

22.4.2.2 仪器电缆的打捞

当电缆、仪器等遇阻遇卡，用电缆不能正常地将仪器解卡，或因拉断、挤断电缆造成下井仪器落井时，需要将仪器完好地从钻孔中取出，通过科学有效的组织和打捞，能够加快速度，减少损失。

1. 打捞工具

根据不同下井仪器的形状、尺寸、使用特点和钻孔情况，在事故处理中配备或自做相对应的打捞工具，常用的简要举例如下：

（1）打捞锚是用于打捞井下带有电缆、电极等可缠绕物的专用工具。配备不同的转换接头，可与不同直径的钻具相连接，打捞锚中间带有循环钻井液的水眼，同时也可以与测井电缆连接。

（2）可退式卡瓦打捞筒是用于打捞井下落物的专用工具。适用于外径小于 92 mm 光滑圆柱体的井下落物打捞，使用同一个卡瓦室，可根据井下落物最大外径更换多种规格不同尺寸的卡瓦。

（3）套铣管是当井下仪器被沉沙掩埋，正常打捞无法进行时采用的一种钻具组合，通过钻具的旋转、循环泥浆，清理仪器与井壁之间的沉沙，实现对仪器的打捞。主要有铣鞋、铣管和转换接头组成。

（4）舌簧打捞筒是用于打捞井下被卡仪器的专用工具。适用于外径小于 102 mm 光滑圆柱体的井下仪器打捞。可根据被卡仪器的有效长度，配接扩孔钻杆使用，能够容易地将仪器引入打捞筒，保护仪器不被损伤，并防止仪器从捞筒内掉出。

2. 打捞方法

（1）穿心打捞。电缆在穿心打捞过程中，张力应经常保持在正常张力，否则打捞筒边缘会卡住或切断电缆。在地面切断电缆，用打捞筒和钻杆套着电缆下至落鱼处，然后从地面拉断电缆弱点，落鱼被嵌套在打捞筒中捞出。

（2）反穿心打捞。在地面把电缆穿入专用的打捞筒，然后随着外面的电缆下放打捞筒，一直到达打捞物为止，但不拉断电缆，然后进行反穿，落鱼被嵌套在打捞筒中捞出。

（3）旁开式打捞。电缆通过旁通开口在钻杆外部，用打捞筒和钻杆套着电缆下至落鱼处，然后从地面拉断电缆弱点，落鱼被嵌套在打捞筒中捞出。

（4）落井仪器的打捞。以上是电缆仪器连接时的打捞方法，如果仪器落井而不带电缆，可采用打捞筒打捞方式进行落井仪器打捞。打捞筒内径要根据井下落物外径和井眼直径情况确定。打捞前应首先计算好仪器顶位置及需要下入的钻杆数量。必要时打捞工具下端焊接套管护丝帽作引鞋。下钻至离仪器顶位置 5~8 m 位置时，缓慢下放钻具并启动转盘缓慢转动，直至仪器进入套桶内时停止转盘转动，下压钻具直至仪器位置到达设计的套筒顶部或仪器下部起钻。

23 测井资料解释与应用

23.1 术语定义

定性解释 qualitative interpretation 不作定量计算也不涉及层位问题，而是着眼于曲线反映。

定量解释 quantitative interpretation 它是在定性解释的基础上，选择观测精度较高的、有意义的剖面（通常称精测剖面），利用数学计算或其他方法求出地质体的埋深、产状、空间位置等，有时还可以推算物性参数。

孔隙率 porosity 多孔体中所有孔隙的体积与多孔体总体积之比。

总孔隙率 total porosity 岩石全部孔隙体积占岩石总体积的百分数。

有效孔隙率 effective porosity 岩石有效（不包含泥质孔隙）孔隙体积占岩石总体积的百分数。

中子孔隙率 neutron porosity 用在中子刻度井中刻度过的中子测井仪器测出的地层孔隙率。实质上是等效含氢指数，如实际孔隙率为零的石膏的中子孔隙率为49%。

方位频率图 azimuth frequency plot 方位频率图是在一定的研究井段中以统计方法建立的极坐标图。

交会图 cross plot 是将两种测井参数或三种测井参数的某种组合，构成坐标系的 x 轴和 y 轴（或者再增加一个 z 轴），用计算机来统计实测曲线数据在坐标平面上（或者空间中）的分布，研究它们的统计规律。

Z 值图 Z plot 是在频率交会图的基础上，引进第三种测井参数（即第三条测井曲线的读数，称为 Z 曲线）所做成的三维数字分析图形，也称为 Z 交会图。

综合柱状图 synthesis column diagram 地质图的一种，主要表示平面图区内的地层层序、厚度、岩性变化及接触关系等。

地层对比 formation correlation 把不同地区的地层单位，根据岩性、古生物化石等特征作地层层位上的比较研究，进而证明这些地层单位是否在层位上相当、在时间上相近。决定地层造成的先后顺序可以按照火成岩侵入的关系，风化侵蚀和不整合、断层的切割、地层的上下顺序位置，或其他的地质关系来确定。

沉积环境 sedimentary environment 沉积物（岩）形成时具有特定的物理、化学和生物条件的区域。

声波时差 sonic wave interval transit time 声波时差就是声波通过介质某一段路程所用的时间，即从振源发射到接收时所用的时间。

流体密度 fluid density 地层孔隙中流体的密度，单位为 g/cm^3。

体积密度 bulk density 单位体积地层的质量，单位为 g/cm^3。

含氢指数 hydrogen index 一种物质中包含的氢核数与同体积的淡水中包含的氢核数

之比称为该物质的含氢指数。

中子密度 density of neutron 单位体积内的中子数。中子密度与其平均速度的乘积即为中子通量密度，或中子注量率。

23.2 数字测井资料预处理

23.2.1 测井信息形成

1. 测井信息形式

测井信息有模拟量和数字量两种。

通常的测井记录有模拟测井曲线和数字化测井记录两种。

2. 模拟测井曲线的数字化

模拟曲线的数字化是一个模数转换的过程。它把以模拟量大小表示的连续测井曲线转换成离散的二进制数码，再直接送入机器或记录在磁带、磁盘上。它包含着两个步骤：一是"采样"，二是"量化"。

23.2.2 测井资料的数字化记录设备

目前采用的数字测井仪有几种类型。按信息数字转换的方式来看有 3 种：地面模数转换式数字测井仪、脉冲计数式数字测井仪和数控测井仪。

1. 地面模数转换式数字测井仪

地面模数转换式数字测井仪是在原有普通测井仪的基础上发展起来的，它按照一定的深度间隔对代表各种物理参数的模拟电压进行采样，经过模数转换，将模拟量变为二进制数码，再按照一定的格式，记录在磁带或磁盘上。

2. 脉冲计数式数字测井仪

脉冲计数式数字测井仪是采用二进制计数器直接记录脉冲数。这种形式的数字测井仪通常是采用等时采样的，送到地面的多参数信号经译码器将多道串行信号译为多道并行信号。经多功能面板对信号进行处理和用曲线记录仪记录成曲线，供井场初步推断用。

3. 数控测井仪

数控测井系统，依靠软件的功能，实现了自动刻度、自动操作和在现场做实时简易处理。图 23-1 所示为数控测井系统框图。它采用两台计算机，其中一台为"主计算机"用来控制测井操作，进行测井资料的磁带记录、数据计算、测井显示、人-机联作以及控制"辅助计算机"。另一台为"辅助计算机"，它的功能是在主计算机的指挥下控制绘图仪及输出设备。这种由计算机控制的数字测井仪使井场管理、数据传输和信息处理实现了自动化，提高了仪器的稳定性和准确性，从而也提高了工效。

此外，还有"信号接收面板""深度编码器""接线控制面板""模拟信号面板"等专用设备。

23.2.3 测井资料预处理方法

测井资料的预处理是按解释的要求进行从数字量到物理量的变换，再进行必要的检查、加工、整理、纠正和修饰，使之成为数值准确、深度一致、采样点均匀、能用计算机进行各种定性、定量解释的标准数字记录。必要时，在对岩、煤层进行分析处理与解释之前还要进行分层工作，把煤层或其他岩层从剖面中划分出来。

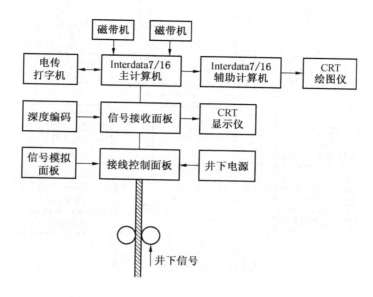

图 23 - 1 CLC 测井系统框图

23.3 数字测井资料处理

23.3.1 测井软件系统与资料数字处理的基本流程

23.3.1.1 测井软件系统

测井软件系统的主要功能如下：

（1）进行多任务、多用户的实时操作。

（2）在采集过程中，可以实时显示和记录多种曲线、图形、图像和参数。

（3）操作方便。

（4）灵活的用户界面。

（5）实时质量控制。

（6）具有多机通信的能力。

（7）现场测井数据处理能力。

23.3.1.2 测井资料数字处理的基本流程

测井资料处理专用软件可以分为数据输入与预处理程序、预解释与校正程序、解释程序、成果显示程序和其他辅助性程序等几大部分。其中解释程序是它的主体（图 23 - 2）。

整个处理过程包括以下一些环节：

（1）野外测井记录的输入和预处理。在对测井资料进行数字解释之前，需将全部数据进行一系列的预处理工作。经过预处理后的数据，可用于曲线回放、作频率交会图和参数选择等预解释工作。

（2）选择解释模型和参数。经过预处理后的数字曲线，在进行各种定量计算之前，需根据钻孔的地质情况和选择的测井系列，选择合理的解释模型，确定定量解释所必需的初始参数。

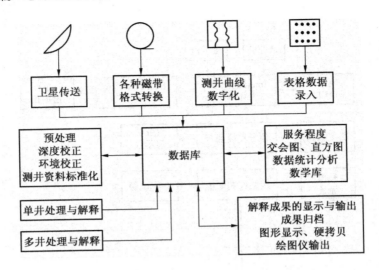

图 23-2 测井数据处理系统

（3）进行测井数据的计算机解释。有了经过预处理后的数字曲线和选择好解释模型与解释参数后，即可用测井分析程序进行计算机的数字解释。

测井分析程序主要是进行岩性解释、分层、岩性分析和煤质分析、岩石强度计算，其中岩性解释程序用来分析地层中砂岩骨架、泥质和孔隙的含量体积比，并以表格和柱状图的形式显示出来；分层程序主要用来划分煤岩层的深度、厚度；煤层分析程序可计算煤层中碳、灰、水的含量；岩石强度计算程序可计算强度指数、杨氏模量、切变模量和体积模量。测井分析程序有时还包括地层倾角资料的分析计算、层速度、波阻抗与反射系数计算和合成地震记录等专门的解释程序。

（4）解释成果的输出。通过显示程序将解释成果按照一定的格式在绘图仪及打印机上显示和打印出来。通常这种成果图有两种：一种是曲线图，另一种是数据表。

23.3.1.3 野外数字记录的预处理

数字测井仪野外记录的数字信息需做一些预处理工作，使其适合于用计算机的解释程序进行分析处理。曲线输入及预处理的流程一般包括以下的程序。

1. 参数输入

其功能是输入队名、井号、测井日期、起测深度、止测深度、采样间隔、仪器零长、纠错标准、光顺点数等预处理参数。

2. 读盘（带）

对实测曲线，可同时输入一条曲线或 2~6 条曲线，确定深度和对数据进行校准。

3. 重复处理

测井时，由于各种原因造成某些井段的重复测量。重复处理程序就是要自动地检测出重复体并把它去掉。

4. 纠错处理

对错误的帧和一帧中个别的错误点要进行纠错处理。程序判断有了错点后，即用线插值的办法来确定这一点的值。

5. 深度平差

测井探管下井深度和提升深度之间存在回程差，需要进行平差。

6. 光顺处理

光顺处理也叫平滑，这实际上是一种简单的数字滤波方法。一般采用三点、五点、七点的滑动平均方法。

7. 记盘（带）

经过以上的预处理后，每个数据都已转换成为二进制规格化数。记带就是将预处理后的数据按照一定的段格式和块格式记录到磁带或磁盘上。

23.3.1.4 分层

分层工作就是利用测井曲线划分出物性有较大差异的煤岩层界面，两界面之间的岩层则认为物性是均匀的。这里，特别着重于划分那些有意义的煤层或具有标志性的岩层。

数字处理时可采用 3 种分层方法。第一种是参照人工解释时的思想，利用各种曲线在岩层界面处的特征来划分界面的方法，叫作模拟人工分层法；第二种是运用数理统计的方法，统计某种测井参数读数的差异情况来进行分层，称为统计分层法；第三种是通过反褶积滤波的方法。

23.3.2 岩石和煤层的体积模型与基本公式

23.3.2.1 体积模型与概率模型

建立解释模型、导出解释的基本公式，即求得测井参数与相应的物性之间的响应方程，是进行数字处理的基本条件。

1. 体积模型

测井解释时，可以把各种测井方法的测量结果看作是仪器探测范围内某种物理量的平均值。

要建立体积模型，列出它的数学表达式，就需将复杂的岩石或煤的组成成分予以简化，认为它是由几种主要的、物性差异较大的均匀成分所构成，并按各部分的相对体积大小组成模型。体积模型所导出的关系都是一些宏观的近似值。岩石体积模型方法的特点是推理简单，不用复杂的物理数学公式，并具有相同的形式，便于计算机的处理应用。

2. 概率模型

概率模型就是把岩性、物性和测井参数都当作是随机变量，从概率论的角度出发，对这些变量进行统计分析，从大量有代表性的实际资料（样本）的统计中得到相应的数学表达式。可以利用回归分析法研究地质参数的表达式；用方差分析法划分地层与对比地层；用判别分析法区分煤层与泥质岩层；用聚类分析和玛尔科夫链划分旋回并进行对比等。这种概率模型的有效性取决于样本的数量与代表性，以及所选参数的有效性。

23.3.2.2 纯砂岩的体积模型

纯砂岩是指不含泥质或泥质含量很少（＜5%）的砂岩。组成纯砂岩的骨架主要是石英、长石等矿物，它们的物性相近，而与水或泥浆滤液的物性差别较大。例如石英等矿物颗粒几乎是不导电的，而水则可以导电；矿物颗粒的密度比水大一倍以上，传播声波的速度也比水大得多。因此，从物性的显著差异来考虑，可以把纯砂岩分成两部分：一部分是由矿物颗粒所组成的砂岩骨架；另一部分是孔隙中的流体。

由于各种测井都是研究岩层的径向物性变化，因此，在建立体积模型时，沿着井轴方向截取一个边长为 L，体积为 V 的岩石的岩石立方体来做等效分析。对于纯砂岩来说，图 23－3a 所示的岩石结构，可用图 23－3b 所示的等效体积模型来进行分析，也就是将岩石骨架集中到一起，使矿物颗粒间没有一点空隙，成为一块物性均匀、体积为 V_{ma}（面积为 $L \times L$，高为 L_{ma}）的固体；孔隙部分也集中在一起，体积为 V_{Φ}（面积为 $L \times L$，高为 L_{Φ}）。各部分的关系如下：

$$L = L_{ma} + L_{\Phi}$$

$$V = V_{ma} + V_{\Phi} = L^2 L_{ma} + L^2 L_{\Phi} \qquad (23-1)$$

$$\Phi = \frac{V_{\Phi}}{V} = \frac{L_{\Phi}}{L}$$

式中　Φ——岩石的孔隙率。

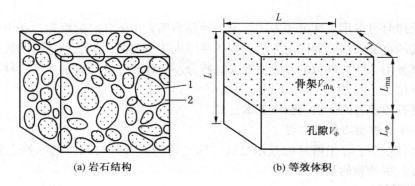

(a) 岩石结构　　　　　(b) 等效体积

1—岩石颗粒（骨架）；2—孔隙空间

图 23－3　纯砂岩的体积模型

我们用角标 ma 表示骨架，f 或 w 表示孔隙流体，则 Δt_{ma}、δ_{ma}、Φ_{ma}、ρ_{ma} 和 Δt_f、δ_f、Φ_f、ρ_w 分别用来表示骨架及孔隙流体的声波时差、密度、含氢指数和电阻率。

利用上述体积模型，就能确定出各种测井参数的响应方程。

23.3.2.3　纯灰岩的体积模型

煤系地层中经常遇到石灰岩，对于不含泥质的纯石灰岩来说，它的体积模型如图 23－4 所示。

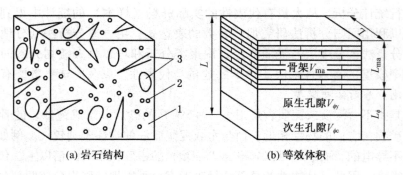

(a) 岩石结构　　　　　(b) 等效体积

1—石灰岩骨架；2—原生孔隙；3—次生孔隙

图 23－4　纯石灰岩的体积模型

石灰岩的总孔隙率 Φ 包括原生孔隙率 Φ_y 和次生孔隙率 Φ_c。设 V、V_{Φ}、$V_{\Phi y}$、$V_{\Phi c}$ 分别为石灰岩的总体积、孔隙的总体积、原生孔隙的体积和次生孔隙的体积。它们之间的关系为

$$\Phi_y = \frac{V_{\Phi y}}{V - V_{\Phi c}} \qquad V_{\Phi y} = \Phi_y (V - V_{\Phi c})$$

$$\Phi_c = \frac{V_{\Phi c}}{V} \qquad V_{\Phi c} = \Phi_c V \tag{23-2}$$

总孔隙率：

$$\Phi = \frac{V_{\Phi}}{V} = \frac{\Phi_y(V - V_{\Phi c})}{V} + \frac{\Phi_c V}{V} = \Phi_y + \Phi_c - \Phi_y \Phi_c \approx \Phi_y + \Phi_c \tag{23-3}$$

次生孔隙率还可写成

$$\Phi_c = \frac{\Phi - \Phi_y}{1 - \Phi_y}$$

在上述公式中，总孔隙率 Φ 通常用中子测井或密度测井来确定；原生孔隙率 Φ_y 用声波测井近似的确定。

在具有原生和次生孔隙率的石灰岩中，利用上述体积模型就能建立各种测井解释响应方程。

23.3.2.4 泥质岩石的体积模型

以泥质岩石为例来导出泥质砂岩层的解释公式。对于泥质碳酸岩，情况也是相似的。

设泥质是分散地充填或黏结在砂岩孔隙之中，这种分散状的泥质不承受上浮岩层的压力，能保持较多的束缚水。沿井轴方向截取一块边长为 L，体积为 V 的正方体泥质砂岩来做等效分析，并将图 23-5a 所示的岩石结构用图 23-5b 的等效体积来分析，即把泥岩质、砂岩骨架和孔隙分别集中起来。设 $\triangle t_{sh}$、σ_{sh}、Φ_{sh} 和 ρ_{sh} 分别代表泥质部分的声波时差、密度、含氢指数与电阻率，则各部分的关系如下：

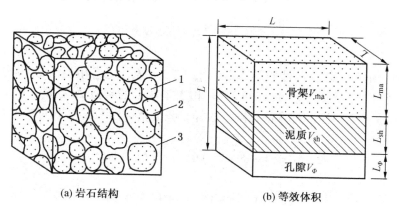

(a) 岩石结构　　　　　(b) 等效体积

1—石灰岩骨架；2—泥质；3—空隙

图 23-5　分散型泥质砂岩的体积模型

$$V = V_{ma} + V_{sh} + V_{\Phi} \qquad L = L_{ma} + L_{sh} + L_{\Phi}$$

$$\phi = \frac{V_\phi}{V} = \frac{L_\phi}{L} \qquad V' = \frac{V_{sh}}{V} = \frac{L_{ab}}{L}$$

$$\phi = \frac{V_\phi + V_{sh}}{V} = \Phi + V'_{sh} \qquad q = \frac{V_{sh}}{V_{sh} + V_\phi} \qquad (23-4)$$

式中 V_{sh}——泥质的体积；

$\quad V'_{sh}$——泥质的含量；

$\quad q$——孔隙体积中的泥质含量；

$\quad \phi$——包括分散泥质在内的总孔隙率，它是有效孔隙率 Φ 与泥质含量 V'_{sh} 之和。

利用这样的体积模型即可确定各种测井参数的响应方程。

23.3.2.5 煤层的体积模型

煤的组成成分是复杂的，如果忽略那些相对体积小于 1% 的成分（如二氧化硅、碳酸盐、菱铁矿、硫以及一些稀散元素），那么，可以把煤粗略地看成是由碳、灰分和水分 3 部分组成。其体积模型即可简化为图 23-6a 所示。

如果要使煤的体积模型更加接近原生状态下的煤层，可以把煤看成是由纯煤、湿灰分和水分所组成。纯煤包括固定碳和煤的挥发物；湿灰分包括泥质、矿物杂质以及它们在原生状态下所包含的水分和非煤的挥发物；水分是指充满颗粒空隙中的水。这样的体积模型如图 23-6b 所示。

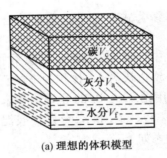
(a) 理想的体积模型

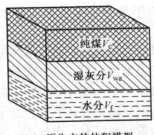
(b) 原生态的体积模型

图 23-6 煤层的体积模型

图 23-6a 的模型中砂岩骨架的参数 Δt_{ma}、δ_{ma}、Φ_{ma}、ρ_{ma} 相当于碳的物性参数 Δt_c、δ_c、Φ_c、ρ_c；泥质的参数 Δt_{sh}、δ_{sh}、Φ_{sh}、ρ_{sh} 相当于灰分的参数 Δt_a、δ_a、Φ_a、ρ_a；水分则和孔隙水的参数完全一样，符号也相同。这样，我们就可以写出以下的响应方程。

声波测井：

$$\Delta t = (1 - \phi - V'_a)\Delta t_c + V'_a \Delta t_a + \phi \Delta t_f \qquad (23-5)$$

密度测井：

$$\delta_b = (1 - \phi - V'_a)\delta_c + V'_a \delta_a + \phi \delta_f \qquad (23-6)$$

中子测井：

$$\Phi = (1 - \phi - V'_a)\Phi_c + V'_a \Phi_a + \phi \Phi_f \qquad (23-7)$$

伽马测井：

$$KJ_\gamma = (1 - \phi - V'_a)\gamma_c + V'_a \gamma_a + \phi \gamma_f \qquad (23-8)$$

其中，$V'_a = \dfrac{V_a}{V}$，表示灰分的相对含量。

以上公式就是利用图 23-6a 的煤层体积模型进行煤质分析时所用到的基本方程。

以上所介绍的各种解释模型是整个数字处理的基础。要设计和使用好地质、物理模型和相应的响应方程，必须要有现代的实验分析手段，深入分析岩石的各种性质，并和测井的各种物理方法紧密地结合起来，才能使测井解释成果准确可靠。

23.3.3 体积模型的应用

在建立的体积模型和数学模型基本公式的基础上，利用解线性方程组的办法，可以估算出岩层及煤层中各种组分所占体积的百分比，从而确定岩性和煤质。

23.3.3.1 确定岩性

虽然组成岩石的矿物成分有多种，但是，在用体积模型法进行岩性分析时，总是把它简化为单矿物成分或双矿物成分，而很少直接用到复杂的三矿物或更多矿物成分的模型。有的是忽略其他成分直接简化，有的是通过等价原理予以简化。

1. 单矿物法

单矿物岩石（包括含泥质的单矿物岩石）是指岩石骨架为一种矿物成分组成的岩石，例如纯砂岩或泥质砂岩、纯石灰岩或泥质灰岩等。

单矿物岩石可以应用单矿物法。单矿物岩石中，骨架、泥质的相对体积 V_{ma}、V_{sb} 和孔隙率 φ 还可以用中子-自然伽马、密度-自然伽马、中子-自然电位交会图法图板来求得。图板中的骨架点、泥质点和水点构成了一个交会三角形，当数据点落在此三角形之中时，根据数据点的位置，即数据点到三角形 3 个边的距离，便可确定 V_{ma}、V_{sb}、φ 的值。

2. 双矿物法

双矿物法把岩石骨架看成是由两种矿物成分组成的，例如认为是石英-方解石、石英-云母、石英-煤、方解石-白云石、方解石-硬石膏、方解石-硫、白云石-硬石膏等双矿物的组合，这样，就可利用任两种孔隙率测井的交会图来计算出按上述方式组合的矿物百分数和孔隙率。常用的有中子-密度交会图、中子-自然伽马交会图、密度-自然伽马交会图等。

对于含有泥质的双矿物岩性，有两种处理方式：一种是进行泥质校正，另一种是把含泥质的双矿物岩性转化为纯岩性的双矿物来处理。

3. 多矿物法

如果研究的地层是由 3 种矿物成分 C_1、C_2、C_3（不包括泥质）组成时，就需利用 3 种孔隙率测井方法，列出 3 种矿物成分和孔隙率的四元联立方程：

$$\left.\begin{aligned}
\delta_b &= \delta_{C_1} V_{C_1} + \delta_{C_2} V_{C_2} + \delta_{C_3} V_{C_3} + \delta_t \phi \\
\phi_N &= \phi_{NC_1} A V_{C_1} + \phi_{NC_2} A V_{C_2} + \phi_{NC_3} V_{C_3} + \phi_{Nt} \phi \\
\Delta t &= \Delta t_{C_1} A V_{C_1} + \Delta t_{C_2} A V_{C_2} + \Delta t_{C_3} V_{C_3} + \Delta t_1 A \phi \\
1 &= V_{C_1} + V_{C_2} + V_{C_3} + \phi
\end{aligned}\right\} \qquad (23-9)$$

其中，V_{C_1}、V_{C_2}、V_{C_3} 分别为 3 种矿物成分 C_1、C_2、C_3 的体积含量。矿物成分已知时，式中的骨架参数 δ_{C_1}、δ_{C_2}、δ_{C_3}、ϕ_{NC_1}、ϕ_{NC_2}、ϕ_{NC_3}、Δt_{C_1}、Δt_{C_2}、Δt_{C_3} 均为已知数。对于给

定测井值 δ_b、ϕ_N 和 Δt，就能求解出 V_{C_1}、V_{C_2}、V_{C_3} 和 ϕ。

23.3.3.2 确定煤质

如果认为煤是由碳、灰分（矿物成分）和水分组成的，它们的相对体积分别为 V_c、V_a 和 Φ。求出了相对体积，再换算成质量含量，就可以通过碳的含量或灰分的多少确定煤质或煤层的牌号。常选声波测井与中子测井组合、密度测井与中子测井组合或密度测井与声波测井的组合，加上物质平衡方程，即可构成一个由 3 个方程组成的线性方程组。通过中子—密度交会图上碳、灰、水 3 点的坐标值，即可求得其值。再把体积含量换算成质量含量，即可得到煤的含碳量 C、灰分 Ag 和水分 W 之值。

如果要进一步计算煤中的其他组分，例如要求挥发分（主要成分甲烷）的含量，则需要再增加一种测井参数，形成 4 个线性方程，才能解出 4 个未知数（C、Ag、W 和 V'）。

煤质计算结果的精确与否，同样与所用的骨架参数值是否准确有关。

23.3.3.3 流程图及成果的显示

用体积模型分析法做岩性解释及煤层分析是目前数字处理中常用的方法，效果较好。但随着所用测井参数的不同，处理的流程有差异，输出的成果图也略有不同。图 23 – 7 所示为某程序岩性解释的流程图，该程序采用砂泥岩地层的简化体积模型，用密度 – 自然伽马曲线两种参数，通过解以下的线性方程组确定岩性：

$$\left.\begin{aligned}\delta_b &= \delta_{ma}V_{ma} + \delta_{sh}V_{sh} + \delta_f V_f\\ \gamma &= \gamma_{ma}V_{ma} + \gamma_{sh}V_{sh} + \gamma_f V_f\\ 1 &= V_{ma} + V_{sb} + V_f\end{aligned}\right\} \qquad (23-10)$$

式中 V_{ma}、V_{sh}、V_f——砂岩骨架、泥质和孔隙流体的相对体积；

         δ_b、γ——密度曲线与自然伽马曲线的读数；

   δ_{ma}、δ_{sh}、δ_f、γ_{ma}、γ_{sh}、γ_f——砂岩骨架、泥质和孔隙流体的密度值与自然伽马参数值，称之为模型参数。

这些模型参数可以通过交绘图和实验方法来确定。为了适应全井段的岩性差异，程序设计时可经允许在处理过程中分段选取模型参数。

为了初步划定煤层和判断是否有井径扩大现象，先选定两个参数：煤层的截止密度 $\delta_{煤截}$ 和认为是洞穴的井径值，将采样点的密度读数先与 $\delta_{煤截}$ 比较，若小于它，再将井径采样值与洞穴值比较，以判断是煤层还是由于井壁坍塌引起的井径扩大（洞穴现象）。

对于密度大于 $\delta_{煤截}$ 的采样点，即解方程组进行岩性分析。在密度 – 伽马交会图上以砂岩骨架点（δ_{ma}、γ_{ma}）、泥质（δ_{sh}、γ_{sh}）和水点（δ_f、γ_f）构制岩性三角形（图 23 – 8）。凡采样点落在截止密度线右边的部分三角形中的，岩性一定是由砂岩、泥岩和水所组成；若是落在泥水线或砂泥线上，则岩性一定是由两种成分所组成；若个别采样点落在三角形之外，方程解将出现负值，要对这些点进行校正。

表 23 – 1 是英国 SSL 公司采用"COM—PRO"程序利用声波—密度煤层分析的输出成果表格。表格中可以以体积比和质量比表示碳、灰、水的相对含量。

表 23 – 2 为美国德莱赛公司测井软件中用于煤层分析的"COAL"程序的输出成果表。表中显示煤中碳、灰分、水分的相对体积和砂岩骨架、泥质相对含量、孔隙率的大小。

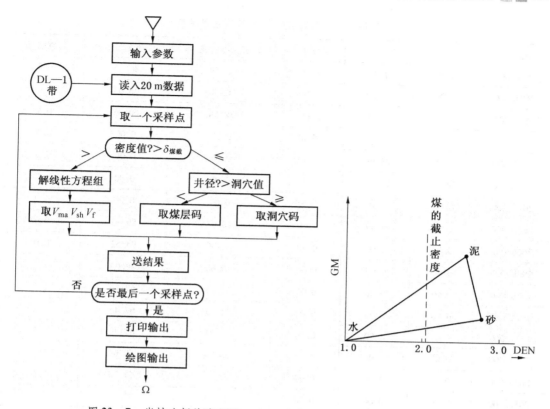

图 23 - 7 岩性分析的流程图

图 23 - 8 岩性三角形

表 23 - 1 高 精 度 煤 层 分 析

深度/ft	声波时差/（μs·ft⁻¹）	密度/（g·cm⁻³）	灰分/%	水分/%	碳/%
1305. 0	110. 763809	2. 238256	70. 406662	1. 655966	27. 937374
1305. 1	110. 304459	2. 231790	69. 627731	0. 935763	29. 436504
1305. 2	109. 846634	2. 225123	68. 831635	0. 214160	30. 954193
1305. 3	109. 393707	2. 209507	偏出三角形之外		
⋮	⋮	⋮			
1308. 6	119. 748657	1. 492974	8. 152637	1. 214426	90. 632919
1308. 7	121. 149963	1. 491812	8. 672169	3. 063478	88. 264343
1308. 8	122. 580887	1. 489603	9. 111716	4. 934528	85. 916705
1308. 9	124. 049652	1. 483090	9. 185619	6. 784348	84. 030029
1309. 0	125. 554047	1. 478541	9. 441866	8. 712875	81. 845245
1309. 1	126. 256561	1. 476743	9. 602291	9. 621096	80. 776596
1309. 2	126. 966675	1. 475605	9. 816730	10. 548965	79. 634293
1309. 3	127. 683060	1. 474893	10. 071842	11. 492281	78. 435867
1309. 4	128. 409363	1. 474541	10. 360941	12. 454351	77. 184692
⋮	⋮	⋮	⋮	⋮	⋮

表23-2 "COAL"程序的输出成果表

深度/m	碳/%	灰分/%	水分/%	砂岩骨架含量/%	泥质含量/%	孔隙率/%
2600.000	0.00	0.00	0.00	13.59	86.39	0.0
2601.000	0.00	0.00	0.00	1358	96.03	0.4
2602.000	0.00	0.00	0.00	38.58	60.85	0.9
2603.000	21.25	29.07	39.67	0.00	0.00	0.0
2604.000	28.98	23.99	27.03	0.00	0.00	0.0
2605.000	52.08	22.65	25.27	0.00	0.00	0.0
2606.000	40.10	44.01	15.88	0.00	0.00	0.0
2607.000	0.00	0.00	0.00	40.63	59.33	0.0
2608.000	0.00	0.00	0.00	5.48	94.52	0.0
2909.000	0.00	0.00	0.00	20.60	79.03	0.4
2610.000	0.00	0.00	0.00	31.15	67.16	1.3
2611.000	0.00	0.00	0.00	31.33	67.44	1.2
2612.000	0.00	0.00	0.00	37.07	67.40	1.5
2613.000	0.00	0.00	0.00	28.74	69.96	1.3
2614.000	0.00	0.00	0.00	21.58	77.79	0.6
2615.000	0.00	0.00	0.00	22.41	77.03	0.6

23.3.4 用统计分析法判断岩性与煤质

利用判别分析等方法，对岩性或煤质做定性分析，找出它们的归属或分类。

23.3.4.1 统计关系曲线法

研究各种测井曲线对煤岩层的岩性、孔隙率、含碳量等特性的响应规律，通过公式或图形揭露它们之间的定量关系，这是制作测井定量解释图板的一种重要手段。

常用的方法是回归分析法，按被分析的问题的性质和自变量的个数，回归分析可以分为一元线性回归分析、一元拟线性回归分析、多元线性回归分析及多项式回归分析等。

1. 一元线性回归分析

在测井中，某些变量之间具有线性关系，例如煤的自然伽马强度与灰分、泥质砂岩的自然伽马强度与其泥质含量等，一般说来，都是呈线性关系。

设测井测得煤层的自然伽马值为 x，化验相应煤层的灰分为 y，则可通过作散点图、求回归直线两个步骤来进行回归分析（n 值一般应大于 15）求自然伽马值与灰分之间的关系。

设自变量是 x，应变量是 y，所建立的回归方程应有

$$\hat{y} = a + bx \tag{23-11}$$

的形式。这里用符号 $\hat{}$ 表示 y 的估计值（或称回归值、预报值），以区别于实际的应变量。估计值与实际值之间存在着一定的误差，要选择一个合适的系数 b 和常数 a，使得这个误差（或称偏差）达到最小。

2. 一元拟线性回归分析

非线性回归分析比线性回归分析的计算方法要复杂得多。但是，实际工作中遇到的变量间的非线性相关，许多都可以通过变量置换而转化成为线性相关，这样，就可以做线性回归处理，最后可再置换回原变量，求出非线性回归方程，称为拟线性回归分析。

在测井中，煤的电阻率与其灰分之间是幂函数的相关关系，散射伽马强度与密度之间是指数函数的相关关系等。这些都是属于非线性的，但是，又可设法把它们转化成为线性的来处理。

3. 一元回归分析方法的应用

一元回归分析主要应用在利用灰分与某个测井参数间的统计关系来直接计算煤的灰分含量。目前所采用的测井参数主要有自然伽马、散射伽马和电阻率。

（1）利用自然伽马测井确定煤的灰分。由理论已知，煤层处的自然伽马射线强度 J_γ 是与灰分含量 Ag 呈线性关系，即

$$Ag = a + bJ_\gamma \tag{23-12}$$

在图 23-9 中，给出了散点及回归直线。在有散点控制的直线用实线，无散点的地方用虚线画出。

（2）利用电阻率 ρ 确定灰分。煤的电阻率 ρ 与其灰分含量 Ag 的关系是属于幂函数类型的，即

$$Ag = A\rho^b \tag{23-13}$$

也可化为线性方程：

$$Ag' = a + b\rho' \tag{23-14}$$

图 23-10 给出了 Ag 与 ρ 的散点图和回归曲线。由于电阻率 ρ 的变化，幅度越到后面越大，故以 $\lg\rho = \rho'$ 为横轴。

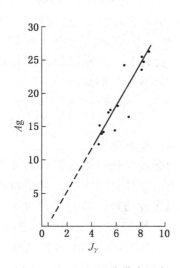

图 23-9　$Ag-J_\gamma$ 的散点图与
回归直线

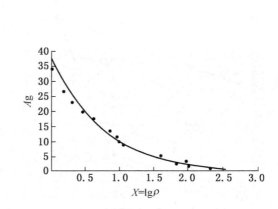

图 23-10　$Ag-\rho$ 的散点图与
回归曲线

（3）利用伽马-伽马测井确定煤的灰分。散射 γ 射线强度 $J_{\gamma\gamma}$ 与岩层密度 δ 之间存在

着负指数的函数关系（图 23 - 11），而煤的密度与其灰分之间则基本上是线性关系，因此，$J_{\gamma\gamma}$ 与灰分的关系也是负指数函数关系。

$$J_{\gamma\gamma} = Ae^{-m\delta} \tag{23-15}$$

两边取对数后，令 $J'_{\gamma\gamma} = \lg J_{\gamma\gamma}$，$a = \lg A$ 和 $b = -m\lg e$ 代入，即化为线性方程

$$J'_{\gamma\gamma} = a + b\delta \tag{23-16}$$

图 23 - 12 所示为 Ag 与 δ' 的散点图和回归直线。

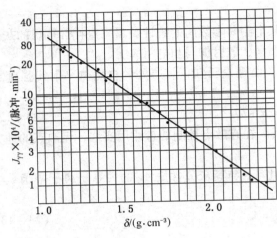

图 23 - 11 $J_{\gamma\gamma} - \delta$ 的散点图与回归直线

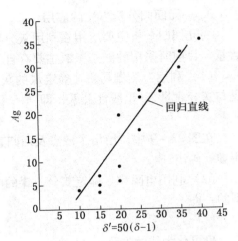

图 23 - 12 Ag 与 δ' 的散点图与回归直线

4. 多元线性回归分析

测井只研究一元线性回归分析某些参数与岩性之间一一对应关系是不够的。例如煤层的灰分含量在自然伽马曲线有反映，在伽马 - 伽马和视电阻率曲线上也同样有一定的规律，而且用多种参数来共同预测某一因素，往往更为精确。这就需要借助多元回归。多元回归同样是用最小二乘法给出最佳拟合方程。方程具有下列形式：

$$\hat{y} = b_0 + b_1 x + b_2 x^2 + \cdots + b_m x^m \tag{23-17}$$

23. 3. 4. 2 交会图法

交会图技术是计算机解释测井资料的一种重要的统计分析方法，它是将两种测井参数或 3 种测井参数的某种组合，构成坐标系的 x 轴和 y 轴（或者再增加一个 z 轴），用计算机来统计实测曲线数据在坐标平面上（或者空间中）的分布，研究它们的统计规律。它具有简单、直观、易于制作等特点。目前主要采用的是频率交会

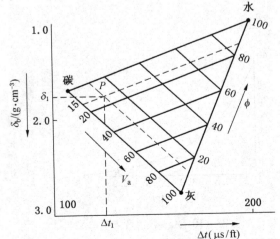

图 23 - 13 解释煤质的声波—密度交会图板

图和 Z 值交会图，可以用来与理论解释图板配合进行岩性解释，判断岩性组合和煤质；

还可用于检查原始曲线的质量与可靠性，确定曲线的附加校正量，以及用于合理准确地选择处理系数。

1. 两种参数的交会图板

交会图的种类很多，实际上任何两种测井参数都可以构成交会图。但是，它们对岩性所反映的灵敏度或分辨率是不一样的。

（1）声波—密度测井交会在图 23 – 13 所示的解释煤质的声波—密度交会图板中，已知煤层的 δ_b 与 Δt 值落在 P 点，根据该点在三角形中相对于 3 个顶点的位置，即可估计算出煤层的灰分相对体积 $V_a = 15\%$，碳的相对体积 $V_c = 73\%$ 和水分所占的相对体积（即孔隙度）$\phi = 12\%$，然后再换算成按质量百分比计算的含碳量 C，灰分 Ag 和水分 W 之值。

岩层的声波—密度交会图板对砂岩、石灰岩和白云岩的分辨力较低，但它对煤层、岩盐、石膏和硬石膏等岩类的分辨力良好。

（2）密度—电导率交会图板。图 23 – 14 所示为解释煤质的密度—电导率交会图板。根据它可以用煤层的密度值和电导率值确定出煤层的碳、灰、水含量。

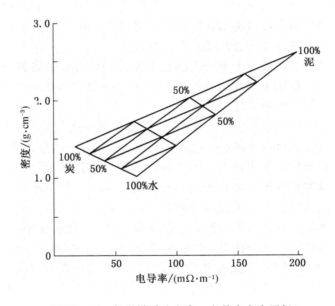

图 23 – 14　解释煤质的密度—电导率交会图板

（3）中子—密度测井交会图板。中子—密度交会图板中，纵坐标是体积密度 δ_b 或密度测井视石灰岩孔隙率 Φ_D，也就是以致密灰岩的读数为零的密度测井孔隙率；横坐标是中子测井视石灰岩孔隙率 Φ_N，也就是以致密灰岩的含氢指数为零的中子测井孔隙率。利用这样的图板，可以从密度测井与中子测井的读数（经过井径等校正后）在图中的交会点来判断岩性和确定其孔隙率。

（4）中子—声波测井交会图板。岩层的中子—声波交会图板，其形态与中子—密度交会图很相似。这两种交会图板的应用价值也差不多，但中子—密度交会图板对石灰岩与白云岩的分辨力较强，而中子—声波交会图板对砂岩与石灰岩的分辨力较强。不过，声波受其他因素的影响比密度要多，故不如中子—密度交会图板应用得广泛。

对煤田测井来说，除了以上的交会图板外，还可制作一些与煤质关系较密切的图板，如密度—电阻率、密度—自然伽马、中子—自然伽马等交会图板，可以用煤层的不同参数值交会确定出煤层的碳、灰、水含量。

2. 3 种参数的交会图板

两种测井参数的交会图板用来确定岩性和孔隙率时，在一定程度上取决于矿物对的选择，利用 3 种参数来构制交会图板，以便增加一个判断因素和消除某种因素。

目前使用的识别骨架岩性的交会图板主要是利用声波、密度及中子 3 种被称为孔隙率测井的某种组合来构制交会图板的纵轴和横轴。第一种是以骨架密度和骨架时差为坐标轴，称为骨架岩性识别图，即 MID 图；第二种是以 M、N 值作为坐标轴，称为岩性—孔隙率交会图板，即 $M—N$ 图，第三种 Z 值图也是表现 3 种测井参数的。

（1）骨架岩性识别图。由中子—密度交会图板的解释可以看出，对每一种单一岩性或任一种过渡岩性总可以从交会图上求得这种岩性的视骨架密度，并且骨架岩性特征的反映不依赖于孔隙率。同样的道理在声波—中子交会图板上也表现出来，这时视骨架时差也是骨架岩性的特征的反映，与孔隙率无关。如果以这两个骨架参数做纵坐标和横坐标，根据已知单一岩性的骨架参数便可绘出骨架岩性识别图板。根据实际岩石的视骨架参数点在图上的位置，即可判断它是单一岩性或某种过渡岩性。

显示在中子—密度和声波—中子交会图板上原是一条直线的各种矿物，到 MID 图上就只是一个点。因此，根据未知层的 $(\delta_{ma})a$、$(\Delta t_{ma})a$ 落在 MID 图中的位置，就可做出适当的解释，确定该层的骨架岩性。

（2）岩性—孔隙率交会图板（$M - N$ 图）。把在声波—密度交会图板和中子—密度交会图板上某种矿物的骨架点与流体点的连线的斜率，分别定义为这种矿物的 M 值和 N 值。骨架点和流体点是由该种矿物组成的岩石在极限情况（孔隙率 $\varPhi = 0\%$ 和 $\varPhi = 100\%$）下形成的点。由矿物骨架参数确定的骨架点坐标 $(\delta_{ma}、\varPhi_{ma})$ 和 $(\delta_{ma}、\Delta t_{ma})$ 位于交会图的左下方，由孔隙流体参数确定的流体点坐标 $(\delta_f、\varPhi_f)$ 和 $(\delta_f、\Delta t_f)$ 位于交会图的右上方，由于中子、密度和声波测井的响应方程都线性的，因此，骨架点与流体在连线上某一点的坐标就表示该岩石在一定孔隙率时的测井值。各种矿物的 M、N 值，可由骨架参数计算出来。表 21 - 26 中列出了几种矿物 M、N 值。其中在计算 M 值时，Δt_{ma} 用的是微秒/英尺的单位，计算 N 时，$\varPhi$ 用的是井壁中子测井的视石灰岩孔隙率单位。由此，便可绘制出 $M—N$ 交会解释图板。

将由测井资料计算出的 M、N 值所构成的 $M—N$ 交会图与 $M—N$ 交会解释图板对比，即可对岩性趋势做出解释。交会点落在图板中所示的两个单矿物点的连线上时，说明岩石是由这两种矿物组成的；交会点如果落在由 3 个矿物点构成的岩性三角形之内，则说明岩石是由这 3 种矿物组成的，并可根据点在三角形内的位置估计各种矿物所占的比例数。

（3）频率交会图和 Z 值图。Z 值图是在频率交会图的基础上，引进第 3 种测井参数（即第 3 条测井曲线的读数，称为 Z 曲线）所做成的三维数字分析图形，也称为 Z 交会图。图上的数字是表示在与对应的频率交会图相同的井段上，每个单位网格中采样点的第三个测井参数值之和除以该点的频率数所得的平均值，再乘上某一比例系数和取整后的整数值。例如由中子—密度和对应的自然伽马 Z 值图。Z 值是表示自然伽马的平均值，它实际上说明了泥质含量的多少，对煤层来说，可以说明灰分含量的多少，因而可以判断煤质，确定煤的牌号。

频率交会图与 Z 值图都是由计算机自动绘制的，二者配合使用。它们作为一种统计分析方法，已越来越多地应用于分析测井资料、确定测井参数和评价地层的工作中。通常多选用自然伽马、自然电位、电阻率以及井径来作为 Z 值图中的 Z 值。

3. 交会图的制作流程

做频率交会图时，先按照给定的统计区间和选定的两种参数，将曲线调入内存，用交会图 $x-y$ 平面上第 i 个固定点所对应的坐标值 x_i、y_j 对两条曲线逐点采样做比较和统计，并按照分级方式计算频率数。对整个 $x-y$ 平面上每一个点扫描完毕后，即可打印输出一张频率交会图。

Z 值图的作法是在频率交会图的基础上对第三条曲线（Z 曲线）取 Z 变量的实际平均值，乘上变量比例数，再减去零值漂移值，用作实际绘图的 Z 值。

图 23－15 是根据数字测井仪所记录的数据绘制交会图的程序框图。

4. 交会图的应用

各种测井参数的交会图主要的应用如下：

（1）检查测井曲线的质量和确定附加校正值。主要是检查每条曲线的幅值变化是否正常，是否正确可靠，各曲线的深度是否一致等。

（2）确定地层的岩性组合与判断煤质。对于含煤地层的中子—密度、中子—声波、声波—密度和 M—N 频率交会图，煤与泥岩、砂岩在交会图平面上都能很好地区分开来。

对煤层分析来说，声波—密度交会图以及自然伽马 Z 值图的作用较大，利用它可以判断煤的品种和煤的成分。

在煤层分析时我们常常把交会图中由纯碳、纯灰和水 3 个点所组成的三角形称为煤层三角形。凡是落到这个三角形内的层位就是煤层，落到外面的就不是煤，如该点靠近碳点密集可以判断煤质较好，如果在灰分点密集则煤质较差。

（3）确定数字处理的骨架参数和泥质参数。当采用体积模型方法进行岩性分析或煤层分析时，需要在线性方程组中代入骨架参数。

泥质参数的确定方法是根据频率交会图及其自然伽马 Z 值图分析泥质的趋势，再参考本地区纯泥岩的测井值范围，把该井段的泥质趋势线上的自然伽马 Z 值最大的点定为泥质点，从该点频率交会图上的位置即可读出相应的泥质参数。

（4）可以用于检验解释结果的可靠性，帮助确定是否需要重新处理。

（5）检验井壁坍塌或井径扩大的孔穴位置等。

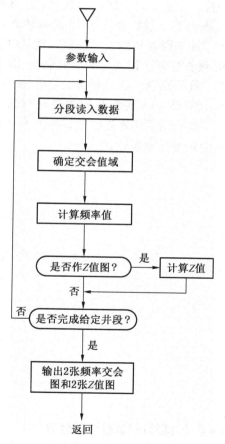

图 23－15　绘制频率交会图和
Z 值图的程序框图

23.3.4.3 *判别分析法*

判别分析是从大量观测数据出发，研究随机样品的归属问题。在测井中可用来判断岩性和煤层。

测井资料的定性解释属于分类问题，即根据各种岩层在曲线上的反映情况来判断它属于哪一种岩性。

用线性组合把几种测井参数统一地表达在某一个判别函数之中，判别函数中各种测井参数的系数就是它们的"权"。由于以测井曲线反映幅度的高低作为定性的依据，解释时就要把握高与低的临界值，判别临界值则表达了定性解释的界线。测井曲线有多解性，必须综合利用两种以上的曲线才能做出正确的定性解释，所以，要正确地处理各种不同曲线的"权"。

在分类法中，最简单的分类是单因素分类。例如根据 ρ_s 或 $J_{\gamma\gamma}$ 的大小来划分煤层与碳质泥岩即属此法。但在 ρ_s 或 $J_{\gamma\gamma}$ 的频数图上都有一段重叠的阴影部分，虽然阴影的大小不一样，但落在这个区域的数据无法区别它属于哪一组岩性。这说明单独用一个变量，无论是 ρ_s 或 $J_{\gamma\gamma}$ 都不大可能准确地对煤和碳质泥岩做出判断。

如果同时利用两个变量，就可以使阴影区缩小甚至基本上消失。设想在平面上画一条 AB 线把这两个区域分开，并做与 AB 垂直的线 R，再将平面上的煤点与碳质泥岩点向 R 投影，就可发现，在 R 轴上，煤与碳质泥岩基本上被分开了，AB 轴的投影点 R_0 正是区分点。图 23 – 16 就是 R 的频数分布图。在这个以 R 为判别准则的图上，阴影区已基本消失，煤和碳质泥岩得以很好地区分。判别分析的任务就是要找出这个被称为判别函数的新变量 R 的数学表达式。

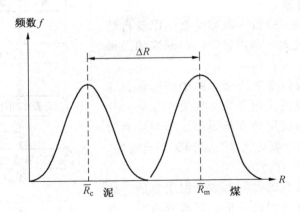

图 23 – 16 煤与碳质泥岩的 R 频数分布图

23.3.5 岩石强度参数的计算

利用密度、纵波速度和横波速度 3 个参数难较准确地确定岩石的杨氏模量 E、切变模量 μ、泊松比 σ、体变模量 K 各个弹性模量，纵波速度和横波速度、密度可以用测井方法来确定。表 23 – 3 中的弹性模量的计算公式清楚地说明了各个参数和弹性模量及各个弹性模量之间的关系。

这 4 个公式中，泊松比是无量纲，对其他 3 个公式的计算可采用公制和英制两种单位制。

表 23 - 3 弹性模量的计算公式

弹性模量	基本公式	各公式间的关系	实际计算公式（单位为 PSI）
杨氏模量	$E=\dfrac{9K\sigma V_s^2}{3K+\sigma V_s^2}$	$E=\dfrac{3K\mu}{3K+\mu}=2\mu(1+\sigma)$ $=3K(1-2\sigma)=\dfrac{\mu(3\lambda+2\mu)}{\lambda+\mu}$	$E=\left(\dfrac{\sigma}{\Delta t_s^2}\right)\left(\dfrac{3\Delta t_s^2-4\Delta t_p^2}{\Delta t_s^2-\Delta t_p^2}\right)\times1.34\times10^{10}$
体积模量	$K=\sigma\left(V_p^2-\dfrac{4}{3}V_s^2\right)$	$K=\dfrac{E\mu}{3(3\mu-E)}=\mu\dfrac{2(1+\sigma)}{3(1-2\sigma)}$ $=\dfrac{E}{3(1-2\sigma)}=\dfrac{3\lambda+2\mu}{3}$	$K=\sigma\left(\dfrac{3\Delta t_s^2-4\Delta t_p^2}{3\Delta t_s^2-\Delta t_p^2}\right)\times1.34\times10^{10}$
切变模量	$\mu=\sigma V_s^2$	$\mu=\dfrac{3KE}{9K-E}=3K\dfrac{1-2\sigma}{2+2\sigma}$ $=\dfrac{E}{2+2\sigma}$	$\mu=\dfrac{\sigma}{\Delta t_s^2}\times1.34\times10^{10}$
泊松比	$\sigma=\dfrac{1}{2}\dfrac{\left(\dfrac{V_p^2}{V_s^2}\right)-2}{\left(\dfrac{V_p^2}{V_s^2}\right)-1}$	$\sigma=\dfrac{3K-2\mu}{2(3K+2\mu)}=\dfrac{E}{2\mu}-1$ $=\dfrac{3K-E}{6K}=\dfrac{\lambda}{2(\lambda+\mu)}$	$\sigma=\dfrac{1}{2}\left(\dfrac{\Delta t_s^2-2\Delta t_p^2}{\Delta t_s^2-\Delta t_p^2}\right)$

表中：E—杨氏模量；μ—切变模量；σ—泊松比；K—体变模量；V_p—纵波速度；V_s—横波速度；λ—拉梅系数；Δt_p—纵波时差；Δt_s—横波时差。

表 23 - 4 为德莱赛公司计算各种弹性模量值打印输出的表格。

表 23 - 4 数字处理成果表

深度/m	弹性特性				碳	灰分	水分	砂质	泥质	孔隙率
	切变模量/MPa	体积模量/MPa	杨氏模量/MPa	泊松比	（质量百分比）			（体积百分比）		
90.500	0.749	2.702	2.057	0.37313	0.00	0.00	0.00	68.79	31.21	0.0
91.000	0.744	2.673	2.043	0.37262	0.00	0.00	0.00	66.80	33.12	0.1
91.500	0.626	2.322	1.723	0.37631	0.00	0.00	0.00	68.00	32.00	0.0
92.000	0.566	2.131	1.560	0.37797	0.00	0.00	0.00	68.14	31.86	0.0
92.500	0.680	2.424	1.867	0.37164	0.00	0.00	0.00	69.98	29.03	1.0
93.000	0.979	2.923	2.643	0.34929	0.00	0.00	0.00	73.63	22.44	3.9
93.500	1.005	2.697	2.683	0.33422	0.00	0.00	0.00	65.91	26.55	7.5
94.000	0.992	2.548	2.635	0.32763	0.00	0.00	0.00	54.99	35.47	9.5
94.500	0.739	2.05	1.981	0.33966	0.00	0.00	0.00	41.43	47.81	10.3
95.000	0.999	1.904	2.551	0.27671	0.00	0.00	0.00	70.38	5.66	24.0

表23-4（续）

深度/m	弹　性　特　性				碳	灰分	水分	砂质	泥质	孔隙率
	切变模量/MPa	体积模量/MPa	杨氏模量/MPa	泊松比	（质量百分比）			（体积百分比）		
95.500	1.039	1.913	2.640	0.27000	34.07	52.76	13.17	0.00	0.00	0.0
96.000	1.122	2.064	2.849	0.27000	31.93	46.98	21.17	0.00	0.00	0.0
96.500	0.992	1.825	2.519	0.27000	42.22	39.12	18.66	0.00	0.00	0.0
97.000	0.630	1.159	1.599	0.27000	52.72	31.31	15.97	0.00	0.00	0.0
97.500	0.468	0.861	1.189	0.27000	63.22	23.50	13.28	0.00	0.00	0.0
98.000	0.457	0.842	1.162	0.27000	73.72	15.69	10.58	0.00	0.00	0.0
98.500	0.551	1.015	1.400	0.27000	83.02	8.78	8.20	0.00	0.00	0.0
99.000	0.731	1.312	1.811	0.27000	86.91	5.89	7.20	0.00	0.00	0.0
99.500	0.985	1.814	2.503	0.27000	88.08	5.08	6.92	0.00	0.00	0.0

23.4　测井曲线解释

23.4.1　测井资料应用

23.4.1.1　地层评价

　　地层评价就是经测井资料单孔解释，对每个钻孔的井剖面进行煤层鉴别、岩性分辨；地层界面划分、煤层深度、厚度的确定；煤层指标（纯煤、灰分和水分含量，以及发热量等）、含水层参数（如孔隙率、含水饱和度等）、岩石矿物成分（骨架矿物、泥质矿物）的含量，以及岩石力学参数（即杨氏模量、体积模量、数变模量、泊松比和抗压强度）的计算，评价孔壁裂隙发育程度，测定裂隙带、裂隙率和裂隙产状，测定溶洞大小和位置；提供钻孔各个深度点的井温、井斜、井径等；绘制钻孔地质剖面，为煤层、储集层和其他矿层的综合评价，以及区域研究提供重要的技术数据。

23.4.1.2　地层对比及地质构造研究

　　通过位于同一条勘探线上各钻孔间的测井曲线对比和测井相分析等多孔解释，查明该勘探线的地质构造，再利用各勘探线的解释，进行平面和三维立体分析，提供勘探区或矿区的煤层、含水层或其他矿层的厚度分布变化规律、断层位置和构造形态图。配合其他手段进行环境、地质灾害检测及治理评价等。

　　我国煤炭矿井测井主要地质应用情况见表23-5。

　　一些主要的煤炭测井常用方法及其应用范围见表23-6。

23.4.1.3　测井资料解释的基础和依据

　　煤岩物性差异是测井资料解释的地质地球物理基础和依据，物性差异越明显，测井资料地质解释的效果越显著。

　　矿井测井模拟曲线定性解释是根据煤岩层在各种测井参数曲线的异常幅度或由此取得的定性反映概念（表23-7），经综合分析解释，达到完成定性解释所指定的任务。

表23-5　我国煤炭矿井测井主要地质应用情况一览表

大类	手工解释 名称	手工解释 任务	手工附加	计算机自动解释 名称	计算机自动解释 任务	计算机附加
单孔解释	模拟曲线整理	深度对齐		数字资料预处理	深度对齐	
					数字滤波，消除高频干扰	
					超界处理、纠错、补漏、插值	
		单位换算			对测井（除围岩影响外）测量环境影响进行校正	
					单位换算、测井数据规格化处理	
	定性解释	鉴别煤层、含水层，划分岩性及岩层界面	绘制钻孔测井与地质综合剖面	岩性识别	鉴别煤层、含水层，区分不同岩性，划分岩层界面	自动绘出钻孔测井曲线煤层碳灰水曲线、砂泥岩砂泥水曲线和地质柱状剖面图
	定位解释	标志层、煤层和主要岩层层位确定		层位识别	标志层、煤层和主要岩层层位确定	
	定厚解释	划分煤层深、厚度及煤层结构		分层定厚	精确划分煤层深厚及煤层结构	
	定量解释	计算煤层灰分、水分和发热量以及砂泥岩泥质含量，地下水流速流向、含水层流量		围岩影响校正	消除围岩对测井的影响	
				解释参数选择	选择煤层碳灰水或岩层骨架矿物、泥质矿物和地层水参数	
				常规定量分析 煤层分析	划分煤层计算煤层中碳、灰分、水分含量	
				常规定量分析 岩性分析1	计算砂泥岩中砂泥水含量，地下水流速流向、含水层流量	
				其他定量分析 岩性分析2	碳酸盐岩矿物成分、水分含量、密度、孔隙率	
				其他定量分析 煤质分析	计算煤层发热量、碳、氢元素分析	
				其他定量分析 煤层气含量分析	评价煤层的甲烷含量	
				其他定量分析 岩石力学性质分析	计算煤层及其顶底板岩层力学参数、声速计算	
				其他定量分析 地层产状	计算地层产状	
多孔解释	模拟曲线对比	煤岩层对比		数字测井的自动对比	煤层对比	
					地层对比	
	模拟曲线沉积环境分析	研究勘探区或矿区的沉积环境，确定沉积模式		测井相岩相分析	测井相划分及其岩相识别	
				沉积环境分析	研究勘探区、矿区沉积环境，确定沉积模式	
				测井、地震综合解释	合成人工地震记录等	

表23-6 煤炭测井的常用方法及其应用范围

类别	测井方法	主 要 应 用 范 围
电测井	自然电位法	划分渗透性地层、低阻煤层、天然焦、含水层
	电极电位法	划分天然焦、无烟煤、含水层
	视电阻率法	划分高阻煤层、低阻煤层、天然焦、含水层，各种岩层
	电流法	划分高阻岩、煤层
	侧向测井	划分煤岩层、含水层、测定煤层灰分、求真电阻率
	微电极测井	精细的划分煤层结构、渗透性岩层、孔隙率
	激发极化法	划分低阻煤层、天然焦
	感应测井	划分岩层、低阻煤层
	井液电阻率法	确定含水层，求含水层渗透速度、估算渗透系数
核测井	自然伽马测井	放射性赋存情况、划分煤层、地层、含水层、测定煤层灰分
	伽马-伽马测井	划分煤层，测定岩、煤层的密度及煤层灰分
	中子测井	划分孔隙性地层、含水层，测定岩层的孔隙率、含氢量
	中子-伽马测井	划分孔隙性地层、含水层，测定岩层的孔隙率
	能谱测井	测定岩、煤层的元素成分及各种元素的含量
声测井	声速测井	确定岩性，划分煤层，测定岩石的强度和孔隙率
	声幅测井	测定岩性，检查测井质量
	超声成相测井	确定岩石的产状，发现裂隙带与破碎带
工程测井	热测井	获得地温资料，判断岩性，测定漏水位置
	井液电阻率测井	获得泥浆电阻率，测定含水层的位置及含水性
	井径测井	获得钻孔直径资料，发现 $\gamma-\gamma$ 测井的似煤异常
	井斜测井	获得钻孔的倾斜角与方位角
	岩层产状测井	获得井内岩层的产状资料，了解地下构造变化及沉积规律
水文测井	流速流向测井	地下水流速、流向
	流量测井	含水层层数、层位、结构及流量
	自然电位、电阻率、自然伽马、伽马-伽马、中子、声速测井都可作为水文测井	含水层岩性、深度、厚度、结构、性质、层数、层位及水力联系

表23-7 煤岩层在各种测井曲线上的定性反映概念

参数\岩性	视电阻率 ρ_s	自然电位 ΔU_{SP}	人工电位 ΔU_{IP}	自然伽马 J_γ	散射伽马 $J_{\gamma\gamma}$	中子-中子 J_{nn}	声波时差 Δt	井径 d
黏土	低	0（基值）	0（基值）	高	较高	较低	较高	$> d_0^*$
泥岩	低	0（基值）	0（基值）	高	较高	较低	较高	$> d_0$
页岩	较低	0	0	高	中	中	较高	$\geqslant d_0$
砂层	中	高（−）	中	中、低	中	中、低	中	$\leqslant d_0$
砂岩	中、高	中（−）	较高	低	低	中、高	中、低	$\leqslant d_0$

表 23 - 7（续）

参数\岩性	视电阻率 ρ_s	自然电位 ΔU_{SP}	人工电位 ΔU_{IP}	自然伽马 J_γ	散射伽马 $J_{\gamma\gamma}$	中子-中子 J_{nn}	声波时差 Δt	井径 d
砾岩	高	中、低	高	低	低	高	低	$\approx d_0$
石灰岩	很高	0 （裂隙带为负）	高	低	低	高 （裂隙带为低）	低	$\approx d_0$
化学沉积岩	很高	0	—	低 （钾盐很高）	中	中、高	中低	$> d_0$
岩浆岩	很高 （硫化带较低）	0 （硫化带为正）	高	高、中、低	很低	高	低	$\approx d_0$
褐煤	较低、中	低（-）	中、高	较低	很高	低	很高	$> d_0$
烟煤	高	中、高（+、-）	高	低	高	低、中	高	$> d_0$
无烟煤	很低 变质低的为中	高（+） 变质低的为中高	高	低	高	低、中	较高	$\geq d_0$
天然焦	很低	很高（+）	高	低	高	低、较低	较高	$\geq d_0$
铝土岩	中、高	低（-）	较低	很高	低	中、较高	中、较低	$\leq d_0$

注：d_0^* 为钻头直径。

23.4.2 煤层定性定厚

23.4.2.1 煤层定性

判断煤层及夹矸，至少要有两种经验证能有效地区别煤层与围岩的不同物性参数。如果有效曲线只有一条，必须经井壁取芯验证。

1. 高阻煤层

高阻煤层特点是电阻率值高，密度小，声速小，当灰分含量不高时，放射性元素含量很低，因而在视电阻率电位、声速、伽马-伽马和自然伽马曲线上，有突出的异常显示，（图 23-17）。

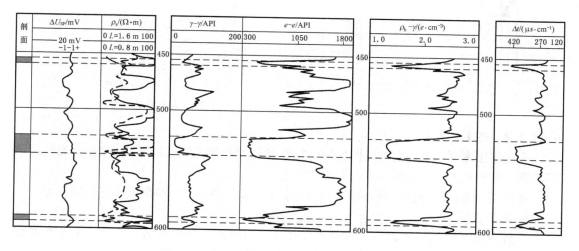

图 23-17 烟煤在各种测井曲线上的反映示意图

2. 低阻煤层

（1）天然焦或低阻无烟煤的特点是电阻率曲线近似于一条接近零线的直线，密度较小，在电极电位或自然电位曲线上，呈现明显正异常（图 23 – 18）。

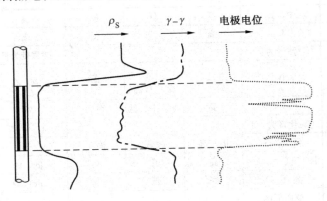

图 23 – 18　天然焦或低阻无烟煤的测井曲线特征

（2）如煤层灰分含量低、顶底板围岩层的自然放射性强度较高，可用伽马 – 伽马和自然伽马两种曲线来定性。前者呈现高异常，后者为低异常（图 23 – 19）。

（3）部分低阻煤（部分无烟煤、褐煤），单用曲线定性可能存在多解性，必要时需爆破取芯验证（图 23 – 20）。

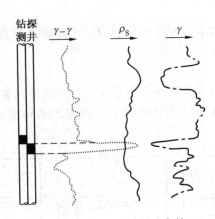

图 23 – 19　低阻煤层的定性

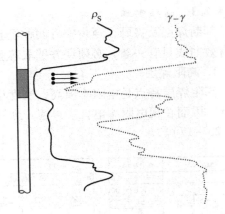

图 23 – 20　煤层测井曲线定性多解时爆破示意图

23.4.2.2　煤层定厚

确定煤层厚度，要有两种或两种以上物性参数的精测曲线（1/50），按各自的分层解释原则，解释相差不超过测井规范要求的规定。

各种测井方法的分层解释原则（分层点）见表 23 – 8。下面举例说明煤层的定厚。

1. 高阻煤层

一般用视（聚焦）电阻率、伽马—伽马长、短源距，自然伽马和声速，中子参数曲线，也可选择其中的两种或两种以上参数曲线来定厚（图 23 – 21）。

表23-8　各种测井曲线的形状与分层解释原则

序号	装置名称	装置类型	理论曲线形状	实测曲线形状	煤层界面与厚度的确定
1	视电阻率电位电极系	A(M)／×O／M(A)　A—供电电极　M—测量电极　O—记录点　$L = AM$ - 电极距	$h > 5L$	$L/2$　a　l　b　l'　$L/2$	界面在拐点（转折点、分离点）a、b 间外推 $L/2$ 处。a、b 点相当于照相记录上由粗变细、由黑变浅的点，即与曲线最大重合的直线 l、l' 在根部的分离点 $h = H_b - H_a + L$
			$5L > h > L$	$A/3$　a　A　b	界面 a、b 位于曲线最大异常幅度 A 的 $1/3 \sim 2/5$ 处（从根部算起） $h = H_b - H_a = (1/3 \sim 2/5)A$
2	视电阻率双电位电极系	M／A／N　A—供电电极　M、N—测量电极　$L = MN$ - 电极距	AM　a　b　AN　$h > L$	$L/2$　a　b　$L/2$	界面位于两个相反的极值 a、b 向外推 $L/2$ 处 $h = H_b - H_a + L$
3	视电阻率顶部梯度电极系	N(B)／×O／M(A)／A　A(B)—供电电极　M、N—测量电极　O—记录点　$L = AO$ - 电极距	$h > 3L$	$MN/2$　f　$MN/2$　b	顶界面在极大点 a 上推 $MN/2$ 处；底界面在拐点 f 下推一个 L 处（或在极小点 b 上推 $MN/2$ 处） $h = H_b - H_a = L + H_f - H_a + MN/2$
			$h < L$	c　a　b　$2/3A$　A	顶界面在小突起点 c 下推一个 L 处；常以曲线最大异常幅度 A 的 $2/3 \sim 4/5$ 处作为分层点 $h = H_b - H_c + L = (2/3 \sim 4/5)A$
4	视电阻率底部梯度电极系	A(M)／M(A)／×O／N(B)　A(B)—供电电极　M、N—测量电极　O—记录点　$L = AO$ - 电极距	$h > 3L$	$MN/2$　a　f　b　$MN/2$	底界面在极大点 a 下推 $MN/2$ 处；顶界面在拐点 f 上推一个 L 处（或在极小点 b 下推 $MN/2$ 处） $h = H_b - H_a = L + H_b - H_f + MN/2$
			$h < L$	A　$2/3A$　a　L　b　c	底界面在小突起点 c 上推一个 L 处；常以曲线最大异常幅度 A 的 $2/3 \sim 4/5$ 处（从根部算起）作为分层点 $h = H_c - H_a - L = (2/3 \sim 4/5)A$

表23-8（续）

序号	装置名称	装置类型	理论曲线形状	实测曲线形状	煤层界面与厚度的确定
5	视电阻率双梯度电极系	• A　• M　• N　• B			界面位于两个相反的极值 a、b 点向外推 1/2 处 $h = H_b - H_a + l$
6	电流法（接地电阻法）	• A			界面点 a、b 位于曲线最大异常幅度 A 的 1/2 处（从根部算起） $h = H_b - H_a = A/2$
7	电流梯度法（接地电阻梯度法）	• A_1　• A_2			界面位于两个相反的极值 a、b 点向外推 1/2 处 $h = H_b - H_a + l$
8	屏蔽接地电阻法（三侧向）	A p_1　M　N　A p_2			界面位于曲线陡直处或最大异常幅度 A 的 1/2 处（从根部算起） $h = H_b - H_a = A/2$
9	感应测井	Ro　To			界面位于曲线最大异常幅度 A 的 1/2 处（即半幅点） $h = H_b - H_a = A/2$
10	侧向电流法	A　M　N　A_{P1}　A_0　A_{P2}　r			界面位于曲线异常的半幅点 a、b 或两极值点 c、d 内推 1/2 处 $h = H_b - H_a = H_d - H_c - l_0 = A/2$ 界面位于曲线最大异常幅度 A 的 1/3 处 $h = H_b - H_a = A/3$

表23-8（续）

序号	装置名称	装置类型	理论曲线形状	实测曲线形状	煤层界面与厚度的确定
11	侧向梯度法				界面位于两个相反的极值点 a、b 向外推 1/3 处 $h = H_b - H_a + l$
12	自然电位法	• M			界面位于曲线最大异常幅度 A 的 1/2 处（即半幅点 a、b 处） $h = H_b - H_a = 1/2A$
13	自然电位梯度法	• M • N			界面位于两个相反的极值 a、b 向外推 1/2 处 $h = H_b - H_a + l$
14	电极电位法	N_1 M N_2			界面位于曲线突变的起点 a（出点）与终点 b（入点）处；或取于曲线的平直部分 $h = H_a - H_b$
15	激发极化法	• A • M	$h > 4d$		界面位于半幅点 a、b，即曲线最大异常幅度 A 的 1/2 处；薄层界面点向峰部移动，可达 $4A/5$ 处 $h = H_b - H_a = A/2$
16	自然伽马法	J	$h > 3d$		界面位于半幅点 a、b，即曲线最大异常幅度 A 的 1/2 处；薄层界面点向峰部移动，可达 $4A/5$ 处 $h = H_b - H_a = A/2$

表 23 - 8（续）

序号	装置名称	装置类型	理论曲线形状	实测曲线形状	煤层界面与厚度的确定
17	中子—伽马法	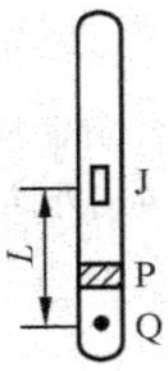	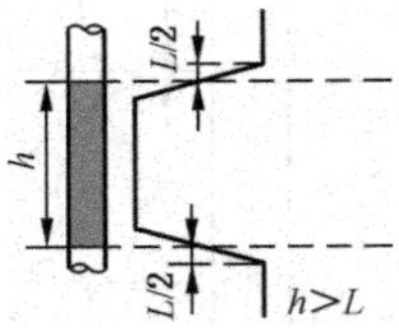	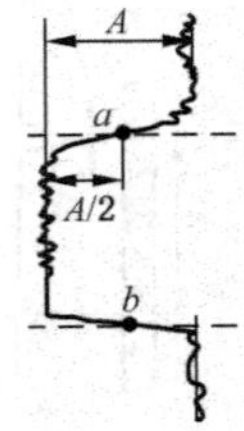	界面在曲线最大异常幅度 A 的 $1/2$ 处（$h>L$ 时）；薄层向峰部移动 $h = H_b - H_a = A/2$
18	伽马—伽马法	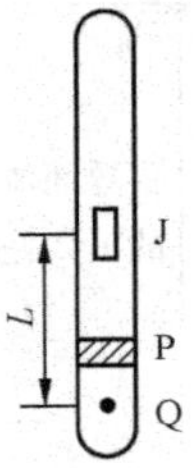	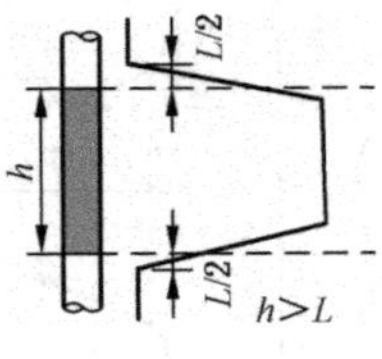	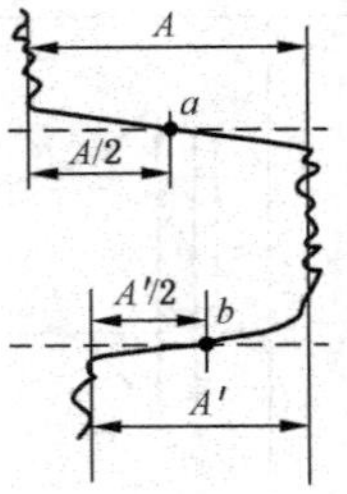	界面位于曲线最大异常幅度 A 的 $1/2$ 处（$h>L$ 时）；薄层向峰部移动，在 $3/5 \sim 4/5$ 最大幅度处 $h = H_b - H_a = A/2$
19	声波时差法	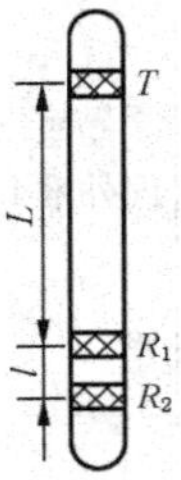	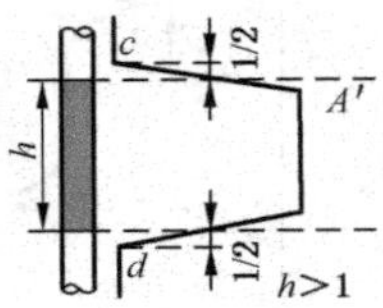	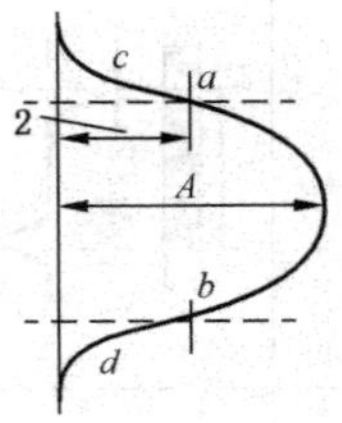	界面位于曲线最大异常幅度 A 的 $1/2$ 处；或在特征点 c、d 内推 $1/2$ 处 $h = H_b - H_a = H_d - H_e - l = A/2$
20	声波幅度法	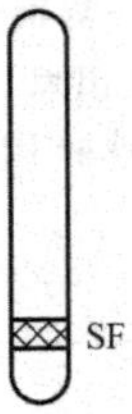	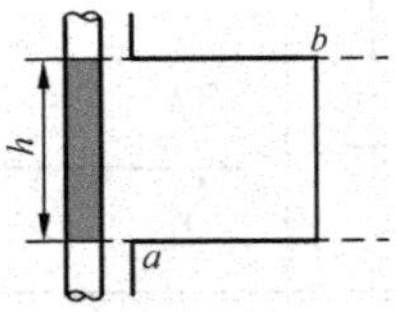	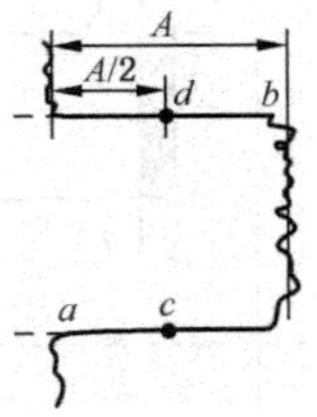	界面位于曲线突变的起点 a（出点）与终点 b（入点）处；或取于曲线的平直部分 $h = H_a - H_b = A/2$

2. 顶板为高阻岩层的煤层

煤层顶板为高阻石灰岩或高阻砂岩时，视电阻率曲线对煤、岩层的界面反映不清；这时，用声速、中子法或侧向及屏障四极梯度法，配合视电阻率法和伽马—伽马曲线，可综合确定煤层厚度（图 23 - 22）。

3. 顶板（或底板）为炭质泥岩的煤层

煤层顶板（或底板）为炭质泥岩（或松散泥岩）时，伽马—伽马曲线对界面反映不清。这时，用侧向及屏障四级梯度、声速、中子曲线，配合视电阻率和伽马—伽马曲线，可综合确定煤层厚度（图 23 - 23）。

4. 结构复杂的煤层

当煤层中含有薄夹石时，视电阻率和伽马—伽马曲线虽有反映，但不好确定厚度，须用分层精度高的曲线如侧向、侧向梯度等划分薄夹石（图 23 - 24）。

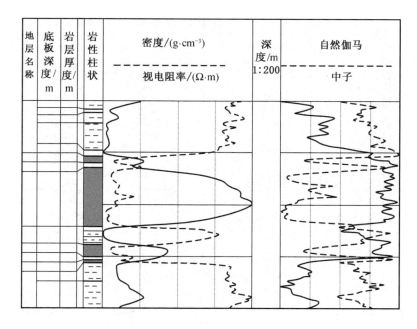

图 23-21 各种测井曲线对煤层定厚

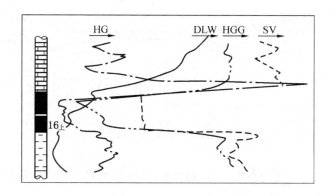

图 23-22 顶板为高阻石灰岩的煤层各种曲线

5. 低阻煤层

对于低阻煤层，某些煤层的分层解释精度较高阻煤层要差一些。利用聚焦电阻率、伽马—伽马长、短源距，自然伽马，自然电位，声速，中子参数曲线能可靠地定性、定厚。例如图 23-25 实例中根据视电阻率、伽马—伽马、自然伽马和自然电位曲线定厚，图 23-26 实例中用视电阻率、伽马—伽马、人工电位曲线定厚。

23.4.3 岩层解释与划分地层时代界面

1. 划分岩性

矿井地层常见岩石及煤层在各种测井曲线上的一般反映特征如图 23-27 所示。在一个矿井或一个矿区也可采用统计数据，表 23-9 是巨野煤田不同岩性的参数曲线变化规律。

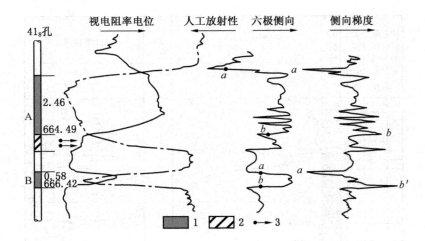

1—煤层；2—炭质泥岩；3—爆破取芯点

图 23-23　底板为炭质泥岩的煤层定厚

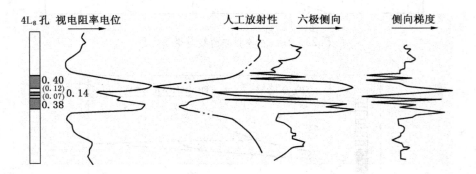

图 23-24　复杂结构的煤层定厚

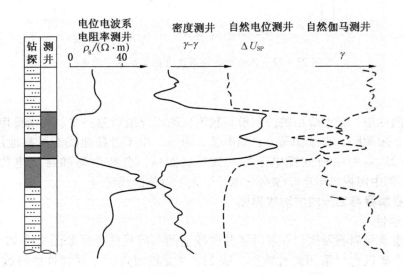

图 23-25　低阻无烟煤测井曲线定厚

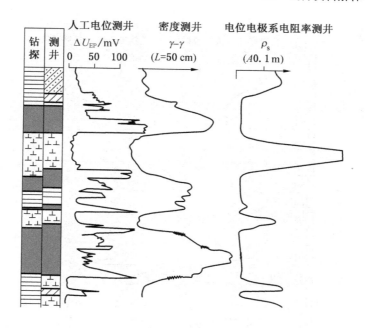

图 23-26 岩浆岩侵入煤层测井曲线定厚

表 23-9 巨野煤田不同岩性的参数曲线变化规律

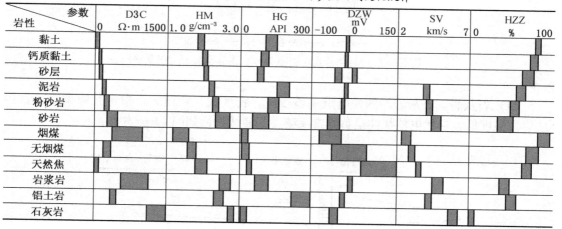

一般用视电阻率、自然伽马、伽马—伽马等测井曲线划分岩性。解释含水层时需增加自然电位、中子孔隙率、声速参数曲线。

（1）砂岩。砂岩的电阻率值较高，一般随粒度增大而变高；密度较大，一般随粒度增大而变大；声速较大，一般随粒度增大而变大；自然放射性元素含量较低，一般随粒度增大而变少。

（2）泥岩。泥岩的电阻率值低，密度小，声速小，自然放射性元素含量较高。

（3）粉砂岩。粉砂岩层物性介于砂岩与泥岩之间，电阻率值较低，密度较小，声速较小，自然放射性元素含量中等。

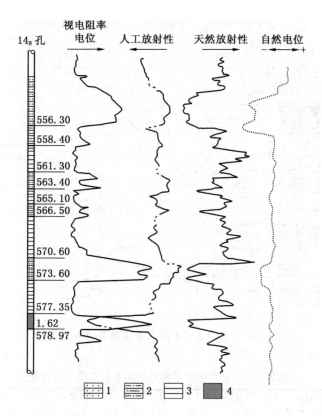

1—砂岩；2—粉砂岩；3—泥岩；4—煤层

图 23 - 27 测井曲线在剖面为砂、泥岩类岩石时的反映

（4）石灰岩。石灰岩层的视电阻率值很高，密度大，声速大，中子孔隙率小，自然放射性强度低，自然电位往往呈负异常反映，其曲线特征如图 23 - 28 所示。

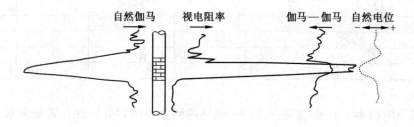

图 23 - 28 石灰岩在测井曲线上的反映

（5）岩浆岩。基性岩浆岩的物性反映一般与石灰岩相似，即电阻率值高，密度大，声速大，自然放射性强度低。曲线反映如图 23 - 29 所示。某些地区的酸性或中酸性岩浆岩的自然放射性强度较高，曲线反映如图 23 - 30 所示。

（6）铝土岩。铝土岩层的视电阻率值中等，密度较大，声速较大，中子孔隙率较小，自然放射性强度很高，自然电位异常较小，其曲线特征如图 23 - 31 所示。

（7）砂层。砂层的电阻率较高，密度较大，自然放射性元素含量低，声速较大，中子孔隙率指数较小，在自然电位曲线上一般为明显的负或正异常。

（8）黏土。黏土的电阻率值低，密度较小，自然放射性元素含量高，声速较小，中子孔隙率指数较大，在自然电位曲线基本上没有反映，近似一条直线。

（9）黏土质砂。黏土质砂的物性反映接近于砂层，但异常幅值受泥质的影响有所变化。

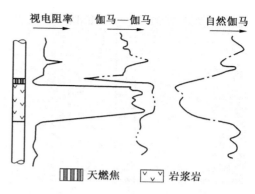

图 23 – 29　基性岩浆岩在测井曲线上的反映

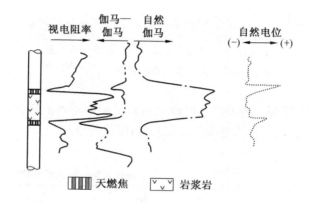

图 23 – 30　酸性岩浆岩在测井曲线上的反映

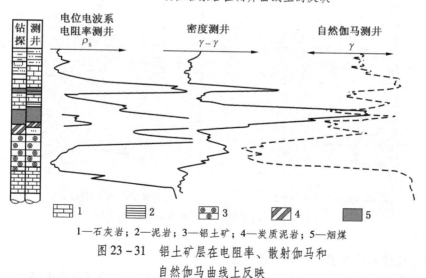

1—石灰岩；2—泥岩；3—铝土矿；4—炭质泥岩；5—烟煤

图 23 – 31　铝土矿层在电阻率、散射伽马和
自然伽马曲线上反映

（10）砂质黏土。砂质黏土的物性则接近于黏土，但异常幅值受砂质的影响也会有所变化。它们在曲线上的反映如图 23 – 32 所示。

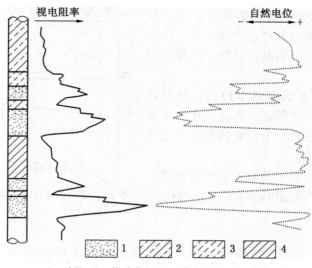

1—砂层；2—粉质黏土；3—黏土质砂；4—黏土

图 23 - 32 新生界地层在测井曲线上的反映

（11）砾石层、砂砾层。砾石层、砂砾层较砂层的电阻率值增高，密度较大，自然放射性元素含量低，声速大，自然电位异常较大（图 23 - 33）。

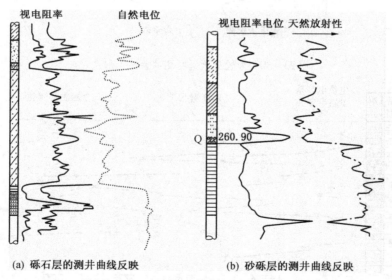

(a) 砾石层的测井曲线反映 　　　　　(b) 砂砾层的测井曲线反映

图 23 - 33 砾石层、砂砾层的测井曲线反映

2. 划分地层时代界面及钻孔地质剖面

通过测井曲线解释，能够划分地层时代界面。新老地层由于沉积时期、沉积环境不同，其结构、构造、孔隙率和含水性等不同，各种参数曲线有不同的组合特征。一般在界面处测井曲线呈现明显台阶异常反映（图 23 - 34）。

测井曲线解释时需要注意，由于沉积岩的沉积时期、沉积环境和埋藏深度不同，同岩

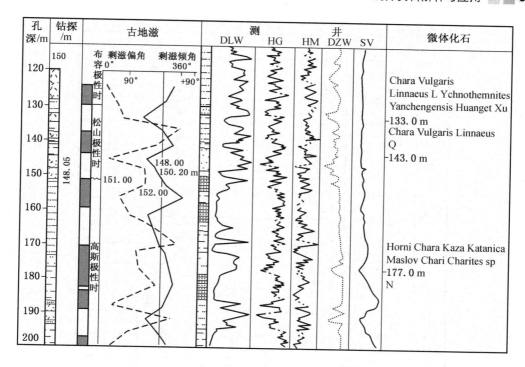

图 23-34   综合确定第四系、新近系界线对照示意图

性的地层各测井参数反映也不完全相同。因此，在岩性解释时要考虑不同时代沉积环境。图 23-35 所示为测井地质剖面图实例。

3. 划分标志层

岩性组合明显、横向变化不大、测井曲线容易辨识的层段，可选作测井物性标志层。物性标志层的特点是：第一，在测井曲线上异常突出，特征显著，易于识别；第二，在矿区内分布较广，岩性、物性、层位和曲线特征都较稳定。常作为物性标志层的岩层主要有石灰岩、砂岩、铝土岩或一段具有较明显特征的岩性岩层组合。当煤层厚度稳定、结构及曲线特征明显时，煤层本身也是良好标志层。表 23-10 是巨野矿区 C-P 地层测井标志层（段）一览表。

4. 划分水文含水层

钻孔中一般遇到的含水层是孔隙性和裂隙性含水层。根据岩性分为新生界砂层、砾石层含水层，砂岩、砂砾岩含水层，石灰岩含水层，有时还有岩浆岩含水层、断层含水层等。

（1）砂层、砾石层含水层：具有电阻率曲线值高、密度曲线值高、自然伽马曲线值低、声速曲线值大的反映，中子孔隙率曲线值明显低于黏土层（黏土层孔隙率大，但含的是束缚水），自然电位明显负异常。随泥质含量增加，导水性变差，电阻率、密度、声速、自然电位值降低，自然伽马曲线升高。根据各种参数曲线反映幅值的大小，还可以判断富水性的强弱，一般在含水层位置，电阻率、自然电位曲线幅值越高，自然伽马值越低，富水性越强；反之，富水性弱。

（2）砂岩、砂砾岩含水层：与砂层、砾石层含水层相似，电阻率、密度、声速、自然电位值高，有时比砂层、砾石层含水层还要高；中子孔隙率曲线值明显低于泥岩，自然

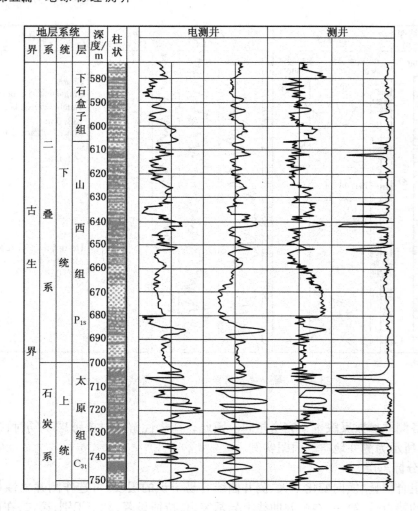

图 23 - 35 测井岩性地质剖面图

表 23 - 10 巨野矿区 C - P 地层测井标志层

标志层 名称	类别	主 要 物 性 特 征	形态特征
A层 铝土岩	主要	视电阻率呈中阻反映,自然伽马有高异常(达280API),其下与中阻、低自然伽马、小孔隙率砂岩接触	D3C　HG
P₂底界砂岩及B层铝土岩	主要	中阻、低自然伽马反映的砂岩顶部或下部有高自然伽马异常的铝土岩,是划分P₂/P₁界面的标志	P₂ P₁
3(3上)煤层	主要	视电阻率与中子曲线均有极高异常,视密度、声速曲线均有极小异常,且自身物性组合特征突出,是本区最主要的可采煤层,并能用以确定其赋存地层为P₁	3
P₂底界砂岩	辅助	由上而下视电阻率呈阶梯状下降,自然伽马强强度逐渐增大,底部与低阻、较高自然伽马异常的C₃顶部泥岩接触,用以控制3煤层位	P₁ C₃

表 23 – 10（续）

标志层名称	类别	主 要 物 性 特 征	形态特征
三灰	主要	视电阻率曲线有极高值，曲线单一。底部偶有7煤，密度曲线呈锥形异常。用以控制C₃上段地层和确定6煤层位	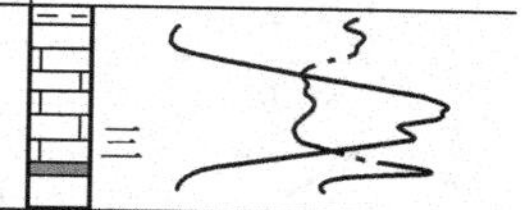 三
五灰	辅助	视电阻率多呈中高阻，底部偶有9煤，密度曲线呈低异常，用于控制8、10煤组层位	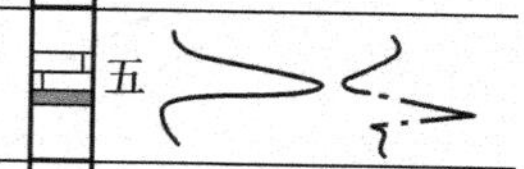 五
八灰段	主要	以八灰为中心，上有12煤层组、七灰，下有14煤层、九灰、15煤层，在视电阻率曲线上以八灰幅值最高。上、下以八灰为中心对称分布，煤层在视密度、声速曲线上均有极低异常，三层灰岩在声速曲线上呈"山"字形异常，八灰与14煤层交界处的自然伽马高异常为重要物性标志	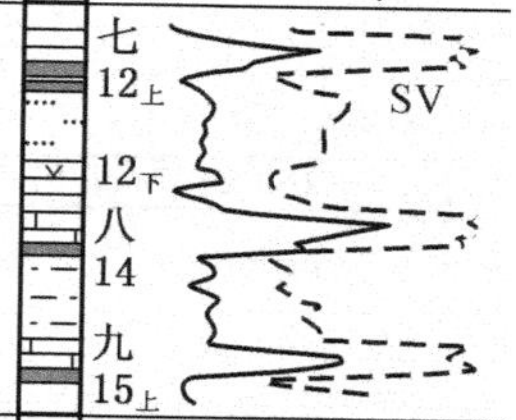 七 12上 SV 12下 八 14 九 15上
十灰	主要	由十上灰、十下灰与16煤组成，视电阻率、声速异常高而宽，且稳定，顶部有一小尖峰；视密度曲线显示煤层异常。16煤是本区主要可采煤层之一，十灰是直接顶板，用以控制C₂下段地层	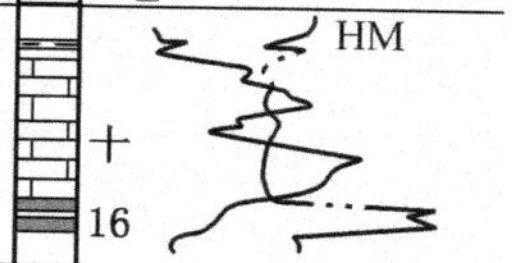 HM 十 16
18煤层段	辅助	18上、18中、18下煤层均为中、高阻、低密度、低声速异常反映。18上煤层处在自然伽马曲线反"Z"字形的低谷部；18中煤层位于其上、下分别为低、高自然伽马台阶交界处；18下在高自然伽马异常下部。用于确定17煤层位和控制C₃和/C₂界面	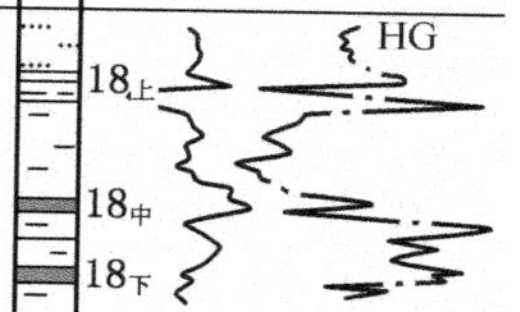 18上 HG 18中 18下
十二灰	辅助	视电阻率异常一般呈较窄的中阻，但自然伽马曲线呈低幅值，视密度值大，其上部地层呈高自然伽马异常，下部地层自然伽马较低，用以划分C₃/C₂界面	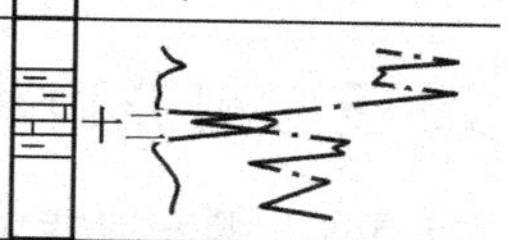 十二
十三灰	主要	视电阻率呈中高阻，形态单一，自然伽马呈低值，其底部岩层自然伽马为高幅值。是确定C₂地层的重要层位	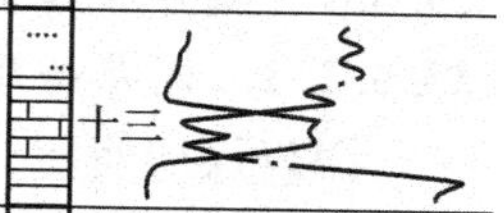 十三
G层铝土岩	辅助	G层铝土岩为中阻、高自然伽马异常(大于350API)反映，是C₂底界的标志	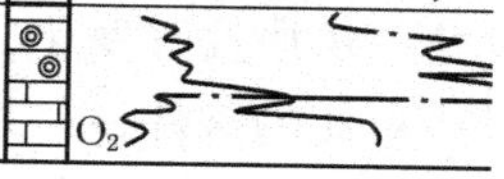 O₂

电位明显负异常。一般在含水层位置，电阻率、自然电位曲线幅值越高，自然伽马值越低，富水性越强；反之，富水性弱。

（3）石灰岩含水层：裂隙发育的石灰岩相比致密石灰岩，密度变小，并且裂隙中常常充填泥质的东西，造成电阻率降低，自然放射性含量增加，声速降低，孔隙率变大，中子孔隙率曲线有明显的高异常反映（图 23 – 36）。另外，由于地下水的作用，形成侵蚀裂隙（溶洞），往往伴随井径扩大。各种参数曲线综合解释，能准确地确定含水层位置特别是漏水点位置。根据各种参数曲线反映幅值的大小，还可以判断富水性的强弱，一般在含水层位置，电阻率、自然伽马、声速、密度曲线幅值越低，中子孔隙率曲线异常越高，富水性越强；反之，富水性弱。

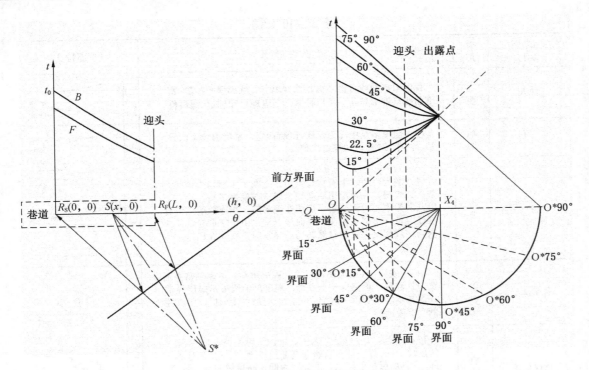

图 23-36 奥陶系地层含水层测井曲线

23.5 测井曲线综合对比及应用

23.5.1 测井曲线综合对比

23.5.1.1 测井曲线对比的方法

跟岩煤层对比，用于查明煤层层序、厚度及其变化，了解煤系和煤层的原生及后生变化，煤质及其变化，进行煤层评价，判断构造，计算储量，指导矿井开发生产等。测井曲线对比的条件，一是采用的测井参数方法对于煤岩层有良好的测井响应，二是曲线形态特征的相似性，三是测井物性标志层（段）能够连续追踪。测井对比方法主要有以下几种：

（1）物性标志层法。测井物性标志层按其稳定程度可分为区域性标志层、全区性标志层及局部性标志层 3 类。标志层法是测井中常用的对比方法。

（2）岩相—旋回特征对比法。在利用测井曲线对含煤岩系详细研究的基础上，绘制岩相—旋回地质剖面，找出若干个控制性旋回，进而划分小旋回，逐步分析对比。此种方法多用于海陆交替相含煤岩系。

（3）测井曲线层组法。不同沉积时期沉积环境、埋藏深度、结构构造、孔隙率和含水性不同，表现在各种曲线上不同地质时代地层或不同层段有不同的曲线组合特征，曲线组合类型有较明显的差异和规律。相同层位或层段，在一定范围内，一般具有相似的物质来源、搬运介质、沉积环境和成岩条件，物性和化学特征也大致相同，因而具有相同或相似的岩性组合，在测井曲线上反映出相同或相似的形态特征或形态组合特征（图 23-37）。这种方法多用于地层层组或煤组对比。

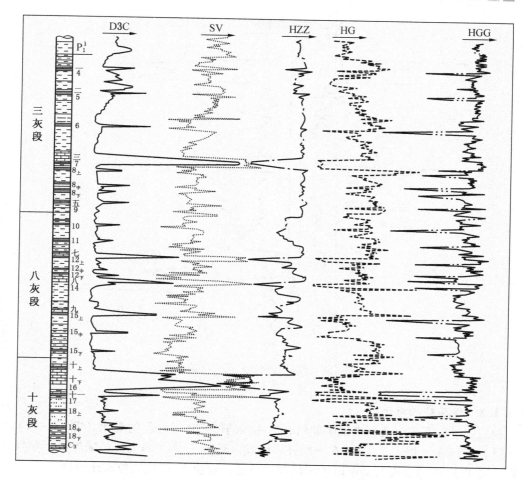

图 23 – 37 济宁矿区太原组地层测井曲线物性特征

岩煤层对比常用的有电阻率、自然电位、中子、声速、密度和自然伽马测井曲线等，有时也参考井径、产状资料，煤层处往往伴随井径的扩大。

23.5.1.2 确定煤层层位

1. 通过对比物性标志层确定煤层（组）层位

例如在淮北某勘探区的 7 ~ 8 号煤组下约 20 m 处，有层铝质泥岩，发育稳定，分布广泛，其突出的物性特征是天然放射性元素含量较高，在自然伽马测井曲线上呈明显高异常反映，这就使该泥岩成为识别 7 ~ 8 号煤组的重要性标志（图 23 – 38）。图 23 – 39 所示为贵州省某矿区煤层对比图，12 煤层顶部有一高自然伽马异常反映，距 13 煤层下 5 m 左右有一高阻低密度低自然伽马曲线异常反映的石灰岩作为标志层。

2. 通过曲线形态特征对比确定煤层（组）层位

例如淮北某勘探区 5 号煤组，发育稳定，一般由 3 个煤分层组成。5_1 厚度较大，电阻率值较高，顶部含有 1 ~ 2 层薄夹石；5_2 厚度一般较 5_1 薄，电阻率值略低，但密度较 5_1 小，且结构单一；5_3 为 1 ~ 2 层薄煤线。5 号煤组的组合特征和曲线形态，有别于该区其他煤组，构成本身独特的物性标志（图 23 – 40）。

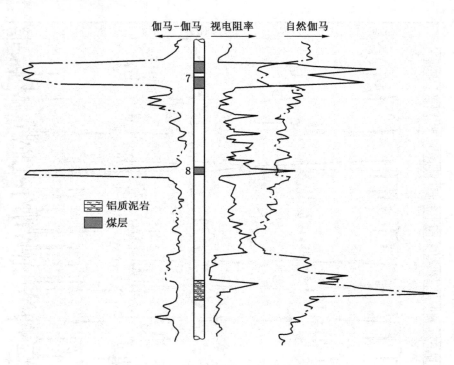

图 23-38　利用物性标志层进行煤层对比

23.5.1.3　煤层结构对比

我们通过以下 3 个实例来说明如何利用曲线的形态作煤分层的对比（图 23-41）。

（1）某区 3 号煤组，由 2~6 个煤分层组成，其中 3_2 煤层为主要可采煤层，参与储量计算。利用 3_2 煤层顶板为高电阻砂岩的物性特征，解决 3_2 煤层层位对比问题。

（2）图 23-42 中，6_3 孔 5 号煤组发育完整，由 3 个煤分层组成；7_3 孔 5 号煤只有两个煤分层。通过曲线形态对比，可以看出，7_3 孔中第一个煤分层与 6_3 孔中第二个煤分层曲线形态一致，因而确定该层为 5_2，5_1 煤层在孔 7_3 沉积缺失。

（3）图 23-43 中，12_5 孔 5 号煤组发育完整，邻孔 42_{13}，可采煤层多出一层。通过曲线形态对比（参看 1/50 侧向曲线），可以看出，42_{13} 孔中第一、第二两层煤，形态相似，且与 12_5 孔中第一层煤（5_1）形态也相似，它们都具有该区 5_1 煤层曲线形态特征。42_{13} 孔中的第三层煤，与 12_5 孔中的第二层煤形态相似，又都具有本区 5_2 曲线形态特征。因而确定，42_{13} 孔中，5_1 煤层重复出现，有一小逆断层穿过。

23.5.1.4　煤层变化规律对比

煤层的变化包括加厚、变薄、分叉、合并、尖灭、缺失等。

（1）图 23-44 所示为淮北某勘探区 7~8 号煤组结构对比图。在左边 43_8 孔中，7_2 和 7_3 是两个独立的煤分层，从 44_{10} 孔，7 号煤组变为一层。从曲线形态可以看出，7_2 煤层的电阻率值较 7_3 低，且从煤层顶部到底部，电阻率值逐渐增高，7_3 煤层的电阻率值较 7_2 高，但电阻率值变化趋势与 7_2 相反。这种物性特征，一直到合并为一层时仍基本保持。因而确定，从 43_8 到 44_{10} 孔 7_2 和 7_3 两煤层逐渐靠拢，直至合并为一层，属于分叉合并关系，不是某一煤层的尖灭或加厚。图 23-45 所示为山东巨野煤田煤层分叉合并的例子。

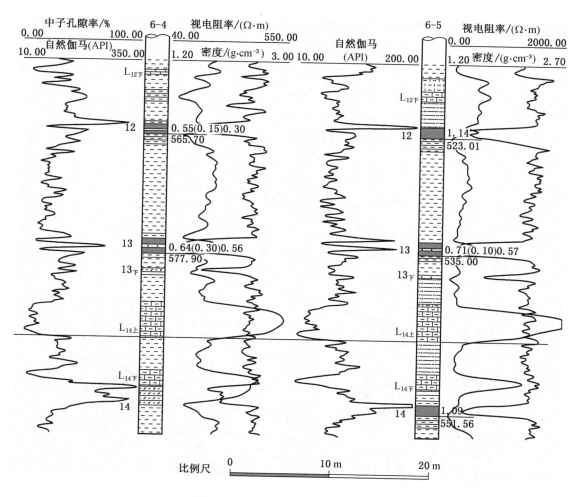

图 23 - 39 12、13 煤层测井曲线对比

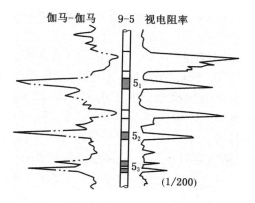

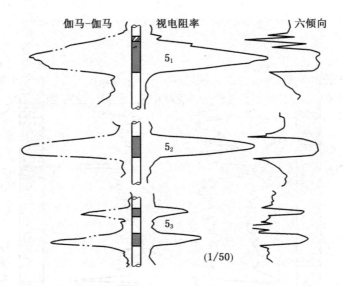

图 23-40 利用曲线形态特征对比煤层

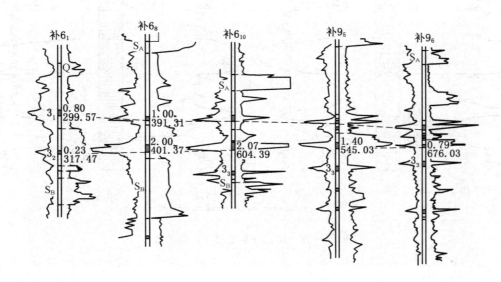

图 23-41 利用曲线形态特征对比煤层层位

（2）图 23-46 所示为安徽省某勘探区 7_2 煤层和 8 煤层测井曲线对比图。8 煤层的直接顶板砂岩 A 和 7_2 煤层下的砂岩 B，是对比的物性标志。可以看出，7_2 和 8 煤，是两个独立的煤分层。经邻孔和全区对比确定，由于 8_{10} 孔、8_{11} 孔砂岩 B 属于从下至上河道沉积，向上粒度变细，泥质增多，7_2 煤在 8_{10} 孔沉积变薄、7_2 煤在 8_{10} 孔沉积尖灭缺失。图 23-47 所示为贵州省毕节地区利用曲线特征对比煤层冲刷变化的实例。

（3）图 23-48 所示为淮北某勘探区 3 号煤组沿走向曲线对比图。从该图可以看出，煤层厚度和结构虽有变化，但主要煤分层是稳定的。在井田中部，沉积间距缩短，煤层结构变得简单；在井田两侧，沉积间距加大，煤层结构也较复杂。

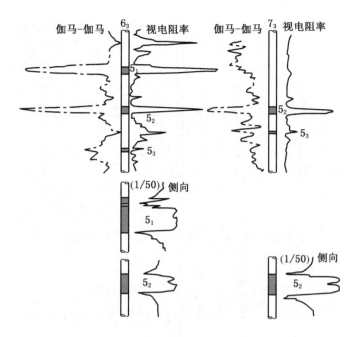

图 23 – 42　利用曲线形态特征对比煤分层（沉积缺失）

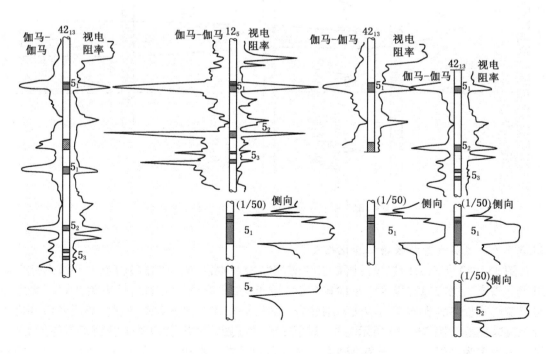

图 23 – 43　利用曲线形态特征对比煤层（沉积重复）

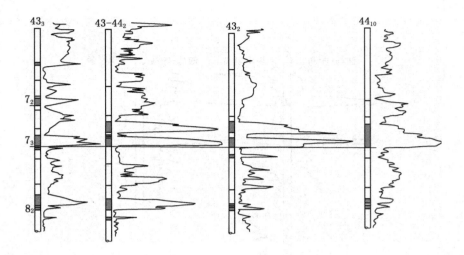

图 23 - 44　利用曲线形态特征对比煤层分层

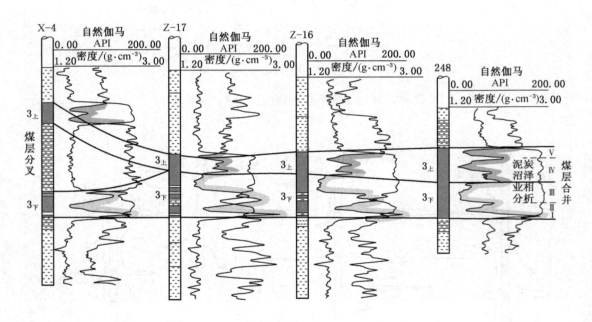

图 23 - 45　3（3上、3下）煤层分叉合并物性特征

23.5.1.5　煤层自身物性特征对比煤层

图 23 - 49 所示为山东省巨野矿区 3 煤层结构及物性图，该煤层由上、下两个分煤层组成，该煤层属较稳定煤层，结构较简单，含 0 ~ 2 层夹石，夹石岩性多为泥岩、炭质泥岩，煤层顶板多为泥岩、粉砂岩和细砂岩，煤层底板多为泥岩和粉砂岩。煤层各参数物性特征反映良好。图 23 - 50 所示为 3上 煤层物性特征图，该煤层为 3 煤层分叉后的上分层，煤层顶板多为泥岩、粉砂岩和细砂岩，底板多为泥岩、粉砂岩，特征与 3 煤层的上分层一致。图 23 - 51 所示为 3 煤层分叉后的下分层 3下 煤层物性特征图，该煤层顶板多为粉砂

岩、细砂岩，底板多为泥岩、粉砂岩。特征与 3 煤层下分层相似。从图中可以看出煤层厚度变化规律。

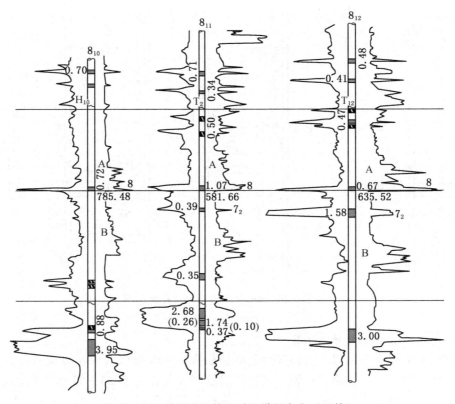

图 23－46　利用曲线特征对比煤层变化（沉缺）

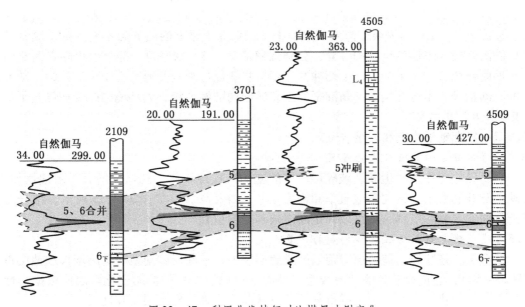

图 23－47　利用曲线特征对比煤层冲刷变化

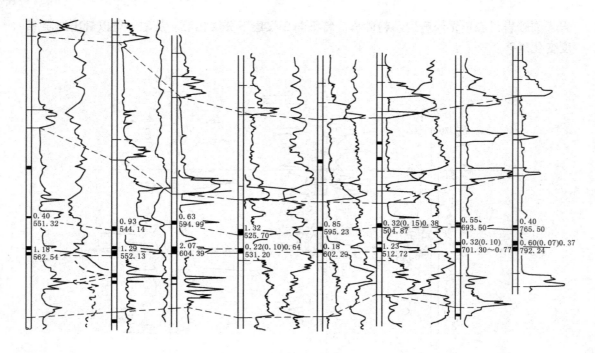

图 23-48   3号煤组沿走向曲线对比图

23.5.1.6   沉积环境分析对比煤层

通过测井曲线对含煤岩系沉积环境的分析研究，对煤层的成因及分叉、合并、沉缺、冲刷等变化规程可进一步提高认识，促进煤岩层对比工作。图 23-52 所示为山东省鲁西南地区下二叠纪地层物性特征及沉积环境。从石炭纪中期到二叠纪末，地壳处于不断上升阶段。至晚石炭纪末期，由于地壳不断上升，海水逐渐变浅，沉积了太原组顶部的海相泥岩到 3 煤层底部的一套三角洲前缘亚相、三角洲平原亚相地层，在此基础上沉积了 3 煤层。在形成 3$_下$ 煤层的泥炭沼泽发展过程中，三角洲平原上的曲流河不断改道、废弃甚至决口泛滥，使 3 煤层发生结构分异，分别沉积了 3$_上$、3$_下$ 煤层组。部分地段随着曲流河进一步冲刷作用，产生了强大的下切冲蚀作用，将 3 煤层冲刷变薄甚至于全部冲蚀。随着地壳的不断抬升，本区开始由三角洲平原亚相转向内陆湖泊相，因环境的改变而停止了形成 3 煤层泥炭层的堆积。

23.5.2   研究地质构造和岩浆岩侵入

23.5.2.1   确定断层破碎带的位置

岩石受应力作用发生断裂破碎后，有的变为疏松碎块状，孔隙率增大，渗透性加强，反映在测井曲线上，往往是电阻率和密度变小，井径增大，如图 23-53 所示，结合对比邻近孔曲线及钻探资料，就可以确定断层破碎带的位置。

23.5.2.2   确定断层的性质和断点的位置

钻孔中，正断层会使地层间距缩短或地层缺失，逆断层则使地层间距增大或地层重复（图 23-54），它们反映到测井曲线上，使物性标志层发生相应的变化。因而根据物性标志层间距的变化，层位的缺失或重复，可以从曲线上确定出断层及其性质。

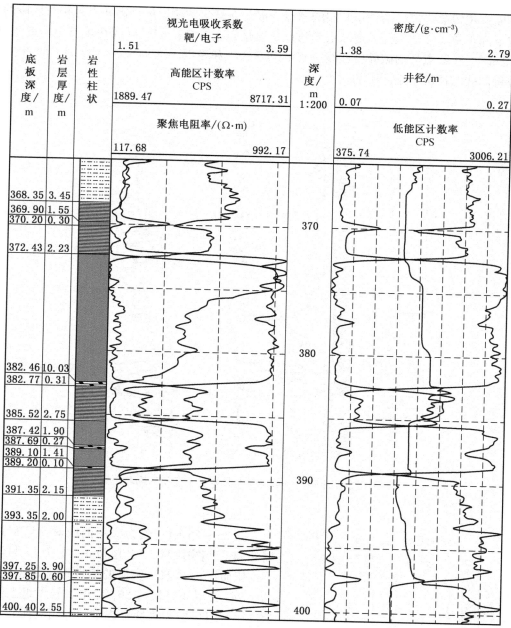

底板深度/m	岩层厚度/m	岩性柱状	视光电吸收系数 靶/电子 1.51 ～ 3.59 高能区计数率 CPS 1889.47 ～ 8717.31 聚焦电阻率/(Ω·m) 117.68 ～ 992.17	深度/m 1:200	密度/(g·cm⁻³) 1.38 ～ 2.79 井径/m 0.07 ～ 0.27 低能区计数率 CPS 375.74 ～ 3006.21
368.35	3.45				
369.90	1.55			370	
370.20	0.30				
372.43	2.23				
382.46	10.03			380	
382.77	0.31				
385.52	2.75				
387.42	1.90				
387.69	0.27				
389.10	1.41				
389.20	0.10			390	
391.35	2.15				
393.35	2.00				
397.25	3.90				
397.85	0.60				
400.40	2.55			400	

图 23-49　3 煤层结构物性特征图

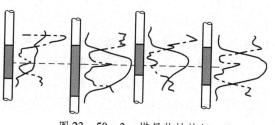

图 23-50　3上煤层物性特征

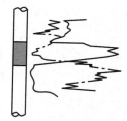

图 23-51　3下煤层物性特征

断点位置的确定方法：正断层的断点一般是在缺失的层段中，即在上部正常层段的底界或下部正常层段的顶界；逆断层的断点一般是在正常层段的底界或在重复层段的上部。与此同时，在断点处的破碎带曲线应有电阻率变小和密度增大的反映。图 23 – 55 中右侧为应用曲线对比解释正断层的例子。

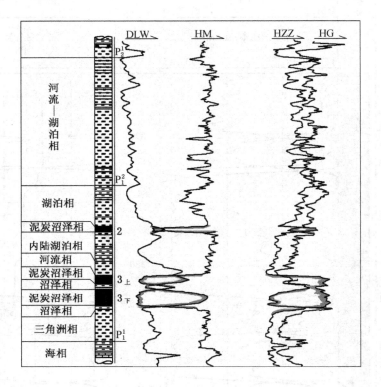

图 23 – 52　下二叠纪地层物性特征及沉积环境类

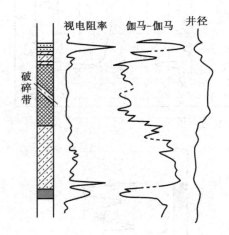

图 23 – 53　破碎带在测井曲线上的反映

图 23 – 55 中左侧为应用曲线对比解释逆断层的例子。图中 74_6 中孔层位正常，7～8 号煤组下的铝质泥岩是该区明显的物性标志层。将 56_5 孔与 74_6 孔对比，发现 56_5 孔在 7 号煤组上部又出现了一组煤层和物性标志层——铝质泥岩。根据物性标志层的重复出现，说明该孔有逆断层穿过，以致造成 7～8 号煤组和铝质泥岩的重复出现。

23.5.2.3　划分冲刷带范围，研究煤层缺失规律

如图 23 – 56 所示为江苏省某矿煤层被冲刷缺失的例子，2 煤层在部分钻孔中被厚层砂岩冲刷缺失，根据冲刷缺失在平面上的分布变化，可圈定冲刷带范围，进一步研究煤系地层和煤层的原生及后生变化规律。

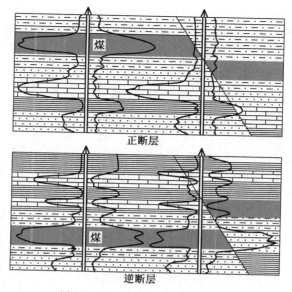

图 23-54 确定断层性质示意图

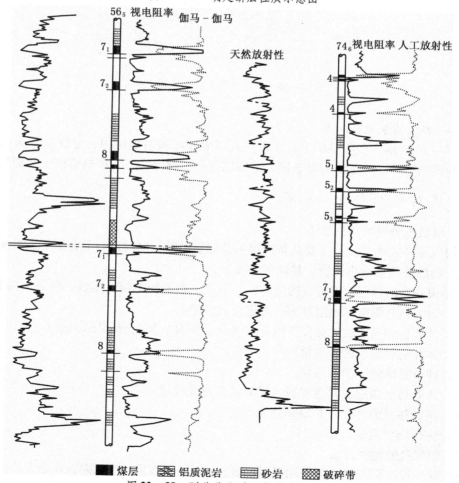

██ 煤层　▦ 铝质泥岩　▤ 砂岩　▧ 破碎带

图 23-55 测井曲线对比发现逆断层

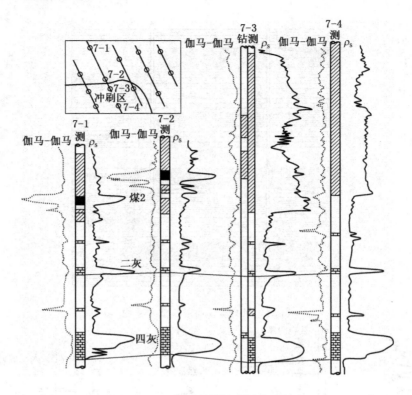

图 23 – 56　解释 2 煤层冲刷范围划分

23.5.2.4　圈定岩浆岩侵入区

图 23 – 57 所示为江苏某矿区岩浆岩侵入至太原组煤系地层中，对煤层及煤质造成不同程度的影响和破坏。圈定岩浆岩侵入范围以进一步研究岩浆岩影响煤层变化规律。

23.6　煤层气测井资料解释

23.6.1　煤层气测井的地质任务

煤层气测井的地质任务主要是解释煤层及储层参数，同时进行其他岩性的分析，并对煤层气井的固井质量做出评价。具体内容如下：

（1）识别目的煤层、夹矸，确定其深、厚度，在有构造煤的地区，划分出构造煤。

（2）划分钻井揭露的地层剖面，并进行岩性分析。

（3）计算目的煤层的工业分析指标（水分、灰分、挥发分和固定碳）。

（4）估算目的煤层的含气量。

（5）评价目的煤层的渗透性。

（6）计算目的煤层及其顶底板岩层的动态弹性模量。

（7）测量钻井的井径、井斜和井温。

（8）评价固井质量。

23.6.2　煤层气的测井方法

根据我国煤炭资源勘查程度和煤层气资源特征，将煤层气资源勘查划分为预查、普查、

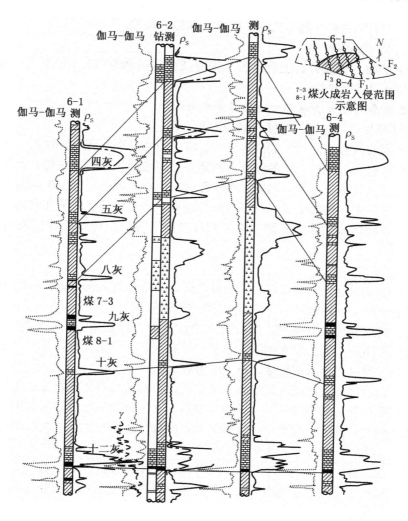

图 23-57　圈定岩浆岩侵入区

预探和勘探 4 个阶段。在不同阶段中施工的钻井，又有探井、参数井和排采井之分。按钻井施工过程进行的测井作业可分为阶段测井、终孔测井和固井质量检查测井。不同的测井作业应根据地质任务和地球物理条件，选择经济技术合理的煤层气测井方法。

23.6.2.1　测井方法

1. 阶段测井

通常在钻孔目的煤层底板以下 2 m 左右进行，主要是为试井提供基础数据，其中包括目的煤层的深度、厚度，以及测量段的井径。测井方法是视电阻率、自然伽马和双井径。

2. 终孔测井

在煤层气井裸眼完钻后进行，要完成煤层气测井的地质任务，测井方法是：

（1）基本方法：补偿密度、补偿中子、补偿声波、双侧向电阻率、自然伽马、自然电位、双井径、井斜、井温。

（2）辅助方法：为了解决一些特殊的地质问题，可有选择地加测一些项目，如微球形聚焦电阻率、岩性密度、超声成像、横波、核磁共振等。

3. 固井质量检查侧测井

下套管固井 48 h 后进行，主要目的是固井质量评价和校深。测井方法是声幅、自然伽马、磁定位和声波变密度。

23.6.2.2 各主要测井方法在解决地质任务中的作用

1. 确定煤层及夹矸的深、厚度、煤的工业分析

如前所述煤层具有低密度、低自然伽马、高中子孔隙率、高声波时差、高视电阻率等特征，所以可通过综合分析上述各种方法的测井曲线来确认煤层，并对其定深、定厚。夹矸相对煤层而言密度高、自然伽马高、中子孔隙率低、声波时差低、视电阻率低，因此能从煤层中予以区分出。煤的工业分析通常采用密度、自然伽马、中子孔隙率、声波时差等几种测井方法，根据体积模型和测井响应过程进行计算。也可用统计相关的解释方法求得。

2. 岩性分析

煤系地层中除煤层外，常见的岩性还有泥岩、砂岩和石灰岩。进行岩性识别常用的测井方法是视电阻率、自然伽马、中子孔隙率和声波时差。

泥岩由于其组分的颗粒极细，具有很大的比表面，比其他岩性能吸附更多放射性元素，所以自然伽马是高的。泥岩中的黏土矿物具有亲水性，因此有较多的束缚水，测得中子孔隙率较高，同时视电阻率较低、声波时差较大。

砂岩具有自然伽马低、视电阻率高、中子孔隙率较低和声波时差较小的物性特征。但依据造岩矿物颗粒由大到小和泥岩含量由少到多，又可细分为粗粒砂岩、中粒砂岩和细砂岩，各方法曲线上的反映也有变化，其趋势是自然伽马由小变大，视电阻率逐渐降低、中子孔隙率由小到大、声波时差趋于变大。

石灰岩的密度最大、视电阻率最高、自然伽马、中子孔隙率和声波时差均最小。

作岩性分析时常采用中子孔隙率、声波时差及自然伽马等几种测井方法，根据体积模型和测井响应方程进行计算。

3. 估算煤层的含气量

估算煤层含气量常用概率模型法，参与的测井方法一般是密度、中子孔隙率、自然伽马等。

4. 评价煤层的渗透性

应用双侧向电阻率、微球形聚焦电阻率在煤层上反映的幅值差来定性评价煤层的渗透性。

5. 计算煤岩层的动态弹性模量

煤岩层的动态弹性模量是密度和声波速度的函数，所以计算煤岩层的动态弹性模量所需的测井方法是密度和声波时差。

6. 选测的几种测井方法在解决地质任务中的作用

（1）岩性密度：由于光电吸收指数与煤岩层中组分的原子序数密切相关，所以对识别煤层和划分煤层剖面十分有用，同时能用来计算煤层的工业分析指标。

（2）超声成像：能直接地描述煤岩层的裂缝发育状况，分析煤层的均值程度、确定其深厚度、判断地层产状等。

（3）横波：与密度和纵波时差组合计算煤岩层的动态弹性模量。

（4）核磁共振：确定煤层孔隙率、含水饱和度，估算渗透率。

23.6.3　煤层气测井资料解释

23.6.3.1　煤层气测井解释模型

煤层气储层（即煤层）是具有双重孔隙结构的。由煤层在形成过程中自然生成的两组互相垂直的裂隙，并结合煤层中的水平层理，将整个煤层分成若干小块体（称为基质块体）。在这些基质块体中发育了许多孔隙，主要是微孔隙，而在这些微孔隙中物理吸附着水和气体，这些吸附气体就是煤层气。而游离气和水溶气一般很少，可忽略不计。煤层中的裂隙除割理外，还有构造形成的外生裂隙。裂隙在未排采前的原始状态一般充满地层水。而在排采时，裂隙则是煤层气流向井筒的通道。因此煤层的渗透性只与裂隙有关。

煤层中的基质除其微孔隙中吸附的水和气外，其固体部分（即骨架）则是由有机质和矿物质组成的。矿物质属煤中的杂质，由多种成分构成，常以黏土矿物为主。而有机质则是煤的可燃部分，又可分为可挥发的和不可挥发的两个部分。

煤层可认为由 4 个部分组成的：水、矿物质、有机质和吸附气。水由裂隙中的自由水和基质孔隙中的束缚水（吸附水）两部分织成。吸附气就是以吸附状态存在的煤层气，一般以甲烷为主。

此组成模型可与煤炭工业中的"工业分析"相对应。工业分析中的水分，是空气干燥基与基质中的吸附水相对应，因为自由水和一小部分束缚水在制样过程中已经蒸发掉。工业分析中的灰分是煤在燃烧时由矿物质经氧化、分解变来的，在这个变化过程中有一小部分变成气体跑掉了，因此灰分含量小于矿物质含量。工业分析中的挥发分和固定碳则对应于有机质，挥发分是有机质中在高温下可挥发的部分，而固定碳则是有机质中不挥发的部分。此组成模型与煤田测井中的"碳灰水"体积解释模型也可对应起来。"碳"对应于有机质，"灰"对应于矿物质，"水"则对应于自由水和束缚水。吸附的煤层气则包括在"碳"中，因为只有有机质才吸附气，而矿物质则是不能吸附气的。

23.6.3.2　煤层气测井解释方法

1. 煤层气储层的识别、深厚度的确定及其夹矸的划分

煤层气储层的识别、深厚度的确定及其夹矸的划分以密度测井曲线为主，辅以自然伽马、电阻率、声波时差和中子孔隙率曲线。

2. 煤层组成成分的测井解释

1）"碳灰水"体积模型方法

原地煤层是由 4 个部分组成的（有机质、矿物质、水和吸附气）。由于只有有机质才吸附气，而矿物质只起惰性添加剂的作用，因此若用密度测井和中子测井的响应方程表示，则为

$$\rho_{\log} = V_w\rho_w + V_a\rho_a + V_c(\rho_c + \Delta\rho) \tag{23-18}$$

$$\Phi_{\log} = V_w H_{Iw} + V_a H_{Ia} + V_c(H_{Ic} + \Delta HI) \tag{23-19}$$

式中

$\rho_{\log}$——测井密度；

ρ_w、ρ_a、ρ_c——煤层中水、矿物质和有机质的密度；

$\Delta\rho$——煤层中吸附气所引起的有机质的密度增量；

$\Phi_{\log}$——中子测井孔隙率；

H_{Iw}、H_{Ia}、H_{Ic}——煤层中水、矿物质和有机质的含氢指数；

ΔHI——煤层中吸附气所引起的有机质的含氢指数增量；

V_w、V_a、V_c——煤层中水、矿物质和有机质的相对体积。

由于煤层中吸附气所引起的密度测井和中子测井的响应增量是很小的，一般均在仪器的误差范围之内，与其他的成分相比是可以忽略不计的。若将煤层中的吸附气忽略，则煤层是由 3 个部分组成的（有机质、矿物质和水）。密度测井和中子测井响应议程则变为

$$\rho_{log} = V_w \rho_w + V_a \rho_a + V_c \rho_c \tag{23-20}$$

$$\Phi_{log} = V_w H_{Iw} + V_a H_{Ia} + V_c H_{Ic} \tag{23-21}$$

这两个方程就是当前每天测井解释的"碳灰水"体积模型；"碳"就是有机质，"灰"就是矿物质；"水"是煤层裂隙中的自由水和基质中的束缚水的总和。

若配上物质平衡方程：

$$V_w + V_a + V_c = 1 \tag{23-22}$$

就可由 3 个线性方程联立解出煤层中的 3 个部分的相对体积（V_w、V_a、V_c），为了与实验室的工业分析相比较，一般将相对体积百分比转换成相对重量百分比，公式如下：

$$\left. \begin{array}{l} Q_w = \rho_w/\rho \cdot V_w \\ Q_a = \rho_a/\rho \cdot V_a \\ Q_c = \rho_c/\rho \cdot V_c \end{array} \right\} \tag{23-23}$$

式中 Q_w、Q_a、Q_c——煤层中水、矿物质和有机质的相对重量百分比；

ρ_w、ρ_a、ρ_c——煤层中水、矿物质和有机质的密度；

ρ——煤层的密度。

煤层的 3 个组成部分除上述的线性方程组求解外，还可用线性最小二乘法、线性规划等求解，并已有现成的测井处理程序：如煤田测井的"Logsys"程序、德莱塞公司的"Coal"程序、斯仑贝谢公司的"ELAN"程序等。

不管使用那个程序，都要选取水、矿物质和有机质的密度和含氢指数的响应值。水的密度和含氢指数均可取为 1，而矿物质和有机质的响应值可用测井的频率交会图来确定。

若能参照实验室测试的煤样真密度与干基灰分的相关图和元素分析所测得的原煤干基的含氢量与干基灰分的相关图，则在频率交会图上确定矿物质和有机质的响应值就会变得容易和准确。

当 $A_d = 0$ 时所对应的则为有机质的响应值：当 $A_d = 100$ 时则为矿物质的响应值。含氢量可用下式换算为含氢指数：

$$HI = H_d \times \rho_b/0.1119 \tag{23-24}$$

式中 HI——含氢指数；

H_d——原煤干燥基的含氢量；

ρ_b——煤层的密度；

0.1119——由水折算氢的因子。

若所解释的井有多个取心煤样实验室工业分析的数据，则可将密度测井和中子测井与煤样灰分相关，即可求得有机质的密度和含氢指数与灰分的密度和含氢指数，有机质的数据作为"碳"的响应值，灰分的数据可作为"灰"的响应值，分别标在频率交会图上，再做一些调整，就能确定"碳""灰"实际应用的响应值。

2）回归分析方法计算灰分

若只求解煤层的灰分一个指标，可用测井参数与煤芯样实测灰分相关分析的方法（又称"岩芯刻度测井方法"）。在目前所测的测井参数中，首推密度测井，因为灰分所对应的矿物质的密度是煤层中密度最高的组成部分，而煤层中的其他成分有机质和水的密度都是较低的（水的密度为 1 g/cm³，而有机质的密度为 1.3 g/cm³ 左右）。

首先将取芯样的深度间隔与密度测井曲线对齐（即深度归位），并将各取芯样的深度间隔投到密度测井曲线上，然后读取各取芯样品的测井密度值，并以密度值为 y 变量，取芯样的灰分为 x 变量，进行回归分析。由于密度测井受煤层的顶底板界面、夹矸和井径扩大的影响，一般来说，将这些"点"舍弃，就可建立起比较好的线性关系，对一个地区的同一层煤而言，这种线性关系是相似的。直线的截距表示煤层有机质的密度，直线的斜率则表示为煤层中灰分密度与有机质密度的差值。

依据所建立起来的线性关系，就可以由密度测井曲线连续地计算灰分。

另一个测井参数则是自然伽马，用与密度相同的步骤，即可建立一口井同一层煤的自然伽马与灰分的线性关系。

但是为了防止因仪器性能的变化所引起的测量误差，最好用自然伽马相对值 I_{GR}（又称为自然伽马指数）。

用自然伽马指数所建立的与灰分的线性关系比较稳定，在一个地区同一层煤所建立的线性关系是相似的。因此可依据这个线性关系，由自然伽马测井曲线连续地计算煤层的灰分。

3）神经网络数学模型预测煤层灰分

神经网络可利用多个测井参数预测灰分。

4）工业分析的其他指标的测井解释

工业分析的指标除灰分外，其他的还有水分、挥发分和固定碳。煤样的实验室分析用这 4 个指标来近似表示煤的组成，严格地讲是表示煤层基质的组成，因为在煤样的采取和制备过程中已经将煤层的裂隙完全破坏，裂隙中的自由水已经全部跑掉，并有部分煤层基中的束缚水也已跑掉。基质中的吸附气由于压力的降低和粉碎也已经全部跑掉。因此工业分析的水分只对应煤层基质中部分吸附水：灰分对应于矿物质：挥发分和固定碳合起来对应于有机质。

可以在一个地区对同一层煤层进行水分、挥发分和固定碳与灰分的统计相关，如沁水盆地北部 HZ 井田的 3 号煤层的相关图。由图 23 - 58 可见，固定碳与灰分的相关关系是比较强的。

3. 含气量的测井解释

煤层的含气量是指煤层中气体含量，用单位重量的煤所含气体在标准状态下（1 个

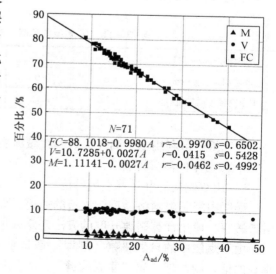

图 23 - 58　HZ 井田 3 号煤层工业分析相关图

大气压，0 ℃）的体积表示，一般以 m³/t 为单位。

煤层中所含的甲烷是煤中固有的成分，是可以用测井资料直接计算的。煤层吸附甲烷后，煤的质量是要增加的；而煤的体积也要增加（即膨胀），但可能增加得不多，此计算为简化将其忽略。

由气体分子学的理想气体方程 $PV = (M/\mu)RT$，可导出气体的质量为

$$M = PV\mu/RT \tag{23-25}$$

式中　P——气体的压力，大气压；

　　　V——气体的体积，L；

　　　M——气体的质量，g；

　　　μ——气体的克分子量，g/mol；

　　　R——普适气体恒量，0.082Latm/mol；

　　　T——温度，K。

在标准状态下，（$P = 1$ 个大气压，$T = 273.15K$），1L甲烷（CH_4 的分子量为 12 + 4 = 16）的质量为：

$M = （1\ 大气压 \times 1\ 升 \times 16\ 克/克分子）/（0.082\ 大气压·升/克分子·开 \times 273.15\ 开）\approx 0.7143g/L$。

若将以"m³/t"为单位表示的含气量 G 化为以"L/g"为单位表示，则为 $G \times 10^{-3} L/g$，并取煤的密度 ρ 为 1.40 g/cm³，则每一立方厘米的煤所含甲烷的质量（即煤吸附气后的密度增量）为：

$$\Delta\rho = 0.7143\ g/L \times G \times 10^{-3}\ L/g \times 1.40\ g/cm^3 \approx G \times 10^{-3}\ g/m^3 \tag{23-26}$$

由于中子测井中将水的含氢量定义为"含氢指数"（HI）为 1，则煤中甲烷含气量所对应的"含氢指数"为

$$\Delta HI = \frac{1}{4}\Delta\rho \Big/ \frac{1}{9} = \frac{1}{4}\Delta\rho \times 9 = 2.25\Delta\rho \tag{23-27}$$

由此可计算出密度和中子测井对甲烷含气量的理论响应值（表23-11）。

表23-11　密度和中子测井对甲烷含气量的理论响应值

含气量/(m³·t⁻¹)	5	10	15	20	25	30
密度增加量/(g·cm⁻³)	0.005	0.01	0.015	0.02	0.025	0.03
中子空隙度增加量/pu	1.125	2.25	3.375	4.5	5.625	6.75

含气量还可利用多个测井参数和埋藏深度，用 B－P 神经网络来预测。

4. 渗透率的测井评价

1）用双侧向测井计算裂缝开度

煤层中的裂隙网络是流体渗流的通道，而基质孔隙则与渗透性无关。因此测井估算煤层渗透率，可用计算裂隙开度的方法来定性地评价，裂隙开度大则渗透率高。

由于煤层中的自生裂隙（割理）都是垂直于层理面的，因此如煤层近水平并钻井是垂直的话，则割理是属"垂直裂缝"。而"垂直裂缝"的开度可用双侧向电阻率测井来计算。公式为

$$\Delta C = 4 \times 10^{-4} \cdot \varepsilon \cdot C_{m} \qquad (23-28)$$

式中　ΔC——浅侧向与深侧向的电导率之差，mmho/m；

　　　ε——裂缝开度，μm；

　　　C_{m}——侵入钻井液的电导率，mho/m。

只要煤层的电阻率比钻井液的电阻率大得多，就可用此式计算。这是大部分煤层气钻井都能满足的。

由式（21-28）计算的煤层的裂缝开度是钻井液侵入裂缝的宏观效果，可以认为是多条开启裂缝的组合开度（即开启裂缝的总开度）。因此开度越大，渗透率就越大。

2）用煤层中的含水量评价渗透性

决定渗透性的煤层中的裂隙，在排采前的原始状态一般是充满地层水的，虽然煤的基质孔隙中也吸附一定量的水，但一般数量不大，达到一个临界值后，就不再增加。因此可通过计算煤层中的含水量来评价渗透性。先计算出煤层的总含水量，再估算煤层所吸附束缚水含量，两者相减就是裂隙中自由水含量。一般来讲，自由水含量越大，渗透率可能就越高。

"碳灰水"体积模型所计算的"水"就是煤层的总含水量，若去掉一定量的束缚水含量（大致与作吸附等温线时的平衡水分相当）。所得差值就可能与裂隙中的自由水含量相当，由此可能估计渗透率。但要注意井径扩大的影响。

当然用核磁共振测井有可能将煤层中这两部分水区分开，并能计算煤层中总的含水量。因此用核磁共振测井可能计算煤层的渗透率更准确。

23.7　测井专业设计与报告编制

23.7.1　测井专业设计

23.7.1.1　基本要求

（1）设计是指导测井工作的数据采集、处理、解释及报告编制、成果提交的依据，应煤田地球物理测井规范及项目合同要求编制。

（2）设计编制前，应广泛搜集、研究施工区及邻区的测井、地质、水文、地面物探、钻探等有关资料。

（3）设计应充分考虑地质需要，并尽量采用新方法、新技术，以扩大地质应用范围，提高综合效益。

23.7.1.2　设计编制提纲

1. 设计书文字部分的主要内容

1）概况

说明测井工作所承担项目的来源、工作目地；说明测井工作所承担的地质任务、勘查区范围、作业依据；简述勘查区位置及自然地理条件；简述以往勘查工作，评价对本次工作的指导作用。

2）地质概况及地球物理特征

简述勘查区地层、构造、岩浆岩、水文、工程、环境及煤层、煤层气等特征；说明勘查区地质-地球物理特征，提出完成地质任务的依据。

3）工作方法及工程量、工程质量

阐述试验目的及试验内容，确定试验孔的数量、孔位；说明拟采用的方法技术、仪器、参数及技术指标要求等；说明工程量及工程质量要求。

4）数据采集

说明数据采集的一般要求，参数测井、工程测井的采集方法和技术要求。

5）资料处理、解释及报告提交

简述资料处理目的、思路、内容、方案及流程；简述资料解释方法、技术要求、精度要求及预期目标；简述拟提交的地质成果内容、图件及报告提交时间。

6）主要技术措施

说明仪器设备及人员组织管理、质量管理、安全管理、健康管理、环境管理等。

7）经费预算

简述经费预算依据、预算标准及计算方法；说明预算结果及预算明细。

2. 设计书附图部分的主要内容

（1）地形地质及工作布置图。

（2）勘查区物性综合柱状图。

（3）具有代表性的测井综合成果图。

（4）其他图件。

23.7.2　成果提交、验收

23.7.2.1　基本要求

（1）测井成果的提交，应广泛搜集、研究施工区及邻区的测井、地质、水文、地面物探、钻探等有关资料。

（2）测井成果的提交，应充分考虑地质需要，并尽量采用新方法、新技术，以扩大地质应用范围，提高综合效益。

（3）测井成果编制过程中，应加强勘查区物性规律的综合研究，对不合理的单孔处理解释成果应重新处理。

23.7.2.2　单孔解释说明书编制与验收

1. 单孔解释说明书编写提纲

在单孔解释说明书编写前，编写技术负责人应根据设计要求，结合区域地球物理特征、测井工作的实际情况，并以本标准为基础拟定切合实际的编写提纲。

2. 单孔解释说明书文字部分的主要内容

（1）序言。说明测井工作所承担项目的来源、工作目的；简述钻孔情况，包括钻孔名称、钻孔性质、地理位置、目的煤层、终孔深度及层位、套管程序、井液性质（密度、电阻率、温度）等一般性内容。

（2）测井施工概况。说明测井工作所承担的地质任务、作业依据；详述历次测井施工日期、测井目的；详述测井仪器及刻度（包括室内刻度和井场刻度）；详述测井设计完成情况，增、减测井内容及原因；详述测井数据采集方法、测井程序；详述测井项目及曲线质量；详述测井完成的工作量及质量。

（3）测井资料数据处理、综合解释。详述测井资料的环境校正及预处理；简述地质、地球物理特征；详述测井解释模型的选择；详述测井处理软件、处理程序及主要解释参数选择；详述煤岩层的定性、定厚解释；详述综合解释成果。

（4）工程、水文及其他测井概况。分别详述井斜、井径、井温、水文测井、其他测井情况。煤层气钻孔应增加井深质量、固井等方面的评述。

（5）结论及建议。简述完成地质任务情况；说明主要经验教训、存在问题，提出建议。

3. 单孔解释说明书附图

（1）钻孔测井综合成果图（包括1:500或1:200）。

（2）钻孔煤层综合测井曲线图（1:50）。

（3）钻孔测井曲线图（测井综合解释成果图中未能放置的其他曲线）。

（4）钻孔地层岩石强度参数曲线图。

（5）其他有关图件。

4. 单孔解释说明书附表

（1）井场原始数据记录簿。

（2）测井成果簿。

（3）其他相关表格。

5. 钻孔测井综合成果图包含的内容

（1）图名及图头。

（2）深度标尺和横向比例尺。

（3）主要物性参数曲线。

（4）测井解释的岩性剖面。

（5）标志层、含水层及其他有益矿产。

单孔解释说明书由总体项目承担单位根据本规范及设计组织验收。

23.7.3 测井专业技术报告

23.7.3.1 专业技术报告编制文字部分的主要内容

1. 概况

简要说明测井项目的来源、工作目的；简要说明测井工作所承担的地质任务、勘查区范围、作业依据；简述勘查区位置及自然地理条件；以往地球物理测井工作评价；详细说明本阶段完成的地质任务情况，工程量及质量评述。

2. 地质概况及地球物理特征

简述勘查区地层、构造、岩浆岩、水文、工程、环境及煤层、煤层气等特征；说明勘查区地质—地球物理特征，提出完成地质任务的依据。

3. 工作方法及测井仪器

叙述本阶段测井使用的仪器型号、设备类型、仪器刻度、测试方法及精度；阐述试验目的，试验孔的数量、孔位及试验内容；说明采用的方法技术、参数及技术指标等。

4. 资料处理、解释

详细说明资料处理目的、思路、内容、方案及流程；详细说明资料解释方法、技术，解释依据、解释原则。

5. 地质成果

详细说明岩、煤层对比、构造、沉积环境、开采技术条件、煤层气及其他有益矿产等的地质应用成果。

6. 结论与建议

简述完成地质任务情况，评价解释精度；说明主要经验教训、存在问题，提出建议。

23.7.3.2　专业技术报告书附图部分的主要内容

（1）钻孔测井综合成果图。

（2）地层物性综合柱状图。

（3）煤、岩层曲线对比图。

（4）复杂结构煤层对比图。

（5）测井设计要求的平面等值线图。

（6）其他有关图件。

23.7.3.3　专业技术报告书附表部分的主要内容

（1）测井工程量、质量汇总表。

（2）煤层解释成果及综合利用表。

（3）断层解释成果表。

（4）测井解释成果与其他方法结果对照表。

（5）孔斜测量及换算成果表。

（6）地温测量成果表。

（7）其他需附表格。

参 考 文 献

[1] 柴登榜. 矿井地质手册（下）[M]. 煤炭工业出版社, 1984.

[2] 陆基孟. 地震勘探原理 [M]. 石油大学出版社, 1993.

[3] 何樵登. 地震勘探原理和方法 [M]. 地质出版社, 1986.

[4] 俞寿朋. 高分辨率地震勘探 [M]. 石油工业出版社, 1993.

[5] 李庆忠. 走向精确勘探的道路：高分辨率地震勘探系统工程剖析 [M]. 石油工业出版社, 1993.

[6] 熊翥. 地震数据数字处理应用技术 [M]. 石油工业出版社, 1993。.

[7] 崔若飞. 地震资料矿井构造解释方法及其应用 [M]. 煤炭工业出版社, 1997.

[8] 王怀洪, 王秀东, 崔若飞. 综合物探方法研究 [M]. 中国矿业大学出版社, 2003.

[9] 刘天放, 张爱敏, 崔若飞. 地震勘探原理及方法 [M]. 煤炭工业出版社, 1995..

[10] 郝钧, 等. 三维地震勘探技术 [M]. 石油工业出版社, 1992.

[11] 崔若飞, 许东. 地震资料断层识别系统及其应用 [M]. 煤炭工业出版社, 1998. 12.

[12] 崔若飞, 陈同俊. 煤矿三维地震数据动态解释系统 [M]. 中国矿业大学出版社, 2008. 1.

[13] 佘德平, 等. 相干数据体及其在三维地震解释中的应用 [J]. 石油物探, 1998, 37 (4)：75 - 79.

[14] 杜文凤. 相干体技术在煤田三维地震勘探中的应用 [J]. 煤田地质与勘探, 1998, 26 (6), 56 - 59.

[15] 勾精为, 等. 煤田地震三高处理方法研究 [M] //煤田地球物理岩性勘探技术文集. 中国煤炭工业出版社, 1996.

[16] 刘天放, 等. 地震反演煤厚的谱矩法及其应用 [M] //煤田地球物理岩性勘探技术文集. 煤炭工业出版社, 1996.

[17] 煤炭煤层气地震勘探规范 MT/J897 - 2000.

[18] 刘盛东, 张平松. 地下工程震波探测技术 [M]. 徐州：中国矿业大学出版社, 2008.

[19] 张平松. 隧道. 井巷掘进空间的反射波成像系统研究 [D]. 上海：同济大学, 2008.

[20] 王勃. 矿井地震全空间极化偏移成像技术研究 [D]. 徐州：中国矿业大学, 2012.

[21] 刘盛东, 余森林, 王勃, 等. 矿井巷道地震反射波超前探测波场处理方法研究 [J]. 煤炭科学技术, 2015 (1)：100 - 103.

[22] 刘盛东, 刘静, 岳建华. 中国矿井物探技术发展现状和关键问题 [J]. 煤炭学报, 2014 (1)：19 - 25.

[23] 王梦倩, 岳建华, 刘盛东. 反射波超前成像预报系统及其应用 [J]. 地球物理学进展, 2014 (3)：1439 - 1444.

[24] 田宝卿, 刘盛东. 矿井工作面透射地震层析物理模拟实验研究 [J]. 中国科学院大学学报, 2013 (6)：786 - 792.

[25] 路拓, 刘盛东. 掘进巷道煤体瓦斯特征与震波频率特性研究 [J]. 中国煤炭地质, 2012(2)：61 - 63.

[26] 王勃, 刘盛东, 胡泽安. 陷落柱地震波超前探测数值模拟与应用 [J]. 中国煤炭地质, 2012 (3)：56 - 59 + 65.

[27] 张平松, 刘盛东, 吴健生. 坑道掘进空间反射波超前探测技术 [J]. 煤炭学报, 2010 (8)：1331 - 1335.

[28] LÜTH S, GIESE R., OTTO P, et al. Seismic investigation of the Piora Basinusing S - wave conversions at the tunnel face of the Piora adit (GotthardBase Tunnel) [J]. International Journal of Rock Mechanics and Mining Sciences, 2008, 45：86 - 93.

[29] HU M S, PAN D M, LI J J, Numerical simulation scattered imaging in deep mines [J]. Applied Geophysics, 2010, 7 (3): 272－282.

[30] WANG B, LIU S D, Liu J, et al. Study on advanced prediction for multiple disaster sources of laneway under complicated geological conditions. Mining Science and Technology [J]. 2011, 21 (5): 749－754.

[31] 李志聃. 煤田电法勘探 [M]. 徐州: 中国矿业大学出版社, 1990.

[32] 刘天放, 李志聃. 矿井地球物理勘探 [M]. 北京: 煤炭工业出版社, 1993.

[33] 储绍良. 矿井物探应用 [M]. 北京: 煤炭工业出版社, 1995.

[34] 傅良魁. 应用地球物理教程－电法放射性地热 [M]. 北京: 地质出版社, 1991.

[35] 中华人民共和国地质矿产行业标准, 地面高精度磁测技术规程, 1994.

[36] 李守义, 叶松青. 矿床勘查学 [M]. 北京: 地质出版社, 2003.

[37] 杨世瑜, 王瑞雪. 矿床遥感地质问题 [M]. 昆明: 云南大学出版社, 2003.

[38] 王翠珍, 周广柱, 杨锋杰. 江西省德兴铜矿酸性水污染区几种植物中重金属的分布特征研究[J]. 山东科技大学学报 (自然科学版), 2008, 27 (5): 85－89.

[39] 王翠珍, 周广柱, 韩作振. 矸石电厂不同粒径粉煤灰中重金属分布规律的研究 [J]. 山东科技大学学报 (自然科学版), 2007, 26 (3): 37－40.

[40] 周广柱. 铜矿区植物光谱特征与信息提取: 以德兴铜矿为例 [D]. 山东科技大学, 2007。

[41] 周广柱, 王翠珍, 黄伟. 污水厂污泥中重金属有效态分布特征研究 [J]. 山东科技大学学报 (自然科学版), 2007, 26 (1): 53－56.

[42] 周广柱, 杨锋杰, 王留锁. 淋滤试验中酸与重金属析出及镉有效态分布规律研究 [J]. 山东科技大学学报 (自然科学版), 2006, 25 (2): 35－38.

[43] 周广柱, 杨锋杰, 程建光, 等. 土壤环境质量综合评价方法探讨 [J]. 山东科技大学学报 (自然科学版), 2005, 24 (4): 113－115, 118.

[44] 王金凤, 由文辉, 赵文彬, 等. 填埋场复垦土壤动物群落及环境相关性研究 [J]. 环境科学研究, 2010, 23 (1): 80－84.

[45] GIANNICO C, FERRETTI A, ALBERTI S, et al. Application of satellite radar interferometry for tunnel and undeground ingrastructues damage assessment and monitoring, World Tunnel Congress proceedings, 2013.

[46] 山东省国土测绘院, 北京中勘迈普科技有限公司, 济宁兖州地区地面沉降 InSAR 监测试验研究成果报告 [R]. 2012.

[47] 朱亮璞. 遥感地质学 [M]. 地质出版社, 2003.

[48] 薛重生. 地学遥感概论 [M]. 中国地质大学出版社, 2011 (含光盘).

[49] 测井学编写组. 测井学 [M]. 北京: 石油工业出版社, 1998.

[50] 车卓吾. 测井资料分析手册 [M]. 北京: 石油工业出版社, 1995.

[51] 吴锡令. 生产测井原理 [M]. 北京: 石油工业出版社, 1997.

[52] 乔贺堂. 生产测井原理与资料解释 [M]. 北京: 石油工业出版社, 1997.

[53] 中国矿业学院, 等. 煤田地球物理测井 [M]. 北京: 煤炭工业出版社, 1982.

[54] 石油测井情报协作组. 测井新技术应用 [M]. 北京: 石油工业出版社, 1998.

[55] 谢荣华. 生产测井技术应用与进展 [M]. 北京: 石油工业出版社, 1998.

[56] 斯仑贝谢测井公司. 测井解释常用岩石矿物手册 [M]. 北京: 石油工业出版社, 1998.

[57] 沈琛. 测井工程监督 [M]. 北京: 石油工业出版社, 2005.

[58] 洪有密. 测井原理与综合解释 [M]. 北京: 石油工业出版社, 1993.

[59] 庞巨丰. 测井原理及仪器 [M]. 北京: 科学出版社, 2008.

[60] 长春地质学院水文物探编写组. 水文地质工程地质物探教程 [M]. 北京: 地质出版社, 1980.

［61］张胜业，潘玉玲．应用地球物理学原理［M］．北京：中国地质大学出版社，2004．

［62］郭建强．地质灾害勘查地球物理技术手册［M］．北京：地质出版社，2003．

［63］中华人民共和国地质矿产行业标准，电阻率剖面法技术规程，1994．

［64］中华人民共和国地质矿产行业标准，电阻率测深法技术规程，1994．

［65］中华人民共和国地质矿产行业标准，直流充电法技术规程，1997．

［66］中华人民共和国地质矿产行业标准，时间域激发极化法技术规程，1993．

［67］韩德品，石亚丁，等．井下单极：偶极直流电透视原理及解释方法［J］．煤田地质与勘探，1997，25：32－34．

［68］高致宏．工作面富水区探测与矿井电法：音频电透视在工作面富水区探测中的应用效果［J］．煤田地质与勘探，2002，30（4）：51－54．

［69］李冬林．煤层底板音频电透视探测成果反映的底板阻水条件［J］．地球科学与环境学报，2005，27（3）：68－71．

［70］韩德品，石亚丁，等．矿井电穿透方法技术的研究［J］．煤田地质与勘探，2000，2（28）：50－52．

［71］韩德品，石亚丁．采煤工作面内和顶底板电穿透方法数值模拟［J］．煤炭学报，2000，25（9）：31－33．

［72］周兵，曹俊兴．井间电阻率成像数值模拟［J］．物化探计算技术，1995，17（4）：9－17．

［73］CSOKAS J.，DDBROKA M.，GYULAI A.，Geoelectric determination of quality changes and tectonic disturbances in coal deposits，Geophysical Prospecting 34［J］．1986，1067－1081．

［74］SHIMA，H. 2－D and 3－D resistivity image reconstruction using cross－hole data，Geophysics［J］，1992，57，1270－1281．

［75］李金铭，罗延钟．电法勘探新进展［M］．北京：地质出版社，1996．

［76］朴化荣．电磁测深法原理［M］．北京：地质出版社，1990．

［77］石应俊，刘国栋，等．大地电磁测深法教程［M］．北京：地震出版社，1985．

［78］考夫曼，凯勒．频率域和时间域电磁测深［M］．北京：地质出版社，1987．

［79］中华人民共和国地质矿产行业标准．大地电磁测深法技术规程．1994．

［80］严良俊，胡文宝，杨绍芳，等．电磁勘探方法及其在南方碳酸盐岩地区的应用［M］．北京：石油工业出版社，2001．

［81］何继善．可控源音频大地电磁测深法［M］．长沙：中南工业大学出版社，1990．

［82］李毓茂．电磁频率测深方法与电偶源电磁频率测深量板［M］．徐州：中国矿业大学出版社，2012．

［83］中华人民共和国地质矿产行业标准，大地电磁测深法技术规程．1994．

［84］蒋邦远．实用近区磁源瞬变电磁法勘探［M］．北京：地质出版社，1998．

［85］李貅．瞬变电磁测深的理论与应用［M］．西安：陕西科学技术出版社，2002．

［86］刘树才，岳建华，刘志新．煤矿水文物探技术与应用［M］．徐州．中国矿业大学出版社，2005．

［87］牛之琏．时间域电磁法原理［M］．长沙：中南大学出版社，2007．

［88］于景邨．矿井瞬变电磁法勘探［M］．徐州：中国矿业大学出版社，2007．

［89］中华人民共和国地质矿产行业标准，地面瞬变电磁法技术规程．1994．

［90］于师建，王玉和，程久龙，等．岩体探测技术［M］．北京：地震出版社，2004．

［91］罗孝宽，郭绍雍．应用地球物理教程－重力磁法［M］．北京：地质出版社，1991．

［92］中华人民共和国地质矿产行业标准，区域重力调查规范．1994．

［93］中华人民共和国地质矿产行业标准，地面高精度磁测技术规程．1994．

后　　记

20 世纪 80 年代，为了加强矿井地质工作，煤炭工业出版社出版了由中国煤炭学会矿井地质专业委员会主任柴登榜教授主编的我国首部矿井地质工作技术参考书——《矿井地质工作手册》。《矿井地质工作手册》分为矿井地质和矿井水文地质上下两册，出版后广受地质工作者的欢迎。

90 年代，柴登榜教授再次组织全国矿井地质专家对《矿井地质工作手册》进行修编，由邹月清、李德安任主编完成《矿井地质工作手册》（修订稿）初稿。由于多方面因素，未能付梓，成为广大矿井地质工作者、数十名手册编审者与出版人的一大憾事。

进入 21 世纪，矿井地质工作在地学知识迅速更新、地球物理勘探技术快速发展的时代背景下，其深度和广度都发生了深刻的变化。为总结矿井地质工作最新理论、方法、技术，推广最新研究成果和经验，引导矿井地质工作者正确有效开展地质勘查研究工作，提升我国矿井地质工作整体质量和水平，煤炭工业出版社规划组织出版《矿井地质手册》，并于 2005 年委托时任中国煤炭学会矿井地质专业委员会副主任的李白英教授主编此书。

十年磨一剑。十年来，数十位来自煤矿、高等院校、科研单位的矿井地质领域著名专家、学者，在对近年来矿井地质领域的研究成果与技术经验进行全面、系统的总结和梳理的基础上，数易其稿，编写了这部《矿井地质手册》；其间，煤炭开采技术现代化水平的不断提高，安全地质问题的不断提出和解决，我国资源安全、合理、清洁开采利用方面相关法规的不断完善，为本书的科学性、先进性、实用性、规范性提供了坚实保障。

20 世纪 80 年代出版的《矿井地质工作手册》中，地球物理部分作为其中的篇章；90 年代完成的《矿井地质工作手册》（修订稿）初稿，延续了上一版手册的布局。20 世纪 90 年代后，特别是进入 21 世纪，各种地球物理勘探方法得到了突飞猛进的发展，地震勘探成为煤矿采区勘探的主要手段，三维地震勘探得到了广泛的应用，电法勘探在矿井水文勘探中取得了令人瞩目的效果，物探技术在煤炭安全高效生产中起到了重要的不可替代的作用。地球物理技术日新月异，各类方法蓬勃发展，仪器设备更新换代频繁，这些都非常有必要展现在手册中。鉴于上述情况，手册的编写者越来越清楚地认识到，煤炭地球物理勘探技术作为独立的一卷是非常有必要的，因此本版手册在前两卷的基础上增加了第三卷——地球物理卷。本卷的编写参考了前两版的内容，为初次独立成卷，做起来难度很大，编审者参考应用了大量的研究成果、期刊文献、工程报告，按地球物理勘探方法结合作业空间划分了编写内容，力求体现综合物探技术路线和立体探测的技术体系，努力展现日新月异的地球物理技术、蓬勃发展的综合物探方法、仪器设备的快速升级换代。编审者清醒地认识到，尽管付出了最大的努力，仍难以全面涵盖众多方法手段及其应用发展。

　　在手册出版之际，谨向《矿井地质工作手册》编写者、未付梓的《矿井地质工作手册》（修订稿）修编者，以及关心和参与本卷编写工作的刘天放、李志聃、崔若飞、张平松、刘树才、于景邨等教授和专家们表示诚挚敬意和感谢！

本卷编审组

2016 年 12 月

图书在版编目（CIP）数据

矿井地质手册. 地球物理卷/王怀洪主编. －－北京：
煤炭工业出版社，2017（2020.5 重印）
ISBN 978 － 7 － 5020 － 5593 － 6

Ⅰ. ①矿…　Ⅱ. ①王…　Ⅲ. ①矿井—矿山地质—手册
②矿井—地球物理勘探—手册　Ⅳ. ①TD163 － 62

中国版本图书馆 CIP 数据核字(2016)第 300258 号

矿井地质手册　地球物理卷

主　　编	王怀洪
责任编辑	田　园　牟金锁　刘永兴　尹燕华
编　　辑	杨晓艳
责任校对	尤　爽　刑蕾严
封面设计	于春颖

出版发行　煤炭工业出版社（北京市朝阳区芍药居 35 号　100029）
电　　话　010 － 84657898（总编室）
　　　　　010 － 64018321（发行部）　010 － 84657880（读者服务部）
电子信箱　cciph612@ 126. com
网　　址　www. cciph. com. cn
印　　刷　北京虎彩文化传播有限公司
经　　销　全国新华书店

开　　本　787mm × 1092mm$\frac{1}{16}$　印张　36　字数　861 千字
版　　次　2017 年 6 月第 1 版　2020 年 5 月第 2 次印刷
社内编号　8456　　　　　　定价　260. 00 元

版权所有　违者必究

本书如有缺页、倒页、脱页等质量问题,本社负责调换,电话:010 － 84657880